红壤坡地水土资源保育与调控

左长清 等 著

科 学 出 版 社

北 京

内 容 简 介

本书通过在红壤中心区域进行长期的定位观测，系统研究了红壤坡地天然降雨、地表径流、壤中流、地下径流、土壤水分和土壤侵蚀等方面的时空分布规律。全面阐述了运用水土保持植物措施、工程措施和耕作措施的调控机制和保育效果。在弄清我国水蚀地区降雨侵蚀力的基础上，对红壤地区水土流失规律和测报模型进行了成功的探索，尤其在水量平衡、降雨侵蚀力和植生工程等方面取得了卓有成效的突破。同时为我国水土流失防治，山丘坡地的合理开发利用提供了技术支持。

本书可供水土保持、土壤侵蚀、生态环境、国土整治、自然地理和农林水利等领域的研究人员、高等院校师生和生产实践者参考。

图书在版编目（CIP）数据

红壤坡地水土资源保育与调控/左长清等著 . —北京：科学出版社，2014.6

ISBN 978-7-03-039742-3

Ⅰ. 红⋯ Ⅱ. 左⋯ Ⅲ. ①红壤–坡地–水资源管理 ②红壤–坡地–土地资源–资源管理 Ⅳ. S156.6

中国版本图书馆 CIP 数据核字（2014）第 023295 号

责任编辑：李 敏 吕彩霞/责任校对：桂伟利
责任印制：肖 兴/封面设计：无极书装

科学出版社 出版

北京东黄城根北街 16 号
邮政编码：100717
http://www.sciencep.com

北京通州皇家印刷厂 印刷

科学出版社发行 各地新华书店经销

*

2015 年 1 月第 一 版 开本：787×1092 1/16
2015 年 1 月第一次印刷 印张：29 3/4
字数：700 000

定价：228.00 元

（如有印装质量问题，我社负责调换）

序

  红壤是一种地带性土壤，广泛分布于我国亚热带地区的十几个省（市、自治区），总面积达 218 万 km^2，占全国土地面积的 22.7%。红壤是我国重要的土壤资源，其分布区域水热资源丰富，是我国经济作物和粮食作物重要的生产基地。红壤分布区以仅占全国 1/3 的耕地，提供了一半的全国农业产值，养活了近一半的人口，是我国农业主产区和经济迅速发展的地区。

  红壤地区人口密度大，人类活动频繁，自然降雨量大，加之山丘坡地广布，一旦经济发展与生态环境保护的关系处理不当，就会导致严重的水土流失。其结果必然是土地资源遭到破坏，农业生产力降低，生物多样性衰退，洪涝灾害加剧，严重制约社会经济的可持续发展。因此，搞好水土保持，防治水土流失，有效保护和合理利用水土资源，是促进人与自然和谐的基本保障，是确保生产发展、生活富裕、生态文明的必要途径。

  左长清教授及其团队长期致力于红壤地区水土保持研究，以红壤中心区域的江西省德安县国家水土保持科技示范园为基地，在地表径流、土壤水分、土壤侵蚀和防洪减灾效益等方面进行了一系列试验研究，系统阐明该地区的水土流失规律、水土资源调控机制，并对红壤地区水土流失预报模型进行了探索。他们在此基础上开展的水土保持试验示范为我国水土流失防治、山丘坡地的合理开发利用积累了宝贵的经验。

  我相信该书的出版发行，将为我国红壤区和相关地区水土保持试验研究与生产实践提供有力的科技支撑，也为有关科技人员和生产者提供了一部很有参考价值的专著。

中国科学院院士：

2014 年 6 月

前　言

人这一辈子，想干的事很多，能干的事很少，能干成的事少之又少。《红壤坡地水土资源保育与调控》这一成果虽不完美，却花费了十多年的光阴，仍可谓来之不易。

开展这项研究工作始于二十世纪末，作者当时的想法很简单，觉得一个自然科学研究单位需要一个真实的试验研究基地，于是便进行选点建设，先后选择了江西省的泰和、奉新和南昌等县市。受各种因素的制约，终因没有土地使用权，在付出多年的努力后仍未能如愿，于是便下定决心打造一个能基本自主掌控的试验研究基地。经多方努力，终于得到上级及当地政府的同意，在德安园艺场租用了 80hm² 水土流失荒地建立了该试验研究基地，开展了一系列的水土保持科学试验和研究工作。

建设之初，按照必须遵循自然科学规律，符合社会经济发展规律，适应指导红壤地区生产实践需要的原则出发，进行水土保持科学试验规划与设计。建设中，还得到了台湾中华水土保持学会廖绵浚、吴辉龙、张贤明、沈福成先生的指导与帮助，并借鉴台湾水土保持户外教室的经验，逐步形成了以科学试验为主要功能的水土保持科技示范园。以该科技园的实践经验制定的《水利部水土保持科技示范园区管理办法》，催生命名了全国 5 批 102 个科技园区。该科技园得到了水利部陈雷部长的充分肯定，在视察此园时一连讲了"六个好"。

本书主要试验研究是在该园区完成的，它以中华人民共和国科技部农业科技成果转化资金项目"花岗岩侵蚀区水土保持植物优化组合技术试验与示范"和中华人民共和国水利部公益性科研专项经费项目"水蚀地区坡面水土流失阻控技术研究"为依托，从红壤坡地水土保持技术措施入手，系统开展了从天然降雨到地表径流、地下径流和土壤含水量时空变化规律的研究。运用植物、工程和耕作措施调控水土资源，探索其土壤改良效果。在弄清我国水蚀地区降雨侵蚀力的基础上，建立了红壤地区水土流失测报模型。在水量平衡研究和建立测报模型等方面有突破，在防洪减灾、降雨侵蚀力和植生工程技术等方面有创新，为我国南方红壤丘陵区的水土保持生态建设和水土资源调控提供了技术支撑和示范样板，为完善我国水土保持技术体系和生态建设标准规范提供了科学依据。

本书是作者本人在系统总结上述研究成果的基础上，依托作者的博士论文撰写了提纲和初稿，再由相关同仁负责资料整理和补充完善，继而由作者反复修改而成。也可以说是江西水土保持科技园科学研究的阶段性总结。全书共分十四章：第 1 章绪论由左长清、张国华和詹红丽执笔；第 2 章研究区概况及设计布局由左长清和王昭艳执笔；第 3 章研究区降雨特征研究由左长清和马良执笔；第 4 章降雨侵蚀力时空变化研究由左长清、秦伟和马良执笔；第 5 章红壤坡地地表径流特征研究由左长清和程冬兵执笔；第 6 章红壤坡地土壤水分特征研究由左长清、尹忠东和刘士余执笔；第 7 章红壤坡地壤中流特征研究由左长清和张国华执笔；第 8 章红壤坡地水量平衡研究由左长清和张国华执笔；第 9 章水土保持措施防洪减灾效应研究由左长清和张国华执笔；第 10 章红壤坡地土壤侵蚀特性研究由左长清和单志杰执笔；第 11 章红壤坡地水土流失预报模型研究由左长清、秦伟和李蓉执笔；第 12 章水土保持措施对土壤改良效益的影响由左长清和单志杰执笔；第 13 章红壤坡地梯田工程技术研究由左长清、郑海金和马良执笔；第 14 章红壤坡地植生工程技术研究由左长清、程冬兵和张雁执笔；全书最后由左长清统稿审定。

参加的主要研究人员还有方少文、胡建民、奚同行、杨洁、谢颂华、喻荣岗、张靖宇、汪邦稳、秦俊桃、李小军、章俊霞等。在研究期间得到了江西省水土保持科学研究院和德安科技园同仁们的大力支持，以及课题组全体研究人员的密切配合，圆满的完成了研究任务。在此对他们的辛勤劳动表示诚挚的谢忱。

由于本书涉及的行业跨度较大，涉及的学科较多，遇到的问题较为复杂，加上作者水平和时间所限，书中的错误和不当之处在所难免，恳请读者不吝赐教，批评指正！

作　者

2014 年 5 月

目　　录

第1章 绪 论

1.1 问题的提出

1.1.1 水问题

水是生命之源、生产之要、生态之基，是生态系统中不可或缺的因素，也是生物体内物质输送和流域物质输移的载体，同时还是人类对其依存度最高的重要资源之一。尽管地球表面 70% 被水覆盖，但地球上的水体 97.5% 是咸水，只有 2.5% 是淡水（孙鸿烈，2011）。仅有的少量淡水绝大部分以冰川、地下水和土壤水形态存在，很少一部分或存蓄于湖泊沼泽，或游离于空中，或奔腾于江河溪流，能供人类和生物利用的淡水资源更少。当然，地球上的水，总是处于动态的变化之中，海洋和陆地上的水被蒸发到大气中，形成雨雪冰雹降落回归大地，补充河流、湖泊或注入大海，抑或通过土壤渗入地下，汇入地下蓄水层。水资源通过这种循环反复的形式滋养万物，维系陆地表面生态环境欣欣向荣的景象。

我国是一个水资源相对缺乏的国家，尤其是西部地区更为突出。存在着由"水多、水少、水脏、水浑"等引起洪涝干旱灾害频发、水体污染和水土流失等多种突出问题，进一步加剧了水资源的供需矛盾。随着现代社会和经济的快速发展，人口的不断增长，人类对水资源需求量的不断增加，已引起水资源严重不足，水环境不断恶化，水土流失不断加剧等问题。水问题已成为制约现代经济社会可持续发展的主要"瓶颈"（夏军，2011）。在全球气候变暖的背景下，极端天气加剧，旱涝灾害频发和极端降雨变化等已成为世人共同关注的焦点，解决水问题成为人类面临的一项重要任务。

随着人类活动的日趋频繁，越来越多地改变了土地的利用方式，也改变了地表的景观格局，即改变了土壤、植被等下垫面条件。由于这些条件的改变，因降雨而产生的地被物拦截、土壤入渗、地表径流和流域汇流规律都发生了变化，从而影响了水文变化，也影响了水资源的再分配。

正确认识气候变化对水文因素的影响是解决水问题的基础，这种影响可分为直接影响与间接影响两种。直接影响主要来自大气环流变化，它引起了降雨时空分布、降雨强度和降雨总量的变化，同时也造成诸如气温、空气湿度、风速等气象因素的变化。间接影响主要来自陆地表面，诸如地表对热能的吸收率、反射率，下垫面粗糙度，陆地与大气界面的水热交换情况，下垫面特性等的变化影响了陆地水文过程。人类的生产活动也可以影响水量循环，如人类的生活、生产和生态用水耗损量，还有人类砍伐森林、开垦种植、扩大灌溉和地下水过度开采等引起的土壤植被蒸散发的变化和降雨入渗变化对径流的影响，从而进一步加剧极端天气变化，引起更多的旱涝灾害。

洪涝灾害始终是历代施政者的一大心腹之患。直到现在，防治洪涝灾害仍然是各级政府不敢懈怠的一项工作。尤其是 1998 年全国性大洪水发生之后，引起人们深刻的反思，这场洪水浩劫究竟是天灾，还是人祸，引发了诸多争论。有的说是我国的地理气候特征所致，是厄尔尼诺引起的（刘运河等，1998），有的学者认为这既是天灾也是人祸，还有学者认为这虽是天灾却更是人祸（史德明，1998）。黄河自 1972 年出现断流以来，断流出现的频率越来越大，河段越来越长，时间越来越久。有人提出这是上中游地区水土保持惹的祸（王健等，2002），但也有反对的观点，认为水土保持有助于缓解黄河断流（李玉山，1997；陈霁巍和穆兴民，1997），各种争议，不一而足。这些争论，站在各自的立场上虽有一定道理，却终因缺乏长期的、系统的科学试验数据支撑，难以服众。要处理好水资源与重大洪涝灾害问题必须进行综合治理，必须建立一套完善的防洪减灾屏障。在流域上游防治水土流失，从根本上解决雨水的"截留"与"入渗"的问题，在流域中游采用水利工程解决径流的"集蓄"与"调节"的问题，在流域下游运用工程措施解决洪水的"围堵"与"疏导"的问题（左长清，1998）。

因其在自然地理环境中的特殊位置，水文要素对区域环境变化有较强的敏感性。水作为与降雨和生态环境联系最紧密的因子，在生态系统中起到核心与纽带作用，同时也敏感地影响着降雨变化，并对环境的变化具有指标和预示作用，通过水循环、水资源系统与生态环境诸要素紧密联系。水文特征主要是由一定的区域地形和气候条件决定的，就短时间尺度而言，降雨和人为因素影响更为明显（孙占东等，2005）。降雨变化直接影响着水热条件的时空格局和动态变化，影响着森林对水旱灾害减灾功能和效益的发挥（刘昌明等，1993）。植被变化对陆面过程和大气边界层，特别是对地表蒸发和植被蒸腾的影响极其敏感，也会对降雨变化产生累积效应（刘树华等，2002）。因此，降雨、植被与水，无论从科学层面上，还是从经济社会发展的层面上看，都是处于相互依存与制约之中的。降雨因素与植被因素也不是孤立的，它们之间的相互作用既可能是正反馈也可能是负反馈。近年来，在气候变暖、人口增长及经济社会发展的共同影响下，我国一些地区或流域的陆地水循环发生了明显的变化，不仅使短期暴雨—径流关系发生变化，也引起了年际和年代际降雨—径流关系的变化（刘春蓁等，2004）。

我国水资源可持续利用中存在着旱涝灾害、水资源不足和水环境恶化三大问题，究其产生的自然原因，无一不与降雨变化密切相关。如 20 世纪 90 年代频繁发生的厄尔尼诺（EL NINO）现象及其后的拉尼娜（LA NINA）现象，引发了 1998 年长江流域、松花江和嫩江流域的特大洪水，北方连续三年的干旱，并由于干旱缺水导致水污染加剧（刘春蓁，2003）。植被变化是水文水资源情势变化的重要影响因素，其实质是人类为满足经济社会发展需要，不断调整土地利用方式的过程，反映了人类利用土地进行生产、生活活动的发展趋势，代表了一种人为的"系统干扰"，是直接或间接影响水文过程的主要边界条件。在一定的条件下，植被变化和全球变化的其他要素一样，会对水量与水质起到相当大的影响，会产生一系列的水资源、水环境和水生态问题，表现为下游洪水灾害加剧、地下水补给减少和水位下降、水资源短缺等，从而影响到社会经济发展和生态环境质量（李恒鹏等，2005）。

20 世纪以来，全球洪涝灾害的频率远远高于以往任何时期，由人类活动引起的植被变化是重要的原因之一。因为植被状况变化影响雨水的截留、下渗、蒸发等水文要素及其产汇流过程，进而影响流域出口断面的流量过程，加大流域洪涝灾害发生的频率和强度（万荣荣等，2004；汪权方等，2006）。因此，面对未来水资源压力的增大以及水文极端事件可能发生频率的加大，迫切需要进一步加强降雨与植被变化对水文水资源的影响研究，定量评价降雨与植被变化对水文特征影响的贡献率，探讨降雨与植被变化对洪水、干旱的频次及强度的影响以及对水量和水质的可能影响。因此，本研究在红壤坡地建造了大型土壤渗漏装置，进行天然降雨，土壤侵蚀，入渗和径流等系统的观测研究，以此来掌握坡地水沙运动规律和水量分配规律，剖析其影响因素和形成机理，运用水量平衡的原理，利用观测数据分析水量去向，为预防和治理洪涝灾害提供技术支持。

1.1.2　水土流失问题

水土资源是人类赖以生存和发展的重要物质基础，水土流失是全球最大的环境问题之一。据调查显示，全世界水土流失面积为 1650 万 km^2，占土地总面积的 12.6%。其中水力侵蚀面积 1100 万 km^2，风力侵蚀面积 550 万 km^2（中华人民共和国水利部等，2010）。据联合国环境规划署（United Nations Environment Programme，UNEP）和粮食及农业组织（Food and Agriculture Organization of the United Nations，FAO）调查表明，全球有 65% 的土地存在不同程度的土地退化。世界各大陆地每年损失表土约 250 亿 t，许多国家水土流失的形势还在不断恶化（唐克丽，2000）。20 世纪 70 年代末至 90 年代末，全世界流失的表土面积相当于美国耕地面积的总和（史立人，1999；Zuo et al.，2002）。

水土流失分为水力侵蚀、风力侵蚀和冻融侵蚀三大类别，其中全球水力侵蚀面积1094 万 km^2，占陆地侵蚀总面积的近 70%，是危害最大、影响最广的世界性环境问题。水土流失也是中国当今头号环境问题（曲格平，1997）。截至 2008 年，我国水土流失面积共356.92 万 km^2，占国土总面积的 37.1%，其中水力侵蚀面积 165 万 km^2，风力侵蚀面积191 万 km^2。我国亟待治理的水土流失面积仍有 210 万 km^2 左右，人为因素造成水蚀地区的水土流失面积每年以 100 万 hm^2 的速度在扩展，风蚀沙化面积每年以 24.6 万 hm^2 的速度在加剧（刘震，2001）。水土流失每年造成土壤流失量多达 50 亿 t 以上，给中国带来的经济损失相当于 GDP 的 2.25% 左右，带来的生态环境损失更是难以估算。

由此可见，以水土流失为主要特征的一系列环境问题已成为直接影响人与自然和谐相处，影响社会经济可持续发展，影响国家生态安全的重要障碍。随着世界范围内对可持续发展和生态环境保护的日益重视，搞好水土保持，防治水土流失已成为各国政府的一项重要任务，并得到社会公众的广泛关注，有关土壤侵蚀防治的相关研究越来越成为各界关注的焦点和热点。

有学者认为，水土流失是一种自然现象，是地质大循环的自然规律，如果没有水土流失就没有河流中下游的冲积平原。事实上，自然界中确实存在土壤的自然侵蚀现象，除滑坡泥石流等自然灾害外，不会对生态环境造成太大的破坏。但不可否认，大部分的水土流失是因人类活动造成的加速侵蚀，这种水土流失必须加以防治。此外，土壤的形成过程需要一个漫长的时间过程，平原的形成需要更加漫长的时间。为了人类生存和发展的需要，不应该让活的土壤变成死的泥巴，不应该让肥沃的表土变成淤积于江河湖泊的泥沙来形成平原，所以说搞好水土保持关系到人类当前生存、生活和生产，是我们必须长期坚持的一项基本国策。

在人口持续增长和气候加剧变化的背景下，造成水土流失或加速侵蚀的原因很多。主要是人类不合理的土地利用和经营方式，尤其是在极端降水与径流作用下，不仅使水土资源流失、土地生产力下降，还造成河湖塘库的泥沙淤积，诱发洪涝、干旱等多种自然灾害，由此导致生态环境失衡和生物物种减少，进而加剧气候变化。保护水土资源已成为当前的一项重大研究任务。

1.1.3 坡地水土流失问题

我国是一个多山国家，山地丘陵面积约占国土总面积的2/3，坡地是我国重要的土地资源。山地丘陵既是我国目前农林牧业生产的主要场所，也是我国农林牧业生产发展的潜力所在和希望所在。近年来，随着城镇化速度的不断加快，人口的不断增加，平原土地资源日益减少，合理利用丘陵山地资源，发展坡地农林牧业已成为必然趋势。

由于山地丘陵地区山高、坡陡、土层薄，是水土流失多发地区。许多地方因水土流失而形成了光山秃岭，出现了难以逆转的生态环境问题。因此，防治水土流失是山区建设的生命线，是水土保持的主要阵地。我国劳动人民为防治水土流失作出了不懈的努力，涌现了许多不朽的奇迹，如湖南新化县紫鹊界梯田距今已有3000多年的历史，为山坡地的合理利用树立了样板。但是，随着近代人口的不断膨胀，人们为了满足衣食住行的需要，肆意开垦山坡地，造成了严重的水土流失。

坡耕地广泛分布于我国30个省区。据统计，我国现有坡耕地2393万hm^2，约占全国耕地总面积的20%。坡耕地是指在坡度6°~25°坡地上，没有采取水土保持措施而进行耕作的旱地。坡耕地是水土流失的重要区域。在我国，尽管坡耕地面积仅占水土流失面积的6.7%，水土流失量却约占全国总量的1/3，年均水土流失量多达15亿t，成为我国水土流失的主要地类和侵蚀泥沙的重要来源。其中在长江中上游山丘地区坡耕地多达1066.7万hm^2，占流域耕地总面积的52.53%（史立人，1999）。在红壤地区，坡耕地平均每年流失的土壤达$2307t/km^2$，甚至更高（左长清，1988）。

坡地还是径流汇集、侵蚀动能传递的主要场所。坡面是产流、汇流及产沙、输沙的策源地，是水力侵蚀发生、发展的主要地表单元。地表覆盖被破坏、土地利用不合理的坡面不仅自身水土流失严重，由其汇集、输出的径流和泥沙更成为沟谷侵蚀的主要动力源和河道淤积的基本物质源。除此以外，坡地还是我国重要的农、林、牧业生产用地。坡面水蚀导致水土资源流失的过程中养分大量流失，致使土地退化、生产力下降，并形成大面积非点源污染，引发一系列次生环境问题。

合理开发利用山地丘陵的土地资源，充分利用每一寸土地，提高坡地劳动效率和土地利用率，减少坡地的水土流失是当前学术界面临的一项重大课题。水土流失极其复杂，许多问题尚不清楚，开展有关研究极为必要。

1.1.4　红壤坡地问题

红壤是热带、亚热带地区的一种地带性土壤，总面积约 6400 万 km², 占全球总土地面积的 45.2%，地区人口 25 亿，占全球总人口的 48%。红壤广布于我国热带、亚热带地区，包括福建、江西、湖南、广西、贵州、台湾和海南等省（自治区）全部，浙江、云南、四川大部，以及皖南、鄂南、藏东南和苏西南小部，涉及 15 个省（自治区），面积达 218 万 km²，约占全国土地面积的 22.7%（赵其国，2002）。

红壤地区山地丘陵面积达 106 万 km²（谢开云，1993），是我国南方水土流失的主要发生地，也是我国南方发展生产潜在的土地资源。红壤区域地处热带、亚热带季风气候区，与世界同纬度地区相比，具有丰富的水热条件和优越的生物气候条件，脱硅富铝化的成土作用较强烈，生物积累过程快，生产潜力大等特点，其生产条件具有得天独厚的优势，是我国经济及粮食作物的重要生产基地。江西、广东等东南红壤丘陵地区以光、温、水为指标的气候生产潜力是三江平原的 2.63 倍，黄土高原的 2.66 倍，黄淮海平原的 1.28 倍（孙波，2011）。而且这里社会及区位条件也十分优越，经济发展较快，是我国热带和亚热带经济林果、经济作物及粮食作物重要生产基地。红壤区在全国 1/3 的耕地上提供了全国一半的农业产值，负担了近一半的人口。

长期以来，由于红壤坡地区域人口密度大，人类活动频繁，自然降雨量大，受土地资源的不合理利用等因素的影响，区域生态环境破坏严重，生态系统退化现象突出，水土流失成为该区域不容忽视的重大环境问题。具体表现为以下四个方面。

（1）土壤侵蚀严重，水土流失面积增大

土壤侵蚀是导致红壤退化的重要原因。长期以来，受各种自然因素和人为因素的影响，南方红壤区的植被出现逆向演替现象，原生植被遭到破坏，水土流失十分严重。根据中华人民共和国水利部第三次遥感普查统计，我国红壤区水土流失面积 42.32 万 km²，占红壤区面积的 19.41%。另据中国水土流失与生态安全综合科学考察分析，在水土流失分区中的南方红壤丘陵区的 8 个省（自治区）水土流失面积达 19.6 万 km²（梁音等，2009）。尤其值得注意的是，自 20 世纪 50 年代至 2002 年的 50 年间，区域水土流失面积显著增加，从 10.5 万 km² 增加到 19.6 万 km²，净增加 9.1 万 km²，年均净增加 1820km²，增幅高达 86.7%。

（2）土壤养分流失，肥力下降，加剧土地贫瘠化

由于红壤长期得不到合理开发与有效保护，造成区域农业生态系统养分循环与平衡严重失调，尤其是旱地土壤养分流失、肥力下降，加剧了土地的贫瘠化。据中国水土流失与生态安全科学考察成果分析，红壤地区每年因水土流失而损失的氮、磷、钾的总量约为

128 万 t，其中氮约流失了 80 万 t（梁音等，2008）。

（3）加剧土壤酸化和水稻土潜育化

红壤的脱硅富铝化过程，本身就是一个较缓慢的酸化过程。近年来，受酸雨等因素的影响，红壤的酸化现象愈发严重。据调查，目前，红壤区内酸化土壤已达 150 万 hm^2（何园球等，2008）。1935～1995 年的 60 年间，该区域酸沉降的频率和强度都有所增强。同时，土壤盐基饱和度也有逐渐降低的趋势，比 pH 值的变化趋势更明显（赵其国，2002）。与此同时，区内水稻土因长期排灌不当，已引起较严重的次生潜育化，氧化还原电位低，还原性有毒物质含量较高，降低了养分的有效性。

（4）土壤污染日趋严重，污染类型多

随着经济社会的发展，工业污染排放量越来越多，农业面源污染面积不断扩大，红壤区土壤污染也日趋严重，污染类型多样化。目前区内受污染的土地面积达到了 320 万 hm^2（何园球等，2008）。此外，我国南方已探明有 100 多种矿产，而且大部分是金属矿种，受矿区技术经济条件与不合理的开采方式等因素的影响，红壤区 68% 的重金属采矿点发生污染，尤其是江西和福建两省的一些地区镉污染十分严重。严重的土壤污染，不仅破坏土地资源，降低土壤生产力，而且降低农林产品质量，减少人们群众的经济收入。

1.2 开展红壤坡地研究的背景

1.2.1 研究目的

从上述列举的重大问题中可以看出，开展红壤坡地研究十分重要和非常必要。土地利用与土地覆被变化（land-use and land-cover Change，LUCC）是全球环境变化的重要组成部分和主要原因。土地利用方式不仅改变了自然环境面貌，而且影响到自然环境中的物质循环和能量分配。同时也客观地记录了人类改变地球表面特征空间格局的活动，再现了地球表面景观的时空动态变化过程，深刻地影响着区域或全球的气候系统、水文和生物地球化学循环，影响着陆地生态系统的生物多样性，改变着动植物和微生物的种群及其初级生产力等。土地覆被变化同样影响着这些变化，而这些变化与全球气候变化、流域水循环和土壤水含量等密切相关。

水循环是地球上各种形态的水通过降水、径流、蒸发等环节在大气系统、陆地系统和海洋系统之间不断发生相态转换和周而复始的运动过程。水文领域所关注的陆地系统水分循环发生于地表系统、地下系统和含水层系统之间。蒸散、截留、填洼、下渗和地表径流是地表系统的重要水文过程，也是流域主要的水量平衡要素，它们主要受到气候因素、地表特征（如地形、海拔、坡度、坡向、植被、土壤等）因素的影响。植被变化一方面影响流域的蒸散发性能，另一方面通过植被类型及覆盖程度的改变显著影响地表径流的产生，影响土壤的入渗特征和流域地下水形成，从而使流域产汇流量与过程发生改变。本研究的重点就是围绕土地利用和水循环展开。为了使研究更具针对性，设定的目的和任务如下。

1.2.1.1　为南方红壤地区的生态环境建设提供决策依据

防治水土流失，保护、改良与合理利用水土资源是水土保持工作的核心。维护和提高土地生产力，充分发挥水土资源的生态效益、经济效益和社会效益，建立良好的生态环境是水土保持工作的目的。针对红壤坡地水土保持研究薄弱，水土保持技术集成不足的状况，根据当地的自然条件和社会经济条件，在掌握红壤地区水土流失和传统生产方式的基础上，按照水土保持生物措施、工程措施和耕作措施布设了具有典型代表性的植物、梯田和耕作三个区组，并布设了裸露对照区组，比较分析这三个区组的水土流失规律和水土保持效果。建立相应的产流、产沙预报模型，选择出适用当地推广的水土保持技术措施，为南方红壤地区生态环境建设提供坚实的理论基础和决策依据。

1.2.1.2　为制定防洪减灾规划提供理论依据

针对当前围绕水土保持措施的防洪减灾效应的争议，深入研究水土保持对旱涝灾害的影响，弥补对防洪减灾定量研究的不足。研究中首次采用大型土壤水分渗漏装置，开展对百喜草覆盖、百喜草敷盖与裸露对照三种处理进行防洪减灾研究。从土壤—植物—大气循环（soil-plant-atmospher continum，SPAC）出发，通过对天然降雨、地表径流、地下径流、壤中流和土壤含水量等进行长期的定位观测，运用水量平衡原理，计算各自的分配比例，揭示它们的时空运行规律，包括三种处理措施下的自然降雨入渗、径流、贮蓄和蒸散发规律，得到各处理措施下的减流减蚀效应和滞洪削峰效应，探索水土保持措施的土壤贮水能力和调蓄洪水功能，定量测报它们的土壤侵蚀量、径流量和洪峰流量，掌握它们的水土流失动态变化状况和洪水产生过程，为制定防洪减灾规划提供理论依据。

1.2.1.3　为制定水土保持技术规范和标准提供科学依据

我国幅员广大，地域辽阔，南北气候土壤千差万别。而我国水土保持的科学研究一直是北强南弱，编制的水土保持技术规范和标准多以北方试验成果为依据，使用这样的技术规范和标准来指导南方水土保持工作作用受限。因此，应用南方研究成果来修订水土保持技术规范和标准，对南方的指导作用和针对性更强。试验地设在集科研试验、推广应用、示范教学和生态建设于一体的江西水土保持生态科技园区，本研究的加入，使该科技园真正成为水土保持科学试验和研究基地、先进技术推广和示范样板、科技培训和科普教育基地、水土保持生态建设窗口。为该科技园成为水土保持优良植物基因库、高新技术孵化器、实用技术辐射源创造了条件。为我国南方红壤丘陵区和长江流域的水土保持生态建设提供技术支撑，为进一步完善我国水土保持技术体系和修订水土保持技术规范提供科学依据。

1.2.2　研究意义

从国家层面来看，南方的水土保持工作始终是国家水土保持发展战略中的薄弱环节，加快以红壤区小流域综合治理为重点的水土保持工程建设具有重要的现实意义。如前所述，红壤广泛分布于我国南方地区，红壤地区水热资源丰富，脱硅富铝化的成土作用较强烈，生物积累过程快，具有巨大的生产潜力，是我国热带和亚热带经济及粮食作物的重要生产基地。但由于长期不合理利用与人口的迅速增长，南方红壤地区森林植被遭到严重破坏，水土流失严重，一度被称为"红色沙漠"。因此，加快南方红壤区的生态环境综合治理，已成为国家水土保持工作的重点。

从行业层面来看，有关南方红壤水蚀区的研究成果和研究进展相对滞后，主要表现为：不同水蚀类型区的坡面水蚀过程与机制不清晰；坡面水蚀预测预报模型参数区域限制性强，难以推广应用；不同水蚀类型区的坡面水土保持措施较为零散、高效集成不足，无法满足生态文明建设对坡面水土流失治理的要求。因此，针对南方红壤坡面水力侵蚀防治中的共性理论、技术问题，开展专项研究，力求全面掌握南方红壤坡面水力侵蚀特征、准确预报其侵蚀强度与空间分布、并建立高效阻控技术体系，对减少我国水土流失、促进农、林、牧业生产、维护江河湖库的生态安全、加速南方红壤地区生态环境改善都具有十分迫切的社会需求和重要的现实意义。

从红壤地区水土保持工作需求来看，加强南方红壤区水土保持措施的防洪减灾效应研究十分重要。南方红壤区是受洪水威胁最严重，发生洪涝灾害最频繁的地区。由于长期对土地资源的不合理利用，整个地区生态与环境遭到严重破坏，土壤退化问题极其严重。大量泥沙淤积，使河湖的通水和滞洪能力明显下降，从而降低了对洪灾的抵抗力。因此，借助先进的土壤水分渗漏装置，针对不同水土保持措施，通过野外试验和室内模拟，系统开展南方红壤坡地不同植被措施下的防洪减灾效应研究，定量分析不同措施的滞洪削峰效应，揭示水土保持措施的防洪减灾机理，为南方红壤区开展水土保持防洪减灾工作提供了理论依据。

1.2.3 研究的重要性

从研究对象来看，选择具有代表性的江西红壤地区为研究区域，以野外小区试验为重点，研究提出的适合南方红壤地区推广应用的水土保持措施，在能够解决水土流失生态环境问题的同时，还能促进农业增产增收，达到改善生态环境、保证生态和粮食安全、提高农民收入和促进地区经济发展等多重目的，也即实现生态效益、社会效益和经济效益的统一，这对南方地区水土保持工作具有重要的参考价值。

红壤是江西地带性土壤的主要类型，面积约占全省土地总面积的55.8%。该区地处亚热带季风区，雨量丰沛，加上复杂的地形、气候及母质等特性，孕育出亚热带特征的森林植被，早期植物种类繁多，植被类型复杂多样。然而，红壤土质脆弱，具有高冲蚀性，且区域降雨不均。同时随着人口压力增大和工业化、城市化进程加快，多元化利用逐渐成为红壤山坡地应用的主要方式，值得注意的是在山区道路开辟、坡地农业开发、矿产开采及森林砍伐等一系列不合理开发活动中，发生了大面积景观破坏及水土资源的流失。

红壤地区主要集中于长江流域南岸，在全国土壤侵蚀分类区划中，属于南方红壤丘陵区。红壤的成土母质以第四纪红色黏土、砂页岩和花岗岩为主，是极易产生水土流失的地区之一。在对这一区域的土地资源研究方面，许多学者已从土地属性、时空分布、改良利用和演变规律等方面进行大量的研究，取得了巨大的成就。但对这一地区的水土流失规律，尤其是对天然降雨和地表径流、地下径流的关系等还未进行过真正意义上的系统研究。而研究基地所在的江西省，既是中国红壤的中心区域，又是我国南方红壤丘陵区水土流失最严重的省份之一，现有水土流失面积 3.35 万 km²，占全省土地总面积的 20.1%，约占全省山地面积的 35%，强烈的水土流失导致肥力下降，耕地砂砾化现象严重，引发洪涝、干旱灾害，给人们生命财产造成巨大损失。江西还是我国受洪水威胁最为严重、发生洪涝灾害最为频繁的地区之一。因此，选择在江西进行这方面的研究，结合经济社会可持续发展，提出适合该地区的对策措施，揭示水土保持措施的防洪减灾机理，具有非常迫切的需求和典型的代表意义。

从研究内容来看，主要围绕红壤坡地水土资源保育与调控技术深入开展。一方面，土地利用与土地覆被变化，改变了自然环境面貌，对自然环境中的物质循环和能量分配产生重要影响，已成为引起全球环境变化的重要因素。土地利用方式深刻地影响着区域或全球的气候系统、水文和生物地球化学循环，影响着陆地生态系统的生物多样性，改变了动植物和微生物的种群及其初级生产力等。另一方面，土地利用和土地覆被变化与全球气候变化、流域水循环和土壤水含量等密切相关。

因此，针对不同坡面的土地利用方式和自然降雨下的径流特征，以试验分析和理论研究为基础，突破了室内模拟研究水土流失规律的研究框架，在分析天然降雨下不同生态措施的水土流失时空分布特征的基础上，通过剖析水土流失影响下的红壤理化性质和生产潜力，定量描述了水土保持措施与防洪减灾间的内在联系。基于数理统计和数值模拟理论，建立了具有推广价值的水土流失预报模型。系统的研究在理论上拓宽了水土流失规律的研究思路，丰富了水土流失研究内容和途径，为南方生态环境综合治理提供丰富的决策参考信息。

1.3　研究动态

影响水土流失的因素很多，主要有降雨、土壤、植被、坡面等因子。在水蚀地区，降雨是引起水土流失的源动力，土壤、植被、坡面等因素是对水土流失有重要影响。自从 1751 年罗蒙诺索夫首次论及暴雨对土壤的溅蚀作用后，Zingg（1940）、Horton（1940）、Laws（1943）、Hudson（1981）、钱宁（1983）、王礼先（1995）、Morgan（1995）、关君蔚（1996）、廖绵浚等众多学者对此进行研究，成果丰硕（尹忠东等，2003）。

坡地水土流失是一个极其复杂的过程，目前尤其是对土壤侵蚀机理缺乏系统研究。坡面水蚀过程受多因素耦合影响，揭示其发生、发展机制需综合考虑坡面水蚀与环境要素之间的响应，并设计有针对性的试验方案，测算多种环境影响因子和基础参数；坡面侵蚀与河道输沙的关系，坡面侵蚀对水土资源高效配置的影响等问题尚未得到全面解答；坡地水蚀预报模型和方法，坡地水蚀过程模拟与调控，坡地水蚀研究基础参数库建设等方面均未取得根本性的突破。

　　总之，现有的研究成果还远不能满足水土保持实践的需要。开展红壤坡地水土资源保育与调控研究，进而采取水土保持措施有效防控水土流失，依然是保护水土资源、改善生态环境的关键课题之一。因此，进一步加强红壤地区的水土保持科学研究，推广先进的科技成果，针对存在的重大问题，提出相应的对策措施，解决生态建设的重大难题，是构建环境友好型和资源节约型社会，促进生态文明与可持续发展的必然要求。

1.3.1　降雨与水土保持措施关系研究

　　降雨是水土流失的源动力，与坡面径流及土壤侵蚀有密切关系。从气象学角度来看，降雨主要由雨量、雨强、降雨历时等特征值来反映，这些因子无疑都会影响水土流失的强度。采取水土保持措施后，在同样的降雨条件下，产生水土流失的结果是不一样的（周国逸等，2000；王云琦等，2006）。降雨量与地表径流量不论是在小流域还是大流域都有密切关系。有学者指出小雨量时径流量与降雨量之间呈指数关系，雨量较大时，两者之间为线性关系，但雨量急剧增大时，径流率逐渐减小，最后趋近一固定值（中野秀章，1983）。此外，降雨与地表径流的关系受下垫面影响较大，以蓄满产流为主导机制的地区，降雨与地表径流相关关系精度较高（梁学田，1992）。

　　基本雨量标准、侵蚀性暴雨标准是与土壤侵蚀密切相关的雨量特征，其具体数值受土壤、植被、地形等因素影响，即使在同一地点数值也不一定相同（谢云，2000；魏天兴，2001）。据研究，基本雨量标准大多在 8~22mm，侵蚀性暴雨的标准不统一，常常与雨强相结合，通常表现为短历时降雨下的标准。降雨侵蚀力（erosivity factor of rainfall，R）是评价降雨引起土壤侵蚀的潜在能力，与能量密切相关（Ellison，1965）。国内外对降雨侵蚀力的研究成果很多，一般将其具体指标表述为降雨动能与某一时段最大雨强乘积的形式。考虑到计算降雨动能需要详细的降雨过程资料，而在实际应用中这些资料难以获得，因此各种降雨侵蚀力简化计算模型应运而生，目前以雨量作为变量的降雨侵蚀力简化计算模型居多（黄炎和等，1992；吴素业，1992；刘秉正，1993）。

　　总之，有关降雨与水土保持措施关系研究较多，但系统性不足，缺乏基本雨量、侵蚀暴雨雨量、侵蚀雨强与气象学雨量、雨强级别的关系研究。

1.3.2　地表径流与水土保持措施关系研究

　　地表径流是指由降雨或融雪而形成的，是一种在重力作用下沿坡面流动的薄层水流，它是在降雨量超过土壤入渗和地面洼蓄能力时产生的，地表径流的形成是坡面供水与下渗的矛盾产物，是降水与下垫面因素综合影响的结果（Moslcy，1975）。地表径流是赋予地理性的稳定的水文数字，是降水与下垫面因素综合影响的结果。下垫面因素主要包括植被、坡度、地被物、土壤等方面。地表径流反映了流域植被、土壤、气候和其他综合水文特征，是衡量植被保持水土、涵养水分、减少洪峰等效益的一个基本指标。探讨不同植被类型的地表径流规律及其特征，对于削洪减灾、评价植被涵养水源效益及衡量退化生态系统恢复成效具有积极意义。

影响地表径流的因素复杂多样，植被类型、降水特性、敷盖条件的厚度及其持水能力、土壤拦蓄入渗能力等都直接或间接影响着产流与否和产流量的多少（Hewlett and Hibbert，1967；申卫军等，1999）。水土保持坡面工程措施主要有水平梯田、水平沟、隔坡梯田、水平阶、蓄水池等，其中水平梯田由于其外侧填土虚松和内侧深翻的原因，使土壤容重减小，非毛管孔隙增大，造成有利于降雨入渗的土体构型，强化降雨入渗的作用十分显著。水土保持耕作措施，既改变了土壤结构，又改变了坡面微地形，提高了土壤表面糙度，增强了坡面的拦蓄能力（康绍忠等，1997；王晓燕等，2000）。水土保持植物措施对径流的影响是多方面的：一是植物的阻滞作用延缓了地表径流；二是植物的生长发育需要消耗大量的水分，减少了地表径流；三是不同的植物品种和不同的种植密度也能影响地表径流。此外，影响地表径流的因素还有土壤、坡长和坡度等，并且关系十分复杂，必须根据气候区、土壤、母质等分别研究，且不同区域常有不同的结论。总体来看，在蓄满产流的湿润、半湿润地区内径流量与影响因素的关系相对密切，一般来说，径流量随雨量、降雨历时的增加而增加，与雨强关系并不密切（张建军等，1996；陈力，2001；周光益等，1993）。

总之，目前有关地表径流与水土保持措施关系研究较多，缺乏有关地下径流和壤中流的系统研究。

1.3.3 土壤侵蚀与水土保持措施关系研究

国外很早开展了有关土壤侵蚀与水土保持措施关系的研究，成果颇丰。德国土壤学家沃伦（Wollny）在 1877 年至 1895 年完成了第一个土壤侵蚀科学实验，研究了植被和地面覆盖物对防止降雨侵蚀和土壤结构恶化的影响，Ellson 认识到植被的保持水土作用使降落雨滴丧失动能，揭示了植被控制水土流失的原因，为土壤侵蚀科学开辟出了一个新的领域（哈德逊，1975）。事实上，影响地表径流的因素也会影响土壤侵蚀，且地表径流本身也是影响侵蚀的因素之一，即使在地表径流量相同的情况下，径流过程的差别也能形成不同的侵蚀量，因此会产生地表径流量大而土壤侵蚀量小的情况，导致土壤侵蚀的研究更为复杂。地表覆盖无论是活的植物或者是植物的枯落物均能降低雨滴的打击动能保护土壤表面。由于植物的存在，根系的生长，微生物活动的增加，使土壤的结构和理化性质得到改善，增加了入渗，从而降低了径流和侵蚀（Morgan，1985；克汉，1992）。

植被从覆盖度、种类、结构等多方面影响土壤侵蚀。有研究认为（侯喜禄等，1996），当地表植被的覆盖达到 70% 以上时，才能起到明显防止土壤侵蚀的作用，在植被覆盖达到临界覆盖度之前，随着植被覆盖度的减少，侵蚀作用急剧增加，地表覆盖度低于 35% 时，侵蚀作用更加剧烈。也有研究认为（汪有科等，1993），黄土高原当森林覆盖率高于 95% 时，土壤侵蚀量接近于零，但缺乏地面覆盖的林分保持水土效益可能会显著降低（吴钦孝等，1998）。与乔灌植物相比，草本植被与土壤侵蚀的最大关系不是截留量的多少，而是减少雨滴动能和溅蚀量的多少。由于下落的雨滴在打击地表时把动量传递给了土壤，产生的分裂力量使土壤颗粒分离飞溅，在滴溅过程中，雨滴动量越高，撞击分裂力就越大，被溅出的土粒数量也越多。草本植被由于紧贴地表，可以有效拦截高速落下的雨滴，减少雨滴数量、滴溅能量和溅蚀量，尤其是当降雨强度大时，这种作用最为明显（李勉等，2005）。此外，有关土地利用方式对土壤侵蚀的影响研究也较多（刘元保等，1990；白志刚，1997；左长清，2009）。

总之，有关土壤侵蚀与水土保持措施关系的系统研究集中在我国的黄土高原地区，针对我国南方红壤区开展自然降雨条件下长期野外小区试验研究较少，相关成果也不多见，尤其是在定量和规律方面更为鲜见。

1.3.4 防洪减灾与水土保持措施关系研究

水土流失所带来的后果，不仅仅是表层土体流失，土壤肥力降低，植被覆盖率降低，土壤持水能力减弱，更大的危害是会导致洪涝的形成和加剧。水土流失是洪灾形成的重要原因，而洪灾又可使水土流失继续加重，如果不能很好地处理二者之间的关系，必将形成水土流失与洪水灾害的恶性循环。水土流失导致洪水灾害形成和加剧的主要表现为：一是破坏生态平衡，引发山体滑坡，增加地表径流，加剧洪水泛滥，造成河库淤塞，降低工程效益；二是水土保持措施具有蓄水减流，保土减沙，增加地面粗糙度，促进土壤水分入渗，延缓水流，从而能削峰减流，提高环境的抗灾能力，起到降低灾害频率，减轻灾情的作用。在一定条件下，甚至可能避免灾害的发生。据经过综合治理的松嫩流域通双小流域观测资料，在 1998 年的特大洪涝灾害中，该小流域拦蓄径流量 114.5 万 m^3，拦蓄泥沙量 8.5 万 t，减水率和减沙率分别达到 86.8% 和 92.2%（傅国儒和姚毅臣，1999），发挥了巨大的抗灾减灾作用。"长治"工程第一、二、三期实施治理的 1890 条小流域调查统计结果显示，经过 5 年的连续治理，荒山荒坡减少 80.8%，水土流失面积降低 29.9%，年土壤侵蚀量减少 68.6%（李小强，2004）。据黄河上中游水土保持生态工程重点小流域治理项目测算，经过治理后，黄河上中游每年可减少土壤侵蚀量 1711 万 t，拦蓄径流 8877 万 m^3，减蚀率和蓄水率分别达到 40%~70% 和 35%~50%（陈余道和蒋亚萍，1997；穆兴民和陈霁伟，1999）。

在国外，为了防御洪水灾害，英国、荷兰、日本和美国十分重视水土保持工作，通过治理河川，植树造林，扩大森林覆盖率，防止水土流失，从而减少洪水灾害的损失，如美国的森林覆盖率达 33.33%，日本的森林覆盖率达 66.6%（陈钊，2003）。美国明确规定，建设水利工程时，其上游已有或同时进行的采取水土保持措施的土地面积必须达到 50%（有的州规定必须达到 75%）。巴西境内河流众多，降水丰沛，却鲜有特大洪涝灾害，除了巴西人口密度小的原因外，最重要的是巴西境内植被基本上没有遭到破坏。

综上所述，国内外都意识到水土流失最终导致环境承受和抗御自然灾害的能力下降，出现小流量、高水位、大险情的现象。在同样降雨条件下，水土流失区发生洪涝灾害的可能性增大，频率增高。因此，为了有效地治理水土流失，实现防洪减灾，除了采取修建水库、堤防、防洪墙、河道整治、分洪滞洪等工程措施外，最根本的措施是搞好水土保持工作，它在防洪减灾中的巨大作用已经在国内外形成共识。

国内对水土保持防洪减灾的机理研究相对滞后，有的甚至是空白。已有研究多是定性描述或单纯从水土保持措施本身的角度，通过典型样地观测，简单推算出水土保持的减水减沙量，没有从流域生态系统的整体来考虑水土保持对流域防洪减灾作用，缺乏系统性，不利于正确认识和评价水土保持综合治理的防洪减灾作用，没有体现水土保持是江河治理的根本性措施和江河防洪体系建设的重要组成部分的地位，限制了水土保持防洪减灾作用的进一步发挥。

1.3.5　水土保持工程效应研究

在水土流失地区运用水土保持工程措施、植物措施和耕作措施改良土壤是十分常见的技术措施，国内外学者对此研究较多，特别是在土壤理化性状、土壤养分、土壤质地和土壤成分等方面开展了深入细致的研究。

水土流失携带表层土壤中的养分流失，从而引起土壤的化学性质发生变化，而土壤化学性质反映了土壤供应养分的潜在能力，是评价土壤养分状况的重要指标之一。由于不同措施的下垫面条件不一样，使得养分流失程度也不同，所以其土壤养分状况亦不尽相同。土壤化学养分状况包括土壤生物化学养分指标，如有机质等；土壤潜在养分状况指标如全氮、全磷、全钾含量等；土壤有效性养分状况指标如碱解氮、速效磷、速效钾等。有机质是土壤的重要组成部分，是指存在于土壤中的含碳有机化合物，包括土壤中各种动物残体、植物残体，以及微生物体分解或合成的各种有机物质。土壤有机质的含量与土壤养分状况是密切相关的，在一定含量范围内，有机质含量的多少可以反映土壤养分状况。土壤养分是土壤肥力因素之一，其丰缺程度，直接影响到作物的生长发育和产量的高低。大量研究表明采取水土保持措施的地块比裸露地块或荒地的土壤养分和有机质含量高，其含量随时间推移而呈递增趋势（康玲玲等，2003），土壤微生物数量也有所增加，小范围生态环境得到一定程度的改善（陈由强等，2000）。

土壤的持水性能对于土壤侵蚀具有特殊意义，因为土壤是水分贮蓄的主要场所，低通气孔度不利于降雨的入渗，降雨多以地表径流的形式损失而加剧土壤侵蚀。严重的土壤侵蚀使土壤物理性状恶化，持水性能变差，持水量变小，而采取水土保持措施能显著提高表层土壤的持水性能。通气孔度是水分进入土壤的主要通道，所占的比重越大，表明土壤越有利于降雨入渗。通气孔度高有利于降雨入渗，一方面是因为植被根系的改良作用，另一方面是因为植被可以减少雨滴对土壤击溅作用。因而增加地表覆盖，保护水分进入土壤的通道和防止表层土壤因高温而迅速干化，对土壤水充分使用和植被的生长有重要意义。而裸露地的土壤直接受到降雨的击溅，细小的土壤颗粒极易堵塞通气孔隙，在地表形成一层致密的结皮，使得水分进入土壤的通道堵塞，表层土壤受高温影响而迅速干化。

土壤颗粒是构成土壤结构的主要组分，抵抗水分分散的微团聚体是反映土壤抗蚀性能大小的指标之一。土壤的抗蚀性与土壤结构胶结物质的数量和质量有密切联系，有机质是水稳性团聚体的主要胶结物质，有机质含量越高，土壤抗蚀性越强。研究表明，人工林土壤团聚体稳定性较差，非毛管孔隙数量少，表层土壤侵蚀率较大（张保华等，2005）；采取水土保持治理措施后，土壤抗蚀性得到一定程度提高（蔡丽平等，2001）。

梯田是在坡地上分段沿等高线建造的阶梯式农田，是治理坡耕地水土流失的有效措施，蓄水、保土、增产作用十分显著。梯田具有保水、保土、保肥等显著特征，适合在山区地形复杂、坡度陡、干旱少雨、土壤肥力低下等地方修筑，因此梯田是我国广大山区目前及今后较长时段内发展种植业需要采取的重要的水土保持工程措施。但梯田造价较高，受设计标准、修建前地形、修建方法和耕作维护等因素的影响，质量差异较大，从而影响其减水减沙效益。按田面坡度不同，梯田可分为水平梯田、坡式梯田、复式梯田等。梯田的宽度根据地面坡度大小、土层厚薄、耕作方式、劳力多少和经济条件而定，和灌排系统、交通道路统一规划。修筑梯田时宜保留表土，梯田修成后，配合深翻、增施有机肥料、种植适当的先锋作物等农业耕作措施，以加速土壤熟化，提高土壤肥力。

红壤坡地植生工程是应用植物学、生态学、生态经济学、环境生态学、林业生态工程学、水土保持学、生态水文学等学科原理，充分遵循生态经济原则和自然资源的可持续发展原则，从生态系统的整体性、群落结构的稳定性、资源利用的有效性与可持续性出发，将生态与经济、保护与利用、治理与开发、工程措施与生物措施相结合，防治水土流失与改善、美化生态景观相统一的水土流失新型治理技术；是以人为本，实现人与自然和谐相处的新型水土流失防治模式，也是一种典型的水土保持生态农业模式。植生工程的核心技术主要包括山边沟、草沟、梯壁植草、草路、生态经济果园、水土保持植物优化组合等技术，它将生态效益、经济效益和社会效益融于一体，是协调人类与自然资源、环境关系的生态工程，也是水土流失防治的主要技术措施之一。目前有关南方红壤坡地植物与工程单项技术的研究成果已比较成熟，但尚未将各项具有生态理念的技术整合集成，并在南方红壤坡地水土流失防治和生态农业开发等领域进行广泛应用。

1.3.6　已有研究成果的特点分析

纵观国内外水土流失研究现状可知，在世界各国水土保持专家、学者的共同努力下，水土流失理论和方法研究已取得了长足的进展，且在科学技术高速发展过程中不断完善，取得了很多有价值的成果。这些成果不仅在改善全球生态环境方面发挥了重要的作用，而且在理论和应用上也有众多创新。在研究手段上，随着人工降雨装置的出现，开展水土流失研究不再局限于室外，更多的研究工作在室内即可完成，研究工作也越来越深入；在研究理论和方法上，随着数学科学的不断进步，尤其是计算机技术的迅猛发展，水土流失预报模型越来越多，而且随着对水土流失机理研究的不断深入，出现了较为复杂的模拟模型。近年来，大量自然地理学、泥沙运动学等学科的研究方法和手段被引入水土流失研究中，同时在水土流失研究中考虑到了气象、水文、生物、地形地貌及土壤本身等几乎所有自然因素和人为活动的影响，使得水土流失研究日趋综合化和复杂化。

这些研究虽然开展较早较多，但集成和系统性不足，且在基本雨量、侵蚀暴雨雨量、侵蚀雨强与气象学雨量、雨强级别的关系方面缺乏研究。

上述研究成果仅针对地表径流，并没有对地下径流、壤中流和水量平衡等方面进行有效的研究。

目前，国外水土流失研究无论在资料积累，还是研究手段和方法上都比较先进。我国对水土流失研究尚存在如下不足。

1）水土保持在防洪减灾中的作用研究较少。严重的水土流失是造成洪涝灾害的重要原因之一，水土保持是防洪减灾的根本措施。在洪涝灾害防治中，水土保持的重要作用还在于改变了流域产流和汇流的下垫面条件，防治坡面土壤侵蚀，减少江河、水库与湖泊的淤积，降低因泥沙淤积导致的河情与水情的恶化，促进土壤水分入渗，避免坡面径流直下江河而引起的洪水暴涨，从而抑制洪涝灾害。水土保持综合治理是防洪减灾的根本，水土保持在防洪减灾中的巨大作用在国内外已经基本形成了共识，并取得了一些好的成果，提出了一些先进的评价体系和方法。

2）对西北黄土区水土流失问题的研究较多，对南方红壤区土壤侵蚀的研究较少；短期的室内模拟试验研究较多，长期的野外定位试验研究较少；单因子分析较多，多因子综合分析较少。在水土保持措施方面，单一措施研究较多，综合措施研究较少，特别是对植物措施、耕作措施、工程措施同时进行系统分析研究的更少。缺乏对土壤—植物—大气循环整体和相互反馈关系的研究。

3）由于水土流失发生在特定的地理空间，具有独特的水—土界面和风—沙（土）界面相互作用机制以及地表形态和环境要素演化规律，而目前在水土流失过程机制方面的研究，仍套用相邻和相近学科的理论，尚未形成自身的研究理论体系。

4）目前针对养分流失的研究大都是在室内通过人工降雨试验进行的，研究天然降雨下养分流失规律的成果十分少见。缺乏对养分流失机理的研究，在预报养分流失的数学模型研究方面，尚未建立有效的养分流失机理性数学预报模型。

5）人类活动是造成水土流失加速发展的根源，但目前还缺乏对人类活动造成水土流失过程机制的研究。如植被破坏或生态恢复对水土流失过程的影响机制，耕作侵蚀过程机制。开发建设过程中，引起的水土流失过程机制等方面的研究还不深入，相应成果也较少。

6）国内外对水土保持减水减沙、防洪减灾的机理，水土保持防洪减灾效益的定量分析评价相对滞后，有的甚至是空白，不利于正确认识和评价水土保持综合治理的防洪减灾作用，难以从防洪减灾的角度指导水土保持工作的开展，限制着水土保持防洪减灾作用的进一步发挥。

7）尚未建立较为完善的适用于全国范围的土壤流失预报模型，致使水土流失调查缺乏有力的科学支撑。许多研究者以通用土壤流失方程（universal soil loss equation，USLE）为基础，根据各自研究地区的实际情况进行修正，建立了地区性的坡面水土流失预报方程，但还没有得到比较公认的模型。在流域水土流失预报模型方面，目前虽有部分研究成果，但缺乏通用性，而更多的是将国外模型经过修正后直接应用。结合我国的水土流失特征，建立中国水土流失预报模型，对指导我国生态环境建设、进行水土保持具有十分重要的意义。

8）没有按水土流失的类型统一布设径流小区，现有的观测资料缺乏统一的监测标准。科研单位与各省、市的水土保持试验站小区试验方法以及资料缺乏交流与验证，以现有的小区观测资料，难以深入开展水土流失的多种方法研究；小区观测的数量太少，目前我国径流小区观测资料还不能满足系统研究我国水土流失规律的需要。水土流失科学研究与生产实践脱节，缺乏全面指导生态环境综合治理的能力，难以满足生产实践的需要。这种研究与实践的脱节，在很大程度上限制了水土流失科学研究的发展。

1.4 研究主要内容

本研究主要针对当前我国红壤坡面水蚀防治中存在的主要理论与技术问题，围绕红壤坡地水土资源保育与调控技术开展研究。选择典型水蚀区，确定坡面水土流失过程中的主要影响因素及其互动耦合机制，确定全国降雨侵蚀力时空分布与变化趋势，构建坡面水蚀预报模型，提出坡面径流调控技术、坡面产沙阻控技术，从而形成一套完整的坡面水蚀诊断、预报与防治体系。

1.4.1 红壤区降雨特征研究

为全面掌握红壤区的降雨特征，本研究从以下两方面获取相关资料：一方面，在实地建立标准气象观测站，进行长时间的定位观测，掌握当地降雨的年际、月际变化和日、时、分、秒的变化情况，并分析其降雨量、降雨强度、降雨历时、降雨类型的变化，研究其影响水土流失的降雨动能和降雨侵蚀力。另一方面，收集全国雨量站有观测记录以来的降雨资料进行分析研究，掌握我国水蚀地区降雨量相关变化情况以及降雨动能和降雨侵蚀力，了解红壤区降雨特征与全国降雨特征的区别以及降雨动能和降雨侵蚀力等相关指标的地位和作用。从而深入研究红壤地区降雨对水土流失的影响，为防治水土流失提供理论支持。

1.4.2 红壤坡地地表径流特征研究

本研究在同一坡面，相同坡度和相同土质条件下布设 15 个标准试验小区，其投影面积为 100m²，长、宽分别为 20m、5m，用于观测地表径流。另外，布设 3 个面积为 75m²，长 15m、宽 5m 的试验小区，用于观测地表径流、壤中流和地下径流。其中 15 个标准试验小区中植物措施组有 6 个小区，工程措施（梯田）组有 5 个小区，耕作措施组有 3 个小区和裸露对照组 1 个小区。从 2001 年开始，长年观测天然降雨条件下，每一场降雨引起的地表径流量和径流时间，分析研究每一场地表径流的差异。

1.4.3　红壤坡地土壤水分特征研究

红壤坡地土壤水分特征研究分为两部分。一部分是在覆盖小区、敷盖小区和裸露对照小区3个小区中进行，即在各个小区内，分上、中、下3个坡位和3个土层深度，利用土壤水分张力计定位观测土壤水分适时变化。另一部分是每隔一定时段，对每一个小区同时取样分析土壤水分含量。研究每一种水土保持措施对土壤水分含量的影响，探讨不同措施、不同时段、不同坡位和不同土层深度的土壤水分变化规律和特征。

1.4.4　红壤坡地壤中流特征研究

红壤坡地壤中流特征的研究，通过建立3个大型土壤渗漏装置进行。大型土壤渗漏装置是一种全封闭装置，分别布设在覆盖小区、敷盖小区和裸露对照小区的下坡边墙，各距地表30cm、60cm和90cm深处收集上层壤中流、中层壤中流和底层壤中流（地下径流）的流量大小和断流时间，分析土壤入渗特征，探讨不同措施、不同时段和不同土层深度壤中流变化规律。

1.4.5　红壤坡地水量平衡研究

红壤坡地水量平衡研究也在覆盖小区、敷盖小区和裸露对照小区3个小区中进行。通过对天然降雨、地表径流、壤中流和地下径流以及土壤含水量的观测资料分析，利用水量平衡相关理论，探讨百喜草覆盖措施、百喜草敷盖措施、裸露对照3种处理措施的水量平衡状态以及土壤水分的运移规律和特征。并从气象、植物和土壤3种方面对土壤蒸散发的影响因素进行分析，建立3种处理的土壤蒸散发的计算模型。

1.4.6　水土保持措施防洪减灾效应研究

水土保持措施的防洪减灾作用一直是一个研究热点，但到目前为止，其研究成果仍然是定性的多，定量的少。本研究通过观测天然降雨、地表径流、壤中流和地下径流以及土壤含水量的变化，将采用水土保持措施与其他没有采用水土保持措施的小区进行比较，对应计算其滞后时间和效应。特别是对百喜草覆盖、百喜草敷盖与裸露对照3种处理进行了系统的分析研究，比较了各种状态下每一时段，不同土层深度和不同类型降雨的滞洪削峰效应。建立自然降雨条件下的红壤坡地产流过程的数学模型，并应用普里斯曼隐式格式对其进行了求解。探讨了自然降雨条件下不同下垫面的产流过程，阐明了水土保持措施的削峰滞流作用。

1.4.7　红壤坡地土壤侵蚀特征研究

红壤坡地土壤侵蚀的研究设有牧草区、耕作区、梯田区、渗漏区和裸露对照 5 个区组共 18 个小区，即 18 种处理。通过多年对不同降雨条件下，不同处理所产生的土壤侵蚀量进行统计分析，计算出各个时段、各种措施的土壤侵蚀量，掌握其分布规律和特征，找出适合红壤地区推广的水土保持措施和植物品种，提出不同时段进行农业生产值得注意的问题。结合天然降雨和地表径流，建立土壤侵蚀数学模型，为预测预报水土流失服务。

1.4.8　红壤坡地水土流失预报模型

水土流失的预测预报是水土保持研究的一项基础工作，建立科学实用的水土流失预报模型，对于评价水土流失程度，为决策部门规划相应的水土保持措施提供科学依据是开展这一研究的主要目的。20 世纪 80 年代以来，我国围绕水土流失预报模型做了大量研究，取得一系列研究成果。但对南方红壤区土壤侵蚀模型的研究相对较少，限制了该区水土流失监测和防治工作。研究针对红壤坡地上的标准径流小区进行长期观测，通过比较裸露小区与采取相关水土保持措施小区的观测数值，分析土壤侵蚀与主要影响因素间的响应关系，构建南方红壤坡地土壤流失方程，应用土壤水蚀预测模型（water erosion prediclion project，WEPP）进行坡面水蚀预报，并对其适用性进行评价分析，为区域水土流失监测、预报，水土保持措施优化配置等提供科学的技术支撑。

1.4.9　红壤坡地水土保持措施土壤改良效益

采用水土保持措施具有改良土壤的效果，本研究在第四纪红壤坡地上种植不同的牧草代表植物措施，利用不同的耕作方式代表耕作措施，运用不同的梯田修筑形式代表工程措施，分成多个区组进行研究。分别从降低土壤容重，提高土壤总孔隙度、最大持水量、毛管持水量和田间持水量等土壤物理性状；从降低土壤酸度和调节土壤 pH 值，提高土壤有机质、全氮、全磷、碱解氮、速效磷和速效钾的含量等土壤化学性状；从土壤团聚度、水稳性团聚体重量百分数（WSA），水稳性团聚体直径（E_{MWD}），土壤分散率、土壤侵蚀率、土壤结构破坏率和受蚀性指数（EVA）等方面进行研究。以便掌握不同水土保持措施下的土壤改良状况，综合客观地评价其改良效益。

1.4.10　红壤坡地梯田工程技术研究

梯田是一种传统的水土保持技术，在中国已有 3000 多年的修筑历史，但是中国至今没有对其水土保持效益进行过长期的定位定量试验观测。本研究在红壤坡地上修筑了前埂后沟水平梯田、梯壁植草水平梯田、梯壁裸露水平梯田、梯壁植草内斜式梯田和梯壁植草外斜式梯田 5 种梯田，用以观测和研究各种类型的梯田防治水土流失的效果，改良土壤的能力和利用百喜草保护土坎梯田作用，以便找出最佳的修筑方法，推广到生产实践中去。

1.4.11　红壤坡地植生工程技术研究

人们为满足生产的需要，往往会在红壤坡地修筑道路、沟道和护坡工程。修筑方式多为土筑和石筑，有的甚至采用沥青或钢筋混凝土修筑。这些修筑形式不仅费工费时，投入成本大，而且有碍观瞻，影响生态环境。为了改变这种状况，本研究在试验基地进行了植生工程的技术研究，即在车流量较少的农路，无常年地表径流的沟道，以及土坎梯田的护坡，全面种植百喜草。百喜草是一种耐碾压、耐修剪、耐浸泡、抗逆性强、生物量大、覆盖迅速、固土能力强的草本植物。采用这种方式修筑的植生工程不仅能发挥工程本应具备的功能作用，而且不会造成生态环境的破坏，提高了水土保持工程的质量和技术含量。

1.5　研究技术路线

本书的技术路线，遵循由上到下的空间布局顺序，由先到后的事物发展规律，采用由面到点，点面结合的分析方法，由室内到室外的操作程序，由理论到实践，又从生产实践上升为理论的总体研究思路。在对水的研究方面，空间顺序是从天然降雨、地表径流、土壤水分、壤中流和地下径流逐级进行。对水蚀地区进行研究时，采用先理清全国水力侵蚀的总体状况，收集整理全国气象站有降雨记录以来约 60 年的资料，确定红壤区及其研究地所处的位置和状态。在此基础上，从全国降雨侵蚀力时空分布与变化特征、坡面水蚀过程与影响因素的互动机制、典型水蚀区坡面水蚀预报模型、典型水蚀区坡面产流调控与产沙阻控技术展开深入研究。其中，全国降雨侵蚀力时空分布与变化特征研究，旨在了解红壤区域在全国水力侵蚀区的地位和作用，为区域水土流失防治和水土保持效应评价等提供基础支撑。坡面水蚀过程与影响因素的互动机制研究包括降雨、下垫面等因素与水土流失的关系及其作用机制，坡面水量分配规律及其对地表覆盖的响应等内容，旨在为预报模型和防治技术研究奠定必要的理论支持。按照事物发展规律，先总结分析前人已有的研究成果，遵循有所为，有所不为，高效实用的原则开展研究。在模型构建方面，在掌握已有的模型的基础上，结合现场观测资料从坡面水、沙及其相互关系入手，综合统计与物理模型，研究建立红壤坡地降雨–产流过程机理模型、红壤坡地通用土壤流失方程以及红壤坡地 WEPP 模型。典型水蚀区坡面产流调控与产沙阻控技术研究主要分析不同措施及集成模式对坡面产流、产沙、土壤理化性状和水量分布的影响，定量评价其综合效应，为防治技术的对位配置提供依据。在机制、测报、防治等有关研究的基础上，最终集成一套完整的典型水蚀区坡面水蚀诊断、预报与防控技术体系。

技术路线见图 1-1。

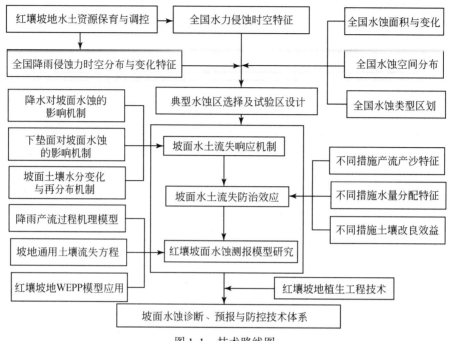

图 1-1　技术路线图

Fig. 1-1　Technology road map

参 考 文 献

白红英，唐克丽，张科利，等 . 1993. 草地开垦人为加速侵蚀的人工降雨试验研究 . 中国科学院水利部西
　　北水土保持研究所集刊，17：87～93.

白志刚 . 1997. 从无定河流域"94·8·4"暴雨洪水看袜草措施的减蚀作用 . 中国水土保持，(7)：17～19.

蔡丽平，陈光水，谢锦升，等 . 2001. 南亚热带侵蚀赤红壤治理前后土壤抗蚀性的变化 . 水土保持学报，
　　15（6）：129～131，139.

陈霁巍，穆兴民 . 2000. 黄河断流的态势、成因与科学对策 . 自然资源学报，(1)：31～35.

陈力 . 2001. 坡面降雨产流规律的数值模拟 . 泥沙研究，4：61～66.

陈由强，叶冰莹，朱锦懋，等 . 2000. 滨海风砂地种植后土壤生物化学特性的分析 . 土壤与环境，9（1）：
　　31～33.

陈余道，蒋亚萍 . 1997. 从防洪减灾谈水土保持 . 中国农村水利水电，(10)：35～37.

陈钊 . 2003. 森林资源灾害应急机制及应急智能决策系统构架初步研究 . 北京：北京林业大学博士学位论文 .

樊毅 . 2010. 土壤水分入渗的影响因素概述 . 植物需水与调控技术交流研讨会，南宁 .

方海燕，蔡强国，李秋艳 . 2009. 黄土丘陵沟壑区坡面产流能力及影响因素研究 . 地理研究，8
　　（3）：583～591.

傅国儒，姚毅臣 . 1999. 水土保持是防洪减灾的重要措施 . 水土保持通报，19（2）：15～18.

关君蔚 . 1996. 水土保持原理 . 北京：中国林业出版社 .

哈德逊 N W. 1975. 土壤保持 . 窦葆璋，译 . 北京：科学出版社 .

何园球，李成亮，刘晓利，等 . 2008. 水分和施磷量对简育水耕人为土中磷素形态的影响 . 土壤学报，6：

1081 ~ 1086.

侯喜禄, 白岗栓, 曹清玉.1996. 黄土丘陵区森林保持水土效益及其机理的研究. 水土保持研究, 3 (2):
　　98 ~ 103.

黄炎和, 卢程隆, 郑添法, 等.1992. 闽东南降雨侵蚀力指标 R 值的研究. 水土保持学报, 6 (4): 1 ~ 5.

康玲玲, 王云璋, 刘雪, 等.2003. 水土保持措施对土壤化学特性的影响. 水土保持通报, 23 (1):
　　46 ~ 48.

康绍忠, 张书函, 张富仓, 等.1997. 积水入渗条件下土壤水分动态变化的野外观测与分析——以内蒙古
　　敖包小流域为例. 水土保持通报, 17 (1): 7 ~ 12.

克汉 M J.1992. 秸秆和作物覆盖对土壤流失的影响. 水土保持科技情报, (2): 50 ~ 51.

黎四龙, 蔡强国, 吴淑安, 等.1998. 坡长对径流及侵蚀的影响. 干旱区资源与环境, 12 (1): 29 ~ 35.

李恒鹏, 杨桂山, 刘晓玫, 等.2005. 流域土地利用变化的长周期水文效应及管理策略——以太湖上游地
　　区蠡河流域为例. 长江流域资源与环境, 4: 450 ~ 455.

李勉, 姚文艺, 李占斌.2005. 黄土高原草本植被水土保持作用研究进展. 地球科学进展, 20 (1):
　　74 ~ 80.

李小强.2004. 水土保持是山区防洪减灾的基础. 中国水土保持, (2): 29 ~ 30.

李玉山.1997. 黄土高原治理开发与黄河断流的关系. 水土保持通报, (6): 41 ~ 45.

梁学田.1992. 水文学原理. 北京: 水利电力出版社.

梁音, 杨轩, 潘贤章, 等.2008. 南方红壤丘陵区水土流失特点及防治对策. 中国水土保持,
　　12: 50 ~ 53.

梁音, 张斌, 潘贤章, 等.2009. 南方红壤区水土流失动态演变趋势分析. 土壤, 4: 534 ~ 539.

廖绵浚, 张贤明.2003. 水土保持作物百喜草研究. 中国水土保持科学, 1 (2): 8 ~ 17

刘秉正.1993. 渭北地区 R 值的计算与分布. 西北林学院学报, (2): 21 ~ 29.

刘昌明, 刘宏伟.1993. 嘉陵江流域低山区的低效林调查研究. 四川林业科技, 2: 67 ~ 72.

刘春蓁.2003. 气候变异与气候变化对水循环影响研究综述. 水文, 4: 1 ~ 7.

刘春蓁.2004. 气候变化对陆地水循环影响研究的问题, 地球科学进展, 19 (1): 115 ~ 119.

刘树华, 张景光, 刘昌明, 等.2002. 荒漠下垫面陆面过程和大气边界层相互作用敏感性实验. 中国沙
　　漠, 6: 636 ~ 644.

刘元保, 唐克丽, 查轩, 等.1990. 坡耕地不同地面覆盖的水土流失试验研究. 水土保持学报, 4 (1):
　　25 ~ 29.

刘运河, 刘岩, 周江红.1998. 特大洪水过后的思索. 中国水土保持, (11): 41 ~ 42.

刘震.2001. 利用生态的自我修复能力防治水土流失. 水土保持研究, 8 (4): 13 ~ 16.

穆兴民, 陈霁伟.1999. 黄土高原水土保持措施对土壤水分的影响. 土壤侵蚀与水土保持学报, (4):
　　39 ~ 44.

戚隆溪, 黄兴法.1997. 坡面降雨径流和土壤侵蚀的数值模拟. 力学学报, 29 (3): 343 ~ 347.

钱宁, 万兆惠.1983. 泥沙运动力学. 北京: 科学出版社.

曲格平.1997. 我们需要一场变革. 长春: 吉林人民出版社.

史德明.1998. 长江特大洪水的启示. 中国水土保持, (11): 26 ~ 28.

史立人.1999. 长江流域的坡耕地治理. 人民长江, 30 (7): 25 ~ 27.

孙波.2011. 红壤退化阻控与生态修复. 北京: 科学出版社.

孙鸿烈.2011. 中国生态问题与对策. 北京: 科学出版社.

孙占东, 姜加虎, 黄群.2005. 近 50 年岱海流域气候与湖泊水文变化分析. 水资源保护, 5

（21）：16～18.

唐克丽.2000.退耕还林还牧与保障食物安全的协调发展问题.中国水土保持,（8）：35～37.

万荣荣,杨桂山.2004.流域土地利用/覆被变化的水文效应及洪水响应.湖泊科学,3：258～264.

汪权方,李家永,陈百明.2006.基于地表覆盖物光谱特征的土地覆被分类系统——以鄱阳湖流域为例.
  地理学报,4：359～368.

汪有科,吴钦孝,赵鸿雁,等.1993.林地枯落物抗冲机理研究.水土保持学报,7（1）：75～80.

王健,徐建华,龙虎,等.2002.黄河中游水利水保工程对下游的影响.西北水资源与水工程,（2）：
  36～38.

王礼先.1995.水土保持学.北京：中国林业出版社.

王晓燕,高焕文,李洪文,等.2000.保护性耕作对农田地表径流与土壤水蚀影响的试验研究.农业工程
  学报,（3）：66～69.

王云琦,王玉杰,张洪江,等.2006.重庆缙云山不同土地利用类型土壤结构对土壤抗剪性能的影响.农
  业工程学报,（3）：40～45.

魏天兴.2001.黄土残塬沟壑区降雨侵蚀分析.水土保持学报,4：47～50.

吴钦孝,赵鸿雁,汪有科.1998.黄土高原油松林地产流产沙及其过程研究.生态学报,18（2）：
  151～156.

吴素业.1992.安徽大别山区降雨侵蚀力指标的研究.中国水土保持,（2）：32～33.

夏军,刘昌明,丁永建,等.2011.中国水问题观察.北京：科学出版社.

谢开云.1993.中国南方红壤区种草养畜的潜力及问题//张马祥,刘荣乐.中国红壤与牧草.北京：中国
  农业科技出版社.

谢云,刘宝元,章文波.2000.侵蚀性降雨标准研究.水土保持学报,4：6～11.

尹忠东,周心澄,朱金兆.2003.影响水土流失的主要因素研究概述.世界林业研究,（3）：32～36.

尹忠东.2003.江西红壤缓坡地水土流失及水分循环研究.北京：北京林业大学博士学位论文.

张保华,徐佩,廖朝林,等.2005.川中丘陵区人工林土壤结构性及对土壤侵蚀的影响.水土保持通报,
  25（2）：25～28.

张建军,朱金兆,魏天兴.1996.晋西黄土区坡面水土保持林地产流产沙的观测分析.北京林业大学学
  报,18（3）：14～19.

赵其国.2002.红壤物质循环及其调控.北京：科学出版社.

中华人民共和国水利部,中国科学院,中国工程院.2010.中国水土流失防治与生态安全.北京：科学出
  版社.

中野秀章.1983.森林水文学.北京：中国林业出版社.

周光益,陈步锋,曾庆波,等.1993.尖峰岭热带山地雨林更新林产流特征研究.林业科学研究,6（1）：
  70～75.

周国逸,闫俊华,申卫军,等.2000.马占相思人工林和果园地表径流规律的对比研究.植物生态学报,
  （4）：451～458.

左长清.1987.风化花岗岩土壤侵蚀规律和预测方程的探讨.水土保持通报,7（3）：53～58.

左长清.1988.低丘红壤防蚀措施初步研究.中国水土保持,8（12）：47～49.

左长清.1998.只有搞好流域综合治理,方能确保江河安澜.中国水土保持,（11）：37～38.

左长清.2009.红壤坡地水土保持效应及机理研究.南京：河海大学博士学位论文.

Ghulam M H.1989.树冠下的土壤侵蚀.水土保持科技情报,（3）：6～11.

Adekalu K O, Olorunfemi I A, Osunbitan J A.2007.Grass mulching effect on infiltration, surface runoff and soil loss of three agricultural soils in Nigeria. Bioresource Techology, 98, 912~917.

Battany M C, Grismer M E. 2000. Rainfall runoff and erosion in Napa Valley vineyards: effects of slope, cover and surface roughness. Hydrological Processes, 14: 1289~1304.

Bogdan A V. 1977. Tropical Pasture and Fodder Plants. New York: Longman Inc.

Bryan R B. 2000. Soil erodibility and processes of water erosion on hillslopes. Geomorphology, 32: 385~415.

Daniels R B, Gillian J W. 1996. Sediment and chemical load reduction by grass and filters. Soil Sci Soc Am J, 60: 246~251.

Ellison L. 1965. Influence of grazing on plant succession of Rangelands. The Botanical Review, 26: 1~78.

Fullen M A, Booth C A, Brandsma R T. 2006. Long-term Effects of Grass Ley Set-aside on Erosion Rates and Soil Organic Matter on Sandy Soils in East Shropshire. Soil & Tillage Research, 89: 122~128.

Ghawi I, Battikhi A. 1986. Water melon production under mulch and trickle irrigation in the Jordan valley. Journal of Agronomy and Crop Science, 157: 145~155.

Ghidey F, Alberts E E. 1997. Plant root effects on soil erobility, splash detachment, soil strength, and aggregate stability. Transactions of the American Society of Agricultural Engineers, 40: 129~135.

Gutierrez J, Hernandez I I. 1996. Runoff and Interrill Erosion as Affected by Grass Cover in a Semi-arid Rangeland of Northern Mexio. Journal of Arid Environment, 34: 287~295.

Gyssels G, Poesen J. 2003. The importance of plant root characteristics in controlling concentrated flow erosion rates. Earth surface processes and Landforms, 28: 371~384.

Hewlett J O, Hibbert A R. 1967. Factors Affecting the Tesponse of Small Watersheds to Precipitation in Humid Areas. Inter Symp on Forest Hydrology. Pergamon Press, 275~290.

Horton R E. 1940. An approach toward a physical interpretation of infiltration-capacity. Soil Sci. Soc. Am. Proc., (5): 399~417.

Hudson N W. 1981. Soil conservation. Second Edition. Cornell Univ. Press.

Laws J O. 1943. The relationship of raindrop size to intensity trans. Am. Geophy. Union, (24): 452~459.

Morgan R P. 1985. Effect of Corn and Soybean Canopy on Soil Detachment by Rainfall. Transactions of the ASAE. 28 (4): 1135~1140.

Morgan R P C. 1995. Soil erosion and conservation (2nd edition). New York: John Wiley & Sons.

Moslcy M P. 1975. Streamflow Generation in a Forested Watershed. Journal of Hydrology, 15 (4): 19~26.

Parsons A J, Abrahams. A D, Simanon J R. 1992. Microtopography and Soil-surface Materials on Semi-arid Piedmont Hillslopes, Sourthern Arizona. Journal of Arid Environments, 22: 107~115.

Smets J, Poesen J, Knapen A. 2008. Spatial scale effects on the effectiveness of organic mulches in reducing soil erosion by water. Earth-Science Reviews, 89: 1~12.

Wainwright J, Parsons A J, Abrahams A D. 1995. A simulation study of the role of raindrop erosion in the formation of desert pavements. Earth Surface Processes and Landforms, 20: 277~291.

Zingg A W. 1940. Degree and length of land slope as it affects soil loss in runoff. Agricultural Engineering, (21): 59~64.

Zuo C Q, Zhang X M, Wu C H. 2002. Preliminary report on technical research for soil and water conservation, flood control and natural disaster reduction on red soil hilly and sloping lands. Proceedings of 12th International Soil Conservation Organization Conference. Beijing: Tsinghua University Press.

第2章 研究区概况及设计布局

2.1 研究区概况

2.1.1 水蚀地区概况

中国是世界上水土流失最严重的国家之一。按照外营力不同，水土流失一般分为水力侵蚀、风力侵蚀、冻融侵蚀和重力侵蚀。由于重力侵蚀往往混合于其他三个侵蚀区内，故一般不单独列出。水力侵蚀（简称水蚀）是这4类中最活跃和最严重的水土流失类型，其所在区域又是人类活动最为频繁的区域，因此对人类的生产生活和生态环境产生的影响非常大，再加上它的影响因素十分复杂，所以备受关注。

2.1.1.1 水蚀面积与变化

根据第一次（1985～1986年）、第二次（1995～1996年）和第三次（2000～2001年）全国土壤侵蚀普查结果，20世纪80年代至21世纪初的近20年间，全国水力侵蚀面积减少18.20万km^2，减幅10.1%，年均减少1.21万km^2，各级强度的水蚀面积均呈下降趋势。虽然目前全国水土流失状况正在向好的方向发展，但全国仍有水土流失面积484.74万km^2，占国土总面积的50.49%，其中水力侵蚀面积161.22万km^2，风力侵蚀面积195.70万km^2、冻融侵蚀面积127.82万km^2，分别占水土流失总面积的33.26%、40.37%和26.37%。

据测算，我国水力侵蚀区多年平均侵蚀模数约3800t/（km^2·a），其中轻度、中度、强烈、极强烈和剧烈侵蚀的面积分别为82.95万km^2、52.77万km^2、17.21万km^2、5.94万km^2和2.35万km^2。从各级水蚀强度的面积组成看，主要为轻度侵蚀和中度侵蚀，合计占水力侵蚀总面积的84.1%；强烈及以上面积较小，占15.9%（表2-1）。

表2-1 全国水力侵蚀分级面积累计比例
Table 2-1 National total area ratio of water erosion grading

侵蚀强度	轻度以上	中度以上	强烈以上	极强烈以上	剧烈
面积（万km^2）	161.22	78.26	25.49	8.29	2.35
占水蚀总面积比例（%）	100	48.5	15.9	5.1	1.5

2.1.1.2 水蚀面积空间分布

全国范围内，水力侵蚀主要集中分布在东北、华北、华中、华南地区以及西南、西北部分省区，其他地区呈零星分布。根据土壤侵蚀类型主要决定于侵蚀外营力的特点，按照我国气候区划，结合区域土壤侵蚀特征，以年干燥度系数、海拔高度等气候因子为指标可将全国划分为水力侵蚀区、风力侵蚀区、风蚀水蚀交错区和冻融侵蚀区。

从主要江河流域的水土流失分布看，长江、黄河、淮河、海滦河、松辽河、珠江、太湖七大流域内的水力侵蚀面积共 120.58 万 km²，占全国水蚀总面积的 74.8%。其中，长江、黄河两大流域的水力侵蚀面积共 84.60 万 km²，占七大流域水力侵蚀总面积的 70.2%（表2-2）。

表 2-2　主要江河流域水蚀面积与强度

Table 2-2　Water erosion area and strength of major river basins

流域名称	流域面积（万 km²）	水蚀总面积（km²）	轻度水蚀面积（km²）	中度水蚀面积（km²）	强度水蚀面积（km²）	极强度水蚀面积（km²）	剧烈水蚀面积（km²）
长江流域	174.42	504 431.68	212 847.84	201 348.15	71 300.16	15 814.02	3 121.51
黄河流域	72.74	341 644.09	112 543.43	104 621.42	65 766.51	39 167.65	19 545.08
松辽流域	78.08	173 043.91	117 054.13	48 604.13	7 108.38	238.77	38.50
海滦河流域	32.06	95 590.55	51 277.61	41 150.38	3 117.44	20.19	24.93
珠江流域	44.20	62 771.16	39 849.56	19 270.34	2 947.79	639.78	63.70
淮河流域	27.12	26 449.22	15 714.78	7 064.79	2 721.02	827.88	120.75
太湖流域	3.94	1 857.39	1 622.26	190.72	27.69	—	16.72
合计	432.56	1 205 788.00	550 909.61	422 249.93	152 988.99	56 708.29	22 931.19

长江流域和黄河流域水蚀分布广泛。长江流域以大巴山、大娄山、岷山、川西高原和江南丘陵等流域中西部地区水蚀最严重，多呈强烈侵蚀强度以上。黄河流域以东起吕梁山、西至六盘山的黄土高原地区为主，特别是晋陕交界的黄河沿岸水蚀严重。淮河流域水蚀分布主要集中在流域北部的山东丘陵以及西部的伏牛山到南部的大别山一带，以轻度侵蚀为主。海滦河流域水蚀主要分布在西部太行山和北部燕山一带，多在中度侵蚀以下。松辽流域水蚀主要分布在大、小兴安岭南部与辽宁的山地、丘陵、漫岗地带，以中、轻度侵蚀为主，部分地区存在强度侵蚀。珠江流域水蚀主要集中分布在流域西部与南岭以南地区，多为轻度。太湖流域水蚀面积小、强度低，集中分布于天目山北麓一带。

各省份间因自然地理、气候条件以及人类活动的影响不同，水力侵蚀面积和强度的空间异质性较大。其中，内蒙古、四川、云南、新疆、甘肃、陕西、山西、黑龙江、贵州和西藏的水蚀总面积居全国前10位，且上述各省份水蚀面积均占全国水蚀总面积4%以上。而山西、陕西、重庆、宁夏、贵州、云南、湖北则属相对最大的8个省份，各省份水蚀面积均占本省份面积的30%以上。水蚀强度较大（强烈侵蚀水蚀面积占水蚀总面积的比例均在20%以上）的省份，依次是陕西、山西、甘肃、宁夏、重庆。

从县域范围来看，全国592个国家级贫困县水力侵蚀面积共69.38万 km²，加上省级贫困县水力侵蚀分布，面积高达92.76万 km²，占全国水蚀总面积的近60%。同时，少数民族县、革命老区县分别分布水力侵蚀面积58.35万 km²和49.41万 km²，均占全国水蚀总面积 30%以上。

综合对比不同流域、省份、县域的水蚀面积和强度，整体上，我国水蚀主要分布在中东部和西南部地区的长江、黄河流域，尤以黄河中游地区的晋、陕、甘、宁、蒙和长江上游的川、渝、滇、黔最为严重，并集中在老、少、边、穷的区县。

2.1.1.3　水蚀类型区划

由于我国水蚀面积大、范围广，不同地区虽然均具备降雨、径流等侵蚀外营力条件，但土壤、地形、地表覆盖等下垫面条件区域分异显著，因此水蚀特征存在较大差异。根据形态学原则，以地质、地貌、土壤为依据将水力侵蚀区划分为五个二级分区，即东北黑土区、北方土石山区、西北黄土高原区、南方红壤丘陵区和西南土石山区。

东北黑土区包括黑龙江与吉林全境，辽宁（除朝阳市、锦州市义县、凌海市西部、葫芦岛市建昌县和南票区）大部，内蒙古呼伦贝尔市东部、兴安盟和通辽市北部等黑土覆盖区，还包括了小部分风蚀水蚀交错区的黑土覆盖地区（内蒙古扎鲁特旗、科尔沁右翼、扎赉特旗、突泉；黑龙江龙江、泰来、杜尔伯特、齐齐哈尔；吉林镇赉、通榆、洮南、大安）。

西北黄土高原区为处于水蚀区和风蚀水蚀交错区的黄土高原部分。范围包括大兴安岭—阴山—贺兰山—青藏高原东缘一线以东，西部祁连山余脉的青海日月山，西北部贺兰山，东部管涔山及太行山，南部秦岭，中部大致以长城为界，北为鄂尔多斯高原和阴山，南为黄土高原。

北方土石山区范围包括东北漫岗丘陵以南，黄土高原以东，淮河以北的东北南部，河北、山西、内蒙古、河南、山东等部分水蚀区。即淮河流域南界以北，除西北黄土高原区和东北黑土区以外的地区。

南方红壤丘陵区范围包括长江中下游地区（以宜昌为界），广东以东的沿海省份。即以大别山为北界，巴山、巫山为西界（含鄂西全部），西南以云贵高原为界，东南直抵海域的区域。

西南土石山区范围包括北与黄土高原搭界，东与南方红壤区接壤，西与青藏高原冻融区为邻的云贵高原、四川盆地、湘西及桂西等区域。

在这五个水蚀区中，由于南方红壤丘陵区地处降雨量和降雨强度最大区域，水土流失也十分严重，因此深入研究该区域水土资源保育及其调控技术具有典型代表性。

2.1.2　红壤区域概况

2.1.2.1　红壤的分布范围及基本类型

红壤是一种地带性土壤，是在热带和亚热带湿润气候作用下，土壤中的铝硅盐矿物被彻底分解，其中的钾、钠、钙、镁、硅等矿物成分不断淋失，而铁、铝、锰、钛等矿物成分相对富集，土壤呈酸性红色，由此而形成的土壤称之为"红壤"。红壤主要分布于非洲、亚洲、大洋洲、南美洲、北美洲的低纬度地区，大致以南北纬30°为界。欧洲地中海东岸和巴尔干半岛地区也有类似红壤的土壤存在。

在我国，随着从北到南热量的增加，一方面，土壤中铝的富集作用和生物积累作用不断加强，土壤由红壤向赤红壤和砖红壤的方向发展；另一方面，由于干热和湿温气候的影响，在某些地区又形成了燥红壤和黄壤。红壤分布范围大致北起长江流域，南至南海诸岛，东起台湾和澎湖列岛，西至云贵高原、横断山脉以及藏南的察隅地区，总面积达218万km^2，约占全国土地面积的22.7%（赵其国，2002）。

红壤有广义和狭义之分。广义红壤包括红壤、赤红壤、砖红壤、燥红壤和黄壤等几个类型。而狭义红壤主要是指亚热带地区形成的红壤，也被称为红壤，其分布范围大体包括湖南、江西、浙江三省的大部分地区，云南、广西、广东、福建、台湾五省区的北部地区，以及贵州、湖北和安徽三省的南部地区。该区年平均气温为16~20℃，≥10℃的有效积温在6500~8000℃，年降水量在1000~1800mm。主要地处中亚热带地区。

赤红壤的分布范围主要在云南、广西、广东的南部，福建的东南部以及台湾的中南部。年平均气温为21~22℃，≥10℃的有效积温为6500~8000℃，年降水量在1200~2000mm。即大致在北纬22°~25°的南亚热带地区，是砖红壤与红壤的过渡地带。

砖红壤的分布范围主要在海南岛、雷州半岛、西双版纳和台湾岛最南部等高温高湿地区。年平均气温为23~26℃，≥10℃的有效积温在7500~9500℃，年平均降水量为1600~2000mm。

在海南岛的西北部降雨相对较小和大陆部分南部河谷地区有燥红壤分布。在红壤区域北部边缘和中间山地有酸性黄壤分布。本研究中"红壤"主要指狭义红壤。

2.1.2.2 红壤的形成及基本特征

红壤的形成与其他土壤的形成方式一样，其影响因素不仅有自然因素，也有人为因素。自然因素有地形、气候、成土母质、植被、成土年龄等五大成土因素。人为因素是指人类在生产活动中，通过土地利用和经营等方式，改善立地条件，改良土壤性状，改变土壤的形成方向，使之朝着有利于人类生产生活的方向发展演变。当然，如果人类经营和利用不当，就会破坏土壤结构，产生土壤侵蚀，造成土壤退化。即红壤的形成是自然因素和人为因素共同作用下的结果。

本研究仅限于红壤地区的土壤侵蚀，极易产生水土流失的主要有两种成土母质，即第四纪红色黏土和花岗岩，下面详细介绍这两种成土母质的特征。

红壤形成于中亚热带的生物气候条件下，其原生植被为亚热带常绿阔叶林，以壳斗科、樟科和山茶科为主，其中以壳斗科的栲属、石栎属和青冈栎属占优势。红壤的成土母质在低丘多为第四纪红色黏土，高丘和低山多为千枚岩、花岗岩、砂页岩等。这些地方是人类活动较为频繁和水土流失较为集中的区域。

红壤与赤红壤、砖红壤比较起来，富铝化作用与生物积累作用相对较弱，但仍以均匀的红色为主要特征。红壤一般有三个主要发生层：一是腐殖质表土层，在森林植被覆盖良好的情况下，厚度约20~30cm，呈暗棕色，有机质含量可达4%~6%。但大部红壤地区天然植被受到破坏，表土层的厚度只有十几厘米，有机质含量约 1%～2%；二是均质红土层，一般厚度为 0.5～2m，呈均匀的红色或棕红色，质地紧实，粘重，呈块状结构；三是母质层，包括红色风化壳和各种岩石的风化物。在水土流失严重的地方，腐殖质表土层往往不复存在，剩下的只有均质红土层，甚至只有母质层。

均质红土层的下半部分，往往由红色、橙黄色与白色相间的"网纹层"组成。这也是富铝土纲几个主要土类的共同特点，尤其是在粘重紧实的第四纪红土发育的红壤中更为普遍。究其原因，学术界普遍认为是在密实的红土层内，下渗水沿着土体内的裂隙流动，使高价铁还原为低价铁，并随之流失，从而使这部分土体由最初的红色变为橙黄，最后变为白色。也有人认为白色部分为高岭土。实际上白色部分与红色部分的黏土矿物并无多大差别，只是氧化铁显著减少之故。

第四纪红色黏土是更新世形成的地层，由于富铝化作用，土体呈红色，不成岩，故称之为第四纪红色黏土。土壤多呈酸性反应，pH 值多在 4.5～6.0。土壤中交换性酸度较高，且含有大量的活性铝。黏粒的硅铝率为 1.9%～2.2%，其矿物以高岭石和水云母为主。由第四纪红土发育而成的红壤黏粒含量较多，可达 40% 以上，质地粘重，在有机质缺乏的情况下，具有酸、黏、板、瘦等特点。

由花岗岩风化形成的红壤，其矿物构成主要有石英、长石和云母等，这些矿物受热膨胀系数差异大，当昼夜或冬夏温度有较大变化时，容易分解破裂、分离而风化，形成深厚的风化层。母质为花岗岩的红壤结构明显地分为表土层、心土层、半风化层、半风化砾石层和基岩。由于含有大量石英砂，风化层中砂粒含量很多，颗粒粗细不一，结构松散，容易产生土壤侵蚀。

风化作用是地表矿物和岩石在温度、雨水、大气和生物的共同作用下，产生分崩、裂隙、粉碎、分解、分离和产生新矿物的现象。风化作用分为物理风化、化学风化（包括溶解作用、水解作用、水化作用、氧化作用、碳酸化作用）和生物风化。其风化的程度和特点既与矿物、岩石本身的化学成分和结构有关，也与外界环境条件有关。花岗岩形成的风化层在南方可厚达十余米或几十米，其风化壳一般成球状风化。由花岗岩发育的红壤砂粒含量很多，极易产生水土流失，甚至形成崩岗。严重的水土流失给农业生产和群众生活带来了极大危害，严重阻碍和制约着社会经济的可持续发展。

2.1.2.3 红壤的区位优势及特点

红壤区域的水热条件十分优越，气候温和，雨量丰沛，无霜期长（240～280d），年均气温在 16～26℃，≥10℃ 的有效积温在 5000～7500℃ 以上，多年平均降水量在 1500mm 左右，对植物生长十分有利。红壤区域生物积累作用旺盛，生产潜力巨大，是中国水热条件好，面积大，十分重要的土壤资源分布区。不仅可以种植粮、棉、油、糖、茶、烟等农作物和经济作物，而且是亚热带经济林木、水果、干果的重要产地，还有利于用坡地资源实行农林结合，因地制宜发展杉木、毛竹、桑树、漆树、油茶、油桐、柑桔和枇杷等经济果木林。

由此可见，红壤区域不仅是农作物、经济作物和亚热带经济果木的重要生产基地，而且还是投入与产出十分合算的热土，保护和合理利用红壤资源具有十分重要的现实意义。

2.1.2.4 红壤区水土流失概况

红壤区是我国水土流失最严重的区域之一，仅次于黄土区域的黄土高原。水土流失以分散分布为主，呈斑块状散布在广大的丘陵山地之间。相对来说，在花岗岩和红砂岩地区分布较为集中。从区域分布来说，赣南山区、吉泰盆地、湘西山区、湘中盆地、闽粤东丘陵区是本区水土流失较为严重的区域。根据中华人民共和国水利部第三次遥感普查统计，我国红壤丘陵区共有水土流失面积42.32万km²，占土地面积的19.41%，详见表2-3。

表2-3 南方红壤区水土流失现状
Table 2-3 Red soil erosion situation in Southern China

类别		土壤侵蚀模数（t/(m²·a))	面积（km²）	占流失总面积比例（%）
各级侵蚀面积	轻度	500～2 500	206 013.3	48.69
	中度	2 500～5 000	156 650.4	37.02
	强烈	5 000～8 000	49 572.7	11.72
	极强烈	8 000～15 000	8 621.3	2.04
	剧烈	>15 000	2 292.8	0.54
合计			423 150.5	100

红壤地区土壤侵蚀类型复杂多样，以水力侵蚀为主，按其侵蚀形成的自然状态，可分为由降雨、径流引发的面状侵蚀、沟状侵蚀、崩岗侵蚀、溶蚀侵蚀、滑坡泥石流侵蚀等。按人为活动方式，还可分为由采矿、采石、取土、修路、开发区建设、水利电力工程等引起的工程侵蚀。其中，以面状侵蚀分布范围最广，主要分布在坡耕地、荒山荒坡、果园、纯林林下。其次为沟状侵蚀，多分布在植被稀疏且连续遭受侵蚀的花岗岩和紫色岩山丘盆谷地区。此外还有崩岗、泻溜和滑坡泥石流等。

红壤是我国重要的土壤资源，是中国分布最广的土壤类型之一，红壤区也是水土流失最严重的区域之一。江西省既是我国南方水土流失严重的省份，又是我国南方红壤地带的中心区域。本研究试验区选择在江西省水土保持生态科技园进行，园区红壤是由第四纪红色黏土发育而成，在我国南方红壤区具有典型的代表性。

2.1.3 试验区概况

2.1.3.1 自然概况

（1）地理位置

试验用地布设在江西省水土保持生态科技园区，地处长江中下游南岸，位于江西省北部，庐山以南，属鄱阳湖水系博阳河西畔的德安县燕沟小流域。地理位置位于115°42′38″E～115°43′06″E，29°16′37″N～29°17′40″N，南距省会南昌市70km，北离九江市50km，毗邻闻名中外的庐山风景区和共青城，昌九高速公路、105 国道和京九铁路倚园而过，交通十分便利，地理位置得天独厚。

（2）地形地貌

试验区地层为元古界板溪群泥质岩、新生界第四纪红色黏土、近代冲积与残积物。地势西北高、东南低，地貌类型为浅丘岗地，区内地形起伏较小，海拔高度一般在 30 ~ 100m，坡度多在 5°~ 25°。

（3）气象水文

试验区属亚热带湿润季风气候区，具有气候温和，雨量充沛，光照充足，四季分明和雨热基本同季等特点。多年平均降雨量为 1395.6mm，降雨年内分配不均，年际也分配不均，通常每年的 4 ~ 6 月份为多雨期，每年的 7 ~ 9 月份为高温少雨期，春夏季降雨量约占年降雨量的 60% 以上；最大年降雨量为 1807.7mm，最小年降雨量为 865.6mm，多年平均蒸发量为 1558mm。多年平均气温 16.7℃，极端最低气温－11.9℃，极端最高气温 38℃，最冷月（1 月）平均气温为 4.1℃，最热月（7 月）平均气温为 28.7℃。多年平均日照时数 1700 ~ 2100h，无霜期 245 ~ 260d；年太阳辐射量达 451.7kJ/cm^2，稳定通过 10℃ 温度保证率 80% 的积温为 5176.4℃。

科技园区位于鄱阳湖水系，主要受博阳河和柘林灌区八一分干渠的影响和控制。博阳河干流全长 93km，流域面积 1320km^2。据科技园区附近的梓坊水文站观测资料，博阳河多年平均流量为 11.8m^3/s，最大洪峰流量为 960m^3/s，最小洪峰流量为 0.003m^3/s。博阳河德安县城处有记录的最高洪峰水位为吴淞高程 22.94m，枯水期水位一般在 12m 左右，是区域内灌溉水源的有力保证。柘林灌区八一分干渠由东南方向进入园区，并从园区的西北角穿出，来水可以作为区域内灌溉用水的补充水源。

（4）土壤

试验区属南方红壤丘陵侵蚀区，土壤成土母质主要是第四纪红色黏土，泥质岩类风化物。土质类型主要为中壤土、重壤土和轻黏土。质地较黏而有滑感，颗粒组成中的黏粒含量占 30% 以上，粉粒和黏粒之比为 1.0 左右，细砂含量高，黏粒矿物组成以高岭石、水云母和水化黑云母为主，有一定量蛭石和少量石英、氧化铁等。土壤酸性至微酸性反应，矿物营养元素缺乏，氮、磷、钾含量都比较少，其中磷的含量尤其少，土壤具有酸、黏、板、瘦等不良特性。

（5）植被

试验区地带性植被为常绿阔叶林。植物种类繁多，植被类型复杂多样。试验区原始植被已不复存在，现存植被多为人工营造的常绿阔叶林、针叶林、针阔混交林、常绿落叶混交林、落叶阔叶林等（图 2-1）。主要乔木树种有杉木 [Cunninghamia lanceolata (Lamb.) Hook]、马尾松（Pinus massoniana Lamb）、湿地松（Pinus elliottii Engelm.）、油茶（Camellia oleifera Abel）、木荷（Schima superba）、枫香（Formosana hance）等。主要灌木树种有杜鹃（Rhododendron simsii）、檵木 [Loropetatum chinensis (R. Broliv)]、白栎（Quercus fabir Hance）、胡枝子（Lespedeza spp.）、牡荆（Viter cannabifalia Seib. znce）、算盘子 [Glochidiom puberum (Linn.) Hutch]、野蔷薇（Rosa multiflora Thunb.）、金樱子

（*Rosa laevigata*）等。主要草本植物及蕨类有假俭草（*Eremochloa ophiuroides*）、中华结缕草（*Zoysia sinica* Hance）、白茅（*Imperata cylindrical varimajor*）、芭茅［*Miscantuus floridulus*（Labill.）Warb.］、麦冬（*Ophiopogon japonicus* Thumb.）、狗尾草［*Setaria viridis*（Linn.）Beauv.］、铁芒萁［*Picranopteris llnearis*（Barm Uaderm）］、踏盖蕨（*Athyrium* sp.）等。此外还有野葡萄（*Paspalum notatum*）、葛藤［*Pueraria lobata*（Willdenow）Ohwi］等藤本、匍匐及攀缘植物种。人工经济果木林，主要包括柑橘（*Citrus reticulata* Bl.）、板栗（*Castanea mollissima* Bl.）、奈李（*Prunus salicina* Lindl.）等。

图 2-1　试验区植被

Fig. 2-1　Vegetation in test area

（6）土地利用状况

试验区土地总面积为 80.00hm²，建园之初的土地利用情况是：耕地 1.53hm²，占 1.9%；林地 28.76hm²，占 36.0%；园地 8.35hm²，占 10.4%；水域 3.25hm²，占 4.1%；道路 0.94hm²，占 1.2%；荒山荒坡 37.17hm²，占 46.5%。

为科学布设试验，促使研究成果推广应用，在研究之初，根据当地土壤特性及其环境条件，按农、林、果、草各自对立地条件的要求，采用 GIS 和 GPS 技术相结合，运用层次分析法和隶属函数等数学方法对园区内土地资源进行适宜性评价，评定结果见表 2-4。

表 2-4　土地等级评定结果表

Table 2-4　Land grading evaluation results

质量等级	一	二	三	四	五	六	水域
分值范围	>7.77	6.78~7.77	6.05~6.78	5.31~6.05	4.07~5.31	<4.07	—
土地适宜性	宜农	宜农、果、草	宜农、果、草	宜农、林、草	宜林、草	需改造	—
面积（hm²）	0.00	4.24	11.14	14.45	43.09	1.72	5.36

由上表可知：试验区内没有一等地，二等地面积4.24hm²，占土地总面积的5.3%；三等地面积11.14hm²，占土地总面积的13.9%；四等地面积14.45hm²，占土地总面积的18.1%；五等地面积44.05hm²，占土地总面积的53.9%；六等地面积1.72hm²，占土地总面积的2.2%，其余为水域。在土地资源适宜性评价的基础上，将试验区划分为科研试验区、技术推广区、示范教学区和生态建设区4大功能区。该研究主要集中在占地17.11hm²科研试验区进行。

2.1.3.2　社会经济概况

试验区位于九江市管辖的德安县境内，地处昌九（南昌、九江）工业走廊的中心地带。南面的南昌市地处长江中下游，鄱阳湖西南岸，是唯一一个同时与长江三角洲、珠江三角洲和闽中南三角洲相毗邻的省会城市，是发达国家和东部沿海发达地区产业梯度转移的理想地区，也是江西省经济最发达的地区。北面的九江市位于江西省北部，地处赣、鄂、湘、皖四省交界处，襟江带湖，背倚庐山，市区处于万里长江和千里京九铁路的交汇处，区位优势十分明显，经济活动十分活跃。

试验区所在地德安县位于赣北庐山西南面，东邻星子，南接永修，西连武宁，北靠瑞昌、九江，地理位置优越，交通十分便利。105国道、316国道、昌九高速公路、南九铁路均穿境而过；县城下游常年通航，下抵鄱阳湖直至长江口。德安县经济比较薄弱，试验地位于德安县南部，包括宝塔乡的附城、桂林、牌楼、田塘、八一、杨桥等六个行政村和园艺场两个分场，2007年农业总产值1044万元，人均占有粮食292.8kg，人均纯收入3788元，低于全国人均水平。

2.1.3.3　水土流失概况

试验区地处我国南方红壤丘陵侵蚀区，土壤侵蚀类型以水力侵蚀为主，侵蚀方式有溅蚀、面蚀及沟蚀。建设之初水土流失面积68.5hm²，占土地总面积的85.6%。其中，轻度水土流失面积33.5hm²，占水土流失总面积的48.9%；中度水土流失面积7.1hm²，占水土流失总面积的10.4%；强烈水土流失面积27.9hm²，占水土流失总面积的40.7%。试验区年土壤侵蚀总量为2019t，平均土壤侵蚀模数为2948t/（km²·a）。试验区水土流失原貌见图2-2。

图2-2　水土流失原貌图

Fig.2-2　Erosion original appearance

2.2 研究布局与设计

2.2.1 总体布局

根据试验研究的需要，试验区建设之初，遵循自然规律和实事求是的科学态度，通过统一规划布局、分区建设、分步实施的总体设计，将试验地划分为科研试验区、推广应用区、示范教学区和生态建设区 4 个功能区共 28 个分区。

科研试验区又划分为径流观测试验、人工模拟降雨试验、水土保持植物试验、水土保持措施试验、生态果业开发试验、植生工程技术试验、草沟试验、农路植草试验、坡地省工经营试验和气象观测等 10 个功能分区开展研究。

在试验要求方面，研究思路力求新颖，观测数据力求精确，采用的方法力求科学先进，获取的成果力求创新实用。在供试验的材料方面，以选择当地抗逆性的品种为主，结合引进经实践证明的优良品种（如百喜草）作为主要供试材料。在仪器设备方面，按其使用的先进性和操作的成熟性布设，并能逐步完善和更新，不断提升仪器设备的自动化和现代化水平。

试验区建有一个标准气象观测站（图 2-3），为了确保对降雨量观测的正确性，在试验小区旁边增设了一个自计雨量筒，两者相互印证。试验区还建有 15 个标准径流小区和 3 个渗漏小区，分为牧草区组代表水土保持植物措施，耕作区组代表水土保持耕作措施，梯田区组代表水土保持工程措施，裸露小区代表对照区组，用于观测其径流量和土壤侵蚀量。建有 3 条草沟试验区用于草沟冲刷试验。布设 3 条农路用于土路、草路和砾石路的对比试验。此外，还布设了山边沟省工经营试验和梯壁植草等植生工程技术研究试验。

图 2-3 气象观测站

Fig. 2-3 Meteorological station

本研究共开展了降雨特征分析、降雨侵蚀力时空变化、地表径流特征、土壤水分特征、壤中流特征、水量平衡分析、水土保持措施防洪减灾效应、红壤坡地土壤侵蚀特征、水土保持措施土壤改良效益、梯田工程技术和植生工程技术等12方面的研究。在分析研究全国降雨动能和土壤侵蚀力的基础上，进一步分析典型省份水力侵蚀时空分布状况，弄清红壤丘陵侵蚀区在全国所处的地位和作用。结合在当地的观测和试验研究，分析红壤坡地的水土流失规律、土壤水分变化与再分布和土壤环境响应机制，探索水量平衡和防洪减灾机理，建立坡面水蚀测报模型，找出和推荐优良水土保持措施，提出红壤坡面径流调控、产沙阻控、土壤保育等实用技术。

2.2.2　试验设计

2.2.2.1　小区设计

径流小区选择建在红壤坡地同一坡面的中下部，立地条件基本一致，土层厚度在1.0~1.5 m，地面坡度为12°，坡向西偏北，土壤为第四纪红色黏土发育的红壤。于1999年布设了15个标准径流小区，其中牧草区组设6个小区、耕作区组设3个小区、梯田区组设5个小区、对照区组设1个小区，先分区组随机布设，再分小区随机布设。每个小区宽5 m，与等高线平行，长20 m，与等高线垂直，其水平投影面积100 m²。为阻止地表径流进出，在每个小区周边设置围埂，围埂高出地面15cm，深入地面30cm，用以拦挡外部径流。试验小区下面修筑集水槽承接小区径流和泥沙，并通过PVC塑胶管引入径流池。

2.2.2.2　水土保持措施设计

为排除人为因素的影响，每个小区的处理措施分区组随机布设。牧草区组选择百喜草、狗牙根和宽叶雀稗，按全园覆盖、条带种植和农作套种3种方法种植。耕作区组采用横坡耕作、顺坡耕作和全园清耕处理。梯田区组采用前埂后沟水平梯田、梯壁植草水平梯田、梯壁裸露水平梯田、内斜式（向内倾斜3°）梯田和外斜式（向外倾斜3°）梯田处理。对照区组仅有1个裸露小区，不留任何植物，也不采取任何措施，布设在牧草区组之中。各小区平面布置如图2-4所示。

牧草区组			对照区组	牧草区组			耕作区组			渗漏区组			梯田区组				
1	2	3	4	5	6	7	8	9	10	16	17	18	11	12	13	14	15

图2-4　径流小区平面布置示意图

Fig. 2-4　Layout of runoff plots schematic

在上述小区中，除裸露对照小区外，每个小区均于2000年春季栽植二年生椪柑（*Citrus reticulate Blanco*）大苗12株，种植6行2列，行距3.0 m，株距2.5 m，各距小区两侧1.25

m，距上坡、下坡 1.5 m。在牧草区组中，牧草全园覆盖的 3 个小区分别种植百喜草、狗牙根和宽叶雀稗，条带种植百喜草和狗牙根的两个小区条带间隔宽度 1.5 m，百喜草与农作套种小区间隔宽度亦为 1.5 m。在耕作区组中，横坡和顺坡耕作小区于每年 4 月中旬至 8 月中旬种植黄豆（*Giycine max*（L.）Merrill），种植密度为 24 万株/hm²，8 月中旬至次年 3 月中旬种植萝卜（*Raphanus sativus var. longipinnatus*），种植密度为 8000 株/hm²。清耕果园小区除种有椪柑外没有任何覆盖。在梯田区组中，每个小区分为 3 级，每级田面的水平面积约为 30 m²（长 6m，宽 5m），种植 2 行 2 列椪柑，田面不种其他植物。另除裸露水平梯田外，梯壁均种植百喜草。每个梯壁高约 1.45 m，坡比 1∶0.27。各小区试验对照见表 2-5。

表 2-5　小区试验对照表
Table 2-5　Plot experiment comparison table

区组名称	小区序号	处理措施及供试品种	坡度	小区简称
牧草区组	1	椪柑和百喜草全园覆盖，覆盖度 100%	12°	百喜草全园覆盖
	2	椪柑和百喜草带状种植，带宽 1m，覆盖度 70%	12°	百喜草带状种植
	3	椪柑、百喜草和农作物带状种植，带宽 1m，覆盖度 80%	12°	百喜草农作套种
	5	椪柑和宽叶雀稗全园覆盖，覆盖度 100%	12°	宽叶雀稗全园覆盖
	6	椪柑和狗牙根带状种植，覆盖度 70%	12°	狗牙根带状种植
	7	椪柑和狗牙根全园覆盖，覆盖度 100%	12°	狗牙根全园覆盖
对照区组	4	地表裸露、清除杂草，不采取其他措施	12°	裸露对照
耕作区组	8	椪柑和农作物横坡耕作	12°	横坡耕作
	9	椪柑和农作物顺坡耕作	12°	顺坡耕作
	10	种植椪柑、清除杂草，不采取其他措施	12°	清耕果园
梯田区组	11	种植椪柑、前埂后沟水平梯田，梯壁植草	12°	前埂后沟梯田
	12	种植椪柑、标准水平梯田，梯壁植草	12°	植草水平梯田
	13	种植椪柑、标准水平梯田，梯壁裸露	12°	裸露水平梯田
	14	种植椪柑、内斜式水平梯田，内斜 3°，梯壁植草	12°	内斜式梯田
	15	种植椪柑、外斜式水平梯田，外斜 3°，梯壁植草	12°	外斜式梯田
渗漏区组	16	百喜草全园覆盖（活地被物）	14°	覆盖小区
	17	百喜草全园覆盖（死地被物）	14°	敷盖小区
	18	地面裸露，清除杂草	14°	裸露小区

2.2.2.3　径流池设计

根据当地水文资料，径流池按 24h 50 年一遇暴雨降雨量和径流量设计成 A、B、C 三池。其中 A 池承接地表径流，按长 1m、宽 1.2m、高 1m 修筑，B 池和 C 池按长 1m、宽 1.2m、高 0.8m 修筑。A、B、C 三池均用钢筋混凝土结构现浇而成，并作防渗处理。A 池在墙壁两侧 0.75 m 处设有五分法 V 形三角分流堰，正面 4 份排出，内侧 1 份流入 B 池。B 池在墙壁两侧 0.55 m 处设有五分法 V 形三角分流堰，与 A 池一样，正面 4 份排出，内侧 1 份流入 C 池，C 池不再排出。三角分流堰板采用不锈钢材料，由精密仪器厂制作，水平安装，堰口角度均为 60°。径流池内壁正面均安装有搪瓷量水尺，通过率定后可直接读数计算地表径流量。

2.2.2.4 渗漏小区设计

为研究红壤坡地土壤水运行分配规律和水量平衡状况，试验区建有大型土壤水分渗漏装置，分设百喜草覆盖（A）、百喜草敷盖（B）和裸露对照（C）三个处理小区，见图2-5。每个小区宽5m，长15m，投影面积为75m²，坡度均为14°。

建设程序是选择一块地形、土壤和立地条件基本一致的坡地，先将其土体按每层约40cm，分三层将原土体取出，分层堆放，再将取土坑构建成深度为1.5m，水平投影长度为15m，宽度为5m的土壤水分入渗装置。试验小区的周围及底部采用20cm厚的钢筋混凝土浇筑，坡脚修筑梯形钢筋混凝土挡土墙，底板用方砖作防滑处理，形成一个封闭排水式土壤渗漏装置。为阻止外界水分进出小区，周边的钢筋混凝土竖板高出地表30cm。在底层铺设10cm厚卵石和5cm厚沙粒作反滤层后，将原来分层取出的土体依次按底土层、中土层和表土层填回，坡度恢复至原地面的14°。

图2-5 渗漏装置

Fig. 2-5 Drainage lysimeter

在下部观测房内的挡土墙处自上而下总共设置四个出水口，最上部为地表径流出水口，承接地表径流与泥沙，通过小区下方的集流槽用PVC塑胶管连接到地表径流池，其他三个出口分别由镶嵌在挡土墙内壁的PVC塑胶管承接地表以下30cm、60cm的壤中流和90cm处的地下径流。地表径流与泥沙用集流槽收集，地下径流用安装在下部挡土墙内相应位置的横向集流槽收集，再用PVC塑胶管连接到各自地下径流池。同时地表径流池和地下径流池都配置自记水位计（HCJ1型），全天候记录径流和渗漏的动态过程。

地下径流池的设计与上述地表径流池相同。3个地下径流池池壁同样安装搪瓷量水尺，经率定能直接读出计算地下径流量，池外侧均设1个坡度为20°的V形三角堰，结合自记水位计及堰流公式计量渗流量。

在每个土壤渗漏装置坡面的纵向中轴线上，分别离上坡边缘的3.5m、7m及10.5m处各埋设 3 根土壤水分张力计，埋设深度分别为 30cm、60cm 及 90cm，以计量各层土壤剖面的土壤水势，观测土壤中水分分布规律和地下径流动态变化情况。工程完工后，沉降一年，再进行观测。

渗漏小区处理情况如图 2-6 所示。

a. 第16小区:百喜草全园覆盖　　b. 第17小区:百喜草全园敷盖　　c. 第18小区:裸露对照

图 2-6　试验小区实效图

Fig. 2-6　Experimental plot actual effect graph

2.3　供试材料与处理方法

2.3.1　主要供试材料

1）百喜草。学名：*Paspalum notatum* Flugge，英文名：bahia grass。百喜草是禾本科雀稗属的一种多年生葡匐草本植物，株高 30~60cm，叶色浅绿、光滑，叶长 20~50cm，弯曲下垂，如图 2-7 所示。葡匐茎粗壮，向四周自由分蘖延伸，贴伏地表的一面能节节生根入土，并牢固地粘贴地表，根系较发达，通常深达 80cm 左右。总状花序顶生，花穗长 10~14cm，夏秋间开花结实。百喜草易种、易活、易管、易覆盖，具有耐瘠、耐旱、耐酸碱、耐浸泡及中等耐荫等特性，种植于果园坡面、梯壁、沟渠、山边沟、边坡、农路等，不但可保护或延长设施的使用年限，达到保育耕作及省工经营的目的，而且绿化坡地农场，也获得了环境保育的成效。

百喜草原产于南美洲的墨西哥和古巴等地，美国、日本、中国先后引种。由于百喜草品种优良、用途广泛，目前全球的热带、亚热带地区几乎都引种栽培了这一植物。鉴于百喜草在水土保持方面有其独到之处，备受水土保持界的青睐。

2）狗牙根。又名百慕达、爬地草、绊根草，学名：*Cynodon dactylon*（Linn.）Pers。禾本科狗牙根属多年生草本植物，为暖季型草。具有根状茎及葡匐枝，株高 10~30cm，叶片平展、披针形，叶长 2~2.5cm，宽 1~3mm，前端渐尖，叶色浅绿，如图 2-8 所示。葡匐茎扩展能力极强，茎生长速度日平均达 0.91cm，最高达 1.4cm，其节向下生不定根，节上腋芽向上发育成地上枝，茎部形成分蘖枝，分蘖枝上产生新的走茎，走茎的节上又分侧枝和新的走茎；葡匐茎在地面上互相穿插，交织成网，并牢固地粘贴地表。根系较发达，须根系分布广而深。穗状花序顶生，花穗长 2～5cm，5～7 月份开花结实。该草种同样具有易种、易活、易管、易覆盖等特点，性喜温暖湿润气候，耐践踏，无性繁殖能力强，是优良的水土保持植物品种。

图 2-7　百喜草

Fig. 2-7　Bahia grass

图 2-8　狗牙根

Fig. 2-8　Bermuda grass

3）宽叶雀稗。学名：*Paspalumwettsteinii hackel.* 原产南美巴西、巴拉圭、阿根廷北部等亚热带多雨地区，为禾本科雀稗属半匍匐丛生型多年生禾草，如图 2-9。株高 50～100cm，具短根状茎，茎下部贴地面呈匍匐状，着地部分节上可长出不定根，须根发达。叶片长 12～32cm，宽 1～3cm，两面密被白色柔毛，叶缘具小锯齿，叶鞘暗紫色，茎上部叶鞘色较浅。总状花序长约 8～9cm，通常 4～5 个排列于总轴上，小穗单生，呈两行排列于穗轴的一侧。种子卵形，一侧隆起，一侧扁平，性喜高温多雨的气候和土壤肥沃排水良好的地方生长，在干旱贫瘠的红、黄壤坡地亦能生长，唯叶子明显变窄，而且易老化。在我国南亚热带地区可四季常青，以夏秋季节生长最茂盛，冬季下霜期间停止生长，叶尖发黄，霜期过后即恢复生长。分蘖力和再生力强，且耐牧、耐火烧。

图 2-9　宽叶雀稗

Fig. 2-9　Latifolia paspalum

图 2-10　椪柑

Fig. 2-10　Ponkan

4）椪柑。学名：*Citrus reticulate Blanco*，又名芦柑、白橘、勐版橘、梅柑，原产中国，江西、福建、广东、浙江、广西、湖南、台湾、四川和重庆等省（市、区）栽培较多。树势中等，树性直立，骨干枝分枝角度小；果实扁圆形，较大，单果重 125～150g，大的可达 250g 以上，果面橙黄色或橙色（图 2-10），果皮稍厚，易剥；果肉脆嫩、多汁，甜浓爽口，可溶性固形物 15% 左右，糖含量 110～130g/L，酸含量 3～8g/L；果实 11 月中、下旬至 12 月成熟，较耐贮藏。椪柑适应性广，丰产稳产，优系（优株）多，是目前我国普遍种植的柑橘品种。

2.3.2 处理方法

2.3.2.1 气象观测

在距试验小区 100m 处的空旷坡顶，按照气象观测手册，设置了一个 25m×25m 的气象观测站，安装了虹吸式自记雨量计、人工雨量计、蒸发皿、百叶箱等必需的气象观测设施。同时，在试验小区旁安置了一套虹吸式自记雨量计，并以气象站内的虹吸式自记雨量计进行校验，获得次降雨量、次降雨历时、平均雨强以及降雨过程曲线等数据。其他气象参数可于每天 8 时、14 时和 20 时三个时间定点记录。

2.3.2.2 径流观测

地表径流（R_u）观测以一次产生径流的降雨过程为单位，直接读出径流池中水尺读数，由率定的公式计算。出现过堰产流时，A 池径流量、B 池径流量及 C 池径流量之和即为当次地表径流量。地表径流量除以小区面积换算为地表径流深，再将地表径流深除以降雨量可求得地表径流系数。安装有自记水位计的小区，可根据记录纸摘录次降雨条件下的产流过程数据。

地下径流（R_g）观测包括地表以下 30cm、60cm、90cm 各层的渗漏量，本研究采用 R_{30}、R_{60}、R_{90} 分别表示 30cm、60cm、90cm 土层深的渗漏量，即 $R_g = R_{30} + R_{60} + R_{90}$ 为地下径流。采用测流堰装置，将各层渗漏量导入各自测径流池，自记水位计记录渗漏过程，以便推求渗漏总量和渗漏流量。

径流池水未过堰时，可直接读取水尺获取渗漏量和地下径流量，当池水过堰后，必须借助自计水位计绘制的动态曲线，其过堰流量计算公式为

$$Q = \frac{8}{15}\mu\sqrt{2g}\tan\left(\frac{\theta}{2}\right)H^{2.5} \tag{2-1}$$

式中，μ 为流量系数，取 0.6；g 取 9.8m/s²；测流堰顶角 θ 为 20°；H 为水头（m）。

该公式可简化为 $Q = 0.2498H^{2.5}$。故 R_{30}、R_{60}、R_{90} 均可表达为

$$R_x = \sum_{i=1}^{n}\frac{1}{2}(Q_1 + Q_2)t_i \tag{2-2}$$

式中，Q_1、Q_2 分别为自记水位曲线上相邻两点水头 H_1、H_2 的流量（m^3/s）；t_i 为相邻两点的时间差，单位为 s；$i=1$，2，3，…，n，分别表示某一渗漏过程从 1，2，3，…，n 个相邻两点间的渗漏时段。

最后将地下径流量除以小区面积换算为地下各层的径流深，单位为 mm，再将其除以降雨量得地下径流系数。

2.3.2.3 土壤侵蚀量观测

土壤侵蚀量由推移质和悬移质两部分组成，当径流量不足以过堰时，悬移质是在当次降雨过程结束后，先将甲池中水搅拌均匀，分三层汲取悬液 1000 ml 于水样瓶中，并置于室内过滤烘干称重。悬移质干重 = ［样本干重×（池水体积−推移质湿体积）]/1000；推移质是待池水放干，将径流池及集水槽中泥沙直接装入铁桶称重，同时取 3 份样本，置于105℃烘箱烘干 24 小时再称重，则推移质干重 =（推移质湿重×土样干重）/土样湿重。当径流过堰时，悬移质是通过累加计算三个池中悬移质总量得出。推移质同样累加甲、乙、丙三个池和承水槽中推移质得出。最后，各自核算合并，即成为当次降雨的土壤侵蚀量。

2.3.2.4 土壤含水量测定

土壤含水量数据一般采用非定点测定和定点定位观测两种方法获取，非定点测定土壤含水量主要针对不同处理小区，在某一时段进行大面积的取样测定。本研究在每个小区采取交叉或 S 形的土壤取样方法，取 5 个点的样品混合成 1 个样本进行分析测验，获取土壤含水量。定点定位观测布设在渗漏小区，即在每个小区的上坡、中坡和下坡各安置 1 组土壤水分张力计，观测 30cm、60cm、90cm 土层深的土壤水势，观测时间定为每天的 8：00和 14：00 两个时间段。为了获取准确的土壤含水量，在类似的地方安置 1 组同样的土壤水分张力计，反复取样分析，建立土壤含水量与土壤水势的率定方程。然后根据每个土壤水分张力计的实测值代入率定方程进行计算，得出各点各层的土壤含水量。

2.3.3 数据处理

2.3.3.1 全国降雨侵蚀力基础数据处理与分析

将全国 756 个气象站的日降雨数据进行数据整理和格式转换，按基于日降雨数据的半月降雨侵蚀力计算公式计算各站 1950～2010 年半月降雨侵蚀力，再累积获得各年降雨侵蚀力。选用 GS+7.0 地统计学软件，分析全国降雨量和降雨侵蚀力数据的空间分布统计特征，据此确定空间插值的模型参数；选用 Arc GIS 9.2 软件，对不同插值模型进行比选，确定全国降雨及降雨侵蚀力的适宜插值函数，获得全国降雨和降雨侵蚀力空间分布数据；选用 Mann-Kendall 非参数检验方法，对 1950～2010 年全国降雨侵蚀力时间变化进行统计分析，并结合空间插值，获得全国降雨侵蚀力的时空变化。

2.3.3.2 渗漏小区数据预处理

为方便分析，研究中渗漏小区的数据以如下方式标识：百喜草覆盖、百喜草敷盖和裸露对照三个处理小区分别以字母 A、B、C 标记，上、中、下三个坡位分别以数字 1、2、3 标记，上层（30cm）、中层（60cm）、底层（90cm）三个土层深度分别以 i、ii、iii 或以 1、2、3，或以 30、60、90 标记，即 A_{11}、A_{22}、A_{33} 分别表示百喜草覆盖处理上坡位上层土、中坡位中层土、下坡位底层土的数据，A_i、A_{ii}、A_{iii} 分别表示百喜草覆盖处理上层土、中层土、底层土的数据，其他如此类推。

参 考 文 献

梁音，张斌，潘贤章，等. 2008. 南方红壤丘陵区水土流失现状与综合治理对策. 中国水土保持科学，6（1）:22～27.

赵其国. 2002. 红壤物质循环及其调控. 北京：科学出版社.

第3章 研究区降雨特征研究

3.1 概　述

降水是气象学上的称谓，即指大气中的水汽达到饱和后形成雨、雪、冰雹或雾滴等形态，在重力的作用下克服空气阻力，从空中降落到地面的现象。它是自然界一种常见的天气现象，是大气气团受外力影响而抬升到达高空后，吸收热量造成气温下降，致使水汽压达到饱和，空气相对湿度达到或超过 100%，在运动中，气态水凝结成液态水或固态水，从空中降落到地面。这是水分循环过程中不可或缺的组成部分，也是水文循环的最基本环节。

降水是水力侵蚀最基本的影响因子，也是水力侵蚀的源动力。在我国南方红壤区，降水的主要形式为降雨，降雨是引起水土流失的重要影响因子，属重点研究范畴。而降水中的雪和雾滴等形式一般造成的水土流失较为轻微，故此不作重点研究。

3.1.1 降雨的特征指标

描述降雨特征的指标主要有降雨量、降雨历时、降雨强度、降雨面积、降雨过程和暴雨中心等。其中降雨量、降雨历时、降雨强度是研究水土流失的降雨三大要素。

（1）降雨量

降雨量是指单位时间内降落到单位面积上，未经截留、蒸发和入渗等损失所形成的水层厚度，以毫米计。降落在某一区域上的水量为区域降雨量，以雨量站的观测值体现。在某一时段内降落的水量称为时段降雨量，一般以分、时、日、月、年等时间段表示。次降雨量是指某一次性降雨过程的降雨总量。根据我国气象划分标准，降雨量一般分为 7 级，如表 3-1 所示。

表 3-1　降雨等级划分表

Table 3-1　Rainfall classification

（单位：mm）

降雨等级	12 小时降雨量	24 小时降雨量
微雨	<0.2	<0.1
小雨	0.2 ~ 4.9	0.1 ~ 9.9
中雨	5.0 ~ 14.9	10.0 ~ 24.9
大雨	15.0 ~ 29.9	25.0 ~ 49.9
暴雨	30.0 ~ 69.9	50.0 ~ 99.9

降雨等级	12 小时降雨量	24 小时降雨量
大暴雨	70.0 ~ 139.9	100.0 ~ 249.9
特大暴雨	≥140.0	≥250.0

（2）降雨历时

降雨历时是指一次降雨过程从某一时刻到另一时刻所经历的时间称为降雨历时。其中，从降雨开始时刻至降雨结束时刻的一次性降雨称为次降雨历时，一般以 min、h 或 d 计。

（3）降雨强度

单位时间内的降雨量称为降雨强度，简称为雨强、雨率等，以 mm/min、mm/h 或 mm/d 计。降雨强度一般有时段平均降雨强度与瞬时降雨强度之分。时段平均降雨强度定义为

$$\bar{i} = \frac{\Delta P}{\Delta t} \tag{3-1}$$

式中，$\bar{i}$ 为时段 Δt 内的平均降雨强度（mm/min 或者 mm/h）；ΔP 为时段 Δt 的降雨量（mm）；Δt 为时段长（min 或 h）。

若式 3-1 中时段 $\Delta t \to 0$，则其极限称为瞬时降雨强度，即

$$i = \lim_{\Delta t \to 0} \bar{i} = \lim_{\Delta t \to 0} \frac{\Delta P}{\Delta t} = \frac{\mathrm{d}P}{\mathrm{d}t} \tag{3-2}$$

式中，i 为瞬时降雨强度（mm/min）。

（4）降雨面积

降雨笼罩范围的水平投影面积即为降雨面积，一般以 km² 计。

为了充分反映降雨的空间分布与时间变化规律，常用降雨过程线、降雨累积曲线、等降雨量线以及降雨特征综合曲线表示降雨特征。

（5）降雨过程线

以一定时段（时、日、月或年）为单位所表示的降雨量在时间上的变化过程，可用曲线或直线图表示。它是分析流域产流汇流最基本的资料。该过程线包括降雨强度、降雨时间，而不包括降雨面积。如果以较长时间为单位，由于时段内降雨可能时断时续，因此过程线往往不能反映出降雨的真实过程。

（6）降雨累积曲线

降雨累积曲线以横坐标表示时间，纵坐标表示自降雨开始到各时刻降雨量的累积值。自记雨量计记录纸上的曲线，就是降雨累积曲线。曲线上每个时段的平均斜率，是各时段内的平均降雨强度。如果将相邻雨量站的同一次降雨的累积曲线绘制在一起，可用来分析降雨的空间分布与时间变化特征。

（7）等降雨量线

等降雨量线也称降雨量等值线。为了表示降雨在空间上的分布情况，根据降雨区域内

各雨量站的雨量资料，勾绘出雨量相等站点的连线，制成等降雨量线图。该线图反映了一定时段内降雨量在空间上的分布变化规律，从图上可直观查明各地的降雨量和降雨面积。但无法判断降雨强度的变化过程与降雨历时。

（8）降雨特征综合曲线

常用的降雨特征综合曲线包括三种。一是强度-历时曲线，该曲线是根据一场降雨的记录，统计其不同历时内最大的平均雨强，而后以降雨强度为纵坐标，历时为横坐标，点绘而成。同一场降雨过程中雨强与历时之间呈反比关系，即历时越短，雨强越高。二是平均深度-面积曲线。该曲线是反映同一场降雨过程中，降雨深度与面积之间对应关系的曲线，一般规律是面积越大，平均雨深越小。曲线是从等雨量线起，分别取不同等雨量线所包围的面积及此面积内的平均雨深，点绘而成。三是雨深-面积-历时曲线。该曲线是对一场降雨，分别选取不同历时的等雨量线，以雨深、面积为参数做出平均雨深-面积曲线并综合点绘于同一张图上而成。其一般规律是面积一定时，历时越长，平均雨深越大；历时一定时，面积越大，平均雨深越小。

3.1.2 降雨类型及分布

降雨的形成主要是由于地面暖湿气团因各种原因上升，体积膨胀做功，消耗内能，导致气团温度下降，称为动力冷却。气温降至其露点温度以下时，空气就处于饱和或过饱和状态。此时空气里的水汽就开始凝结成水滴或冰晶，在高空则形成云。由于水汽继续凝结，水粒相互碰撞合并，过冷水滴向冰晶转移，云中的水滴或冰晶不断增大，直到不能为上升气流所顶托时，在重力作用下就以雨、雪、雹等形式降落下来。一般认为，气流上升产生动力冷却而凝结是先决条件，而水汽含量的大小及动力冷却程度，则决定着降雨量和降雨强度的大小。根据气流上升冷却的原因，一般可把降雨划分为四种类型，即锋面雨、气旋雨、对流雨和地形雨（Dingman，2002；Ahrens，2008）。

（1）锋面雨

由冷暖气团的锋面活动而产生的降雨称为锋面雨。锋面是指冷暖气团相遇时，在其接触区域由于来不及混合而形成的一个不连续面。锋面的长度从几百公里到几千公里不等，伸展高度低的有离地 1~2km，高的可达 10km 以上。由于冷暖空气密度不同，暖空气的密度较小较轻，总是位于上方，冷空气的密度较大较沉，总是位于下方。所以，在冷暖气团压力的共同作用下，冷气团总是楔入暖气团下部，暖空气沿锋面上升，进而产生风、云、雨等天气现象（图3-1）。

影响我国的三个主要锋带分别为：北部的极地锋、中部的副热带锋和南部的赤道锋。它们随着季节的变换，受冷暖气团压力强弱的影响，南进北退或北进南退，决定着各地雨季的起始和终止。如果南北两个气团压力相当，这种锋面就会在某一区域停留或产生拉锯现象，导致该区域降雨持续多日，甚至长达一至两周之久，有时细雨霏霏，有时伴随着雷暴而带来强阵性降雨。

影响我国南方红壤地区最主要是锋面雨，及其形成的梅雨季节。在江西大约每年3月

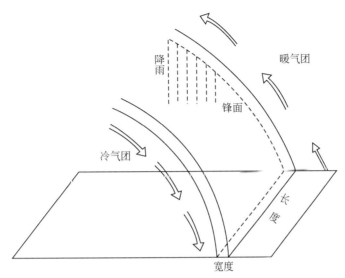

图 3-1 锋面雨降雨示意图

Fig. 3-1 The diagram of frontal rain

下旬至 6 月上旬,来自北方的冷空气与从南方北上的暖空气在本区汇合,形成准静止锋(又称为梅雨锋)。冷暖空气交汇产生降雨等大量对流活动。大约到 6 月下旬,暖空气势力增强,准静止锋北移出江西,梅雨季结束。因此江西省普遍 4~6 月份为全年降水最多的时期,平均月降水量多在 200~350mm 以上,极值可达 700mm。且这时期多为大雨或暴雨,暴雨强度为日降水量 50~100mm 以上,有时甚至更大。到 8~9 月,来自北方的冷空气逐渐变强,而南方北上的暖空气变弱,准静止锋返回南移至此产生较短期停留而形成锋面雨。因此,该区域一般年份的降雨量会形成双峰曲线。

(2)气旋雨

气旋是中心气压低于四周的大气漩涡。在北半球,气旋内的空气做逆时针旋转,并向中心幅合,引起大规模的上升运动,水汽因动力冷却而导致的降雨,称之为气旋雨,亦称台风雨。按热力学性质分类,气旋可分为温带气旋和热带气旋两类,相应产生的降雨称为温带气旋雨和热带气旋雨(图 3-2)。

温带、热带气旋一般可引发较广泛的降水,但空间分布不均。影响我国南方红壤地区的降雨多为热带气旋,热带气旋雨是指发生在低纬度海洋上的强大而深厚的气旋性漩涡而产生的降雨(Stull,2000)。气旋造成降雨的主要原因是气旋中心云墙外围有几条螺旋状积雨云带,在北半球螺旋雨带向逆时针方向绕中心运动,积雨云带内水汽充沛,往往造成大量降雨,强度很大,并且分布不均(Knaff et al.,2003;National Weather Service,2006)。全球每年平均共生成 80 余个热带台风,几乎所有的热带台风都在赤道南北纬 30°以内的范围内生成,其中大约 87% 生成在南北纬 20°之内,毗邻我国东南沿海的北太平洋西部也是主要产地之一。因此我国东南沿海是全球最多热带台风活动的区域(Weyman and Anderson,2002)。我国气象部门根据热带台风地面中心附近风速的大小,将其分为四类:

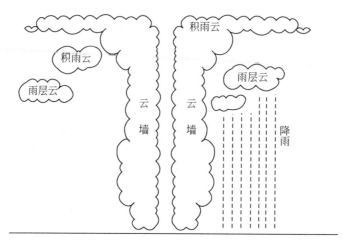

图 3-2　气旋雨降雨示意图

Fig. 3-2　The diagram of cyclone rain

近中心最大风力 6 ~ 7 级为热带低压；8 ~ 9 级为热带风暴；10 ~ 11 级为强热带风暴；大于 12 级为台风（沈冰和黄红虎，2008）。江西每年 6 ~ 9 月都要受到多个或十几个热带台风的影响，由于台风雨降雨强度大，诱发的水土流失十分严重。

（3）对流雨

以气团阵性雨或雷暴雨形式出现的降雨多为对流雨，是中纬度地区夏季主要的降雨类型之一。由于夏季地表受热不均，气温上升速率过大，大气稳定性降低，加之地形抬升等触发机制的共同作用，空气中水汽迅速冷凝形成云层，在迅速上升及下降气流的作用下形成对流运动，使云层中的冰晶、水滴逐渐增大，并以雨滴或冰雹的形式落下。这种由于对流气团升降而引起的降雨称为对流雨（图 3-3）。

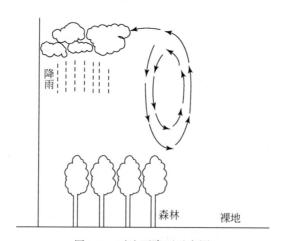

图 3-3　对流雨降雨示意图

Fig. 3-3　The diagram of convective rain

对流雨常造成破坏严重的降水事件,譬如高强度降雨、冰雹或破坏性强风。夏季这种降雨在试验区也比较常见,出现的雷暴雨可覆盖几公里至20多公里的范围,沿冷锋形成的雷暴线可达几百公里长(Schroeder and Buck,1970;Hanson et al.,1996;Stull,2000)。由于其降雨强度大、历时短,由此诱发的水土流失不可小视。

(4)地形雨

地形雨是由于潮湿空气受山脉的阻挡,气流被迫沿着迎风坡上升,达到一定高度后,空气开始冷却直至空气中的水汽饱和,凝结成水滴而降落下来。通常情况下,地形雨随着海拔的增加而增加。降雨过程持续到空气不能再形成雨粒或穿越障碍而结束。山脉的地形对降雨有较大影响,如马蹄形、喇叭口状地形,若其开口正朝向气流来向,则易迫使气流幅合上升,产生的降雨就大。另外,气流本身的温湿程度、运行速度等也是影响地形雨的重要因素(图3-4)。

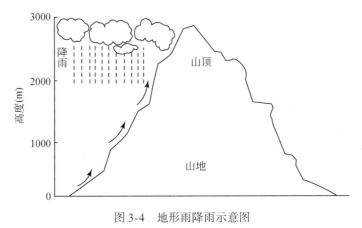

图3-4 地形雨降雨示意图

Fig. 3-4 The diagram of orographic rain

3.1.3 红壤区降雨特点

我国红壤区地处热带、亚热带季风气候区,水热资源丰富,对作物生长和水土流失区的植被恢复十分有利。但因降雨量大且分布集中,植被一旦被破坏,极易产生强烈的水土流失。此外,季节性干旱也严重影响侵蚀劣地的植被恢复。

根据中国水土流失与生态安全综合科考成果,该区年均降水量在900~2100mm,远大于全国年均降雨量630mm。除北部部分地区外,大部分地区年均降水量都在1400mm以上。在空间分布上,降雨量自东南向西北递减,粤闽沿海地区年降雨量在1600mm以上,武夷山迎风面年降雨量高达2200mm,江南丘陵区年降雨量为1500mm左右,洞庭湖地区年降雨量为1200mm。这为区内植被生长与恢复提供了丰富的水资源。

红壤区降雨的季节性分布十分明显,主要集中在每年的4~9月。这期间的降雨量可以达到全年的70%~80%,且降雨雨强大,雨量集中。台风是这期间影响红壤区降雨季节性分布的主要天气过程,台风给该区带来的气旋雨约占全年降雨总量的20%~30%。据记载,红壤区历史上有 7 次日降雨量超过 1000mm 的极端暴雨，其中 6 次都是由台风所引起。据不完全统计，1975～2005 年南方红壤区共发生台风 245 次，每年发生 6～9 次，共诱发了山体滑坡 151 次、泥石流 24 次、崩塌 26 次、塌陷 33 次，合计 234 次。仅 2005 年 7～10 月，该区接连遭遇了"海棠"、"麦莎"、"珊瑚"、"泰利"、"卡努"、"达维"和"龙王"等台风的袭击。其风力之强、雨量之大、危害范围之广历史罕见，农作物受灾面积达到 445 万 hm²，造成的经济损失达到 500 多亿元，死亡 150 多人。虽然台风降雨对改善这些地区的水资源补给和生态环境有十分重要的意义，但由于它主要集中在 7～9 月，且雨量大、强度高，这种高强度的降雨对地表土壤的破坏和短时间形成的径流作用非常显著，极易诱发严重的水土流失，产生崩岗、滑坡和泥石流等重大水土流失事件。严重的土壤侵蚀往往就发生在几场暴雨之中，一次大的降雨引起的流失量有时可占全年流失量的 80% 以上，输沙量则可占全年的 60% 以上。

位于红壤中心区域的江西省，全省多年平均降雨量在 1341～1940mm，降雨的主要类型是锋面雨，其次是气旋雨、对流雨和地形雨。每年春夏之间，先后受西南暖湿气流和来自太平洋的东南季风的影响，全省普遍多锋面雨。特别是 6 月份，冷暖气流常在江南上空交汇停留，形成长时间的降雨，这也是全省降雨最多的时节。到盛夏 7 月上旬后，由于锋带北移，雨季结束，全省普遍少雨，常造成伏秋干旱，局部地区偶有台风雨。秋季，全省基本被副热带高气压所控制，普遍少雨，只有 8 月下旬至 9 月底随着副热带高气压返回再一次出现雨季，但这一次雨季历时短且雨量少，所以在江西省一般年份有两次降雨高峰，即降雨量呈双峰曲线。冬季，全省基本由冷气团控制，普遍少雨。降雨总的趋势是东部大于西部，南部大于北部，山地大于平原。

由于红壤区冬季干旱，夏季炎热潮湿，干湿季特征明显，加之平均气温高，地形地貌和土壤母质的类型复杂多样，土层薄，土壤的保水性能差，严重影响了植被的生长和恢复，特别是有碍幼龄植物的生长，对该区的水土保持工作十分不利，加剧了水土流失的发生和发展。

3.1.4 降雨对红壤坡地水土流失影响

降雨之所以与土壤侵蚀密不可分，一是因为雨滴作用在土壤表面上的击溅、分离等作用；二是因为降雨产生地表径流对土壤起到的冲刷作用。降雨强度作为重要的降雨特征指标，长期被认为描述降雨作用于土壤侵蚀，联系二者关系的最关键纽带。早在 20 世纪 70 年代，傅里叶通过对赞斯维尔（美国俄亥俄州）1934～1942 年 183 个降雨事件的分析研究证明，土壤流失量随降雨强度的增加而增大，如表 3-2（Fournier，1972）所示。

表 3-2　降雨强度与土壤流失之间的关系
Table 3-2　The relation between rainfall intensity and soil loss

5 分钟最大雨强（mm/h）	降雨次数	单场降雨平均土壤流失量（t/hm²）
0～25.4	40	3.7
25.5～50.8	61	6.0

续表

5 分钟最大雨强（mm/h）	降雨次数	单场降雨平均土壤流失量（t/hm²）
50.9 ~ 76.2	40	11.8
76.3 ~ 101.6	19	11.4
101.7 ~ 127.0	13	34.2
127.1 ~ 152.4	4	36.3
152.5 ~ 177.8	5	38.7
177.9 ~ 234.0	1	47.9

　　然而，在土壤侵蚀的实际观测中，单纯雨强要素的作用并不总是这么显著。如 Morgan 等（1987）在英格兰贝德福德郡中部分析 1973 年 5 月～1975 年 10 月造成最剧烈土壤侵蚀的 10 场降雨发现，高强度降雨（如 1973 年 7 月 6 日一次雨量为 34.9mm 降雨事件中，约 17.7mm 雨量的雨强达到 10mm/h 以上）产生的侵蚀与低强度但长历时降雨（如 1973 年 6 月 19 日 23 小时雨量 39.6mm，雨强仅 1.72mm/h）产生的侵蚀相当。因此，仅用雨强描述降雨对土壤侵蚀的影响是远远不够的，还需要对可产生侵蚀的降雨进行分类分析。一般认为，土壤侵蚀与两类降雨密切相关，一是超过土壤入渗的高雨强短历时降雨；二是使土壤饱和的低雨强长历时降雨。因此需提出降雨侵蚀力作为表征降雨侵蚀强度的指标。

　　降雨侵蚀力反映降雨引起土壤侵蚀的潜在能力，我国降雨侵蚀力一般从东南到西北逐渐降低。我国南方红壤区降雨侵蚀力一般是其他地区的 3 倍以上（章文波等，2003）。在空间分布上，海南、广东、福建和江西的降雨侵蚀力较高，分别高于全国均值 167.6%、109.0%、45.0% 和 39.2%；浙江、湖南、安徽和湖北基本与全国均值持平（梁音和史学正，1999）。从月分布看，这八省在 4～9 月份的降雨侵蚀力占其全年降雨侵蚀力均值的 90% 以上，表明 4～9 月份是水土流失易发期。

　　从不同级别降雨侵蚀力分区面积上看，红壤中心区域低降雨侵蚀力级别面积为 33.2 万 km²，占区域总面积的 36.3%；中降雨侵蚀力级别面积为 34.5 万 km²，占区域总面积的 37.8%；而高降雨侵蚀力级别面积为 23.5 万 km²，占区域总面积的 25.9%。

　　降雨侵蚀力与土壤侵蚀强度之间一般呈正相关。在南方红壤区，水土流失较为严重的地区多位于降雨侵蚀力较高的地区。低、中、高三个降雨侵蚀力区域内，强烈侵蚀及其以上等级的土壤侵蚀面积分别为 1.67 万 km²、2.20 万 km² 和 1.94 万 km²，分别占各自区内水土流失总面积的 18.3%、21.7% 和 34.7%，这清楚的表明了高强度降雨地区更易发生强度高的水土流失。

　　当前降雨的变化也在深远地影响着红壤区的水土流失。政府间气候变化专门委员会（Intergovernmental Panel on Climate Change，IPCC）2007 年公布的第四次研究报告表明，多数地区强降雨出现频次的增加很可能加重土壤侵蚀。1956～2000 年，长江下游、华南沿海等地区年降雨量显著增加，其中长江中下游和东南地区年降雨量从 1956 年到 2000 年平均增加了 60～130mm。任国玉等（2005）多项研究也证实，该区极端降水量趋于增加，极端降雨值和极端降雨事件强度都有所增加，这与 20 世纪 80 年代以来长江中下游地区洪水现象增加的趋势是一致的。Zhai 等（2003；2005），Ren 等（2004），任国玉等（2000）有关研究分析了长江流域未来气候变化情景，有红壤分布的华中、华东、华南和西南地区，以及按流域划分的淮河、长江、东南诸河、珠江和西南诸河流域的年平均降雨变化预测如表 3-3、表 3-4 所示。根据预测，21 世纪中期上述地区降雨均有所增加，到 21 世纪末降雨增加更为明显（徐影等，2004）。

表 3-3　预测各区年平均降雨变化

Table 3-3　Prediction for the annual average rain falls changing in different area

（单位:%）

情景	分区 / 年份	全国	华中	华东	华南	西南
A2	2011～2040	1	−1	−2	2	1
	2041～2070	5	3	2	3	6
	2071～2100	11	11	9	8	10
B2	2011～2040	3	2	2	3	3
	2041～2070	5	2	2	5	4
	2071～2100	9	8	7	8	7

表 3-4　预测各流域年平均降雨变化

Table 3-4　Prediction for the annual average rain falls changing in river base

（单位:%）

情景	分区 / 年份	淮河流域	长江流域	东南诸河	珠江流域	西南诸河
A2	2011～2040	−1	0	0	2	1
	2041～2070	4	4	1	3	7
	2071～2100	14	10	4	9	12
B2	2011～2040	2	2	3	3	4
	2041～2070	3	3	4	5	6
	2071～2100	8	7	8	8	7

通过对未来至 21 世纪末的红壤区坡面侵蚀的预估研究表明，IPCC 第四次研究报告提供的 21 种大气环流模式在 SRES B1、A1B 和 A2 情境下模拟的坡面侵蚀结果存在差异性。但与现状年相比，确定未来降雨量增加，径流量很可能增加，坡面侵蚀也可能增加。据预测红壤区未来多年平均降雨量 2011.35mm，年均径流深 1094.53mm，年均土壤侵蚀模数 7347.74t/（km² · a），分别比现状年增加 51.80%、36.84% 和 48.24%。未来降雨和侵蚀呈现出递增趋势（概率大于 99%），并延续至 21 世纪末。三种情景下预估的坡面土壤侵

蚀平均水平均高于基准期，其中温室气体浓度最高的 A2 情景增幅最大。随着降雨、径流及土壤侵蚀递增趋势的持续，至 21 世纪中后期（2051～2099 年）红壤坡面的土壤侵蚀到达峰值（马良，2011）。

3.1.5 侵蚀性降雨及研究进展

自然界中并不是所有的降雨都能引起水土流失，只有降雨强度或降雨量达到一定的临界水平时才开始产生土壤侵蚀（关君蔚，1994），该临界水平即为侵蚀性降雨的阈值，是划分侵蚀性降雨与非侵蚀性降雨的基础。Hudson（1981）在津巴布韦，Rapp 等（1972）在坦桑尼亚，Morgan（1974）在马来西亚的研究得出 25mm/h 可作为雨强阈值的结果。由于各地区有不同的降雨类型、不同的下垫面特性，因此世界各地的侵蚀性降雨的阈值应是不同的。如在英格兰是 10mm/h（Morgan，1980），在德国是 6mm/h（Richter and Negendank，1977），而在比利时是 1.0mm/h（Bollinne，1977）。

Wischmeier 在通用土壤流失方程和修正方程（revised universal soil loss equation，RUSLE）建立过程中，根据美国 4000 多个小区的雨量资料提出了侵蚀性降雨阈值，一次降雨量如小于 12.7mm，应将该次降雨从侵蚀力计算中剔除。但若该次降雨的 15min 雨量超过 6.4mm，则仍将其保留。但 Wischmeier 并没有交代确定该标准的方法，也没有具体说明该标准对计算降雨侵蚀力的影响，只是指出小于该标准的降雨引起的土壤流失量很小。Renard 等（1997）对美国 Reynolds Creek 流域降雨侵蚀力的研究结果表明，用全部降雨计算的侵蚀力比剔除降雨量小于 12.7mm 降雨计算的侵蚀力增加了 28%～59%。Elwell 和 Stocking（1975）采用 25mm 和 25mm/h 作为侵蚀性降雨的雨量和雨强标准。

我国气象上将日降雨量≥50mm 的降雨称为暴雨，但该标准没有与土壤侵蚀相联系，是单纯的降雨特征参数。张汉雄和王万忠（1982）将降雨与土壤侵蚀相联系，以甘肃省西峰坡度为 10°无覆盖农地产生径流并引起土壤侵蚀为依据，确定黄土高原暴雨标准。王万忠（1984）基于黄土地区所有发生侵蚀的降雨样本，给出侵蚀性降雨的 4 个标准：基本雨量标准、一般雨量标准、瞬时雨量标准和暴雨标准，分别用降雨次数 80%，累积侵蚀量 95% 和 90% 对应的雨量确定。周佩华和王占礼（1987）用人工降雨法将不同雨强降雨事件的起流历时和相应的雨强配线，求得土壤侵蚀暴雨标准。江忠善和李秀英（1988）根据黄土地区降雨径流资料，拟定了该地区侵蚀性降雨标准为次降雨量大于 10mm。卢秀琴和张宪奎（1992）、杨子生（1999）用王万忠的方法分别建立了黑龙江及云南滇东北山区的基本雨量标准，分别为 9.8mm 和 9.2mm。谢云等（2000；2002）提出以漏选和多选降雨事件的降雨侵蚀力相等为原则的标准建立方法，即理想的侵蚀性降雨标准应该使得所有符合侵蚀性降雨标准降雨事件的降雨侵蚀力之和等于所有实际引起侵蚀降雨的侵蚀力之和，然而实际中两者很难完全相等。因此取两者最为接近时降雨事件的相应指标作为侵蚀性降雨标准。以此建立黄土高原坡面侵蚀的侵蚀性降雨雨量标准为 12mm，平均雨强标准为 0.04mm/min，最大 30min 雨强标准为 0.25mm/min。刘和平等（2007）

应用该方法确定了北京的侵蚀性降雨的雨量标准和最大 30min 雨强标准，分别为 18.9mm 和 17.8mm/h。综上所述，由于根据一次降雨的降雨量或雨强来准确划分侵蚀性降雨与非侵蚀性降雨本身很困难，因此国内外学者在拟定侵蚀性降雨标准时，普遍是以发生侵蚀的降雨事件为基础，采用概率统计的方法评估降雨与径流的关系，来确定雨量或雨强标准。

3.2　试验区降雨特征分析

3.2.1　降雨总体特征

本研究对降雨的观测期为 2001 年 1 月 1 日～2009 年 12 月 31 日，共观测到降水 1361 次，其中降雨 1359 次。降雨总量达到 11 479.8mm，降雨总历时 7782.76h，年均降雨量 1275.53mm，年均降雨历时 864.73h，详见表 3-5。根据研究区当地水文资料分析，观测期间涵盖了丰水年、平水年和枯水年，因此获取的资料具有较好的代表性。

表 3-5　研究区年降雨特征一览表

Table 3-5　The annual rainfall characteristics of research area

指标	2001 年	2002 年	2003 年	2004 年	2005 年	2006 年	2007 年	2008 年	2009 年
年降水总量（mm）	1163.20	1808.50	1433.00	1302.40	1550.90	999.50	1001.1	1171.8	1049.4
年降雨历时（h）	1022.77	1187.60	828.00	845.63	1003.75	733.18	709.70	883.63	568.50
平均雨强（mm/h）	1.14	1.52	1.73	1.54	1.55	1.36	1.41	1.33	1.85
次最大降雨雨量（mm）	61.50	131.30	129.30	178.80	253.40	52.0	73.00	59.4	75.9
次最大降雨历时（h）	61.83	51.50	37.97	34.58	57.97	23.92	29.25	348	31.72
次最大雨强（mm/h）	34.56	32.43	21.00	28.80	30.90	40.80	33.20	42.73	54.13
丰枯年	枯	丰	平	枯	平	枯	枯	枯	枯

观测期间，共发生中雨以上降雨（不含中雨）414 次，虽只占降雨总次数的 30.46%，但降雨量占总降雨量的 73.99%，详见表 3-6。说明较少场次的降雨带来七成多的全年平均降雨量，可见降雨量分布较为集中。这从图 3-5 分年度降雨等级的场次及雨量分配上也可看出相同的规律。

表 3-6　观测期内降雨等级分配表

Table 3-6　Rainfall classification in study period

项目	小雨	中雨	大雨	暴雨	大暴雨	特大暴雨	合计
降雨场次	542	403	222	125	36	31	1 359
占总量（%）	39.88	29.65	16.34	9.20	2.65	2.28	100
降雨量（mm）	794.05	2 191.85	3 032.45	3 324.3	1 225.9	911.25	11 479.8
占总量（%）	6.92	19.09	26.42	28.96	10.68	7.94	100

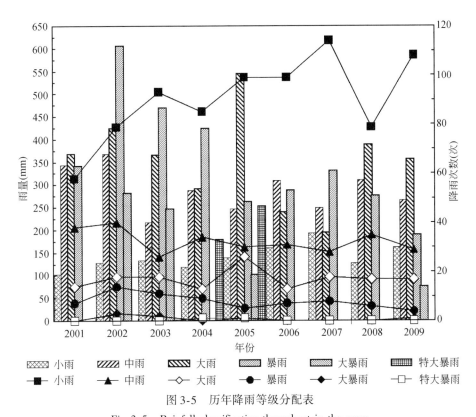

图 3-5　历年降雨等级分配表

Fig. 3-5　Rainfall classification throughout in the years

3.2.2　降雨量年际变化

统计学中将一个数据系列的最大值与最小值的比值称为极比值。借用此概念，降雨量年际变化的幅度，通常采用实测年降雨量的极比值 K_m 来反映。K_m 越大，说明降雨量的年际变化幅度就越大；K_m 越小，说明降水量年际变化幅度较为均匀。一般认为，我国南方湿润地区降雨量的年际变化相对较小，丰水年降水量为枯水年的 1.5~2.0 倍。利用本研究实际观测的数据计算，试验区年降雨量 K_m 为 1.57，其年际变化的极比值也在该区间内。

水文学上将均方差与均值的比值称为离散系数 C_v，用于衡量系列数据的相对离散程度。年降雨量系列变差系数 C_v 值的变化越大，表示降雨量的年际变化越大，反之则越小。一般而言，南方湿润带是全国降水量变差系数 C_v 最小的地区，在 0.20 ~ 0.25。但在某些遭受热带气旋袭击的地区，受台风暴雨的影响，年降雨量变差系数 C_v 值在 0.25 以上。经计算，观测期间研究区 C_v 为 0.21，其离散系数也在该区间内。

3.2.3 降雨量年内变化

将 2001 ~ 2009 年的降雨量进行统计分析发现，试验区一年内的降雨量以夏、春两季为最大，冬季大于秋季，如表 3-7 所示。在每一季节中，按日均降雨量来分析，同样也存在相同的特征。在日均降雨强度方面，夏季显著大于其他季，冬季最小，春季大于秋季，如图 3-6 所示。因此，试验区每年的降雨特征值可总结为：春季多雨，且单位时间内雨量较小、历时较长；夏季多暴雨，尽管历时短，但降雨强度大，破坏作用也大；秋冬两季干旱少雨。这与当地多年降雨资料十分吻合。由此可以认定，试验区内的降雨规律具有典型代表性，可作为南方红壤区降雨的普遍特征。

表 3-7　降雨季分布特征
Table 3-7　Features of the seasonal rainfall distribution

季节	春季	夏季	秋季	冬季	观测期
雨量（mm）	4 028.3	4 053.3	1 643.3	1 754.9	11 479.8
占总量%	35.09	35.31	14.31	15.29	100.00
降雨历时（h）	3 260.28	2 097.31	1 677.66	3 462.06	7 782.76
占总量%	41.89	26.95	21.56	44.48	100.00
平均雨强（mm/h）	1.24	1.93	0.98	0.51	1.48

Hudson（1976）认为，年内月降雨的分配存在三种类型，即均匀分配型、单峰式分配型和双峰式分配型，分别对应着温带、热带和亚热带降水的特点。研究区内降雨呈现典型的双峰式分配型，如图 3-7 所示。一年中，4 月份之前降雨量较小，进入梅雨季后 4 ~ 6 月份显著增加，特别在 4 月份梅雨初始时达到峰值。7 月份之后副热带高压控制本区，降雨量略有下降。伴随热带气旋雨的影响，8 月份降雨量略有回升，达到另一个高峰。随后 9 月份降雨量急剧下降，至 10 月达到低谷值。之后降雨量虽略有波动，但当月雨量一直徘徊在 100mm 以下。

根据统计，研究区内 4 月、5 月、6 月、8 月四个月降雨量可占全年降水量的 53.20%，明显分布不均。从雨强来看，夏季 7 ~ 9 月平均雨强远高于一年中的其他各个月份。

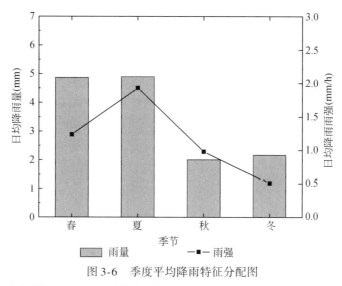

图 3-6 季度平均降雨特征分配图

Fig. 3-6 The average rainfall distribution characteristics of one day in seasons

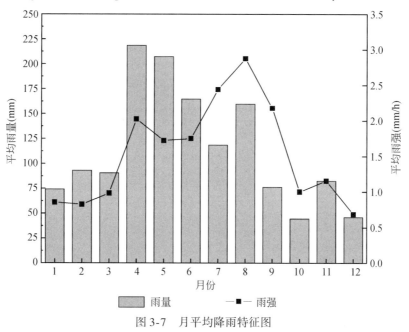

图 3-7 月平均降雨特征图

Fig. 3-7 Monthly mean rainfall distribution characteristics

3.2.4 典型降雨分析

研究中分别选取 2009 年观测到的 3 场锋面雨、对流雨和台风雨进行降雨特征分析，详见表 3-8。通过自记雨量计得到 3 场降雨各自降雨过程的雨量记录，以 10min 为单位计算并绘制了雨量累计过程线，结果如表 3-9~表 3-11 和图 3-8 所示。第 27 号降雨为梅雨季节形成的锋面雨，113 号降雨是夏季高温诱发的对流雨，114 号降雨为当年第 8 号"莫拉克"台风过境导致的台风雨。

从三场典型降雨雨量、降雨历时和降雨强度比较分析来看，台风雨达到暴雨级标准，雨量为 43.3mm，锋面雨和对流雨均为中雨级标准，雨量分别为 11.9 和 11.1mm。台风雨的降雨历时短，而降雨强度大。锋面雨降雨历时长，而降雨强度小。一般对流雨的降雨量较少，降雨历时较短，降雨强度介于二者之间。从降雨雨量累计过程线（图 3-8）和平均降雨强度过程线（图 3-9）进行分析可见，锋面雨在全部降雨过程中雨量较为均匀，而对流雨和台风雨具有明显的峰值区。需注意的是，自然界中实际发生的降雨是多种因素共同作用的结果，并非全部具有以上普遍特征。

表 3-8　试验区三种典型降雨特征要素一览表

Table 3-8　A list of three typical rainfall characteristic in Experimental Zone

编号	起始时间	结束时间	降雨量（mm）	降雨历时（min）	降雨雨强（mm/h）	降雨类型
27	2 月 26 日 9 时 3 分	2 月 26 日 13 时 25 分	11.9	262	2.73	锋面雨
113	8 月 10 日 16 时 35 分	8 月 10 日 19 时 12 分	11.1	157	4.24	对流雨
114	8 月 13 日 14 时 40 分	8 月 13 日 15 时 28 分	43.3	48	54.13	台风雨

表 3-9　锋面雨降雨量累计过程线计算表

Table 3-9　Account of the frontal rainfall cumulative process

月	日	时分	降雨量（mm）	累积雨量（mm）	月	日	时分	降雨量（mm）	累积雨量（mm）
2	26	9：03	0.00	0.00	2	26	11：23	0.38	7.37
		9：13	2.60	2.60			11：33	0.34	7.71
		9：23	0.30	2.90			11：43	0.00	7.71
		9：33	0.30	3.20			11：53	0.42	8.13
		9：43	0.20	3.40			12：03	0.77	8.90
		9：53	0.27	3.67			12：13	0.32	9.22
		10：03	0.33	4.00			12：23	0.32	9.53
		10：13	0.40	4.40			12：33	0.00	9.53
		10：23	0.39	4.79			12：43	0.00	9.53
		10：33	0.41	5.20			12：53	0.63	10.17
		10：43	0.47	5.67			13：03	0.63	10.80
		10：53	0.36	6.02			13：13	0.55	11.35
		11：03	0.58	6.60			13：23	0.20	11.55
		11：13	0.38	6.98			13：25	0.35	11.90

表 3-10　对流雨降雨量累计过程线计算表

Table 3-10　Account of the convective rain cumulative process

月	日	时分	降雨量（mm）	累积雨量（mm）	月	日	时分	降雨量（mm）	累积雨量（mm）
8	10	16：35	0.00	0.00	8	10	18：05	0.33	8.11
		16：45	3.70	3.70			18：15	0.87	8.98
		16：55	3.20	6.90			18：25	1.29	10.27
		17：05	0.10	7.00			18：35	0.40	10.67
		17：15	0.07	7.07			18：45	0.11	10.78
		17：25	0.10	7.17			18：55	0.18	10.96
		17：35	0.13	7.30			19：05	0.09	11.05
		17：45	0.20	7.50			19：12	0.05	11.10
		17：55	0.28	7.78					

表 3-11　气旋雨降雨量累计过程线计算表

Table 3-11　Account of the typhoon rain cumulative process

月	日	时分	降雨量（mm）	累积雨量（mm）
8	13	14：40	0.00	0.00
		14：50	20.40	20.40
		15：00	17.30	37.70
		15：10	3.90	41.60
		15：20	1.07	42.67
		15：30	0.63	43.30

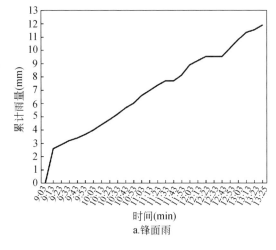

a.锋面雨

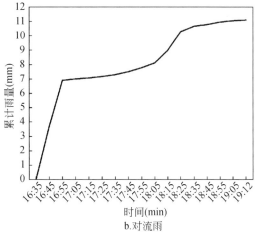

b.对流雨

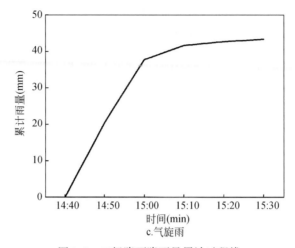

c.气旋雨

图 3-8　三场降雨降雨量累计过程线

Fig. 3-8　Three of rainfall cumulative process

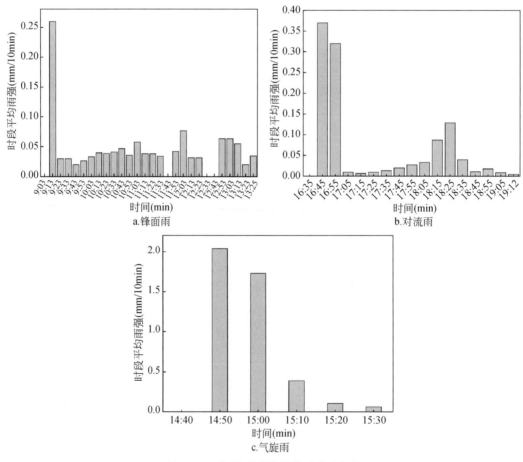

图 3-9　三场降雨时段平均雨强过程线

Fig. 3-9　The average of raininess cumulative process in the three duration raining

3.3 侵蚀性降雨分析

3.3.1 侵蚀性降雨标准确定

确定侵蚀性降雨雨量或降雨强度的传统方法主要有以下两种。

一是采用80%经验频率的分析方法，通过多年的观测数据，求得一个较为普遍而又准确的侵蚀性降雨的基本雨量或雨强标准。所采用的经验频率公式如下。

$$P = \frac{m}{n+1} \times 100\% \qquad (3-3)$$

式中，P 为经验频率值（%）；m 为某一雨量或雨强的序列号；n 为序列的总样本数。

使用该方法确定侵蚀性降雨标准，主要基于降雨样本的选择，样本的质量和序列长短对于分析结果有较大影响。统计规律表明，随着样本个数的增多，样本序列的延长，统计结果会趋于稳定。江忠善和李秀英（1988）、加生荣和徐雪良（1992）在拟定黄土高原侵蚀性降雨标准时，分别采用了34次和29次的观测资料；张宪奎等（1992）在拟定黑龙江省侵蚀性降雨标准时，采用97个样本；杨子生（1999）在拟定云南侵蚀性雨量标准时，采用56次降雨资料；金建君等（2001）研究认为足够多的样本数，如5年序列的观测资料才能保证降雨标准的稳定性。本研究选取观测期9年间95份次降雨资料，完全能满足拟定侵蚀性雨量标准的要求。

具体方法是：选取的样本要求在此之前至少24h没有降雨，并且在裸露对照区发生轻微以上等级土壤侵蚀的降雨作为统计分析样本，总计得到95个样本。将这些样本值（单场降雨雨量或雨强）按从大到小的顺序排列，然后用经验频率计算公式求得相应雨量或雨强的经验频率值，并在频率格纸上绘出雨量、平均降雨强度 P-Ⅲ 型频率曲线，如图 3-10 所示。从曲线上查得频率值为80%时的雨量或雨强即为侵蚀性降雨基本雨量或雨强标准值。使用该方法求得红壤坡地侵蚀性降雨的基本雨量标准为 11.20mm，基本雨强标准为 0.88mm/h。

二是采用引起土壤侵蚀的所有降雨为统计分析样本，按雨量大小降序排列，并将大于某一雨量（P）产生的土壤侵蚀量逐个累加，得到 N 个土壤侵蚀量（Q）和总侵蚀量（q），然后求出大于某一雨量（P）的侵蚀累计百分比（P_Q），点绘 P-P_Q 关系曲线。

$$P_Q = \frac{Q}{q} \times 100\% \qquad (3-4)$$

用这种方法，求得研究区关系式为

$$P_Q = 104.275 - 0.761P \qquad (3-5)$$

式中，P_Q 为侵蚀累计百分比（%）；P 为相应的雨量标准（mm）。

经检验，当 P 等于方法一所计算的侵蚀雨量标准值11.2mm 时，P_Q 为95.75%，这说明雨量≥11.2mm 的降雨产生的土壤侵蚀量占总侵蚀量的95.75%。

另外，研究中还采用"以漏选和多选降雨事件的降雨侵蚀力相等"法对研究区侵蚀性

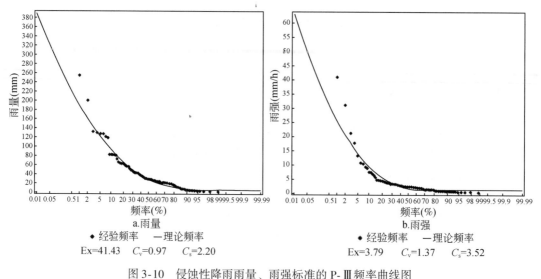

图 3-10　侵蚀性降雨雨量、雨强标准的 P-Ⅲ频率曲线图

Fig. 3-10　The erosive rainfall, raininess normal P-Ⅲ frequency curve

降雨标准进行研究：先把所有引起土壤侵蚀的降雨的降雨侵蚀力相加，得到实际降雨侵蚀力；然后把所有降雨事件的雨量按由大到小排列，从最大降雨量开始累加其降雨侵蚀力，直到累加值等于或最接近实际降雨侵蚀力。此时，对应的降雨事件的雨量即被确定为侵蚀性降雨的雨量标准。若把上述雨量指标换成相应的 I_{30} 指标，则得到侵蚀性降雨的最大 30min 雨强标准。经分析，依据此法确定的侵蚀性降雨雨量标准为 3.5mm，最大 30min 雨强标准为 3.0mm/h。

由于该标准与传统方法建立的 11.2mm 标准相差较大，因此引入相对误差（REI）、错选度（MI）、剔除率（EFF）三种指标进行评价，其计算如式（3-6）、式（3-7）和式（3-8）所示。较好的侵蚀性降雨雨量标准应该有较低的 REI 值和 MI 值及较高的 EFF 值。

$$REI = \frac{|R - R_h|}{R_h} \times 100\% \tag{3-6}$$

式中，R 为所有引起侵蚀降雨事件的侵蚀力之和；R_h 为所有高于拟定的侵蚀性降雨标准的降雨事件的侵蚀力之和。

相对误差指标表明了根据侵蚀性降雨标准估算的降雨侵蚀力相对于实际值的差异。

$$MI = \frac{N_{cn} + N_{nce}}{N_t} \times 100\% \tag{3-7}$$

式中，N_{cn} 为高于侵蚀性降雨标准而实际未引起侵蚀降雨事件的数目；N_{nce} 为低于侵蚀性降雨标准而实际造成侵蚀的降雨事件的数目；N_t 为降雨事件的总数。

错选度反映了所有被误选的降雨事件的比例。

$$EFF = \frac{N_{tnc}}{N_t} \times 100\% \tag{3-8}$$

式中，N_{tnc} 为由侵蚀性降雨标准排除的降雨事件的数目。

剔除率用于评价拟定标准节省工作量的有效性。

综合比较上述三个指标如表 3-12，认为 11.2mm 作为研究区侵蚀性降雨雨量标准更为符合。并且根据式（3-5）的计算，这一标准的降雨引发的土壤侵蚀可占总侵蚀量的 95%以上。该结果与其他研究者的结论（表 3-13）比较接近，并具有时间序列长、数据量大的特点，因此其可信度更高。

表 3-12　不同侵蚀性降雨雨量标准值比较表

Table 3-12　Comparison table of different erosive rainfall standard value

侵蚀性降雨雨量标准（mm）	REI（%）	MI（%）	EFF（%）
11.2	6.39	5.89	75.79
3.50	0.82	17.65	53.40

表 3-13　我国部分地区的侵蚀性降雨雨量标准

Table 3-13　The erosive rainfall（Pe）standard value of some area in our coutry

地区	研究区	降雨量标准（mm）	研究者
西北	黄土高原农耕地	9.9	王万忠（1984）
	黄土高原	10.0	江忠善和李秀英（1988）
	陕北子洲	12.0	谢云等（2000）
华南	皖南山区	13.6	程庆杏等（2004）
	鄂西北房县	14.6	李勇志（2006）
东北	黑龙江	9.8	张宪奎等（1992）
西南	滇东北	9.2	杨子生（1999）
华北	北京	18.9	刘和平等（2007）

3.3.2　侵蚀性降雨特征分析

经统计，观测期内试验区共发生 606 次侵蚀性降雨事件，雨量合计 9939.75mm，占总降雨量的 86.59%，详见表 3-14。侵蚀性降雨年总量的极比值 K_m 为 1.95，系数 C_v 为 0.234，略高于降雨雨量年际极比值和离散系数。侵蚀性降雨平均雨强为 1.81mm/h，也高于全部降雨平均雨强 1.47mm/h。

从发生场次分析，侵蚀性降雨集中在春、夏两季，其中夏季发生频率最高，当季降雨有九成以上为侵蚀性降雨。两季侵蚀性降雨占全年侵蚀降雨场次的 70% 及降雨总量的 70% 以上，其中以夏季侵蚀性降雨雨量最高且雨强最大，详见表 3-15、图 3-11。与该地区总降雨的时间分布规律相似，侵蚀性降雨的月分布也呈现典型双峰式，峰值位于 4 月和 8 月。无论是从绝对数量还是从当月降雨所占比例分析（图 3-12），观测期历年侵蚀性降雨多发生在 4~9 月份，与当地确定的汛期一致。其中以 4 月侵蚀性降雨雨量最大，而 8 月侵蚀性降雨雨强最高且占当月降雨比例最高，分别为 3.68mm/h 及 96.10%。侵蚀性降雨发生儿率最低月份为 12 月，当月仅有 52.26% 的降雨场次为侵蚀性降雨。

表 3-14 观测期内侵蚀性降雨统计
Table 3-14 The statistics of erosive rainfall in observation period

项目	2001 年	2002 年	2003 年	2004 年	2005 年	2006 年	2007 年	2008 年	2009 年	合计
降雨场次	53	82	74	64	66	71	81	9	106	606
降雨量（mm）	904.35	1 620.9	1 307.9	1 132.7	1 360.6	830.8	830.5	1 029.9	922.1	9 939.8
降雨历时（h）	454.48	1 187.6	554.88	455.72	1 003.75	733.18	333.78	378.03	392.25	5 493.67
平均雨强	1.99	1.36	2.36	2.49	1.36	1.13	2.49	2.72	2.35	1.81

表 3-15 侵蚀性降雨季节分配特征
Table 3-15 Erosive rainfall seasonal distribution characteristics

项目	春季	夏季	秋季	冬季	合计
侵蚀降雨场次	202	222	93	89	606
总降雨场次	425	380	218	336	1 359
占总场次（%）	47.53	58.42	42.66	26.49	44.59
侵蚀降雨量（mm）	3 608.6	3 763.5	1 435.9	1 131.7	9 939.8
总降雨量（mm）	4 028.3	4 053.3	1 643.3	1 754.9	11 479.8
占总雨量（%）	89.58	92.82	87.38	64.49	86.59
侵蚀降雨历时（h）	2 124.07	1 483.85	964.15	921.60	5 493.67
总降雨历时（h）	3 260.28	2 097.31	1 677.66	3 462.06	7 782.76
占总历时（%）	65.15	70.75	57.47	26.62	97.74
侵蚀降雨雨强（mm/h）	1.70	2.54	1.49	1.23	1.81

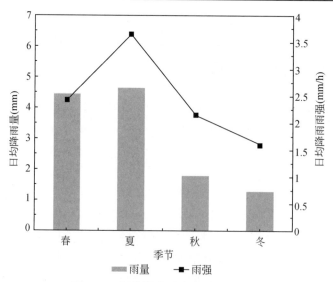

图 3-11 侵蚀性降雨季度平均特征图

Fig. 3-11 Erosive rainfall quarter average daily feature map

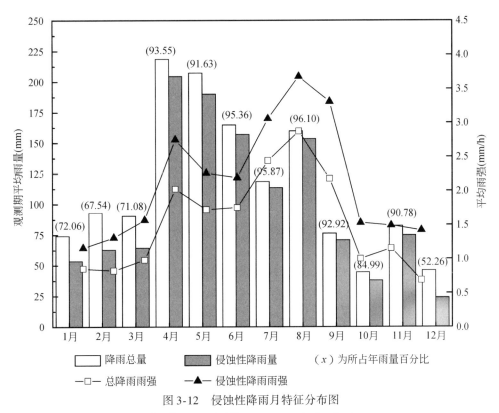

图 3-12　侵蚀性降雨月特征分布图

Fig. 3-12　Erosive rainfall average month distribution map

3.4　试验区降雨动能分析

3.4.1　降雨动能研究概况

降雨动能是指一次降雨过程中所有雨滴具有的总能量。对于直径为 d、密度为 ρ 的一颗雨滴，其动能可近似表示为

$$e_0 = \frac{1}{12}\pi d^3 \rho v^2 \tag{3-9}$$

式中，e_0 为一颗雨滴的降雨动能；d 为一颗雨滴的直径；ρ 为雨滴的密度；v 为雨滴的终点速度。

雨滴质量的大小随雨强变化而变化。Laws 和 Parsons（1943）研究认为单个雨滴体积的中数直径会随雨强增加而增大，但这种正相关关系在雨强小于 100mm/h 时才成立，雨强再增大，中径会降低，这主要是紊流干扰使较大的雨滴不稳定的结果（Hudson，1963）。Carter 等（1974）研究证实，在雨强超过 200mm/h 后，小雨滴会再次凝聚使雨滴中径再次增大。因此下落雨滴的中径与雨强之间关系存在较大的变化。不仅是雨强影响雨滴中径，即使是在相同雨强不同降雨类型条件下的雨滴中径之间也存在较大的差异。如对流雨与锋面雨不同，冷锋面与暖锋面的降雨也不相同（Mason and Andrews，1960；Carter et al.，1974；Kinnell，1981；McIsaac，1990）。因此对降雨雨滴的模拟和可控性试验十分困难。然而，如果忽略雨滴中径的差异性，就可在降雨动能与雨强之间建立初步的数学关系式。

Wischmeier 和 Smith（1958）在 Laws 和 Parsons（1943）观测数据的基础上，提出了下列关系式：

$$e = 0.0119 + 0.0873 \lg I \tag{3-10}$$

式中，e 为一场降雨某一时段的降雨动能（$J \cdot m^{-2} \cdot mm^{-1}$）；$I$ 为对应该时段的雨强（mm/h）。

计算某一场降雨总动能，首先根据自记雨量计划分单位时段，使用公式（3-10）计算该时段内动能，然后乘以时段内雨量，累加即可，即

$$E_s = \sum eP \tag{3-11}$$

式中，E_s 为一次降雨的总动能（J/m^2）；P 为对应某一时段的降雨量（mm）。

Marshall 和 Palmer（1948）、Mason 和 Ramandham（1953）、Carte（1971）、Houze 等（1979）、Styczen 和 Høgh-Schmidt（1988）研究认为，较大尺度下公式（3-10）可改写为基于雨滴大小分布观测数据而建立的 Marshall 公式：

$$e = 0.0895 + 0.0844 \lg I \tag{3-12}$$

国内外不同研究者在不同研究背景下分别拟合出各自的降雨动能公式，详见表3-16、表3-17 所示。

表 3-16　国外学者提出的计算单场降雨动能公式

Table 3-16　The calculate formula of single rainfall energy proposed by foreign scholars

公式	研究者	来源或应用
$e = 0.0119 + 0.0873 \lg I$	Wischmeier 和 smith（1978）	通用土壤流失方程（USLE）
$e = 0.29(1 - 0.72 e^{-I/20})$	Brown 和 Foster（1987）	修正通用土壤流失方程（RUSLE）
$e = 0.0895 + 0.0844 \lg I$	Marshall 和 Palmer（1948）	基于雨滴大小分布的观测
$e = 0.0981 + 0.1125 \lg I$	Zan 和 Torri（1980）	意大利托斯卡纳区（Toscana，Italy）
$e = 0.359(1 - 0.56 e^{-0.034 I})$	Coutinho 和 Tomás（1995）	葡萄牙（Portugal）
$e = 0.0981 + 0.106 \lg I$	Onaga 等（1988）	日本冲绳岛（Okinawa，Japan）
$e = 0.298(1 - 4.29/I)$	Hudson（1965）	津巴布韦（Zimbabwe）
$e = 0.29(1 - 0.6 e^{-0.04 I})$	Rosewell（1986）	澳大利亚新南威尔士（New South Wales，Australia）
$e = 0.26(1 - 0.7 e^{-0.035 I})$	Rosewell（1986）	澳大利亚南昆士兰（Southern Queensland，Australia）
$e = 0.1132 + 0.0055 I - 0.005 \times 10^{-2} I^2 + 0.00126 \times 10^{-4} I^3$	Carter 等（1974）	美国中南部
$e = 0.384(1 - 0.54 e^{-0.029 I})$	Cerro 等（1998）	西班牙巴塞罗那（Barcelona，Spain）
$e = 0.369(1 - 0.69 e^{-0.038 I})$	Jayawardena 等（2000）	香港（Hong Kong）
$e = 0.283(1 - 0.52 e^{-0.042 I})$	van Dijk 等（2002）	通用关系式

表 3-17 国内学者提出的计算单场降雨动能公式

Table 3-17 The calculate formula of single rainfall energy proposed by domestic scholars

公式	研究者	来源或应用
$e = 24.151 + 8.64\lg I$	余新晓（1989）	赣西北北亚热带季风区
$e = 27.83 + 11.55\lg I$	江忠善和李秀英（1988）	黄土高原
$e = 36.04 I^{0.29}$	黄炎和等（1992）	福建省安溪
$e = 34.32 I^{0.27}$	周伏建等（1995）	福建省
$e = 31.58 + 12.16\lg I$	杨子生（1999）	云南滇东北

注：I 单位为 mm/min。

3.4.2 试验区降雨动能特征

在本研究中选取常用的 USLE、RUSLE、Marshall、van Dijk 以及余新晓五类代表性公式进行区域适用性验证，经过降雨动能与径流小区侵蚀量之间相关性的检验，认为余新晓公式最优，可以选作本研究的经验公式。

对观测期内 1359 场降雨自记数据统计分析，11 479.8mm 的降雨共带来了 16 7841.7J/m² 的降雨动能，详见表 3-18 所示。年最大降雨动能为丰水年 2002 年，累计 28 696.37 J/m²；最小为 2007 年，仅 12 177.1 J/m²。单月累计最大降雨动能为 2002 年 5 月份，计 6 605.35J/m²。有降雨事件的月最小降雨动能发生在 2004 年 10 月份，仅 3.80 J/m²。从降雨动能在季、月的分配来看，主要集中在春、夏两季的 4~8 月内（图 3-13、图 3-14）。因此，降雨动能的年际及年内分布呈现与降雨量相似的规律。

表 3-18 研究区降雨动能月分配特征

Table 3-18 The rainfall energy of month distribution characteristics in research area

（单位：J/m²）

时间	2001 年	2002 年	2003 年	2004 年	2005 年	2006 年	2007 年	2008 年	2009 年	合计	平均
1 月	1 824.16	733.19	403.69	682.02	827.34	782.03	403.23	738.42	116.38	6 510.46	723.384 4
2 月	579.7	267.95	2 171.02	763.54	1 512.43	904.48	420.79	0	1 618.07	8 237.98	915.331 1
3 月	1 244.64	1 638.06	2 005.79	584.09	949.13	518.71	1 271.46	747.83	1 384.5	10 344.21	1 149.357
4 月	2 749.76	5 957.83	5 545.92	1 775.43	1 926.87	3 356.83	1 077.13	1 196.83	1 813.32	25 399.92	2 822.213
5 月	957.09	6 605.35	3 782.08	4 624.89	2 658.8	1 526.08	2 011.19	504	1 197.53	23 867.01	2 651.89
6 月	1 684.62	1 561.2	4 610.82	2 477.06	3 926.96	2 076.93	2 469.76	1 692.08	2 163.56	22 662.99	2 518.11
7 月	1 868.09	3 772.19	1 371.29	2 709.19	2 423.48	1 093.77	1 510.48	4 270.38	1 412.22	20 431.09	2 270.121
8 月	3 763.42	2 952.06	533.66	5 724.34	1 645.19	3 310.54	1 802.19	2 977.38	2 127.47	24 836.25	2 759.583
9 月	25.33	1 588.16	1 127.24	220.54	3 861.26	380.49	761.73	246.44	204.94	8 416.13	935.125 6
10 月	1 043.99	1 027.1	574.78	3.8	702.65	219.58	60.18	1 782.52	134.81	5 549.41	616.601 1
11 月	620.32	1 066.72	485.57	884.71	2 232.53	691.21	169.13	1 043.03	613.63	7 806.85	867.427 8
12 月	755.63	1 526.56	275.14	282.73	132.63	104.99	219.83	107.07	374.78	3 779.36	419.928 9
合计	17 116.76	28 696.37	22 887.02	20 732.34	22 799.27	14 965.64	12 177.1	15 305.97	13 161.2	167 841.7	18 649.07

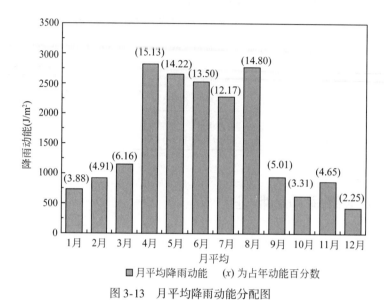

图 3-13　月平均降雨动能分配图

Fig. 3-13　The rainfall energy of average month distribution map

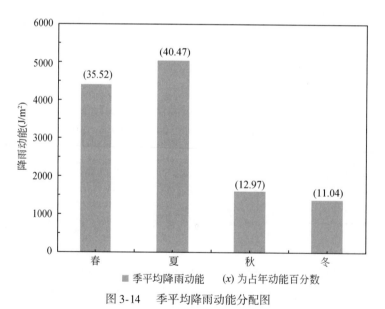

图 3-14　季平均降雨动能分配图

Fig. 3-14　The rainfall energy of average season distribution map

3.5 试验区降雨侵蚀力分析

3.5.1 降雨侵蚀力研究概况

通用土壤流失方程（USLE）及修正方程（RUSLE）中降雨侵蚀力因子 R 的计算式为 $E \cdot I_{30}$，即单位面积单场降雨的总动能与该场降雨的最大 30 分钟雨强的乘积。Wischmeier 和 Smith（1958）在建立通用土壤流失方程中，发现降雨动能、30min 最大雨强两因子与土壤流失量相关最紧密，两者的复合参数 $E \cdot I_{30}$ 是降雨侵蚀力的最好度量，因此将此定义为降雨侵蚀力因子（erosivity factor of rainfall，简称 R）。降雨侵蚀力的其他计算方法有修正 Fournier 指数法（Fournier，1960；Arnoldus，1977）、$KE>1$ 指数法（Hudson，1976）和 Onchev 通用侵蚀指数法（Onchev，1985）等。目前许多研究集中在基于观测资料来模拟降雨–侵蚀过程，以寻求比 $E \cdot I_{30}$ 更因地制宜的算法。诸多研究结果也证实，这些算法与传统的 $E \cdot I_{30}$ 公式有较高的相关性。

国内外研究者通过对各地径流小区的资料分析，以 $E \cdot I_n$（最大 n 时段雨强）结构形式为基础，也得到适应该研究区自然环境条件的 R 值算法。例如，在西北黄土高原地区有如下算法（王万忠，1987；贾志军等，1987）：

$$R = E_{60}I_{10} \text{ 或 } R = \sum EI_{10} \tag{3-13}$$

式中，E_{60} 为一次降雨 60min 最大降雨动能（J/m^2）；I_{10} 为一次降雨 10min 最大雨强（cm/h）；$\sum E$ 为一次降雨总动能。

在东北黑土地区有张宪奎等（1992）的计算方法：

$$R = E_{60}I_{30} \tag{3-14}$$

式中，E_{60} 为一次降雨 60min 最大降雨动能（J/m^2）；I_{30} 为一次降雨 30min 最大雨强（cm/h）。

因此，不同地理环境的降雨特征不同，R 值的计算组合式也存在明显差异。毫无疑问，地处亚热带季风气候区的我国南方红壤区域内，也必定有符合其自然环境特点的 R 值最佳计算组合。本研究借鉴之前的研究结果，选择 $R = \sum E \cdot I_n$ 或 $R = E_n \cdot I_n$ 作为红壤坡地降雨侵蚀力的算法模式，即

$$R = \sum E \cdot I_n \tag{3-15}$$

式中，R 为降雨侵蚀力 $[(J \cdot mm)/(h \cdot m^2)]$；$E$ 为一次降雨的总动能（J/m^2）；I_n 为一次降雨 n 时段最大雨强（mm/h）。

而

$$R = E_n \cdot I_n \tag{3-16}$$

式中，E_n 为一次降雨 n 时段最大动能（J/m^2）；I_n 为一次降雨 n 时段最大雨强（mm/h）。

通过比较各种降雨因子及组合与土壤侵蚀量相关系数的大小，并采用逐步回归法分析，来确定相关性最好的组合作为红壤坡地降雨侵蚀力指标 R 值的最佳算式。具体为：从自记雨

量数据中计算一次降雨的 10min、20min、30min、45min、60min 和 90min 最大雨强（即 I_{10}、I_{20}、I_{30}、I_{45}、I_{60}、I_{90}）和最大降雨动能（即 E_{10}、E_{20}、E_{30}、E_{45}、E_{60}、E_{90}），计算 $\sum E \cdot I_n$ 组合、$E_n \cdot I_n$ 组合与土壤侵蚀量之间相关性，选择最佳 I_n 及最佳算式。分析结果如表 3-19 所示。

表 3-19　各算式组合与土壤侵蚀量相关系数表
Table 3-19　The related coefficient between each formula combination and soil erosion

系数	I_{10}	I_{20}	I_{30}	I_{45}	I_{60}	I_{90}
$\sum E$	0.855	0.855	0.845	0.834	0.832	0.834
E_{10}	0.795	0.759	0.752	0.751	0.748	0.778
E_{20}	0.786	0.781	0.764	0.764	0.758	0.708
E_{30}	0.692	0.705	0.679	0.693	0.697	0.700
E_{45}	0.801	0.817	0.785	0.731	0.759	0.757
E_{60}	0.749	0.752	0.748	0.733	0.719	0.704
E_{90}	0.718	0.735	0.734	0.719	0.716	0.712

注：样本数 $n=227$

从表 3-19 可以看到，各组合与侵蚀量的相关系数均达显著水平且十分接近，因此再考虑时段最大雨强 I_n 与土壤侵蚀量之间的相关关系（表 3-20），选择相关系数最大的时段的组合作为 R 的算式。

表 3-20　时段最大雨强 I_n 与侵蚀量相关系数表
Table 3-20　The related coefficient between time of maximum raininess I_n and soil erosion

相关系数	I_{10}	I_{20}	I_{30}	I_{45}	I_{60}	I_{90}
土壤流失量	0.794	0.792	0.806	0.748	0.736	0.684

注：样本数 $n=227$

从上述研究结果中，不难得出我国南方红壤区域的降雨侵蚀力因子 R 的最佳算式为

$$R = \sum E \cdot I_{30} \tag{3-17}$$

式中，R 为降雨侵蚀力 $[J \cdot mm/(h \cdot m^2)]$；$\sum E$ 为一场侵蚀性降雨总动能（J/m^2）；I_{30} 为该场降雨最大 30 分钟雨强（mm/h）。

3.5.2　降雨侵蚀力计算及结果

应用式(3-19)求得观测期内降雨侵蚀力共计 87 724.25J·mm/（m^2·h），年平均 9747.14J·mm/（m^2·h）。分析发现，2002 年降雨侵蚀力最高，达 15 140.64J·mm/（m^2·h）。2006 年侵蚀力最低，仅 5 601.10J·mm/（m^2·h）。年降雨侵蚀力的极比值（K_m）为 2.70，离散系数 C_v 为 0.399，均高于年降雨量和侵蚀性降雨年相应值，因此降雨侵蚀力的年际分布更为不均（图 3-15）。

南方红壤坡地降雨侵蚀力的年内分布同样存在不均匀现象，详见表 3-21、图 3-16。与

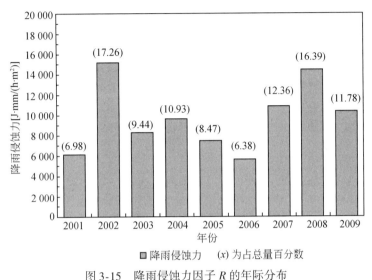

图 3-15　降雨侵蚀力因子 *R* 的年际分布

Fig. 3-15　The inter-annual distribution of the rainfall erosivity factor *R*

侵蚀性降雨多发月份相吻合，全年降雨侵蚀力集中在 4~8 月份，其中以夏季 6~8 月更为突出。这三个月的降雨侵蚀力总和大于其他各季，占总降雨侵蚀力的 57.86%。冬季最小，仅 4.57%。夏季降雨侵蚀力的峰值在 8 月，该月降雨产生的侵蚀力可占全年侵蚀力的 20% 以上。观测期间月降雨侵蚀力的峰值为 2004 年 8 月，最低值出现在 2005 年 12 月。降雨侵蚀力最大的月份未出现在侵蚀性雨量最大的 4 月份，而在侵蚀降雨雨强最大的 8 月份。与侵蚀性降雨发生几率一致，侵蚀力的最低值也出现在 12 月份。

表 3-21　降雨侵蚀力因子 *R* 的年内分配

Table 3-21　The annual distribution of the rainfall erosivity factor *R*

（单位：$J \cdot mm \cdot h^{-1} \cdot m^{-2}$）

时期	2001 年	2002 年	2003 年	2004 年	2005 年	2006 年	2007 年	2008 年	2009 年	合计	平均
1 月	337.27	228.09	27.73	61.35	105.96	60.61	108.96	35.61	44.94	1 010.52	112.28
2 月	46.05	9.66	532	92	168.82	65.59	383.72	0	1 085.59	2 383.43	264.825 6
3 月	137.55	244.19	734.6	44.42	86.71	56.93	724.49	373.02	822.98	3224.89	358.321 1
4 月	1 272.82	2 101.04	2 265	322.36	659.43	1 101.9	440.6	592.47	501.96	9 257.58	1 028.62
5 月	82.7	5 031.7	462.9	1 716.41	865.39	359.27	1 685.95	371.86	734.49	11 310.67	1 256.741
6 月	281.96	597.08	1 490	866.03	1 746.4	889.15	3 192.67	923.28	1 076.99	11 063.56	1 229.284
7 月	1 734.95	3 836.5	1 954	1 471.15	747.63	234.05	2 045.07	5 329.26	1 243.99	18 596.6	2 066.289
8 月	1 909.87	1 680.43	140.6	4 872.48	601.96	2 633.55	1 690.38	3 621.13	3 950.78	21 101.18	2 344.576
9 月	0.89	961.21	505.8	15.74	2 007.85	64.32	330.48	449.92	224.5	4 560.71	506.745 6
10 月	193.06	116.05	117.5	0.03	100.67	61.03	59.43	2 114.12	119.1	2 880.99	320.11
11 月	70.16	140.24	35.71	119.82	334.52	69.66	55.4	480.4	416.08	1 721.99	191.332 2
12 月	57.31	194.46	19.7	9.97	4.03	5.04	125.76	87.54	108.32	612.13	68.014 44
合计	6 124.59	15 140.65	8 285.54	9 591.76	7 429.37	5 601.1	10 842.91	14 378.61	10 329.72	87 724.25	9 747.139

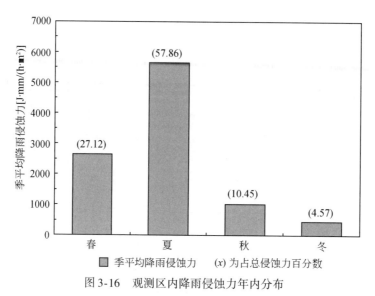

图 3-16　观测区内降雨侵蚀力年内分布

Fig. 3-16　The annual distribution of the rainfall erosivity in observation plot

结合前面分析的侵蚀性降雨、降雨动能的季节分配可见，夏季既是南方红壤区全年降雨量最丰沛的季节，雨强也大于其他各季，降雨动能稍高于雨量较接近的春季，但降雨侵蚀力在全年的比重远超过春季，是春季的两倍以上。夏季 6～8 月份有 95% 以上的降雨事件为侵蚀性降雨，占全年雨量三分之一的夏季降雨带来了占全年一半以上的降雨侵蚀力，加之此时又是人类生产活动最为频繁的时期，因此，防治夏季的强降雨诱发侵蚀灾害是全年水土保持工作的重点之一，夏季也成为防治红壤坡地水土流失的关键时期。

3.5.3　降雨侵蚀力简易算式建立

由于降雨侵蚀力的计算需要有长期观测资料和完整的自记降雨过程线，这对于一些没有自记降雨设备的观测点来说计算十分困难，加之计算过程中读取各场降雨最大 30 分钟雨强等参数时十分繁琐。因此，国内外开展了许多降雨侵蚀力因子简易算式的研究。Renard 等（1994）、Yu 等（1996a）研究认为年降雨量 P_a 与 R 之间有较好的相关性（$r^2 = 0.82$），因此得到以下公式：

$$R = 0.05 \, (P_a)^{1.6} \tag{3-18}$$

式中，P_a 为年降雨量（mm）。

年降雨量与降雨侵蚀力这种幂函数关系，揭示了年降雨量的 10% 变化会导致降雨侵蚀力 16% 的变化幅度，即弹性系数（elastic coefficient）为 1.6。该公式也可近似并直观的表示降雨变化带来对土壤侵蚀的潜在影响。

有研究还发现，降雨侵蚀力与日降雨量（P_d）之间也存在这种幂函数关系，表 3-22 列举了部分研究成果。从中不难发现，高纬度地区的 β 值，也即弹性系数较大，这说明高纬度地区降雨侵蚀力受降雨影响而变化的幅度较大。

$$R = \alpha P_{\mathrm{d}}^{\beta} \qquad (3\text{-}19)$$

式中，α，β 为常数；P_{d} 为日降雨量（mm）。

表 3-22　使用日降水量计算降雨侵蚀力的幂函数公式
Table 3-22　The power function of rainfall erosivity formula calculated by the daily rainfall

研究区	纬度	实验地数量	β 值	研究者
芬兰	60°N~66°N	8	1.77±0.06	（Posch and Rekolainen，1993）
加拿大	49°N~53°N	12	1.75±0.13	（Bullock et al.，1989）
美国	31°N~43°N	11	1.81±0.16	（Richardson et al.，1983）
意大利	36°N~42°N	35	1.53±0.19	（Bagarello and D'Asaro，1994）
马来西亚、印度尼西亚、巴西（赤道地区）	4°N~10°S	4	1.64±0.18	（van der Linden，1983；Elsenbeer et al.，1993；Yu et al.，2001）
澳大利亚（热带地区）	10°S~25°S	41	1.49±0.28	（Yu，1998）
澳大利亚（温带）	28°S~35°S	33	1.49±0.25	（Yu and Rosewell，1996a；Yu and Rosewell，1996b）
南非	34°S~33°S	4	1.47±0.17	（van Breda，1990）

本研究中为寻求降雨侵蚀力因子 R 的最佳简易算式，分别利用年、月、日降雨量（P_{a}、P_{m}、P_{d}，单位为 mm）为自变量，对应年、月、日 R 值为因变量，通过曲线拟合得到典型红壤区降雨侵蚀力的简易算式：

$$R_{\mathrm{a}} = 0.265 P_{\mathrm{a}}^{1.435}（r^2 = 0.803） \qquad (3\text{-}20)$$
$$R_{\mathrm{m}} = 0.068 P_{\mathrm{m}}^{1.825}（r^2 = 0.745） \qquad (3\text{-}21)$$
$$R_{\mathrm{d}} = 0.238 P_{\mathrm{d}}^{1.810}（r^2 = 0.857） \qquad (3\text{-}22)$$

由于三个简易算式的相关系数 r^2 均大于 0.7，满足建立方程要求。但为更全面检验三个简易算式的精度，引入 Nash-Stucliffe 效率系数（E_{ns}）作为评价标准。E_{ns} 的计算公式为

$$E_{\mathrm{ns}} = 1 - \frac{\sum_{i=1}^{n}(P_i - O_i)^2}{\sum_{i=1}^{n}(O_i - \overline{O})^2} \qquad (3\text{-}23)$$

式中，P_i 为模拟值；O_i 为实测值；$\overline{O}$ 为实测值的平均值；$\overline{P}$ 为模拟值的平均值；n 为数据个数。

当 $P_i = O_i$ 时，$E_{\mathrm{ns}} = 1$。E_{ns} 的值越小反映出数据吻合程度越低，说明方程的可信度越低。一般要求，简易算式模拟值与实测值之间的决定系数 $r^2 > 0.6$ 以及 $E_{\mathrm{ns}} > 0.5$（Santhi et al.，2001）。

研究中使用了分布于我国南方红壤典型地区的水土保持监测站点资料进行方程检验，具体包括江西全省的兴国、鹰潭等 42 处监测站。得出以下结论：日降雨侵蚀力 R_{d} 简易方程准确率，即观测值与计算值之间的相关系数达到 83.3%，E_{ns} 为 0.716。而其他两个 E_{ns} 值低于 0.7。故虽然三个简易算式均可用于降雨侵蚀力的简便计算，但从拟合精度寻优认为，采用日降雨量拟合的日降雨侵蚀力 R_{d} 简易算式精度最高，因此，推荐使用该法。

3.6 小 结

受热带亚热带季风气候影响，试验区降雨量大，分布较为集中，存在明显干湿季的特征。一年中，降雨主要集中在 4~9 月，这期间的降雨量可占全年总降雨量的 70% ~80%。两个主要降雨季节中，春季降雨主要以锋面雨为主，夏季降雨以对流雨和台风雨为主。

在观测期内，试验区经历了丰水年、平水年和枯水年。一年内降雨量呈现亚热带季风气候区典型双峰式分布，而试验区又是红壤区的中心地带，因此可以作为红壤坡地的典型代表。根据对试验区降雨要素的分析，约占 1/3 的降雨场次带来近 74% 的全年总降雨量，由此认为雨量分布较为集中。降雨在各季节内的分布呈现出春季雨量丰沛，夏季雨量、平均雨强最大的特点。经与典型降雨的对比分析，影响红壤区的台风雨和对流雨在整个降雨过程中具有明显的峰值，其中台风雨雨量最大且降雨强度最大，而锋面雨在降雨过程中雨量较为均匀，降雨历时较长，降雨强度较小。

研究中采用概率统计方法确定了红壤坡地的侵蚀性降雨的降雨强度标准为 0.88mm/h，降雨量标准为 11.2mm。经指标检验，该标准较好地反映了诱发土壤侵蚀的降雨特征，用这一衡量标准得出，降雨所产生的土壤侵蚀占总侵蚀量的 95% 以上。经统计，观测期间侵蚀性降雨占降雨总量的 86.59%，在时间分布上多发生在 4~9 月份，其中以 4 月份侵蚀性降雨总量最大，8 月份侵蚀性降雨强度最大，并且占当月降雨量比例最高。侵蚀性降雨发生几率最低月份为 12 月。以上侵蚀性降雨的年内分布为确定水土流失易发月份，重点防治时期奠定了基础。

研究中建立了 $R = \sum E \cdot I_{30}$ 的降雨侵蚀力最佳算式，并计算试验区内多年平均降雨侵蚀力为 9747.14 J·mm/(m²·h)，最高峰值可达 15 140.64J·mm/(m²·h)，最低谷值为 5601.10 J·mm/(m²·h)。降雨侵蚀力极比值及离散系数均高于降雨量、侵蚀性雨量等要素，说明该区域降雨侵蚀力年际间分布更为不均。同样，降雨侵蚀力年内分布不均，侵蚀力最大的月份并不是侵蚀性降雨雨量最大的 4 月份，而是侵蚀性降雨雨强最大的 8 月份。夏季 6~8 月份平均降雨雨强在 1.75~2.87mm/h。夏季降水量中有 95% 以上为侵蚀性降雨量，占全年雨量 1/3 的夏季降雨带来了一半以上的降雨侵蚀力。而此时又是人类生产活动最为频繁的时期，因此，防治红壤坡地水土流失的关键时期在夏季的强降雨时期。研究中还拟合了降雨侵蚀力的简易算式，经 Nash-Stucliffe 效率系数检验得到，以日降雨量拟合的日侵蚀力算式精度最高，即 $R_d = 0.238P_d^{1.810}$。这为缺乏自记观测降雨资料的地区计算土壤侵蚀力提供了方便。

参 考 文 献

程庆杏，吕万民，吴百林.2004.土壤侵蚀的雨量标准研究初报.中国水土保持科学，2（3）：90~92.
关君蔚.1994.水土保持原理.北京：中国林业出版社.
黄炎和，卢程隆，郑添发，等.1993.闽东南天然降雨雨滴特征的研究.水土保持通报，12（3）：29~33.

贾志军，王小平，李俊义 . 1987. 晋西黄土丘陵沟壑区降雨侵蚀力指标 R 值的确定 . 中国水土保持，6：32～36.

江忠善，宋文经，李秀英 . 1983. 黄土区天然降雨雨滴特性研究 . 中国水土保持，3：32～36.

金建君，谢云，张科利 . 2001. 不同样本序列下侵蚀性雨量标准的研究 . 水土保持通报，21（2）：31～33.

李勇志 . 2006. 鄂西北房县降雨侵蚀力的研究 . 武汉：华中农业大学硕士学位论文 .

梁音，史学正 . 1999. 长江以南东部丘陵山区土壤可蚀性 K 值研究 . 水土保持研究，6（2）：47～52.

刘和平，袁爱萍，路炳军，等 . 2007. 北京侵蚀性降雨标准研究 . 水土保持研究，14（1）：215～220.

马良 . 2011. 气候变化对红壤坡面侵蚀的影响及适应性防治措施研究 . 北京：北京师范大学博士学位论文 .

仟国玉，吴虹，陈正洪 . 2000. 中国降水变化趋势的空间特征 . 应用气象学报，11（3）：322～330.

任国玉，郭军，徐铭志，等 . 2005. 近 50 年来中国地面气候变化基本特征 . 气象学报，63（6）：942～956

沈冰，黄红虎 . 2008. 水文学原理 . 北京：中国水利水电出版社 .

王万忠 . 1983. 黄土地区降雨特性与土壤流失关系的研究 I——降雨参数与土壤流失量的相关性 . 水土保持通报，3（4）：7～13.

王万忠 . 1984. 黄土地区降雨特性与土壤流失关系的研究 III——关于侵蚀性降雨标准的问题 . 水土保持通报，4（2）：58～62.

王万忠 . 1987. 黄土地区降雨侵蚀力 R 指标的研究 . 中国水土保持，12：34～38.

谢云，刘宝元，章文波 . 2000. 侵蚀性降雨标准研究 . 水土保持学报，14（4）：6～11.

徐影，丁一汇，赵宗慈 . 2004. 长江中下游地区 21 世纪气候变化情景预测 . 自然灾害学报，13（1）：25～31.

杨子生 . 1999. 滇东北山区坡耕地降雨侵蚀力研究 . 地理科学，19（3）：265～270.

余新晓 . 1989. 赣西北降雨侵蚀力和森林植被减弱降雨侵蚀能量的初步研究 . 北京：北京林业大学硕士学位论文 .

张汉雄，王万忠 . 1982. 黄土高原的暴雨特性及分布规律 . 水土保持通报，2（1）：35～44.

章文波，谢云，刘宝元，等 . 2003. 中国降雨侵蚀力空间变化特征 . 山地学报，121（11）：33～44.

周伏建，陈明华，林福兴，等 . 1995. 福建省天然降雨雨滴特征的研究 . 水土保持学报，9（1）：8～12.

周佩华，王占礼 . 1987. 黄土高原土壤侵蚀暴雨标准 . 水土保持通报，7（1）：38～44.

Ahrens C D. 2008. Meteorology today an introduction to weather, climate, and the environment, 19th edition.

Arnoldus J M J. 1977. Methodology used to determine the maximum potential average annual soil loss due to sheet and rill erosion in Morocco. FAO Soils Bulletin, 34：39～51.

Bagarello V, D'Asaro F. 1994. Estimating single storm erosion index. Transactions of the American Society of Agricultural Engineers, 37（3）：785～791.

Bollinne A. 1977. La vitesse de l'érosion sous culture en région limoneuse. Pédologie, 27（2）：191～206.

Brown L C, Foster G R. 1987. Strom erosivity using idealized intensity distributions. Transactions of the American Society of Agricultural Engineers, 30（2）：379～386.

Bullock P R, De Jong E, Kiss J J. 1989. An assessment of rainfall erosion potential in Southern Saskatchewan from daily rainfall records. Canadian Agricultural Engineering, 32：17～24.

Carte A. 1971. Raindrop spectra in Pretoria. South African Geographical Journal, 53：100～103.

Carter C E, Greer J D, Braud H J, et al. 1974. Raindrop characteristics in south central United States. Transactions of the American Geophysical Union, 17（6）：1033～1037.

Cerro C, Bech J, Codina B, et al. 1998. Modeling rain erosivity using disdrometric techniques. Soil Science Society of American Journal, 62 (3): 731~735.

Coutinho M A, Tomás P P. 1995. Characterisation of raindrop size distributions at the Vale Formoso Experimental Erosion Center. Catena, 25: 187~197.

Dingman S L. 2002. Physical Hydrology (2nd Edition). Prentice Hall: New Jersey, USA.

Elsenbeer H, Cassel D K, Tinner W. 1993. A daily rainfall erosivity model for Western Amazonia. Journal of Soil and Water Conservation, 48 (5): 439~444.

Elwell H A, Stocking M A. 1975. Parameters for estimating annual runoff and soil loss from agricultural lands in Rhodesia. Water Resources Research, 11 (4): 601~605.

Fournier F. 1972. Soil Conservation. Strasbourg: Council of Europe.

Fournier M F. 1960. Climat et l'erosion: La relation entre l'erosion du sol par l'eau et les precipitations atmospheriques. Paris: Presses Universitaires de France.

Hanson C L, Johnson G L, McFarland M J, et al. 1996. Hydrology Handbook: ASCE Manuals and Reports on Engineering Practice. New York: American Society of Civil Engineers (ASCE).

Houze R A, Hobbs P V, Parsons D B, et al. 1979. Size distribution of precipitation particles in frontal clouds. Jounal of Atmospheric Science, 36: 156~162.

Hudson N W. 1963. Raindrop size disturbution in high intensity storms. Rhodesian Journal of Agricultural Research, 1 (1): 6~11.

Hudson N W. 1965. The influence of rainfall on the mechanics of soil erosion with particular reference to Southern Rhodesia. Cape Town: University of Cape Town.

Hudson N W. 1976. Soil Conservation. London: B T Batsford.

Hudson N W. 1981. Soil Conservation. 2nd edition. London: Batsford.

IPCC. 2007. Climate change 2007: impacts, adaptation, and vulnerability//contribution of working group II to the forth assessment report of the intergovernment pand on climate change. Cambridge, UK and New York, USA: Cambridge University Press.

Jayawardena A W, Rezaur R B. 2000. Drop size distribution and kinetic energy load of rainstroms in Hong Kong. Hydrological Processes, 14 (6): 1069~1082.

Kinnell P I A. 1981. Rainfall intensity-kinetic energy relationships for soil loss prediction. Soil Science Society of American Journal, 45 (1): 153~155.

Knaff J A, Kossin J P, Demaria M, et al. 2003. Annular hurricanes. Weather & Forecasting, 18 (2): 204~223.

Laws J O, Parsons D A. 1943. The relationship of raindrop size to intensity. Transactions of the American Geophysical Union, 24 (4): 452~460.

Marshall J S, Palmer W M. 1948. Relation of rain drop size to intensity. Journal of Meteorology, 5: 165~166.

Mason B J, Ramandham R. 1953. A photoelectric spectrometer. Quarterly Journal of the Royal Meteorological Society, 79: 490~495.

Mason B J, Andrews J B. 1960. Drop size distributions from various types of rain. Quarterly Journal of the Royal Meteorological Society, 86 (369): 346~353.

McIsaac G F. 1990. Apparent geographic and atmospheric influences on raindrop sizes and rainfall kinetic energy. Journal of Soil and Water Conservation, 45 (6): 663~666.

Morgan R P C, Martin L, Noble C A., et al. 1987. Soil erosion in the United Kingdom: a case study from mid-Bedfordshire. Silsoe Bedford: Silsoe College Cranfield Institute of Technology. Occasional Paper No. 14.

Morgan R P C. 1974. Estimating regional variations in soil erosion hazard in Peninsular Malaysia. Malayan Nature Journal, 28 (2): 94~106.

Morgan R P C. 1980. Soil erosion and conservation in Britain. Progress in Physical Geography, 4 (1): 24~47.

National Weather Service (NOAR-NWS). JetStream-Online School for Weather: Tropical Cyclone Stucture, http://www.srh.noaa.gov/jetstream [2013-11-27].

Onaga K, Shirai K, Yoshinaga A. 1988. Rainfall erosion and how to control its effects on farmland in Okinawa // Rimwanich S Land Conservation for Future Generations. Bangkok: Department of Land Development.

Onchev N G. 1985. Universal index for calculating rainfall erosivity //El-Swaify S A, Moldenhauer W C, Lo A. Soil Erosion and Conservation. Ankeny, Iowa: Soil Science Society of America.

Posch M, Rekolainen S. 1993. Erosivity factor in the universal soil loss equation estimated from finnish rainfall data. Agricultural Science in Finland, 2: 271-279.

Rapp A, Murray-Rust D H, Christiansson C, et al. 1972. Soil erosion and sedimentation in four catchments near Dodoma, Tanzania. Geografiska Annaler, 54A (3~4): 255~318.

Ren G Y, Chen Z H, Yang H Q. 2004. Variation of precipitation and its influence on flood of the Yangtze Basin over the past 50 years//Jiang T, King H, et al. Climate Change and Yangtze Floods. Beijing: Science Press.

Renard K G, Freimund J R. 1994. Using monthly precipitation data to estimate the R-factor in the revised USLE. Journal of Hydrology, 157 (1~4): 287~306.

Renard K G, Foster G R, Weesies G A, et al. 1997. Prediction Soil Erosion by Water: A Guide to Conservation Planning with the Revised Universal Soil Loss Equation (RUSLE). Washington, D C: USDA.

Richardson C W, Foster G R, Wright D A. 1983. Estimation of erosion index from daily rainfall amount. Transactions of the American Society of Agricultural Engineers, 26 (1): 153~157, 160.

Richter G, Negendank J F W. 1977. Soil erosion progresses and their measurement in the German area of the Moselle river. Earth Surface Processes, 2 (2~3): 261~278.

Rosewell C J. 1986. Rainfall kinetic energy in eastern Australia. Journal of Climate and Applied Meteorology, 25 (11):1695~1701.

Santhi C, Arnold J G, Williams J R., et al. 2001. Application of a watershed model to evaluate management effects on point and nonpoint source pollution. Transactions of the American Society of Agricultural Engineers, 44 (6): 1559~1570.

Schroeder M J, Buck C C. 1970. Fire Weather-Agricultural Handbook. U. S. Washington D C: Department of Agriculture Forest Service.

Stull R B. 2000. Meteorology for Scientists and Engineers. 2nd edition Pacific Grove, CA: Brooks/Cole. Brooks/Cole.

Styczen M, Høgh-Schmidt K. A new description of splash erosion in relation to raindrop sizes and vegetation. // Erosion assessment and modeling.

Thomson Brooks/cole, cengage Learning: California, USA, 2008.

van Breda W A. 1990. Rainfall erosivity in Ciskei: its estimation and relationship with observed soil erosion. SA Geographer,17 (1/2): 13~23.

van der Linden P. 1983. Soil erosion in central-java (Indonesia): a comparative study of erosion rates obtained by erosion plots and catchment discharges //de Ploey J. Rainfall Simulation, Runoff and Soil Erosion. Amsterdam: Catena Supplement 4, Elsevier.

Van Dijk A I J M, Bruijnzeel L A, Rosewell C J. et al. 2002. Rainfall intensity-kinetic energy relationships: a critical literature review. Journal of Hydrology, 261 (1~4): 1~23.

Weyman J C, Anderson- Berry L J. 2002. Societal impacts of tropical cyclones. Fifth International Workshop on Tropical Cyclones. Cairns.

Wischmeier W H, Smith D D. 1958. Rainfall energy and its relationship to soil loss. Transactions of the American Geophysical Union, 39: 285~291.

Wischmeier W H, Smith D D. 1978. Predicting rainfall erosion losses. Washington DC: USDA Agricultural Handbook.

Xie Y, Liu B Y, Nearing M A, et al. 2002. Practical thresholds for separating erosice and non-erosice storms. Transactions of the ASAE, 45 (6): 1843~1847.

Yu B. 1998. Rainfall erosivity and its estimation for Australia's tropics. Australian Journal of Soil Research, 36 (1):143~165.

Yu B, Hashim G M, Eusof Z J. 2001. Estimating the R- factor using limited rainfall data: a case study from Peninsular Malaysia. Journal of Soil and Water Conservation, 56 (2): 101~105.

Yu B, Rosewell C J. 1996a. An assessment of a daily rainfall erosivity model for New South Wales. Australian Journal of Soil Research, 34 (1): 139~152.

Yu B, Rosewell C J. 1996b. Rainfall erosivity estimation using daily rainfall amounts for South Australia. Australian Journal of Soil Research, 34 (5): 721~733.

Zan C, Torri D. 1980. Evaluation of rainfall energy in central Italy. Assessment of erosion //De Boodt M, Gabriels D Assessment of Erosion . London: Wiley.

Zhai P M, Pan X H. 2003. Trends in temperature extremes during 1951~1999 in China. Geophysical Research Letters, 30 (17): 1~4.

Zhai P M, Zhang X B, Wan H, et al. 2005. Trends in total precipitation and frequency of daily precipitation extremes over China. Journal of Climate, 18 (7): 1096~1108.

|第4章| 降雨侵蚀力时空变化研究

4.1 概　述

降雨侵蚀力（rainfall erosivity，R）是反映地表水力侵蚀外营力的有效指标，也是土壤侵蚀预报和风险评价的重要因子。其大小量化降雨引起土壤侵蚀的潜在能力，是诸多土壤侵蚀模型（如 USLE、RUSLE、AGNPS、CREAMS、EPIC 等）的主要参数之一。准确、合理的确定区域降雨侵蚀力及其时空变化，是开展土壤侵蚀定量预报、风险评估的必要前提，也是优化区域水土保持措施配置、水土资源开发利用的重要依据。尤其在当前全球气候变化加剧的背景下，强度、频率、年内与年际分配、空间分布格局等降雨特征的变化，造成降雨侵蚀力较为剧烈的时空变化，从而深刻影响了不同的区域土壤侵蚀过程（Zhang et al.，2005）。IPCC 研究认为，全球范围内，随着强降水事件发生频率的增加，若不及时采用相应治理措施，世界大部分地区的土壤侵蚀强度将进一步加剧（IPCC，2007）。与此同时，随着人类越来越重视水土资源保护与可持续发展，近几十年来世界各国不同形式的水土保持治理明显增加，也成为区域土壤侵蚀变化的重要原因。在全球气候变化和人类治理的双重驱动下，区域土壤侵蚀响应如何，不同因素的贡献多大等问题则亟待学界回答。为此，降雨侵蚀力对全球气候变化的响应成为水土保持学科的热点研究内容（Diodato and Bellocchi，2009），确定区域降雨侵蚀力时空变化，将揭示土壤侵蚀变化的气候背景，为土壤侵蚀预报和水土保持措施配置提供重要依据。

4.1.1 研究目的及内容

我国地域广阔，降雨时空分异显著，不同地区的降雨侵蚀力具有不同的时空变化特征，形成相应的土壤侵蚀气候背景。由此导致土壤侵蚀的时空分异，也对不同区域的水土流失防治提出不同要求。同时，20 世纪 80 年代以来，我国开展了一系列大规模生态治理工程，水土流失地区的林草植被大幅增加，土地利用明显改善，需要确定剔除气候变化影响后的生态建设水土保持效益。为此，本研究选用全国气象站日降雨数据，基于降雨侵蚀力简易算法，结合地统计学、空间差值和秩次相关检验方法，研究近 60 年（1950～2010年）全国降雨侵蚀力时空变化，以期为全国水蚀预报、防护及治理的效益评估提供必要支撑。为进一步分析不同水蚀类型区的降雨侵蚀力时空分布与变化，掌握红壤区域在全国水蚀地区所处的位置和作用，以及与其他地区的差异，分别选取地处南方红壤丘陵区和北方土石山区的江西省和山东省为典型研究区，深入分析其近 60 年来的降雨侵蚀力时空分布与变化。

4.1.2 研究进展

降雨侵蚀力时空变化研究包括时间序列分析和空间分布描述。现有对侵蚀力时间序列的研究多采用简洁直观的线性趋势法，即对一定时间长度的降雨侵蚀力数据进行线性回归，以回归系数反映其增减的变化幅度。Sauerbom 等（1999）利用月降雨数据预测德国西部降雨侵蚀力未来将呈普遍升高态势；Nearing（2001）则采用 GCM 模型模拟未来降雨，以此推算降雨侵蚀力变化趋势，提出 21 世纪美国各地降雨侵蚀力将平均增强 16%~58%。国内章文波等（2003）应用线性倾向率计算得出中国大部分地区降雨侵蚀力年际变化呈现不同程度增长趋势；张光辉等（2005）利用 HadCM3 模型模拟出不同情景下黄河流域未来 100 年的降雨侵蚀力均有显著增加，且降雨总量每增加 1%，降雨侵蚀力对应增强 1.2%~1.4%。此外还有学者以不同省区为单元，对区域降雨侵蚀的时空变化进行了有益探索（许月卿等，2005；史东梅，2008）。总体上，国内外对于降雨侵蚀力的时间变化研究主要采用以线性趋势为主的常规统计学方法。然而作为一类水文–气象要素，降雨侵蚀力时间序列具有非正态分布等特点，对该类数据进行分析，采用非参数检验方法更合适（Yue and Pilon，2002）。其中，Mann-Kendall 秩次相关检验方法作为非参数检验方法的一种，与传统的参数检验方法相比，不需要样本遵从一定的分布，更适合用于顺序变量的检验。该方法在径流（Jiang and Su，2007）、降雨（张文纲等，2009）、蒸发（刘敏等，2009）、日照时数（徐宗学和赵芳芳，2005）等水文、气象要素变化趋势分析中已有广泛应用，但用于降雨侵蚀力变化研究还少有报道。

确定降雨侵蚀力空间分布变化目前多采用空间插值方法（Goovaerts，1999），即利用已知站点的降雨侵蚀力信息，对未知地理空间的信息进行估计，后进行区域差异比较。用于降雨侵蚀力的常用插值方法主要包括反距离加权插值（inverse distance weighted）（Xin et al.，2011）、径向基函数插值（radial basis functions）（Goovaerts，1999）、克里金插值（Kriging）（章文波等，2003）等。然而，纵观现有降雨侵蚀力的空间插值研究，均未对不同插值方法的适用性和可靠性进行对比分析，也未考虑研究区域内降雨侵蚀力自身的空间分布特征。同时，多数情况下，插值样本数量尚显不足。

4.1.3 研究方法

现有研究已绘制了全国降雨侵蚀力空间分布图，但并未考虑降雨侵蚀力的空间分布特征，且样本数最多不超过有 564 个（章文波等，2003）。为此，本研究利用全国 756 个气象站的 1950~2010 年日降雨数据计算降雨侵蚀力，综合地统计学和地理信息系统软件，对比不同的空间插值函数的精度，选取适宜的插值函数获得不同时期全国降雨侵蚀力时空分布，以期更准确地揭示全国降雨侵蚀力时空分布变化特征。

1）日降雨数据采用中国气象科学数据共享服务网提供的中国地面气象资料日值数据

集，将全国 756 个气象站（不含港澳台地区）的 1951~2010 年逐日降雨数据进行数据整理和格式转换。以降雨量 12mm 作为侵蚀性降雨的最低标准，小于 12 mm 的次降雨按 0 处理。

2）基于日降雨数据，在 Excel 中按基于日降雨数据的半月降雨侵蚀力计算公式计算各站 1951~2010 年的半月降雨侵蚀力，再累积获得各年降雨侵蚀力。

$$M_i = \alpha \sum_{j=1}^{k} (D_j)^{\beta} \tag{4-1}$$

$$\beta = 0.8363 + 18.144 P_{d12}^{-1} + 24.455 P_{y12}^{-1} \tag{4-2}$$

$$\alpha - 21.586 \beta^{-7.1891} \tag{4-3}$$

式中，M_i 为第 i 个半月时段的降雨侵蚀力值 [MJ·mm/(hm²·h)]；k 为该半月内天数（d）；D_j 为半月时段内第 j 天的日降雨量，要求日降雨量 ≥12mm（与侵蚀性降雨标准对应，单位 mm）；α、β 为模型参数，反映了区域降雨特征；P_{d12} 为日降雨量 ≥12mm 的日平均雨量（mm）；P_{y12} 为日降雨量 ≥12mm 的年平均雨量（mm）。

3）选用 GS+7.0 地统计学软件，分析全国降雨量和降雨侵蚀力数据的空间分布统计特征，据此确定空间差值的模型参数。

4）选用 ArcGIS9.2 软件，对不同插值模型进行比选，确定全国降雨及降雨侵蚀力的适宜插值函数，获得全国降雨和降雨侵蚀力空间分布数据。

5）选用 Mann-Kendall 非参数检验方法，对 1950~2010 年全国降雨侵蚀力的时间变化进行统计分析，并结合空间插值，获得全国降雨侵蚀力的时空变化。

4.1.3.1 常用空间插值函数

空间插值是通过探寻样点数据的空间分布规律，外推与内插到既定范围，从而获得整个区域上未知点数值的方法，选用正确的空间插值函数反映样点数据的空间分布规律，进行插值计算是影响结果精度的关键。空间插值是地统计学的重要内容，目前主要的空间插值方法包括：多项式插值（polynomial interpolation，PI）、反距离加权插值（inverse distance weighting，IDW）、径向基函数插值（radial basis functions，RBF）、克里金插值（Kriging）。不同插值方法具有不同的计算原理，适用于不同的插值环境。

（1）多项式插值

PI 是利用一个或多个多项式来拟合插值区域的属性面，并根据多项式计算各插值点的属性值。根据用于拟合插值区域的趋势面数量，分为全局多项式插值（global polynomial interpolation）和局部多项式插值（local polynomial interpolation），属非精确插值，适用于样点无明显特异值，整体变异不突出的空间数值插值。

假设样本点属性值的函数可表述为 $y_i = f(x_i)$，$i=0, 1, 2, \cdots, n$，求一个 n 次多项式函数 $g(x)$，$f_n(x) = a_0 + a_1 x + L a_1 x^n$，使得该函数在 $[x_0, x_n]$ 上，与样本点属性值的函数近似相等，即 $\varphi_n(x_i) = y_i$，$i=0, 1, 2, \cdots, n$，且两个函数相等时构成的系数满足：

$$\begin{cases} a_0 + a_1x_0 + a_2x_0^2 + \cdots + a_nx_0^n = y_0 \\ a_0 + a_1x_1 + a_2x_1^2 + \cdots + a_nx_1^n = y_1 \\ \quad\quad\quad\quad\quad \vdots \\ a_0 + a_1x_n + a_2x_n^2 + \cdots + a_nx_n^n = y_n \end{cases} \tag{4-4}$$

式中，x_0，$\cdots$，x_n 为插值区间，x_i 为插值节点。

如此则称 $g(x)$ 为 $f(x)$ 的插值多项式。

（2）反距离加权插值

IDW 基于相近相似原理，即两个物体离的越近就越相似，反之，离得越远则相似性越小。具体计算时以插值点与样点间距离为权重进行加权平均，属局部确定性插值方法，一般适用于样点均匀分布，密度适中且无明显特异值的空间数据插值：

$$Z_j = \left(\sum_{i=1}^{z_i} \frac{Z_i}{d_i^p} \right) \bigg/ \left(\sum_{i=1}^{n} \frac{1}{d_i^p} \right) \tag{4-5}$$

式中，Z_j 为插值点 j 处的预测值；Z_i 为第 i 个样点的观测值；d_i 为插值点 j 到第 i 个样点的距离；n 为插值点 j 周围参与计算的点数；p 为计算距离权重的幂函数，反映实测值对预测值的影响程度，需根据空间数据的分布特征确定。

（3）径向基函数插值

RBF 是将一个包含局部变化的趋势面插入，并保证该趋势面通过每个已知的样本属性点，且具有最小的曲率，属单个变量函数构成的确定性插值方法。根据具体拟合的函数种类又分为平面样条函数（thin plate spline）、张力样条函数（spline with tension）、规则样条函数（completely regularized spline）、高次样条函数（multiquadric spline）和反高次样条函数（inverse multiquadric spline）等。该插值函数中的单个变量是指插值点到样点间的距离，适于样本数量多时拟合平滑表面。

在给定径向函数 ϕ：$R_+ \to R$，对于一组多元散乱数据 $\{x_i, f_i\}^n$，$\in R^d \otimes R$，寻找如下形式的函数：

$S(x) = \sum \lambda j \phi(\parallel x - x_j \parallel)$，$x \in R^d$，满足插值条件 $S(x_j) = f_i$，$j = 1$，2，$\cdots$，n。

式中，R_+ 代表正数集合；$R^d \otimes R$ 代表 $d+1$ 维的乘积空间；n 是节点 x 的个数；λ_j 中 j 为待定系数；ϕ 为径向基函数。

（4）克里金插值

克里金插值是是以空间自相关性为基础，利用样本数据和半方差函数的结构性，对区域内的未知点进行无偏估值，插值时与 IDW 一样根据待插值点周围的样本点属性值及其权重，但其权重并非按距离确定，而是以样本数据所建立和满足的变异函数模型计算。依据采用的变异函数模型，克里金插值主要包括普通克里金（ordinary Kriging）插值、简单克里金（simple Kriging）插值、泛克里金（universal Kriging）插值、指示克里金（indicator Kriging）插值、概率克里金（probability Kriging）插值、析取克里金（disjunctive Kriging）插值、协同克里金（co-Kriging）插值和对数正态克里金（logistic normal Kriging）插值等。这些方法分别适用于不同的条件：当样本点的属性值服从正态分布时，适宜选用对数正态克里金插值；当样本点的属性值存在主导趋势时，适宜选用泛克里金插值；当仅想了解待插值属性是否超过某一阈值时，适宜选用指示克里金插值；当待插值点的属性期望值为已知常数时，适宜选用简单克里金插值；当待插值点的属性期望值未知时，适宜选用普通克里金插值；当研究对象存在两种具有相关关系的属性，且一种属性不易获取时，需借助与其相关的属性实现该属性的空间内插时，适宜选用协同克里金插值；若样本点的属性值不服从简单分布则应采用析取克里金插值。通常情况下，克里金插值可用下列公式表示。

$$Z(s) = \mu(s) + \varepsilon(s) \tag{4-6}$$

式中，s 为点坐标；$Z(s)$ 为预测点变量值，包含趋势值 $\mu(s)$ 和自相关随机误差 $\varepsilon(s)$。

当趋势值 $\mu(s)$ 为 已知常数时，插值方法演变为简单克里金插值；当 $\mu(s)$ 为一未知常量时，即为普通克里金插值；当为未知变量时，则发展为泛克里金插值；如存在多个变量时，则为协克里金插值。另还向非线性或最优估值更佳等角度发展了指示克里金插值、析取克里金插值、概率克里金插值等多种分支函数。

4.1.3.2 空间插值方法比选及其精度检验

(1) 插值方法实现

由于全国雨量站建设有先有后，部分台站的数据出现某些年份缺测或漏测。为确保插值尽可能反映缺测或漏测站点所在位置的降雨侵蚀力变化，在基于日降雨数据和简易算法获得各站逐年降雨侵蚀力时，对于缺测或漏测年份采用对应站点全部降雨侵蚀力序列的平均值填补，由此得到完整的 756 个台站 1951~2010 年共 60 年降雨侵蚀力数据序列，构建 ArcGIS 矢量数据库，数据库包括站点名称、编号、经纬度、高程和降雨侵蚀力等字段信息。

选取 1951 年、1956 年、1961 年、1966 年、1971 年、1976 年、1981 年、1986 年、1991 年、1996 年、2001 年、2006 年的降雨侵蚀力矢量文件，以 ArcGIS9.2 地理信息软件为平台，采用空间分析模块，分别以多项式插值、反距离加权插值、径向基函数插值、克里金插值等 4 类共 16 种插值方法进行插值比对分析。其中，对于克里金插值所需要的插值样本空间自相关函数类型参数，采用 GS+7.0 地统计学软件进行拟合优选，具体步骤如下。首先在 GS+7.0 中，以降雨侵蚀力为主变量、高程为协变量，进行正态分布检验。结果表明，降雨侵蚀力和高程均非正态分布，因此进行对数变换以满足插值样本的正态分布要求（图 4-1）。

然后在 GS+7.0 中，分别对经对数变换后的主变量（降雨侵蚀力）和主变量与协变量（高程）的交叉进行空间自相关检验，采用 Autofit 模块优选最佳空间分布函数（图 4-2）。记录各年降雨侵蚀力、降雨侵蚀力与高程交叉的空间分布函数，作为克里金插值的参数。

结果表明，1951 年、1956 年、1961 年、1966 年、1971 年、1976 年、1981 年、1986 年、1991 年、1996 年、2001 年和 2006 年 12 个年份中，8 个年份的降雨侵蚀空间自相关最优函数为球面（spherical）函数、3 个年份为高斯（Gaussian）函数、1 个年份为指数（exponential）函数；8 个年份降雨侵蚀加高程的空间自相关最优函数为球面函数、4 个年

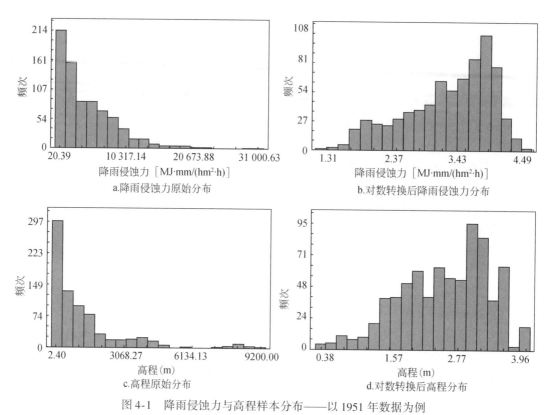

图 4-1　降雨侵蚀力与高程样本分布——以 1951 年数据为例

Fig. 4-1　Sample distribution of the rainfall erosivity and elevation, the data of 1951 as an example

a.降雨侵蚀力（主变量）　　　　　b.降雨侵蚀力加高程（主变量加协变量）

图 4-2　变量空间自相关最优函数拟合结果

Fig. 4-2　Variable spatial autocorrelation of optimal function fitting results

份为指数函数。

最后在 ArcGIS9.2 中，采用地统计学模块对 12 个年份的降雨侵蚀力进行空间插值。其中，全局多项式插值、局部多项式插值、反距离权重插值、平面样条函数插值、张力样条函数插值、规则样条函数插值、高次样条函数插值和反高次样条函数直接以各年降雨侵蚀力为基础数据进行；析取克里金插值、普通克里金插值、简单克里金插值和泛克里金插值以各年降雨侵蚀力为基础数据，以 GS+7.0 优选的空间自相关函数为参数进行；析取协同克里金插值、普通协同克里金插值、简单协同克里金插值和泛协同克里金插值以各年降雨侵蚀力为主变量、高程为协变量，以 GS+7.0 优选的空间自相关函数为参数进行。为对比不同插值方法的精度，从全部气象站点中随机抽取 154 个站点作为检验站点，其余 602 个站点进行空间插值，以此进行交叉验证（cross validation，CV），插值与检验站分布见图 4-3。

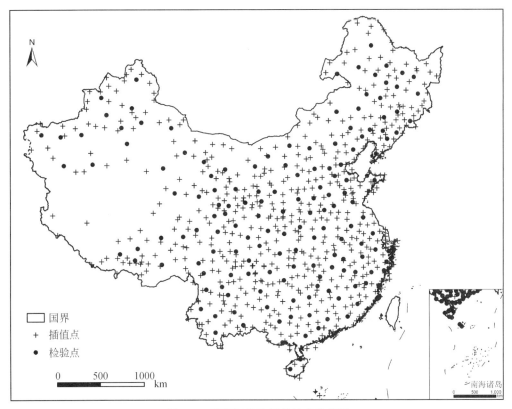

图 4-3　插值与检验气象站点分布图

Fig. 4-3　The interpolation and inspection stations' distribution map

（2）精度比选指标

通过比较不同方法插值结果所计算的精度评价指标，包括平均相对误差（mean relative error，MRE）、决定系数（R^2）、Nash-Suttclife 效率系数（E_{ns}）。

$$\text{MRE} = \frac{1}{n} \sum_{i=1}^{n} \left| \frac{O_i - P_i}{O_i} \right| \tag{4-7}$$

$$R^2 = \frac{\left[\sum_{i=1}^{n}(O_i - \overline{O})(P_i - \overline{P})\right]^2}{\sum_{i=1}^{n}(O_i - \overline{O})^2 \sum_{i=1}^{n}(P_i - \overline{P})^2} \tag{4-8}$$

$$E_{ns} = 1 - \frac{\sum_{i=1}^{n}(P_i - O_i)^2}{\sum_{i=1}^{n}(O_i - \overline{O})^2} \tag{4-9}$$

式中，P_i 为模拟值；O_i 为实测值；$\overline{O}$ 为实测值的平均值；$\overline{P}$ 为模拟值的平均值；n 为数据个数。

当插值结果与实测值完全相等时，MRE=0，$R^2=1$，$E_{ns}=1$，为插值效果最佳；MRE 越大，R^2 与 E_{ns} 越小，则插值精度越低，反之，则越高；一般 MRE 尽量小的同时，R^2 与 E_{ns} 需至少分别大于 0.6 和 0.5。

（3）插值结果与方法比选

汇总各插值方法 12 个年份的插值精度指标（表 4-1）进行比较分析。结果表明，协同克里金插值的结果整体优于其他插值方法，其中，又以普通协同克里金插值（OCK）和泛协同克里金插值（UCK）的更佳。鉴于 UCK 较 OCK 的 Nash-Suttclife 效率系数更高，因此最终选择以泛协同克里金（UCK）作为最终的插值方法。

表 4-1 不同插值方法精度比较表
Table 4-1 Comparison table of different interpolation methods

插值方法	函数	平均相对误差	R^2	E_{ns}
反距离权重插值	IDW	0.69±0.23	0.78±0.04	0.79±0.04
多项式插值	GPI	6.04±2.00	0.53±0.04	0.53±0.04
	LPI	0.66±0.24	0.80±0.04	0.80±0.04
径向基函数插值	TPS	0.67±0.19	0.74±0.05	0.73±0.06
	SWT	0.69±0.23	0.81±0.04	0.80±0.04
	CRS	0.68±0.23	0.78±0.08	0.75±0.15
	MS	0.62±0.20	0.79±0.05	0.78±0.05
	IMS	0.75±0.26	0.77±0.08	0.74±0.16
克里金插值	DK	0.82±0.24	0.79±0.04	0.67±0.08
	OK	0.63±0.20	0.78±0.05	0.77±0.04
	SK	0.82±0.24	0.79±0.04	0.67±0.08
	UK	0.62±0.20	0.77±0.04	0.78±0.03
协同克里金插值	DCK	0.66±0.23	0.81±0.06	0.77±0.04
	OCK	0.60±0.19	0.81±0.04	0.79±0.06
	SCK	0.66±0.24	0.79±0.06	0.75±0.05
	UCK	0.60±0.19	0.81±0.04	0.81±0.06

4.1.3.3 降雨侵蚀力空间插值及等值线绘制

过去的研究中，在确定长时序样本多年平均空间分布时，均按先求取长时序样本多年平均值，再插值获得空间分布的方法。对于由插值确定的未知区域而言，直接基于样本多年平均值插值将损失其在时间序列上的变化信息，从而大大降低整个空间分布结果的可靠性。因此，本研究利用已知样本点的长时序数据进行逐年插值，再将多年插值结果进行平均获得多年平均空间分布，以最大程度的利用插值样本的信息，更准确地反映未知区域的时空变化特征。具体步骤如下。

1）在 ArcGIS9.2 中，采用地统计学模块泛协同克里金方法，以 756 个站点的年降雨侵蚀力为插值主变量、站点高程为协变量，逐年插值获得 1951～2010 年共 60 年的降雨侵蚀力时空分布图（图 4-4，以各年代为例）。

2）在 ArcGIS9.2 中，采用空间分析模块将 1951～2010 年共 60 年的逐年降雨侵蚀力时空分布数据进行叠加平均，获取 1951～2010 年多年平均降雨侵蚀力时空分布图（图 4-5、图 4-6），并自动绘制多年平均降雨侵蚀力等值线（图 4-7）。

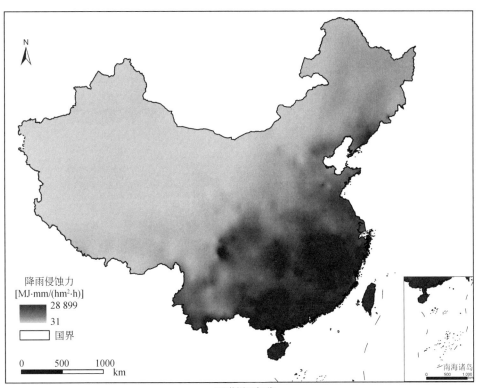

a. 20世纪50年代

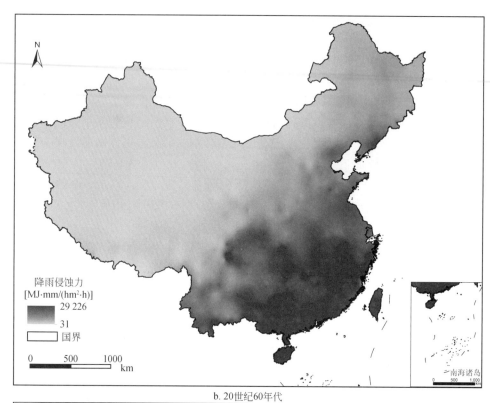

b. 20世纪60年代

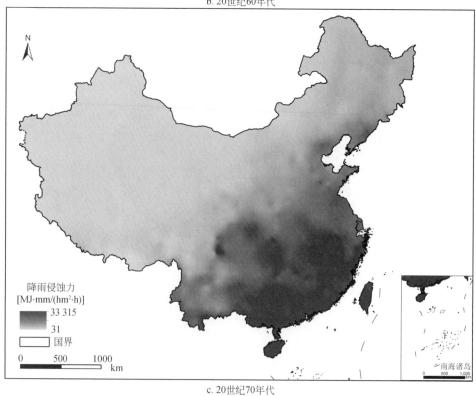

c. 20世纪70年代

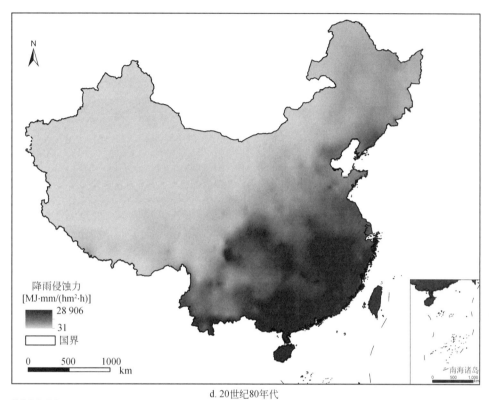

d. 20世纪80年代

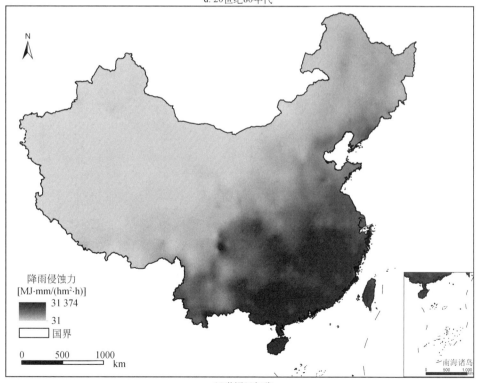

e. 20世纪90年代

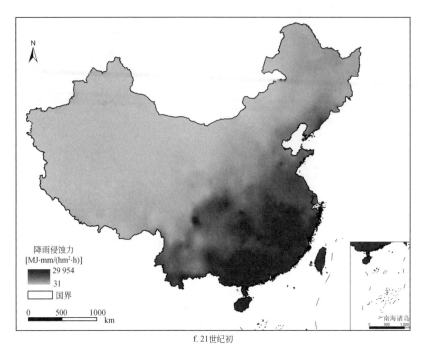

f. 21世纪初

图 4-4　中国 1951～2010 年不同年代平均降雨侵蚀力分布图（不包括香港、澳门、台湾）

Fig. 4-4　Average rainfall erosivity distribution of China in different years from 1951 to 2010

（except Hong Kong, Macao, Taiwan）

（单位：MJ·mm/（hm² · h））

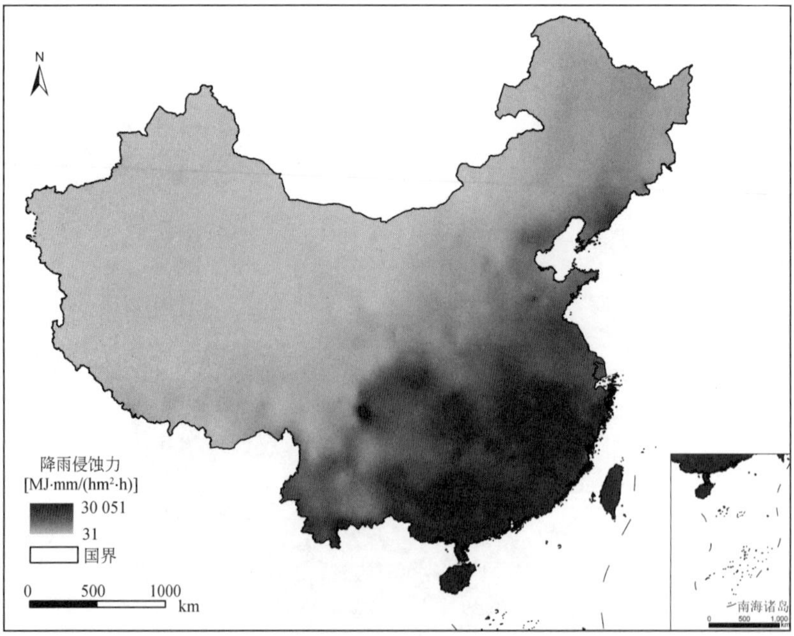

图 4-5　中国 1951～2010 年多年平均降雨侵蚀力（不包括香港、澳门、台湾）

Fig. 4-5　Average rainfall erosivity distribution of China from 1951 to 2010（except Hong Kong, Macao, Taiwan）

（单位：MJ·mm/（hm² · h））

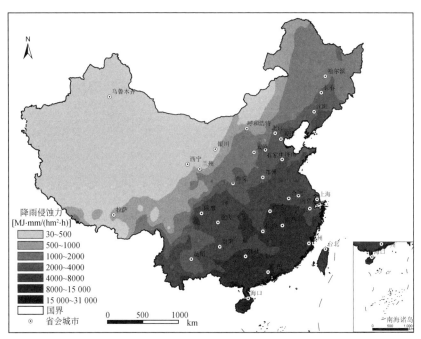

图 4-6　中国 1951～2010 年多年平均降雨侵蚀力分级图（不包括香港、澳门、台湾）

Fig. 4-6　Average rainfall erosivity classification of China from 1951 to 2010（except Hong Kong，Macao，Taiwan）

（单位：MJ·mm/（hm² · h））

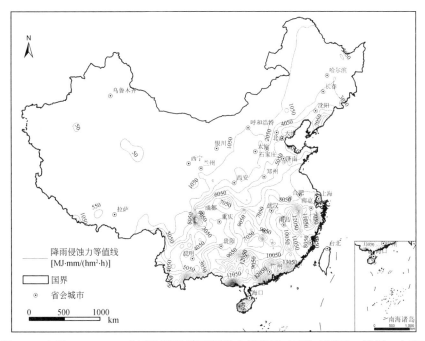

图 4-7　中国 1951～2010 年多年平均降雨侵蚀力等值线（不包括香港、澳门、台湾）

Fig. 4-7　Average rainfall erosivity isoline of China from 1951 to 2010（except Hong Kong，Macao，Taiwan）

（单位：MJ·mm/（hm² · h））

4.2 全国降雨侵蚀力时空变化

4.2.1 降雨侵蚀力时间变化

4.2.1.1 全国降雨侵蚀力时间变化特征

中国大陆范围内，1951～2010 年多年平均降雨侵蚀力为 30.7～30 051.1 MJ·mm/ (hm^2·h)，全国多年平均值为 2421.4 MJ·mm/(hm^2·h)，如图 4-6 所示。各年间变化如图 4-8 所示，降雨侵蚀力峰值出现在 1993 年和 1994 年，均达 2928.8 MJ·mm/(hm^2·h)，谷值出现于 1978 年，为 2071.2 MJ·mm/(hm^2·h)，最大振幅 857.6 MJ·mm/(hm^2·h)。由于降雨侵蚀力与降雨密切相关，而近 60 余年来全国年际降水基本存在 3 年左右振荡周期（王澄海等，2012），故采用 3 年滑动平均进一步分析全国降雨侵蚀力的年际波动。结果表明，近 60 年来，82% 的年降雨侵蚀力在 2200 MJ·mm/(hm^2·h) 与 2600 MJ·mm/ (hm^2·h) 间的箱体内波动，呈不显著上升趋势（$r=0.224$，$P>0.05$，$n=56$）（图 4-8）。Mann-Kendall 非参数检验也证实为不显著增加趋势（$Z=0.899$，$\beta=0.817$，$P>0.1$，$n=56$）。

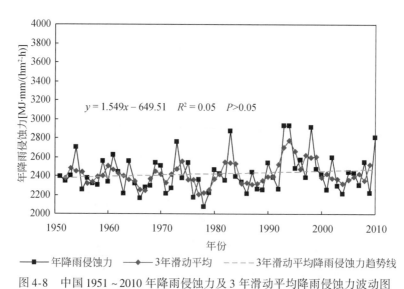

图 4-8　中国 1951～2010 年降雨侵蚀力及 3 年滑动平均降雨侵蚀力波动图

Fig. 4-8　The wave pattern of rainfall erosivity from 1951 to 2010 and three-year slip- average in China

由于年际间存在波动，故 60 年内不同时期的降雨侵蚀力存在不同变化特征。为此，按年代对全国平均降雨侵蚀力进行统计分析，详见表 4-2。

结果表明，近 60 年来，不同年代间的全国平均降雨侵蚀力较为接近，其中，20 世纪 70 年代最低，为 2345.1 MJ·mm/(hm^2·h)；20 世纪 90 年代最高，为 2574.3 MJ·mm/(hm^2·h)；

表 4-2　1951～2010 年不同年代全国平均降雨侵蚀力变化及其距平百分比

Table 4-2　The average rainfall erosivity changes and anomaly percentage in various years nearly 60 years

年代	平均降雨侵蚀力 [MJ·mm/(hm²·h)]	距平百分率 (%)	Z	β	变化趋势
1950s	2398.1±133.3	−0.96	−0.537	−6.27	↓
1960s	2392.6±158.9	−1.19	−0.358	−9.3	↓
1970s	2345.1±202.1	−3.15	−0.179	−7.27	↓
1980s	2409.1±190.2	−0.51	−0.716	−14.22	↓
1990s	2574.3±255.1	6.31	−0.09	−0.4	↓
2000s	2409.0±194.6	−0.51	0.716	26.93	↑
1951～2010	2421.4±198.1	—	0.695	1.01	↑

注：变化趋势为 Mann-Kendall 非参数检验结果；↓表示下降，↑表示上升

其余年代均为 2400 MJ·mm/(hm²·h) 左右。由均值标准偏差可看出，不同年代的波动幅度有所差异，表现为 20 世纪 90 年代最高，20 世纪 70、80 年代和 21 世纪初期其次，20 世纪 50、60 年代最低。同时，Mann-Kendall 非参数检验表明，20 世纪 90 年代及之前均呈不显著下降趋势，而 21 世纪初期则呈不显著增加趋势。从距平百分比看，除 20 世纪 90 年代外，其余时期均为负值，说明 20 世纪 90 年代的降雨侵蚀力水平高于 60 年平均水平，而其余时期则低于 60 年平均水平。各年代间，距平百分比总体呈先减后增变化，该趋势始于 20 世纪 80 年代，至 90 年代最为突出。由此说明，近 60 年来，全国降雨侵蚀力年际变化于 20 世纪 80 年代存在趋势上的转折。为此，采用 Mann-Kendall-Sneyers 检验确定全国平均降雨侵蚀年际变化转折。

$$t_k = \sum_{i=1}^{k} n_i \qquad (4\text{-}10)$$

$$\bar{t}_k = E(t_k) = \frac{k(k-1)}{4} \qquad (4\text{-}11)$$

$$\mathrm{var}(t_k) = \frac{k(k-1)(2k+5)}{72} \qquad (4\text{-}12)$$

$$u_k = \frac{t_k - \bar{t}_k}{\sqrt{\mathrm{var}(t_k)}} \qquad (4\text{-}13)$$

设时间序列 x_i ($i=1,2,\cdots,n$)，对于任意对偶值 (x_i, x_j) ($i<j$)，如果 $x_i<x_j$，则认为对偶值呈增长趋势，n_i 为 x_i 所对应的对偶值呈增长趋势的个数，k 为序数。当 k 增加时，统计量 u_k 很快收敛于标准正态分布。同样的计算公式，对逆序数据序列 x_i ($i=n, n-1, \cdots, 1$)，可以计算出逆序 u_k^*。对于给定显著水平 α，可在正态分布表中查出临界值 $Z_{\alpha/2}$。当 $|u_k|<Z_{\alpha/2}$ 时，表明序列的趋势不显著，反之则表示序列的趋势显著。当统计量 u_k 为正值，说明序列有上升趋势；u_k 为负值，则表示有下降趋势。正序 u_k 曲线与逆序 u_k^* 曲线的交点为序列的突变点。当显著水平 $\alpha=0.05$ 时，u_k 的临界检验值 $Z_{0.025}=1.96$。

检验结果见图 4-9，全国平均降雨侵蚀力在 1985 年存在突变点，突变点之后呈增加趋势，但并未通过 0.5 显著水平检验。以 1985 年为界进行分段统计则表明（表 4-3），1951～1985 年全国平均降雨侵蚀力低于 60 年平均水平，且呈不显著下降趋势，1986～2010 年则相反。

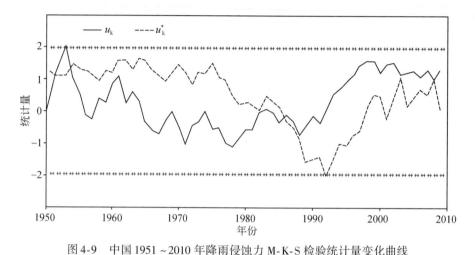

图 4-9　中国 1951～2010 年降雨侵蚀力 M-K-S 检验统计量变化曲线

Fig. 4-9　The M-K-S test statistic curve of rainfall erosivity from 1951 to 2010 in China

表 4-3　1951～2010 年不同时段全国平均降雨侵蚀力及其变化统计分析

Table 4-3　The average rainfall erosivity changes statistical analysis in different timeline nearly 60 years

年份	平均降雨侵蚀力 [MJ·mm/(hm²·h)]	距平百分率 （%）	Z	β	变化趋势
1951～1985	2392.5±172.9	−1.19	−0.383	−1.069	↓
1986～2010	2461.9±226.3	1.67	0.187	1.293	↑

注：变化趋势为 Mann-Kendall 非参数检验结果；↓表示下降，↑表示上升

为进一步确定全国降雨侵蚀力的时间变化，对逐年距平及其累积值进行分析，见图 4-10。

结果显示，60 年来全国平均降雨侵蚀力的距平在−14.5%～20.9% 波动，83% 的年份与多年平均值的正负变幅不超过 10%，相对较平稳。从累积距平来看，1992 年前后存在明显转折，1951～1992 年的降雨侵蚀力累积距平总体呈下降趋势，1992～2010 年总体呈上升趋势，此间又以 2000 年为界，即 1992～2000 年呈线性增大，而 2000～2010 年则波动减小。由此说明，20 世纪 90 年代的全国平均降雨侵蚀力明显大于多年平均水平，且彻底改变了此前全国平均降雨侵蚀力的下降趋势，最终成为决定了整个 60 年总体增长趋势的主要时期。

综合分析认为，近 60 年全国平均降雨侵蚀力总体呈不显著增大趋势，80% 以上的年份波动幅度不超过多年平均值的 10%。年际间，20 世纪 80 年代中期以前的 30 余年呈波动减小，之后 20 余年呈波动增大，其中 20 世纪 90 年代的降雨侵蚀力明显高于平均水平，

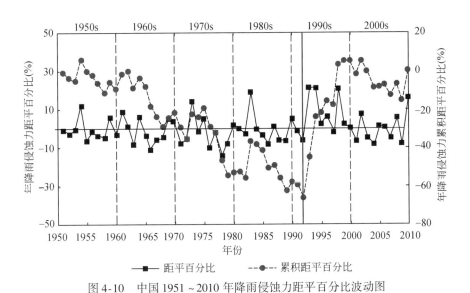

图 4-10　中国 1951～2010 年降雨侵蚀力距平百分比波动图

Fig. 4-10　The wave pattern of anomaly percentage rainfall erosivity from 1951 to 2010 in China

并由此决定了 60 年来的整体增大趋势。降雨侵蚀力的变化很大程度受降水变化影响，有研究指出过去数十年全国平均年降水伴随波动略有减少，主要由小雨减少为主，而极端降水与总降水的比值则在全国范围存在普遍增加趋势，同时夏季平均降水也呈上升趋势，尤其在 20 世纪 90 年代以后的夏季降水增加最为明显（王遵娅等，2004；闵屾和钱永甫，2008）。因此，可以说全国降水减少的趋势决定了 60 年来多数时期降雨侵蚀力降低，但 20 世纪 90 年代夏季极端降雨的显著增加导致同期降雨侵蚀力大幅增高，并最终影响 60 年的总体变化趋势。

4.2.1.2　水蚀区降雨侵蚀力时间变化特征

我国水土流失面积广大，根据主导外营力的类型划分为水力侵蚀区、风力侵蚀区、风蚀水蚀交错区和冻融侵蚀区。降雨侵蚀力是水力侵蚀区的主导外营力，而在其他侵蚀类型区则不能最有效刻画水土流失的外营力状况。同时，在水力侵蚀区内，由于气候和下垫面状况存在区域分异，通常又划分为东北黑土区、北方土石山区、西北黄土高原区、南方红壤丘陵区和西南土石山区等 5 个二级分区，以更有针对性地开展区域水土流失防治。为此，本研究分别以水蚀区、东北黑土区、北方土石山区、西北黄土高原区、南方红壤丘陵区和西南土石山区为对象，分析不同区域的降雨侵蚀力变化特征，以期为不同类型区的水土保持提供更具体的参考。

根据不同分区降雨侵蚀变化统计结果可以看出（表 4-4），我国降雨侵蚀力的区域分异明显，其中南方红壤丘陵区的平均降雨侵蚀力最高，达 9127.4 MJ·mm/(hm²·h)；西北黄土高原区的平均降雨侵蚀力最低，为 1483.1 MJ·mm/(hm²·h)。两区相差近 5 倍有余。其余各区中，西南土石山区、北方土石山区和东北黑土区的平均降雨侵蚀力依次减少，分别为 5708.5 MJ·mm/(hm²·h)、4181.7 MJ·mm/(hm²·h) 和 1784.5 MJ·mm/

（hm²·h）。总体上，各分区间，平均降雨侵蚀力呈南多北少、东多西少的分布特点。同时，从相对多年平均降雨侵蚀力的年际波动幅度来看，南方红壤丘陵区的均值标准差最大，年际波动最强，东北黑土区的均值标准差最小，年际波动最弱，其余各区呈北方土石山区强于西南土石山区、强于西北黄土高原区的排序。各区的多年变化趋势表现为，南方红壤丘陵区显著增加，而西北黄土高原区显著减少，西南土石山区和北方土石山区均不显著增加，但前者的增幅高于后者，东北黑土区则不显著减少。以全国土壤侵蚀类型分区中的水力侵蚀区和风蚀水蚀交错区作为本研究中的水蚀区进行统计，结果表明，水蚀区多年平均降雨侵蚀力为4384.8MJ·mm/（hm²·h），呈不显著增加趋势。

表4-4　1951~2010年不同分区平均降雨侵蚀力及其变化趋势统计

Table 4-4　The rainfall erosivity changes trend analysis in average different subarea nearly 60 years

区域	水蚀区	东北 黑土区	北方 土石山区	西北黄土 高原区	南方红壤 丘陵区	西南 土石山区
平均降雨侵蚀力 [MJ·mm/（hm²·h）]	4384.8±328.5	1784.5±294.5	4181.7±696.8	1483.1±303.5	9127.4±1070.5	5708.5±450.5
Z	0.651	-1.607	0.019	-1.728	1.728	1.091
β	1.61	-3.82	0.15	-3.19	15.98	4.17
变化趋势	↑	↓	↑	↓ *	↑ *	↑

注：水蚀区含全国土壤侵蚀类型分区中的水力侵蚀区和风蚀水蚀交错区；变化趋势为 M-K 检验结果；* 为趋势显著，$P < 0.1$；↓表示下降，↑表示上升

为进一步确定各类型区降雨侵蚀力的时间变化，分别对其进行统计分析。

（1）水力侵蚀区

统计结果显示（图 4-11），水蚀区 1951~2010 年多年平均降雨侵蚀力 4384.8 MJ·mm/（hm²·h），87% 的年降雨侵蚀力为 4000~5000MJ·mm/（hm²·h），1998 年最大为 5327.8MJ·mm/（hm²·h），1978 年最小为 3756.5MJ·mm/（hm²·h），年际最大振幅为 1571.3MJ·mm/（hm²·h）。3 年滑动平均值呈不显著增长趋势（$r = 0.134$，$P>0.1$，$n = 56$）。Mann-Kendall 非参数检验也证实为不显著增加趋势（$Z=0.597$，$\beta=0.62$，$P>0.1$，$n =56$）。

不同年代的降雨侵蚀力统计分析显示（表 4-5），近 60 年来，不同年代间的水蚀区平均降雨侵蚀力较为接近。其中，20 世纪 70 年代最低，为 4278.1 MJ·mm/（hm²·h）；20 世纪 90 年代最高，为 4557.3 MJ·mm/（hm²·h）；其余年代均为 4300 MJ·mm/（hm²·h）有余。除 20 世纪 50 年代年际波动最小外，其余年代的降雨侵蚀力年际波动基本相当。由 Mann-Kendall 非参数检验反映的变化趋势来看，20 世纪 50~80 年代均呈不显著下降趋势，而 20 世纪 90 年代和 21 世纪前 10 年则均呈不显著上升趋势，并由此决定整个 60 年的上升趋势。由此说明，近 60 年来，水蚀区降雨侵蚀力的年际变化趋势于 20 世纪 80 年代末至 20 世纪 90 年代初期内可能存在转折，经 Mann-Kendall-Sneyers 检验结果确定 1989 年为突变年份，此后降雨侵蚀力呈增加趋势，但并未通过显著性检验（图 4-12）。

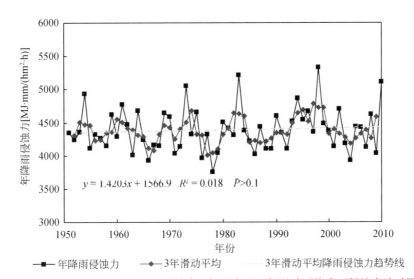

图 4-11　中国水蚀区 1951~2010 年降雨侵蚀力及 3 年滑动平均降雨侵蚀力波动图

Fig. 4-11　The wave pattern of rainfall erosivity from 1951 to 2010 and three-year

slip- average in water erosion region

表 4-5　1951~2010 年不同年代水蚀区平均降雨侵蚀力变化及其距平百分比

Table 4-5　Changes and anomaly percentage of rainfall erosivity in different

period nearly 60s in water erosion region

年代	平均降雨侵蚀力 [MJ·mm/(hm²·h)]	距平百分率 (%)	Z	β	变化趋势
1950s	4361.5±242.1	-0.53	-0.179	-7.5	↓
1960s	4365.4±303.4	-0.44	-0.537	-19.6	↓
1970s	4278.1±381.5	-2.43	-0.179	-12.46	↓
1980s	4377.4±342.7	-0.17	-0.716	-34.20	↓
1990s	4557.3±339.3	3.93	0.716	17.58	↑
2000s	4369.1±363.1	-0.36	0.358	51.47	↑
1951~2010 年	4384.8±328.5	—	0.651	1.61	↑

注：变化趋势为 Mann-Kendall 非参数检验结果；↓ 表示下降，↑ 表示上升

（2）东北黑土区

统计结果显示（图 4-13），东北黑土区 1951~2010 年多年平均降雨侵蚀力 1784.5 MJ·mm/(hm²·h)，90% 的年降雨侵蚀力为 1200~2200 MJ·mm/(hm²·h)，1994 年最大，为 2516.1 MJ·mm/(hm²·h)；1976 年最小，为 1249.6 MJ·mm/(hm²·h)，年际最大振幅 1266.5 MJ·mm/(hm²·h)。3 年滑动平均值呈显著下降趋势（$r=0.326$，$P<0.05$，$n=56$）。Mann-Kendall 非参数检验也证实为显著减少趋势（$Z=-2.522$，$\beta=-4.22$，$P<0.05$，$n=56$）。

不同年代的降雨侵蚀力统计分析显示（表 4-6），1951~2010 年，东北黑土区不同年代

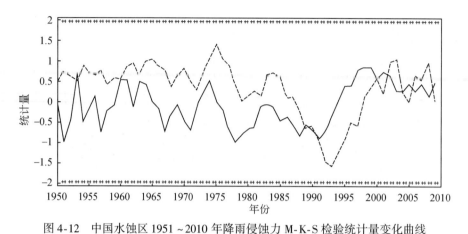

图 4-12　中国水蚀区 1951～2010 年降雨侵蚀力 M-K-S 检验统计量变化曲线

Fig. 4-12　The M-K-S test statistic curve of rainfall erosivity from 1951 to 2010 in water erosion region

注：实线和虚线分别为降雨侵蚀力序列正序和逆序的 M-K-S 检验统计量变化曲线；

水平线对应 0.05 显著水平检验；下同

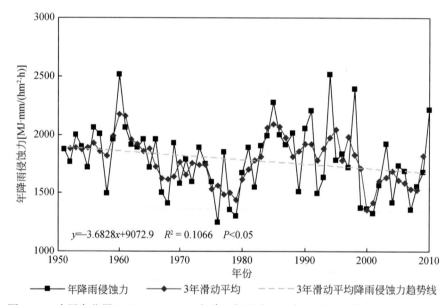

$y=-3.6828x+9072.9$　$R^2=0.1066$　$P<0.05$

—■— 年降雨侵蚀力　—◆— 3年滑动平均　- - - 3年滑动平均降雨侵蚀力趋势线

图 4-13　中国东北黑土区 1951～2010 年降雨侵蚀力及 3 年滑动平均降雨侵蚀力波动图

Fig. 4-13　The wave pattern of rainfall erosivity from 1951 to 2010 and three-year slip- average

in black soil zone of Northeast China

的平均降雨侵蚀力变化较小，为 1600～2000 MJ·mm/(hm²·h)。其中，20 世纪 70 年代最低，为 1603.9 MJ·mm/(hm²·h)；20 世纪 50 年代最高，为 1928.9 MJ·mm/(hm²·h)；除 20 世纪 90 年代年际波动最大外，其余年代的降雨侵蚀力年际波动基本相当。由 Mann-Kendall 非参数检验反映的变化趋势来看，20 世纪 50 年代和 80 年代以及 21 世纪前 10 年均呈不显著上升趋势，20 世纪 70 年代和 90 年代呈不显著下降趋势，而 60 年代呈显著下降趋势，各年代交替波动升降最终形成整个 60 年的下降趋势。经 Mann-Kendall-Sneyers 检验结果确定，60 年间存在 1967 年、1985 年和 1995 年 3 个突变点。其中，1967～1985 年呈显著下降，1985～1995 年呈不显著上升，1995 年后又显著下降。由此表明，东北黑土区 1967～1985 年降雨侵蚀力的阶段性显著下降变化，并对整个 60 年的下降趋势有重要贡献（图 4-14）。

表 4-6　1951～2010 年不同年代东北黑土区平均降雨侵蚀力变化及其距平百分比

Table 4-6　Changes and anomaly percentage of rainfall erosivity in different period nearly 60s in black soil zone of Northeast China

年代	平均降雨侵蚀力 [MJ·mm/(hm²·h)]	距平百分率 （%）	Z	β	变化趋势
1950s	1928.9±264.8	8.09	0.894	21.83	↑
1960s	1791.9±222.9	0.42	−1.789	−53.32	↓ *
1970s	1603.9±230.9	−10.12	−1.073	−41.19	↓
1980s	1908.9±228.6	6.97	1.252	12.80	↑
1990s	1830.2±409.9	2.56	−0.894	−38.30	↓
2000s	1643.2±271.9	−7.92	0.894	34.27	↑
1951～2010 年	1784.5±294.5	—	−1.607	−3.824	↓

注：变化趋势为 Mann-Kendall 非参数检验结果；变化趋势为 M-K 检验结果；* 为趋势显著，$P < 0.1$；↓ 表示下降，↑ 表示上升

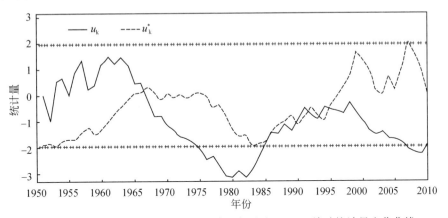

图 4-14　东北黑土区 1951～2010 年降雨侵蚀力 M-K-S 检验统计量变化曲线

Fig. 4-14　The M-K-S test statistic curve of rainfall erosivity from 1951 to 2010 in black soil zone of Northeast China

注：实线和虚线分别为降雨侵蚀力序列正序和逆序的 M-K-S 检验统计量变化曲线；
水平线对应 0.05 显著水平检验；下同

（3）北方土石山区

统计结果显示（图 4-15），北方土石山区 1951～2010 年多年平均降雨侵蚀力 4181.7 MJ·mm/(hm²·h)，82% 的年降雨侵蚀力为 3000～5000 MJ·mm/(hm²·h)，1964 年最大，为 5786.9 MJ·mm/(hm²·h)；1999 年最小，为 2898.3 MJ·mm/(hm²·h)；年际最大振幅 2888.6 MJ·mm/(hm²·h)。3 年滑动平均值呈不显著下降趋势（$r = 0.134$，$P >$

0.1，$n=56$）。Mann-Kendall 非参数检验也证实为不显著减少趋势（$Z=-0.684$，$\beta=-2.118$，$P>0.1$，$n=56$）。

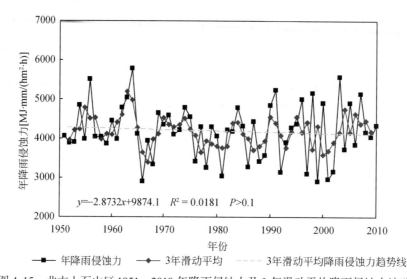

图 4-15　北方土石山区 1951～2010 年降雨侵蚀力及 3 年滑动平均降雨侵蚀力波动图

Fig. 4-15　The wave pattern of rainfall erosivity from 1951 to 2010 and three-year slip-average in loess hill area of North China

　　不同年代的降雨侵蚀力统计分析显示（表 4-7），近 60 年来，北方土石山区不同年代间的平均降雨侵蚀力变化较小，为 4000～4300 MJ·mm/（hm²·h）。其中，20 世纪 80 年代最低，为 4004.6 MJ·mm/（hm²·h）；60 年代最高，为 4287.6 MJ·mm/（hm²·h）。由各年代降雨侵蚀力多年均值的标准差可看出，除 20 世纪 70 年代年际波动最小外，20 世纪 60 年代和 90 年代及 21 世纪前 10 年的降雨侵蚀力年际波动基本相当，20 世纪 50 年代和 70 年代波动幅度居中。由 Mann-Kendall 非参数检验反映的变化趋势来看，20 世纪 50 年代和 80 年代以及 21 世纪前 10 年均呈不显著上升趋势，20 世纪 60 年代、70 年代和 90 年代均呈不显著下降趋势，各年代交替波动升降最终形成整个 60 年的上升趋势。大致可看出，近 60 年来，北方土石山区降雨侵蚀力的年际变化趋势应不存在明显的时间转折。经 Mann-Kendall-Sneyers 检验结果确定，60 年间降雨侵蚀力未出现明显的趋势突变点（图 4-16）。

表 4-7　1951～2010 年不同年代北方土石山区平均降雨侵蚀力变化及其距平百分比

Table 4-7　Changes and anomaly percentage of rainfall erosivity in different period nearly 60s in loess hill area of North China

年代	平均降雨侵蚀力 [MJ·mm/（hm²·h）]	距平百分率 （%）	Z	β	变化趋势
1950s	4259.8±536.7	1.72	0.358	23.43	↑
1960s	4287.6±834.2	2.39	-0.537	-67.30	↓
1970s	4153.1±489.5	-0.83	-1.252	-62.02	↓

续表

年代	平均降雨侵蚀力 [MJ·mm/(hm²·h)]	距平百分率 (%)	Z	β	变化趋势
1980s	4004.6±635.9	-4.37	0.894	58.30	↑
1990s	4198.3±898.5	0.25	0	-4.72	↓
2000s	4187.1±832.1	-0.02	1.252	122.7	↑
1951~2010 年	4181.7±696.8	—	0.019	0.15	↑

注：变化趋势为 Mann-Kendall 非参数检验结果；变化趋势为 M-K 检验结果；↓表示下降，↑表示上升

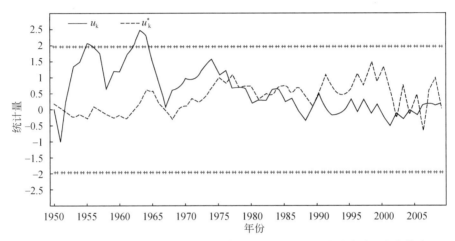

图 4-16　北方土石山区 1951~2010 年降雨侵蚀力 M-K-S 检验统计量变化曲线

Fig. 4-16　The M-K-S test statistic curve of rainfall erosivity from 1951 to 2010
in loess hill area of North China

注：实线和虚线分别为降雨侵蚀力序列正序和逆序的 M-K-S 检验统计量变化曲线；
水平线对应 0.05 显著水平检验；下同

（4）西北黄土高原区

统计结果显示（图 4-17），西北黄土高原区 1951~2010 年多年平均降雨侵蚀力 1483.1 MJ·mm/(hm²·h)，92% 的年降雨侵蚀力为 1000~2000 MJ·mm/(hm²·h)。1964 年最大，为 2416.6 MJ·mm/(hm²·h)；1965 年最小，为 827.5 MJ·mm/(hm²·h)；年际最大振幅 1589.1 MJ·mm/(hm²·h)。3 年滑动平均值呈极显著下降趋势（$r=0.567$，$P<0.01$，$n=56$）。Mann-Kendall 非参数检验也证实为极显著减少趋势（$Z=-4.327$，$\beta=-4.68$，$P<0.01$，$n=56$）。

不同年代的降雨侵蚀力统计分析显示（表 4-8），近 60 年来，西北黄土高原区不同年代间平均降雨侵蚀力变化较小，为 1348~1646 MJ·mm/(hm²·h)。其中，20 世纪 90 年代最低，为 1348.6 MJ·mm/(hm²·h)；60 年代最高，为 1616.8 MJ·mm/(hm²·h)。由各年代降雨侵蚀力多年均值的标准差可看出，除 70 年代年际波动最小外，60 年代和 90 年代及 21 世纪前 10 年的降雨侵蚀力年际波动基本相当，20 世纪 50 年代和 70 年代波动幅度居中。由

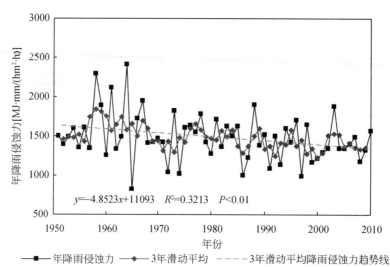

图 4-17　西北黄土高原区 1951～2010 年降雨侵蚀力及 3 年滑动平均降雨侵蚀力波动图

Fig. 4-17　The wave pattern of rainfall erosivity from 1951 to 2010 and three-year slip-average in Loess Plateau of Northwest China

表 4-8　1951～2010 年不同年代西北黄土高原区平均降雨侵蚀力变化及其距平百分比

Table 4-8　Changes and anomaly percentageof rainfall erosivity in different period nearly 60s in Loess Plateau of Northwest China

年代	平均降雨侵蚀力 [MJ·mm/(hm²·h)]	距平百分率 (%)	Z	β	变化趋势
1950s	1572.7±310.8	6.04	0	7.6	↑
1960s	1616.8±452.1	9.01	−0.358	−15.78	↓
1970s	1458.2±278.6	−1.68	0	−0.538	↓
1980s	1485.2±256.8	0.14	−0.358	−21	↓
1990s	1348.6±257.4	−9.07	0.358	11.1	↑
2000s	1417.2±196.1	−4.44	0.358	11.68	↑
1951～2010 年	1483.1±303.5	—	−1.728	−3.19	↓ *

注：变化趋势为 Mann-Kendall 非参数检验结果；变化趋势为 M-K 检验结果；* 为趋势显著，$P < 0.1$；↓ 表示下降，↑ 表示上升

Mann-Kendall 非参数检验反映的变化趋势来看，50 年代和 90 年代以及 21 世纪前 10 年均呈不显著上升趋势，20 世纪 60 年代、70 年代和 80 年代均呈不显著下降趋势，各年代交替波动升降最终形成整个 60 年的上升趋势。大致可看出，近 60 年来，该区 20 世纪 80 年代及之前的降雨侵蚀力以下降变化为主，之后则为上升。经 Mann-Kendall-Sneyers 检验结果确定，60 年来，西北黄土高原区降雨侵蚀力在 1980 年前后存在比较明显的趋势突变，1980 年之后呈显著下降，并由此决定整个 60 年的变化趋势（图 4-18）。

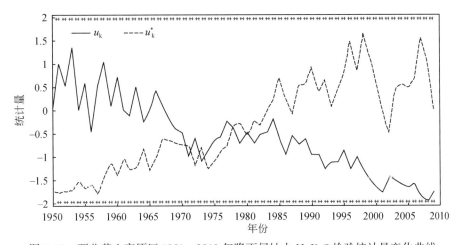

图 4-18　西北黄土高原区 1951～2010 年降雨侵蚀力 M-K-S 检验统计量变化曲线

Fig. 4-18　The M-K-S test statistic curve of rainfall erosivity from 1951 to 2010 in Loess
Plateau of Northwest China

(5) 南方红壤丘陵区

统计结果显示（图 4-19），南方红壤丘陵区 1951～2010 年多年平均降雨侵蚀力 9127.4
MJ·mm/(hm^2·h)，85% 的年降雨侵蚀力为 7500～11000 MJ·mm/(hm^2·h)。1983 年最大，
为 11760.5 MJ·mm/(hm^2·h)；1978 年最小，为 7143.9 MJ·mm/(hm^2·h)；年际最大振幅
4616.6 MJ·mm/(hm^2·h)。3 年滑动平均值呈极显著上升趋势（$r=0.351$，$P<0.01$，$n=56$）。
Mann-Kendall 非参数检验证实也呈极显著增加趋势（$Z=2.455$，$\beta=12.13$，$P<0.05$，$n=56$）。

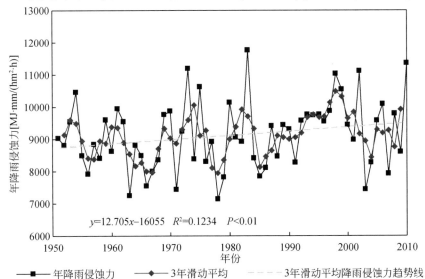

图 4-19　南方红壤丘陵区 1951～2010 年降雨侵蚀力及 3 年滑动平均降雨侵蚀力波动图

Fig. 4-19　The wave pattern of rainfall erosivity from 1951 to 2010 and three-year slip-average
in hilly red soil of South China

南方红壤丘陵区不同年代的降雨侵蚀力统计分析显示（表 4-9），近 60 年来，不同年代间的南方红壤丘陵区平均降雨侵蚀力变化较小，为 8700～9800 MJ·mm/(hm² · h)。其中，20 世纪 60 年代最低，为 8751.5 MJ·mm/(hm² · h)；90 年代最高，为 9747.3 MJ·mm/(hm² · h)。由各年代降雨侵蚀力多年均值的标准差可看出，各年代内的年际波动均较明显，其中，20 世纪 70 年代波动最大，90 年代波动最小。由 Mann-Kendall 非参数检验反映的变化趋势来看，20 世纪 50 年代和 70 年代呈不显著下降趋势，其余时期均呈不显著上升趋势。60 年来，前半段各年代交替波动升降，后半段稳定上升，最终决定整个 60 年的上升趋势。经 Mann-Kendall-Sneyers 检验结果确定（图 4-20），1991 年为 60 年间的突变点，之后呈显著上升，并最终决定 60 年的整体变化趋势。

表 4-9　1951～2010 年不同年代南方红壤丘陵区平均降雨侵蚀力变化及其距平百分比

Table 4-9　Changes and anomaly percentage of rainfall erosivity in hilly red soil of South China in different period nearly 60s

年代	平均降雨侵蚀力 [MJ·mm/(hm² · h)]	距平百分率 (%)	Z	β	变化趋势
1950s	8970.7±727.6	-1.72	-0.537	-47.61	↓
1960s	8751.5±990.9	-4.12	0	31.44	↑
1970s	8914.2±1366.5	-2.34	-0.358	-68.30	↓
1980s	9070.9±1095.1	-0.62	0.179	20.50	↑
1990s	9747.3±717.2	6.79	1.431	127.2	↑
2000s	9309.5±1310.6	1.99	0.716	127.0	↑
1951～2010 年	9127.4±1070.5	—	1.728	15.98	↑ *

注：变化趋势为 Mann-Kendall 非参数检验结果；变化趋势为 M-K 检验结果；* 为趋势显著，$P < 0.1$；↓ 表示下降，↑ 表示上升

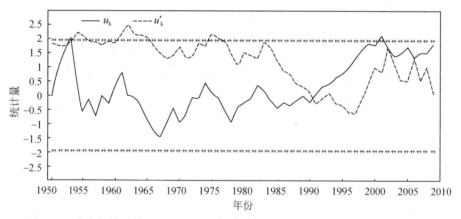

图 4-20　南方红壤丘陵区 1951～2010 年降雨侵蚀力 M-K-S 检验统计量变化曲线

Fig. 4-20　The M-K-S test statistic curve of rainfall erosivity from 1951 to 2010 in hilly red soil of South China

（6）西南土石山区

统计结果显示（图4-21），西南土石山区1951～2010年多年平均降雨侵蚀力为5708.5 MJ·mm/（hm²·h），93%的年降雨侵蚀力为5000～6500 MJ·mm/（hm²·h）。1983年最大，为6886.3 MJ·mm/（hm²·h）；1989年最小，为4834.3 MJ·mm/（hm²·h）；年际最大振幅2052 MJ·mm/（hm²·h）。3年滑动平均值呈显著上升趋势（$r=0.252$，$P<0.1$，$n=56$）。Mann-Kendall非参数检验则显示呈极显著增加趋势（$Z=2.106$，$\beta=4.49$，$P<0.05$，$n=56$）。

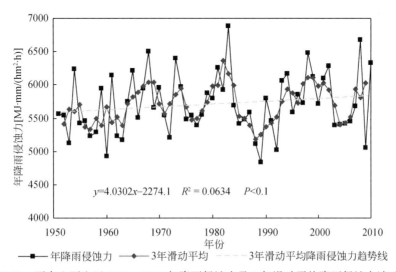

图4-21　西南土石山区1951～2010年降雨侵蚀力及3年滑动平均降雨侵蚀力波动图

Fig. 4-21　The wave pattern of rainfall erosivity from 1951 to 2010 three-year slip-average in loess hill area of Southwest China

不同年代的降雨侵蚀力统计分析显示（表4-10），近60年来，西南土石山区不同年代间的平均降雨侵蚀力变化较小，为5400～5900 MJ·mm/（hm²·h）。其中，20世纪50年代最低，为5474.9 MJ·mm/（hm²·h）；90年代最高，为5818.5 MJ·mm/（hm²·h）。由各年代降雨侵蚀力多年均值的标准差可看出，除20世纪80年代波动最大、70年代波动最小外，其余各年代的年际波动相当，总体均不明显。由Mann-Kendall非参数检验反映的变化趋势来看，20世纪50年代和80年代阶段性下降，其余时期均呈不显著上升趋势，其中80年代呈极显著下降变化。经Mann-Kendall-Sneyers检验结果确定（图4-22），1963年为60年间的突变点，之后呈显著上升直至1982年。总体上，60年来，西南土石山区降雨侵蚀力伴随阶段性的显著下降，多数时段降雨侵蚀力呈上升变化，最终决定整个60年的不显著上升趋势。

表4-10　1951~2010年不同年代西南土石山区平均降雨侵蚀力变化及其距平百分比

Table 4-10　Changes and anomaly percentageof rainfall erosivity in different period nearly 60s in loess hill area of Southwest China

年代	平均降雨侵蚀力 [MJ·mm/(hm²·h)]	距平百分率 （%）	Z	β	变化趋势
1950s	5474.9±385.5	-4.09	-1.07	-40.77	↓
1960s	5807.7±427.4	1.74	0.894	60.96	↑
1970s	5673.7±342.7	-0.61	0.358	23.37	↑
1980s	5698.3±580.1	-0.18	-1.968	-146.9	↓ ＊＊
1990s	5818.5±414.7	1.93	1.073	77.55	↑
2000s	5778.1±530.7	1.22	0.537	19.05	↑
1951~2010年	5708.5±450.5	—	1.091	4.17	↑

注：变化趋势为 Mann-Kendall 非参数检验结果；变化趋势为 M-K 检验结果；＊＊为趋势极显著，$P < 0.05$；↓表示下降，↑表示上升

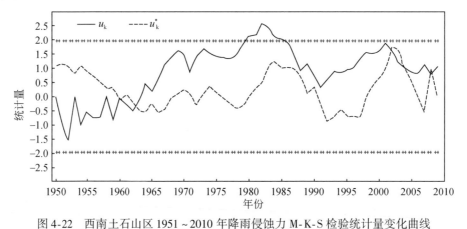

图4-22　西南土石山区1951~2010年降雨侵蚀力 M-K-S 检验统计量变化曲线

Fig.4-22　The M-K-S test statistic curve of rainfall erosivity from 1951 to 2010 in loess hill area of Southwest China

4.2.2　降雨侵蚀力空间变化

由图4-5可知，中国大陆范围内，多年平均降雨侵蚀力呈由东南向西北递减分布，并在四川盆地雅安等山区出现局部高点，最高侵蚀力出现在广西东兴市南部海湾地区，达30 051.1 MJ·mm/(hm²·h)，最低值出现在新疆格尔木东北部柴达木荒漠地带，仅30.7 MJ·mm/(hm²·h)。

为研究降雨侵蚀力的空间变化，采用 Mann-Kendall 秩次相关方法检验对各站1951~2010年的年降雨侵蚀力长时间序列演变趋势进行检验。

$$S = \sum_{k=1}^{m-1} \sum_{j=k+1}^{m} \mathrm{sgn}(x_j - x_k) \tag{4-14}$$

$$Z_s = \begin{cases} \dfrac{S-1}{\mathrm{Var}(S)} & \text{当 } S > 0 \\[2mm] 0 & \text{当 } S = 0 \\[2mm] \dfrac{S+1}{\mathrm{Var}(S)} & \text{当 } S < 0 \end{cases} \tag{4-15}$$

式中，x_j 和 x_k 为分别为第 j 年和第 k 年的数值，$j>k$；m 为系列的记录长度（个数）；sgn（x_j-x_k）为返回函数，$x_j-x_k>0$ 时为 1，$x_j-x_k<0$ 时为 -1，$x_j-x_k=0$ 时为 0。如果 $|Z_s| \leqslant Z_{1-\alpha/2}$，则接受零假设（无变化趋势），如果 $|Z_s| > Z_{1-\alpha/2}$，则拒绝零假设。$Z_{1-\alpha/2}$ 从标准正态偏量，α 为检验的置信水平。

为定量反映各站降雨侵蚀力的变化趋势与幅度，选用 Kendall 倾斜度 β 值：

$$\beta = \mathrm{Median}\left(\frac{x_j - x_k}{j-k}\right) \qquad \forall\, k < j \tag{4-16}$$

式中，x_j 和 x_k 分别为第 j 年和第 k 年的数值。

当 β 为正值时，表示序列为增加趋势；当 β 为负值时，表示为减少趋势。$|\beta|$ 为随时间的增减幅度。

采用美国地质调查局（United States Geological Survey，USGS）发布的 Kendall 系列参数计算软件，基于 756 个气象站 1951~2010 年逐年降雨侵蚀力数据，获得各站降雨侵蚀力 Kendall 检验参数。

在 GS+7.0 中，以降雨侵蚀力变化斜率（β）为主变量、高程为协变量，进行正态分布检验。结果表明，降雨侵蚀力变化斜率呈正态分布（图 4-23）。对以主变量（降雨侵蚀力变化斜率）和主变量与协变量（高程）的交叉进行空间自相关检验，采用 autofit 模块优选最佳的空间分布函数。记录最优分布函数，作为克里金插值参数，结果显示降雨侵蚀力变化斜率最优分布函数为 Gaussian 函数，降雨侵蚀力变化斜率与高程交叉的最优分布函数为 Exponential 函数（图 4-24）。

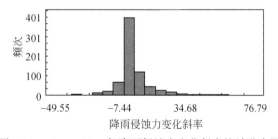

图 4-23　1951~2010 年降雨侵蚀力变化斜率统计分布图

Fig. 4-23　The slope satistics distribution about rainfall erosivity from 1951 to 2010

为对比不同插值方法的精度，从全部气象站点中随机抽取 154 个站点作为检验站点，其余 602 个站点进行空间插值，以此进行交叉验证。在 ArcGIS9.2 中，采用地统计学模块对降雨侵蚀力变化斜率进行 16 种插值方法的插值比选。结果显示，径向基函数中的张力

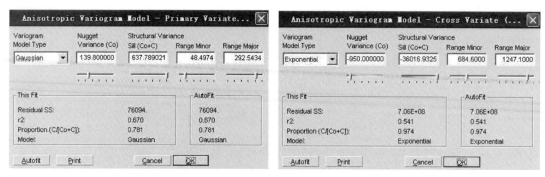

a.降雨侵蚀力变化斜率（主变量）　　　　　　　b.降雨侵蚀力变化斜率加高程（主变量加协变量）

图 4-24　变量空间自相关最优函数拟合结果

Fig. 4-24　Variable spatial autocorrelation of optimal function fitting results

样条函数插值结果的精度最高。因此，以径向基函数的张力样条函数插值结果作为最终的降雨侵蚀力变化斜率分布图（图 4-25）。

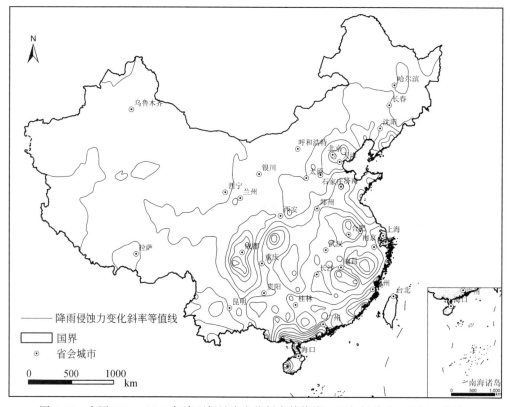

图 4-25　中国 1951～2010 年降雨侵蚀力变化斜率等值线（不包括香港、澳门、台湾）

Fig. 4-25　The contour of rainfall erosivity changes in the slope from 1951 to 2010 in China

（except Hong Kong, Macao, Taiwan）

根据全国近 60 年降雨侵蚀力变化斜率等值线图可知,60 年来,以济南、郑州、西安、重庆、贵阳、昆明一线为界的东南地区降雨侵蚀力呈上升趋势。以呼和浩特、银川、兰州、拉萨一线为界的西北地区降雨侵蚀力基本保持稳定,两线之间的条带地区降雨侵蚀力呈下降趋势。下降区域,主要以四川峨眉山地为中心;上升区域,则出现安徽凤阳、怀远,江西新余、临川,福建厦门沿海,广东湛江沿海和海南三亚沿海等 5 个中心;同时,出现浙江衢州局部下降中心。总体上,多年降雨侵蚀力的变化具有较显著的空间分异。

4.3 南方红壤丘陵区降雨侵蚀力时空变化——以江西为例

为深入了解红壤区降雨侵蚀力时空变化,选取江西省为典型研究区,研究省域范围 1957~2008 年的降雨侵蚀力分布与变化。

根据中国气象科学数据共享服务网提供的日降雨数据,通过对站点筛查和缺失数据插补,确定 22 个有效气象站 1957~2008 年的降雨序列用于研究江西降雨侵蚀力时空分布变化(图 4-26)。

图 4-26　江西省有效气象站点分布

Fig. 4-26　The valid meteorological stations distributed in Jiangxi province

采用 Mann-Kendall 秩次相关方法检验降雨侵蚀力长时间序列的变化趋势:

$$S = \sum_{k=1}^{m-1} \sum_{j=k+1}^{m} \text{sgn}(x_j - x_k) \tag{4-17}$$

式中,x_j 和 x_k 分别为第 j 年和第 k 年的数值,$j > k$;m 为系列的记录长度(个数);$\text{sgn}(x_j - x_k)$

为返回函数，$x_j-x_k>0$ 时为 1，$x_j-x_k<0$ 时为 -1，$x_j-x_k=0$ 时为 0。

利用统计检验值 Z_s 进行趋势统计的显著性检验；如果 $|Z_s|\leq Z_{1-\alpha/2}$，则接受零假设（无变化趋势），如果 $|Z_s|>Z_{1-\alpha/2}$，则拒绝零假设。$Z_{1-\alpha/2}$ 从标准正态偏量，α 为检验的置信水平。Z_s 的计算如下。

$$Z_s = \begin{cases} \dfrac{S-1}{\mathrm{Var}(S)} & \text{当 } S > 0 \\ 0 & \text{当 } S = 0 \\ \dfrac{S+1}{\mathrm{Var}(S)} & \text{当 } S < 0 \end{cases} \qquad (4\text{-}18)$$

选用 Kendall 倾斜度 β 值定量计算变化趋势的幅度：

$$\beta = \mathrm{Median}\left(\frac{x_j - x_k}{j - k}\right) \qquad \forall k < j \qquad (4\text{-}19)$$

式中，x_j 和 x_k 分别为第 j 年和第 k 年的数值。

当 β 为正值时，表示序列为增加趋势；当 β 为负值时，表示为减少趋势。$|\beta|$ 为随时间的增减幅度。

对各站降雨侵蚀力及其 Kendall 倾斜度选用 Surfer8.0 软件中的径向基函数进行空间插值。

4.3.1 江西省降雨侵蚀力时间变化分析

4.3.1.1 江西省降雨侵蚀力年际变化分析

1957~2008 年江西省平均降雨侵蚀力年序列见图 4-27。全省多年平均降雨侵蚀力为 9364.82 MJ·mm/(hm²·h)；降雨侵蚀力峰值出现在 1975 年，为 17 321.08 MJ·mm/(hm²·h)；谷值为 1963 年，为 6 637.79 MJ·mm/(hm²·h)，振幅达 10 683.29 MJ·mm/(hm²·h)。同时，采用 3 年 1-2-1 加权滑动平均分析表明，52 年间全省降雨侵蚀力年际差较大。1997~1999 年降雨侵蚀力最大，为 16 271.32 MJ·mm/(hm²·h)，1962~1964 年降雨侵蚀力最小，为 8 757.21 MJ·mm/(hm²·h)。

4.3.1.2 江西省降雨侵蚀力年内变化分析

全省多年平均季降雨侵蚀力占全年比例及 Kendall 倾斜度见表 4-11，四季降雨侵蚀力以春季最高，为 4 049.48 MJ·mm/(hm²·h)；冬季最低，为 746.06 MJ·mm/(hm²·h)。这与亚热带气候受大陆冷高压和西太平洋副热带高压影响，以及全年降雨呈现双峰式分布且春季雨量最大有关。四季降雨侵蚀力逐年时间序列 Mann-Kendall 检验的结果表明，除夏季外其余三季均未能通过 95% 信度水平，表明 1957~2008 年全省仅夏季降雨侵蚀力呈现显著上升趋势，年增加 2.17 MJ·mm/(hm²·h)，而其余三季未有明显增减趋势。

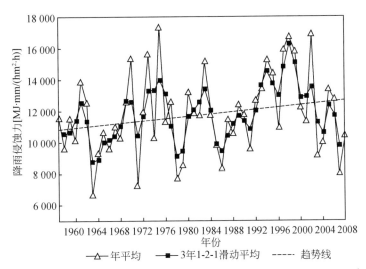

图 4-27 降雨侵蚀力年平均及 3 年 1-2-1 加权滑动降雨侵蚀力平均时间序列

Fig. 4-27 The average time-series of rainfall erosivity from 1951 to 2010 and three-year 1-2-1 weighted slip-average in loess hill area of Southwest China

表 4-11 多年平均季降雨侵蚀力占全年比例及 Kendall 倾斜度

Table 4-11 Average seasonal rainfall erosivity proportion of total annual and Kendall inclination

项目	春季	夏季*	秋季	冬季	全年*
降雨侵蚀力 [MJ·mm/(hm²·h)]	4 049.48	3 784.09	785.19	746.06	9 364.82
占全年百分率（%）	43.24	40.41	8.38	7.97	100
Kendall 倾斜度 β 值	-0.781	2.170	-0.150	0.781	1.62

*表示在 95% 信度水平上显著

　　根据多年平均月降雨侵蚀力占全年比例及 Kendall 倾斜度（表 4-12）可知，月降雨侵蚀力以 6 月最高，接近全年的 1/4，以 12 月最低。通过各月逐年时间序列的 Mann-Kendall 检验表明，冬季的 1 月、春季的 5 月和夏季的 7 月、8 月共 4 个月通过 95% 信度水平检验（表 4-12）。与季节检验结果相比较，之所以冬季、春季总体上未能体现出如同 1 月、5 月的显著性，可能是由于其他月份不显著信号较强而致。经分析，1 月、5 月、7 月、8 月这 4 个月除 5 月份 Kendall 倾斜度为负值外，其余均为正值，其中 7 月、8 月值最大，说明 5 月降雨侵蚀力呈明显下降趋势，而 1 月、7 月、8 月为增加，其中夏季 7 月、8 月的增加最为显著。因此，江西省 1957~2008 年降雨侵蚀力的总体增加趋势主要由夏季造成，尤以 7 月和 8 月贡献最大。

表4-12　月均降雨侵蚀力全年比例及 Kendall 倾斜度平均值

Table 4-12　Average month rainfall erosivity proportion of total annual and average Kendall inclination

月份	3	4	5*	6	7*	8*	9	10	11	12	1*	2
占全年比例（%）	9.67	15.07	18.5	24.2	8.52	7.69	3.6	2.53	2.25	1.23	2.25	4.49
Kendall 倾斜度	0.15	-0.166	-1.444	1.097	2.085	2.186	0.529	-1.255	0.655	-0.418	2.075	0.45

* 表示在95%信度水平上显著

4.3.2　江西省降雨侵蚀力空间变化特征

对降雨侵蚀力的年序列在95%的置信区间内进行了趋势检验，并使用径向基函数插值法将年、季和月降雨侵蚀力的变化幅度进行内插，提取江西省降雨侵蚀力的年、季和月变化趋势的空间分布图。

4.3.2.1　江西省年降雨侵蚀力空间变化特征

由图4-28a可以看出，江西省多年平均降雨侵蚀力总体上呈现由西向东递增的规律，这与降水量的分布规律一致。全省最高侵蚀力出现在赣东贵溪附近，可达13 200 MJ·mm/（hm²·h），而最低值出现在赣南的遂川东、赣州西的地区，仅8800 MJ·mm/（hm²·h）。

逐年降雨侵蚀力变化趋势存在3个上升中心（赣西北的赣鄂省界、樟树、赣西南的赣湘省界）和3个下降中心（赣东、赣西和赣东南）如图4-28b所示。气象站中也仅修水、波阳和广昌三站的 Kendall 倾斜度为负值，其余站均为正值。从总体来看，全省年均降雨侵蚀力呈现上升趋势的面积远大于呈现下降趋势的面积，其中以赣西北的赣鄂省界上升幅度最为显著，该区九江站年均上升4.08 MJ·mm/（hm²·h），升幅最大。与图4-28c江西省年降雨量的变化相比，年降雨侵蚀力的空间分布与之相似，但也清晰地反映出年降雨侵蚀力部分升降中心的变化幅度，即 |β| 值，略高于年降雨量的变化幅度，如上升中心九江站年降雨量的上升幅度仅为3.54 mm。

4.3.2.2　季降雨侵蚀力空间变化特征

剔除季侵蚀力年序列未通过信度检验的气象站点后，插值得到 Kendall 倾斜度等值线图，分别代表春、夏、秋、冬4个季节降雨侵蚀力在1957～2008年52年间变化趋势的空间分布，如图4-29所示。在春季，52年间全省降雨侵蚀力除九江为代表的赣西北、井冈山为代表的赣西南呈上升趋势（Kendall 倾斜度为正值）外，其余地区均表现出不同程度的下降趋势（Kendall 倾斜度为负值）；而下降的中心集中在赣东北赣浙省界和赣西，代表性站点如玉山站和修水站分别下降2.06 MJ·mm/（hm²·h·a）和1.21 MJ·mm/（hm²·h·a）。

52年来全省夏季各站降雨侵蚀力 Kendall 倾斜度均为正值，呈明显的上升趋势。上升中心集中在赣西北的赣鄂省界、樟树、赣西南的赣湘省界，代表性站点九江、樟树和井冈山的 Kendall 倾斜度可分别达3.02、2.42和2.0。全省上升趋势不显著的地区在赣东、赣西和赣东南，代表性站点如波阳、修水、赣州、寻乌，Kendall 倾斜度仅为0.04、0.29、

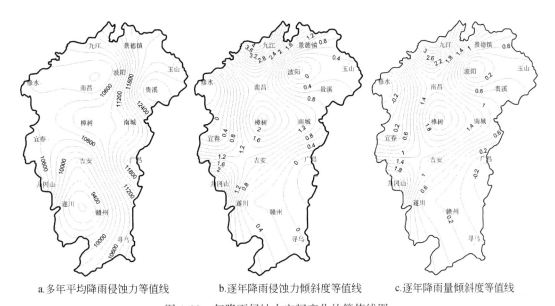

a.多年平均降雨侵蚀力等值线   b.逐年降雨侵蚀力倾斜度等值线   c.逐年降雨量倾斜度等值线

图 4-28   年降雨侵蚀力空间变化的等值线图

Fig. 4-28   The contour of the annual average rainfall erosivity spatial changes

[单位：$MJ \cdot mm/(hm^2 \cdot h)$]

0.29、0.28。比较夏季与年降雨侵蚀力序列的 Kendall 倾斜度等值线图发现夏季的上升中心与全年的上升中心、夏季的不显著中心与全年的下降中心相似，印证了全省年降雨侵蚀力变化主要由夏季贡献。

秋季全省降雨侵蚀力升降地区的差异性明显，其中以赣鄂省界为中心的赣西北呈现上升趋势，九江站的上升幅度为 1.89 $MJ \cdot mm/(hm^2 \cdot h \cdot a)$；全省其他地区则为显著下降趋势，以景德镇、贵溪为代表的赣东和以赣州、寻乌为代表的赣南下降最为明显。冬季仅赣南少部分地区出现降雨侵蚀力的下降趋势之外，全省大部呈现上升趋势。尤以九江站所在的赣西北和以井冈山为代表的赣西南为最，上升幅度分别为每年 1.76 $MJ \cdot mm/(hm^2 \cdot h)$ 和 1.51 $MJ \cdot mm/(hm^2 \cdot h)$。

与季降雨量的变化趋势相比较，如图 4-30 所示，江西省大部分地区降雨侵蚀力的升降趋势与雨量的升降趋势相同，但在升降幅度上不同。研究中将季侵蚀力的 Kendall 倾斜度 β_R 与季雨量的 Kendall 倾斜度 β_P 进行比较，绘制了 β_R/β_P 空间分布图（图 4-31）。图中出现负值的地区，降雨侵蚀力的变化趋势与雨量的变化趋势相反；出现正值的地区，二者的升降趋势相同；$|\beta_R/\beta_P|$ 则表示二者趋势幅度的差异，若 $|\beta_R/\beta_P| > 1$，则说明季降雨侵蚀力的升降幅度大于季雨量的幅度；若 $|\beta_R/\beta_P| < 1$ 则侵蚀力的幅度小于雨量的幅度；若 $|\beta_R/\beta_P| = 1$ 则说明二者幅度相同。如图中所示，全省四季降雨侵蚀力与雨量的升降趋势相反的地区仅出现在秋季的赣西这一区域内，全省大部分地区季侵蚀力与季雨量的变化趋势相同。各地侵蚀力与雨量升降幅度明显不同，存在差异性，如春季的赣西南、赣东、赣南，季降雨侵蚀力的升降幅度大于雨量升降幅度；夏季仅有赣西、赣东侵蚀力升降的幅度比雨量升降幅度大，其他大部分地区均小于雨量升降幅度；秋季侵蚀力升降幅度大

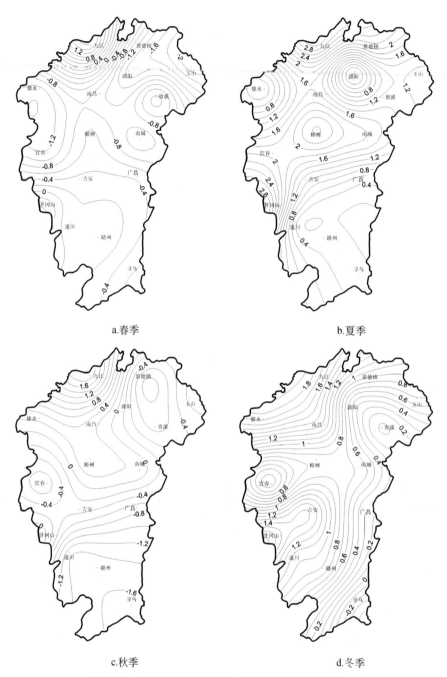

a.春季　　　　　　　　　　　　b.夏季

c.秋季　　　　　　　　　　　　d.冬季

图 4-29　各季降雨侵蚀力 Kendall 倾斜度等值线图

Fig. 4-29　The contour of the average quarter rainfall erosivity Kendall inclination changes

于雨量升降幅度的地区又转移至南昌、遂川附近；冬季集中在赣南一带。

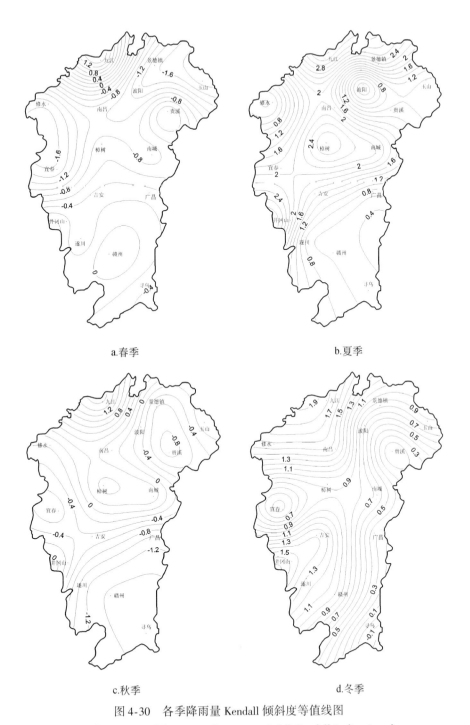

a.春季

b.夏季

c.秋季

d.冬季

图 4-30　各季降雨量 Kendall 倾斜度等值线图

Fig. 4-30　The contour of the seasonal average rainfall Kendall inclination changes

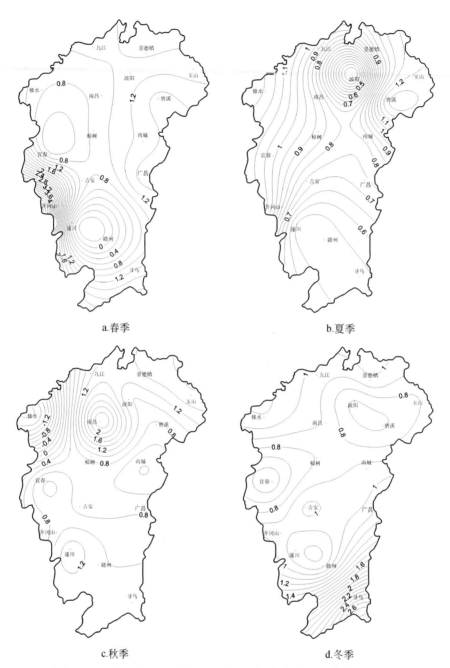

a.春季   b.夏季

c.秋季   d.冬季

图 4-31 各季降雨侵蚀力与降雨量 Kendall 倾斜度比值等值线图

Fig. 4-31 The contour of the seasonal average rainfall and rainfall erosivity Kendall inclination changes

4.3.2.3 江西省月降雨侵蚀力空间变化特征

采用 Mann-Kendall 非参数检验方法对通过 95% 信度水平的 1 月、5 月、7 月、8 月份降雨侵蚀力年序列进行趋势检验，经内插后得到图 4-32，a、b、c、d 分别代表这 4 个月的

Kendall 倾斜度等值线图。

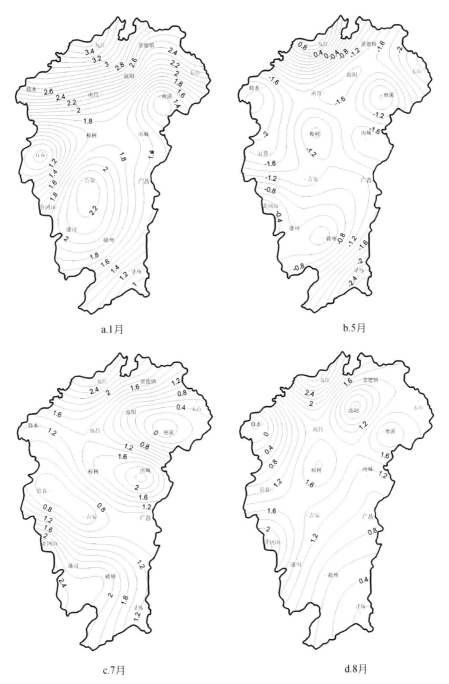

图 4-32　典型月份降雨侵蚀力 Kendall 倾斜度等值线图

Fig. 4-32　The contour of the typical month rainfall erosivity Kendall inclination changes

从图4-32可知，1957～2008年江西省在1月的降雨侵蚀力呈现显著上升趋势，以九江为代表的赣西北上升幅度最大，达 3.52 MJ·mm/（hm²·h·a），除中心位置有所偏移外与冬季降雨侵蚀力的空间分布特征相似。5 月的降雨侵蚀力仅在赣西北有上升趋势外，其余大部分地区均为下降，在赣浙省界、赣西和赣南最为显著，最大降幅在赣南的寻乌站，可达 2.42 MJ·mm/（hm²·h·a）。5 月降雨侵蚀力变化趋势的空间特征与春季相似，均存在以赣鄂省界为中心的上升区域，赣东北赣浙省界、赣西为中心的下降区域，不同的是在赣南出现了下降中心。7 月全省降雨侵蚀力呈普遍上升趋势，上升的中心分布在赣鄂省界、赣湘省界、赣东附近；而在 8 月的上升中心由赣东向西转移到樟树，也出现了以波阳、修水、寻乌为中心的下降中心，这也与夏季降雨侵蚀力的空间分布一致。

4.3.3 江西省降雨侵蚀力时空变化特征

综合以上分析，绘制了典型红壤区江西省的降雨侵蚀力在 1957～2008 年变化趋势的空间特征图（图 4-33）。各地区降雨侵蚀力变化趋势的空间差异明显，赣西北地区年际、季度间均呈现上升趋势，赣东南年际间呈现下降趋势，四季的升降趋势也不尽一致。总体来看，近 52 年来，赣西北、赣西南、赣东北、赣中樟树一带的降雨侵蚀力呈现显著上升趋势，需有针对性加强这些地区的水土流失防治措施研究，以减少可能增加的降雨侵蚀力对农业生产带来的危害。同时加强这些地区降雨侵蚀力未来变化的预测预报，以降低水土流失防治成本，提高农业生产的适应性。

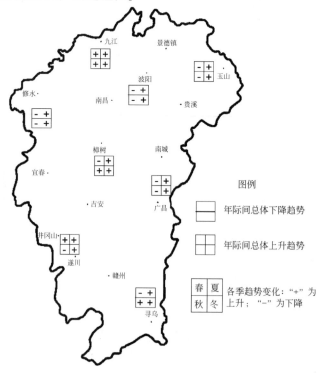

图 4-33　江西省降雨侵蚀力变化趋势空间特征图

Fig. 4-33　Trend of rainfall erosivity spatial characteristics figure

总体上，全省年降雨侵蚀力呈现增长趋势，年增加 1.62 MJ·mm/(hm²·h)。夏季，特别是 7 月份、8 月份降雨侵蚀力增加是年均值上升的主要原因。而 1 月、5 月、7 月、8 月降雨侵蚀力变化趋势可分别视为冬季、春季、夏季三季的典型代表月份，在水土流失防治工作中应特别重视这 4 个月可能的降雨侵蚀力增加，做到科学预警，因时设防。空间上，全省多年平均降雨侵蚀力呈现由西向东递增的趋势，峰值出现在赣东一带。而 52 年以来，全省降雨侵蚀力变化的空间差异显著，存在赣西北、樟树和赣西南 3 个上升中心，也存在赣东、赣西和赣东南 3 个下降中心。赣西北、赣西南、赣东北、赣中等降雨侵蚀力持续上升的地区，应作为江西省水土流失重点研究和防治地区。

4.4　北方土石山区降雨侵蚀力时空变化——以山东为例

根据中国气象科学数据共享服务网提供的日降雨数据，通过对站点筛查和缺失数据插补，确定了 18 个有效气象站，以 1951~2008 年的降雨序列用于研究山东降雨侵蚀力时空分布变化（图 4-34）。

图 4-34　山东省有效气象站点分布

Fig. 4-34　The valid meteorological stations distributed in Shandong province

4.4.1　山东省降雨侵蚀力的时间变化特征

4.4.1.1　山东省降雨侵蚀力年际变化特征

经计算，山东省年均降雨侵蚀力为 4254.46 MJ·mm/(hm²·h)。全省逐年降雨侵蚀力年际差异较大（图 4-35），峰值为 7345.49 MJ·mm/(hm²·h)（1964 年），谷值为 2097.51 MJ·mm/(hm²·h)（2002 年），二者相差 5247.98 MJ·mm/(hm²·h)。采用 3 年 1-2-1 加权滑动平均分析表明，1963~1965 年的降雨侵蚀力最大，1981~1983 年的降雨侵蚀力最小。

从逐年降雨侵蚀力距平百分率及累积距平曲线（图 4-36）发现，山东省逐年降雨侵

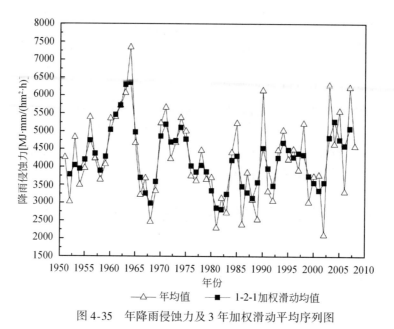

图 4-35 年降雨侵蚀力及 3 年加权滑动平均序列图

Fig. 4-35 The average time-series of annual average rainfall erosivity and 3-year weighted slip-average

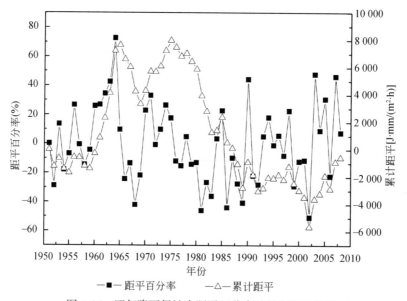

图 4-36 逐年降雨侵蚀力距平百分率及累积距平曲线

Fig. 4-36 The curve of yearly rainfall erosivity about the anomaly percentage and cumulative departure curve

蚀力存在波动，但经 Mann-Kendall 法对总体波动趋势进行检验（表4-13），未通过95%的信度检验水平，说明山东省降雨侵蚀力 1951~2008 年变化并不显著。

虽然山东省各气象站平均的逐年降雨侵蚀力序列总体上未显现增减趋势，但并不掩盖年内单季、单月可能出现的变化趋势。

表 4-13　山东省季、月降雨侵蚀力占全年比例及 Kendall 倾斜度 β 值

Table 4-13　Quarter and seasonal rainfall erosivity proportion of total annual and Kendall inclination β

季度	月份	降雨侵蚀力 $[MJ \cdot mm/(hm^2 \cdot h)]$	占全年百分率 （%）	Kendall 倾斜度 β 值
春季*	3	38.72	0.91	−0.36
	4	135.72	3.19	−0.31
	5*	236.97	5.57	2.36
	全季	411.41	9.67	1.93
夏季	6	498.20	11.71	1.52
	7	1412.46	33.19	−1.37
	8	1191.26	28	0.63
	全季	3101.92	72.91	−0.66
秋季	9	487.14	11.45	0.19
	10	156.99	3.69	−0.9
	11	61.26	1.44	−0.65
	全季	705.39	16.58	−0.23
冬季*	12*	11.49	0.27	2.13
	1	8.08	0.19	0.65
	2*	16.17	0.38	1.95
	全季	35.74	0.84	2.58
全年平均	—	4254.46	100	−0.24

*表示通过95%的信度水平检验

4.4.1.2　山东省降雨侵蚀力年内变化特征

以年为步长，分析山东省单季侵蚀力的变化趋势。通过 Mann-Kendall 法检验，占年均降雨侵蚀力比例较少的春季、冬季的 β 值分别为1.93和2.58，而比例较高的夏季、秋季未能通过95%信度水平检验（表4-13），这表明1951~2008年春、冬两季降雨侵蚀力呈现显著增长趋势，增加幅度分别为1.93 MJ·mm/(hm²·h·a)、2.58 MJ·mm/(hm²·h·a)；夏季、秋季的降雨侵蚀力未有显著变化。

同样对降雨侵蚀力月序列进行 Mann-Kendall 法检验（表4-13）。与季节检验相似，夏季和秋季各月均未通过95%信度水平检验，而春季的5月、冬季的12月和2月通过检验，β 均为正值，表明1951~2008年这3个月侵蚀力增加趋势明显。许多研究认为，在全球变暖大背景下冬季降雪转变为降雨将导致降雨侵蚀力的升高，与本研究的结果吻合。

4.4.2　山东省降雨侵蚀力空间变化特征

研究单站变化趋势及空间上的特征，对了解区域间降雨潜在侵蚀的差异具有较高的应

用价值。采用 Mann-Kendall 法对单个气象站的侵蚀力时间序列进行趋势检验，将检验显著台站的变化趋势（即 Kendall 倾斜度 β 值）以径向基函数进行内插，并用山东省边界提取，最终得到降雨侵蚀力的时间序列变化趋势的空间特征图。

4.4.2.1 山东省年降雨侵蚀力空间变化分析

山东省年均降雨侵蚀力总体上呈现由西向东、由北向南递增的特点如图 4-37a 所示。峰值中心出现在临沂东南的鲁苏省界附近，最高可达 6000 MJ·mm/(hm²·h)，另在鲁中泰安偏南、胶东半岛威海南部存在两个较高的降雨侵蚀力中心。而谷值中心位于鲁西，年均降雨侵蚀力仅 2800 MJ·mm/(hm²·h)。

全省 1951~2008 年降雨侵蚀力的变化趋势如图 4-37b 所示，在鲁中济南以东、淄博以西存在明显的上升中心，Kendall 倾斜度最高为 2.80 MJ·mm/(hm²·h·a)，附近区域（北至滨州、南抵济宁、西接聊城、东临潍坊）β 均为正值，呈现显著增加趋势。这一区域以外地区 β 为负值，即降低趋势。降雨侵蚀力下降中心分别位于胶东半岛烟台、日照西南方向，其中烟台站最高降幅为–2.29 MJ·mm/(hm²·h·a)，为各站中最大。

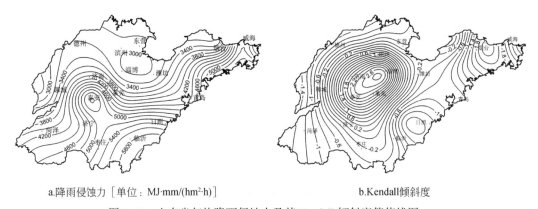

a.降雨侵蚀力［单位：MJ·mm/(hm²·h)］　　　　　　b.Kendall倾斜度

图 4-37　山东省年均降雨侵蚀力及其 Kendall 倾斜度等值线图

Fig. 4-37　The contour of the annual average rainfall erosivity spatial changes in Shandong province

4.4.2.2 山东省季节降雨侵蚀力空间变化特征

在春季（图 4-38a），除威海以南地区 β 为负值外，山东省绝大部分地区均为正值，特别在鲁中、胶东半岛中部、南部分别形成 3 个降雨侵蚀力上升中心，泰安、莱阳、日照的 Kendall 倾斜度分别为 3.59、1.99 和 1.69 MJ·mm/(hm²·h·a)。

夏季（图 4-38b）除鲁中的上升区域外，山东省大部出现降雨侵蚀力下降趋势，中心分别位于威海南及日照附近。与年 Kendall 倾斜度等值线图（图 4-37b）相比较，发现在潍坊—日照一线以西区域的升降中心及趋势的分布十分相似，该线以东虽中心位置稍有偏差外，总体下降的趋势是一致的。该现象也证实了山东全省年降雨侵蚀力的变化主要由夏季贡献。

秋季的 Kendall 倾斜度等值线图（图 4-38c）与夏季相似，同样存在鲁中上升中心和日照附近的下降中心，但2个中心的幅度与夏季相比均有大幅度降低。与年Kendall倾斜度等值线图（图4-37b）相似，在潍坊—日照一线以东存在烟台下降中心，烟台站的下降幅度达-2.56 MJ·mm/(hm²·h·a)。

冬季(图4-38d)仅鲁西聊城附近的极小部分区域存在降雨侵蚀力下降趋势外，全省大部呈现上升趋势，虽然各上升中心分布较分散，但总体上升的趋势十分明显，尤以烟台以南为最。烟台站上升幅度为3.08 MJ·mm/(hm²·h·a)，海阳站为3.19 MJ·mm/(hm²·h·a)。

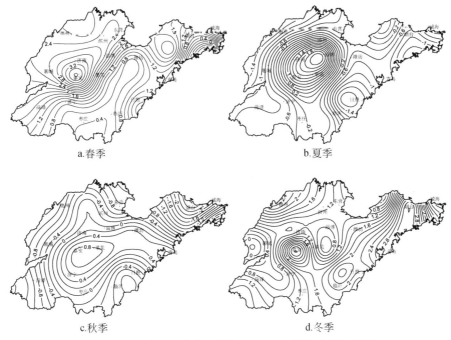

图4-38　山东省各季降雨侵蚀力Kendall倾斜度等值线图

Fig.4-38　The contour of the seasonalaverage rainfall erosivity Kendall inclination changes

4.4.2.3　山东省月降雨侵蚀力空间变化特征

月降雨侵蚀力Kendall倾斜度等值线见图4-39。春季3个月降雨侵蚀力的变化趋势为西北升高而东南下降。零值线由西南向胶东半岛穿过，该线为降雨侵蚀力升高趋势，下方为下降趋势，升高区域的面积远大于下降区域。4月侵蚀力的升降趋势地区差异性较大。而5月趋势的分布与春季十分相近，全省呈现显著上升趋势，上升中心代表站—泰安、莱阳、日照的Kendall倾斜度可达3.53MJ·mm/(hm²·h·a)、2.47MJ·mm/(hm²·h·a)和2.25 MJ·mm/(hm²·h·a)。

在夏季，除6月、8月鲁中泰安、淄博分别出现上升中心外，其他地区降雨侵蚀力变化幅度较小。7月份，出现了鲁西、济宁附近、日照以西及烟台以南4个下降中心，代表站莘县、兖州、莒县和海阳站的Kendall倾斜率分别为-2.53、-1.60、-2.80和-1.91 MJ·mm/(hm²·h·a)，这与夏季总体升降趋势的空间分布较为吻合。

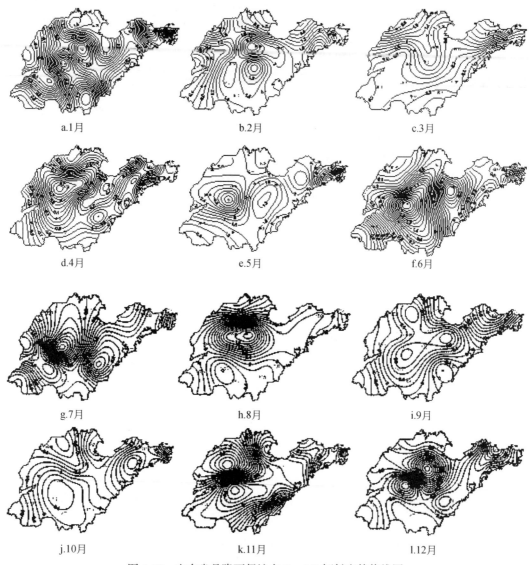

图 4-39 山东省月降雨侵蚀力 Kendall 倾斜度等值线图

Fig. 4-39 The contour of the month rainfall erosivity Kendall inclination changes

秋季 9 月的 Kendall 倾斜度等值线图，潍坊—日照一线以东区域的降雨侵蚀力变化与当季分布十分吻合，其他区域变化幅度较小。10 月降雨侵蚀力变化幅度的地区差异较小。11 月除泰安、济宁一带降雨侵蚀力呈现上升趋势外，其他地区均为下降趋势，特别在济南附近、鲁东南鲁苏省界附近分别存在两个下降中心，济南站和日照站的降幅分别为 -2.73 和 -2.26 MJ·mm/(hm^2·h·a)。

冬季（12 月、1 月、2 月）除 12 月存在淄博的降雨侵蚀力下降中心外，其他地区在各月份均为明显上升趋势。特别为冬季降雨侵蚀力贡献最大的 2 月，上升中心分布分散，Kendall 倾斜率峰值出现在淄博，为 2.98 MJ·mm/(hm^2·h·a)。

4.4.3　山东省降雨侵蚀力时空变化特征

分析结果总体表明，山东省 1951～2008 年，占全年侵蚀力比例较高的夏季、秋季及相应月份，特别是占全年 1/3 的夏季降雨侵蚀力未出现明显变化趋势，从而导致全年整体上的增减趋势并不显著；但在部分月份，如 2 月、5 月、12 月的降雨侵蚀力呈现显著升高趋势，造成春季、冬季降雨侵蚀力的增加。

山东省 58 年来降雨侵蚀力变化趋势空间特征见图 4-40，总体来看，各地区变化趋势的空间差异性显著，如鲁中地区降雨侵蚀力的年际、年内各季变化均呈现明显上升趋势，而胶东半岛南部年际呈现下降趋势，年内四季的升降趋势也不一致。鲁中南地区年降雨侵蚀力上升趋势明显，国家级水土流失重点治理区——沂蒙山区、省级重点治理区——鲁中南低山丘陵区均分布在这一地区内，因此在未来加强鲁中南地区的降雨侵蚀力的变化预测和趋势研究，并针对性设防，有助于降低山东省水土流失防治的不确定性和成本。

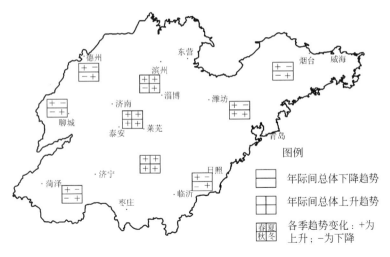

图 4-40　山东省降雨侵蚀力变化趋势空间特征图

Fig. 4-40　Trend of rainfall erosivity spatial characteristics figure

从时间上分析，因约占全年 1/3 的夏季降雨侵蚀力变化并不明显，致使山东省年降雨侵蚀力序列未出现显著增减趋势。但春、冬两季降雨侵蚀力有明显的增加趋势，特别 2 月、5 月、12 月的降雨侵蚀力的增加趋势显著。这 3 个月可作为研究山东降雨侵蚀力年内变化的典型代表月份。

从空间上分析，山东省多年年均降雨侵蚀力呈现由西向东、由北向南递增的特点，峰值出现在鲁东南一带。1951～2008 年来全省各地区降雨侵蚀力变化趋势之间的差异明显，尤以鲁中南地区上升趋势最为显著。同时由于国家级、省级重点水土流失治理区均在该区域，因此鲁中南应作为山东省水土流失的重点研究和防治地区。

4.5 结论与建议

1）基于地统计学和 GIS 技术，优选出最佳的协同克里金插值方法，绘制了全国降雨侵蚀力分布图、等值线图和变化斜率等值线图，分析了全国 1951~2010 年降雨侵蚀力时空演变与分布特征。结果发现，近 60 年，全国多年平均降雨侵蚀介于 30.7~30051.1 MJ·mm/(hm²·h)，平均 2413.9 MJ·mm/(hm²·h)。在时间尺度上，年度峰值和谷值分别出现在 2001 年和 1978 年，为 3480.3 MJ·mm/(hm²·h) 和 2071.2 MJ·mm/(hm²·h)，振幅 10 683.29 MJ·mm/(hm²·h)，85% 的年降雨侵蚀力在 2200 MJ·mm/(hm²·h) 与 2600 MJ·mm/(hm²·h) 间的箱体内波动，呈不显著上升趋势。在空间尺度上，多年平均降雨侵蚀力呈由东南向西北递减分布，并在四川盆地雅安等山区出现局部高点，最高在广西东兴市南部海湾地区，达 30 051.1 MJ·mm/(hm²·h)，最低值在新疆格尔木东北部柴达木荒漠地带，仅 30.7 MJ·mm/(hm²·h)。60 年来全国降雨侵蚀力变化空间分异较显著，以济南、郑州、西安、重庆、贵阳、昆明一线为界的东南地区降雨侵蚀力呈上升趋势，以呼和浩特、银川、兰州、拉萨一线为界的西北地区降雨侵蚀力基本保持稳定，两线之间的条带地区降雨侵蚀力呈下降趋势。下降区域内，主要出现以四川峨眉山地为中心的下降中心；上升区域内，则出现以安徽凤阳、怀远，江西新余、临川，福建厦门沿海，广东湛江沿海和海南三亚沿海等 5 个上升中心；同时，出现浙江衢州局部下降中心。

2）以水力侵蚀为主的水蚀区内，1951~2010 年多年平均降雨侵蚀力为 4384.8 MJ·mm/(hm²·h)，呈不显著增加趋势。不同水蚀类型区间，降雨侵蚀力分异明显。其中，南方红壤丘陵区平均降雨侵蚀力最高，达 9127.4 MJ·mm/(hm²·h)，西北黄土高原区的平均降雨侵蚀力最低，为 1483.1 MJ·mm/(hm²·h)。其余各区中，西南土石山区、北方土石山区和东北黑土区的平均降雨侵蚀力依次减少，分别为 5708.5 MJ·mm/(hm²·h)、4181.7 MJ·mm/(hm²·h) 和 1784.5 MJ·mm/(hm²·h)。总体上，水蚀区内的平均降雨侵蚀力呈南多北少、东多西少分布。在降雨侵蚀力年际波动方面，南方红壤丘陵区年际波动最强，东北黑土区年际波动最弱，其余各区呈北方土石山区强于西南土石山区、强于西北黄土高原区的排序。各区降雨侵蚀力多年变化趋势表现为，南方红壤丘陵区显著增加，而西北黄土高原区显著减少，西南土石山区和北方土石山区均不显著增加，但前者的增幅大于后者，东北黑土区则不显著减少。

3）利用 1957~2008 年江西省 22 个气象站的降雨资料，综合运用 Mann-Kendall 非参数检验和径向基函数插值等方法，分析了该省降雨侵蚀力变化的时空特征。结果表明：52 年来江西省降雨侵蚀力总体上呈现增长趋势，夏季及 7 月、8 月份是增加的主要贡献季度和月份。全省降雨侵蚀力升降的区域差异性明显，分别存在赣西北、樟树和赣西南 3 个上升中心和赣东、赣西和赣东南 3 个下降中心，其中赣西北、赣西南等地区的降雨侵蚀力持续上升，应作为江西省水土流失的重点研究和防治区域。

4）利用 1951~2008 年山东省 18 个气象站的降雨资料，采用 Mann-Kendall 非参数检验等方法，计算并分析了该省 58 年间降雨侵蚀力变化的时间及空间特征。结果表明，山东省年降雨侵蚀力序列总体上未呈现显著增减趋势，这与占全年比例最高的夏季降雨侵蚀力未有明显变化相关；但通过季、月值的时间序列检验，春季、冬季降雨侵蚀力有明显的升高趋势，特别是 2 月、5 月和 12 月升高显著。空间分布上，山东各地降雨侵蚀力变化趋势的差异明显，分布有国家级、省级水土流失重点治理区的鲁中南呈明显升高趋势，应作为未来防治重点区域。

参 考 文 献

刘敏，沈彦俊，曾燕，等 . 2009. 近 50 年中国蒸发皿蒸发量变化趋势及原因 . 地理学报，64（3）：259～269.

闵屾，钱永甫 . 2008. 我国近 40 年各类降水事件的变化趋势 . 中山大学学报（自然科学版），47（3）：105～111.

史东梅，江东，卢喜平，等 . 2008. 重庆涪陵区降雨侵蚀力时间分布特征 . 农业工程学报，24（9）：16～21.

王澄海，李健，李小兰，等 . 2012. 近 50a 中国降水变化的准周期性特征及未来 . 干旱区研究，29（1）：1～10.

王遵娅，丁一汇，何金海，等 . 2004. 近 50 年来中国气候变化特征的再分析 . 气象学报，62（2）：228～236.

徐宗学，赵芳芳 . 2005. 黄河流域日照时数变化趋势分析 . 资源科学，27（5）：153～159.

许月卿，周巧富，李双成 . 2005. 贵州省降雨侵蚀力时空分布规律分析 . 水土保持通报，25（4）：11～14.

张文纲，李述训，庞强强 . 2009. 青藏高原 40 年来降水量时空变化趋势 . 水科学进展，20（2）：168～176.

章文波，谢云，刘宝元 . 2003. 中国降雨侵蚀力空间变化特征 . 山地学报，21（1）：33～40.

Diodato N，Bellocchi G. 2009. Assessing and modelling changes in rainfall erosivity at different climate scales. Earth Surface Processes and Landforms，34：969～980.

Goovaerts P. 1999. Using elevation to aid the geostatistical mapping of rainfall erosivity. Catena，34（3/4）：227～242.

IPCC. 2007. Summary for policy makers of climate change 2007：The physical science basis. Contribution of working group I to the fourth assessment report of the intergovernmental pane l on climate change. Cambridge：Cambridge university press.

Jiang T，Su B D，Hartmann H. 2007. Temporal and spatial trends of precipitation and river flow in the Yangtze River Basin，1961-2000. Geomorphology，85（3/4）：143-154.

Nearing M A. 2001. Polential changes in rainfall erosivity in the U. S. with climate change during the 21st century. Journal of Soil and Water Conservation，56（3）：229～232.

Sauerborn P，Klein A，Botschek J，et al. 1999. Future rainfall erosivity derived from large-scale climate models-methods and scenarios for a humid region. Geoderma，93（3～4）：269～276.

Xin Z B，Yu X X，Li Q Y. 2011. Spatiotemporal variation in rainfall erosivity on the Chinese Loess Platau during the period 1956 - 2008. Regional Environmental Change，11：149～159.

Yue S，Pilon P，Cavadias G. 2002. Power of the Mann-Kendall and Spearman's rho tests for detecting monotonic trends in hydrological series. Journal of Hydrology，259（1/2/3/4）：254～271.

Zhang G H，Nearing M A，Liu B Y. 2005. Potential effects of climate change on rain fall erosivity in the Yellow River basin of China. Transactions of the american society of agricultural engineers，48：511～517.

第 5 章 | 红壤坡地地表径流特征研究

5.1 概　述

大气降水降落到地面后，除一小部分被蒸发外，绝大部分通过地面与地下汇入河网，这种汇水流出流域某一出口断面的水流，称为径流。某一地区的径流量或径流资源反映着该地区水分的丰欠状况，同时也反映着该地区土壤水力侵蚀状况。大气降水降落到地表的形式不同，径流的形成过程也各异。一般形成径流有两种情况，一是液态降水直接形成降雨径流；二是固态降水形成冰雪融水径流。我国的河流以降雨径流为主，冰雪融水径流只是在西部高山及高纬度地区河流的局部地段发生。根据形成过程及径流途径不同，河川径流又可由地表径流、地下径流及壤中流三种径流组成（王礼先，2001）。

径流是水循环的基本环节，又是水平衡的基本要素，是自然地理环境中最活跃的因素。从狭义的水资源角度来说，在当前的经济技术条件下，径流是可供长期开发利用的水资源。大气降水的数量、强度和历时等影响着河川径流的状况，河川径流的运动变化，直接影响着防洪、灌溉、航运和发电等，其中地表径流也是土壤水力侵蚀的主要外营力。因而径流是人们最关心的水文现象。

地表径流是赋予地理性的稳定的水文数字，反映了流域植被、土壤、气候和其他综合水文特征，是衡量植被保持水土、涵养水分、减少洪峰等效益的一个基本指标（周国逸等，1995）。地表径流的形成是坡面供水与下渗的矛盾产物，是降水与下垫面因素综合影响的结果（Moslcy，1975）。

本章以造成土壤侵蚀的主要成因——地表径流为研究对象，对地表径流的成因、形成过程、影响因素、产流特征等方面展开。

5.1.1　产流机制

水在沿土层的运行中，供水与下渗矛盾在一定介质条件下的发展机理和过程，称为产流机制。供水条件和介质条件不同，径流的形成过程与机理各异，因而就出现不同的产流机制，呈现不同的径流特征。径流形成过程一般分为超渗产流、蓄满产流和回归流。

5.1.1.1　超渗产流

早在 1933 年，Horton（1933）就认为降雨—径流的产生受控于两个条件，即降雨强度超过地面下渗能力，以及包气带的土壤含水量超过田间持水量，此时产流被称为超渗产流（infiltration-excess overland flow），或霍顿流（Hortonian overland flow，Hortonian OLF）。在 Horton 的理论中，包气带对降雨起到关键的再分配效应，即将地表承受的降雨分为两部分，一部分渗入土壤形成壤中流和地下径流，另一部分直接形成地表径流。由于降雨初期地面入渗率大于降雨强度，降雨完全入渗到土壤中，土壤含水量随之增加。随着降雨过程的发展和土壤下渗能力的降低，最终达到稳定入渗率，当降雨强度超过该入渗率后，会形成地面积水，经填洼后形成地表径流。霍顿流产流机制理论阐明了自然界均质包气带产流的物理条件，即超渗地表径流产生的条件是降雨强度大于地面下渗能力。地下径流产生的条件是整个包气带达到田间持水率，在下渗过程中，包气带自上而下依次达到田间持水率。

5.1.1.2　蓄满产流

人们在很长一段时间后发现，世界上许多温带地区超渗产流比较少见，霍顿经典产流理论不能解释许多土壤透水性很强但仍出现产流的现象。例如被枯枝落叶覆盖的林地，其地面下渗能力很大，以致实际发生的降雨强度不可能超过它，但仍有地表径流产生。直到20 世纪六七十年代，赫魏尔特和邓尼等人在大量室内试验和野外观测基础上，证实除了超渗产流机制外，还存在饱和地表产流机制。

降雨入渗到土壤中会填充土壤孔隙，由于包气带土壤结构普遍存在非均质性，会随着孔隙的部分填满形成临时饱和带。该临时饱和带随着降雨的继续逐步向上发展，并有可能到达地表。这样后续降雨就很难进入已饱和的土壤中，只能积聚在地面上形成地表径流。这种产流形式被称为蓄满产流（saturation-excess overland flow）。蓄满产流出现在降雨强度较小的情况下，甚至出现在不下雨的极端情况下。譬如土壤水以直流形式顺坡积聚在坡下，这里的土壤达到过饱和便出现蓄满产流，此时产流也称为回归流。

5.1.1.3　回归流

如前所述，由于受地形坡度的起伏和转折影响，山坡上具有一定坡度的相对不透水面形成临时饱和带，其厚度沿坡度呈不均匀分布。在湿润地区或湿润季节，坡脚经常处于含水率饱和状态，而坡顶含水率较小。山坡上的临时饱和带与非饱和带的交界面就会与山坡面相交，该相交面势必成为一个薄弱地带，很易被沿坡流动的壤中流穿透，形成饱和地表径流，这就是蓄满产流的极端回归流现象（Hewlett，1961；王礼先和朱金兆，2005；Holden，2008）。回归流主要发生在山坡壤中流比较活跃，坡脚处又易形成能到达地面的临时饱和带的情况。

5.1.2　径流的形成过程

从降雨到达地面至水流汇集，流经流域某一出口断面的整个过程，称为径流的形成过程，也就是下垫面对降雨的再分配过程。图 5-1 描述了一般坡面上径流的形成过程。

大气降雨降落到地面之前，一部分被地被物如植物拦截，被拦截的雨水除被地被物吸

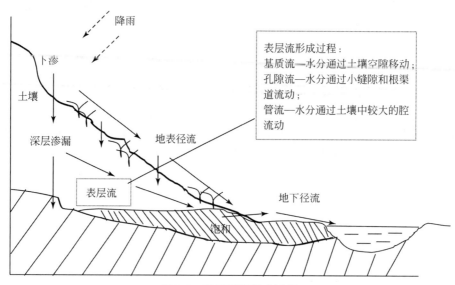

图 5-1　坡面径流形成过程

Fig. 5-1　Slope runoff formation process

收、吸附和蒸发外，其余部分在重力作用下沿植物枝叶、茎干流下形成树干径流。降雨中另有部分雨滴穿透植被层直接降落到地面上，形成穿透雨。下落的雨水或树干径流到达地面后，再经历入渗、填洼和产流过程。降水入渗到土壤中形成入渗过程（infiltration）及渗透过程（percolation），入渗过程导致在包气带形成流动的水流被称为壤中流。在饱和带的土层及岩石孔隙间流动的水流被称为地下径流，二者可统称为基流。经入渗、填洼后，在坡面之上产生沿地面流动的水流，即是地表径流。

径流的形成是一个非常复杂的物理过程。按照各阶段的特点和水体运动性质，一般可把径流形成划分为蓄渗过程和汇流过程。

5.1.2.1　蓄渗过程

如前所述，大气降水除一少部分降落在河床上直接进入河流形成径流外，大部分降水并不立刻产生径流，而是首先消耗于植被截留、枯枝落叶吸收、吸附、下渗、填洼与蒸发等。

植被截留是指降水过程中植物枝叶拦截降水的现象。在降雨开始阶段，植物枝叶的截留量随降雨量呈正比增加。经过一段时间后，截留量不再随降雨量的增加而增加，而是稳定在某一固定值，此时达到最大截留量。截留过程贯穿在整个降水过程中，吸附在枝叶上的雨水不断被新的雨水替代，并在雨停后最终消耗于蒸发。植物截留量与降水量、降水强度、风、植被类型、覆盖度、枝叶的干燥程度等因素相关。一般情况下，降水量越大，植物截留量越大；降雨强度越大，截留量越小；风速越大，截留量越小；叶表面积越大，截留量越大，叶片表面的光滑或粗糙程度对截留量有很大影响；覆盖度越高，整个林分的截留量越大，有的地区林冠截留可达年降雨量的 30% 左右。截留量对地表径流的形成影响很大。

穿过林冠层的降雨到达地表之前，还要遇到枯枝落叶层的阻拦。枯枝落叶层一般都较为干燥，具有较强的吸收雨水的能力。枯枝落叶层吸收雨水能力取决于枯枝落叶的特性和含水量大小，一般情况下，枯枝落叶层越干，吸收的雨水量越大，枯枝落叶层越厚，吸收的雨水量也越大。枯枝落叶不但可以吸收雨水，而且还可以减缓地表径流流速，促使更多的径流渗入土壤，同时也可以拦截并过滤地表径流中携带的泥沙。

当雨水穿过枯枝落叶层到达土壤表面时，水分便开始下渗。下渗发生在降雨期间和降雨停止后地面尚有积水的地方。渗入土壤中的水分一部分消耗于土壤蒸发和植物蒸腾，还有一部分随着土体或岩石的裂隙向深层渗透进入地下水。降雨过程中渗入土壤的水分不断增加，当某一界面以上的土壤达到饱和或下渗受到阻碍时，在该界面上就会有水分沿土层界面侧向流动，形成壤中流。当降雨继续进行，水分渗透到达饱和带后，便以地下水的形式沿水力坡降汇入河槽，形成地下径流。在降雨过程中降雨强度大于土壤的入渗强度时，多余的雨水便在地表形成超渗产流；当土壤中所有孔隙都被雨水充满后，多余的水分在地表形成蓄满产流。

由于坡面各处的土壤特性、土层厚度、土壤含水量、地表状况等因素各不相同，坡面上各点出现超渗产流和蓄满产流的时间不同。首先出现产流的地方，雨水在流动过程中还要填满流路上的洼坑，称为填洼。这些洼坑积蓄的水量，称为填洼量。以山区流域为例，一次暴雨洪水过程中，填洼量所占比重不大，约 10mm，并最终消耗于蒸发及入渗，因此在计算中往往被忽略。但在平原或坡度平缓的地面上，由于地面洼坑较多，填洼量较大，此时填洼过程对径流形成过程的影响十分显著，不仅影响到坡面漫流过程，同时也影响到径流总量。

在蓄渗过程中降雨必须满足植物截留和枯枝落叶吸收损失、下渗损失、填洼损失和蒸发损失等，因此蓄渗过程也称为损失过程。

5.1.2.2 汇流过程

汇流过程是指扣除蓄渗损失的净雨量沿地面和地下汇入河网，然后沿河网汇集到流域某一出口断面的整个过程，前者称为坡面汇流，后者称为河网汇流。本研究以坡地径流小区为实验地点，故重点论述前者的坡面汇流。

坡面汇流一般可分为三种情况，分别对应地表径流、壤中流和地下径流三种产流类型：①扣除植物截留、入渗、填洼后的净雨量以片状流、细沟流等形式沿坡面向溪沟方向流动的现象为地表径流；②入渗至土壤孔隙的径流流入河网，形成壤中流；③地表水向下渗透到地下潜水面或浅层地下水体后，沿坡降最大的方向流入河网，形成地下径流。

地表径流的开始时间各处并不一致，通常是在蓄渗最先得到满足的地方先发生，例如透水性较低的地面或不透水岩石裸露的地面，还有沟道河边较潮湿的地方等，然后产流范围逐渐扩大。坡面上大部分地区满足填洼后开始产生大量的地表径流，乃至逐渐扩及全流域，从而形成漫流。坡面漫流是由无数时分时合的细小水流组成的，通常没有明显的沟槽，当降雨强度很大而又来不及入渗时可形成片流。在漫流过程中，坡面水流一方面继续接受降雨的直接补给而增加地表径流，另一方面又在运行中不断地消耗于下渗和蒸发，使地表径流减少。地表径流的产流过程与坡面汇流过程是相互交织在一起的，前者是后者发生的必要条件，后者是前者的继续和发展。坡面漫流的流程一般不超过数百米，历时也短，故对小流域产流很重要，而在流域尺度的研究上，则因历时短，在整个汇流过程中常被忽略。

在径流形成中，坡面汇流过程起到对各种径流成分在时程上的第一次再分配作用。降雨停止后，坡面汇流仍将持续一定时间。降雨、产流和汇流，在整个径流形成过程中，时间上无明显界限，有可能交替发生。

5.1.3 地表径流的表示方法

地表径流的表示方法可延续流域或河道常用的径流表示方法和度量单位，主要有以下几种。

5.1.3.1 径流总量

径流总量（W）表示一定时段（T）内通过某一断面的总水量（m^3/s）。坡面上径流总量可指一次降雨产流过程总时段内的总水量，可用量水堰等计量方法得出。

5.1.3.2 径流深

径流深是指若将径流总量平铺在整个坡面上所求得的水层厚度（mm）。计算公式为

$$R = \frac{1000W}{A} \tag{5-1}$$

式中，R 为径流深（mm）；W 为径流总量（m^3）；A 为坡面面积（m^2）。

5.1.3.3 径流系数

径流系数（α）是指同一时段内径流深 R 与降雨量 P 的比值，其值 $0<\alpha<1$。径流系数反映了降雨转化为径流的比率，综合反映了自然因素和人为因素对降雨产流的影响。如 $\alpha \to 0$，说明降雨主要消耗于各种损失，其中最主要为入渗和蒸散发；如 $\alpha \to 1$，说明降雨大部分转化为径流。

$$\alpha = \frac{R}{P} \tag{5-2}$$

式中，R 为径流深（mm）；P 为降雨量（mm）。

5.1.3.4 径流变差系数

径流变差系数（C_v）可用下面公式计算。

$$C_v = \frac{\sqrt{\sum_{i=1}^{n} \frac{(W_i - \overline{W})}{(n-1)}}}{\overline{W}} = \frac{\sigma}{\overline{W}} \qquad (5\text{-}3)$$

式中，W_i 为第 i 次径流总量（m^3/s）；$\overline{W}$ 为平均径流总量（m^3/s）；n 为径流系列长度；σ 为平均径流总量的均方差。

径流变差系数 C_v 反映了径流在 n 时段内的相对变化程度。如 C_v 越大，则说明径流变化越大，分布越不均匀；反之则说明径流变化较均匀。

5.1.3.5 径流极值比

径流极值比（k）是指最大径流总量与最小径流总量的比值。极值比越大，径流的变化幅度越大；反之，径流变化幅度越小。极值比的变化规律一般与 C_v 类似，即 C_v 越小，极值比越小，反之则越大。

$$k = \frac{W_{max}}{W_{min}} \qquad (5\text{-}4)$$

式中，W_{max} 为最大径流总量（m^3/s）；W_{min} 为最小径流总量（m^3/s）。

5.1.3.6 流速

流速（v）是指液体流质点在单位时间内所通过的距离。渠道和河道里的水流各点的流速是不相同的，靠近河（渠）底部和河边缘处的流速较小，河中心近水面处的流速最大，为了计算简便，通常用横断面平均流速来表示该断面水流的速度，单位一般为 m/s。

5.1.3.7 层流与紊流

地表径流可以分为层流和紊流两种基本流态。当流速很小时，流体分层流动，水质点有一定的轨迹，与邻近的质点平行运行，彼此互不混乱，称为层流，或称为片流。由于没有垂直于水流方向的向上分力作用，一般不能卷起泥沙。层流仅在水库及高含沙量的浑水中可能遇到，而在坡面及沟槽中是很少发生的。

随着流速的增加，流体的流线开始出现波浪状的摆动，摆动的频率及振幅随流速的增加而增加，此种流态称为过渡流。当流速增加到很大时，水质点呈不规则的运动，并且互相干扰，流线不再清楚可辨，流场中形成很多小漩涡，称为紊流，又称为乱流、扰流或湍流。

层流是否失去稳定性取决于作用于水体的惯性力与粘滞力的对比关系。惯性力有使水体随着扰动而脱离、破坏规则运动的趋向，而粘滞力则有阻滞这种扰动，使水体保持规则运动的作用。因此，惯性力越大，黏滞力越小，则层流越容易失去其稳定性而成为紊流。反之，则水流容易保持其层流状态。这种变化可以用雷诺系数来量化：

$$R = \frac{\rho v L}{\mu} = \frac{vL}{v} \qquad (5\text{-}5)$$

式中，R 为雷诺系数；ρ 为水的密度；v 为水的流速；L 为某一代表长度；μ 为水的粘滞系数；$v = \dfrac{\mu}{\rho}$，为运动黏滞系数。

雷诺系数小，表示粘性超过惯性，水流属层流范畴；雷诺系数大，则水流进入紊流范畴。对于明渠水流来说，临界雷诺系数的下限约为 500。水的运动粘滞系数一般为 1×10^{-2} cm^2/s，那么 0.2cm 厚，流速为 25cm/s 的薄层水流便不再保持层流状态。因此一般沟槽、河道中的水流总是属于紊流性质，只有坡面薄层缓流才是层流。

5.1.3.8　坡面薄层水流

降雨或融雪，除蒸发和下渗外，其余部分沿着坡面形成薄层水流运动。水流在向下流动的过程中，由于雨水和雪水的补充，一般顺坡流量会逐渐增大。当流量增大到一定值后，成层的流动便不能再保持，水流会自行集中于小沟内流动，小沟又渐渐相互兼并扩大，最后汇成沟槽水流，进入河道。

坡面薄层水流的流动情况是十分复杂的，沿途不但有下渗、蒸发和雨水补给，再加上坡度的不均一性，使得流动总是非均匀的。为了使问题简化，不少学者在人造的坡面上，用人工降雨的方法，研究了下渗稳定以后的坡面水流情况，得到了不少坡面水流的流速公式。这些公式大都可以简化成如下形式。

$$v = kq^n \cdot J^m \tag{5-6}$$

式中，v 为水流的流速；q 为单宽流量；J 为坡度；n、m 为指数；k 为系数。

当坡面水流厚度仅为 1.5～2.0mm 时，黏滞力起主要作用，水流系层流，流速分布公式为

$$v = \frac{\gamma_w J}{\mu} \cdot \left(hy - \frac{y^2}{2} \right) \tag{5-7}$$

它们的平均流速为

$$v = \frac{1}{h} \int_0^h v \, dy = \frac{\gamma_w}{3\mu} h^2 J \tag{5-8}$$

式中，γ_w 为水的容重；h 为水层厚度；y 为距床面的高度。

当雷诺系数大于 500，即单宽流量 q 大于 $5cm^3/s$ 时，水流便过渡到紊流状态。稳定、均匀、二元条件下的紊流运动，其流速与水层厚度、坡度的关系可用曼宁公式表示：

$$v = \frac{1}{n} h^{\frac{2}{3}} \cdot J^{\frac{1}{2}} \tag{5-9}$$

式中，v 为水的流速；h 为水层厚度；J 为坡度。

5.1.4　影响坡面地表径流的因素

影响坡面地表径流形成和变化的因素主要有气象、下垫面和人类活动三类典型因素。

5.1.4.1　气象因素

影响径流的气象因素包括降雨、蒸散发、气温、风速、湿度等。降雨是径流的源泉，径流过程通常是由降雨过程转换而来，降雨和蒸散发的总量、时间分布、变化特性，直接导致径流组成的多样性和径流变化的复杂性。温度、湿度和风速是通过影响蒸散发、水汽输送和降雨而间接影响径流的。

（1）降雨

径流是降雨的直接产物。因此，降雨的形式、总量、强度、降雨过程及降雨时间的分布对径流有直接影响。

不同形式的降雨形成的径流过程完全不同，由热带气旋雨形成的径流主要发生在夏季，其过程具有突发性，一般造成径流陡涨陡落、历时较短。而锢囚锋带来的梅雨形成的径流一般发生在春季，其过程较为平缓，历时较长。

坡面径流的直接和间接水源都来自大气降水，因此径流量的多少取决于降水量的大小，即径流量与降水量呈正相关关系。

降雨强度对径流的形成具有十分显著的作用，降雨强度越大，植物截留、下渗损失越小，雨水能够在较短时间内在坡面汇集形成较大的径流。

降雨过程对径流也有较大影响，如降雨过程（雨型）先小后大，则降雨开始时的小雨使流域蓄渗达到一定程度，后期较大的降雨几乎全部形成径流，易形成洪峰流量较大的洪水。如果降雨过程先大后小，则情况正好相反。

降雨在时间上的分布同样对径流有较大影响，如果相同特征的降雨发生在植物覆盖相对较小的冬季，很容易形成较大的洪峰流量，反之发生在植物生长旺盛的夏季，其洪峰流量则可减少。

（2）蒸散发

蒸散发包括大气蒸发和植物蒸腾，它是影响径流的重要因素之一。降雨之初，大部分的降雨都以蒸发的形式损失掉，而没能参与径流的形成。有资料估算，北方干旱半干旱地区大约有 80%～90% 的降水消耗于蒸发，而在南方湿润地区也有 30%～50% 的蒸发消耗量。根据水量平衡原理，在较长的时间范围内，蒸散发量越大，径流量越小。对于某一次降雨来说，如果降雨前蒸散发量大，土壤含水量相对较低，雨水的下渗强度较大，土壤中可容纳的水量相对较多，径流量就相应的就少。

5.1.4.2　下垫面因素

影响径流的下垫面主要因素有：地理位置，如纬度、距海洋的远近程度；面积，形状；地形特征，如高程、坡度、坡向；土壤特征，如孔隙度、团粒结构、田间持水量等；植被特征，如类型、分布、水理性质（阻水、吸水、持水、输水性能）等。就坡面而言，在地理位置、小区面积、地形特征、土壤特性等因素相同的情况下，植被特征对下垫面影响径流起到关键性作用。

植被对径流的影响比较复杂，但普遍认为，在小区尺度上，有植被的坡面蒸散发量大，产生的径流量小。从另一个角度说，由于植物截留、枯枝落叶层对雨水的吸收、植物的蒸腾作用以及土壤的下渗，在径流形成过程中的降雨损失量大，因此减少地表径流量的作用明显。刘纶辉和刘文耀（1990）以滇中高原天然植被为对象，得到不同植被类型减流保水效益为常绿阔叶林>云南松林>次生荒草林>放牧荒草林>旱作地与裸地的研究结论。马雪华（1963）对川西高山暗针叶林林区进行的研究表明，在相同降水状况下，采伐迹地地表径流量和径流系数均较原始林大。王佑民和刘秉正（1994）对黄土高原南部人工刺槐林研究表明，郁闭度在 0.3 以上的幼林、成林地年均径流量为 1195.1m³/km²，采取水平阶或水平沟整地的林地年径流量可降到 852 m³/km²。赵鸿雁等（2002）在陕北对人工油松林的研究表明，去掉枯枝落叶层、采伐上层林保存草灌层、采伐林木开垦农地，三类措施的径流深比原状油松林分别增长了 3.6 倍、2.7 倍和 5.5 倍。杨大三和袁克侃（1996）在长江三峡地区的观测表明杉木林、马尾松林比荒地减少地表径流量 91.7% 和 88.0%。陈廉杰（1991）根据乌江中下游 3 年人工林径流小区的观测资料，地块郁闭度相差不大（60% 与 50%），但林下草地覆盖度分别为 30% 与 60% 的人工马尾林，径流量前者比后者增加了 3.3 倍。吴钦孝和杨文治（1998）在黄土高原对 10 余种植物 22 种类型径流小区的资料分析，与农地相比较，所有类型的林草地都可以减少径流量，幅度在 20.6% ~ 98.8%。贺康宁等（1997）在晋西黄土区水土保持林的研究表明，不同林分拦蓄径流率也不同，天然虎榛子林拦蓄率为 77% ~ 88%，天然沙棘林为 57% ~ 88%，人工油松与刺槐混合林、人工刺槐林、人工油松林分别为 62% ~ 88%、51% ~ 85% 和 43% ~ 60%，荒草地为 41% ~ 45%。

综上可见，径流的形成除受降雨影响外，另一个重要影响因素即是流域下垫面。只有当雨水降落在坡面上，坡面水分运移过程才开始，也只有通过下垫面作用，各种垂向、侧向的运移过程才能出现，并显示出它们在径流形成中的功能。

5.1.4.3 人类活动因素

人类活动对径流的影响主要是通过改变下垫面条件，直接或间接地影响径流的质量、数量和径流过程。人为活动对坡面径流有正反两方面的影响。一方面，人类可以通过采取各种水土保持措施，如整地、修筑梯田等方式，减缓原地面的坡度、截短坡长、增加地表糙率，从而增加下渗量，延长汇流时间，消减洪峰流量，使流量过程线变得平缓。人类还可以通过植树种草，增加坡面植被覆盖，保持水土，涵养水源等对径流起到调节作用。另一方面，不合理的人类活动如过度砍伐森林、陡坡开荒、没有任何保护措施地大面积扰动坡面都能加速径流的形成，造成严重的水土流失。

5.2 地表径流特征

5.2.1 总量分析

为了探讨红壤坡地地表径流的特征，在试验区共修建了 18 个径流小区进行实地观测，其中有 15 个标准径流小区，3 个渗漏小区。从 2001 年 1 月 1 日开始到 2009 年 12 月 31 日为止，9 年时间试验区共产生地表径流总量 2210.24m³。从 2001 年至 2009 年，年产流量依次为 102.56m³、326.03m³、169.31m³、222.17m³、94.60m³、82.64m³、56.58m³、708.71 m³ 和 47.65 m³。其中 2008 年产流量最大，2009 年最小，这与试验区年降雨特征基本一致。但年际地表径流变差系数为 0.51，远高于降雨量的变差系数 0.209。由此可见，年际地表径流变差系数与降雨量的变差系数并不是简单的重复，而是差异更大，地表径流年际间分配更不均。

就单一措施的小区而言，清耕果园小区产流 325 次，产流次数最多，地表径流总量 247.75m³，平均径流系数为 0.20；裸露对照小区地表径流总量最大，共计 807.05m³，平均径流系数为 0.31，详见图 5-2 和表 5-1。从这两个小区反映出种植柑橘有一定延缓径流，增加土壤入渗的作用，它虽然可以减少地表径流总量，却因果树枝叶的集流作用，增加了地表径流的次数。其他小区径流总量均低于裸露对照小区，结果表明凡采用水土保持措施的小区都能明显减小径流量。耕作区组的横坡耕作、顺坡耕作和清耕果园三个小区径流量均高于采用前埂后沟水平梯田等其他水土保持措施小区，径流总量在 130m³ 以上。说明耕作措施虽有减少地表径流的作用，但效果有限。牧草区组和采用梯壁植草的前埂后沟水平梯田小区的径流总量相对较小，在 50m³ 以下，说明这几种水土保持措施减少地表径流的作用十分显著。其中以百喜草全园覆盖小区的产流总量最低，仅 8m³，径流系数仅为 0.007。梯田区组中其他 4 个小区的径流总量位于中间水平，减少地表径流总量仅次于牧草区组。通过 T 检验认为：不同水土保持措施产生的年地表径流量存在显著性差异。

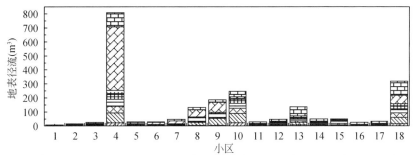

图 5-2　观测期内各小区地表径流总量

Fig. 5-2　The volume of surface runoff chart of each plot in the observation period

再从单场降雨引起地表径流产生的极端事件来分析。单场降雨最大产流量为清耕果园小区，达 20.26m³，发生在 2004 年 8 月 13 日~15 日降雨量为 204mm 的降雨中，其径流系数高达 0.993，详见表 5-2。说明果树的集流作用不能忽视。而单场降雨径流系数最大的还有采用百喜草敷盖的小区，时间是 2004 年 12 月 24 日降雨量为 12.5mm 的一场降雨，其径流系数高达 0.99，说明土壤前期含水量高，随后发生高强度降雨是最容易产生洪涝灾害的。而裸露对照小区无论是单场降雨最大产流量，还是单场降雨径流系数都未达到最高值，说明该小区径流形成快，消退也快，存留于土壤的水分较少，但径流总量却最大。

表5-1　观测期内各小区径流量

Table 5-1　The runoff chart of each plot In the observation period

小区	径流量（m³）									
	2001 年	2002 年	2003 年	2004 年	2005 年	2006 年	2007 年	2008 年	2009 年	平均
第 1 小区	0.5789	1.6121	0.5965	0.2145	0.0578	0.0309	1.8906	1.5016	0.7919	0.8083
第 2 小区	1.5600	1.9121	0.7613	0.8805	0.5588	0.7770	1.5331	1.0985	1.3564	1.1597
第 3 小区	2.8534	2.4519	1.5587	1.2997	1.0515	1.1577	1.9565	2.0260	3.3614	1.9685
第 4 小区	20.0168	41.8414	34.0816	41.9064	13.2830	27.2192	27.8698	31.5929	37.3071	30.5687
第 5 小区	2.8219	3.7580	2.5182	1.2052	0.1588	0.3956	0.8639	1.0177	1.5989	1.5931
第 6 小区	2.5444	1.9365	1.2023	1.0865	0.8366	1.1227	0.9090	1.3492	1.5882	1.3973
第 7 小区	2.8473	2.1387	1.8819	1.6981	1.2956	1.6974	1.5162	2.1894	4.4388	2.1893
第 8 小区	2.7069	12.3238	2.6614	25.2664	1.8180	4.8362	2.0308	5.0348	6.5990	7.0308
第 9 小区	3.7274	28.1063	3.1916	24.5324	3.5126	5.3982	3.2784	6.5175	7.5409	9.5339
第 10 小区	18.7615	40.1128	24.8318	33.0565	10.4770	1.4780	8.2111	11.4797	15.9183	18.2585
第 11 小区	2.9846	2.4751	1.6276	1.7156	1.2093	1.9254	1.6138	2.0866	3.9821	2.1800
第 12 小区	3.8030	3.2763	3.9205	5.9981	2.6279	2.6557	2.0545	3.3378	5.4356	3.6788
第 13 小区	7.0255	9.4654	7.8172	10.5803	4.7528	5.5889	4.2539	10.3280	21.6939	9.0562
第 14 小区	3.3318	3.3409	3.9823	5.6839	2.2628	2.1200	1.6723	2.3398	8.0964	3.6478
第 15 小区	2.9639	3.0800	7.2158	16.0279	2.9855	2.4671	1.6889	2.2035	2.1243	4.5285
第 16 小区	1.3244	1.4553	1.3314	1.7775	1.6458	1.6846	1.9294	1.4266	3.5284	1.7893
第 17 小区	2.2179	2.8176	1.9434	2.1097	2.0566	1.8710	1.7006	2.1995	4.8216	2.4153
第 18 小区	14.7763	31.1490	31.6527	35.3558	15.9686	24.6815	1.8906	80.6637	29.3029	29.4935

表5-2　最大单场降雨地表径流量及径流系数

Table 5-2　The runoff chart of each plot In the observation period

小区	单场最大降雨产流			单场最大径流系数		
	地表径流量（m³）	降雨日期	雨量（mm）	径流系数	降雨日期	雨量（mm）
第 1 小区	0.7477	2005-9-2 至 9-4	253.4	0.97	2008-3-28 至 3-29	15.2
第 2 小区	0.9162	2005-9-2 至 9-4	253.4	0.98	2008-3-16	25.3
第 3 小区	0.9338	2005-9-2 至 9-4	253.4	0.99	2008-1-4	7.1
第 4 小区	16.9103	2004-8-13 至 8-15	204.0	0.90	2002-5-14	131.3
第 5 小区	2.0141	2003-4-18 至 4-20	129.5	0.96	2008-8-23	15.5
第 6 小区	0.8813	2005-9-2 至 9-4	253.4	0.99	2007-2-28 至 3-1	15.2
第 7 小区	0.9668	2005-9-2 至 9-4	253.4	0.99	2009-3-1 至 3-3	38.4
第 8 小区	19.4987	2004-8-13 至 8-15	204.0	0.90	2004-8-13 至 8-15	204.0
第 9 小区	20.2603	2004-8-13 至 8-15	204.0	0.94	2004-8-13 至 8-15	204.0
第 10 小区	19.2136	2004-8-13 至 8-15	204.0	0.97	2002-7-26	127.9
第 11 小区	0.9982	2005-9-2 至 9-4	253.4	0.95	2009-7-24	41.2

续表

小区	单场最大降雨产流			单场最大径流系数		
	地表径流量（m³）	降雨日期	雨量（mm）	径流系数	降雨日期	雨量（mm）
第 12 小区	3.0684	2004-8-13 至 8-15	204.0	0.85	2009-7-26 至 7-30	61.6
第 13 小区	4.5417	2003-4-18 至 4-20	129.5	0.84	2009-11-11 至 11-13	14.3
第 14 小区	4.3161	2004-8-13 至 8-15	204.0	0.98	2009-3-11 至 3-13	34.1
第 15 小区	12.2626	2004-8-13 至 8-15	204.0	0.93	2007-6-10 至 6-14	43.5
第 16 小区	0.525	2007-3-13 至 3-19	64.4	0.98	2001-6-1	78.7
第 17 小区	0.5701	2005-9-2 至 9-4	253.4	0.99	2004-12-24 至 12-27	12.5
第 18 小区	6.4086	2004-8-13 至 8-15	204.0	0.92	2009-11-11 至 11-13	14.3

5.2.2 分级特征分析

5.2.2.1 地表径流分级特征

为便于分析，将各小区由降雨产生的单次地表径流量按数值由低至高，划分为 $<0.1m^3$、$0.1 \sim 1m^3$、$>1m^3$ 三个等级。计算各地表径流等级占各自小区产流总量的百分比如图 5-3 所示。18 个小区可归纳为三类：第 I 类小区，为 $<0.1m^3$ 级产流量占总量比例超过 50% 的小区，如牧草区组除宽叶雀稗小区外，梯田区组前埂后沟水平梯田小区，渗漏区组百喜草全园覆盖小区，这几种水土保持措施减少地表径流的效果最好。第 II 类小区，为 $0.1 \sim 1m^3$ 级别产流量占总量比例超过 50% 及 $>1m^3$ 级别的产流量不超过总量的 50%，它们有牧草区组宽叶雀稗小区，梯田区组和渗漏区组，这几种水土保持措施减少地表径流的效果次之。第 III 类小区，为 $>1m^3$ 级别的产流量超过总量的 50%，它们有裸露对照区小区、耕作区组和渗漏区组的裸露小区，这几种水土保持措施减少地表径流的效果最差。

由于在相同的降雨条件下，保水性能好的小区，不会发生或较小概率发生径流量大的产流事件，而保水性能相对较差小区则相反。反之亦然，即发生高级别径流事件发生概率越大，地表径流总量越大，其减流保水效益越差。因此较多产生大地表径流量的小区，即 $>1m^3$ 级别产流量占主导的小区，其保水的效益较差。一般认为，从减流保水效益方面分析，牧草区组与渗漏区组相当，均优于梯田区组，更优于耕作区组。但百喜草敷盖小区地表径流较大是水分损失较少，土壤含水量较高所致。

5.2.2.2 径流系数分级特征

为了进一步研究地表径流特征，将单次降雨的径流系数划分为 <0.1、$0.1 \sim 0.2$、$0.2 \sim 0.3$、$0.3 \sim 0.4$、$0.4 \sim 0.5$、$0.5 \sim 0.6$、$0.6 \sim 0.7$、$0.7 \sim 0.8$、$0.8 \sim 0.9$ 和 $0.9 \sim 1.0$ 十个级别，其中 <0.1 级别再细分为 10 小级，将各小区逐级对应的径流量进行统计并绘制占地表径流总量的累积百分比曲线图如图 5-4、图 5-5 所示。

同理，根据图 5-4、图 5-5 的曲线聚集情况，将 18 个小区划分为 I、II、III 类小区，

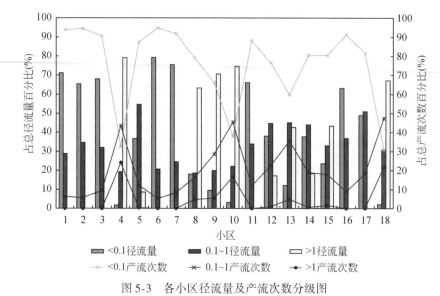

图 5-3　各小区径流量及产流次数分级图

Fig. 5-3　The grading chart of runoff and runoff views in the plot

可以清楚地看出，Ⅰ、Ⅱ、Ⅲ类小区相互之间差异明显。Ⅰ类小区在小等级径流系数的累积径流量占地表径流总量的比例明显大于Ⅱ、Ⅲ类小区，在径流系数小于0.1等级上升最快，达60%以上，如牧草区组的第1、2、3、6、7小区、渗漏区组第16、17小区和梯田区组的第11小区，在小于0.04等级的累积径流量可占径流总量的90%以上；牧草区组的第5小区，梯田区组的第12、14小区，在径流系数小于0.2等级的累积径流量占径流总量的90%以上。与第Ⅰ类小区相比，第Ⅱ类小区的累积百分比曲线较为平缓，在小等级径流系数的累积径流量占地表径流总量的比例居于Ⅰ、Ⅲ类小区之间，如梯田区组梯壁裸露小区径流系数小于0.06等级的累积径流量占径流总量的一半以上，小于0.4等级累计径流量占径流总量的90%以上；外斜式梯田小区径流系数只到小于0.1等级，累积径流量才占总量的一半，小于0.6等级累积径流量占总量的90%。而Ⅲ类小区在各等级径流系数的累积径流量占地表径流总量的比例比较均等，如裸露对照小区，耕作区组的3个小区，在径流系数小于0.1等级上升最为缓慢，相应累积径流量仅占径流总量的6.47%~36.76%，之后曲线斜率明显增加。耕作区组的3个小区在小于0.9等级时，对应的累积径流量不到径流总量的85%，但在0.90~0.99区间便一举达到100%。说明与其他类小区相比，该类小区出现较大径流系数，如0.90~0.99的几率较大，说明降雨大部分转化为地表径流，所采取的措施保水性能较差。由此进一步证明，从减流保水效益分析，Ⅰ类小区最优，Ⅱ类小区次之，Ⅲ类小区最差。

从累积百分比曲线分析措施区组组内小区的径流系数等级，得到以下结论：牧草区组其他小区保水效益优于宽叶雀稗全园覆盖小区；梯田区组前埂后沟水平梯田小区保水效益优于梯壁植草水平梯田和内斜式梯田小区，更优于梯壁裸露水平梯田和外斜式梯田小区；耕作区组保水效益较差，甚至降低较大等级径流系数的减流效益不及裸露对照小区；渗漏区组的覆盖和敷盖小区保水效益优于裸露对照小区。

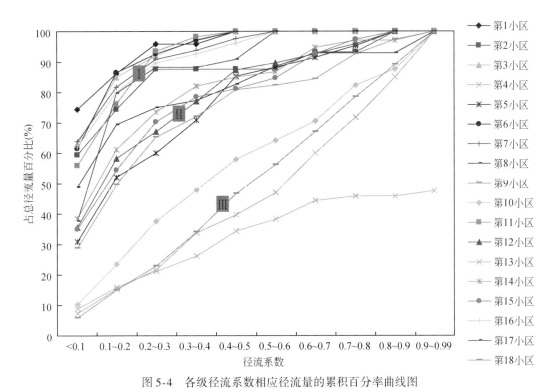

图 5-4　各级径流系数相应径流量的累积百分率曲线图

Fig. 5-4　The runoff cumulative percentage chart of levels of runoff coefficient

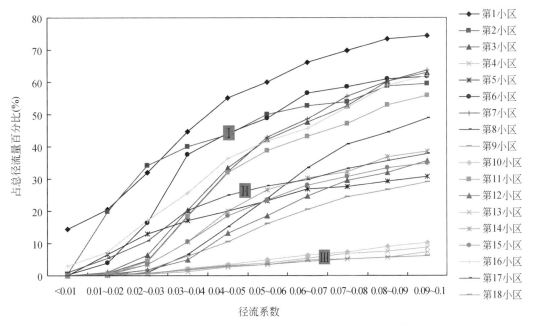

图 5-5　<0.1 各级径流系数相应径流量的累积百分率曲线图

Fig. 5-5　The runoff cumulative percentage chart of levels of runoff coefficient（<0.1）

5.2.3　时间特征分析

5.2.3.1　年际变化分析

根据 2001~2009 年各小区地表径流的观测结果，计算年际变差系数 C_v 和极比值 k，并列成表 5-3。从表 5-3 中可以发现，各小区地表径流量变异不尽相同，说明地表径流量的大小，除了受年际降雨差异影响外，也与各小区下垫面所采取的措施密切相关，同时还反映出下垫面对降雨引起地表径流变化的响应能力。

在不同的区组之间，牧草区组各年地表径流量的变差系数最小，其次是梯田区组，再次是耕作区组，渗漏区组年径流量变差系数最大。极比值 k 也存在相似的规律。这说明植物措施（牧草区组）以及工程措施（梯田区组）的水土保持性能年际间的变化较为平缓，稳定性优于耕作措施（耕作区组）。耕作区组客观上由于年际间套种作物生长量的差异，加之人为翻土、中耕等干扰程度的不同，直接影响了小区植被覆盖，反映出耕作措施减流保水效益的稳定性较差的状况。

表 5-3　各小区年径流量特征一览表
Table 5-3　The feature of annual runoff in the plots

区组	小区	年均径流量（mm）	变差系数 C_v	极比值 k
牧草区组	百喜草全园覆盖	0.9448	0.96	102.97
	百喜草带状种植	1.6581	0.70	5.68
	百喜草带状套种	2.7535	0.76	7.51
	宽叶雀稗全园覆盖	3.1828	0.90	33.90
	狗牙根带状种植	3.0374	1.09	14.10
	狗牙根全园覆盖	5.1665	1.16	13.81
对照区组	裸露对照	89.6729	1.55	22.26
耕作区组	横坡耕作	14.6109	1.12	27.68
	顺坡耕作	20.7678	1.14	23.59
	清耕果园	27.5281	0.72	9.66
梯田区组	前埂后沟	3.2784	0.90	7.52
	梯壁植草水平	5.3536	0.73	8.13
	梯壁裸露水平	15.0253	1.24	16.79
	内斜式	5.4711	0.98	12.73
	外斜式	5.7365	0.90	11.85
渗漏区组	覆盖	2.6986	1.41	12.01
	敷盖	3.6255	1.34	14.54
	裸露	35.1239	0.83	58.36

对各个区组内不同措施产生地表径流的稳定性进行比较发现，在牧草区组内，种植不同的牧草品种，产生地表径流的稳定性存在些微差异。种植百喜草的小区，其产流量的年际变化最为稳定，尤其是百喜草全园带状种植小区和百喜草带状套种小区。其次是宽叶雀稗全园覆盖小区，狗牙根全园覆盖小区产流量的年际变化差异性较大。就种植方式而言，带状种植牧草产流量年际变化的稳定性高于全园种植牧草。

在耕作区组内，由于清耕果园坡面植被覆盖率较低，人工干扰程度低，与采取横坡及顺坡耕作并进行作物收获和整地的小区相比，产流量的年际变化较为稳定。

在梯田区组内，以梯壁植草水平梯田的产流量年际变化稳定性最好，采取其他梯壁植草形式的梯田次之，且它们之间产流量年际变化无明显差别。梯壁裸露水平梯田产流量年际变化的稳定性最差。

在渗漏区组内，由于修筑的方式与其他几个区组不同，人为干扰程度高，下垫面差异较大，人为干扰程度相对较低的裸露对照小区的产流量年际变化更稳定。而百喜草覆盖和敷盖小区的产流量年际变化稳定性相对较差。

这里需要说明的是采用各种水土保持措施，分析它的产流量年际变化的稳定性，并不能全面反映各种水土保持措施的优劣。从上述结果分析来看，人为干预程度越高，下垫面变化程度越大，产流量年际变化的差异就越大。此外，植被覆盖度，植物生长速度，以及土壤含水量的差异等都可能影响产流量年际变化的稳定性。

5.2.3.2 月际变化分析

为了进一步探索红壤坡地各小区地表径流量的差异，将观测期多年月平均地表径流量制成图 5-6a。图中显示，地表径流量最大月份发生在 8 月，占总径流量的 23%；其次是 4 月和 5 月，各占总径流量的 15%；径流量最小月发生在 1 月和 12 月，分别仅占总径流量的 1%、2%。汛期的 5~8 月降雨量大，造成的地表径流量也大，这与试验区降雨月变化规律是一致的。

若按季节划分，多年平均季节地表径流量差异明显。春夏秋冬四季分别占总径流量的 13%、41%、36% 和 10%，即最高地表径流量发生在夏秋两季，地表径流量占总径流量的 77%，而冬春两季仅占总径流量的 23%，如图 5-6b 所示。

就采取的水土保持措施而言，同在夏、秋两季，牧草区组地表径流量占多年平均地表径流量比例最小，为 62%~73%，平均为 66%；其次为渗漏区组，为 60%~72%，平均为 68%；再次为梯田区组，为 67%~82%，平均为 76%；耕作区组产流量占多年平均年径流量的比例最大，为 82%~86%，平均为 85%，与裸露对照小区相当。在降雨集中的夏、秋两季，占年总径流量比例越小，说明对应的水土保持措施减流效益越明显，由此可见，牧草区组减流效益最明显，而耕作区组由于人为耕作扰动，减流效益最差。因此，减少夏、秋两季的地表径流量，减轻夏、秋两季的水土流失是提高水土保持措施减流减沙效益的重要时节。

各区组所产生的地表径流量存在差异。牧草区组中百喜草带状套种小区，夏、秋两季所产生的地表径流量占全年的比例最高（表 5-4），达 73.1%，这可能与人为套种扰动影响有关。其他牧草小区之间的差异较小。种植狗牙根的小区夏、秋两季产生的地表径流量占全年的比例最小，种植百喜草次之，种植宽叶雀稗草产生的地表径流量最大。

在耕作区组中，各小区夏秋两季产生的地表径流量占全年的比例从低至高排序依此为：横坡耕作小区、顺坡耕作小区、清耕果园小区。其中横坡耕作小区减流效益优于顺坡耕作，清耕果园小区减流效益最差。

在梯田区组中，各小区夏、秋两季产生的地表径流量占全年的比例从低至高排序依次为：前埂后沟水平梯田、梯壁植草水平梯田、内斜式梯田、外斜式梯田和梯壁裸露水平梯田，反映出梯壁植草的减流效益优于梯壁裸露的梯田。

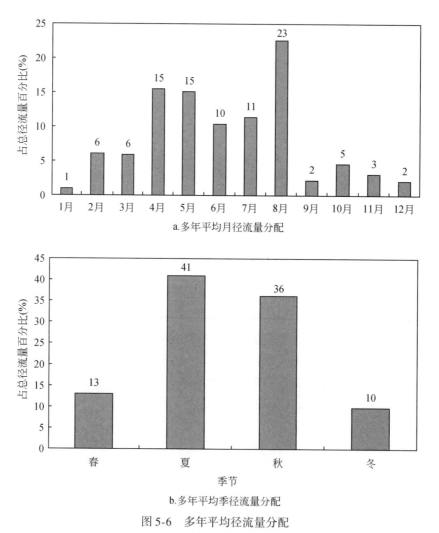

a. 多年平均月径流量分配

b. 多年平均季径流量分配

图 5-6　多年平均径流量分配

Fig. 5-6　The distribution of annual average runoff

表 5-4　各小区多年平均径流量季节分布

Table 5-4　The annual average runoff distributed in the plots

小区	春季		夏季		秋季		冬季	
	径流量（mm）	占全年百分比（%）	径流量（mm）	占全年百分比（%）	径流量（mm）	占全年百分比（%）	径流量（mm）	占全年百分比（%）
第 1 小区	2.86	25.54	5.21	46.53	2.03	18.13	1.10	9.81
第 2 小区	3.03	20.30	5.97	40.01	4.05	27.16	1.87	12.54
第 3 小区	4.62	18.63	10.66	43.03	7.46	30.09	2.04	8.25
第 4 小区	33.30	8.35	161.49	40.51	175.95	44.13	27.95	7.01
第 5 小区	6.04	26.50	10.86	47.66	3.92	17.19	1.97	8.65
第 6 小区	3.71	20.84	6.67	37.46	4.48	25.18	2.94	16.52
第 7 小区	6.39	21.47	12.40	41.70	6.51	21.89	4.45	14.95
第 8 小区	8.03	9.23	30.98	35.64	40.79	46.93	7.12	8.20
第 9 小区	10.56	8.44	51.85	41.45	53.94	43.12	8.74	6.99
第 10 小区	18.56	7.49	122.24	49.34	91.52	36.94	15.43	6.23
第 11 小区	5.80	19.65	12.92	43.77	7.08	24.01	3.71	12.57
第 12 小区	7.94	16.48	19.57	40.61	15.31	31.77	5.37	11.14
第 13 小区	16.00	11.83	58.42	43.20	52.53	38.85	8.28	6.12
第 14 小区	6.06	12.31	25.51	51.82	13.25	26.91	4.41	8.96
第 15 小区	6.07	11.70	18.67	36.00	24.00	46.29	3.12	6.01
第 16 小区	4.94	20.34	10.95	45.10	6.57	27.04	1.83	7.52
第 17 小区	6.14	18.83	14.59	44.70	9.05	27.73	2.85	8.75
第 18 小区	66.68	21.09	104.26	32.98	85.22	26.96	59.95	18.97

　　由于实验区年降雨量呈现典型的双峰曲线分布，其地表径流量亦呈现相同的分布规律。在观测期间，全部小区 8 月平均产生的地表径流量最高，其次为 4 月和 5 月，这 3 个月的地表径流量加起来约占多年平均径流总量的 53%。从图 3-7 可以知道，观测期内，多年平均降雨量以 4 月份最大，5 月份次之，但 8 月份降雨强度最高。这 3 个月地表径流量大，说明产生地表径流不仅与降雨量有关，而且与降雨强度密切相关。大部分小区的最高地表径流量出现在 8 月份，说明这些小区在高强度降雨中雨量转变为径流量比例较高，抗暴雨打击能力弱（表 5-5）。具有良好减流效益的百喜草、狗牙根和宽叶雀稗全园覆盖，百喜草带状种植，前埂后沟水平梯田，内斜式梯田以及覆盖和敷盖等水土保持措施产生地表径流随着降雨量的增加而增加，说明这些措施在同等降雨强度条件下具有降低地表径流量的功能。

表5-5　各小区多年平均径流量月分布

Table 5-5　The annual average runoff distributed in the plots　　（单位：m³）

小区	1月	2月	3月	4月	5月	6月	7月	8月	9月	10月	11月	12月
第1小区	0.50	0.78	1.58	2.04	1.78	1.39	0.66	1.10	0.27	0.19	0.54	0.38
第2小区	0.38	1.29	1.36	2.61	1.56	1.80	1.19	1.86	1.00	0.41	0.74	0.72
第3小区	1.10	2.09	1.43	4.01	3.13	3.51	2.46	4.55	0.44	0.59	0.71	0.74
第4小区	1.79	11.62	19.89	59.81	58.46	43.22	57.69	111.91	6.35	10.34	11.24	6.37
第5小区	0.44	2.85	2.74	5.17	4.12	1.56	1.64	1.90	0.38	0.40	0.75	0.82
第6小区	0.60	1.38	1.73	2.40	2.12	2.15	1.67	2.51	0.31	0.47	1.22	1.25
第7小区	0.77	2.64	2.97	5.40	3.15	3.85	2.59	3.44	0.48	0.62	2.25	1.58
第8小区	0.84	3.49	3.70	12.83	11.63	6.52	8.08	28.82	3.88	2.60	2.75	1.78
第9小区	0.83	4.58	5.14	16.14	27.89	7.82	16.53	32.30	5.10	3.71	3.26	1.77
第10小区	1.32	7.32	9.93	41.97	51.17	29.10	32.00	54.82	4.70	5.10	4.26	6.06
第11小区	0.65	2.43	2.73	5.51	3.36	4.05	2.81	3.73	0.54	0.71	1.54	1.46
第12小区	0.94	3.29	3.71	8.57	5.03	5.96	5.45	8.60	1.26	0.87	2.66	1.84
第13小区	0.89	9.18	5.93	22.15	19.27	17.00	15.38	34.64	2.51	1.25	5.45	1.58
第14小区	0.84	2.18	3.04	7.08	13.45	4.98	3.92	8.06	1.27	0.81	2.14	1.46
第15小区	0.86	2.42	2.79	7.58	5.40	5.68	6.39	16.31	1.30	0.77	1.03	1.32
第16小区	0.38	2.16	2.41	4.67	2.40	3.88	2.72	3.14	0.71	0.30	1.03	0.49
第17小区	0.69	2.42	3.04	6.22	3.43	4.93	3.67	4.48	0.89	0.55	1.45	0.86
第18小区	2.40	39.96	24.32	43.63	34.19	26.44	24.69	55.21	5.33	46.47	8.98	4.51

　　每一区组内各种水土保持措施的月际地表径流变差系数 C_v 和极比值 k 与年际分布特征十分相似，详见表5-6，此处不再赘述。这种结果说明地表径流变异系数 C_v 和极比值 k 差异越大，其人为干扰程度越高，下垫面变化程度越大，产流量月际变化的差异就越大。此外植被覆盖度、植物生长速度以及土壤含水量的差异等都能影响产流量月际变化的稳定性。

表5-6　各小区月际产流差异特征表

Table 5-6　The difference characteristics of monthly runoff in different plots

区组	序号	小区名称	变差系数 C_v	极比值 k
牧草区组	1	百喜草全园覆盖	0.67	10.92
	2	百喜草带状种植	0.53	6.93
	3	百喜草带状套种	0.70	10.28
	5	宽叶雀稗全园覆盖	0.82	13.48
	6	狗牙根带状种植	0.50	8.21
	7	狗牙根全园覆盖	0.59	11.19

续表

区组	序号	小区名称	变差系数 C_v	极比值 k
对照区组	4	裸露对照	1.01	62.45
耕作区组	8	横坡耕作	1.08	34.33
	9	顺坡耕作	1.01	38.70
	10	清耕果园	0.97	41.57
梯田区组	11	前埂后沟	0.63	10.20
	12	梯壁植草水平	0.68	9.88
	13	梯壁裸露水平	0.94	39.07
	14	内斜式	0.92	16.66
	15	外斜式	1.04	21.09
渗漏区组	16	覆盖	0.72	15.37
	17	敷盖	0.69	11.36
	18	裸露	0.69	23.01

5.2.4 典型降雨地表径流特征分析

为进一步研究不同水土保持措施地表径流产生机理，选取观测期内不同雨型的单场降雨对比分析各种水土保持措施的产流效益，其中产生径流的小雨 4 场，中雨 3 场，大雨 2 场，暴雨及以上降雨 2 场共 11 场降雨，见表 5-7。从表中可以看出，在牧草区组中，百喜草全园覆盖和带状种植小区的地表径流产流量最低，表明这两种措施的减流效益最好，狗牙根带状种植和全园覆盖措施次之，而宽叶雀稗和百喜草带状套种措施减流效益最差。

表 5-7   牧草区组典型单场降雨的产流差异比较表
Table 5-7   The difference characteristics of typical single rainfall in pasture group

序号	降雨等级	降雨时间	雨强（mm/h）	雨量（mm）	小区（m³）					
					1	2	3	5	6	7
1	小雨	2002-5-21	1.05	56.25	0.212	0.181	0.241	0.877	0.219	0.225
2		2004-8-4	1.83	13.20	0.021	0.028	0.037	0.023	0.035	0.041
3		2005-5-3	1.10	27.40	0.052	0.061	0.081	0.054	0.070	0.084
4		2006-11-21	0.88	13.10	0.033	0.023	0.007	0.021	0.027	0.038
5	中雨	2001-8-9	2.56	65.65	0.166	0.234	0.279	0.242	0.270	0.270
6		2003-5-6	5.58	40.70	0.005	0.018	0.007	0.017	0.020	0.020
7		2003-3-17	2.88	59.50	0.225	0.222	0.279	0.489	0.244	0.347
8	大雨	2003-4-18	10.87	129.50	0.517	0.511	0.600	2.014	0.558	0.753
9		2006-8-23	8.34	52.00	0.138	0.147	0.177	0.129	0.158	0.175
10	暴雨及以上	2003-7-6	20.96	55.90	0.212	0.226	0.261	0.307	0.288	0.263
11		2001-7-30	34.56	28.80	0.060	0.091	0.123	0.095	0.096	0.106

根据表 5-3 的观测结果，将种植的牧草品种进行比较，种植百喜草的小区，由于百喜草生物量大，消耗土壤中的水分量多，所以产生的减流效益最优。种植狗牙根的小区，消耗土壤中的水分较均匀，减流效益最为稳定。种植宽叶雀稗小区的减流效益逊于种植百喜草和狗牙根的小区。

以不同种植方式进行比较，百喜草全园覆盖小区与带状覆盖小区产生的地表径流量无明显差异，但均优于百喜草带状套种小区。而狗牙根带状种植小区略优于全园覆盖小区。这主要是带状边界能形成植物篱笆的作用，能起到拦截地表径流，增加土壤入渗的作用，故减流效果较为明显。

在耕作区组中，选取与牧草区组同样雨型和相同场次的降雨，并将观测的地表径流量列于表 5-8，从表中得出，横坡耕作和顺坡耕作两小区地表径流量与清耕果园小区存在明显差异，并且该差异随降雨等级逐渐增大。清耕果园小区与横坡耕作小区的产流差异从2.67 倍增大到 3.73 倍，与顺坡耕作相比的差异从 2.46 倍增大到 3.72 倍。横坡耕作小区产流量最低，减流效果最好。顺坡耕作小区次之，清耕果园小区最差。

表 5-8 耕作区组典型单场降雨的产流差异比较表

Table 5-8 The difference characteristics of typical single rainfall in farming group

序号	降雨等级	降雨时间	雨强（mm/h）	雨量（mm）	小区（m³）		
					8	9	10
1	小雨	2002-5-21	1.05	56.25	0.245	0.267	0.656
2		2004-8-4	1.83	13.20	0.059	0.054	0.086
3		2005-5-3	1.10	27.40	0.109	0.154	0.531
4		2006-11-21	0.88	13.10	0.048	0.043	0.047
5	中雨	2001-8-9	2.56	65.65	0.487	0.514	3.292
6		2003-5-6	5.58	40.70	0.245	0.250	1.667
7		2003-3-17	2.88	59.50	0.364	0.455	2.225
8	大雨	2003-4-18	10.87	129.50	0.715	0.838	10.823
9		2006-8-23	8.34	52.00	1.405	1.531	1.726
10	暴雨及以上	2003-7-6	20.96	55.90	0.729	0.730	2.719
11		2001-7-30	34.56	28.80	0.142	0.209	1.831

在梯田区组中，选取与牧草区组同样雨型和相同场次的降雨，并将观测的地表径流量列于表 5-9，从表中得出，在小雨等级时，五种梯田的产流差异并不明显。但到了中雨及以上降雨等级时，梯壁裸露水平梯田和外斜式梯田的产流明显增大。如在第 10 场暴雨中，梯壁裸露水平梯田与其他 3 种的产流量差距上升至 1m³。从上述结果分析认为，内沟外埂梯壁植草水平梯田的减流效益最优，以下依次为梯壁植草内斜式梯田、梯壁植草水平梯田、梯壁植草外斜式梯田，最后为梯壁裸露水平梯田。

表 5-9　梯田区组典型单场降雨的产流差异比较表

Table 5-9　The difference characteristics of typical single rainfall in terraces group

序号	降雨等级	降雨时间	雨强（mm/h）	雨量（mm）	小区地表径流（m³）				
					11	12	13	14	15
1	小雨	2002-5-21	1.05	56.25	0.219	0.240	0.246	0.227	0.201
2		2004-8-4	1.83	13.20	0.040	0.052	0.042	0.041	0.041
3		2005-5-3	1.10	27.40	0.081	0.090	0.163	0.086	0.097
4		2006-11-21	0.88	13.10	0.038	0.048	0.028	0.034	0.043
5	中雨	2001-8-9	2.56	65.65	0.331	0.375	1.588	0.386	0.409
6		2003-5-6	5.58	40.70	0.187	0.451	0.769	0.347	0.910
7		2003-3-17	2.88	59.50	0.273	0.376	0.725	0.443	0.476
8	大雨	2003-4-18	10.87	129.50	0.615	2.559	4.542	2.465	4.185
9		2006-8-23	8.34	52.00	0.170	0.206	0.707	0.187	0.781
10	暴雨及以上	2003-7-6	20.96	55.90	0.290	0.559	1.538	0.540	1.581
11		2001-7-30	34.56	28.80	0.122	0.187	0.496	0.180	0.460

在渗漏区组中，由于小雨时地表一般不发生产流，也就难以区分比较不同小区间产流效益，所以研究中另外选取中雨及中雨以上降雨强度共 13 场降雨，其中中雨 3 场、大雨 3 场、暴雨 4 场、大暴雨和特大暴雨 3 场，并将观测结果列于表 5-10。

从表 5-10 中可以看出，随雨强与降雨量的增加，这覆盖、敷盖、裸露 3 种处理的小区地表径流总体上呈增加的趋势，尤其在暴雨及暴雨以上等级的降雨增加更为明显。如 2003 年 12 月 8 日的一场中雨，降雨量为 16.1mm，百喜草覆盖、百喜草敷盖和裸露对照 3 个小区地表径流量分别为 0.015m³、0.023m³、0.165m³。2002 年 4 月 21 日的一场暴雨，降雨量为 70.4mm，3 个小区的地表径流量分别为 0.113m³、0.240m³、3.075m³，地表径流都增加了一个数量级。渗漏区组也出现了降雨量少比降雨量多时地表径流系数大的情况，如 2002 年 3 月 29 日的一场降雨，降雨量为 18.8mm，3 个小区的地表径流系数分别为 0.008m³、0.053m³、0.315m³，而 2003 年 4 月 29 日的一场降雨，降雨量为 17.9mm，这 3 个小区的地表径流系数分别为 0m³、0.023m³、0.270m³。其原因主要是产生地表径流不仅与本场降雨量、降雨强度和降雨历时有关，而且还与降雨前期土壤初始含水量密切相关。

同时，观测结果也显示，百喜草覆盖与敷盖小区的地表径流始终比裸露对照小区小，且保持在较低水平，减流效率在 90% 以上；百喜草敷盖小区地表径流比百喜草覆盖小区稍偏大，而裸露对照小区地表径流一直保持较高水平。

表 5-10　渗漏区组典型单场降雨的产流差异比较表

Table 5-10　The difference characteristics of typical single rainfall in seeps group

序号	降雨 等级	降雨时间	雨强 （mm/h）	雨量 （mm）	小区地表径流（m³）		
					16	17	18
1	中雨	2003-12-10	0.88	7.8	0.008	0.008	0.135
2		2003-12-8	1.03	16.1	0.015	0.023	0.165
3		2002-3-29	0.94	18.8	0.008	0.053	0.315
4	大雨	2003-5-23	1.32	9.6	0.000	0.000	0.128
5		2002-7-22	1.46	28.7	0.030	0.045	0.353
6		2002-11-15	1.54	79.1	0.060	0.120	0.780
7	暴雨	2003-4-29	3.11	17.9	0.000	0.023	0.270
8		2003-5-6	5.58	40.7	0.038	0.045	1.658
9		2002-4-21	2.80	70.4	0.113	0.240	3.075
10		2002-5-14	3.55	131.3	0.300	0.533	4.508
11	大暴雨、 特大暴雨	2003-9-3	10.20	18.7	0.030	0.030	0.533
12		2002-5-6	7.25	82.2	0.143	0.278	3.698
13		2003-4-18	10.87	129.5	0.158	0.188	5.378

5.3　地表径流与降雨的相关关系分析

将 2001～2009 年观测到的所有单场降雨观测资料，对应各小区地表径流量，分别与降雨量、降雨强度、降雨历时和降雨侵蚀力 R 值进行相关分析，结果如表 5-11 所示。

对降雨量与地表径流的相关分析发现，各小区均达极显著相关，平均相关系数达 0.806，呈正相关关系。说明降雨量与各个小区的地表径流量的关系非常密切，降雨量的多少直接影响地表径流量的大小。因为产流、降雨与下垫面的综合作用，当降雨超过下垫面的截留、填洼、下渗雨量后，便开始产流。不论是蓄满产流或是超蓄产流，其地表径流量都会随降雨量的增加而增加。

在对降雨强度与地表径流的相关关系分析发现，除百喜草覆盖和百喜草敷盖小区的地表径流与降雨强度相关性不显著外，其他各小区均达极显著相关，平均相关系数为 0.503，呈正相关关系。说明降雨强度与地表径流的关系也很密切，但不如降雨量的影响大，尤其是对百喜草覆盖和百喜草敷盖两种处理的地表径流影响不显著。这是因为百喜草覆盖和百喜草敷盖两种处理，地表有厚实的地被物覆盖，无论多大的降雨强度，其雨滴所做的功大部分将被地被物吸收与消耗。因此，降雨强度对地表径流的影响降低，其影响不如降雨量的影响明显。而其他小区由于地表裸露或地被物覆盖较薄，无法完全消除降雨动能的影响，所以地表径流量随着降雨强度的增加也相应增加。

在对降雨历时与地表径流的相关分析时发现，除百喜草带状套种小区、百喜草覆盖小区和百喜草敷盖小区的相关性达显著水平外，其他各小区均不显著。地表径流与降雨历时相关性较低，说明降雨历时不能像降雨量和降雨强度对地表径流产生直接影响，降雨历时和对地表径流的影响属间接影响。

表 5-11　地表径流与降雨因素相关分析表

Table 5-11　The correlation analysis between runoff and rainoff

小区	降雨历时		降雨量		雨强		R 值	
	相关系数	显著性	相关系数	显著性	相关系数	显著性	相关系数	显著性
1	0.158	0.335	0.737**	0.000	0.452**	0.004	0.789**	0.000
2	0.268	0.095	0.923**	0.000	0.532**	0.000	0.841**	0.000
3	0.356**	0.026	0.925**	0.000	0.465**	0.003	0.790**	0.000
4	0.172	0.281	0.882**	0.000	0.473**	0.002	0.807**	0.000
5	0.005	0.975	0.650**	0.000	0.402*	0.010	0.779**	0.000
6	0.165	0.308	0.813**	0.000	0.689**	0.000	0.903**	0.000
7	0.220	0.173	0.857**	0.000	0.423**	0.007	0.822**	0.000
8	0.046	0.779	0.641**	0.000	0.828**	0.000	0.861**	0.000
9	0.229	0.150	0.832**	0.000	0.708**	0.000	0.884**	0.000
10	0.065	0.684	0.808**	0.000	0.511**	0.001	0.887**	0.000
11	0.281	0.079	0.912**	0.000	0.574**	0.000	0.856**	0.000
12	0.013	0.934	0.665**	0.000	0.483**	0.002	0.835**	0.000
13	0.040	0.804	0.685**	0.000	0.582**	0.000	0.894**	0.000
14	0.025	0.882	0.725**	0.000	0.482**	0.002	0.850**	0.000
15	0.054	0.741	0.682**	0.000	0.608**	0.000	0.912**	0.000
16	0.534**	0.004	0.936**	0.000	0.151	0.452	0.553**	0.003
17	0.531**	0.001	0.945**	0.000	0.184	0.290	0.564**	0.000
18	0.187	0.242	0.911**	0.000	0.510**	0.001	0.866**	0.000

＊为在 0.05 水平（双侧）上显著相关；＊＊为在 0.01 水平（双侧）上极显著相关

在对降雨侵蚀力 R 值与地表径流的相关关系分析时发现，各小区均达极显著相关，平均相关系数达 0.816，呈正相关关系。说明降雨侵蚀力对地表径流的相关关系非常密切，随降雨量的增加，降雨侵蚀力增加，产流相应增加。根据前面确定的降雨侵蚀力 R 值是由 $\sum E \cdot I_{30}$ 计算而得，可以看出降雨侵蚀力是反映降雨量和降雨强度的综合指标，更能客观地反映降雨对水土流失的影响。

通过降雨量、降雨强度、降雨历时和降雨侵蚀力 R 值对地表径流的相关关系分析，反映了这 4 种指标与地表径流的密切程度。根据它们的相关系数大小及显著性得知：因为降雨侵蚀力是降雨量和降雨强度的综合指标，对地表径流的影响最大，达极显著水平；降雨量是影响地表径流的基础，对其相关关系密切，亦达极显著水平；降雨强度对地表径流的影响大部分达到极显著水平；降雨历时间接影响地表径流，只有人为干预较大的情况下相关关系达显著水平。

5.4　不同区组地表径流对比分析

通过对各种水土保持措施地表径流量的等级和时间分配等特征进行分析，得出各区组间和各种措施之间的地表径流量存在显著差异性的结果。整体来说，牧草区组减流效益优于梯田区组，更优于耕作区组。但各个区组是如何发挥减流效益，组内各小区之间存在何种程度的差异，需进一步进行综合性系统分析，以筛选出适合红壤坡地大面积推广的水土保持措施，为红壤坡地开发利用及开展水土保持生态建设提供经验借鉴和典型范式。

5.4.1　牧草区组地表径流特征分析

牧草区组内共有6个小区，分别种植百喜草、狗牙根和宽叶雀稗3种牧草，以全园种植和带状种植两种方式种植。为了进一步探索不同的牧草品种和不同的种植方式减流效益的优劣进行以下研究。

首先对牧草区组的减流效益进行检验和定量分析，与裸露对照小区单次降雨地表径流量进行独立样本 t 检验。百喜草全园覆盖小区与裸露对照小区地表径流量的 t 检验结果如表5-12所示，F 相伴概率为0.00，小于显著性水平0.05，可拒绝方差相等的假设，说明两小区之间单次地表径流量方差存在显著差异。再根据方差相等假设时 t 检验结果，t 统计量的相伴概率为0.00，小于显著性水平，可以拒绝 t 检验的零假设，即单次地表径流量平均值之间存在显著性差异。另从两样本均值差的95%置信区间看，区间不跨0，也说明两小区单次地表径流量平均值存在显著差异。同样的方法可得牧草区组中其他6种措施与裸露对照小区的检验结果，证实均存在显著性差异。这说明牧草区组各种措施均能大幅降低地表产流量，红壤坡地采取牧草措施具有显著的减流效益，值得大力推广。

表 5-12　牧草区组与对照小区独立样本检验结果一览表

Table 5-12　The test results between forage group and control group

地表径流量	Levene 方差齐性检验		方差相等 t 检验						
	方差比	相伴概率值	t	自由度	相伴概率值	均差	标准差	95% 置信区间	
								下限	上限
方差相等假设	92.636	0.00	−7.345	450	0.00	−1.0569	0.1439	−1.3397	−0.7741
方差不等假设	—	—	−7.442	229.322	0.00	−1.0569	0.1420	−1.3367	−0.7771

根据对单场降雨产生地表径流的等级划分，将牧草区组各小区各等级地表径流所占比例绘制成图5-7。结果所示，各小区小雨等级的降雨产生的地表径流量占总地表径流量比例最大，其次为中雨级别，二者累积产流占总量的85%以上，这也与裸露对照区存在十分显著差异。与该区组其他措施相比，仅有宽叶雀稗小区和果园覆盖小区小雨级别降雨产生的地表径流量占总量比例较小，而中雨及以上级别的地表径流量所占比例相对较大。这是

由于宽叶雀稗与百喜草、狗牙根相比，茎节较长，着生的根系较少，减少地表径流量的效果不如百喜草和狗牙根的缘故。

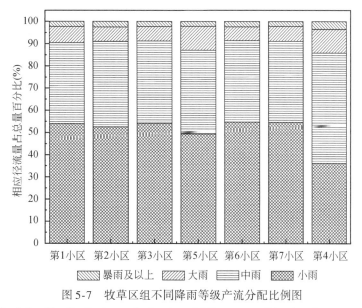

图 5-7 牧草区组不同降雨等级产流分配比例图

Fig. 5-7 The distribution scale drawing of different rainoff level in forage group

为分析组内各种措施对地表径流的影响差异，对其进行方差分析和 t 检验。方差分析如表 5-13 所示，表明采用牧草措施的各小区单场降雨量对地表径流量的影响存在显著性差异。由于 t 检验过程中 Levene statistic 未能拒绝方差齐性的假设 H_0，因此选用 Tamhane's T2、Dunnett's T3、Games-Howell、Dunnett's C 等适用于非齐性方差数据的多重比较方法，其中 Tamhane's T2、Dunnett's T3 结果如表 5-14 所示。结果一致显示：在 0.05 的显著性水平下，百喜草带状套种小区和狗牙根全园覆盖小区的地表径流量与百喜草全园覆盖小区均存在显著差异，但与其他小区差异性并不显著。由此认为：在统计学意义上，百喜草全园覆盖小区与带状套种小区和狗牙根全园覆盖小区的单场地表径流量存在显著差异性。但百喜草全园覆盖小区与宽叶雀稗小区之间，百喜草全园覆盖小区与带状种植小区之间，狗牙根全园覆盖小区与带状种植小区之间，百喜草与狗牙根带状种植小区之间，百喜草带状套种小区与狗牙根全园覆盖小区之间产生的地表径流量相近，减流效果都很好。经显著性水平检验，各小区之间没有极显著差异，说明牧草区组各种水土保持措施减流效果良好。

表 5-13 牧草区组方差分析结果一览表

Table 5-13 The ANOVA results in forage group

变差来源	平方和	自由度	方差	方差比	相伴概率值
处理间	0.267	5	0.053	2.840	0.015
处理内	25.427	1353	0.019	—	—
合计	25.694	1358	—	—	—

表 5-14　牧草区组多重比较结果一览表
Table 5-14　The multiple comparisons results in forage group

比较方法	小区 (I)	小区 (J)	均差 (I-J)	标准差	相伴概率值	95%置信区间 下限	95%置信区间 上限
Tamhane's T2	1	2	-0.013 709 9	0.011 351 4	0.979	-0.047 124	0.019 705
		3	-0.036 378 9*	0.011 858 1	0.034	-0.071 289	-0.001 469
		5	-0.034 159 7	0.013 813 1	0.188	-0.074 850	0.006 531
		6	-0.024 191 0	0.011 216 9	0.382	-0.057 208	0.008 826
		7	-0.039 845 6*	0.012 013 5	0.015	-0.075 213	-0.004 478
	2	1	0.013 709 9	0.011 351 4	0.979	-0.019 705	0.047 124
		3	-0.022 669 1	0.012 362 8	0.649	-0.059 059	0.013 721
		5	-0.020 449 8	0.014 248 8	0.916	-0.062 410	0.021 510
		6	-0.010 481 1	0.011 749 2	0.999	-0.045 063	0.024 100
		7	-0.026 135 7	0.012 512 0	0.434	-0.062 965	0.010 693
	3	1	0.036 378 9*	0.011 858 1	0.034	0.001 469	0.071 289
		2	0.022 669 1	0.012 362 8	0.649	-0.013 721	0.059 059
		5	0.002 219 3	0.014 655 6	1.000	-0.040 931	0.045 369
		6	0.012 188 0	0.012 239 4	0.997	-0.023 839	0.048 215
		7	-0.003 466 7	0.012 973 4	1.000	-0.041 653	0.034 719
	5	1	0.034 159 7	0.013 813 1	0.188	-0.006 531	0.074 850
		2	0.020 449 8	0.014 248 8	0.916	-0.021 510	0.062 410
		3	-0.002 219 3	0.014 655 6	1.000	-0.045 369	0.040 931
		6	0.009 968 7	0.014 141 8	1.000	-0.031 679	0.051 616
		7	-0.005 686 0	0.014 781 7	1.000	-0.049 204	0.037 832
	6	1	0.024 191 0	0.011 216 9	0.382	-0.008 826	0.057 208
		2	0.010 481 1	0.011 749 2	0.999	-0.024 100	0.045 063
		3	-0.012 188 0	0.012 239 4	0.997	-0.048 215	0.023 839
		5	-0.009 968 7	0.014 141 8	1.000	-0.051 616	0.031 679
		7	-0.015 654 7	0.012 390 1	0.969	-0.052 125	0.020 816
	7	1	0.039 845 6*	0.012 013 5	0.015	0.004 478	0.075 213
		2	0.026 135 7	0.012 512 0	0.434	-0.010 693	0.062 965
		3	0.003 466 7	0.012 973 4	1.000	-0.034 719	0.041 653
		5	0.005 686 0	0.014 781 7	1.000	-0.037 832	0.049 204
		6	0.015 654 7	0.012 390 1	0.969	-0.020 816	0.052 125

小区 （I）	小区 （J）	均差 （I-J）	标准差	相伴概 率值	95% 置信区间	
					下限	上限
Dunnett's T3						
1	2	−0.013 709 9	0.011 351 4	0.978	−0.047 115	0.019 696
	3	−0.036 378 9 *	0.011 858 1	0.034	−0.071 280	−0.001 478
	5	−0.034 159 7	0.013 813 1	0.187	−0.074 838	0.006 519
	6	−0.024 191 0	0.011 216 9	0.380	−0.057 199	0.008 817
	7	−0.039 845 6 *	0.012 013 5	0.015	−0.075 204	−0.004 487
2	1	0.013 709 9	0.011 351 4	0.978	−0.019 696	0.047 115
	3	−0.022 669 1	0.012 362 8	0.645	−0.059 050	0.013 712
	5	−0.020 449 8	0.014 248 8	0.913	−0.062 398	0.021 498
	6	−0.010 481 1	0.011 749 2	0.999	−0.045 054	0.024 092
	7	−0.026 135 7	0.012 512 0	0.432	−0.062 955	0.010 683
3	1	0.036 378 9 *	0.011 858 1	0.034	0.001 478	0.071 280
	2	0.022 669 1	0.012 362 8	0.645	−0.013 712	0.059 050
	5	0.002 219 3	0.014 655 6	1.000	−0.040 919	0.045 357
	6	0.012 188 0	0.012 239 4	0.997	−0.023 830	0.048 206
	7	−0.003 466 7	0.012 973 4	1.000	−0.041 643	0.034 709
5	1	0.034 159 7	0.013 813 1	0.187	−0.006 519	0.074 838
	2	0.020 449 8	0.014 248 8	0.913	−0.021 498	0.062 398
	3	−0.002 219 3	0.014 655 6	1.000	−0.045 357	0.040 919
	6	0.009 968 7	0.014 141 8	1.000	−0.031 667	0.051 604
	7	−0.005 686 0	0.014 781 7	1.000	−0.049 192	0.037 820
6	1	0.024 191 0	0.011 216 9	0.380	−0.008 817	0.057 199
	2	0.010 481 1	0.011 749 2	0.999	−0.024 092	0.045 054
	3	−0.012 188 0	0.012 239 4	0.997	−0.048 206	0.023 830
	5	−0.009 968 7	0.014 141 8	1.000	−0.051 604	0.031 667
	7	−0.015 654 7	0.012 390 1	0.968	−0.052 115	0.020 806
7	1	0.039 845 6 *	0.012 013 5	0.015	0.004 487	0.075 204
	2	0.026 135 7	0.012 512 0	0.432	−0.010 683	0.062 955
	3	0.003 466 7	0.012 973 4	1.000	−0.034 709	0.041 643
	5	0.005 686 0	0.014 781 7	1.000	−0.037 820	0.049 192
	6	0.015 654 7	0.012 390 1	0.968	−0.020 806	0.052 115

* 平均差显著差异在 0.05% 水平

综上所述，在牧草区组中，尽管种植不同牧草，采用不同种植方式减少地表径流的效果存在一定的差异，但它们的减流效益均较好，值得大力提倡和推广的。其中百喜草全园覆盖和百喜草带状种植的效果最佳，狗牙根全园覆盖次之，宽叶雀稗全园覆盖最差。从种植方式而言，全园种植优于带状种植。百喜草带状套种农作物，虽然由于人工季节性扰动等原因，减流效益不如组内其它措施，但由于其农林复合性，增加了单位面积的经济收入，在人多地少的地方，仍不失为红壤坡地农业开发和坡耕地可持续利用的重要手段之一。

5.4.2 耕作区组地表径流特征分析

耕作区组包括横坡耕作小区、顺坡耕作小区、清耕果园小区。研究这3种当地常用的耕作措施，通过长期的定位观测，分析其减少地表径流的效益，以找到更加适合红壤坡地推广的种植方式。

为了判定耕作区组减少地表径流的效益，同样采取与裸露对照小区的单次降雨产生地表径流量进行独立样本进行t检验。从横坡耕作小区与裸露对照小区的t检验结果（表5-15）中可见，F相伴概率为0.00，小于显著性水平0.05，可拒绝方差相等的假设，说明两小区产流量方差存在显著差异。再根据方差相等假设时t检验结果，同样得到顺坡耕作与裸露对照小区的检验结果，存在显著差异性。

表5-15 横坡耕作与裸露对照独立样本检验结果一览表

Table 5-15 The independent samples test results between cross slope of farming and bare

地表径流量	Levene 方差齐性检验		方差相等t检验							
	方差比	相伴概率值	t	自由度	相伴概率值	均差	标准差	95%置信区间	
								下限	上限
方差相等假设	56.971	0.00	−5.911	456	0.00	−0.8674	0.1467	−1.1558	−0.5790
方差不等假设	—	—	−5.911	260.22	0.00	−0.8674	0.1467	−1.1564	−0.5784

然而，从表5-16中可知，将清耕果园与裸露对照小区进行t检验，其F相伴概率为0.322，大于显著性水平0.05，不能拒绝方差相等的假设，说明两小区产流量无显著差异。再根据方差相等假设时t检验结果和两样本均值差的95%置信区间看，说明两小区地表径流量平均值无显著差异。由此，进一步说明清耕果园与裸露对照小区的地表产流量并无显著差异，红壤坡地清耕果园减少地表径流的作用有限。主要因为清耕果园植被覆盖率较低，降雨损失少，加之树干径流的形成使大部分降雨转化为径流，减流作用差。而横坡耕作和顺坡耕作措施具有一定的减流作用，其中横坡耕作优于顺坡耕作。

表 5-16　清耕果园与裸露对照独立样本检验结果一览表

Table 5-16　The independent samples test results between clean tillage orchard and bare

地表径流量	Levene 方差齐性检验		方差相等 t 检验							
	方差比	相伴概率值	t	自由度	相伴概率值	均差	标准差	95% 置信区间		
								下限	上限	
方差相等假设	0.983	0.322	−1.137	457	0.25	−0.2264	0.1992	−0.6179	0.1650	
方差不等假设	—	—	−1.137	456.89	0.25	−0.2264	0.1992	−0.6179	0.1650	

再将耕作区组各小区在不同等级降雨下的产流分配结果绘制成图 5-8，从图中发现，该区组各小区的中雨产流量所占产流总量比例最大，说明其减流效益不及牧草区组。在这 3 种措施中，横坡耕作在小雨时产流比其他两个小区所占比例较大，顺坡耕作中雨产流所占比例较大，而清耕果园小区大雨时产流所占比例较大，说明横坡耕作抗击大雨和暴雨的能力强，减少地表径流的效果好，顺坡耕作次之，清耕果园最差。

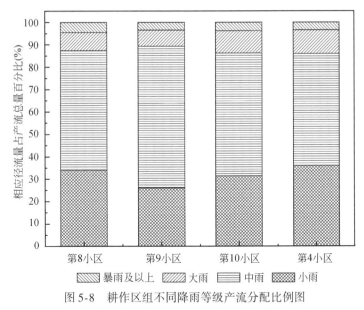

图 5-8　耕作区组不同降雨等级产流分配比例图

Fig. 5-8　The distribution scale drawing of different rainoff level in farming group

同样采用方差分析和 t 检验对区组内各小区产流的差异进行对比。方差分析结果证实采用耕作措施的各小区间单场降雨产流量存在显著性差异，如表 5-17 所示。t 检验中 Levene statistic 未能拒绝方差齐性的假设 H_0，因此选用 Tamhane's T2、Dunnett's T3、Games-Howell、Dunnett's C 等进行非齐性方差数据的多重比较。结果一致显示：采用清耕果园措施的小区单次产流量与横坡及顺坡耕作小区的单次产流量存在显著差异性，而横坡与顺坡耕作这两小区之间差异性不显著。在统计学上，红壤坡地清耕果园不能有效降低地表径流量，与横坡耕作和顺坡耕作两种措施在减流保水效益上存在显著差异（表 5-18）。

表 5-17 耕作措施组方差分析结果一览表

Table 5-17 The ANOVA results in farming group

变差来源	平方和	自由度	方差	方差比	相伴概率值
处理间	52.450	2	26.225	11.826	0.000
处理内	1519.028	685	2.218	—	—
合计	1571.478	687	—	—	—

表 5-18 耕作措施组多重比较结果一览表

Table 5-18 The multiple comparisons results in farming group

比较方法	小区 (I)	小区 (J)	均差 (I-J)	标准差	相伴概率值	95%置信区间 下限	95%置信区间 上限
Tamhane's T2	8	9	-0.134 975 3	0.096 643	0.415	-0.366 996	0.097 046
	8	10	-0.641 021 6 *	0.144 948	0.000	-0.989 345	-0.292 698
	9	8	0.134 975 3	0.096 643	0.415	-0.097 046	0.366 996
	9	10	-0.506 046 4 *	0.165 812	0.007	-0.903 678	-0.108 414
	10	8	0.641 021 6 *	0.144 948	0.000	0.292 698	0.989 345
	10	9	0.506 046 4 *	0.165 812	0.007	0.108 414	0.903 678
Dunnett T3	8	9	-0.134 975 3	0.096 643	0.414	-0.366 953	0.097 002
	8	10	-0.641 021 6 *	0.144 948	0.000	-0.989 268	-0.292 775
	9	8	0.134 975 3	0.096 643	0.414	-0.097 002	0.366 953
	9	10	-0.506 046 4 *	0.165 812	0.007	-0.903 620	-0.108 473
	10	8	0.641 021 6 *	0.144 948	0.000	0.292 775	0.989 268
	10	9	0.506 046 4 *	0.165 812	0.007	0.108 473	0.903 620
Games-Howell	8	9	-0.134 975 3	0.096 643	0.344	-0.362 580	0.092 630
	8	10	-0.641 021 6 *	0.144 948	0.000	-0.982 679	-0.299 364
	9	8	0.134 975 3	0.096 643	0.344	-0.092 630	0.362 580
	9	10	-0.506 046 4 *	0.165 812	0.007	-0.896 159	-0.115 934
	10	8	0.641 021 6 *	0.144 948	0.000	0.299 364	0.982 679
	10	9	0.506 046 4 *	0.165 812	0.007	0.115 934	0.896 159
Dunnett C	8	9	-0.134 975 3	0.096 643		-0.362 968	0.093 017
	8	10	-0.641 021 6 *	0.144 948		-0.982 963	-0.299 080
	9	8	0.134 975 3	0.096 643		-0.093 017	0.362 968
	9	10	-0.506 046 4 *	0.165 812		-0.897 208	-0.114 884
	10	8	0.641 021 6 *	0.144 948		0.299 080	0.982 963
	10	9	0.506 046 4 *	0.165 812		0.114 884	0.897 208

* 平均差显著差异在 0.05% 水平

从上述分析可知，虽然耕作区组的减流效益不够理想，但其中横坡和顺坡耕作小区的地表径流量与裸露对照小区的地表径流量同样存在显著性差异。说明耕作措施仍有一定的减流效益，在人多地少需要进行果园套种时，仍可作为可供选择的水土保持措施之一，且最好选择横坡耕作措施，避免顺坡耕作措施，杜绝坡面裸露的清耕措施。

5.4.3 梯田区组地表径流特征分析

梯田是水土保持常用的工程措施，本研究共布设了 5 种不同类型的梯田，通过对这些梯田进行长期的定位观测，分析各种梯田减少地表径流的效益，期望找出适合红壤坡地坡改梯的最佳梯田类型。

将梯田区组与裸露对照小区的单次降雨产生的地表径流量进行独立样本 t 检验，表 5-19 是外埂内沟水平梯田与裸露对照小区地表径流量的 t 检验结果。表中可见，F 相伴概率为 0.00，小于显著性水平 0.05，可拒绝方差相等的假设，说明两小区产流量方差存在显著差异。再根据方差相等假设时 t 检验结果和两样本均值差的 95% 置信区间看，同样说明两小区地表径流量平均值存在显著差异。同理得到其他梯田与裸露对照小区的检验结果，均存在显著差异性。因此在红壤坡地实施梯田工程，有利于增加地表径流的拦蓄和入渗，具有较好的减流效益。

表 5-19 内沟外埂水平梯田与裸露对照独立样本检验结果一览表

Table 5-19 The independent samples test between level terrace of inner ditch outside ridge and bare

地表径流量	Levene 方差齐性检验		方差相等 t 检验						
	方差比	相伴概率值	t	自由度	相伴概率值	均差	标准差	95% 置信区间	
								下限	上限
方差相等假设	91.003	0.00	−7.124	455	0.00	−1.0148	0.1424	−1.2947	−0.7348
方差不等假设	—	—	−7.140	230.06	0.00	−1.0148	0.1421	−1.2948	−0.7347

将梯田区组各个小区不同等级降雨所产生地表径流分配比例绘制成图 5-9。从图中可知，内沟外埂和梯壁植草水平梯田以小雨等级所产生的地表径流量占地表径流总量比例最大，说明这两种梯田具有良好的减少地表径流的作用，且抗御强降雨的能力强。而其他 3 种梯田以中雨等级所产生的地表径流量比例最大，说明它们减少地表径流的作用稍逊于内沟外埂和梯壁植草水平梯田。

将梯田区组内各小区地表径流的差异性进行 t 检验和方差分析，其中方差分析结果如表 5-20，表明采用梯田措施的各小区之间单次产流量存在显著性差异。同样选用 Tamhane's T2、Dunnett's T3、Games-Howell、Dunnett's C 等适用于非齐性方差数据的多重比较方法，结果如表 5-21 所示。比较结果一致显示：采用内沟外埂水平梯田减少地表径流量的效果最好，其次是梯壁植草水平梯田和内斜式梯田，而外斜式梯田和梯壁裸露水平梯

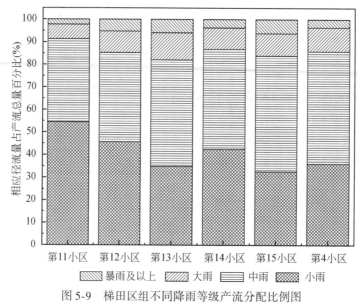

图 5-9 梯田区组不同降雨等级产流分配比例图

Fig. 5-9 The distribution scale drawing of different rainoff level in terrace group

田差异性减流效果并不显著，逊于其他 3 种梯田。

表 5-20 梯田区组方差分析结果一览表

Table 5-20 The ANOVA results in terrace group

变差来源	平方和	自由度	方差	方差比	相伴概率值
处理间	5.260	4	1.315	7.587	0.000
处理内	195.674	1129	0.173		
合计	200.934	1133			

表 5-21 梯田区组多重比较结果一览表

Table 5-21 The multiple comparisons results in terrace group

比较方法	小区 (I)	小区 (J)	均差 (I-J)	标准差	相伴概率值	95% 置信区间 下限	95% 置信区间 上限
Tamhane's T2	11	12	−0.058 328 9	0.023 456	0.126	−0.124 461	0.007 803
		13	−0.204 524 2 *	0.045 626	0.000	−0.333 418	−0.075 631
		14	−0.051 033 9	0.026 211	0.417	−0.124 972	0.022 904
		15	−0.075 143 0	0.028 176	0.078	−0.154 649	0.004 363
	12	11	0.058 328 9	0.023 456	0.126	−0.007 803	0.124 461
		13	−0.146 195 3 *	0.049 492	0.033	−0.285 707	−0.006 684
		14	0.007 295 1	0.032 478	1.000	−0.084 084	0.098 674
		15	−0.016 814 0	0.034 083	1.000	−0.112 725	0.079 097

续表

比较方法	小区 (I)	小区 (J)	均差 (I−J)	标准差	相伴概率值	95%置信区间	
						下限	上限
Tamhane's T2	13	11	0.204 524 2 *	0.045 626	0.000	0.075 631	0.333 418
		12	0.146 195 3 *	0.049 492	0.033	0.006 684	0.285 707
		14	0.153 490 4 *	0.050 856	0.027	0.010 205	0.296 776
		15	0.129 381 3	0.051 896	0.124	−0.016 789	0.275 552
	14	11	0.051 033 9	0.026 211	0.417	−0.022 904	0.124 972
		12	−0.007 295 1	0.032 478	1.000	−0.098 674	0.084 084
		13	−0.153 490 4 *	0.050 856	0.027	−0.296 776	−0.010 205
		15	−0.024 109 1	0.036 035	0.999	−0.125 495	0.077 277
	15	11	0.075 143 0	0.028 176	0.078	−0.004 363	0.154 649
		12	0.016 814 0	0.034 083	1.000	−0.079 097	0.112 725
		13	−0.129 381 3	0.051 896	0.124	−0.275 552	0.016 789
		14	0.024 109 1	0.036 035	0.999	−0.077 277	0.125 495
Dunnett's T3	11	12	−0.058 328 9	0.023 456	0.126	−0.124 439	0.007 781
		13	−0.204 524 2 *	0.045 626	0.000	−0.333 362	−0.075 687
		14	−0.051 033 9	0.026 211	0.414	−0.124 945	0.022 878
		15	−0.075 143 0	0.028 176	0.078	−0.154 619	0.004 333
	12	11	0.058 328 9	0.023 456	0.126	−0.007 781	0.124 439
		13	−0.146 195 3 *	0.049 492	0.033	−0.285 661	−0.006 729
		14	0.007 295 1	0.032 478	1.000	−0.084 063	0.098 653
		15	−0.016 814 0	0.034 083	1.000	−0.112 702	0.079 074
	13	11	0.204 524 2 *	0.045 626	0.000	0.075 687	0.333 362
		12	0.146 195 3 *	0.049 492	0.033	0.006 729	0.285 661
		14	0.153 490 4 *	0.050 856	0.027	0.010 248	0.296 733
		15	0.129 381 3	0.051 896	0.123	−0.016 748	0.275 510
	14	11	0.051 033 9	0.026 211	0.414	−0.022 878	0.124 945
		12	−0.007 295 1	0.032 478	1.000	−0.098 653	0.084 063
		13	−0.153 490 4 *	0.050 856	0.027	−0.296 733	−0.010 248
		15	−0.024 109 1	0.036 035	0.999	−0.125 471	0.077 253
	15	11	0.075 143 0	0.028 176	0.078	−0.004 333	0.154 619
		12	0.016 814 0	0.034 083	1.000	−0.079 074	0.112 702
		13	−0.129 381 3	0.051 896	0.123	−0.275 510	0.016 748
		14	0.024 109 1	0.036 035	0.999	−0.077 253	0.125 471

* 平均差显著差异在 0.05% 水平

在梯田区组中，采用不同类型梯田措施，尽管减流效果存在不同程度差异，但都能有效地减少地表径流量。其优劣程度依次是梯壁植草的内沟外埂水平梯田、梯壁植草水平梯田、内斜式梯田、外斜式梯田和梯壁裸露水平梯田。在红壤坡地修筑梯田是值得推广的水土保持措施。值得注意的是修筑梯田要重视表土回填，土坎梯壁一定要植草，否则它们减少地表径流的效果会差很多。

5.4.4 渗漏区组地表径流特征分析

与上述几个区组一样，为了确定渗漏区组中覆盖、敷盖和裸露对照 3 种措施所产生的地表径流的差异性，对观测期间 3 种处理小区的地表径流做单因素方差分析。将原始数据经方差齐性检验，结果 Sig $p>0.05$，详见表 5-22，表明样本数据各总体方差相等，满足方差检验的前提条件，可进行方差分析。

表 5-22 渗漏区组方差齐性检验

Table 5-22 The variance homogeneity test in seeps group

方差齐性检验	自由度	自由度	相伴概率值
1.377	2	51	0.261

经方差检验，F 值为 9.388，相伴概率 Sig $p<0.05$，说明这 3 种处理至少有一种处理与其他两种处理存在显著差异。进一步将它们进行多重比较（multiple comparisons）查找变异来源，详见表 5-23 和表 5-24。

表 5-23 渗漏区组方差分析（ANOVA）结果一览表

Table 5-23 The ANOVA results in seeps group

变差来源	平方和	自由度	方差	方差比	相伴概率值
处理间	9 012.384	2	4 506.192	9.388	0.000
处理内	24 480.402	51	480.008	—	—
合计	33 492.785	53	—	—	—

表 5-24 渗漏区组多重比较结果一览表

Table 5-24 The multiple comparisons results in seeps group

小区	对照小区	均差	标准差	相伴概率值	95% 置信区间 下限	95% 置信区间 上限
16	17	-4.231 1	7.303 03	0.565	-18.892 6	10.430 3
	18	25.043 3*	7.303 03	0.001	10.381 9	39.704 8
17	16	4.231 1	7.303 03	0.565	-10.430 3	18.892 6
	18	29.274 4*	7.303 03	0.000	14.613 0	43.935 9

续表

小区	对照小区	均差	标准差	相伴概率值	95% 置信区间	
					下限	上限
18	16	−25.043 3 *	7.303 03	0.001	−39.704 8	−10.381 9
	17	−29.274 4 *	7.303 03	0.000	−43.935 9	−14.613 0

* 表示在 0.05 水平上差异显著

结果显示，在减少地表径流方面，裸露对照处理与百喜草覆盖和百喜草敷盖处理存在显著差异，而百喜草覆盖与百喜草敷盖处理之间差异不显著。因此可知，百喜草覆盖与敷盖两种措施都能减少地表径流，具有良好的水土保持作用。

5.5　小结与评价

本章重点研究了地表径流特征和水土保持措施对它的影响，从地表径流的产流机制，形成过程和影响因素入手，根据观测期内红壤坡地的实测数据对地表径流总量，径流系数进行分级分类研究。研究中，把 18 个处理小区分成 5 个区组，分别是牧草区组、耕作区组、梯田区组、对照区组和渗漏区组。先比较区组间对地表径流的影响差异，再比较区组内各水土保持措施对地表径流的影响，分析各种水土保持措施的优劣，找出适合红壤坡地推广的最佳水土保持措施。

从统计地表径流总量结果分析，第 I 类小区为 <0.1m³ 级产流量占地表径流总量比例超过 50% 的小区，说明这类措施能抗御强大的降雨，减少地表径流显著；第 II 类小区为 0.1~1m³ 级别产流量占总量比例超过 50% 及 >1m³ 级别的产流量不超过总量的 50%，说明这类措施能抗御较大的降雨，减少地表径流明显；第 III 类小区为 >1m³ 级别的产流量超过总量的 50%，说明这类措施不能抗御较大的降雨，减少地表径流作用有限。

从时间分配规律看，各种水土保持措施对地表径流量的影响，无论是年际还是年内变化均呈现不均匀分布。各个小区地表径流量与年降雨量一样呈双峰曲线。其中 4~8 月的汛期是产生地表径流量最大的时期，因此要特别注意对地表植被的保护，防止水土流失造成更大的危害。

从影响地表径流的相关因素分析，因为降雨侵蚀力是降雨量和降雨强度的综合影响指标，对地表径流的影响最为密切，达极显著水平。降雨量是影响地表径流的基础，与其相关关系密切，亦达极显著水平。降雨强度对地表径流的影响大部分达到极显著水平。降雨历时间接影响地表径流，只有人为干扰较大的情况下，其相关关系达显著水平。

将各个区组之间进行比较，在减少地表径流方面，各类水土保持措施均与裸露对照小区在次产流量上存在显著差异。其中以牧草区组和渗漏区组减流效益为最优，梯田区组次之，而耕作区组较差。但清耕果园外与裸露对照之间的差异不明显，其减流保水效益最差。

在各区组内，采用不同的水土保持措施，产生的次产流量也存在差异。在牧草区组中，种植不同牧草品种呈现出不同的减流效果。其中以种植百喜草最优，种植狗牙根次之，种植宽叶雀稗稍逊。总体来说，全园种植牧草优于带状种植，但百喜草带状种植的减流效果也很好。而百喜草带状套种农作物虽有一定的减流效益，但不如其他措施理想。

采用耕作措施具有减少地表径流的作用，其中以横坡耕作最好，顺坡耕作次之，清耕果园最差。因此，如要在红壤坡地果园中套种农作物时，应首选横坡耕作方式，避免顺坡耕作方式，杜绝坡面裸露的清耕措施。

在梯田区组中，以前埂后沟水平梯田的减流效益最优，其余依次为梯壁植草水平梯田、内斜式梯田、外斜式梯田，最后为梯壁裸露水平梯田。红壤坡地采取梯田措施可以有效减少地表径流，如能辅以植物措施更可起到事半功倍的效果。值得注意的是，修筑梯田要重视表土回填，土坎梯壁一定要植草，否则梯田措施减少地表径流的效果会差很多。

在渗漏区组中，采用百喜草覆盖与敷盖措施能截留降雨，增加土壤入渗，将大部分降雨转化为地下径流，其产生的地表径流始终较裸露对照处理小，且保持在较低水平，减水率在90%以上，相对裸露地表，其减流效益非常显著。百喜草敷盖地表径流较百喜草覆盖稍偏大，是因其土壤前期含水量高的缘故，但它们具有相似减少地表径流的效果。

参 考 文 献

陈廉杰．1991．乌江中下游低效林水土保持功能的初步讨论．水土保持通报，11：18～22.

贺康宁，张建军，朱金兆．1997．晋西黄土残塬沟壑区水土保持林坡面径流规律研究．北京林业大学学报，19（4）：1～6.

刘纶辉，刘文耀．1990．滇中山地主要植物群落水土保持效益比较．水土保持学报，4（1）：36～42.

马雪华．1963．川西高山暗针叶林区的采伐与水土保持．林业科学，8（2）：149～158.

王礼先．2001．水土保持学．北京：中国林业出版社．

王礼先，朱金兆．2005．水土保持学．第2版．北京：中国林业出版社．

王佑民，刘秉正．1994．黄土高原防护林生态特征．北京：中国林业出版社．

吴钦孝，杨文治．1998．黄土高原植被建设与持续发展．北京：科学出版社．

杨大三，袁克侃．1996．鄂西三峡库区防护林研究．武汉：湖北科学技术出版．

赵鸿雁，吴钦孝，陈云明．2002．黄土高原不同处理人工油松林地水土流失研究．西北农林科技大学学报，30（6）：171～173.

周国逸，余作岳，彭少麟．1995．小良试验站三种植被类型地表径流效应的对比研究．热带地理，15（4）：306～312.

Hewlett J D. 1961. Watershed management //Report for 1961 Southeastern Forest Experiment Station. US Forest Service, Ashville, NC, 62～66.

Holden J. 2008. An introduction to Physical Geography and the Environment. 2nd edition. Harlow：Pearson Education.

Horton R E. 1933. The role of infiltration in the hydrological cycle. Transactions of American Geophysical Union, 14：446～460.

Moslcy M P. 1975. Streamflow generation in a forested watershed. J. Hydrology, 15（4）：19～26.

第6章 红壤坡地土壤水分特征研究

6.1 土壤水分研究概述

土壤由固相、液相和气相三种相态物质组成，是一个疏松多孔体，或者说土壤是由无机质、有机质，死的、活的固相物质和水分、空气组成的一个类生物体。土壤通过接纳降水或浇灌补给及地下水补给而形成土壤水，土壤水分是土壤的重要组成部分。通常情况下，土壤水是一个非饱和水体，土壤通过接纳天然降水，经过入渗后形成地下水，通过陆地植物蒸腾和土壤蒸发参与水分循环，由此可见，土壤水分还是陆地水分循环的重要组成部分，也可以说，土壤是水分循环的重要场所。

植物需要从土壤中吸收水分来维系生命、生存和生长，植物有了水，才能保持细胞的活性，才能进行新陈代谢，才能获取溶入土壤中的营养物质，才能进行叶面蒸腾蒸发，降低并稳定植物温度，保护植物在强烈的阳光下进行光合作用而不致灼伤。

本章主要研究红壤坡地土壤水分的运动和变化规律。

6.1.1 研究目的

土壤中布满大大小小的孔隙，这些孔隙主要由液相的水分和气相的空气来填充，从而土壤能贮蓄天然降水，输送水分，满足作物对水分的需求。土壤水分不仅直接影响植物生长和土壤微生物活动，而且影响土壤养分的分解与转化，影响土壤温度和土壤空气等理化性状。调控土壤水分既可满足植物对水分的需要，也可以调控土壤养分、空气和温度，促进或抑制土壤微生物活动。

土壤水分是土壤物理性质中最重要的因素，是流域水量平衡乃至地区水文循环的一个重要因子。任何一场降雨，都会有一部分甚至全部水分将沿着土壤内的孔隙入渗到土壤内部形成土壤水分。土壤水分含量影响到降雨入渗，从而影响地表、地下产流和产沙。土壤水分动态变化是诸多环境因子综合作用的反映。土壤水分随着时间变化，并受土层深、地被物、坡度、坡位和土地利用方式等诸多因素影响。在不同区域，土壤水分的变化规律也有差别。上述因素是导致不同区域水土流失差异的重要原因之一。研究并准确掌握土壤水分动态变化规律，及时了解水分收支状况，不仅在微观上为水土保持研究和农作物抗旱保墒提供了科学依据，而且在宏观上为整个流域水资源的优化配置和调度，为流域管理的宏观决策提供了科学依据。

土壤的持水性能对于土壤侵蚀具有特殊意义。土壤是水分贮蓄的主要场所。孔隙度较低不利于降雨的入渗，降雨多以地表径流的形式流走而加剧土壤侵蚀。严重的土壤侵蚀又使土壤物理性状恶化，持水性能变差。土壤中的有机质可以改善土壤胶体状况，促进土壤团粒的形成，从而影响土壤水动力学参数，并起到调控水分运动的作用。土壤中的裂隙是水分进入土壤的主要通道，所占的比例越大，表明土壤越有利于降雨入渗，所占的比例越小，表明土壤越不利于降雨入渗。增加地表覆盖，既可以增加土壤有机质，也可以保护水分进入土壤的通道，并且防止表层土壤因高温而迅速干裂，这对土壤水分储存和充分利用，对植被的生长都有重要的意义。裸露地的土壤直接受到降雨的击溅，挤压、溅起的土壤颗粒极易堵塞通气孔隙，在地表形成一层致密的结皮，导致水分进入土壤的通道堵塞，表层土壤很容易受高温影响而迅速干裂。开展红壤坡地土壤水分特征研究，探索红壤坡地土壤水分运动规律，掌握土壤墒情，可为红壤坡地的有效保护、合理利用和农业生产提供技术支撑与服务。

6.1.2 研究方法

土壤水分含量变化测定方法有两种：一是定点观测，二是定位观测。

所谓定点观测，即在红壤地区选择一块有代表性的坡地作为试验地，其地形地貌、坡位坡向和土壤植被等条件基本一致，坡度均为14°，且为同一坡面作为定点观测。试验中分设3个小区，每个小区面积为75m²，长、宽分别为15m、5m。供试的材料为百喜草，采取的措施分别是百喜草覆盖（简称A，下同）、百喜草敷盖（简称B，下同）和裸露对照（简称C，下同）处理小区。百喜草覆盖处理为全园种植百喜草，覆盖度100%。百喜草敷盖处理为将百喜草刈割后敷盖于地表，敷盖度100%，厚度约15cm。裸露对照处理为地表完全裸露。

所谓定位观测，采用美国Irrometer公司生产的土壤水分张力计（tensemeter）测定土壤含水量。在每个小区的坡面上，分上、中、下三个坡位埋设三个一组的土壤水分张力计，分别在离上坡边缘的3.5m、7m及10.5m处的中心位置。在三个处理小区中，其上、中、下分别使用埋深30cm、60cm、90cm的土壤水分张力计，于每天上午8：00和下午14：00进行观测，记录每个土壤水分张力计的读数，即为所对应部位的土壤水势，再将各观测点上的土壤水势换算成土壤水分含量。

通过土壤水势推求土壤水分含量，需要测量土壤含水量。为了不因取土而破坏各处理小区的土壤结构和仪器，特采用与小区同样的土壤、填筑方式和土壤深度，直径为1m的三个油桶，制作成土壤水分张力计的率定装置。为保证其土壤结构更接近试验小区土壤结构，率定装置静置一年后开始取样，即先读出30cm、60cm、90cm各土层深的土壤水势，再取出相应深度的土壤，采用烘干称重法测定土壤含水量，建立土壤水势与土壤含水量的回归关系率定方程，然后通过该方程将土壤水势计算转化为土壤含水量，进而推求各坡位、土层深的土壤含水量。

经过反复取土测量，得出土壤水势与土壤水分含量的回归关系率定方程为

$$Y = 29.07 - 0.217X, \quad N = 48, \quad R = 0.761 \tag{6-1}$$

式中，Y 为土壤水分百分数含量；X 为张力计土壤水势读数；N 为样本数；R 为相关系数。

6.1.3 研究进展

土壤水分是土壤物理性质中最重要的因素，其含量的多少也是影响水土流失的重要因素，因为土壤水分含量影响降雨的吸收和入渗，从而影响地表径流、地下径流和产沙。在降雨初期，如果土壤水分含量高，产生地表径流的时间就短，地表径流量就大；土壤水分含量低，产生地表径流所需的时间就长，地表径流量就小。土壤水分还是流域水量平衡乃至区域水量循环中的重要因子，随着时间变化，土壤水分会受到土层深、坡位、植被、敷盖材料等因素影响。土壤水分还是反映土壤墒情的一个重要指标。土壤水分动态变化是诸多环境因子综合作用的反映，因此，准确掌握土壤水分动态变化规律，及时了解本区域的水分收支状况，可以在流域或区域整体上实现有限的水资源优化配置，为流域或区域管理的宏观决策提供科学依据。

研究证明，不同土层深度土壤水分变化规律存在差异。表层土水分变异系数高，底层土则较低（李绍良和陈有君，1999），暗栗钙土 0~10cm 土层水分含量变异程度最高，30~50cm 土层居中，50~70cm 土层变异系数最小。河西走廊地区盐渍化草场土壤水分变化主要集中在 0~40cm 范围内，40cm 以下基本保持稳定（汪杰等，1999）。湖南会同杉木林随土层深度增加含水量逐渐减少，0~15cm 为土壤水分速变层，15~45cm 为活跃层，45cm 以下为次活跃层（康文星等，2000）。耿玉清等（2000）研究认为 0~5cm 土层水分变幅大，底层变幅小。农田土壤水分变化主要发生在植物根系区域，深度为 0~50cm 的土壤，50cm 以下的土壤含水量和土壤水势变化缓慢。

不同坡位土壤水分含量也有差异。赵晓光等（1999）指出，在黄土高原塬面，0~60cm 土层深含水量以 30cm 处最大，即中坡含水量最大，下坡大于上坡。孙长忠等（1998）的研究也证明在这一区域下坡含水量大于上坡。在北京密云水源保护林内，下坡土壤水分含量显著大于上坡（秦永胜等，1998）。而在山西河曲县的研究表明（王孟本和李洪建，2001），坡位土壤水分含量的变化受植被类型、坡向的影响，坡下部林地的土壤水分含量相当于、略高于或明显高于坡上部和中部的土壤水分。湖南红壤坡地表层（0~40cm）土壤水分含量中坡>下坡>上坡，底层（土层深大于 40cm）下坡>中坡>上坡（郭志强等，1995）。

土地利用对土壤水分垂直分布的影响最为显著，地貌类型、坡度坡位与海拔高度的影响次之，而坡向和坡形的影响较小。穆兴民（2000）指出目前所有水土保持工程措施都能在不同程度上提高土壤的含水率，天然林草植被可以改善土壤水分状况，人工林导致土壤水分下降。0~45cm 土层幼林区含水量均值小于成林区，45cm 以下则相反，幼林的地下径流比成林区大。草地植被对表层土（0~20cm）起到保水作用，对深层土（30cm 以下）起耗水作用。Unger（2000）认为作物覆盖有助于防治土壤侵蚀，也会耗用土壤水。张德罡等（1999）认为重牧后土壤含水量显著下降。李新举等（2000）认为秸秆敷盖可明显控制土壤水分蒸发，并随着敷盖量的增加控制蒸发的效果逐渐增加。0~15cm 土体土壤水分与枯枝落叶层的覆盖度有密切关系。

土壤水分影响降雨的吸收和入渗，从而影响地表产流和产沙。土壤水分受时间和空间的变化影响，同时受到土地利用方式的影响。因此，研究区域的土壤水分是研究区域水土流失的基础。

6.2 土壤水分状态、影响因子与特征

6.2.1 土壤水分的基本状态

6.2.1.1 土壤水的类型与性能

土壤在承接天然降雨后，水分受重力作用经土壤孔隙向土体内部下渗。在下渗过程中，水分受土粒分子引力和土粒间孔隙的毛管引力作用，保留在土壤中。在自然状态下，土壤中或多或少总会含有水分，即使十分干燥的土壤，依然有水分贮存其中，只不过水分的数量、类型和性质不同而已。土壤中吸持水分的力量有重力、土粒表面分子引力和土粒间毛管力，不同的土壤吸持水分的能力不同。土壤水分一般可分为吸湿水、膜状水、毛管水和重力水等四种类型（图6-1）。

当土壤干燥时，土壤具有吸附空气中水分子的性能，这种土壤水分称为吸湿水。土壤吸湿水主要决定于土粒表面积和相对湿度。土壤吸湿水由于厚度极小，具有固态水的性质，所以我们感觉不到它的存在，这时的土壤就是我们平时所说的风干土状态。

当土壤遇外界微雨或外界空气湿度较大时，可吸附液态水分子，形成水膜，这种土壤水分称为膜状水。当膜状水达到最大数量时，称为最大分子持水量。膜状水的性质与液态水相似，虽然可被作物吸收利用一部分，但由于其移动速度非常缓慢，常常补充不及，作物就因缺水而萎蔫。

当土壤毛管孔隙中出现弯月面的毛管力所保持的水分称为毛管水。一旦土壤孔隙直径大于8mm，就不再有毛管力存在。毛管水分为上升毛管水和毛管悬着水，可以上下移动。毛管悬着水达到最大数值时称为田间最大持水量，

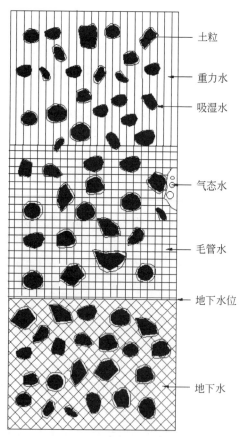

图6-1 土壤水类型示意图
Fig. 6-1 The type of soil water

对作物而言，毛管水是最有效的土壤水分。

当进入土壤的水分超过田间最大持水量时，水分已不能为毛管力所保持，受重力作用沿着土壤中的大孔隙往下渗透，这种水分称为重力水。下渗重力水能形成壤中流，当遇到不透水层阻隔而流出时称为地下径流。当土壤所有孔隙都为水分充满时，称为土壤饱和含水量。如果这时候地表洼坑也已填满，继而出现的地表产流叫蓄满产流。重力水虽然能被作物所利用，但利用率十分有限。相反，重力水出现时由于土壤中水量过多，空气不足，反而会对旱生植物产生不利影响。

6.2.1.2 土壤水分的运动

土壤水分的运动主要包括气态水的运动、毛管水的运动和重力水的运动三种形式。

受温度和水汽浓度梯度的影响，土壤中的液态水可以转变为气态水。当土壤含水量大于吸湿水时，土壤中的水汽一般处于饱和状态，一旦出现水汽散失而不饱和时，土壤中的液态水就会汽化，这就是我们所说的土壤水分蒸发。温度越高，水分转化成水汽越多，土壤水汽饱和度越低，即土壤中的空气越干燥，水分转化成水汽也就越多，反之，结果相反。

毛管水运动的方向和速度取决于降雨和地下水。毛管悬着水一般受降雨的影响，而毛管上升水则受地下水的影响。毛管悬着水运动的方向是从毛管粗、水分多的地方向毛管细、水分少的地方移动，也就是毛管力小的地方向毛管力大的地方移动。

当地表水因蒸发而消耗时，地下水就会沿着毛细管上升，上升的方向同样也是从毛管力小的地方向毛管力大的地方移动。土粒间孔隙大，毛管水上升高度就低，随着土壤颗粒孔隙变细，毛管水上升高度增加，上升速度也加快。

当水分进入毛管水未饱和的土壤时，由于受分子力、毛管力和重力的影响而发生渗吸过程。渗吸过程发生在下渗水分前进的锋面上，它排除空气，占据土壤的大小孔隙。

当毛管孔隙水分逐渐饱和后，继续降雨时，水分受重力作用继续向下发生渗透移动，这个过程就是渗透过程。影响重力水移动的因素，一方面是降雨的大小和水量的多少，另一方面决定于土壤本身密实程度或称孔隙状况。下渗量越大，壤中流或地下径流就越大。下渗量越小，壤中流或地下径流就越小。

土壤水分的运动变化情况自上而下又可分为活跃变化层、缓慢变化层和相对稳定层三个层次。

活跃变化层一般在 0~40cm，这一层是接受降雨和蒸发消耗运移变化最活跃的层次。缓慢变化层受外界影响较小，土壤水运动由下渗和上升组成，速度也相对较缓，此层在红壤地区一般深度为 40~80cm。相对稳定层一般在 80cm 以下一直到不透水层，水分运动表现为多余的水产生地下径流或补给蒸散发而消耗的水量。

6.2.1.3 土壤水分特征指标

土壤水分特征指标是反映土壤水分含量的基本性状指标。土壤水分特征的参数包括土壤含水量、土壤水势、土壤水吸力等多项指标。土壤含水量是表征土壤水分状况的一个指标，又称为土壤含水率、土壤湿度等。土壤含水量有多种表达方式，通常采用质量含水量和容积含水量两种表示方法，俗称重量含水量和体积含水量。重量含水量即是土壤中水分的重量与干土重量的比值，它的表示方法是：土壤含水量＝（水分重/烘干土重）×100%。体积含水量用土壤水分体积占土壤体积的百分比来表示：

土壤含水量＝（水分体积/土壤体积）×100%

"烘干土"是指在105℃条件下烘干24h的土壤。土壤含水量其他的表示方法还有田间持水量、饱和含水量等。

与其他物体一样，土壤水同样具有动能和势能，只是由于水在土壤孔隙中的流动极其缓慢，故其动能一般可以忽略不计，而势能成为决定土壤水分运动状态的主要能量形式。土壤水分所具有的势能称为土壤水势，表示在土壤和水的平衡系统中，恒温条件下将单位数量的水移动到标准参考状态，亦称标准参照状态的纯自由水体所做的功。土壤水势通常都是相对某一标准参考状态而言，标准参考状态一般为在某一定高度和某一特定温度下承受标准大气压的纯自由水。

土壤水吸力是表示土壤水分能态的另外一个指标，它并不是指土壤对水的吸力，而是指土壤水分在承受一定吸力的情况下所处的能态。土壤水吸力与土壤水势的区别在于：土壤水吸力只包括基模吸力和溶质吸力，相当于基模势和渗透，不包括其他分势。而土壤水势包含了基质势、压力势、溶质势、重力势等多个分势。在概念上它虽不是指土壤对水分的吸力，但仍可用土壤对水分的吸力来表示，土壤水吸力可用土壤水分张力计或称负压计来测定，用大气压表示，单位使用的是压力单位。本研究的定位观测采用的是这种方法。

土壤水吸力是正值，使用这个概念可以避免使用土壤水势负值所带来的麻烦。所以就基质势和渗透势来说，土壤水势的数值与土壤水吸力的数值是相同的，但两者的符号相反。土壤水分是由土壤水吸力低的地方流向吸力高的地方。因此，可以把土壤水吸力的大小，看成是衡量土壤水势高低的一种指标。

土壤水水分吸力的测定方法包括热电偶湿度计法、张力计法、压力膜法、电阻块法等，本研究采取张力计法测定土壤水分吸力。

本研究针对红壤区常见的水土保持措施，采用张力计法测定土壤水吸力，并运用试验方法确定土壤水分特征曲线，从土壤水吸力和土壤水分含量两个角度，分析红壤坡地土壤水分特征及其与水土保持措施的关系，为红壤坡地土壤水分调控提供理论依据。

6.2.2 试验区土壤性状

为了全面掌握A、B、C三个供试小区的土壤背景情况，在经过两年的观测试验后，于2004年3月，按照相关的土壤取样方法进行土壤取样，再对土壤样品中的土壤含水量等物理性状进行测验与分析，并将得到的相关结果列成表6-1。从表6-1可以看出，C小区土壤容重最大，总孔隙度最小，土壤饱和持水量、毛管持水量和田间持水量均最低。说明该小区土壤板结，通透性能和蓄水性能差。而A小区土壤容重最小，总孔隙度最大，土壤饱和持水量、毛管持水量和田间持水量均最高，土壤通气性能最好。B小区相应指标居中，但都与A小区相似。可见，采取覆盖或敷盖措施后，土壤的物理性状得到改良，结构性能得到不同程度地改善。其中，百喜草覆盖措施要好于百喜草敷盖措施，主要原因是百喜草根系扎入土壤因新陈代谢而形成空隙，增加了土壤孔隙度。而敷盖措施的地表敷盖物虽然为上层土的微生物和土居小动物活动提供了庇护，增加了土壤孔隙度，但对下层土影响较小，故土壤持水性能不及百喜草覆盖措施。

表 6-1 不同措施土壤水分相关性状分析结果表

Table 6-1 The related character analysis result of soil water in different measures

小区	容重 （g/cm³）	饱和持水量 （%）	毛管持水量 （%）	田间持水量 （%）	毛管孔隙度 （%）	通气孔隙度 （%）	总孔隙度 （%）
A	1.19	44.82	35.04	27.42	41.70	11.64	53.33
B	1.25	40.94	32.09	24.65	40.11	11.06	51.17
C	1.35	34.55	30.66	19.14	41.39	5.25	46.64

6.2.3 影响土壤水吸力相关因子分析

6.2.3.1 降雨对土壤水吸力的影响

在自然状态下，降雨是土壤水分的主要来源。当雨滴降落到地表后，水分沿着土壤孔隙向地下运动，随着水分下渗增加，土壤水吸力减小。降雨对土壤水吸力影响的大小受土壤水吸力自身大小的影响，当土壤水吸力较小时，降雨引起的水吸力变化很小。为了深入研究红壤水吸力大小，本研究选取 10 场降雨中土壤水吸力的平均变化情况，并将其整理成表 6-2。可以看出，总体而言，土壤水吸力上层土最大，中层土次之，底层土最小。就不同措施而言，百喜草覆盖小区上层土水吸力变化最大，达 33.6kPa，且从上到下变幅最小。说明种植活体植物的土壤有着强大的水吸力。裸露小区次之，上层土水吸力为 10.4 kPa，且从上到下变幅较大。说明裸露小区地表没有保护，土壤失水较多，土壤上下孔隙度基本一致而形成的结果。百喜草敷盖小区上层土水吸力变化最小，为 3.7 kPa，从上到下变幅平缓，说明地表敷盖物对它的影响巨大，土壤含水量高，故而土壤水吸力小，且变幅平缓。另外，研究中还发现，在 12 月到次年 6 月，雨后水吸力变化最大为 6kPa，而在水吸力变化较大的 6~10 月，雨后水吸力变化可达 10 kPa 以上。

表 6-2 不同土层雨后水吸力变化

Table 6-2 The change of soil water suction in different soil layer after the rain

（单位：kPa）

土层深度（cm）	覆盖	敷盖	裸地
30	33.6	3.7	10.4
60	0.5	2.7	1.2
90	0.5	1.5	0.8

在同一场降雨中，对土壤水吸力的影响也因土层深而异，如表 6-4 所示，30cm 土层深水吸力雨后变化幅度较大，而 60cm 的中层土和 90cm 底层土水吸力变化幅度很小。降雨引起水吸力变化还因措施不同而异。百喜草覆盖小区上层土壤水吸力变化最大，裸地其次，百喜草敷盖小区上层土壤水吸力最小，这是由于雨前水吸力差异所致。观测结果还表明：地表植被覆盖小区的失水速度最快，裸地小区其次，敷盖小区失水速度最慢。相隔相同天数后，上层土壤水吸力值排序为：A>B>C。在连续多日不降雨的情况下，因有生命地表植被的覆盖小区存在会导致水分亏缺，而无生命地被物敷盖小区则能将土壤水分保持在较高水平。

6.2.3.2 气温、地温、蒸发对土壤水吸力的影响

为进一步了解气温、地温、蒸发等影响因子与土壤水吸力相关关系的密切程度，将观测到的不同坡位、土层深和各种措施的水吸力平均值用十种模型模拟，拟合成日土壤水吸力与日气温、日地温、日水面蒸发的相关关系，取相关系数最高的方程做为最优拟合结果列成表 6-3。回归结果表明：土壤水吸力与气温、水面蒸发量、地面温度呈复合函数正相关关系，并随气温、地温、水面蒸发量的增大而增大。由于夏季温度高，导致土壤水吸力日变化幅度大于冬季。

表 6-3　土壤水吸力与影响因子相关关系

Table 6-3　The correlation between the soil water suction （Y） and impact factor

（The range of Y：0～88 kPa）

影响因子	方程类型	R	d. f.	F	Sig-F	b_0	b_1
气温	$Y=b_0 \times b_1^X$	0.430	335	252.80	.000	6.6654	1.0247
水面蒸发量	$Y=b_0 \times b_1^X$	0.338	335	171.32	.000	7.5153	1.4350
地面温度	$Y=b_0 \times b_1^X$	0.561	335	428.07	.000	5.7950	1.0197

注：土壤水吸力范围为 0～88kPa；R 为相关系数；d. f. 为自由度，F 为检验统计量，Sig-F 为相伴概率，b_0、b_1 为系数

6.2.3.3 水土保持措施对土壤水吸力的影响

水土保持措施在不同阶段可以增加或减少土壤水分，有生命的地表植被对土壤水吸力的影响大于无生命地被物对土壤水吸力的影响。有生命的地表植被会增大土壤水吸力，而无生命地被物能减小土壤水吸力。这是由于地表植被的蒸腾作用耗用大量水分，从而提高土壤水吸力，而无生命地被物减少了地表土壤的蒸发，减缓了水分散失速度。从表 6-4 中可以看出，不同处理措施的试验小区土壤水吸力的变动幅度存在差异，百喜草覆盖条件下水吸力变化幅度远大于其他小区，其中百喜草敷盖条件下水吸力变化幅度最小。经统计两年的观测结果，从年均水吸力极差来看，水土保持措施对水吸力的影响介于不同土层深度和不同坡度之间。此外，将采取水土保持措施对水压与裸地水压相比水土保持措施对水吸力的影响主要表现在 7～11 月，两者差异在这几个月较大，这是因为在这一时段降雨量较少，而植物生长需要大量的水分，导致土壤水分降低所致。而在其他月土壤水吸力较小，或者是降雨量较多、植物

需水量减少造成的。

表 6-4　雨后土壤失水情况

Table 6-4　Soil water loss situation after the rain

降雨日期	雨后天数	Ax1		Bx1		Cx1	
		初值	终值	初值	终值	初值	终值
5-31	10	9	38.3	6	16.7	6.3	22
6-12	8	13	38.6	5.7	10.6	13	24
6-29	15	4.7	76	4.3	22	5	33
7-26	12	4.7	60	3.3	16.3	3.3	24.3
8-17	10	6.7	26.3	2.7	12.3	3.3	15

注：x 表示坡位，x1 表示各坡位上层土平均值，A、B、C 分别为覆盖小区、敷盖小区、裸地小区

6.2.4　土壤水吸力特征

土壤吸持水分的能力与土壤含水量存在密切的对应关系，土壤吸持水分所需的能量越小，土壤所能保持水分的量就越高。当土壤水分饱和后，便不能再保持更多的水分，土壤水吸力就趋向于零。因此人们可以根据相关的观测资料得到土壤水分的亏缺情况。人们在长期的科学实践中，根据土壤水分的亏缺情况，找出植物需要浇灌的临界值。一般情况下，将土壤水分划分为水分充足（土壤水吸力<10kPa）、微度缺水（土壤水吸力在 10～20kPa）、轻度缺水（土壤水吸力在 20～30kPa）、中度缺水（土壤水吸力在 30～50kPa）、重度缺水（土壤水吸力>50kPa）5 个水平，并根据这些标准分析土壤水分有效性，用于指导生产实践（表 6-5）。

表 6-5　植物需浇水时土壤水吸力范围

Table 6-5　The soil suction range when the plant need watering

种类	10～20kPa	20～30kPa	30～50kPa	>50kPa
花卉	热带兰类、火鹤花、凤梨科花卉、秋海棠类、观音莲、水晶花烛、铁线蕨属、扇叶凤尾蕨	紫薇、八仙花、玉兰、金丝桃、杜鹃、金莲花、白玉常春藤、细叶卷柏	牡丹、桂花、月季、蔷薇、樱花、木槿、西府海棠、无花果、金银花、茶花、茉莉花、日本常春藤、鸟巢卷柏	仙人掌类、景天科花卉、龙舌兰科、虎尾兰属花卉、黄边短叶竹蕉、腊梅
蔬菜果树	黄瓜（温室）、善茄（温室）、小青菜等叶菜类蔬菜、草莓	芹菜、青椒、黄瓜、甜瓜、露地番茄、柑橘、果实膨大期的梨和苹果	豌豆、马铃薯、柠檬、葡萄、香蕉	卷心菜、莴苣、洋葱、胡萝卜、花椰菜、园榧、鳄梨、苹果、梨
其他作物	—	茶叶	烟草、甘蔗、草皮草	玉米、小麦、大麦、小米、牧草、高粱

土壤水吸力的定量表示是以单位数量土壤水的能量值计算。单位数量可以是单位质量、单位容积或单位重量。最常用的是单位容积和单位重量。

测定土壤水吸力的方法很多，最常用的有张力计法和压力膜法，本研究采用张力计法，并采用仪器指定的单位（kPa）分析土壤水分能量状态。

6.2.4.1 不同土层深度水吸力特征

在研究中，把从2002年1月1日开始到2003年12月底结束，共两年时间观测到的土壤水吸力资料进行统计，制成表6-6、图6-2，发现土壤水吸力因土层深而异。各土层水吸力年平均值分别为：上层（30cm）13.7kPa，中层（60cm）12.3kPa，底层（90cm）19.4kPa，平均土壤水吸力为15.1kPa。中层土壤水吸力最小，底层最大。从前述水分亏缺指标来看，中层土壤含水量较充足，而上层和底层则微度缺水。从植物生长来看，根系首先需从表层吸水，然后才从深处吸水，因此，上层水分亏缺势必影响植物生长。从各层次平均含水量来说，也存在微度缺水的现象。但是由于缺水程度并不严重，仅对湿生植物产生影响，对于抗旱能力较强的水土保持植物来说，并不造成影响。各土层水吸力随时间发生变化，表层水吸力在7～11月接近或超过20kPa，对当地的经济树种茶叶的生长产生影响，主要影响夏茶和秋茶的生产。因此，即使是在缓坡地种植茶叶，也需采取水平台地等措施确保茶叶的生产，而如果种植水土保持抗旱植物，则不需采取补水措施。表层土壤水吸力除6月份以外的其他月份均低于年均值。中层土壤水吸力除8～12月略大于年均值外，其他月均小于年均值。底层土壤各月水吸力均大于10kPa，8～11月份水吸力均大于20kPa，处于轻度缺水状态，其他月份处于微度缺水状态。根据土壤水分变异系数，将土壤水分的垂直变化分为三层。

1）土壤水分速变层（表层），0～30cm土层由于与大气层直接接触，受外界环境影响强烈，除下雨的时段外，处于蒸发状态，导致土壤水分含量难以维持在较高水平，土壤水吸力较高。从不同月份土壤含水量极差来看，土壤水分变化量的绝对值排序为：表层>底层>中层，表层含水量变化大。从水分变异系数来看，也是表层土壤水分变化最大。表层是土壤水分的速变层，主要是因为冬季表层土壤水吸力较小，土壤水分绝对值的小幅变化就会导致较大相对变化幅度。10月土壤含水量与3月土壤含水量相比，绝对值相差18.8kPa，而前者为后者的4.3倍。而对于中层土壤水吸力来说，尽管10月土壤水吸力比1月水吸力大11.8kPa，但是前者仅为后者的2.7倍。由此可见，冬季土壤水分吸力的大小影响到了表层土壤水分变异特征。

2）土壤水分缓变层（中层），由于30～60cm的土层不与大气层直接接触，受外界环境影响较小，除下雨的时段外，土壤水分含量处于较稳定水平，故而土壤水分变化幅度较小。

3）土壤水分稳定层（底层），60～90cm的底层土壤水吸力接近平均值。由于其土壤水吸力低限值较高，各月土壤水吸力均超过10kPa，而高限值居中，导致土壤水吸力变化较小，主要原因是降雨、气温等外界因素对这一层的土壤影响较小。

表6-6 不同土层水吸力时间变化特征

Table 6-6 Time variation of the soil water suction in different soil layer

（单位：kPa）

项目	1月	2月	3月	4月	5月	6月	7月	8月	9月	10月	11月	12月	平均	极差	C_v
上层	7.4	6.7	5.7	5.8	6.4	14.3	19.8	27.4	20.5	24.5	19.4	6.7	13.7	21.7	59.7
中层	7.1	7.5	7.2	7.5	7.7	10.0	12.0	21.0	20.3	18.9	16.9	11.4	12.3	13.9	44.7
底层	14.6	15.0	15.0	15.0	15.5	17.1	18.9	28.5	28.2	27.4	23.2	15.0	19.4	14.0	29.5
平均	9.7	9.7	9.3	9.4	9.9	13.8	16.9	25.6	23.0	23.6	19.8	11.0	15.1	16.5	—
极差	7.5	8.2	9.2	9.2	9.1	7.1	7.9	7.5	7.9	8.5	6.3	8.2	—	7.7	—

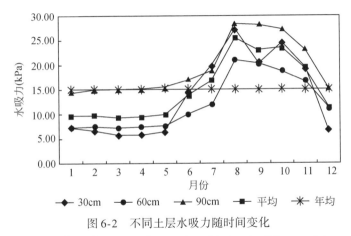

图 6-2 不同土层水吸力随时间变化

Fig. 6-2 The soil water suction varying with time in different soil layer

6.2.4.2 不同坡位水吸力特征

地表水和土壤水运动导致坡面不同位置土壤水分含量有差异，从表6-7、图6-3可以看出，土壤水吸力平均值排序为：中坡（17.3 kPa）>上坡（14.6 kPa）>下坡（13.4 kPa），各坡位在不同的月份均存在微度或轻度缺水现象，其中以中坡缺水最为严重，在8~11月期间达到了轻度缺水的程度，当地的经济树种会受到缺水的威胁。同时，各坡位水吸力差别（极差为1.5）小于土层间的差别（极差为7.7），说明土层深度对土壤水吸力的影响大于坡位对土壤水吸力的影响。

各坡位水吸力变异系数排序为下坡（46.2）>上坡（42.1）>中坡（39.4）。下坡位水分变幅大是因为其土壤水分含量高，水吸力的低限值较低，因此水吸力绝对值较小的变化产生较大变幅。

表6-7　不同坡位水吸力时间变化特征

Table 6-7　Time variation of the soil water suction in different slope positions

（单位：kPa）

项目	1月	2月	3月	4月	5月	6月	7月	8月	9月	10月	11月	12月	平均	极差	C_v
上坡	9.4	9.7	9.1	9.0	9.6	13.3	16.7	24.8	22.6	22.7	18.3	9.7	14.6	15.8	42.1
中坡	11.7	11.7	11.1	11.1	10.6	15.0	18.1	27.8	25.1	27.4	23.8	14.5	17.3	17.3	39.4
下坡	7.9	7.8	7.7	8.1	8.5	13.0	15.8	24.3	21.2	20.7	17.2	8.9	13.4	16.6	46.2
平均	9.7	9.7	9.3	9.4	9.6	13.8	16.9	25.6	23.0	23.6	19.8	11.0	15.1	16.6	—
极差	3.9	3.9	3.5	3.0	2.0	2.1	2.3	3.5	3.9	6.7	6.6	5.7	—	1.5	—

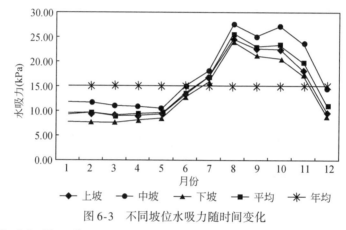

图6-3　不同坡位水吸力随时间变化

Fig. 6-3　The soil water suction varying with time in different slope positions

6.2.4.3　水土保持措施对土壤水吸力的影响

水土保持措施可以增加或减少土壤水分，如表6-8、图6-4所示，地表植被对土壤水吸力的影响大于无生命敷盖物对土壤水吸力的影响。地表植被可增大土壤水吸力，而无生命地被物可减小土壤水吸力，这是由于地表植被的蒸腾作用耗用大量水分，植物庞大的根系可提高土壤水吸力，而无生命地被物减少了地表蒸腾，减缓了水分散失速度。水土保持措施改变了土壤水吸力的变动幅度，有生命地被物覆盖措施的土壤水吸力变化幅度远大于其他条件，无生命地被物敷盖措施则减小了土壤水吸力的变化。

从年均土壤水吸力极差（14kPa）来看，采用水土保持措施对土壤水吸力的影响大于土层深和坡位的影响。此外，与裸地相比，水土保持措施对水吸力的影响主要表现在7~11月，两者差异在这几个月较大，而在其他月份较小。由此可见，采用有生命的覆盖措施，依靠植物庞大的根系能增加土壤水吸力，提高土壤含水量，一旦来水量减少，植物利用庞大的根系所吸持的水分就会用于自身的新陈代谢而减少土壤水分，增加土壤水吸力。

表 6-8　不同措施水吸力年内变化

Table 6-8　The annual change of soil water suction in different measures

（单位：kPa）

项目	1 月	2 月	3 月	4 月	5 月	6 月	7 月	8 月	9 月	10 月	11 月	12 月	平均	极差	C_v
覆盖	8.6	8.6	8.7	9.0	9.3	15.8	20.7	33.0	27.6	29.8	24.6	9.5	17.1	24.4	55.6
敷盖	8.3	8.4	8.2	8.2	8.5	10.7	13.1	18.0	11.8	12.1	11.5	7.6	10.5	10.4	28.7
裸露	12.1	12.2	11.0	11.0	11.7	14.8	16.8	25.9	29.5	28.9	23.3	16.0	17.8	18.5	40.3
平均	9.7	9.7	9.3	9.4	9.8	13.8	16.7	25.6	23.0	23.6	19.8	11.0	15.1	17.8	—
极差	3.8	3.7	2.8	2.8	3.2	5.1	7.6	15.0	17.7	17.8	13.1	8.3	—	14.0	—

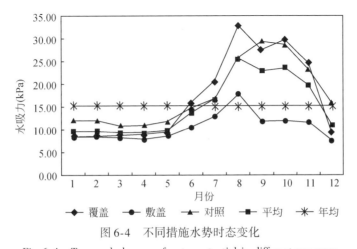

图 6-4　不同措施水势时态变化

Fig. 6-4　Temporal changes of water potential in different measures

6.2.4.4　土壤水吸力的年内变化特征

土壤水分的季节动态因划分方法不同划分的阶段结果也不同，有研究按照有效储水量与多年平均值的比较确定水分的丰缺，也有研究采用蒸发量与降水量的对比关系确定水分的变化阶段，还有按照正弦波峰谷的转换确定水分的变化阶段。

本研究根据土壤水吸力月均值与年均值的比较，确定土壤水分变化过程。把土壤水吸力月均值小于年均值的时段划分为丰水期，时间从 12 月至次年 6 月；把土壤水吸力月均值大于年均值的时段划分为缺水期，时间为 7～11 月。研究期内，年均土壤水吸力为14.2kPa，从年均值来看，土壤总体上微度缺水。土壤水吸力年内分布不均匀，其中 8 月最大，3 月最小。从逐日水吸力来看，局部地段、个别坡位出现较严重的缺水状况，在百喜草覆盖的下坡表层，9 月 19 日至 11 月 10 日连续 53 天土壤水吸力大于 50kPa，可见在降雨量较大的红壤区的某一时段同样可能出现严重的缺水状况，不能满足植物正常生长需水要求。

6.2.4.5 土壤水吸力相互关系分析

降雨到达地面后向地下入渗的同时沿坡面流动，而底层土壤水也会随着蒸散发向地表运动，因而不同部位土壤水分含量相互影响，而各小区受同样外界条件影响，水吸力变化趋势相近，因此不同部位的土壤水吸力存在相关关系。用十种模型拟合百喜草覆盖小区上坡表层（用 A11 表示）水吸力与其他部位土壤水吸力相关关系，土壤水吸力为 2002 年每日两次（8：00，14：00）观测值的平均，以显著性水平、相关系数、F 值最大的方程为最优方程。各部位土壤水吸力与其他部位土壤水吸力关系因部位不同而异，且与裸地上坡底层、裸地下坡中层水吸力无显著相关关系，故另做裸地上坡表层与该部位水吸力相关关系。从研究结果来看，当两部位水吸力有显著相关关系时，其线性关系也十分显著。为便于推求其他部位水吸力之间相互关系，选择线性方程作为模拟结果，结果见表 6-9。结果表明：各部位土壤水吸力呈正相关关系，从相关系数来看，用表层土水吸力与 A11 回归得到方程有较高的回归系数，而用中层、底层土壤水吸力与 A11 回归得到的回归方程回归系数较低，联系不密切。

表 6-9 不同部位水吸力相关关系

Table 6-9 The correlation of the soil water suction in different parts

部位	R	F	Sig-F	b_0	b_1	部位	R	F	Sig-F	b_0	b_1
A12	0.391	121.91	0.000	−0.4843	1.2172	B31	0.743	828.86	0.000	−1.7433	1.7573
A13	0.365	103.66	0.000	−7.2506	1.4450	B32	0.592	361.87	0.000	1.0688	2.9295
A21	0.977	14173.1	0.000	0.7256	0.9563	B33	0.396	125.23	0.000	−9.7738	1.8708
A22	0.308	70.64	0.000	3.4465	0.7916	C11	0.809	1271.68	0.000	2.1055	1.0367
A23	0.336	85.41	0.000	−9.4685	1.3676	C12	0.509	235.55	0.000	−13.854	2.7865
A31	0.896	2727.80	0.000	4.0082	0.7681	C13	0.000	—	—	—	—
A32	0.566	316.29	0.000	−4.9337	1.8432	C21	0.769	975.83	0.000	2.3988	0.9630
A33	0.447	167.79	0.000	−1.8179	1.0479	C22	0.600	378.99	0.000	−2.6775	2.5916
B11	0.775	1013.28	0.000	−0.8815	1.8240	C31	0.790	1117.26	0.000	0.8454	1.0022
B12	0.525	255.59	0.000	−8.1247	2.4619	C32	0.000	—	—	—	—
B13	0.411	136.44	0.000	−14.938	2.2064	C33	0.363	102.15	0.000	−12.676	1.7475
B21	0.695	629.42	0.000	−1.4702	1.9492	C11 与 C13、C32 线性回归					
B22	0.373	108.35	0.000	−10.218	2.1658	C13	0.230	37.77	0.000	0.2198	0.6947
B23	0.366	103.80	0.000	−12.359	1.9625	C32	0.971	11147.7	0.000	−1.1496	0.9609

注：A、B、C 分别代表覆盖、敷盖、裸地小区；第一个数字表示坡位，1、2、3 分别为上、中、下坡；第二个数字表示土层深，1、2、3 分别表示 30cm、60cm、90cm

6.3　土壤水分变化规律分析

6.3.1　影响土壤入渗和土壤水分相关因素分析

　　土壤水分入渗是指水进入土壤的过程，是水分通过地表全部或部分向下渗透的流动过程。土壤的入渗性能对于研究洪水过程、土壤侵蚀、土壤水分等非常重要。土壤水分入渗与土壤水吸力存在十分密切的相关关系。土壤水吸力越大，土壤水分入渗速率就越快，入渗的水分就越多。反之入渗速率慢，入渗水分少。同样，土壤含水量越少，土壤水吸力就大，入渗速率也就越快。

　　研究土壤水分入渗，必须研究影响土壤水分入渗的相关因素。降雨是土壤水分入渗的主要来源，包括雨型、雨滴直径、降雨量、降雨强度和降雨历时等均能影响土壤的入渗过程，也是影响土壤侵蚀和洪峰流量的主要因素。张汉雄（1983）曾利用统计分析的方法将黄土高原的暴雨雨型分为猛降型、递增型和间歇型 3 类。Rubin（1966）和 Aken（1984）的研究表明，不同降雨强度下，入渗曲线形式是相同的，如果降雨历时足够长，均质土壤的稳定入渗率、入渗量与降雨强度无关，但瞬时入渗率受降雨强度大小和雨强的时间变化影响较大。也有一些研究结果（王玉宽等，1991）表明，随着降雨强度增大，土壤稳定入渗率有增大的趋势。虽然不少学者对降雨因素作过大量的研究，但大多是以恒定雨强（多为人工模拟降雨）为前提，对于非恒定雨强的研究较少。本研究是在天然降雨条件下探索土壤水分入渗，其结果对于指导当地生产实践更具针对性。

　　坡度是影响降雨入渗的重要地形因素。国内外大量研究结果表明（陈永宗，1989），坡度对降雨入渗的影响是十分复杂的，往往因地而异。坡度对降雨入渗的影响与土壤结构、质地、成土母质、土地利用方式以及植被情况密切相关。因此，很多学者得出的土壤水分入渗与坡度的函数关系较大。有的研究认为（郭继志，1958）在渗透率较大的坡面上，入渗速率与坡度成反比关系，也有学者（蒋定生和黄国俊，1984）指出，在渗透率较小的条件下，入渗速率与坡度无关。

　　土壤质地和均匀程度等对入渗都有较大的影响，土壤质地越粗透水性越强，结构疏松的土壤要比结构紧密的土壤渗透能力大得多。田积莹等（1987）、蒋定生和黄国俊（1984）的研究认为，土壤入渗能力主要取决于土壤机械组成、水稳性团粒含量和土壤容重。Helalia（1993）对黏土、黏壤土、壤土进行了 50 个田间入渗试验，认为土壤质地与稳渗率的关系弱于结构因子与稳渗率的关系，特别是有效孔隙率与稳渗率的相关性非常显著，达极显著水平。

　　土壤水分入渗与土壤初始含水率密切相关。有研究表明，随着初始含水率增大，土壤初渗率变小，产流越早。Arya 等（1999）假设土壤孔隙可被等效管道所代替，且水体流动速度是孔隙尺度的函数，建立了土壤渗透系数与土壤含水率及颗粒级配的关系。Bodman 等（1994）认为在入渗初期，随着含水率的增加，土壤入渗速率减小；随着时间的延续，含水率对入渗的影响变小，最终可以忽略。国内一些研究结果（贾志军等，1987）表明，土壤平均入渗率与土壤含水率呈负相关的线性关系。随着土壤初始含水率的增加，同一时间内非稳渗阶段的入渗速率迅速降低，趋于稳定入渗速率的时间缩短。但目前关于初始含水率对入渗的影响研究大都停留在假定含水率为均质土壤的基础上。

下垫面也是影响土壤水分入渗的重要因素。不同下垫面由于植被、坡度、坡向、耕作措施不同对降雨入渗的影响效果也不同。朱显谟（1982）、罗伟祥等（1990）研究得出，植被覆盖度增加，产流历时明显推迟，入渗量显著增加。当土壤含水量、降雨量和降雨强度很大时，累积入渗量的增幅变小。周择福（1997）研究了高强度降雨条件下，连续5年采用少耕法种植的农田比采用常规法耕种的农田土壤平均入渗率高24%。王晓燕（2000）等研究得出，保护性耕作措施具有明显的减缓水土流失，增加入渗的结果，在秸秆敷盖、土壤压实及表土耕作3个因素中，敷盖对径流和入渗的影响最大，压实次之，耕作的影响最小。

地表结皮阻塞了土壤水分入渗通道，使入渗能力急剧降低。Hillel（1960）提出了结皮形成过程：由于地表受到雨滴击打，土壤表层团聚体遭到破坏，分散的颗粒填充了土壤表面的孔隙，土壤表面被压实。Eigle（1983）的研究表明，土壤结皮对裸地入渗的影响大大超过其他因素的影响，其减少入渗量可达80%左右。Baunhardt（1990）通过代数式不断修正降雨过程中表层土壤饱和含水率、孔隙度、土壤水势、比水容及布鲁斯指数，建立了以 Richards 方程为基础的假定结皮厚度为5cm 的数值模型。还有一些学者（Smith，1999；Ruan et al.，2001；Kutilek，2003）研究了土壤表层结构对降雨入渗的影响，结果认为裸土表面的土壤入渗过程在很大程度上取决于土壤的表层结构。而雨滴击打常常使土壤表面形成结皮，导致土壤入渗能力减小。在国内，江忠善等（1983）认为雨滴动能是影响土壤表层结皮的重要因素，雨滴直径越大，其质量和着地动能越大，地表越易结皮。陈浩等（1990）也通过二次降雨得出有结皮的土壤径流量是无结皮土壤径流量的 6.4~24.5 倍。

6.3.2 年内土壤水分含量变化测定

为了进一步研究红壤坡地土壤水分的变化情况，在供试的百喜草覆盖、敷盖和裸地3个小区，通过对观测 2002 年 1 月 1 日至 2003 年 12 月底为期两年整的资料进行统计，得出不同土层深度的两年内各月平均土壤含水量如表 6-10 所示。研究结果表明，采用水土保持措施改变地表状况，能改善土壤理化性质，增加土壤有效孔隙度，增加土壤持水量，从而提高土壤含水量。

百喜草覆盖处理小区各土层深的年平均土壤含水量、极差分别为：30cm 为 26.74%、5.57；60cm 为 26.72%、5.00；90cm 为 26.13%、5.56。该处理月平均土壤含水量的最大值为 4 月的 28.27%，最小值是 8 月的 23.29%，平均极差 8 月最大（3.24），6 月最小（0.28）。从观测的这 24 个月中发现，2003 年 9 月的极差最高达 17.89，而 2002 年的 2 月份最低只有 1.90。不同土层深的土壤含水量变化趋势随时间不同而有差异。1~5 月及 8~9 月随土层深的增加而增加。其余 6 月、7 月、10 月、11 月上层土壤水分含量低，土壤含水量随土层深的变化情况为中层>下层>上层。12 月份中层土壤水分含量最低，含水量变化情况为上层>下层>中层。就极差而言，一般情况下是上层极差大，中层次之，底层最小。而本研究结果却与之相反，其原因一是受底部封闭的限制，地下水得不到补充，而自身的下渗水又通过过滤层迅速排出所造成；二是百喜草根系能直达底层吸收土壤水分用于蒸腾。上层土极差小是因为地表覆盖物遮挡减少了土壤水分蒸发所致。

表 6-10　2002～2003 年不同土层深平均土壤含水量时间变化特征

Table 6-10　The time variation of soil moisture average in different soil horizon during 2002～2003

供试小区	百喜草覆盖小区					百喜草敷盖小区					裸地小区				
土层深度	30cm (%)	60cm (%)	90cm (%)	平均 (%)	极差	30cm (%)	60cm (%)	90cm (%)	平均 (%)	极差	30cm (%)	60cm (%)	90cm (%)	平均 (%)	极差
1 月	28.78	28.47	27.54	28.26	1.24	28.70	28.57	27.69	28.32	1.01	28.03	28.67	25.93	27.54	2.74
2 月	28.96	28.39	27.46	28.27	1.50	28.87	28.46	27.58	28.30	1.29	28.14	28.64	25.85	27.54	2.79
3 月	28.96	28.31	27.43	28.23	1.53	28.86	28.55	27.58	28.33	1.28	28.68	28.73	25.87	27.76	2.86
4 月	28.97	28.13	27.40	28.17	1.57	28.80	28.64	27.60	28.35	1.20	28.74	28.68	25.83	27.77	2.85
5 月	28.92	28.35	27.40	28.22	1.52	28.73	28.61	27.47	28.27	1.26	28.50	28.69	25.78	27.66	2.91
6 月	26.35	27.30	26.76	26.80	0.95	27.93	28.33	27.26	27.84	1.07	27.10	28.32	25.58	27.00	2.74
7 月	25.12	26.26	26.04	25.81	1.14	26.77	28.18	27.05	27.33	1.41	26.08	28.30	25.42	26.60	2.88
8 月	23.78	23.47	22.61	23.29	1.17	25.10	27.37	26.53	26.33	2.27	24.39	26.35	23.45	24.73	2.90
9 月	24.76	24.36	24.02	24.38	0.74	27.63	28.13	27.05	27.60	1.08	25.05	25.14	21.75	23.98	3.39
10 月	23.40	24.86	23.60	23.95	1.46	27.06	28.19	27.45	27.57	1.13	24.71	25.47	22.27	24.15	3.20
11 月	24.34	25.52	25.11	24.99	1.18	27.09	28.24	27.57	27.67	1.04	26.61	25.97	23.19	25.26	3.42
12 月	28.54	27.17	28.17	27.96	1.37	28.63	28.49	27.87	28.33	0.76	28.36	27.05	24.50	26.64	3.86
平均	26.74	26.72	26.13	26.53	1.28	27.86	28.31	27.39	27.85	1.23	27.03	27.50	24.62	26.39	3.05
极差	5.57	5.00	5.56	5.38	0.83	3.77	1.27	1.34	2.13	1.51	4.35	3.59	4.18	4.04	1.12

　　百喜草敷盖处理各土层深的年平均土壤含水量、极差分别为：30cm 为 27.86%、3.77；60cm 为 28.31%、1.27；90cm 为 27.39%、1.34。该处理月平均土壤含水量的最大值是 4 月（28.35%），最小值是 8 月（26.33%），平均极差 8 月最大（1.52），6 月最小（0.01）。月极差 2003 年 8 月份最高达 11.21，最低极差是同年 12 月份为 1.81。这一小区不同土层深的土壤水分含量变化与覆盖小区大致一致。1～5 月和 12 月这 6 个月土壤含水量随土层深的变化情况是上层>中层>下层，7 月、8 月、10 月、11 月这 4 个月土壤含水量随土层深的变化情况是中层>下层>上层，而 6 月和 9 月土壤含水量随土层深的变化情况是中层>上层>下层。不同土层深月平均土壤含水量的极差大小排列顺序均为下层>中层>上层。这是因为上层土壤有敷盖物阻隔了土壤水分的蒸发散失，使土壤水分含量较高。而 90cm 深的底土层常年有壤中流而得到补充水分，使土壤水分含量最高。

裸露对照处理各土层深的年平均土壤含水量、极差分别为：30cm 为 27.03%、4.35；60cm 为 27.50%、3.59；90cm 为 24.62%、4.18。该处理月平均土壤含水量的最大值是 4月的 27.77%，最小值是 9 月的 23.98%，其平均极差 9 月最大（2.41），7 月最小（0.21）。单月极差 2003 年 11 月份最高达 13.32，极差最低是同年的 2 月份为 3.74。这一小区的土壤水分含量较另两个小区都低，充分说明了采取水土保持措施可以增加土壤水分含量。不同土层深的土壤含水量变化与另两个小区又有不同。一年当中 1~3 月及 5~10月的土壤含水量随土层深的变化规律是中层>上层>下层，而 4 月、11 月、12 月的土壤含水量随土层深的变化规律是上层>中层>下层。总之 90cm 的下土层土壤含水量最低。不同土层深月平均土壤含水量的极差大小排列顺序均为上层>下层>中层。

试验期内，覆盖小区平均年土壤含水量为 26.53%，敷盖小区年土壤含水量为27.85%，裸露小区年土壤含水量为 26.39%。一年中平均每天的土壤含水量差值，覆盖小区土壤含水量变幅最大，变幅极差达 16.0%，敷盖小区土壤含水量变幅最小，变幅极差仅为 7.0%。裸露小区土壤含水量变幅居中，变幅极差为 14.5%。这是由于覆盖小区内除了正常的土壤蒸发外，还有百喜草的蒸腾作用散失了土壤水分，所以土壤含水量变幅最大。敷盖小区内只有土壤蒸发，且土壤表面敷盖的百喜草阻止了土壤水分散失，所以土壤含水量变幅最小。裸露小区内只有正常的土壤蒸发，并随降雨和温度的变化而变化。

从各处理年平均土壤含水量来看，排列顺序是：百喜草敷盖处理（27.85%）>百喜草覆盖处理（26.53%）>裸露对照处理（26.39%）。因为百喜草敷盖处理一方面是敷盖材料增加了地表面的粗糙度阻滞了地表径流，增加了降雨下渗率，减少了土壤的水分蒸发，增加了土壤含水量；另一方面，敷盖材料的腐烂增加了土壤的有机质含量，促进了土壤微生物和动物的滋生繁殖活动，增加了土壤孔隙度，促使其持水能力增强；更重要的是敷盖材料阻隔了土壤与外界接触交换通道，减轻土壤水分的蒸发，导致土壤水分含量比其他两种处理都高，比百喜草覆盖处理、裸露对照处理的土壤含水量分别高 1.32%、1.46%。

在百喜草覆盖处理中，百喜草一方面因增加土壤表面的粗糙度而增加了土壤水分的下渗量，植物改良土壤结构的能力和其根系的吸持能力增加了土壤水分含量；另一方面又因植物强烈的蒸腾作用而消耗水分，土壤含水量介于敷盖处理与对照处理小区之间。裸露对照处理因地表裸露导致极易形成地表径流，下渗时间短，下渗率小，地表蒸发作用强烈，故造成该处理土壤含水量偏低的后果。

从各处理年平均土壤含水量还可以看出，采取水土保持措施可使土壤长期增加 0.8%的含水量，按当地的土壤容重 1.31g/cm³，南方平均土壤厚度 1.0m 计算，土壤可多储存1048t/km² 的水量，相当于长江流域常年可多储存 20 亿 m³ 的水量。并且这些水分对植物来说都是有效水，对防汛抗旱都有积极作用，对于水资源匮乏的地区来说，其影响意义更为深远。

各处理小区月平均土壤含水量的极差大小排列顺序均为百喜草覆盖处理（16.99）>裸露对照处理（9.58）>百喜草敷盖处理（9.40）。可以看出百喜草覆盖处理的极差最大，说明其土壤水分的变动幅度最大，这是受外因和内因共同作用的结果。百喜草敷盖处理的极差最小，土壤水分含量最稳定，这是敷盖物阻隔了地表与外界交流的结果。裸露对照处理土壤水分含量极差居中，只能随自然条件的变化而变化。

从土壤含水量的测量结果发现，采取水土保持措施与不采取水土保持措施，在降雨均匀且降雨量较多的情况下，如1~5月份，前3个月降雨均匀，后2个月降雨较多，平均土壤含水量没有明显的变化。在降雨量较少，降雨间隔时间长的情况下，6~11月平均土壤含水量的差异才会显现出来，在8月份差距更为明显。观测期内，8月份平均降雨量偏小，尤其是2003年8月降雨量仅31.3mm，进入伏旱季节，此时温度又高，所以土壤含水量成为全年最低点。其中，以覆盖小区（23.29%）为最低，裸露小区（24.73%）次之，敷盖小区（26.33%）最高。

从研究结果中还发现，采用了水土保持措施的小区，无论是覆盖还是敷盖与裸露小区，其土壤含水量都有明显提高的趋势，尤其是敷盖小区土壤含水量最高。而覆盖小区土壤含水量全年平均值虽然比裸露小区要高，但在6~8月份高温少雨季节，百喜草生长旺盛，土壤含水量有明显降低的现象，这是因为百喜草蒸腾消耗了土壤中的水分所致。这说明植物既有改良土壤，增加土壤水分含量的作用，同时也有消耗土壤水分的功能。

6.3.3　不同土层深度土壤含水量变化规律分析

土壤水分运动导致不同处理方式的小区不同土层土壤含水量、极差不同。从图6-5可以明显看出，百喜草覆盖区土壤含水量变化幅度最大，尤其是8月份土壤水分含量最低。主要原因是8月份气温高，降雨量小，百喜草生物量又大，蒸腾散失的水分多。敷盖区土壤含水量变化最为平稳，因为地表敷盖物减弱了土壤水分的蒸发。裸露区土壤含水量变化

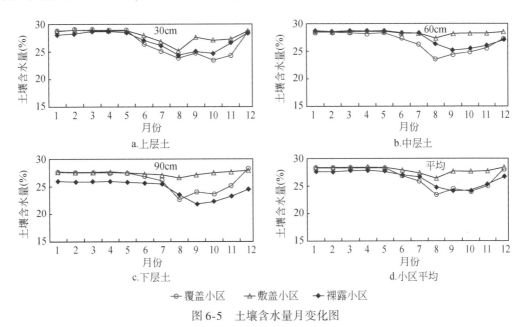

图6-5　土壤含水量月变化图

Fig. 6-5　The monthly variation of soil moisture

随降雨量和降雨时间的变化而变化。图6-5为不同土层深度土壤含水量变化情况。

深度在0~30cm的上层土,一年中的1~5月份试验区处于梅雨季节,因降雨时间较长,雨量较多,土壤上层水分含量基本一致,变幅也小,不同处理措施的影响基本相同。到了6~12月上层土壤水分含量差距拉大,进入伏旱季节时尤为明显。其中覆盖小区土壤含水量7~10月份因降雨量减少和植物蒸腾量增加而降低,8月份最为突出。敷盖小区上层土壤水分含量相对较高,而且变幅最为平缓,只有8月份因温度高蒸发较多而降低较为明显。裸露小区表层土随外界降雨和气温的变化而变化,8~11月土壤水分含量最低。

深度在30~60cm的中层土,覆盖小区全年土壤含水量要明显较其他两个小区偏低,8~11月份更为明显。敷盖小区中层土壤水分含量与上层土壤水分含量与变幅基本一致。裸露小区中层土壤水分含量在9月份达到最低值,其余指标与上层土变化幅度基本一致。

深度在60~90cm的底层土,土壤水分含量不同小区间的分化最大。其中覆盖小区土壤水分含量最高的1月份达27.54%,最低的8月份仅为22.61%,两者差值占低含水量的21.80%。6~11月份不同小区间相比覆盖,土壤水分含水量最低,且差值较大。敷盖小区底层土水分含量仍与上两层表现基本一致。裸露小区除8月份底层土壤水分含量居中外,其余月份底层土壤水分含量都较其他两区低,变幅也相对较大。

整体来说,覆盖小区1~5月份的土壤水分含量与敷盖小区基本相同;6~11月份,随着百喜草进入生长旺季和降雨量减少,土壤水分含量显著降低,8月份达到最低水平。在这3种处理中,敷盖小区的全年土壤水分含量最高且变化平稳,只有8月份因气温高和降雨量小而降低。裸露小区土壤水分含量全年月均值一直偏低,变幅较大。只有6~8月土壤含水量明显高于覆盖小区,但仍远低于敷盖小区。同时土壤水分运动导致不同处理和不同土层土壤含水量、极差都出现了差异。

6.3.4 不同坡位土壤含水量变化规律分析

在自然状态下,土壤含水量一般随着坡位下降而有所增加。为了研究红壤坡地土壤水分的变化情况,根据不同坡位的观测数据统计制成表6-11。

如表6-11所示,百喜草覆盖小区各坡位年平均土壤含水量、极差分别为:上坡,26.41%、5.66;中坡,26.10%、5.08;下坡,26.90%、4.82。百喜草覆盖小区月平均土壤含水量的最大值是1月的28.27%,最小值是8月的23.29%,极差11月最大(2.54),6月最小(0.30)。不同坡位的变化趋势随时间不同而有差异。其中3月、4月、5月、9月下坡含水量低于其他坡位,上坡含水量除6月、7月、8月低于中坡外,其他月份高于中坡。

百喜草敷盖小区各坡位的年平均土壤含水量、极差分别为:上坡,28.12%、2.21;中坡,27.46%、2.30;下坡,27.80%、1.87。该小区月平均土壤含水量的最大值是4月的28.35%,最小值是7月的27.34%;极差2月最大(2.81),8月最小(0.32)。除6月外,上坡各月土壤含水量均最大,中坡土壤含水量均最小,表现出良好的一致性。这是因为敷盖措施蒸发量小,故上坡含水量最大。

　　裸露对照小区各坡位的年平均土壤含水量、极差分别为：上坡，27.28%、3.13；中坡，25.32%、4.12；下坡，26.41%、4.87。该小区月平均土壤含水量的最大值是 4 月的 27.77%，最小值是 9 月的 23.98%；极差 11 月最大（3.32），5 月最小（1.13）。不同坡位各月土壤含水量排序，4~6 月降雨量大且历时长，表现为下坡>上坡>中坡，其他月均为上坡>下坡>中坡。

　　3 种处理小区相同坡位的变化规律如图 6-6 所示。对上坡而言，百喜草敷盖处理小区的土壤含水量曲线最平缓，变动幅度最小，土壤含水量也基本高于其余二者。百喜草覆盖处理小区的土壤含水量曲线变动幅度最大。裸露对照处理的土壤含水量曲线变动幅度介于二者之间。上坡位不同小区土壤含水量排序 1~5 月为：敷盖小区>覆盖小区>裸露小区，6~12 月为敷盖小区>裸露小区>覆盖小区。对中坡位和下坡位土层而言，敷盖小区土壤水分变幅显著降低，而覆盖小区和裸露小区的变幅仍处于较高水平。

表 6-11　不同坡位土壤含水量时间变化特征
Table 6-11　Time variation of the soil moisture in different slope positions　（单位:%）

项目	覆盖小区					敷盖小区					裸露小区				
	上坡	中坡	下坡	平均	极差	上坡	中坡	下坡	平均	极差	上坡	中坡	下坡	平均	极差
1 月	28.52	28.09	28.19	28.27	0.43	28.57	28.09	28.29	28.32	0.47	28.15	26.69	27.80	27.55	1.46
2 月	28.52	25.99	28.13	27.55	2.53	28.62	25.81	28.22	27.55	2.81	28.16	25.10	27.77	27.01	3.06
3 月	28.48	28.14	28.08	28.23	0.39	28.61	28.10	28.28	28.33	0.51	28.24	26.96	28.09	27.76	1.28
4 月	28.40	28.12	28.00	28.17	0.40	28.65	28.11	28.26	28.35	0.54	28.04	27.04	28.23	27.77	1.19
5 月	28.45	28.13	28.08	28.22	0.37	28.58	28.08	28.16	28.27	0.50	27.89	26.93	28.06	27.62	1.13
6 月	26.66	26.96	26.79	26.81	0.30	28.15	27.73	27.65	27.84	0.50	27.33	26.18	27.49	27.00	1.31
7 月	25.31	26.16	25.95	25.81	0.85	27.61	27.10	27.30	27.34	0.51	27.47	25.75	26.57	26.60	1.72
8 月	22.87	23.16	23.84	23.29	0.98	26.45	26.13	26.42	26.33	0.32	25.84	23.74	24.60	24.73	2.10
9 月	24.00	23.98	25.15	24.38	1.17	27.90	27.44	27.47	27.60	0.46	25.11	23.23	23.60	23.98	1.89
10 月	23.51	23.06	25.30	23.96	2.23	27.77	27.38	27.56	27.57	0.39	26.16	22.92	23.36	24.15	3.24
11 月	24.32	24.06	26.60	24.99	2.54	27.89	27.45	27.68	27.67	0.44	23.96	24.54	25.26	25.26	3.32
12 月	27.90	27.32	28.66	27.96	1.34	28.66	28.09	28.25	28.33	0.57	27.68	25.38	26.84	26.63	2.30
平均	26.41	26.10	26.90	26.47	0.80	28.12	27.46	27.80	27.79	0.66	27.28	25.32	26.41	26.34	1.96
极差	5.66	5.08	4.82	5.19	0.84	2.21	2.30	1.87	2.13	0.43	3.13	4.12	4.87	4.04	1.74

　　上述研究结果表明，红壤坡地不同坡位土壤含水量的变化受制于地被物覆盖程度、排水通畅程度和降雨量大小以及降雨分布均匀程度等因素。由表 6-11 可得：观测期内，百喜草覆盖小区平均土壤含水量为 26.47%，敷盖小区为 27.79%，裸露小区为 26.34%。保持土壤水分效果以敷盖措施最好，覆盖措施次之，裸露小区最差。

　　从不同坡位土壤含水量来说，除百喜草覆盖小区外，都是上坡位最大，下坡位次之，中坡位最低。百喜草覆盖小区不同坡位土壤含水量下坡位最大，上坡位次之，中坡位最低。造成百喜草覆盖小区下坡位土壤水分较大或最大的原因是尽管下坡位排水通畅，但仍有部分壤中流滞留于此，增加了土壤水分。另外，种植百喜草或其他植物会产生许多植物

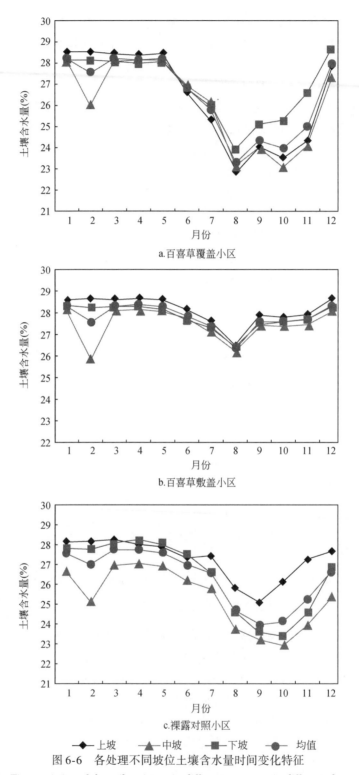

a.百喜草覆盖小区

b.百喜草敷盖小区

c.裸露对照小区

◆ 上坡　▲ 中坡　■ 下坡　● 均值

图 6-6　各处理不同坡位土壤含水量时间变化特征

Fig. 6-6　Time variation of the soil moisture in different measures in different slope positions

根系，尤其植物须根根毛有固定土壤水分的作用，阻止了土壤水分自然排出，从而减少了土壤水分流失，提高了土壤含水量，致使下坡位土壤含水量最大。在敷盖小区和裸露小区，由于土壤中没有植物活体根系，土壤水分会随重力作用由排水口自然排出，造成土壤含水量随来水量的增减而变化。因此，研究不同坡位土壤水分含量要具体情况具体分析。自然界中，一般土壤含水量下坡位大于中坡位，中坡位大于上坡位。但在下坡位排水条件良好的情况下，就会出现下坡位土壤含水量低于上坡位的情况。

6.3.5 不同水土保持措施对土壤水分含量的影响

采用不同的水土保持措施可以引起土壤水分含量的变化。为了深入研究年内土壤水分的变化机理和规律，在两年的观测期内，将百喜草覆盖小区、百喜草敷盖小区和裸露小区每日观测到的土壤含水量均值按月份统计成表 6-12。从表 6-12 中可以看出，不同小区一年中土壤含水量的变化具有一定的规律性。在这 3 个小区中，在降雨量较多，降雨历时较长的 1~5 月份，土壤含水量处于高位运行，且极差变化不大，3 者之间的差距也不大，但是采用覆盖和敷盖水土保持措施的小区土壤含水量仍然大于不采用水土保持措施的裸露小区。百喜草覆盖小区 6~8 月和 10~11 月的土壤含水量最低，甚至比裸露小区还低。引起这种结果的原因有两个方面，一是此时的降雨多为暴雨，降雨历时较短，供给土壤水分的时间较短，土壤消耗丧失水分的时间较长；二是 6~8 月为百喜草生长旺盛期，新陈代谢快，蒸腾作用强，加上气温高，需消耗大量水分，从而减少了土壤含水量。其他月份，百喜草的生长速度缓慢甚至停止生长，同时其茂盛的叶片和发达的匍匐茎覆盖地表，减少地表的水分蒸发，维持着比裸露小区高，比敷盖小区略低的土壤含水量。在百喜草敷盖小区，全年土壤含水量在 3 个小区中都是最高，即便是土壤含水量最低的 8 月份均值也达到 26.33%，说明敷盖材料可减少地表蒸发，减缓水分散失速度。裸露小区的土壤含水量除 6~8 月和 10~11 月比百喜草覆盖小区低外，其余月份在 3 个小区中都是最低的。可见，采取水土保持措施有利于提高土壤含水量。

表 6-12 不同处理小区土壤含水量的年内变化
Table 6-12 The annual change of the soil moisture in different measures（单位:%）

项目	1月	2月	3月	4月	5月	6月	7月	8月	9月	10月	11月	12月	平均
覆盖小区	28.26	28.27	28.23	28.17	28.22	26.80	25.81	23.29	24.38	23.95	24.99	27.96	26.53
敷盖小区	28.32	28.30	28.33	28.35	28.27	27.84	27.33	26.33	27.60	27.57	27.67	28.33	27.85
裸露小区	27.54	27.54	27.76	27.77	27.66	27.00	26.60	24.73	23.98	24.15	25.26	26.64	26.39
极差	0.78	0.76	0.57	0.58	0.61	1.04	1.53	3.05	3.62	3.61	2.68	1.69	1.71

将这 3 个小区每月土壤含水量均值制成图 6-7，可以看出一年当中土壤含水量的变化趋势。同时，也显示出百喜草覆盖小区月均土壤含水量变化幅度最大，而百喜草敷盖小区的变化幅度最小，裸露小区的变化幅度介于二者之间。说明种植百喜草或采用植物措施会增大土壤含水量的变化幅度，而采用敷盖材料能减小土壤含水量的变化幅度。

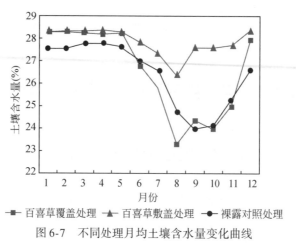

图 6-7　不同处理月均土壤含水量变化曲线

Fig. 6-7　The monthly average of the soil moisture in different measures

　　将这 3 个小区的观测均值按不同土层深度和不同坡位土壤含水量统计成表 6-13，结合表 6-12 进行分析发现，采用水土保持措施对土壤含水量的影响大于土层深和坡位的影响。如不同坡位月平均土壤含水量的极差，百喜草覆盖小区、百喜草敷盖小区和裸露对照小区分别是 5.19、2.13 和 4.04。不同土层深月平均土壤含水量的极差分别为 4.56、3.29 和 3.69。不同措施的小区月平均土壤含水量的极差分别是 5.38、2.13、4.04。由此可知，水土保持措施、土层深、坡位对土壤含水量的影响依次降低。

表 6-13　不同措施对各土层深、坡位土壤含水量的影响差异

Table 6-13　The different impact to soil depth and slope soil water in different measures

（单位:%）

区组	上层	中层	下层	上坡	中坡	下坡
百喜草覆盖小区	26.74	26.72	26.13	26.41	26.10	26.90
与裸露小区的变幅	−1.07	−2.84	6.13	−3.19	3.06	1.84
百喜草敷盖小区	27.86	28.31	27.39	28.12	27.46	27.80
与裸露小区的变幅	3.07	2.95	11.25	3.08	8.43	5.24
裸露对照小区	27.03	27.5	24.62	27.28	25.32	26.41

　　从不同土层深度来说，百喜草覆盖小区的土壤含水量变化不大，随着土层深度的增加而递减。百喜草敷盖小区与其他两小区相比，土壤含水量最高；中层土壤含水量高于上层土壤含水量，更高于低层。裸露小区各土层土壤含水量的排序与敷盖小区一致，但总的含水量低于覆盖小区，更低于敷盖小区。

　　从不同坡位来说，百喜草覆盖小区土壤含水量的观测均值下坡最大，上坡次之，中坡最小，这是因为植物根系有吸附土壤水分的作用，保持下坡土壤含水量最大。百喜草敷盖与其他两小区相比，土壤含水量排序上坡位高于下坡位，中坡位最低。在裸露小区，各坡位土壤含水量及排序与敷盖小区一致。

6.3.6 土壤水分变化的时间序列模型选择

土壤水分随时间发生变化，可采用时间序列分析方法研究并预测。当一个时间数据序列与其之前的数据序列有相关性时，可以用时间序列模型模拟未来时间段的变化情况。时间序列模型有移动平均模型、指数平滑模型、自回归模型［AR(P)］、滑动平均模型［MA(Q)］、自回归滑动平均模型［ARMA(P，Q)］等。在构建模型时根据数据所属性质决定模型类型，预测是时间序列模型的主要目的，因而预测精度是模型优劣的主要指标。对于后三种模型，常见的模型构建方法有波克斯-詹金斯（Box-Jenkins）方法、潘迪特-吴贤铭（Pandit-Wu）方法、长自回归白噪化方法等，第一种方法采用先做系统分析后建模的方法，第二种方法则直接建模后进行模型诊断，第三种方法的提出是由于在做 ARMA 模型时，如果考虑白噪声，则模型构建十分复杂，因此不少学者提倡用高阶自回归模型来构建 ARMA 模型。

本研究结合后两种模型的构建方法，直接构建 AR(P) 模型，通过模型精度来确定模型优劣。由于不同坡位和土层水分含量有差别且变化趋势不同，选择土壤水分含量高且变化最小和土壤水分含量低且变化最大的两个部位的土壤水分数据构建 AR(P) 模型，两个部位分别为百喜草覆盖小区上坡位上层土，用 a11 表示。裸露对照小区下坡位底层土，用 c33 表示。将 2002 年 6～11 月每天上午 8∶00 土壤水分数据用于构建模型，取步长为 1 天。得到这两部位土壤水分时间变化如图 6-8 所示，两序列均存在自相关性。根据测试结果，选 AR(4) 作为预测模型，模型分别为

$$x_t = 1.850684 + 0.933934\,x_{t-1} + 0.02853x_{t-2} - 0.08423x_{t-3} - 0.01356x_{t-4} \quad (c33) \quad (6-2)$$

$$x_t = 4.756989 + 0.730714x_{t-1} - 0.09771x_{t-2} + 0.190133x_{t-3} - 0.11424x_{t-4} \quad (a11) \quad (6-3)$$

用 2002 年 12 月实测数据与预测值比较，形成表6-14，可见 c33 的预测精度较高，完全可以满足预测需求。a11 的预测精度随时间的推移减小，前 4 个步长预测精度高于80%，具有较好的预测价值，但第五步长预测精度不到 60%。两者预测精度的差别是因为c33 水吸力时序变化比 a11 平稳（图6-8）。做 a11 的 1～46 阶自回归模型，即 AR(1) ～AR(46) 模型结果表明 a11 的长自回归模型的预测精度无法达到 c33 的 AR(4) 模型精度。为提高预测精度，尝试构建指数平滑模型（阻尼系数 0.3），5 步长内的预测精度在 90%以上。28 个步长的预测曲线与实测曲线基本吻合，说明采用指数平滑方法预测 a11 土壤水

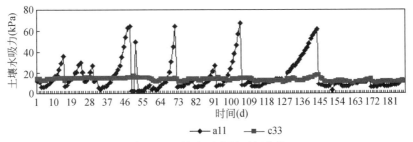

图 6-8 土壤水吸力随时间变化

Fig. 6-8 Time variation of the soil water suction

分变化完全可行。由于所选两个部位土壤水分变化处于两个极端区域，所以认为其他部位土壤水吸力预测模型也可用 AR 模型或指数平滑模型预测。

表 6-14 土壤水吸力预测结果

Table 6-14 Forecast results of the soil water suction

步长 (d)	a11 指数平滑			a11 自回归			c33 自回归		
	实测	预测	误差（%）	实测	预测	误差（%）	实测	预测	误差（%）
1	10	8.69	-13.07	10	11.16	11.59	12.5	12.52	0.14
2	10	9.61	-3.92	10	11.79	17.92	12	12.70	5.80
3	10	9.88	-1.18	10	11.88	18.84	13	12.22	-5.99
4	10	9.96	-0.35	10	11.96	19.60	13	13.11	0.89
5	8	9.99	24.87	8	11.85	48.07	13	13.18	1.40

需要指出的是，由于两个预测时间序列起始时间为 6 月，预测时间为 12 月，预测时间内数据较平稳，较易预测，而对模型的检验如能在各时间段都取得较好精度则模型更优，该部分研究有待进一步进行。

6.4 结论与建议

本章主要研究了土壤持水性状以及土壤水分含量的变化规律。结果表明：采取百喜草覆盖或敷盖措施后，既可以改良土壤性状，提高土壤的通透性能，还可以提高土壤水分含量，起到减少地表径流，涵养水源的作用。根据研究结果，按当地的土壤容重 $1.31g/cm^3$，南方平均土壤厚度 1.0m 计算，采用敷盖措施后土壤可多储存 $1048t/km^2$ 的水量，长江流域常年就可多储存 20 亿 m^3 的水量，且对于植物来说都是有效水。在降雨丰沛的地方，采取措施对于防汛抗旱和水资源有效调控都具有十分重要的作用。

通过分析土壤含水量的年内变化规律，得出百喜草覆盖小区 1~5 月份的土壤水分含量与敷盖小区相比稍低，但没有明显差别。6~11 月份，随着百喜草进入生长旺季和降雨量减少，降雨历时缩短，土壤水分含量显著降低，尤其是 8 月份达到最低水平。在这三种处理中，百喜草敷盖小区的全年土壤水分含量最高且变化平稳，只有 8 月份因气温高和降雨量小而降低。裸露小区土壤水分含量全年月均值一直偏低，变幅较大。只有 6~8 月，裸露小区的土壤含水量高于覆盖小区，但仍远低于敷盖小区。

研究中还发现，在两年的观测期中，覆盖小区土壤含水量变幅最大，降雨多的时候，土壤含水量最大，当降雨量少的时候，随着植物蒸腾量增加而土壤含水量迅速减少。由此可见，植物既有改良土壤，增加土壤水分含量的作用，也有消耗土壤水分的功能。另外，植物须根根毛有固定土壤水分的作用，阻止了土壤水分自然排出，从而减少了土壤水分流失，提高了土壤含水量。因此建议干旱缺水的地方多用植物敷盖措施，慎用植物覆盖种植措施。

参 考 文 献

陈永宗.1989.我国土壤侵蚀研究工作的新进展.中国水土保持,3:7~11.

耿玉清,杜建玲,刘燕.2000.北京低山区土壤水热状况的研究.河北果树研究,15(1):10~14.

郭继志.1958.关于坡度与径流量和冲刷量关系问题的探讨.黄河建设,4(3):47~48.

郭志强,何英豪,肖庆元.1995.湘北红壤丘岗区旱地土壤水分性质与变化规律的研究.湖南农业科学,5:31~33.

贾志军,王贵平,李俊义.1987.土壤含水率对坡耕地产流入渗影响的研究.中国水土保持,(9):25~27.

江忠善,宋文经,李秀英.1983.黄土地区天然降雨雨滴特性研究.中国水土保持,4(5):32~36.

蒋定生,黄国俊.1984.地面坡度对降水入渗影响的模拟试验.水土保持通报,4(4):10~13.

蒋定生,黄国俊,谢永生.1984.黄土高原土壤入渗能力野外测试.水土保持通报,4:7~9.

康文星,田大伦,方海波,等.2000.第二代杉木人工幼林生态系统土壤水文学功能的研究.中南林学院学报,20(4):1~5.

李绍良,陈有君.1999.锡林河流域栗钙土及其物理性状与水分动态的研究.中国草地,9(3):71~76.

李新举,张志国,刘勋岭,等.2000.秸秆覆盖对土壤水盐运动的影响.山东农业大学学报(自然科学版),31(1):38~40.

罗伟祥,白立强,宋西德,等.1990.不同被盖度林地和草地的径流量与冲刷量.水土保持学报,4(1):30~35.

穆兴民.2000.黄土高原土壤水分与水土保持措施相互作用.农业工程学报,16(2):41~45.

秦永胜,余新晓,张志强,等.1998.密云水库上游水源保护林试验示范区土壤水分动态初步研究.北京林业大学学报,20(6):65~70.

史学正,梁音,于东升.1999."土壤水库"的合理调用与防洪减灾.土壤侵蚀与水土保持学报,5(3):7~10.

孙长忠,黄宝龙,陈海滨,等.1998.黄土高原沟坡次生植被与土壤营养现状的关系.林业科学研究,11(3):330~334.

田积莹,黄义端,雍绍萍.1987.黄土地区土壤物理性质及与黄土成因的关系.中国科学院西北水土保持研究所集刊,5(5):1~12.

汪杰,张晓琴,魏怀东.1999.河西走廊盐渍化草场土壤水盐动态观测研究.甘肃林业科技,24(3):7~11.

王孟本,李洪建.2001.林分立地和林种对土壤水分的影响.水土保持学报,15(6):43~46.

王玉宽,王占礼,周佩华.1991.黄土高原坡面降雨产流过程的试验分析.水土保持学报,5(2):25~31.

于东升,史学正.2003.红壤区不同生态模式的"土壤水库"特征及其防洪减灾效能.土壤学报,40(5):656~664.

张德罡,胡自治,于应文,等.1999.干扰对东祁连山高寒杜鹃灌丛土壤水热性能的影响.甘肃农业大学学报,9(3):243~246.

张汉雄.1983.黄土高原的暴雨特性及其分布规律.地理学报,38(4):416~425.

赵晓光,吴发启,刘秉正,等.1999.黄土高原坡耕地土壤水分主要受控因子研究.水土保持通报,19(1):10~14.

周择福.1997.太行山低山区不同立地土壤水分的研究.北京林业大学学报,19(增刊1):125-131.

朱显谟. 1982. 黄土高原水蚀的主要类型及其有关因素. 水土保持通报, 4: 25~30.

王晓艳, 高焕文, 李洪文, 等. 2000. 保护性耕作对农田地表径流与土壤水蚀影响的试验研究. 农业工程学报, 16 (3): 66-69

Aken A O, Yen B C. 1984. Effect of rainfall intensity no infiltration and surface runoff rates. J. of Hydraulic Research, 21 (2): 324~331.

Arya L M, Leij F J, Shouse P J, et al. 1999. Relationship between the hydraulic conductivity function and the particle-size distribution. Soil Science Society of America Journal, 63: 1063-1070.

Baunhardt R L. 1990. Modeling infiltration into sealing soil. Water Resource Res. , 26 (1): 2497~2505.

Bodman G B, Colman E A. 1944. Moisture and energy condition during down ward entry of water into soil. Soil Sci. Soc. AVI. T. , 8 (2): 166~182.

Eigle, J D, Moore I D. 1983. Effect of rainfall energy on infiltration into a bare soil. JRANS. of ASAE. , 26 (6): 189~199.

Helalia A M. 1993. The relation between soil infiltration and effective porosity in different soil, Agricultural Water Management, 24 (8): 39~47.

Hillel D. 1960. Crust formation in lassies soils. International Soil Sci. , 29 (5): 330~337.

Kutilek M. 2003. Time-dependent hydraulic resistance of the soil crust: Henry's law. Journal of Hydrology, 272: 72~78.

Ruan H X, Ahuja L R, Green T R, et al. 2001. Residue cover and surface- sealing effects on infiltration numerical simulations for field applications. Soil Science Society of America Journal, 65: 853~861.

Rubin J. 1996. Theory of rainfall uptake by soil initially driver than their field capacity and its applications. Water Resour Res. , 2 (4): 739~749

Smith R E, Corradini C, Melone F. 1999. A conceptual model for infiltration and redistriubtion in surface- sealed soils. Water Resour Res. , 35: 1385~1393

|第7章| 红壤坡地壤中流特征研究

7.1 概　　述

7.1.1 壤中流

壤中流是指水分在土壤内的运动，包括水分在土壤内的垂直下渗、侧流和水平流，它是流域径流的 3 个组成部分之一。本研究把壤中流与地下径流统称为基流。对任何一场降雨，至少有一部分甚至全部水分沿着土壤内的孔隙入渗到土壤内部形成土壤水，土壤水在土壤内的流动形成壤中流。壤中流的正常作用，首先是在流域层面上建立土壤水分的分布；其次是壤中流的侧向流直接形成流域的洪水过程和枯季流量，它与地表径流、地下径流一起构成流域的径流过程，在某些情况下，壤中流甚至可以形成洪峰，再次是壤中流通过改变土壤内的水分含量，影响到地表径流和地下径流的形成与变化。另外，壤中流是水分在土壤中再分配与水分循环的一个重要环节，土壤水分接受补给后，水分自地表向下入渗进入土壤，在土壤中重新分配，并损耗于蒸发和渗流，由于在土壤水运动中非线性和滞后现象，其水分运动过程非常复杂。由此可见，壤中流研究对整个流域径流产生、洪涝灾害的预报与预测、水资源的合理开发和利用及流域水文循环的计算都具有极其深远的意义（裴铁璠和李金中，1998；李金中等，1999）。

从已有的研究成果来看，植被对壤中流和地下径流有较大影响。滇中地区华山松人工林地的壤中流流量是地表径流量的 20 倍（孟广涛等，2001）。秦岭林区锐齿栎林内流域径流主要以壤中流为主，一般不发生地表径流，地下径流量也很小（高甲荣，1998）。滇中高原山地人工林群落流域径流以地下径流为主（方向京等，2001）。西双版纳人工橡胶林群落内地下径流略大于地表径流（刘玉洪等，2002）。黄平等（2000）在广东赤红壤地区的研究认为壤中流和地下径流占降雨量的 0.5% ~ 1.3%，地表径流占降雨量的 3%。在安徽巢湖旱地、祁连山、湘赣两江的地下径流随植被盖度增大而增大（张友静和方有清，1996；王金叶等，1999；单保庆等，2001）。但壤中流并不是在任何情况下都随植被盖度增加而增加，南京黄棕壤次生栎林采伐迹地壤中流大于林地，壤中流临界雨量为 40mm（李土生和姜志林，1995）。黄土高原丘陵沟壑区水土保持措施可以减小地表径流，且不增加基流，从而减少了流域总径流的输出（穆兴民等，1998）。四川平通河流域的地下径流及其在总径流中所占的比重均随植被覆盖率的增大而呈非线性同步递增（向成华等，1999）。贵州乌江中下游的板桥河小流域壤中流是地表径流的 6 倍多，占降雨量的 36.5%（金小麒和巫启新，1994）。以上的研究并没有把壤中流与地下径流截然分开。

7.1.2 降雨入渗

在本研究中没有采取人工浇灌，在坡地上也没有地下水进行补充，天然降水（包括降雨和降雪等）是土壤水分的唯一来源。只有降水到达地面后，才有土壤水分入渗发生。降雨初期，雨水通常全部或一部分由地表渗入土壤，少部分被地被物吸收或截留。当降雨强度大于土壤入渗速率或表层土壤水分达到饱和状态时才会发生地表产流，但土壤入渗仍在继续。雨水进入土壤的过程即为土壤水分入渗过程，由于土壤性状不同，水分的入渗速率有快有慢。通常情况下，沙质土壤入渗速率快，黏质土壤入渗速率慢。土壤的入渗性能对洪水过程、土壤侵蚀、土壤水分和水量平衡等都能产生较大的影响。有关降雨入渗的研究前面已有涉及，故此不再赘述。本章主要对天然降雨下不同水土保持措施的水分入渗量（包括植被少部分截留）和水分入渗过程进行分析，为进一步研究不同水土保持措施的滞洪消峰效应研究打下基础。

7.2 壤中流及影响因子分析

降雨到达下垫面后，一部分雨量沿坡面产生地表径流，另一部分渗入土壤。随着这一过程的继续，当土壤含水量达到或超过田间持水量时，水分不能为毛管力所保持，受重力的支配沿着大孔隙向下渗透，形成重力水。当重力水渗透到弱透水层或相对不透水层时，一部分水分继续向下渗透，另一部分则在两层的交界面处积聚，沿相对不透水层侧向流动，从土体边缘或土层断裂处形成壤中流流出。另外，在土层具备出流条件时，壤中流可自上而下在各个层次交界处形成，至于形成壤中流的土壤深度，则随降雨及土壤条件和其他因素而变。一场降雨形成的流域径流有两个较为突出的流量过程，一个是主峰，主要由地表径流形成；其后还有一个小的流量过程，即为壤中流出流过程。

7.2.1 壤中流的构成

7.2.1.1 壤中流的分布

经观测计算，2005～2009 年，试验区百喜草覆盖、百喜草敷盖和裸露对照小区 3 个小区壤中流年平均总量分别为：2.32 m³、3.36m³、0.52 m³（表7-1），分别为径流总量的5.86%、5.05%、0.94%。裸露小区壤中流总量远小于地表径流总量和地下径流总量，而采取覆盖和敷盖措施的小区，壤中流总量大于地表径流总量。这是因为采取水土保持措施后，地表径流流速减慢，土壤疏松通透，有更多水分下渗到土壤内。

（1）上层壤中流

上层壤中流是指距地表30cm 处的出流量（下同）。由观测结果可知，采用这 3 种不同的处理措施，其上层壤中流总量差别较大。覆盖小区、敷盖小区和裸露小区的比值为7∶11∶1。

表 7-1　径流基本情况表

Table 7-1　The basic situation of runoff composition

小区	基流						地表径流		径流总量	
	壤中流				地下径流		地表径流量（m³）	占径流总量的比例（%）	径流总量（m³）	占降雨量的比例（%）
	地表以下30cm（m³）	地表以下60cm（m³）	小计（m³）	占径流总量的比例（%）	地表以下105cm（m³）	占径流总量的比例（%）				
覆盖	1.39	0.92	2.32	5.86	33.55	84.92	3.64	9.22	39.51	45.63
敷盖	2.23	1.13	3.36	5.05	58.67	88.10	4.56	6.85	66.60	76.92
裸露	0.21	0.31	0.52	0.94	33.71	61.24	20.82	37.82	55.06	63.58

将采用水土保持措施的两个小区与裸露对照小区比较发现，采取水土保持措施导致上层壤中流显著增大。但是覆盖小区和敷盖小区的产流机理并不完全相同。其相同之处在于，采取覆盖和敷盖两种措施增加地表粗糙度，截留部分降雨，延缓降雨到达地表的时间，并与直接到达地表的降雨分别下渗，因而增加了渗透量。不同之处在于，敷盖措施只与土壤表面接触，除为上层土壤的土居动物和微生物提供庇护外，一般对深层土壤不产生直接影响，多是通过减缓地表径流流速而增加下渗量，而覆盖措施则是植物根系扎入土壤，通过新陈代谢而增加土壤孔隙度，除通过减缓地表径流流速而增加下渗量外，还可以通过改变土壤孔隙状况影响土壤入渗。从这个角度来看，覆盖措施因根系作用导致土壤疏松，可以增加深层水分下渗量。但是从另外一个方面来看，由于覆盖措施是活的植物体，在植物生长季节有较强的蒸腾能力，消耗了大量的土壤水，进而减少了上层壤中流。而敷盖措施为上层土壤中的蚯蚓等土居小动物和微生物提供了庇护，促进了土壤结构改善，改变了土壤的通透性能，增加土壤水入渗。再加上地表敷盖的是死地被物，没有生命活动消耗水分，进入土壤的水分只有土壤蒸发和壤中流两种消耗途径，而没有植物蒸腾的损失，导致上层壤中流增多。因此出现敷盖措施小区上层壤中流量大于覆盖措施小区壤中流量，这一点在降雨量小、气温高、风速大时更为明显。

（2）中层壤中流

中层壤中流是指距地表 60cm 处的出流量（下同）。采取不同的水土保持措施后，中层壤中流量差别也较大，覆盖小区、敷盖小区和裸露小区的比值为 3:4:1。裸露小区的流量仍远小于采取水土保持措施的小区，其原因仍在于裸露小区地表径流流速过快，降雨更多以地表径流的形式消耗，导致下渗的水量较小，进而导致壤中流较小，这一点与上层壤中流相同。同时，水土保持措施对中层壤中流的影响远没有对上层壤中流的影响大，裸露小区的中层壤中流比表层壤中流增大了 1 倍。覆盖小区和敷盖小区则相反，上层壤中流流量分别是中层壤中流流量的 1.51 倍和 1.46 倍。这是因为，随着土壤层次的加深，水土保持措施的作用降低，地表植被由于根系的作用，趋向于减小各层次之间的差别，而无生命地被物敷盖则缺乏这一作用，导致土壤不同层次壤中流差距较大。由于不同层次壤中流产生的时间不同，流速不同，当不同层次壤中流流量差别较大时，壤中流更多的是从某一个层次流出，其消洪减峰的作用相对减弱，从这一点看，无生命地被物敷盖与地表植被覆盖相比，其防洪减灾的能力较差。

（3）地下径流

地下径流是指到达地表以下的出流量（下同）。由于试验装置 90cm 以下为不透水层，故由此层出流的水量称之为地下径流或底层壤中流。覆盖小区、敷盖小区和裸露对照坡地年平均地下径流总量分别为 33.55 m^3、58.67 m^3 和 33.71 m^3，分别占径流总量的 84.92%、88.10% 和 61.24%，远大于地表径流和壤中流。由此可见，红壤坡地的地下径流是水分输出的主要途径，在敷盖措施条件下尤为显著。

试验结果表明：裸地壤中流总量远小于采取保水措施后的壤中流总量。这是由于裸地地表缺乏有效的阻滞，土壤结构较为紧密，地表结皮较为普遍，降雨到达地面后，地表径流流速快，大量水分以地表径流形式流走。采取覆盖和敷盖两种水土保持措施，无论是有生命的植被，还是无生命的地被物都能涵蓄一定水分，有效减缓地表径流，将地表水转化为地下水。

两种保水措施中，敷盖小区各层壤中流总量均大于覆盖小区，其主要原因是无生命的地被物没有蒸腾作用，且因地表敷盖物阻隔而蒸发散量小，下渗量大而形成地下径流量大。

覆盖小区中层壤中流总量小于上层壤中流总量，而其他两个小区中层壤中流总量大于上层壤中流总量，这是由于覆盖小区种植的百喜草的生物学特性所决定。百喜草的根系较多地集中于土壤上中层，尤其是在中层更多，百喜草生长季节蒸腾作用所需的水分大多来自中层土壤。另外，有部分百喜草根系垂直扎入土壤中可达 1~2m，老死腐烂的根系成为土壤水分入渗的通道而直接进入底层，所以中层壤中流变小。其他两个小区因没有形成土壤水分入渗通道而导致中层壤中流较大。小区底部为不透水层，地下径流从地表以下 90cm 处的出水口流出，其流出量见表 7-1。

7.2.1.2 壤中流的构成

为了进一步研究壤中流的特征，比较其差异，按流量大小把壤中流划分为 <0.01m^3、0.01~0.1m^3、0.1~1m^3、>1m^3 四个级别，其构成详见表 7-2。由表 7-2 可见，三个小区壤中流主要集中于 0.01~0.1m^3、0.1~1m^3、>1m^3 三个级别区间内。覆盖小区大级别壤中流量所占比例大于地表径流量的相应比例，敷盖小区壤中流组成与地表径流构成相近，而裸露小区小级别壤中流流量所占比例小于地表径流量的相应比例。说明大雨量时，覆盖小区以壤中流为主，地表径流所占比例较低。裸露小区以地表径流为主，壤中流比例较低，小雨量时则相反。敷盖小区径流量组成与雨量关系较小，与前期土壤含水量较高有关。

在覆盖小区中，因为植物根系对土壤有较大的影响，能改变土壤的通透性能，降低土壤容重（陈建宇，2000），增加土壤孔隙度（谢宝平和牛德奎，2000），土壤下渗能力增强，下渗水量增大，此外地表植被层中涵蓄的水分也通过下渗输出。如降雨量变小或不下雨时，由于地表植被的蒸发作用，土壤含水量降低，涵蓄在土壤中的水分变少，产生的壤中流流量就小。裸露小区在降雨量较小时就能产生壤中流，但雨量大时由于土壤结构相对紧实，下渗能力有限，同时缺乏植被层涵蓄水分和植被对径流的阻滞作用，降雨很快以地表径流形式输出。

表 7-2 壤中流构成表
Table 7-2 Interflow composition

小区	土层深（cm）	壤中流的构成			
		<0.01m³（%）	0.01~0.1m³（%）	0.1~1m³（%）	>1m³（%）
覆盖	30	1	31	32	37
	60	1	38	60	0
敷盖	30	1	30	69	0
	60	1	22	41	37
裸露	30	6	49	45	0
	60	7	93	0	0

7.2.2 壤中流动态分析

植被对壤中流和地下径流有较大影响，在降雨的情况下，植被覆盖度高的坡地壤中流流量大；而裸地则以地表径流为主，壤中流少。植被可以涵养水源，抑制洪水，防止水土流失，减少河流泥沙含量，其中很重要的机制就是植被能提高土壤的水分下渗能力，使大部分的雨水变成地下径流，从而降低了地表径流的冲蚀作用。

试验期内，覆盖、敷盖和裸露小区的基流系数均大于各年度地表径流系数，尤其是覆盖小区和敷盖小区的基流远大于地表径流。裸露小区的基流量远小于覆盖、敷盖两小区，这是由于裸露小区地表缺乏有效的阻滞，降雨到达地面后，地表径流流速大，大量水分从地表流走。而覆盖、敷盖小区的植被和地被敷盖物都能涵蓄一定的水分，能有效减缓地表径流流速，将地表水转化为地下水。

敷盖小区壤中流和地下径流量以及径流总量均大于覆盖处理，这是由于百喜草的蒸腾作用，消耗了部分土壤水，降雨入渗量主要用作补充土壤水，这种现象夏季尤为明显。而地被物敷盖小区没有植物的蒸腾作用，且有地被物阻隔，故地表蒸散发量小，土壤水分变化幅度较小。

7.2.2.1 各月分布特征

相对地表径流变化规律，壤中流与地下径流的变化更为复杂。地表径流对降雨反应敏感，具有突然性和不稳定性，而壤中流和地下径流特征除与当次降雨特征有关外，还与前期降雨及土壤初始含水量、空气温度、空气湿度等因素有关，而且变化相对缓慢。为了研究一年中3个采用不同措施小区壤中流和地下径流的变化规律，将观测期内不同土层的径流量换算成径流系数，按统计的月平均值绘制成图7-1和图7-2。

（1）上层和中层壤中流

由图7-1可知，覆盖、敷盖与裸露小区坡地的上层和中层壤中流各月分布差异明显。

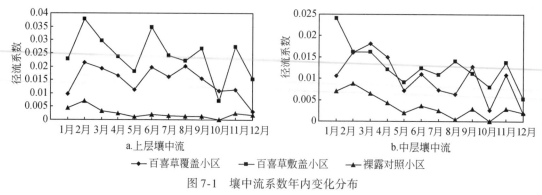

图7-1 壤中流系数年内变化分布

Fig. 7-1 30cm & 60cm interflow coefficient annual variation distribution

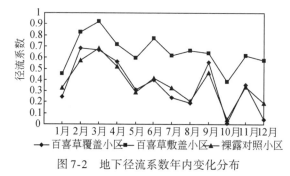

图7-2 地下径流系数年内变化分布

Fig. 7-2 Underground runoff coefficient annual variation distribution

覆盖小区、敷盖小区的上层和中层壤中流径流系数基本均在0.01以上，裸露对照小区坡地的上层和中层壤中流径流系数均在0.01以下，这是因为地表的植被覆盖或敷盖具有减缓地表径流、增加入渗的作用。

覆盖小区和敷盖小区的壤中流与地下径流量各月分布特征与降雨各月分布特征也较为一致，随降雨量增加或减少，壤中流与地下径流量也相应增加或减少。比如降雨较多的主汛期4~9月份，壤中流与地下径流系数相应也变大。裸露对照区的壤中流与降雨量大小没有太大关系，无论是上层还是中层壤中流，都在低水平徘徊，说明该区因土壤结构紧实而壤中流不畅。

（2）地下径流

由图7-2可知，对于地表以下90cm处的地下径流来讲，裸露小区的地下径流系数全年各月份基本小于覆盖小区和敷盖小区，处于最小值，特别是降雨较为集中的5~8月份。这是因为裸露小区承接的降雨，很大一部分以地表径流形式损失，造成地下径流大大削减。敷盖小区的地下径流系数基本保持最大，8月份表现更为突出。覆盖小区的地下径流系数介于敷盖小区与裸露对照小区之间，与敷盖小区接近，但变化幅度最大，主要是由于百喜草生长发育用于蒸腾作用而消耗大量水分所造成，尤其是10月降雨量最小，地下径流达到最低点。

(3) 不同土层径流量对比分析

不同小区壤中流与地下径流特征存在较大差异。对于壤中流来说,一般各月间的变化比较平缓。覆盖小区与敷盖小区上层和中层的壤中流相差不大,与裸露小区有着极大的差别。在90cm处的地下径流,裸露小区与两个采取水土保持措施的小区相比,变化相对要平缓得多。由此可知,敷盖小区的敷盖材料能增加地表的粗糙度,从而减缓水流速度,使降水缓慢渗透到土壤中,提高土壤的下渗率,减少土壤表层水分的损失,变地表径流为地下径流,达到削减洪峰的目的。百喜草覆盖不仅具有上述敷盖材料的作用,变地表径流为地下径流,而且还具有改良土壤结构,增加土壤孔隙度,促进土壤水分运动的功能。但因百喜草生长发育的蒸腾作用需要消耗一部分水量,从而导致地下径流系数较百喜草敷盖处理偏小,一年当中的均值基本与裸露对照小区持平。

7.2.2.2 季节动态分析

以降雨和温度作为主要因素,把全年划分为春、夏、秋、冬四个季节分析壤中流动态特征。由于降雨是影响壤中流的主要因素,而温度的作用远小于降雨量对壤中流的影响,因此按季节分析壤中流量特征,其结论不一定十分可靠。本研究中,季节的划分,按照气象学上季节划分的常用方法,3~5月为春季,6~8月为夏季,9~11月为秋季,12月至次年2月为冬季。

(1) 上层壤中流

研究中,将观测期每个小区上层壤中流年均流量定为100%,分析各季度所占比例。以降雨量最小的秋季的平均径流量定为1,进行季节间比较,详见表7-3。由表7-3可知,不同季节上层壤中流量存在显著差别。3个小区中,均以秋季壤中流量最小,其他季节差异较大。

表7-3 不同季节上层壤中流分布

Table 7-3 Distribution of surface interflow in different seasons

项目		春季	夏季	秋季	冬季	合计
覆盖小区	季节分布(%)	28.09	43.75	13.73	14.43	100.00
	季节比	2.05	3.19	1.00	1.05	—
敷盖小区	季节分布(%)	26.52	40.13	15.44	17.91	100.00
	季节比	1.72	2.60	1.00	1.16	—
裸露小区	季节分布(%)	27.04	25.74	11.43	35.78	100.00
	季节比	2.37	2.25	1.00	3.13	—

在裸露小区,上层壤中流的排序是冬季大于春季,更大于夏季和秋季。夏季壤中流流量较冬季小,而在第3章中已知夏季降雨量远大于冬季,说明壤中流受降雨量的影响不大,而是受降雨历时影响很大。由于该区域夏季多为短历时大暴雨,再加上受高温的强烈影响,土壤水分蒸发丧失很快,故而形成此种结果。春季和秋季温度相近,此时降雨量起到重要作用,因此春季壤中流量远大于秋季。冬春两季多为降雨历时较长的小雨,春季比

冬季的气温高，降雨历时相对较短，因此出现上层壤中流冬季最大。由此可见，上层壤中流不仅与降雨量有关，而且与降雨历时和气温有关，上层壤中流受外界影响较大。

当采取水土保持措施之后，不论是覆盖小区还是敷盖小区，季节上层壤中流的排序都是夏季>春季>冬季>秋季，而降雨量的排序为夏季>春季>秋季>冬季，说明它们受外界影响相对要小，壤中流量与降雨量的排序基本一致，在秋冬两季位置发生颠倒与前面分析的降雨历时和气温有关。覆盖小区在夏秋两季降雨量的影响更为明显。

两种水土保持措施对上层壤中流影响程度不同，覆盖小区上层壤中流夏春两季占全年的比例比敷盖小区要高，说明它比敷盖小区受降雨量的影响要大。百喜草的生长季节对上层壤中流影响较大。上层壤中流的比值夏季最大，春季次之，与敷盖小区完全一致，但地表敷盖物可以保护土壤水分，有助于提高土壤上层壤中流量，所以变化相对平缓。

（2）中层壤中流

按照上层壤中流的分析方法，将各小区观测到的中层壤中流量统计均值列成表7-4。由表7-4可知，这3个小区中层壤中流量与上层相比发生了很大分异。在覆盖小区，中层壤中流占全年壤中流比例的排序是春季大于夏季，再大于冬季，秋季最小。在敷盖小区，中层壤中流占全年壤中流比例与上层壤中流一样，其排序没有发生改变。在裸露小区，季节中层壤中流是春季最大，冬季次之，夏季再次，秋季最小。中层壤中流排序与上层壤中流不同的原因是春季降雨量较大，历时较长，此时的覆盖小区的百喜草处于萌发生长阶段，生物量不算大，消耗土壤水分也不多。在敷盖小区因有土壤微生物和小动物活动，且没有土壤水分损失，中层壤中流随降雨量的增加而增加，其他原因与上层一致。在裸露小区，中层壤中流最大与上层不同的原因是受外界影响变小。

表 7-4 不同季节中层壤中流分布

Table 7-4 Distribution of middle interflow in different seasons

项目		春季	夏季	秋季	冬季	合计
覆盖小区	季节分布（%）	36.40	29.50	16.06	18.04	100.00
	季节比	2.27	1.84	1.00	1.12	—
敷盖小区	季节分布（%）	27.31	35.80	15.39	21.50	100.00
	季节比	1.77	2.33	1.00	1.40	—
裸露小区	季节分布（%）	33.24	23.71	11.28	31.77	100.00
	季节比	2.95	2.10	1.00	2.82	—

（3）地下径流

按照上述分析方法，将各小区观测到的地下径流量统计均值列成表7-5。由表7-5可知，在覆盖小区，夏季植物生长旺盛，直通低层的根系既有老死的根系增加土壤入渗的作用，又有新生的根系吸收土壤水分用于植物蒸腾散发的功能，故而出现春季的地下径流最大。敷盖小区和裸露小区地下径流量比例分配情况产生的原因与上述分析相同，不再赘述。

表 7-5　不同季节地下径流分布

Table 7-5　Distribution of underground runoff in different seasons

项目		春季	夏季	秋季	冬季	合计
覆盖小区	季节分布（%）	38.31	27.69	16.24	17.76	100.00
	季节比	2.36	1.71	1.00	1.09	—
敷盖小区	季节分布（%）	31.57	38.35	14.82	15.26	100.00
	季节比	2.13	2.59	1.00	1.03	—
裸露小区	季节分布（%）	36.67	31.28	14.51	17.54	100.00
	季节比	2.53	2.16	1.00	1.21	—

7.2.2.3　雨季、旱季动态分析

前面分析了观测期内年均壤中流特征及其变化规律，为深入研究壤中流其他特征，根据当地的降雨情况划分雨季与旱季，把一年当中降雨量较多的 4~8 月定为雨季，把降雨量较少的 9 月至次年 3 月定为旱季，分析这两个时段的壤中流特征。

（1）上层壤中流

按照这两个时段的观测数据，统计形成表 7-6，可知裸露小区雨季上层壤中流量小于旱季。说明裸露小区土壤结构紧实，地表缺乏地被物阻滞，地表径流流速太快，导致下渗量较小，且受降雨历时和气温高的外界条件影响，有时降雨没来得及下渗就已经部分蒸发，故雨季降雨量大并不一定导致下渗的增加，与降雨量关系并不紧密。而在旱季，这种情况刚好相反。因此，在相同降雨量及土壤含水量条件下，旱季降水有可能下渗量大于雨季，或者是因为旱季温度较低蒸发量减少的缘故造成的。采取覆盖或敷盖措施之后，由于减缓了径流流速，更多降雨得以下渗，导致雨季壤中流量大于旱季。

经统计，试验区雨季的降雨量是旱季的降雨量 1.43 倍，而百喜草覆盖和敷盖坡地雨季上层壤中流是旱季的 1.65 倍和 1.35 倍。说明上层壤中流受降雨与水土保持措施的共同影响，覆盖小区上层土涵养水分的作用要强于敷盖小区，且百喜草覆盖措施对上层壤中流的影响在雨季更为明显。

表 7-6　雨旱季上层壤中流分布

Table 7-6　Distribution of surface interflowin rainy and dry season

小区	雨季（%）	旱季（%）	总和（%）	雨旱季比
覆盖小区	62.32	37.68	100.00	1.65
敷盖小区	57.46	42.54	100.00	1.35
裸露小区	41.51	58.49	100.00	0.71

（2）中层壤中流

采用同样的方法，把中层壤中流统计结果列成表 7-7，可知降雨对中层壤中流的影响

较小。在中层土壤涵养水分能力方面，裸露坡地的涵养水分能力最弱，覆盖小区与敷盖小区的涵养水分能力强，且两者的效果基本相当。

表 7-7 雨旱季中层壤中流分布

Table 7-7 Distribution of middle interflow in rainy and dry season

小区	雨季（%）	旱季（%）	总和（%）	雨旱季比
覆盖小区	52.28	47.72	100.00	1.10
敷盖小区	53.19	46.81	100.00	1.14
裸露小区	42.54	57.46	100.00	0.74

（3）地下径流

同理，把地下径流统计结果列成表 7-8，可知降雨、水土保持措施、地下径流三者关系较为复杂。百喜草敷盖措施下的地下径流与降雨关系最密切，而百喜草覆盖小区与裸露小区的地下径流在雨季和旱季反映的效果基本一致，但作用机理完全不同。覆盖小区是因百喜草在生长发育时期吸收土壤水分用于自身新陈代谢而消耗了土壤水分，而裸露小区是因土壤结构紧实，地表径流快速流走而导致入渗量减少的结果。

表 7-8 雨旱季地下径流分布

Table 7-8 Distribution of underground runoff in rainy and dry season

小区	雨季（%）	旱季（%）	总和（%）	雨旱季比
覆盖小区	52.26	47.74	100.00	1.10
敷盖小区	59.02	40.98	100.00	1.44
裸露小区	53.91	46.09	100.00	1.17

7.2.2.4 各处理措施间的壤中流与地下径流方差分析

以上从统计量的角度分析了不同土层壤中流情况，为科学检验各处理措施间的差异，下面采用方差分析方法判定不同土层壤中流的情况。

（1）上层壤中流方差分析

从以上分析得知，3 个小区上层壤中流存在差异，为弄清这种差异究竟是由于不同措施导致还是由于随机因素导致，故采用方差分析方法进行判定。首先应用 SPSS 软件对不同小区的上层壤中流做单因素方差分析，如果各小区的上层壤中流总体均值有显著差异，还需要进一步做多重比较。先用邓肯多重极差方法做第一次多重比较，然后采用费舍尔（Fisher）最小显著差方法（least significant difference，LSD）分析方法对不同水土保持处理措施的上层壤中流进行多重比较。

首先对数据样本进行方差齐次性分析，得出 Sig>0.05，表明不同水土保持措施上层壤中流数据的总体方差相等，满足方差分析的前提条件。

这 3 个小区上层壤中流方差分析结果见表 7-9，相伴概率小于 0.05，表明其中至少有一种处理与其他处理上层壤中流存在显著性差异。但不能得出具体是哪一个还是哪两个，所以需通过多重比较（multiple comparisons）查找变异来源。

表 7-9 上层壤中流方差分析表

Table 7-9 Variance analysis of surface interflow in 30cm depth soil

变差来源	平方和	自由度	平均平方和	F 值	相伴概率
组间	113.254	2	56.627	33.951	0.000
组内	195.147	117	1.668		
合计	308.400	119			

多因素方差分析的结果见表 7-10，可以看出覆盖小区与敷盖小区的相伴概率大于 0.05，说明这两种处理间的上层壤中流量不存在显著性差异。但百喜草覆盖小区、百喜草敷盖小区与裸露对照小区的相伴概率小于 0.05，说明覆盖小区、敷盖小区与裸露小区上层壤中流存在显著性差异。

表 7-10 上层壤中流多重比较

Table 7-10 30cm surface interflow multiple comparison

小区	参照小区	样本均值差	标准误差	相伴概率	95% 置信区间	
					下限	上限
覆盖小区	敷盖小区	-0.2327	0.2709	0.392	-0.7693	0.3038
	裸露小区	2.1368 *	0.3089	0.000	1.5250	2.7485
敷盖小区	覆盖小区	0.2327	0.2709	0.392	-0.3038	0.7693
	裸露小区	2.3695 *	0.3050	0.000	1.7655	2.9735
裸露小区	覆盖小区	-2.1368 *	0.3089	0.000	-2.7485	-1.5250
	敷盖小区	-2.3695 *	0.3050	0.000	-2.9735	-1.7655

* 表示在显著性水平 0.05 下差异显著

（2）中层壤中流方差分析

为进一步研究这 3 种处理中层壤中流的差异，通过对试验期内各小区产生的中层壤中流数据样本进行方差分析，结果如下。

首先进行方差齐性检验，得出 Sig>0.05，表明这 3 个小区的中层壤中流数据的总体方差相等，满足方差分析的前提条件。

各小区的中层壤中流方差分析如表 7-11 所示，相伴概率小于 0.05，表明其中至少有一种处理与其他处理的中层壤中流存在显著性差异，但不能得出具体是哪一种还是哪两种，所以需通过多重比较查找变异来源，见表 7-12。

表 7-11 中层壤中流方差分析

Table 7-11　60cm middle interflow variance analysis

变差来源	平方和	自由度	平均平方和	F 值	相伴概率
组间	52.679	2	26.339	9.973	0.000
组内	301.074	114	2.641		
合计	353.753	116			

表 7-12 中层壤中流多重比较

Table 7-12　60cm middle interflow multiple comparisons

小区	参照小区	样本均值差	标准误差	相伴概率	95% 置信区间	
					下限	上限
覆盖小区	敷盖小区	0.2553	0.2744	0.354	−0.2884	0.7989
	裸露小区	1.4655*	0.2903	0.000	0.8904	2.0406
敷盖小区	覆盖小区	−0.2553	0.2744	0.354	−0.7989	0.2884
	裸露小区	1.2102*	0.2807	0.000	0.6542	1.7662
裸露小区	覆盖小区	−1.4655*	0.2903	0.000	−2.0406	−0.8904
	敷盖小区	−1.2102*	0.2807	0.000	−1.7662	−0.6542

* 表示在显著性水平 0.05 下差异显著

多因素方差分析的结果见表 7-12，可以看出百喜草覆盖与敷盖处理的相伴概率大于 0.05，说明这两种处理间的土壤入渗量不存在显著性差异。但百喜草覆盖、百喜草敷盖与裸露对照的相伴概率小于 0.05，说明覆盖、敷盖与裸露小区中层壤中流存在显著性的差异。

（3）地下径流方差分析

为了进一步研究不同措施条件下对地下径流的影响，通过对试验期内这 3 个处理小区产生的地下径流数据样本进行方差齐次性分析，结果如下。

首先进行方差齐次性检验，得出 Sig>0.05，表明不同水保措施处理下的地下径流数据的总体方差相等，满足方差分析的前提条件。

对 3 种处理措施下的地下径流进行方差分析如表 7-13 所示，发现其相伴概率大于 0.05，表明各小区的地下径流不存在显著性差异。这表明虽然不同小区的地下径流量有一定的差别，但这种差异性不是很大，即不同处理措施对地下径流量的影响并不显著。

表 7-13 地下径流方差分析

Table 7-13　Underground runoff variance analysis

变差来源	平方和	自由度	平均平方和	F 值	相伴概率
组间	8.447	2	4.223	1.705	0.186
组内	309.581	125	2.477		
合计	318.028	127			

7.2.3 壤中流特征预报

7.2.3.1 壤中流流量预报

各小区不同土层产生壤中流的最小雨量、雨强、降雨历时、初渗雨量是不同的。从观测数据分析中得知，最小产流雨量1.05～6.5mm，最小产流降雨历时7.4～557min，最小产渗雨强0.19～0.67mm/h，最小初渗雨量0.35～3.8mm。采用第4章所述研究方法，求得各小区不同土层临界雨量值见表7-14。可见采取水土保持措施后，产生壤中流的临界雨量增大。但由于在大雨量时，采取水土保持措施的下渗量大于裸地，所以其壤中流总量仍大于裸地壤中流量。

从试验观测结果可见，降雨与壤中流时间有不同长度的重合。在该重合期内的降雨量称为初渗雨量，即在该场雨降雨量为初渗雨量时地下出水口开始出水。初渗雨量受降雨量的影响，其相关关系见表7-15。初渗雨量随总雨量增大而增大，两者之间相关性为极显著相关（裸露小区底层为显著）水平。其相关关系有幂函数（覆盖小区上层）、S曲线（覆盖小区底层、敷盖小区上层）、直线（敷盖小区底层、裸露小区上层）和二次曲线关系（裸露小区底层）。

表7-14 不同小区土层壤中流临界雨量

Table 7-14 Interflow critical rainfall of different measures and soil depth

（单位：mm）

小区土层	覆盖表层	覆盖底层	敷盖表层	敷盖底层	裸地表层	裸地底层
临界雨量	20.20	25.78	17.16	20.97	15.39	13.68

表7-15 初渗雨量（Y）与总雨量（X）回归方程

Table 7-15 Regression equation of initial infiltration rainfall and total rainfall

小区土层	方程类型	R	d.f.	F	Sig-F	b_0	b_1	b_2
覆盖表层	$Y = b_0 X^{b_1}$	0.659	40	30.71	0.000	1.4430	0.7089	
覆盖底层	$Y = e^{(b_0 + b_1/X)}$	0.588	27	14.30	0.001	3.3703	−15.253	
敷盖表层	$Y = e^{(b_0 + b_1/X)}$	0.591	40	21.41	0.000	3.0791	−6.1608	
敷盖底层	$Y = b_0 + b_1 X$	0.791	34	56.84	0.000	2.5452	0.3312	
裸地表层	$Y = b_0 + b_1 X$	0.951	22	206.94	0.000	−0.4935	0.5538	
裸地底层	$Y = b_0 + b_1 X + b_2 X^2$	0.640	13	4.52	0.032	−1.7560	1.0830	−0.0085

注：R为相关系数；d.f.为自由度；F为F检验统计量；Sig-F为相伴概率；b为系数（下同）

从前面分析可以看出，由于采取覆盖和敷盖措施的两个小区，上层和中层壤中流量特征相似，故将两个小区数据合并，不分土层作各小区降雨量、雨强、降雨历时、初渗雨量滞后历时、渗漏历时与壤中流总量曲线回归方程，结果见表 7-16 和表 7-17。壤中流与降雨因子呈正相关，采取措施后小区壤中流与入渗滞后历时呈负相关，采取措施的小区壤中流与雨量为直线关系，与裸露小区呈幂函数关系。采取水土保持措施的小区壤中流与雨强为 S 曲线关系，与裸地呈对数关系，与降雨历时呈直线关系。采取水土保持措施的小区壤中流与初渗雨量呈幂函数关系，与裸地呈 S 曲线关系。采取水土保持措施的小区壤中流与渗漏历时呈直线关系，与裸地呈 S 曲线关系。采取水土保持措施的小区壤中流与渗漏滞后历时呈对数关系，与裸地呈三次函数关系。

以雨量、雨强、降雨历时为自变量做逐步回归，结果表明：雨量、雨强、降雨历时均对壤中流总量产生影响。覆盖和敷盖小区壤中流量受雨量影响较大，裸露小区壤中流受雨强影响较大。

表 7-16 壤中流总量（Y）与各影响因子的回归方程

Table 7-16 Regression equationof interflow and factors

小区	影响因子	方程类型	R	d. f.	F	Sig-F	b_0	b_1	b_2	b_3
采取措施小区	雨量	$Y=b_0+b_1X$	0.843	132	324.60	0.000	−0.0192	0.0019		
	雨强	$Y=e^{(b_0+b_1/X)}$	0.399	132	25.00	0.000	−2.7534	−0.0129		
	降雨历时	$Y=b_0+b_1X$	0.692	132	121.39	0.000	−0.0261	6.1E−05		
	渗漏历时	$Y=b_0+b_1X$	0.700	131	126.04	0.000	−0.0358	1.7E−05		
	滞后历时	$Y=b_0+b_1\ln X$	0.232	131	7.55	0.007	0.2480	−0.0288		
	初渗雨量	$Y=b_0X^{b_1}$	0.404	132	25.73	0.000	−3.9455	0.0245		
裸露小区	雨量	$Y=b_0X^{b_1}$	0.750	37	17.07	0.000	0.0019	0.5748		
	雨强	$Y=b_0+b_1\ln X$	0.587	37	5.00	0.031	0.0543	0.0090		
	降雨历时	$Y=b_0+b_1X$	0.822	37	30.96	0.000	0.0003	4.2E−06		
	渗漏历时	$Y=e^{(b_0+b_1/X)}$	0.491	37	2.28	0.139	−4.1874	−0.5447		
	滞后历时	$Y=b_0+b_1X+b_2X^2+b_3X^3$	0.587	35	6.15	0.002	−0.0005	0.0001	−2.0E−07	9.8E−11
	初渗雨量	$Y=e^{(b_0+b_1/X)}$	0.675	37	30.96	0.000	0.0003	4.2E−06		

表 7-17 壤中流总量与降雨因子逐步回归结果表

Table 7-17 Regression result between interflow and rainfall factors

小区	b_0	b_1	b_2	b_3	b_4	b_5	F	Sig-F	R
覆盖小区	−5.84E−02	−3.187E−03	0	0	0	−1.17E−08	122.978	0.000	0.887
敷盖小区	2.040E−02	9.965E−04	0	−2.657E−05	4.572E−07	0	48.865	0.000	0.84
裸露小区	7.935E−03	0	8.138E−02	0	0	1.107E−07	11.898	0.000	0.631

注：$Y=b_0+b_1X_1+b_2X_2+b_3X_3+b_4X_4+b_5X_5+b_6X_6$，其中，$Y$ 为壤中流总量；X_1 为雨量；X_2 为雨强；X_3 为降雨历时；X_4 为雨量×雨强；X_5 为雨量×历时；X_6 为雨强×历时；$b_0 \sim b_5$ 为系数

地表径流与壤中流是水分循环的两种输出途径。在试验期观测时发现，产生地表径流时不一定产生壤中流，反之亦然。而一场雨中或一段时间内也可能同时出现壤中流和地表

径流，把这一部分地表径流和壤中流作为研究对象，做地表径流与壤中流回归方程。从前面分析可知，因上层壤中流与中层壤中流差异无本质区别，故将两层壤中流数据合并，分析不同措施地表径流与壤中流相关关系。结果见表7-18，裸露小区地表径流量与壤中流量相关关系不显著。在采取两种水土保持措施后，地表径流量与壤中流量呈线性正相关关系，壤中流量大于地表径流量。覆盖措施壤中流量增大幅度大于敷盖措施，相同径流量时覆盖措施下壤中流量更大。

表7-18 壤中流总量（Y）与地表径流（X）回归方程

Table 7-18 Regression equation of interflow and runoff

小区	方程类型	R	d. f.	F	Sig-F	b_0	b_1
覆盖小区	$Y = b_0 + b_1X$	0.841	22	53.03	0.000	0.0099	0.7233
敷盖小区	$Y = b_0 + b_1X$	0.683	28	24.55	0.000	0.0082	0.4041
裸露小区	$Y = b_0 + b_1/X$	0.164	24	0.67	0.422	0.0182	−0.0004

7.2.3.2 壤中流历时预报

由于上层壤中流和底层地下径流历时有较大差别，分析壤中流历时按不同土层、不同措施类别分用十种模型做壤中流历时与降雨量、降雨历时、降雨强度进行回归分析，结果见表7-19、表7-20和表7-21。从表中可见：①上层壤中流历时与降雨因子有较好相关性，而底层地下径流历时与降雨因子相关性很差，覆盖小区地下径流历时与降雨因子相关性高于另两小区；②采取水土保持措施的小区上层壤中流历时与雨量呈线性正相关关系，与裸地呈负相关关系，采取水土保持措施的小区壤中流历时随雨量增大而增大，裸地壤中流历时随雨量增大而减小；③采取水土保持措施后，上层壤中流历时与降雨历时呈线性正相关关系，而裸地与两个历时间无显著相关关系；④上层壤中流历时与降雨强度相关性较差，覆盖小区与两者之间为复合曲线关系，其他小区与两者无显著相关关系；⑤在覆盖小区和裸露小区中，底层地下径流历时与雨量、降雨历时呈线性正相关关系，而敷盖小区底层地下径流与雨量、降雨历时不相关，与雨强也不相关。

表7-19 壤中流历时（Y）与降雨量回归方程

Table 7-19 Regression equationof interflow and precipitation

小区	土层深	方程类型	R	d. f.	F	Sig-F	b_0	b_1
覆盖小区	30cm	$Y = b_0 + b_1X$	0.837	38	86.19	0.000	1100.15	72.4163
	60cm	$Y = b_0 + b_1X$	0.924	27	156.27	0.000	4135.75	76.0540
敷盖小区	30cm	$Y = b_0 + b_1X$	0.701	40	38.67	0.000	2461.98	67.0476
	60cm	$Y = b_0X^{b1}$	0.095	33	0.31	0.583	6555.09	0.0679
裸露小区	30cm	$Y = b_0 + b_1/X$	0.649	21	15.26	0.001	252.545	133144
	60cm	$Y = b_0 + b_1X$	0.624	14	8.94	0.010	3932.66	71.6077

表7-20 壤中流历时（Y）与雨强回归方程

Table 7-20　Regression equation of interflow and rainfall density

小区	埋深	方程类型	R	d. f.	F	Sig-F	b_0	b_1
覆盖小区	30cm	$Y = b_0 \times b_1 X$	0.338	38	4.90	0.033	3356.46	0.3369
	60cm	$Y = b_0 e^{b_1 X}$	0.315	27	2.95	0.097	7474.23	−1.8109
敷盖小区	30cm	$Y = e^{(b_0 + b_1 / X)}$	0.155	40	0.98	0.329	8.5607	−0.0033
	60cm	$Y = b_0 e^{b_1 X}$	0.118	33	0.47	0.497	9011.25	−1.7109
裸露地区	30cm	$Y = b_0 + b_1 X$	0.100	21	0.20	0.657	7512.24	−9640.1
	60cm	$Y = b_0 + b_1 \ln X$	0.161	14	0.38	0.547	9767.64	728.310

表7-21 壤中流历时（Y）与降雨历时回归方程

Table 7-21　Regression equation of interflow and rainfall duration

措施小区	埋深	方程类型	R	d. f.	F	Sig-F	b_0	b_1
覆盖小区	30cm	$Y = b_0 + b_1 X$	0.857	38	105.32	0.000	200.131	3.1926
	60cm	$Y = b_0 + b_1 X$	0.945	27	224.55	0.000	2166.71	3.2516
敷盖小区	30cm	$Y = b_0 + b_1 X$	0.781	40	62.45	0.000	1587.42	2.2814
	60cm	$Y = e^{(b_0 + b_1 / X)}$	0.182	33	1.14	0.293	9.1284	−73.140
裸露小区	30cm	$Y = b_0 \times b_1 X$	0.245	21	1.34	0.260	2739.53	1.0002
	60cm	$Y = b_0 + b_1 X$	0.540	14	5.78	0.031	3970.38	2.2250

从逐步回归结果来看（表7-22），方程形式较简单，壤中流历时主要受单因子影响，交互作用的影响较弱。裸地上层、敷盖区底层未筛选出对壤中流历时有显著影响的降雨因子。

表7-22 壤中流历时（Y）与降雨量（X_1）、降雨历时（X_2）、雨强（X_3）逐步回归方程

Table 7-22　Regression equation of interflow with precipitation, rainfall duration, rainfall density

小区	覆盖表层	敷盖表层	覆盖底层	裸地底层
b_0	1605.581	1587.417	2633.875	344.214
b_1				
b_2	1.310	2.281	2.203	
b_3				
b_4	9.350E−03			
b_5				
b_6			28.063	82.051
R	0.924	0.781	0.952	0.673
F	107.539	62.446	126.426	11.561
Sig	0.000	0.000	0.000	0.004

7.2.3.3 壤中流流速预报

对壤中流流速分析表明（表 7-23），裸地壤中流流速最慢，底层壤中流流速远大于上层，这是因为底层设有松散的反滤层所致。对覆盖与敷盖两种措施相比，覆盖小区上层壤中流流速大于敷盖小区，地下径流则相反，说明覆盖小区上层土壤孔隙度大于敷盖小区，而地下土层因增加了植物根系，加大了底层反滤层的密度，故降低了地下径流流速。

表 7-23　壤中流流速
Table 7-23　Interflow speed
（单位：m^3/d）

项目	A_1	A_2	B_1	B_2	C_1	C_2
平均	0.021	3.645	0.016	4.138	0.008	2.442

注：A_1 为百喜草覆盖小区地表以下 30cm；A_2 为百喜草覆盖小区地表以下 60cm；B_1 为百喜草敷盖小区地表以下 30cm；B_2 为百喜草敷盖小区地表以下 60cm；C_1 为裸地地表以下 30cm；C_2 为裸地地表以下 60cm

从壤中流流速与降雨因子回归结果来看（表 7-24 ~ 表 7-27）：①覆盖与敷盖小区上层壤中流流速与降雨量呈显著正相关关系，分别为复合函数关系和线性关系，其他部位壤中流流速与降雨量无显著性相关关系。但从显著性上看，采取水土保持措施后上层壤中流与降雨量相关性高于底层的地下径流，裸地则相反；②除 B_2 外，其他部位壤中流流速与径流历时显著相关，其中 A_1、B_1 负相关，其他部位正相关，回归方程形式为线性（A_1）、幂函数（A_2、B_1）、倒数函数（C_1）、复合函数（C_2）；③上层壤中流流速与雨强显著正相关，函数形式为复合函数（A_1）、S 曲线（B_1）、线性函数（C_1），底层地下径流与雨强相关性不显著；④与壤中流流速相关性最好的降雨因子因部位而异，与 A_1、B_1 以雨量相关性最好，与 A_2、B_2、C_2 以降雨历时相关性最好，与 C_1 以雨强相关性最好；⑤逐步回归结果表明，各降雨因子对 B_2 壤中流流速均无显著影响，其他部位相关性极显著，裸露小区受单因素影响，覆盖与敷盖小区受多因素影响，雨量、历时与这两个小区的壤中流流速成正相关，这两个小区的壤中流流速与雨强、雨量历时的交互作用成负相关，雨量、雨强的交互作用对壤中流流速无显著影响。

表 7-24　壤中流流速与降雨量回归方程
Table 7-24　Regression equation from interflow speed with rainfall

措施小区	埋深	方程类型	R	d.f.	F	Sig-F	b_0	b_1
覆盖小区	30cm	$Y=b_0X^b$	0.794	38	64.88	0.000	0.0012	0.7547
	60cm	$Y=b_0X^b$	0.316	27	3.00	0.095	8.5428	−0.3458
敷盖小区	30cm	$Y=b_0+b_1X$	0.681	40	34.61	0.000	0.0027	0.0003
	60cm	$Y=b_0X^b$	0.122	32	0.49	0.490	2.1514	1.0013
裸露小区	30cm	$Y=b_0×b_1X$	0.197	21	0.85	0.366	0.0075	0.9964
	60cm	$Y=b_0+b_1X$	0.369	14	2.21	0.159	3.3326	−0.0202

| 207 |

表 7-25　壤中流流速与降雨历时回归方程

Table 7-25　Regression equation from interflow speed with rainfall duration

小区	埋深	方程类型	R	d. f.	F	Sig-F	b_0	b_1
覆盖小区	30cm	$Y = b_0 + b_1 X$	0.359	38	5.65	0.023	0.0134	5.8E-06
	60cm	$Y = b_0 X^b$	0.424	27	5.94	0.022	49.9456	-0.4192
敷盖小区	30cm	$Y = b_0 X^b$	0.396	40	7.44	0.009	0.0073	1.0003
	60cm	$Y = e^{(b_0 + b_1/X)}$	0.249	32	2.12	0.155	0.6556	161.653
裸露小区	30cm	$Y = b_0 + b_1/X$	0.660	21	16.15	0.001	0.0057	1.1689
	60cm	$Y = b_0 \times b_1 X$	0.566	14	6.58	0.022	4.1351	0.9993

表 7-26　壤中流流速与雨强回归方程

Table 7-26　Regression equation from interflow speed with rainfall density

小区	埋深	方程类型	R	d. f.	F	Sig-F	b_0	b_1
覆盖小区	30cm	$Y = b_0 X^b$	0.582	38	19.49	0.000	0.0653	0.4609
	60cm	$Y = b_0 \times b_1 X$	0.190	27	1.00	0.326	2.2679	5.2055
敷盖小区	30cm	$Y = e^{(b_0 + b_1/X)}$	0.479	40	11.86	0.001	-3.8775	-0.0121
	60cm	$Y = b_0 \times b_1 X$	0.228	32	1.76	0.194	1.8898	153.353
裸露小区	30cm	$Y = b_0 + b_1 X$	0.725	21	23.30	0.000	0.0058	0.0338
	60cm	$Y = b_0 \times b_1 X$	0.212	14	0.66	0.431	1.1720	5507.14

表 7-27　壤中流流速与雨量、降雨历时、雨强逐步回归

Table 7-27　The stepwise regression from interflow speed with rainfall, rainfall dution, rainfall density

小区	埋深	b_0	b_1	b_2	b_3	b_4	b_5	R	F	Sig-F
覆盖小区	30cm	3.374E-03	7.196E-04		-4.965E-06	-6.728E-08		0.871	37.893	0.00
	60cm	4.545			-4.430E-04					
敷盖小区	30cm	5.746E-03	4.229E-04		-5.265E-06			0.728	22.024	0.00
	60cm	—	—	—	—	—	—			
裸露小区	30cm	5.840E-03		3.382E-02				0.725	23.300	0.00
	60cm	3.899			-1.037E-03			0.529	5.450	0.00

注：$b_1 \sim b_5$ 为方程 $Y = b_0 + b_1 + b_2 X_2 + b_3 X_3 + b_4 X_4 + b_5 X_5$ 的系数；X_1 为雨量；X_2 为降雨历时；X_3 为雨强；X_4 为雨量×降雨历时；X_5 为雨强×雨量；b_0 为常数项

7.3　土壤入渗特征分析

7.3.1　土壤入渗动态分析

7.3.1.1　各月动态分析

通过试验观测数据，计算得出百喜草覆盖、百喜草敷盖、裸露对照 3 种小区土壤入渗

量多年月平均动态分布，如表7-28所示。

表7-28　不同措施下的土壤入渗量月平均动态分布

Table 7-28　The monthly soil infiltration dynamic distribution under defferent measures

（单位：%）

项目	1月	2月	3月	4月	5月	6月	7月	8月	9月	10月	11月	12月	合计
降雨	6.00	7.78	7.99	11.61	9.54	14.18	11.84	11.61	6.60	3.54	7.21	2.09	100.00
覆盖小区	3.84	13.57	13.57	16.66	7.63	14.70	7.50	6.16	9.35	0.21	6.58	0.23	100.00
敷盖小区	4.20	9.54	10.82	12.22	8.27	16.21	10.81	11.35	6.25	1.97	6.64	1.73	100.00
裸露小区	5.13	11.62	14.03	15.47	7.08	15.16	9.91	6.11	7.83	0.37	6.27	1.03	100.00

由表7-28可知，不同水土保持措施能够调节降雨入渗量的时间分布。试验区降雨主要集中在4～8月，百喜草覆盖小区、百喜草敷盖小区和裸露对照坡地的土壤入渗量分别集中在2～9月、2～8月和2～7月；用采取水土保持措施的小区与裸露小区相比，土壤入渗量月分布较缓；将百喜草敷盖小区与百喜草覆盖小区、裸露对照坡地相比，7月和8月，土壤入渗量分布与降雨量分布基本一致，说明百喜草敷盖措施能够有效减少地表蒸发，而百喜草覆盖措施的蒸腾作用和裸露对照坡地的土壤蒸发强烈，土壤水分损失量大。

结合表7-1和表7-28可知，3个小区的多年平均入渗量排序为：百喜草覆盖小区>百喜草敷盖小区>裸露对照小区。这反映了不同下垫面导致降雨在土壤中的再分配产生差异，植物覆盖和植物敷盖对土壤入渗均起到促进作用；3种处理小区的土壤水分入渗量4～9月差异显著，而1～3月、10～12月差异不明显，说明在大雨量、高雨强的情况下，植物覆盖与敷盖对土壤入渗的促进作用更为显著。

7.3.1.2　季节动态分析

图7-3反映了土壤入渗季节分布规律。从土壤入渗量季节分布来看，春季和夏季远大于秋季和冬季。这是因为春夏两季降雨量大，致使土壤入渗量也较大。结合表7-1和图7-3可知，百喜草覆盖小区和百喜草敷盖小区在各个季节的土壤入渗量均大于裸露对照小区，并且在夏季和冬季的差异较春季、秋季更为明显。这除了受降雨量的季节分配影响外，还主要与百喜草覆盖和百喜草敷盖能改良土壤理化性状、阻滞地表径流、延长土壤入渗时间，以及避免土壤受到击溅导致土壤孔隙被堵塞等因素有关。

7.3.2　次降雨入渗特征分析

土壤水分入渗量除与土壤本身有关外，还受地被物覆盖、降雨量和降雨强度的影响。为了分析这3种措施在不同雨型下的土壤入渗特征，本节选取了不同雨型条件下的几场典型降雨入渗资料进行分析，见表7-29。3种小区因在小雨时一般不发生产流，也就难以区分比较措施间的土壤入渗差异，所以本节选取中雨及中雨以上雨型，每种雨型各选3场，对单次降雨下的土壤入渗量进行分析。

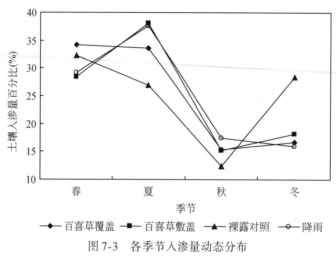

图 7-3　各季节入渗量动态分布

Fig. 7-3　The seasonal infiltration dynamic distribution

表 7-29　不同雨型下的土壤入渗特征

Table 7-29　Soil infiltration characters in different types of rainfall

雨型	日期	降雨量（mm）	雨强（mm/h）	土壤入渗量（mm）			土壤入渗量/雨量		
				A	B	C	A	B	C
中雨	2003-12-10	7.8	0.8830	7.736	7.737	5.988	0.992	0.992	0.768
	2003-12-08	16.1	1.0277	15.939	15.840	13.936	0.990	0.984	0.866
	2003-01-14	24.0	0.6940	23.693	23.564	21.113	0.987	0.982	0.880
大雨	2004-04-17	10.6	1.3826	10.489	10.428	10.080	0.990	0.984	0.951
	2004-04-07	24.1	2.0511	24.001	23.928	20.524	0.996	0.993	0.852
	2004-11-13	44.5	1.2333	43.896	43.720	33.686	0.986	0.982	0.757
暴雨	2004-02-21	20.9	2.5592	20.659	20.540	17.642	0.988	0.983	0.844
	2001-07-14	40.9	3.6627	40.236	38.907	22.055	0.984	0.951	0.539
	2004-05-14	60.5	2.3077	59.439	59.296	35.596	0.982	0.980	0.588
大暴雨	2002-07-17	28.3	5.1455	27.980	27.788	18.737	0.989	0.982	0.662
	2001-08-22	39.8	6.8229	39.087	38.164	22.501	0.982	0.959	0.565
	2003-05-13	48.3	4.2307	47.187	46.980	27.344	0.977	0.973	0.566
特大暴雨	2003-09-03	18.7	10.2000	18.296	18.284	11.592	0.978	0.978	0.620
	2001-07-30	28.8	34.5600	28.154	27.619	13.214	0.978	0.959	0.459
	2004-08-16	32.6	23.2857	30.587	31.189	19.484	0.938	0.957	0.598

注：A 为百喜草覆盖小区；B 为百喜草敷盖小区；C 为裸露对照小区

　　由表 7-29 可知，不同雨型下的土壤入渗系数（为了表述方便，这里将入渗量与降雨量的比值定义为土壤入渗系数）变化范围：中雨为 0.768~0.992，均值为 0.938；大雨为 0.757~0.996，均值为 0.943；暴雨为 0.539~0.989，均值为 0.890；大暴雨为 0.565~

0.989，均值为 0.851；特大暴雨为 0.459~0.978，均值为 0.829。这些结果表明，随着雨量和雨强的增大，相同雨型下不同水土保持措施间土壤入渗量的差异增大，入渗比例降低，滞洪效益减少。为了更直观的表达不同的雨型在不同措施条件下的土壤入渗量特征，将同一雨型下的几场降雨的土壤入渗系数求其平均得到不同雨型下 3 种措施的平均土壤入渗系数，见图 7-4。

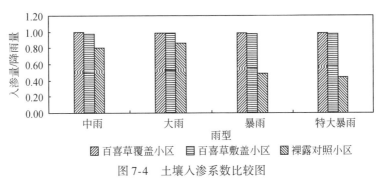

图 7-4　土壤入渗系数比较图

Fig. 7-4　Soil infiltration coefficient distribution

从图 7-4 中可以看出，百喜草覆盖小区和敷盖小区在不同雨型下的土壤入渗系数较大且比较接近，分布范围为 0.964~0.990，但总体上百喜草覆盖小区的土壤入渗系数较百喜草敷盖小区的稍大一些。裸露小区的土壤入渗系数较小，分布范围为 0.558~0.853。百喜草覆盖小区和敷盖小区的土壤入渗系数比较稳定，受降雨的影响不大。而裸露小区的土壤入渗系数受降雨的影响较大，随着降雨量和降雨强度的增大，土壤入渗系数变小。相同雨型下百喜草覆盖小区和敷盖小区土壤入渗系数都较裸露小区高：中雨型下的土壤入渗系数分别是裸露小区的 1.18 倍和 1.17 倍，大雨型为 1.16 倍和 1.15 倍，暴雨型为 1.49 倍和 1.47 倍，大暴雨为 1.64 倍和 1.62 倍，特大暴雨为 1.72 倍和 1.72 倍。从中也可以看出，随着降雨量的增加，百喜草覆盖和敷盖措施的防洪滞洪效果较裸露地越来越明显。综上所述，不同小区的土壤入渗能力大小顺序为：百喜草覆盖小区>百喜草敷盖小区>裸露对照小区。

7.3.3　入渗差异性分析

从以上分析得知，试验的 3 个小区土壤入渗量存在差异，为确定差异究竟是由于不同措施导致还是由于随机因素导致，采用方差分析方法进行判定。首先应用 SPSS 软件对不同小区的入渗量做单因素方差分析，不同措施间入渗量总体均值是否存在显著差异，需要进一步做多重比较。先用邓肯多重极差方法做第一次多重比较，然后采用费舍尔最小显著差方法分析方法对不同水土保持措施间入渗量进行多重比较。

在对数据样本进行方差齐次性分析时（表 7-30），可以看出 Sig-F<0.05，表明不同措施下的入渗数据的总体方差相等，满足方差分析的前提条件。

表 7-30　方差齐次性检验
Table 7-30　Variance uniformity verify

齐次性检验	df1	df2	Sig
1. 114	2	97	0. 333

再把 3 个小区的土壤入渗量方差分析结果列成表 7-31，其相伴概率小于 0. 05，表明其中至少有一种措施与其他措施的土壤入渗量存在显著性差异，但不能得出具体是哪一种还是哪二种，所以需通过多因素方差分析，才能具体得出不同措施间的显著性关系。

表 7-31　降雨入渗量方差分析
Table 7-31　Rainfall infiltration variance analysis

变差来源	平方和	自由度	平均平方和	F	相伴概率
组间	8 458. 119	2	4 229. 060	6. 647	0. 002
组内	61 716. 276	97	636. 250		
合计	70 174. 395	99			

从多因素方差分析的结果（表 7-32）可以看出，百喜草覆盖小区与敷盖小区的相伴概率大于 0. 05，说明采取这两种水土保持措施后土壤入渗量不存在显著性差异。百喜草覆盖小区与裸露小区间的相伴概率小于 0. 05，说明这两措施间的土壤入渗量存在显著性的差异，百喜草覆盖措施的土壤入渗量较裸露小区大。百喜草敷盖小区与裸露小区间的相伴概率也小于 0. 05，说明这两个处理间的土壤入渗量同样存在显著性的差异，百喜草敷盖措施的土壤入渗量较裸露地大。

表 7-32　降雨入渗量多重比较
Table 7-32　Rainfall infiltration multiple comparisons

小区	参照小区	样本均值差	标准误差	相伴概率	95% 置信区间 下限	上限
覆盖小区	敷盖小区	0. 721 15	6. 406 90	0. 911	−11. 994 8	13. 437 1
	裸露小区	19. 298 93 *	6. 104 72	0. 002	7. 182 7	31. 415 1
敷盖小区	覆盖小区	−0. 721 15	6. 406 90	0. 911	−13. 437 1	11. 994 8
	裸露小区	18. 577 78 *	6. 104 72	0. 003	6. 461 6	30. 694 0
裸露小区	覆盖小区	−19. 298 93 *	6. 104 72	0. 002	−31. 415 1	−7. 182 7
	敷盖小区	−18. 577 78 *	6. 104 72	0. 003	−30. 694 0	−6. 461 6

* 表示在显著性水平 0. 05 下差异显著

7.3.4　入渗量预报方程

为了进一步研究各种措施下土壤水分入渗量与降雨历时、降雨量和雨强的相关关系，研究中筛选出 59 场单场降雨的有关数值，作为样本进行分析，见表 7-33。

表 7-33　各小区土壤入渗与降雨历时、降雨量、雨强的相关系数

Table 7-33　Coefficient of soil infiltration with rainfall, rainfall dution and rainfall intensity

小区	降雨历时	降雨量	雨强
覆盖小区	0.600	0.917	0.124
敷盖小区	0.486	0.999	0.313
裸露小区	0.619	0.916	0.137

从表 7-33 可以看出，各小区土壤水分入渗量与降雨量的相关系数最大，雨强最小。还可以看出，敷盖小区土壤水分入渗量与降雨量关系十分紧密，与降雨历时和雨强不够紧密，而且较其他两个小区更为突出，说明入渗量与降雨量关系最为密切。为实现对单次降雨条件下土壤入渗定量预报，本研究利用 SPSS 统计分析软件建立入渗量与降雨历时、降雨量、雨强之间的统计关系，将各小区的回归方程列于表 7-34。

表 7-34　各小区土壤入渗量回归方程

Table 7-34　Regression equationof soil infiltration from each treatment

小区	回归方程	相关系数	标准误	F	相伴概率
覆盖小区	$Y = 0.976X_2 + 0.028X_3 + 0.111$	0.975	0.336	180 330.218	0.000
敷盖小区	$Y = 0.967X_2 + 0.037X_3 + 0.150$	0.959	0.618	55 967.027	0.000
裸露小区	$Y = 0.003X_1 + 0.576X_2 - 0.529X_3 + 1.333$	0.935	7.009	195.365	0.000

注：Y 为入渗量（mm）；X_1 为降雨历时（min）；X_2 为降雨量（mm）；X_3 为雨强（mm/h）

从表 7-34 可知，各种措施的入渗量回归方程均达到显著性水平，相伴概率小于 0.05，因此，这些方程可以用于实际的土壤入渗量预报。

7.4　入渗过程模拟

7.4.1　入渗概述

入渗是指水分通过土壤表面垂直向下进入土壤的运动，它是降雨径流形成过程中的重要一环，不仅直接影响地面径流量的大小，也影响土壤水分及地下水的增长。

7.4.1.1　入渗过程

当雨水降落在干燥地面上，首先受到土粒的分子力作用，被吸附于土粒表面，形成薄膜水。待表层土壤中薄膜水得到满足后，下渗水就填充于土粒间的空隙，且在表面张力的作用下，形成毛细管力。在毛细管力和重力作用下使下渗水分在土壤孔隙中做不稳定运动，并逐步充填土粒孔隙。一旦表层土中毛管水得到满足后，若地表仍有积水，则水分继

| 红壤坡地水土资源保育与调控 |

续下渗，填充土壤中较大孔隙，使表层土含水达到饱和。此时，表层饱和水的毛管力方向向下，水分在毛管力作用下向下层土壤运动。同时，孔隙中的自由水在重力作用下，沿孔隙向下流动。水分在重力作用下向下运行，称为渗透，如此时地表仍有积水，则下渗继续。下渗使土壤水分不断增加，饱和层厚度扩展，使饱和层与下层土壤之间形成一个湿润层。湿润层内土壤含水量向深层递减，湿润层的前缘称为下渗锋面。随着下渗锋面向下延伸，毛管力逐渐减小，下渗锋面到达一定深度后趋于稳定。此后，水分主要在重力作用下进行渗透。下渗锋面到达一定深度趋于稳定后，孔隙中的重力水不会滞留在土壤中，受重力作用继续向下运动，补充下层土壤含水量。如果地下水埋藏深度不大，重力水可以渗透整个包气带，补给地下水，形成地下径流。

7.4.1.2　入渗阶段

入渗过程按水分所受作用力及运动特征可分为三个阶段。当土壤干燥时，水分主要是在分子力作用下渗入土壤表层，被土壤颗粒吸附而成为薄膜水，这是第一阶段，常称为渗润阶段。当土壤含水量大于最大分子持水量时，渗润阶段逐渐消失，入渗水分在毛管力与重力作用下在土壤孔隙间作不稳定运移，并逐步充填土粒空隙，直到空隙饱和，这是第二阶段，常称为渗漏阶段。有时也把前述两个阶段统称为渗漏阶段，因为这两阶段的共同特点是水在非饱和土壤中的运动。当土壤孔隙被水分充满达到饱和时，水分在重力作用下向下运行，此为第三阶段，称为渗透阶段，渗透属于饱和水流运动。在水流的下渗过程中，非饱和水流运动与饱和水流运动之间并无明显时间界限，而是相互交错过渡进行的。

为了研究不同降雨条件下各种措施的入渗过程规律，同时考虑到野外实测降雨入渗过程的困难，本节将建立基于自然降雨条件下的土壤入渗过程模型。

7.4.2　入渗理论

入渗是指降水或灌溉水由地表进入土壤的过程，属土壤水运动的一部分。入渗是流域水循环的重要过程，关系到地表径流的产生、地下水补给、蒸散发、土壤侵蚀和化学物质的迁移等（贾仰文等，2005）。水分入渗速率和入渗量取决于供水速度、供水时间和土壤对水分的渗吸能力。供水速度由降雨强度决定，而土壤的渗吸能力主要取决于其自身的理化特性（沈晋等，1995）。土壤渗吸能力可用入渗率和累计入渗量来表示。土壤水分入渗率是指在实际土壤入渗过程中，通过土壤表面吸进水分的通量密度，即单位时间内通过单位面积入渗到土壤中的水分。

（1）入渗理论基础

将一根土柱的底部与自由水面接触，使其上端及四周封闭以防蒸发，这样，水分分布将达到平稳。如果略去重力不计，当一微小质量的水 dm 从高程 y 移动到高程（$y+dy$）所需的能量为 dE，而与高程相应的毛管势各为 Φ 及 $\left(\Phi + \dfrac{\partial \Phi}{\partial y}dy\right)$，则有

$$dE = \Phi dm - \left(\Phi + \frac{\partial \Phi}{\partial y}dy\right)dm = -\frac{\partial \Phi}{\partial y}dydm \tag{7-1}$$

在过程中，微小质量的水 dm 被抬高一段距离 dy，对重力而言，此时做的功为 $gdydm$。由于系统处于平衡状态，其所做的总功为零，故

$$\frac{\partial \Phi}{\partial y}dydm + gdydm = 0 \tag{7-2}$$

即

$$\frac{\partial \Phi}{\partial y} = g \tag{7-3}$$

积分（7-3）得

$$\Phi = gy + c \tag{7-4}$$

当 $y=0$，$\Phi=0$，$c=0$ 所以有

$$\Phi = gy \tag{7-5}$$

若含水量沿深度的变化能用经验法测定，则含水量与毛管势间的关系就能根据上式计算。

根据实验得知，通过某一固定剖面的水量 q 与含水量的变化率 $\left(\frac{\theta_2 - \theta_1}{y_2 - y_1}\right)$，剖面的面积 S 和时间（$t_2 - t_1 = \Delta t$）成正比，故有

$$q = -k\left(\frac{\theta_2 - \theta_1}{y_2 - y_1}\right) \times s \times (t_2 - t_1) = -k\left(\frac{\Delta\theta}{\Delta y}\right) \times s \times \Delta t \tag{7-6}$$

式中，k 为比例常数，负号表示水向含水量低的方向运动。

因为 q 是两个独立变量 y 和 t 的函数，故当 $\Delta y \to 0$ 时，上式变为

$$q = -k\frac{\partial \theta}{\partial y} \times s \times \Delta t \tag{7-7}$$

若取剖面面积 S 和时间 Δt 都为一个单位，则

$$q = -k\frac{\partial \theta}{\partial y} \tag{7-8}$$

假定在深度 y 处的含水量为 θ，则在深度为 $(y + \Delta y)$ 处的含水量为 $\left(\theta - \frac{\partial \theta}{\partial y}\Delta y\right)$，因而在此深度处，单位时间、单位面积通过的水量将为

$$q_1 = -k\frac{\partial}{\partial y}\left(\theta - \frac{\partial \theta}{\partial y}\Delta y\right) \tag{7-9}$$

因此在深度为 Δy 的土壤内水量为

$$q - q_1 = -k\frac{\partial^2 \theta}{\partial y^2}\Delta y \tag{7-10}$$

另外，在 Δt 时间内含水量增加 $\Delta\theta$，因而引起 Δy 的深度范围内体积的变化为

$$q_2 = r\frac{\Delta\theta}{\Delta t}\Delta y = r\frac{\partial \theta}{\partial y}\Delta y \tag{7-11}$$

水量的增加应等于水体积的增加，故式（7-10）和式（7-11）应相等，即

$$\frac{\partial \theta}{\partial t} = -\frac{k}{r} \times \frac{\partial^2 \theta}{\partial y^2} = D\frac{\partial^2 \theta}{\partial y^2} \tag{7-12}$$

式中，$D = -k/r$，一般称为扩散率，式（7-12）就是描述水在土壤中流动的基本方程。

水在不饱和土壤中运动的规律可以用一个简明的数学式子来表达或概括。推导这个简明的数学式子的基本依据是水流的连续方程和达西定律。连续方程是

$$\frac{\partial \theta}{\partial t} = -\nabla \cdot v \tag{7-13}$$

式中，θ 为含水量；v 为含水量的流动速度；∇ 为汉弥尔登算子。

对于水向土中入渗，达西定律可表示为

$$v = -K\nabla\psi \tag{7-14}$$

式中，$\nabla\psi$ 为含水量总势能梯度；K 为导水率。

将达西公式代入连续方程，可得非饱和土壤水的流动方程：

$$\frac{\partial \theta}{\partial t} = \nabla \cdot (k \cdot \nabla\psi) \tag{7-15}$$

若含水量的总势能是毛管势 Φ 和重力势 Z 的和，于是得到垂直方向的方程：

$$\begin{aligned}
\frac{\partial \theta}{\partial t} &= \nabla \cdot [k \cdot \nabla(\Phi + z)] = \nabla \cdot [k \cdot \nabla\Phi + k \cdot \nabla Z] \\
&= \nabla \cdot (k \cdot \nabla\Phi) + \nabla \cdot (k \cdot \nabla Z) \\
&= \nabla \cdot (k \cdot \nabla\Phi) + \nabla \cdot (k \cdot \nabla\bar{C}) \\
&= \frac{\partial}{\partial z}\left(k\frac{\partial \Phi}{\partial z}\right) + \frac{\partial k}{\partial z}
\end{aligned} \tag{7-16}$$

若 Φ 和 k 是 θ 的单值函数时，则

$$\frac{\partial \theta}{\partial t} = \frac{\partial}{\partial z}\left(k\frac{\partial \theta}{\partial z}\right) + \frac{\partial k}{\partial z} \tag{7-17}$$

其中，$D = k \cdot \frac{\partial \Phi}{\partial \theta}$。

如果取水平系统，重力可忽略不计，则式（7-17）变为

$$\frac{\partial \theta}{\partial t} = \frac{\partial}{\partial z}\left(k\frac{\partial \theta}{\partial z}\right) \tag{7-18}$$

若假定扩散系数 D 为常数，则式（7-18）变为

$$\frac{\partial \theta}{\partial t} = D\frac{\partial^2 \theta}{\partial z^2} \tag{7-19}$$

这就是式（7-12）。

水向土壤中入渗的理论用式（7-17）全面概括。取一定的边界条件和初始条件，就能求得入渗变化的全过程，从而算得入渗水量及其分布。

（2）特定条件下的入渗理论方程

描述水向土壤中入渗的种种复杂现象的理论，可以归结为对常系数扩散方程、水平扩散方程和垂直扩散方程的求解。几十年来，土壤物理学家和水文学家进行了很多研究，提出了各种各样的解法，得到很多描述特定条件下的入渗理论方程，这里仅选几个介绍。

20 世纪 40 年代末，Kirkham 假定土桩一端为固定不变的含水量，而土壤的初始含水

量为风干的定解条件，根据式（7-19）求得土壤的水量方程为

$$Q = 2\,(D/\pi)^{1/2}\,(\theta_0 - \theta_i)\,t^{1/2} \tag{7-20}$$

式中，D 为扩散系数；θ_0 为土壤表面保持的固定含水量；θ_i 为初始含水量。

令 $2\,(D/\pi)^{1/2}\,(\theta_0 - \theta_i) = A$ ，则

$$Q = At^{1/2} \tag{7-21}$$

而入渗锋面与时间的关系为

$$x = Bt^{1/2} \tag{7-22}$$

式中，B 为依赖于 D 和初始含水量 θ_0 的常数。

对式（7-22）求微分，得入渗锋面速度：

$$V = \mathrm{d}x/\mathrm{d}t = \frac{1}{2}Bt^{-1/2} \tag{7-23}$$

式中，V 为入渗锋面速度。

关于水平和垂直扩散方程的求解由于非线性偏微分方程没有固定的解法，所以方法就显得十分重要，有好的方法就能用较少的工作量而取得较高的精度，以菲利浦的解法较为成功，他的方法求得的理论入渗累积量的公式为

$$i = f_1(\theta)t^{1/2} + f_2(\theta)t + f_3(\theta)t^{1/2} \tag{7-24}$$

式中，i 为入渗累积量；$f_1(\theta)$、$f_2(\theta)$、$f_3(\theta)$ 为含水量 θ 的函数。

对式（7-24）求微分，则得入渗锋面速度公式：

$$V = \frac{\partial i}{\partial t} = \frac{1}{2}f_1(\theta)t^{-1/2} + f_2(\theta) + \frac{3}{2}f_3(\theta)t^{1/2} \tag{7-25}$$

式（7-24）和式（7-25）被认为是从理论上推导出来的实用入渗公式，西方国家应用较广，其他还有迭代法和有限元法等成功的方法，这里不再一一列举。

（3）推求入渗公式

在水文计算中用来估算测点入渗量的公式很多，可分为经验和理论的两类，其中应用较广的有以下几种。

1）经验公式。

一般公式：

$$i = k + \frac{\alpha}{t^\beta} \tag{7-26}$$

式中，i 为入渗累积量；k 为稳定入渗率；α、β 为决定于土壤机械组成的参数。

科斯加可夫公式：

$$i = k_0/t^\beta \tag{7-27}$$

式中，k_0 为相当于风干土的吸水系数；β 为随土壤性质而变化的参数。

霍顿公式：

$$i = i_c + (i_0 - i_c)\,e^{-\beta t} \tag{7-28}$$

式中，i_c 为稳定入渗率；i_0 为初始入渗率；β 为决定于土壤特性的常数。

2）理论公式。

Green-Ampt 公式：

$$f = k(1 + A/F) \tag{7-29}$$

$$F = kt + A\ln\left(\frac{A + F}{A}\right) \tag{7-30}$$

式中，$A = (S + h_0)(\theta_s - \theta_0)$；$f$ 为入渗率；F 为累积入渗量；S 为湿润峰处的土壤吸力（负的土壤水势）；k 为湿润区土壤导水率（近似为饱和土壤导水率）；θ_s 为湿润区土壤体积含水率；θ_0 为初始土壤含水率；h_0 为地表积水深；t 为时间。

Philip 公式：

前面已简单介绍了此公式，现改写如下：

$$I = At^{1/2} + Bt + Ct^{3/2} + Dt^2 \tag{7-31}$$

$$i = A't^{-1/2} + B' \tag{7-32}$$

式中，A、B、C、D、A'、B' 皆为含水量的常数。

7.4.3　模型的建立与求解

随着数值模拟方法在土壤入渗研究中不断应用，许多学者通过直接求解土壤水分运动方程，得到土壤入渗过程。更有一些学者探讨了土壤入渗的二维过程。这些方法可以得到比较详细的土壤水分运动方程，但计算较为复杂，所需参数的获取也更为困难，目前虽然被广泛地应用于土壤水分运动的模拟计算，但在产流和侵蚀计算中尚未被广泛使用。

综上所述，本研究采用形式简单，物理概念明晰的 G-A 入渗公式模拟入渗过程。该公式是干土积水入渗模型，其前提是在整个入渗过程中地表始终有积水，而实际降雨很难满足此假设条件，因而在实际应用时受到限制。Mein-Larson 修正将其推广应用至降雨入渗的情况，使其可应用到定雨强条件下的入渗计算。在计算累积入渗量时，由于不是降雨开始时即有积水，故应将无积水的入渗时间换算到有积水的时间。这样，从降雨开始，换算的积水入渗时间 t_c 为

$$t_c = t + \frac{F_p - S(\theta_s - \theta_0)\ln\left[1 + \dfrac{F_p}{S(\theta_s - \theta_0)}\right]}{k} - t_p \tag{7-33}$$

式中，F_p 为有积水的累积入渗量，可由当 $f = p$ 时，由 G-A 模型导出，即 $F_p = \dfrac{(\theta_s - \theta_i)S}{(p/k) - 1}$ 给出；t_p 为开始积水的时间，可由 $t_p = F_p/p$ 给出；其余符号意义同上。

非恒定降雨条件下的累积入渗量计算公式为

$$F = kt_c + S(\theta_s - \theta_0)\ln\left[1 + \frac{F}{S(\theta_s - \theta_0)}\right] \tag{7-34}$$

因此整个过程的入渗可表示为

$$\begin{cases} f = p & t \leqslant t_p \\ f = k[1 + (\theta_s - \theta_i)S/F] & t > t_p \end{cases} \tag{7-35}$$

Chu（1978）对 Mein-Larson 修正过的公式进一步改进，提出了变雨强条件下土壤入渗的计算方法。基本作法是将天然降雨过程按照强度分为若干时段，使各时段雨强相对稳

定，对每个时段将地表状态分为四种情况用 Mein-Larson 方法计算：①开始无积水，结束无积水；②开始无积水，结束有积水；③开始有积水，结束有积水；④开始有积水，结束无积水。在每一个时段开始，已知降雨总量、入渗总量和剩余总量。根据两个因子判断时段结束时是否有积水，即若时段开始无积水，使用因子 c_u，若时段开始有积水，使用因子 c_p，其表达式（Jury and Gardenr，1991；陈力等，2001；张国华等，2007）为

$$c_u = P(t_n) - R(t_{n-1}) - kSM/(f - k)，c_u > 0 时段结束将积水，c_u < 0 仍无积水$$

(7-36)

$$c_p = p(t_n) - R(t_n) - I(t_n)，c_p > 0 时段结束仍有积水，c_p < 0 积水消失 \quad (7-37)$$

式中，M 代表 $\theta_s - \theta_0$；$P(t_n)$ 代表 t_n 时刻降雨总量；$R(t_{n-1})$ 和 $R(t_n)$ 分别代表 t_{n-1} 和 t_n 时刻剩余总量。

可以证明，时段结束时积水与否与此两因子的正负等价。当 $f' < k$ 时，始终无积水，不用此两因子判断。

当地表有植物和枯落物时还必须考虑其截留强度 D，若忽略蒸散发的影响，则 $R(t_n)$ 需通过下式计算：

$$\begin{cases} R(t_n) = P(t_n) - F_p - D & P - F - D > R(t_n) \\ R(t_n) = R(t_s) & P - F - D \leq R(t_n) \end{cases}$$

(7-38)

对于截留强度 $D(t)$（吴长文和王礼先，1994）可表示为

$$D(t) = (D_m - D_0)\exp(-kt)$$

(7-39)

式中，D_m、D_0 和 k 分别为植物截留容量、初始持水量和衰减指数。

当考虑对象为裸露的坡面时，$D(t) = 0$。

7.4.4 结果分析

率定参数时因受试验条件限制，将截留强度取为常量，忽略土壤特性空间的变异和产流对土壤入渗的影响，率定方法采用水文地质计算中常用的"试错法"，率定结果见表 7-35。为了验证模型和参数的有效性，应用 8 组资料进行检验，结果见表 7-36。

表 7-35　入渗模型中的参数

Table 7-35　Parameters in infiltration model

水土保持措施	k（10^{-7}m/s）	θ_s	S（m）
百喜草覆盖	7.16	0.448	0.13
百喜草敷盖	7.14	0.409	0.12
裸露对照	4.55	0.346	0.05

表 7-36　土壤入渗量计算值与实测值的对较

Table 7-36　Comparison of calculation and measurement of soil infiltration

雨型	日期	百喜草覆盖小区			百喜草敷盖小区			裸露对照小区		
		实测值 (mm)	计算值 (mm)	相对误差 (%)	实测值 (mm)	计算值 (mm)	相对误差 (%)	实测值 (mm)	计算值 (mm)	相对误差 (%)
中雨	2004-3-20	14.49	15.10	4.19	14.46	14.90	3.01	11.35	12.10	6.64
	2004-6-18	23.31	24.50	5.09	23.28	24.30	4.38	15.07	14.90	-1.13
大雨	2004-2-28	21.12	22.30	5.61	21.01	22.00	4.73	18.31	19.20	4.85
	2004-5-7	28.08	27.35	-2.61	28.04	27.10	-3.34	18.77	17.99	-4.16
暴雨	2004-5-3	54.07	53.52	-1.02	53.90	52.12	-3.30	22.38	20.96	-6.36
	2004-6-23	27.86	28.12	0.95	27.72	26.16	-5.64	13.64	14.56	6.72
特大暴雨	2004-7-31	20.95	19.45	-7.15	20.93	19.12	-8.65	15.31	16.12	5.27
	2004-8-1	16.31	17.32	6.18	16.33	16.98	3.97	10.06	9.99	-0.66

从表 7-36 可以看出，计算值与实测值的相对误差最大不超过±10%，最小相对误差小于±1%，说明计算值与实测值十分接近，表明这里建立的入渗模型是合理的。

将表 7-35 中的参数结果输入到上面建立的入渗模型中计算，得到不同雨型下的土壤入渗过程曲线（图 7-5），用于指导生产实践。

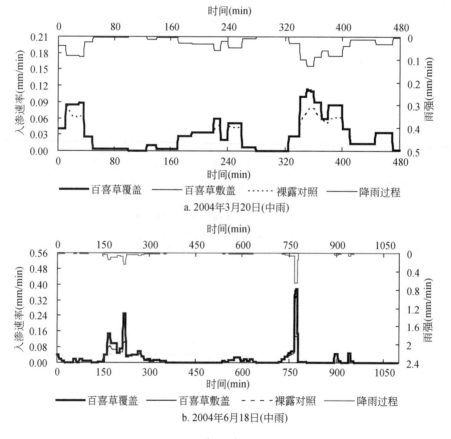

a. 2004年3月20日(中雨)

b. 2004年6月18日(中雨)

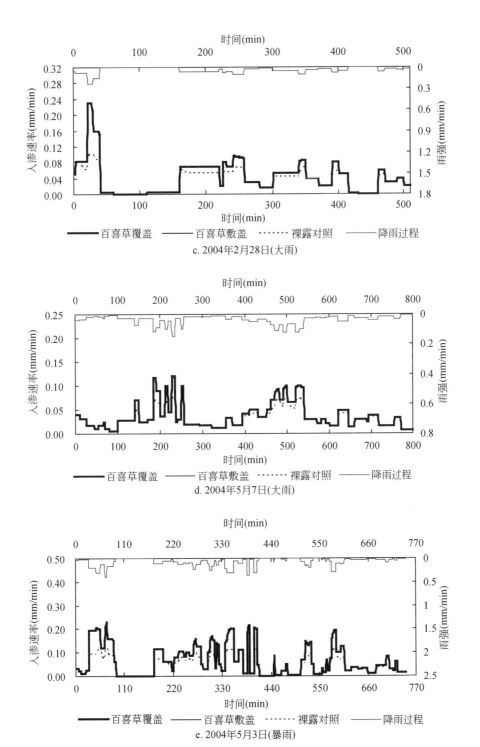

c. 2004年2月28日(大雨)

d. 2004年5月7日(大雨)

e. 2004年5月3日(暴雨)

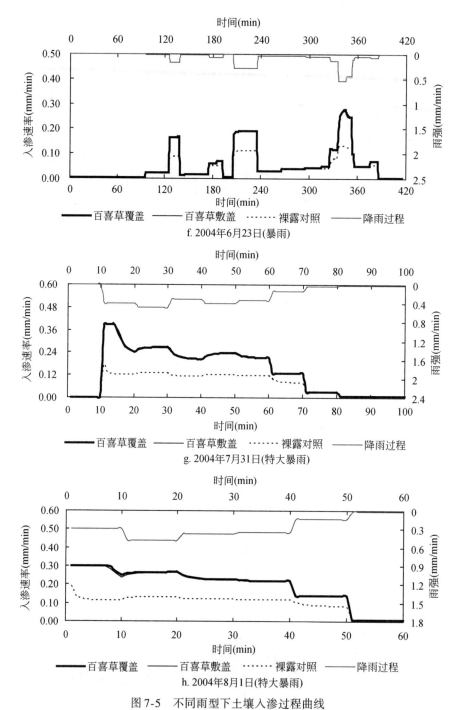

图 7-5　不同雨型下土壤入渗过程曲线

Fig. 7-5　Soil infiltration process curve in different types of rainfall

　　由图 7-5 可知，不同雨型下的各小区土壤入渗过程曲线均不相同，相同雨型下百喜草覆盖小区与敷盖小区土壤入渗过程基本相同。裸露地土壤入渗过程曲线与前两者明显不同，不同雨型下的入渗过程曲线均位于最下方，且随着降雨强度的增大，差异尤为明显。说明不同雨型下的土壤入渗能力，裸露小区均远小于百喜草覆盖小区与敷盖小区，而且随着降雨强度的增大，差异表现得更加突出。百喜草覆盖小区与敷盖小区入渗曲线基本上与降雨过程曲线的形状相同，仅在雨强较大时两者有所差异。这是因为在雨强较小时，百喜草覆盖小区与敷盖小区的土壤入渗能力大于雨强，土壤入渗速率等于降雨强度。而当雨强较大时，入渗能力小于雨强，土壤入渗速率小于降雨强度。

土壤入渗速率根据式 (7-35) 中的第 2 式计算，所以这一时段的入渗曲线与降雨曲线有所差异，但入渗曲线包含于降雨曲线内。裸露地的入渗曲线的形状与降雨曲线差异较大，仅在雨强较小时才一致，这与其入渗能力较小有关，仅在雨强很小的时候，入渗曲线形状与降雨相同，而在其他时段都包含于降雨曲线内。如果忽略前期降雨对各小区初始土壤含水量的影响，同一雨型不同次降雨的入渗曲线差异很大，说明土壤入渗过程与雨型并无直接关系，但与降雨过程的关系很密切。同一次降雨，相同的降雨强度，降雨前期入渗曲线与后期也会不同，这是因为随着降雨不断进入土壤，土壤含水量不断增大，从而使得土壤入渗能力下降，入渗速率随之降低。

将各场降雨中各小区的最大入渗速率列于表 7-37，从中可以看出，不同雨型下百喜草覆盖小区的最大入渗速率稍大于敷盖小区，随着降雨强度的增大两者基本相等。随着降雨强度的增大 3 种小区的最大入渗速率均有增大的趋势。百喜草覆盖小区从 0.114 mm/min 增大到 0.390 mm/min，百喜草敷盖小区从 0.111 mm/min 增大到 0.390 mm/min，裸露地从 0.085 mm/min 增大到 0.193 mm/min。同一措施在相同雨型下的最大入渗速率有时差异也比较大，如中雨型和大雨型，但在暴雨型和特大暴雨型下差异较小。不同小区的最大入渗速率以百喜草覆盖小区最大，百喜草敷盖小区次之，裸露小区最小。

表 7-37　各小区不同降雨下最大入渗速率

Table 7-37　Maximum infiltration rate of different rainfall from each treatment

（单位：mm/min）

雨型	日期	百喜草覆盖小区	百喜草敷盖小区	裸露对照小区
中雨	2004-3-20	0.114	0.111	0.085
	2004-6-18	0.377	0.344	0.136
大雨	2004-2-28	0.230	0.230	0.102
	2004-5-7	0.121	0.119	0.084
暴雨	2004-5-3	0.231	0.229	0.122
	2004-6-23	0.277	0.274	0.131
特大暴雨	2004-7-31	0.390	0.390	0.178
	2004-8-1	0.300	0.300	0.193

7.5 小　结

本章主要研究了百喜草覆盖小区、百喜草敷盖小区、裸露对照区的壤中流和土壤入渗特征，主要研究成果归纳如下。

1）采用不同的水土保持措施的试验小区，壤中流组成与地表径流组成存在差异，覆盖措施小区大级别壤中流量所占比例大于地表径流量的相应比例，敷盖小区壤中流组成与地表径流组成相近，裸露地小级别壤中流量所占比例大于地表径流量的相应比例。

2）采取覆盖与敷盖措施的小区壤中流量和地下径流量分别占径流总量的0.94%~5.86%和61.24%~88.10%。3种处理下的小区径流量排序分别为：地下径流>地表径流>壤中流，基流是流域径流的主要组成部分，地表植被覆盖良好或敷盖物厚度较大时，基流占总径流量的90%以上。

3）覆盖、敷盖小区壤中流量分别是裸露小区壤中流量的4.47倍和6.49倍。前者地下径流为后者地下径流量的1.00倍和1.74倍。覆盖措施减少径流总量，敷盖措施可增加径流总量。不同措施地表以下90cm处的地下径流最大，而60cm处中层壤中流均大于30cm处的上层壤中流。壤中流季节分布以春夏较大，冬秋较小，但裸露小区上层和中层壤中流例外。

4）分析了土壤入渗量年内分布特征，对各试验小区的土壤入渗量差异进行方差分析，结果表明：百喜草覆盖与敷盖措施之间不存在显著性差异，但两者均与裸露措施存在显著性差异，覆盖小区和敷盖小区土壤入渗量显著大于裸露小区。

5）初渗雨量随总雨量的增大而增大，其相关关系为覆盖小区上层呈幂函数，覆盖小区底层、敷盖小区上层呈S曲线，敷盖小区底层、裸露小区上层呈直线，裸露小区底层呈二次曲线关系。壤中流量与雨量、雨强、降雨历时、初渗雨量呈正相关关系，采取措施的小区壤中流量与雨量为直线函数关系，与雨强呈S曲线关系，与降雨历时呈直线关系，与初渗雨量呈复合函数关系。在未采取措施的裸露地，壤中流量与雨量呈幂函数关系，与雨强呈对数关系，与降雨历时呈直线关系，与降雨历时呈S曲线关系。

6）上层壤中流历时与降雨因子有较好相关性，而底层壤中流历时与降雨因子相关性较差。在采取水土保持措施的两个小区，上层壤中流历时与雨量呈线性关系，在未采取措施的裸露坡地呈倒数关系。底层壤中流历时与雨量、降雨历时在覆盖和裸地两个小区呈线性正相关关系，而在敷盖小区不存在相关性，它们与雨强也不相关。逐步回归结果表明，降雨历时对壤中流历时影响最大，降雨量影响最小。裸露地地表径流量与壤中流量相关关系不显著，在采取水土保持措施后，地表径流量与壤中流量呈线性正相关关系，随地表径流量的增大，覆盖措施小区壤中流量增大幅度大于敷盖措施小区。壤中流流速与降雨因子的相关性因部位而异，与A_1、B_1以雨量相关性最好，与A_2、B_2、C_2以降雨历时相关性最好，与C_1以雨强相关性最好，裸地小区受单因素影响，百喜草覆盖与敷盖小区受多因素影响。

7）在研究土壤入渗特征方面，随着降雨量的增加，采取水土保持措施的小区与裸露小区相比，尽管土壤入渗系数从中雨的 0.938 下降到特大暴雨的 0.829，但它们的防洪减灾效果却从中雨的 1.18 倍扩大到特大暴雨的 1.72 倍。可见其防洪减灾效果越来越明显。

8）建立了自然降雨条件下的土壤入渗过程模型，并应用实测资料对模型进行了检验。得出应用该理论建立的入渗模型是合理的结论。

参 考 文 献

陈浩，蔡强国.1990. 坡度对坡面径流深、入渗量影响的试验研究//山西省水土保持科学研究所等.1990. 晋西黄土高原土壤侵蚀规律实验研究文集. 北京：水利电力出版社.

陈建宇.2000. 杉木林下植被生物量与土壤容重关系的研究. 福建林业科技，4：56～60.

陈力，刘青泉，李家春，等.2001. 坡地降雨入渗产流规律的数值模拟研究. 泥沙研究，4：60～67.

陈永宗.1989. 我国土壤侵蚀研究工作的新进展. 中国水土保持，9：9～13.

方向京，孟广涛，郎南军，等.2001. 滇中高原山地人工群落径流规律的研究. 水土保持学报，1：66～68.

高甲荣.1998. 秦岭林区锐齿栎林水文效应的研究. 北京林业大学学报，20（6）：31～35.

郭继志.1958. 关于坡度与径流量和冲刷量关系问题的探讨. 黄河建设，3：47～49.

黄平，赵吉国，林少礼，等.2000. 山坡地分布型降雨下渗数学模型. 中山大学学报（自然科学版），22（6）：107～111.

贾仰文，王浩，仇亚琴.2005. 流域水循环框架下的水资源评价方法与节水问题思考. 青岛：中国水利学会 2005 学术年会.

贾志军，王贵平，李俊义，等.1990. 前期土壤含水率对坡耕地产流产沙影响的研究//陈永宗.1990. 西北黄土高原土壤侵蚀规律实验研究文集. 北京：水利电力出版社.

江忠善，宋文经，李秀英.1983. 黄土地区天然降雨雨滴特性研究. 中国水土保持，3：34～38.

蒋定生，黄国俊.1984. 地面坡度对降水入渗影响的模拟试验. 水土保持通报，4：10～13.

金小麒，巫启新.1994. 乌江板桥河小流域水量平衡研究. 贵州林业科技，22（3）：1～4.

雷廷武，郑耀泉，聂光铺，等.1992. 滴灌湿润比的有理设计方法及应用. 农业工程学报，1：23～34.

李金中，裴铁璠，牛丽华，等.1999. 森林流域坡地壤中流模型与模拟研究. 林业科学，35（4）：2～8.

李土生，姜志林.1995. 采伐对栎林水文效应的影响. 浙江林学院学报，5（3）：262～267.

刘玉洪，张一平，马友，等.2002. 西双版纳橡胶人工林地表径流与地下径流的关系. 南京林业大学学报（自然科学版），26（1）：75～77.

罗伟祥，白立强，宋西德，等.1990. 不同覆盖度林地和草地的径流量与冲刷量. 水土保持学报，1：30～35.

孟广涛，郎南军，方向京，等.2001. 滇中华山松人工林的水文特征及水量平衡. 林业科学研究，14（1）：78～84.

穆兴民，徐学选，王文龙，等.1998. 黄土高原沟壑区小流域水土流失治理对径流的效应. 干旱区资源与环境，12（4）：119～126.

裴铁璠，李金中.1998. 壤中流模型研究的现状及存在问题. 应用生态学报，9（5）：543～548.

单保庆，尹澄清，于静，等.2001. 降雨—径流过程中土壤表层磷迁移过程的模拟研究. 环境科学学报，（1）：7～12.

沈晋，沈冰，王全九，等.1995. 土壤中农用化合物随地表径流迁移研究述评. 水土保持通报，3：1～7.

田积莹，黄义端，雍绍萍，等.1987. 黄土地区土壤物理性质及与黄土成因的关系. 水土保持研究，1：

1 ~ 12.

王金叶, 车克钧, 闫克林, 等.1999. 祁连山森林覆盖区河川径流组成与时空变化分析. 冰川冻土, 11 (1): 59 ~ 63.

王晓燕, 高焕文, 李洪文, 等.2000. 保护性耕作对农田地表径流与土壤水蚀影响的试验研究. 农业工程学报, 3: 66 ~ 69.

王玉宽, 王占礼, 周佩华, 等.1991. 黄土高原坡面降雨产流过程的试验分析. 水土保持学报, 2: 25 ~ 31.

吴长文, 王礼先.1994. 陡坡坡面流的基本方程及其近似解析解. 南昌水专学报, S1: 142 ~ 149.

向成华, 蒋俊明, 陈祖铭, 等.1999. 平通河流域的森林水文效应. 南京林业大学学报, 3: 80 ~ 83

谢宝平, 牛德奎.2000. 华南严重侵蚀地植被恢复对土壤条件影响的研究. 江西农业大学学报, 1: 135 ~ 139.

张国华, 张展羽, 左长清, 等.2007. 坡地自然降雨入渗产流的数值模拟. 水利学报, 38 (6): 668 ~ 673.

张汉雄.1983. 黄土高原的暴雨特性及其分布规律. 地理学报, 4: 416 ~ 425.

张友静, 方有清.1996. 森林对径流特征值影响初探. 南京林业大学学报, 20 (2): 34 ~ 38.

周择福.1997. 太行山低山区不同立地土壤水分的研究. 北京林业大学学报, S1: 125 ~ 131.

朱显谟.1982. 黄土高原水蚀的主要类型及其有关因素. 水土保持通报, 1: 25 ~ 30.

Arya S, Sharma S, Kaur R, et al. 1999. Micropropagation of dendrocalamus asper by shoot proliferation using seeds. Plant Cell Reports, 10: 879 ~ 882

Bodman G B, Colman E A. 1994. Moisture and energy condition during downward entry of water into soil. Soil Sci. Soc. A. M. J, 8 (4): 166 ~ 182.

Chu S T. 1978. Infiltration during an unsteady rain. Water Resources Research, 14 (3): 461 ~ 466.

Eigle J D, Moore I D. 1983. Effect of rainfall energy on infiltration into a bare soil. Trans. of ASAE, 26 (6): 189 ~ 199.

Helalia A M. 1993. Therelation between soil infiltration and effective porosity in different soil. Agriculture Water Management, 24 (8): 39 ~ 47.

Hillel D. 1960. Crust formation in lassies soils. International Soil Sci., 29 (5): 330 ~ 337.

Jury W A, Gardenr W H. 1991. Soil Physics. 5th edition. New York: John Wiley & Sons.

Mein R G, Larson C L. 1973. Modeling infiltration during a steady rain. Water Resource Res., 9 (2): 384 ~ 394.

Miroslav K. 2003. Time dependent hydraulic resistance of the soil crust: Henry's law. Journal of Hydrology, 272: 72 ~ 78.

Moore. 1984. Effect of surface sealing on infiltration. Transactions of the ASAE, 24: 201 ~ 205.

Ruan H X, Ahuja L R, Green T R, et al. 2001. Residue cover and surface-sealing effects on inflitration numerical simulation for field applications. Soil Science Society of America Journal, 65: 853 ~ 861.

Rubin J. 1966. Theory of rainfall uptake by soils initially drier than their field capacity and its applications. Water Resources Research, 2 (3): 739 ~ 749.

Smith R E, Corradini C, Melone F, et al. 1999. A conceptual model for infiltration and redistribution in surface-sealed soil. Water Resour Res., 35: 1385 ~ 1393.

Yen P H, Marsh B, Mohandas T K, et al. 1984. Isolation of genomic clones homologous to transcribed sequences from human X chromosome. Somatic Cell and Molecular Genetics, 10 (6): 561 ~ 571.

第8章 | 红壤坡地水量平衡研究

8.1 概　述

地球表面总面积约为 5.1 亿 km^2，其中，海洋面积约为 3.61 亿 km^2，占全球面积的 70.8%；陆地面积约为 1.49 亿 km^2，仅占全球面积的 29.2%。海洋中水的总体积为 130 亿 km^3，全球陆地上河道中的水体积约为 $1200km^3$，湖泊存储水量约为 75 000 km^3。陆地表面的水量和海洋中水量相比，虽然其数量是微不足道的，但是对人类生活来说，却是很重要的资源。

地球表面的广大水体，在太阳辐射作用下，大量水分通过蒸发和植物蒸腾的方式，上升到空中，被气流带动输送到世界各地。在这过程中，水汽遇冷凝结以降水形式降落到地面上，再从河道或地下流入海洋。水分往返循环不断转移交替的现象叫水分循环或水循环。水循环的内因是水的物理特性，外因是太阳辐射和地心引力。水循环所经路线的特性，对水循环也会产生一定影响。

图 8-1 为水分循环示意图（Abbott et al.，1986），水分循环一般包括三个阶段，即降

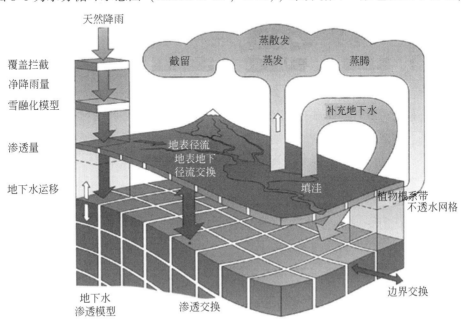

图 8-1　水分循环示意图

Fig. 8-1　Schematic diagram of the water balance

水、径流和蒸发。水循环又可分为两大部分，其中，一部分为大气部分，又分为水汽阶段和降水阶段；另一部分为地面部分，又分为径流阶段与蒸发阶段。水分循环每一阶段中都包含三个方面，即水分的输送、暂时储存与状态变换。

水分循环一般有两种形式，即水分大循环和水分小循环。由当地蒸发和蒸腾的水分通过气流上升带到高空中冷凝，结成雨滴再降落下来，这种降水被称作水分小循环。当海洋面上蒸发的水汽被气流输运到大陆上空，遇冷凝结降落到地面，其中有些渗入地下转化为土壤水和地下水，有些被重新蒸散发，其余的则形成河川径流，最终流入海洋，这被称为水分大循环。由此可见，水分大循环是受气候影响，水分小循环是受天气影响所致。前者有周期的规律性，年复一年，周而复始。后者的可变性很大，随机性也很大。

8.2　水量平衡理论

8.2.1　水量平衡原理

根据物质不灭定律，对任一时段、任何区域，收入（输入）的水量和支出（输出）的水量之间的差额，必然等于该时段区域内蓄水的变化量，这就是水量平衡原理。水分循环是说明水文现象运动变化等性质的最好形式，然而要掌握各水文要素间的数量关系，就需用水量平衡法来解决。水量平衡原理是水文、水资源研究的基本原理，它有助于对水分循环建立定性和定量的概念，并能深入分析组成水分循环各要素的作用，以及它们之间的相互关系，并在已知某要素的条件下，推求另一未知要素，因此具有重大的理论意义和实用价值。

水量平衡研究的关键问题，在于方程式中各项因子的精确测定。实际上方程式中各项因子本身都是可变因子，并且是与其他系统有关的可变因子。降水转变为地表径流或地下径流的水量以及蒸散发量等都与其他因素有关，不仅因地而异，而且顺时而变，且都是变幅很大的因子。虽然，目前可用多种不同的水文统计方法对水量平衡因子进行测算，但毕竟还只是向自然状态逼近。对于特定的区域而言，必定存在来水量等于出水量和蓄水变化量之和的关系，这就是水量平衡研究的问题。人们可采用人工措施调节来水量、出水量和蓄水变化量三者之间的关系，以利于水资源的开发利用。

当然，要研究某一区域的水量平衡，必然要弄清当地的水分输入和输出量。水分输入和输出又与当地的气候、土壤、植被、地形等诸多条件有关，要十分精确获得这些数据并非易事。本研究在多年观测天然降雨、地表径流、地下径流和土壤蒸散发的基础上，获得了接近真实状态的各项数据，为分析水土保持措施的效果，探索其防洪减灾机理，制订水土保持技术规范等提供科学依据。

8.2.2　水量平衡方程

水量平衡是指水分的输入、输出和存蓄之间的平衡。本研究的水分输入部分仅为大气降水（P），包括天然降雨和降雪等。输出部分比较复杂，主要有径流量（R）和蒸散发量（E）。径流包括地表径流（R_s），地下径流（R_g），地下径流包括不同土层深度的壤中流和地下径流。有蒸散发量包括植物蒸腾量（E_t）和土壤蒸发量（E_v），还有土壤内存贮水量的变化（ΔW）。因此，根据本研究的特点，水量平衡的关系即为输入水量等于输出水量，其数学形式可写成

$$P = R + E + \Delta W \tag{8-1}$$

其中，

$$R = R_s + R_g \tag{8-2}$$

$$E = E_t + E_v \tag{8-3}$$

故式（8-1）也可写成

$$P = R_s + R_g + E_t + E_v + \Delta W \tag{8-4}$$

土壤含水量变化原则上与降雨年度周期变化有关，所以，其年度变化也有周期规律。另外，每年 12 月底至次年 1 月初是土壤含水量变幅较小的时期，在水量平衡公式所占的比重也很小，故此时间段土壤内贮水量的变化 ΔW 值可忽略不计。

8.3 土壤蒸散发分析

土壤蒸散发量由植株蒸腾量（transpiration）和土壤蒸发量（evaporation）两部分组成，这是土壤水分消耗的主要途径。本节在分析土壤蒸散发影响因素的基础上，分别计算不同处理措施的土壤蒸散发量，为分析不同类型水土保持措施调控土壤水分的机制和功能提供技术支持。

8.3.1 影响因素分析

土壤蒸散发是水量平衡中除径流之外的又一主要的支出项，它受外界因素影响很大，因此获取精确的观测数值难度也很大。近几十年来，由于人类对大自然开发和干预能力的大幅度提高，土壤蒸散发量在水文循环中的比例也大幅度提高。局部地区部分年份的蒸散发量甚至远远大于其降水量，深层地下水开采量、外流域引入水量的一部分也消耗于蒸散发。区域蒸散发量的主要影响因素有气象、植物、土壤等 3 个方面。

8.3.1.1 气象因素

（1）辐射与温度
连续蒸发必须有连续供给水分汽化潜热的能量，太阳辐射是汽化潜热能量的主要来源。气温和地温的高低直接影响着土壤水分蒸发的快慢，气温决定空气中饱和水汽含量和水汽扩散的快慢，地温决定土壤中水分子的活跃程度。因此接受太阳辐射能量越多，气温和地温越高，土壤蒸发越强烈，散失的水分就越多。

（2）空气湿度
大气的相对湿度是影响蒸散发的重要因素。湿度受温度的影响，据气象观测，当温度

为 17 ~ 18℃，平均相对湿度从 91% 降到 75%，日蒸发量从 2.5mm 增至 6.3mm。大气中的水分含量越高，土壤蒸发速度越慢。当大气中水汽接近饱和时，空气湿度有时会高出土壤表面含水量，土壤中的水分不但不会蒸发，而且土壤还会从大气中吸收水分。也就是说，地面与大气的湿度梯度越大，土壤蒸发越强烈；湿度梯度越小，土壤蒸发量越少。总之，是水分由湿度高的地方向湿度低的地方移动。

（3）风速

风使接近土壤表面的空气连续不断地被扰动，将湿度接近饱和的空气带走，以较干燥空气代替。风速越大，蒸发作用越强。当风速为 5.4m/s 时，从体积为 $100m^3$ 方形土柱中蒸发的水量为 7.8g/h，而当风速为 0 时，蒸发量仅为 0.3g/h（施成熙等，1984）。

（4）降水方式

土壤中可供蒸发的水分与降水量、降水方式有关。降水量多，土壤湿度越大，蒸发的水分也会越多，蒸发量就大。同量的降水如果分成几次小雨降下来，蒸发量会更多。

（5）昼夜变化

植物生理活动如气孔开度、光和作用强度、呼吸作用强度、叶水势等在一昼夜内呈规律性变化：在水分充足条件下，植物蒸腾与叶温的变化过程吻合，而水分充足条件下叶温又随气温而变，故在各项气象因素中，气温的昼夜变化过程对植物蒸腾昼夜变化过程的影响最为显著。植物蒸腾与叶气孔开放程度关系密切，并随开度的张大、缩小而增减。

8.3.1.2　植被因素

（1）植物种类与品种

南方多为阔叶植物，这种植物蒸腾量一般较大。同一种植物，因为遗传因素、种植密度、生长状况不同蒸腾量亦不相同，叶面积指数对植株蒸腾量的影响最为明显。同样气象条件下，叶面积指数高，则蒸腾量大，叶面积指数增长率高，则蒸腾量上升率也高。植物的生物量即产量越高，它的蒸腾作用就越大。

（2）植物的生育期和生长状况

植物生长初期，苗小生长慢，叶面面积小，水分蒸散发以土壤蒸发为主。随着植物生长，叶面积增大以及气温升高，植物蒸腾散发逐步占据主导地位，蒸散发总量增加。植物生长后期，由于植株趋于衰老，蒸散发能力降低，蒸散发总量减少。对于相同地区的同一种植物，在正常水分条件下，植物蒸腾主要受气象因素影响，植物整个生长期的蒸腾量在天气干旱即水面蒸发量大的年份更大，反之则小。

8.3.1.3　土壤因素

影响土壤蒸散发的土壤因素可分为土壤含水量、地下水埋深、土壤质地及结构、土壤色泽与地表特征等。

（1）土壤含水量

土壤含水量是影响土壤水分蒸发的主要因素。土壤含水量高时，土壤蒸发实质上接近自由水面蒸发，蒸散发率比较稳定。随着土壤含水量减少，非饱和渗透系数降低，补给蒸发的水分相应减少。当土壤含水量减少至非饱和渗透系数接近零时，土壤蒸发全部以水汽扩散方式进行。

土壤水分条件是制约植物蒸散发的重要因素，在水分充足条件下，植物蒸散发主要随气象条件而变，气温高、蒸发力强，则植物蒸散发大。在水分亏缺条件下，植物蒸散发的变化规律至少具有以下特征。

1）旱情越重，日蒸散发量越小。旱情持续时间越长，日蒸散发量越小。

2）当土壤含水率高于植物适应含水率时，土壤含水率的高低对植物蒸散发基本无影响。土壤含水率低于此值时，蒸散发量下降，受旱越重（土壤含水率愈低），蒸散发量下降幅度越大。

3）植物生长早期、中期阶段受旱，当时植物蒸散发强度降低，以后若恢复正常水分条件，则植物蒸散发强度恢复，且可超过未受旱条件下的植物蒸散发强度，出现植物蒸散发强度"反弹"现象。产生这种"反弹"现象的原因在于：受旱阶段土壤含水率低，植物生长对恶劣环境产生的"抗性"，根系生长的"趋水性"，促进根系向深处、广处延伸，特别是促进了吸收根的生长。水分条件恢复后，植物具有比未受旱条件下更健壮、更深广的根系，吸水、植物蒸散发强度更高。此外，在受旱阶段，好气微生物活动旺盛，田间速效养分增加，根系有氧呼吸作用旺盛，消耗较多同化物质，但积累了更多的呼吸作用所产生的中间产物，使复水后有机物质的合成具有较充分的原料，更有利于作物生长发育，加大植物蒸散发强度。

4）植物生长后期受旱，受旱时植物蒸散发强度下降，恢复正常水分条件后，植物蒸散发强度不能恢复到不受旱条件下的水平，即不存在"反弹"现象。原因是植物根系及其他部分发育接近成熟，借改变组织生长发育性状来适应恶劣环境的能力很弱，受旱时植物蒸散发强度降低，复水后根系不具备加大吸水、耗水的能力。

5）叶面温度不能作为蒸散发量的判别指标。由于植株赖以调节体温的蒸腾能力受到限制，白天叶面温度上升快，夜间下降快，蒸散发量与叶温不同步。

6）在受旱条件下，叶气孔开度既能反映植株生理机能状况，又能反映土壤水分不足引起的水分胁迫程度，且与光照、温度和空气湿度关系密切。因此，叶气孔开度的变化趋势与植物蒸散发强度一致。

7）在叶气孔关闭后，土壤水分充足时，植物蒸散发强度仍比受旱时高，表明受旱植株棵间蒸发强度低。理论研究和试验均已经证明，土壤水分充足时，植物蒸散发量的主要影响因素是气象条件（大气蒸发力）、植物叶面积指数和生长发育阶段。

（2）地下水埋深

地下水埋深越浅，土壤蒸发量越大。如果地下水埋深接近地面，因为蒸发表面面积增大、反射率减少，其蒸发量甚至大于光滑水面的蒸发量。

（3）土壤质地及结构

土壤质地及结构关系到土壤孔隙的数量、体积及其连通性，也影响到非饱和渗透系数。根据水分在非饱和土壤移动情况，各种土壤非饱和渗透系数的大小为：沙土>细砂壤土>壤土>轻黏土>黏土。土壤蒸发量与土壤粒径的大小成反比，设黏土土壤（直径小于

0.07mm)的蒸发量为 100%,则直径为 0.25 ~ 0.5mm 的土壤蒸发量为 81%,而直径为 1.0 ~ 2.0mm 的土壤蒸发量为 22.5%。

(4) 土壤色泽及地表特征

土壤色泽影响土壤吸收太阳辐射,因而影响土壤温度和蒸发。土壤颜色越深,蒸发量越大。由于各色土壤对太阳光的反射率差异导致蒸发量的差异,黄色土壤的蒸发量比白色土壤大 70%,棕色土壤的蒸发量比白色土壤大 19%,黑色土壤的蒸发量比白色土壤大 32%。

由于风的紊动,高地的土壤蒸发量较谷地和盆地的大,粗糙地面的蒸发量较平滑地面大。地表坡向不同,吸收的热量也有差异。坡度为 15°条件下,假设南向斜坡的土壤蒸发量为 100%,则东向斜坡的蒸发量为 86%,北向斜坡为 71%(裴步祥,1989)。

8.3.2 计算模型

实测方法是获取土壤蒸散发量资料最可靠的途径,但实测涉及的地区分布和时间系列均十分有限。计算土壤蒸散发量不仅有助于土壤蒸散发量资料在空间上的插补和时间系列上的延长,研究土壤蒸散发量的计算方法,还有助于加深对土壤蒸散发的认识。

在我国,土壤蒸散发量的计算方法很多,但基本上可分为三大类,即经验公式法、以水汽扩散理论为基础的半经验公式法和以热量平衡理论及水汽扩散理论相结合的半经验公式法。

经验公式法先计算出植物全生育期总蒸散发量(可用水面蒸发量、气温、产量推算),然后用各阶段作物系数分配各阶段,即

$$ET_{ci} = K_i \times ET_c \tag{8-5}$$

式中,K_i 为某阶段作物系数;ET_{ci} 为全生育期总蒸散发量。阶段作物系数 K_i 是作物某阶段的蒸散发量占全生育期总蒸散发量的百分数,一般由田间试验得出或运用类似地区资料分析确定。

按上述方法确定的各阶段的蒸散发量在很大程度上取决于模型系数的准确程度,但由于影响模型系数的因素众多,使同一生长发育阶段在不同年份的模型系数并不稳定,而不同品种植物模型系数的变幅则更大。

直接应用以水汽扩散理论为基础的半经验公式法(有空气湿度法、温度风速法、温度日照法),由于作物全生长发育期内各阶段的各层结构对辐射的吸收、反射等差异较大,若全生长发育期用一个公式计算,则误差较大。分不同阶段选用不同的公式形式或同一个公式中各阶段取不同的参数,则计算不便。

以热量平衡理论及水汽扩散理论相结合的半经验公式法(参考作物法)是一种间接方法。它通过计算参考作物的蒸腾蒸发量(反映大气因素),来间接推求实际土壤蒸散发量。

受篇幅限制,本节主要对以热量平衡理论及水汽扩散理论相结合的半经验公式法进行详细的介绍。考虑到本节所研究的三种不同处理措施的试验观测条件,将水文水资源科学中常用的土壤水量平衡法引用到求解土壤蒸散发的计算中。

8.3.2.1 参考作物法

参考作物法蒸腾蒸发量的计算模型为

$$ET = f_1(A_0) \cdot f_2(P) \cdot f_3(S) \tag{8-6}$$

式中，ET 为实际土壤蒸散发量；$f_1(A_0)$ 为大气因素函数项，通常用 ET_0 表示；$f_2(P)$ 为作物植株因素函数项，在水分充足时对土壤蒸散发量的影响常采用植物系数 K_c 反映，在水分亏缺条件下，植株因素项可分受旱之前、受旱期间和受旱结束后三个阶段考虑；$f_3(S)$ 为土壤因素函数项，在水分充足时，土壤蒸散发量计算一般不考虑此项，在水分不充足时，土壤因素函数项的影响主要表现为水分胁迫。

(1) 大气因素函数项

对于 ET_0 的计算，目前世界上公认理论上最严密，实用上最方便，计算精度最高的，是 1992 年联合国粮食及农业组织提出的修正 Penman-Monteith 公式。其中定义参考作物蒸散发量为一种假想参考作物冠层的蒸腾速率，假想作物的高度为 0.12m，固定的叶面阻力为 70m/s，反射率为 23%，非常类似于表面开阔、高度一致、生长旺盛、完全遮盖地面且不缺水的绿色草地的土壤蒸散发量。

修正 Penman-Monteith 公式为

$$ET_0 = \frac{0.408\Delta(R_n - G) + \gamma \cdot \dfrac{900}{273 + T} \cdot u_2 \cdot (e_a - e_d)}{\Delta + \gamma(1 + 0.34 \cdot u_2)} \tag{8-7}$$

式中，ET_0 为土壤足够湿润时的土壤蒸散发量（mm/d）；Δ 为温度-饱和水汽压关系曲线上在 T 处的切线斜率（kPa/℃）；R_n 为净辐射；G 为土壤热通量；e_a 为饱和水汽压（kPa）；e_d 为实际水汽压；u_2 为 2m 高处风速。

$$\Delta = \frac{4098e_a}{(T + 273.2)^2} \tag{8-8}$$

式中，T 为平均气温（℃）；e_a 为饱和水汽压（kPa），计算公式为

$$e_a = 0.611\exp\left(\frac{17.27T}{T + 237.3}\right) \tag{8-9}$$

R_n 为净辐射 [MJ/(m²·d)]，计算公式为

$$R_n = R_{ns} - R_{nl} \tag{8-10}$$

式中，R_{ns} 为净短波辐射 [MJ/(m²·d)]；R_{nl} 为净长波辐射 [MJ/(m²·d)]，计算公式为

$$R_{nl} = 0.77(0.19 + 0.38n/N)R_a \tag{8-11}$$

式中，n 为实际日照时数（h）；N 为最大可能日照时数；R_a 为大气边缘太阳辐射。

$$N = 7.64W_s \tag{8-12}$$

式中，W_s 为日照时数角（rad），计算公式为

$$W_s = \arccos(-\tan\psi \cdot \tan\delta) \tag{8-13}$$

式中，ψ 为地理纬度（rad）；δ 为日倾角（rad），计算公式为

$$\delta = 0.409 \cdot \sin(0.0172 \cdot J - 1.39) \tag{8-14}$$

式中，J 为日序数（元月 1 日为 1，逐日累加）。

R_a 为大气边缘太阳辐射 [MJ/（m²·d）]，计算公式为

$$R_a = 37.6 \cdot d_r (W_s \cdot \sin\psi \cdot \sin\delta + \cos\psi \cdot \cos\delta \cdot \sin W_s) \tag{8-15}$$

式中，d_r 为日地相对距离。

$$d_r = 1 + 0.033 \cdot \cos(0.0172 \cdot J) \tag{8-16}$$

e_d 为实际水汽压（kPa），计算公式为

$$e_d = \frac{e_d(T_{max}) + e_d(T_{min})}{2} = \frac{1}{2}e_a(T_{min}) \cdot \frac{RH_{max}}{100} + \frac{1}{2}e_a(T_{max}) \cdot \frac{RH_{min}}{100} \tag{8-17}$$

式中，RH_{max} 为日最大相对湿度（%）；T_{min} 为日最低气温（℃）；$e_a(T_{min})$ 为 T_{min} 时饱和水汽压（kPa）；$e_d(T_{min})$ 为 T_{min} 时实际水汽压（kPa）；RH_{min} 为日最小相对湿度（%）；T_{max} 为日最高气温（℃）；$e_a(T_{max})$ 为 T_{max} 时饱和水汽压（kPa）；$e_d(T_{max})$ 为 T_{max} 时实际水汽压（kPa）；RH_{mean} 为平均相对湿度（%）；T_{kx} 为最高绝对温度（K）；T_{kn} 为最低绝对温度（K）。

土壤热通量（G），单位 MJ/（m²·d），计算公式为

$$G = 0.38(T_d - T_{d-1}) \text{（逐日估算）} \tag{8-18}$$
$$G = 0.14(T_m - T_{m-1}) \text{（分月估算）} \tag{8-19}$$

式中，T_d、T_{d-1} 分别为第 d、$d-1$ 日气温（℃）；T_m、T_{m-1} 分别为第 m、$m-1$ 月平均气温（℃）；γ 为湿度表常数（kPa/℃），$\gamma = 0.00163 P/\lambda$。

气压（P）计算公式为

$$P = 101.3 \left(\frac{293 - 0.0063Z}{3 - 293}\right)^{5.26} \tag{8-20}$$

式中，Z 为计算地点海拔高程（m）。

潜热（λ）的计算公式为

$$\lambda = 2.501 - (2.361 \times 10^{-3}) \cdot T \tag{8-21}$$

2m 高处风速（u_2）的计算公式为

$$u_2 = 4.87 \cdot u_h / \ln(67.8h - 5.42) \tag{8-22}$$

式中，h 为风标高度（m）；u_h 为实际风速（m/s）。

考虑到 Penman-Monteith 方法的完备性和先进性，本节采用该方法对土壤足够湿润时的土壤蒸散发量进行计算，在 Excel 中编制了 ET_0 计算公式，可以快速的获得 ET_0 的计算值。

（2）植株因素函数项

在水分充足时，植株对蒸散发量的影响常采用植物系数 K_c 反映。

植物系数是指某阶段的土壤蒸散发量与相同阶段土壤足够湿润时的土壤蒸散发量的比值。土壤足够湿润时的土壤蒸散发量并不代表实际土壤蒸散发量，而植物系数代表了不同植物之间蒸散发量的差异。植物系数是计算土壤蒸散发量的重要参数，它反映了植物本身的生物学特性、植物品种、产量水平、土壤水肥状况以及管理水平等因素对土壤蒸散发量的影响。

K_c 可根据各月实际土壤蒸散发量与相应阶段的 ET_0 求得。在求出历年（3年以上）不同月份的 K_c 值后，用算术平均法可求得多年平均各月的 K_c。一般根据试验资料可得到当

地主要植物生长发育期内各月的 K_c。

对于同一品种 K_c 也可以按式（8-23）进行计算预测。

$$K_c = a + b\,(\text{LAI})^n \tag{8-23}$$

式中，a、b、n 为随植物而变的常数、系数与指数，可由回归资料得到；LAI 为叶面积指数。

在水分不充足条件下，植株因素项可分为三个阶段考虑，即受旱之前、受旱期间、受旱结束后，计算公式分别为

受旱之前：
$$f_2(P_1) = a + b \cdot \text{CC}^n \tag{8-24}$$

受旱期间：
$$f_2(P_2) = (a + b \cdot \text{CC}^n) \cdot \exp(-kN) \tag{8-25}$$

受旱结束之后：
$$f_2(P_3) = (a + b \cdot \text{CC}^n) \cdot \ln\{[100 + D_d \cdot \theta_m/(3 \cdot N')]\}/\ln 100 \tag{8-26}$$

式中，CC 为绿叶覆盖率（%）；N 为作物进入水分胁迫后的天数（d）；D_d 为受旱结束复水后的天数（d）；N' 为经历水分亏缺的总天数（d）；a、b、n、k 为经验常数、系数、指数。

（3）土壤因素函数项

对于土壤因素函数项 $f_3(S)$，在水分充足时，土壤蒸散发量计算一般不考虑此项。在水分不足时，土壤因素函数项的影响主要表现为土壤水分胁迫。因此 $f_3(S)$ 主要反映土壤水分状况对土壤蒸散发量的影响，其计算公式如下。

$$f_3(S) = \begin{cases} 1 & \theta \geqslant \theta_{c1} \\ \ln(1+\theta)/101 & \theta_{c2} \leqslant \theta \leqslant \theta_{c1} \\ \alpha \cdot \exp(\theta - \theta_{c2})/\theta_{c2} & \theta < \theta_{c2} \end{cases} \tag{8-27}$$

式中，θ 为实际平均土壤含水率占田间持水率百分数；θ_{c1} 为土壤水分绝对充分的临界土壤含水率；θ_{c2} 为土壤水分胁迫临界土壤含水率；α 为经验系数，一般为 $0.8\sim0.95$。

8.3.2.2 土壤水量平衡法

一般的土壤水量平衡方程为

$$\Delta W_{\text{SR}} = (P + \varepsilon + C_m) - (E_p + R_s + P_r + E + T) \tag{8-28}$$

且

$$P - E_p - R_s - P_r - P_e = P_s \tag{8-29}$$

即

$$\Delta W_{\text{SR}} = (P_s + \varepsilon + C_m) - (E + T) \tag{8-30}$$

式中，ΔW_{SR} 为某一时段内土层蓄水变量（mm）；P 为降雨量（mm）；P_s 为降水滞留在土壤中的水量（mm）；ε 为地下水通过毛细管输送到土壤中的水量（mm）；E_p 为雨期蒸发量（mm）；C_m 为大气中或表层土壤颗粒间的水汽，当气温降低时在土壤表层凝结的水量（mm）；P_e 为植物截流量（mm）；R_s 为降水产生的地面径流量（mm）；P_r 为降水入渗补给地表水量（mm）；E 为土壤蒸发量；T 为植物蒸腾量（mm）。

考虑到本试验的这 3 种水土保持措施的壤中流只有出口无进口，所以式（8-30）应改写为

$$\Delta W_{SR} = (P + \varepsilon + C_m) - (E_p + R_s + R_u + P_r + E + T) \qquad (8-31)$$

式中，R_u 为地下径流（mm）。

ΔW_{SR} 根据该层土壤体积含水率与土层厚度的乘积得到。体积含水率通过土壤重量含水率乘以相应的土壤干容重换算得到。依据本试验的特点，将十层分为 3 层计算，0 ~ 30cm 为第 1 层，30 ~ 60cm 为第 2 层，60 ~ 90cm 为第 3 层。

$$\Delta W_{SR} = \sum_{i=1}^{3} (\overline{\Delta \theta_i} \cdot \gamma_i) \cdot H_i \qquad (8-32)$$

式中，$\overline{\Delta \theta_i}$ 为某一时段内第 i 土层土壤平均重量含水率的变化；γ_i 为第 i 土层土壤的干容重；H_i 为第 i 土层厚度。

土壤含水率可通过张力计读数换算得到。试验中土壤水分张力计布设在上坡、中坡、下坡等坡位的地下 30cm、60cm、90cm 处用来测算相应土层深度的土壤水势。通过建立土壤水势与土壤含水量回归方程将土壤水势转化为土壤含水率。为了能通过观测到的土壤水势直接推求土壤水分含量，同时避免破坏试验小区的地表结构，为模拟小区的土壤深度和物理性状，用 3 个油桶制作土壤水分张力计的率定装置。为保证其土壤更接近小区土壤结构，静置一年后再开始取样，即先读出 30cm、60cm、90cm 各土层深的土壤水势，取出相应深度的土壤，采用烘干称重法测定土壤含水量，建立土壤水势与土壤含水量的回归关系方程，然后通过该方程可将土水势转化为土壤含水率（详见第 6 章）。

由于本研究的 3 个试验小区底部用混凝土隔绝了地下水的影响，计算中不考虑 ε 和 P_r。综上所述，式（8-31）可改写为

$$\begin{cases} E + T = (P + C_m) - (E_p + R_s + R_u + \Delta W_{SR}) & \text{降雨期} \\ E + T = C_m - \Delta W_{SR} - R_u & \text{非降雨期} \end{cases} \qquad (8-33)$$

将实测的资料代入式（8-33）计算，可得到 3 个试验小区的土壤蒸发量。由于百喜草敷盖处理是将百喜草刈割敷盖于地表，而裸露地地表几乎没有任何植被，所以这两种处理措施的土壤蒸散发以土壤蒸发为主，即式（8-33）中 $T = 0$。

当地没有实测的降雨径流资料时，可采用简化的方法来计算 P_s：

$$P_s = \alpha \cdot P \qquad (8-34)$$

式中，α 为有效降雨系数。

有效降雨系数 α 为经验系数，其取值与降雨总量、土壤质地等因素有关，并可根据当地实测资料推断得到。对于一般情况，α 取值与实际降雨量的关系如下。

$$\begin{cases} \alpha = 0 & P < (3 \sim 5) \\ \alpha = 1.0 & (3 \sim 5) < P < 50 \\ \alpha = 1.0 \sim 0.8 & 50 < P < 100 \\ \alpha = 0.8 \sim 0.7 & 100 < P < 150 \\ \alpha = 0.7 & P > 150 \end{cases} \qquad (8-35)$$

将式（8-34）和式（8-35）代入到式（8-30），忽略 ε 得

$$E + T = (\alpha P + C_m) - \Delta W_{SR} \qquad (8-36)$$

在遇到地区气象条件差异较大的情况时，上述有效降雨系数的求取时应在当地长期气

象资料分析的基础上，引用与各特征点关系密切的天气预报资料，特别是对植物各生长发育期降雨的统计分析资料。

8.3.3 结果分析

在本研究中，对试验中的 3 个处理小区的土壤水分张力进行了连续系统的观测，并有详细的记录。本节应用较为准确的土壤水量平衡计算方法对这三种处理小区的土壤蒸散发量进行计算，依据土壤水量平衡法计算模型，得到不同小区各月土壤蒸散发量（以 2002 年为例）见图 8-2。

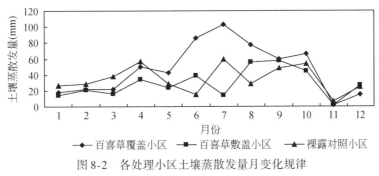

图 8-2　各处理小区土壤蒸散发量月变化规律

Fig. 8-2　Monthly variation law of soil evaporation in each treatment

从图 8-2 中可以看出，2002 年百喜草覆盖处理小区土壤蒸散发量为 562.74mm，意味着年降水量中 31.12% 的水量以气态形式返回了大气。从土壤蒸散发量的月分布情况来看，1~7 月随着气温逐渐升高，除 5 月份降雨量大和降雨天数多导致蒸散发量（42.67mm）有所减少外，百喜草生长发育趋于旺盛期，土壤蒸散发量持续增加，由 1 月份的 17.70mm 增加到 7 月份的最大值 103.06mm。6 月的土壤蒸散发系数（土壤蒸散发量/降雨量）达到最大值 99.65%。8 月的土壤蒸散发量仅次于 6 月和 7 月份，为 77.56mm，因为此时为高温伏旱期，百喜草的新陈代谢旺盛，蒸腾作用加强，致使土壤蒸散发量显著增加。11 月的土壤蒸散发量、土壤蒸散发系数均为最小，分别为 1.65mm 和 1.81%。因为此时温度已经下降，百喜草的生长也已逐步转入休眠状态，蒸腾作用减弱，加之有百喜草本身的枯叶敷盖于地表，减少了地表的蒸发。可见植物蒸腾耗水量在土壤蒸散发量中占有很大的比重。

2002 年百喜草敷盖处理小区土壤蒸散发量为 347.91mm，意味着年降水收入中 19.24% 的水量以气态形式返回了大气。从土壤蒸散发量的月分布来看，8 月、9 月最大，分别为 55.38mm 和 57.30mm，因为此时降雨量减少，气温较高，空气湿度低，尽管有百喜草枯叶敷盖地表，但还是能产生较大的蒸发作用。而 2 月的土壤蒸散发系数出现峰值，达 65.92%。5 月的土壤蒸散发系数由于该月降水量最大和降雨天数较多，空气湿度大，仅为 6.15%。11 月的土壤蒸散发量和土壤蒸散发系数均出现最小值，分别为 2.26mm 和 2.48%。

2002 年裸露对照小区土壤蒸散发量为 413.82mm，意味着年降水收入中 22.88% 的水量以气态形式返回了大气。从土壤蒸散发量的月分布来看，1~4 月随着气温逐渐回升，土壤蒸散发量持续增加，由 1 月份的 26.68mm 增加到 4 月份的 57.04mm。5 月因为降雨量最大和降雨天数较多，土壤蒸散发量大幅度减少，为 28.25mm。7 月是一年中气温最高的月份，土壤蒸散发量达到最大值 59.38mm，因为此时不仅气温最高，而且降雨量减少，空气湿度低，所以地表的蒸发作用强烈。这一年中土壤蒸散发系数以 2 月最大，达 89.16%，主要是该月降水量最小。2 月蒸散发量是 2002 年中最小值的 4.49 倍。

百喜草覆盖小区的蒸散发主要由土壤的蒸发量（棵间蒸发量）和植物的蒸腾量两部分组成，敷盖小区和裸露对照地的蒸散发全部为土壤蒸发。覆盖措施下的土壤由于在百喜草的遮盖下，减少了太阳的直接辐射，而敷盖措施条件下的土壤在百喜草茎叶遮盖下其蒸发条件和覆盖措施比较一致，因此覆盖措施下的蒸散量与敷盖措施下的蒸散量的差值应为百喜草的蒸腾量，为 214.83mm。

8.4 径流分布特征

8.4.1 径流的基本含义

流域的降水，由地面与地下汇入河网，流出流域出口断面的水流，称为径流。由降水到达地面时起，到水流流经出口断面的整个物理过程，称为径流形成过程。降水的形式不同，径流的形成过程也各异。根据径流形成过程及径流途经不同，径流可分为地表径流、地下径流及壤中流三种形式。降雨到达地面后，一部分进入土壤，一部分成为地表径流。进入土壤中的降雨一般称为壤中流，壤中流在坡面上可转化为地下或地表径流。

地表径流是坡面来水与下渗的矛盾产物，反映着坡面径流的基本水文特征，也是衡量水土保持措施的效益的一个基本指标。这部分内容在第 5 章中已有阐述，不再重复。

地下径流指水分以地下水形式流动，而壤中流是指水分在浅层土壤内的运动，包括水分在土壤内的垂直下渗和水平侧流。对任何一场降雨而言，至少有一部分甚至全部水分将沿着土壤内的孔隙入渗到土壤内部形成土壤水。土壤水在土壤内的流动形成壤中流，部分形成地下径流，地下径流和壤中流统称为基流。基流的作用首先是通过改变土壤内的水分含量，从而影响流域土壤水分的分布，影响径流分配；其次是形成流域的洪水过程和枯季流量，在某些情况下，基流甚至可以转变为地表径流而形成洪水的洪峰。但是由于剧烈非线性和滞后现象，土壤水在土壤中重新分配，并产生损耗与蒸发、散发和渗漏，即使在均一的、非湿胀的土壤中，过程也很复杂。基流作为水分在土壤中再分配是水分循环的一个重要环节，对研究整个流域径流产生及洪水预报、流域水文循环的计算都具有重要的作用。

根据实际观测数据，对试验区径流特征进行分析探讨。其中，将地表的产流量称为地表径流。将地表以下 30cm 和 60cm 土层深的渗漏量分别称为上层壤中流（或 30cm 壤中流）和中层壤中流（或 60cm 壤中流）。将 60cm 以下土层的渗漏量从地下 90cm 处引出称为地下径流。

下面选用 2002~2005 年的试验观测数据进行分析研究。

8.4.2 径流系数分析

通过对试验观测资料统计计算，得出各小区径流系数结果列成表 8-1。

表 8-1　各小区地表径流、壤中流和地下径流系数

Table 8-1　Coefficient of surface runoff, interflow and underground runoff in each treatment

小区	地表径流系数	基流系数			总径流系数
		壤中流	地下径流	小计	
覆盖小区	0.014	0.036	0.556	0.592	0.606
敷盖小区	0.020	0.044	0.711	0.755	0.775
裸露小区	0.286	0.004	0.377	0.381	0.667

由表 8-1 可知，采取水土保持措施后，覆盖和敷盖小区的地表径流与裸露对照区相比相差一个数量级，前者地表径流系数均在 0.02 以下，后者达到 0.28 以上。百喜草敷盖处理小区的地表径流系数、壤中流与地下径流系数、总径流系数分别是百喜草覆盖处理小区的 1.22 倍、1.28 倍和 1.28 倍。裸露小区的地表径流系数、壤中流与地下径流系数、总径流系数分别是百喜草覆盖处理小区的 20.42 倍、0.64 倍和 1.10 倍，是百喜草敷盖处理小区的 14.30 倍、0.50 倍和 0.86 倍。各小区总径流系数大小依次为：百喜草敷盖处理>裸露对照处理>百喜草覆盖处理。各小区地表径流系数大小依次为：裸露对照处理>百喜草敷盖处理>百喜草覆盖处理。各小区壤中流与地下径流系数大小依次为：百喜草敷盖处理>百喜草覆盖处理>裸露对照处理。从防洪减灾角度来看，百喜草覆盖与敷盖措施将大部分的降雨转化为壤中流和地下径流，均是良好的防洪减灾措施。鉴于百喜草敷盖小区的地下径流系数较百喜草覆盖小区大，建议在地下水位较高或降雨量丰沛的地区，宜采取大面积的水土保持植物措施，大力倡导植树种草，增加大地植被覆盖度；对于地下水位较低或降雨量稀少的地区，宜采取将百喜草枯落物或秸秆敷盖于地面的措施，减少土壤的水分散失。

百喜草覆盖处理的活体百喜草地上部分的叶、匍匐茎可减缓雨滴直接打击地表，减少飞溅冲蚀及土粒的分散，保护地表，防止土壤结皮。同时增加地表粗糙度，减缓地表径流流速，延长汇流时间，从而增加入渗量，使得大部分降雨转化为地下径流，因此出现了地表径流系数最小的现象。但由于百喜草在生长发育过程中，能吸收大量的土壤水分用于蒸腾作用，消耗了较多的水分，致使小区年均总径流系数为最小。

百喜草敷盖处理的敷盖材料能增加地表的粗糙度，为保护和促进土壤中的动物和微生物活动提供了条件，减缓径流速度，使降水缓慢渗透到土壤中，提高土壤的下渗率，减少土壤表层的流失，变地表径流为地下径流，而且敷盖材料又能减少水分的蒸发，因此其地下径流系数、总径流系数最大。

裸露对照处理小区因地表裸露，由于雨滴击溅，使土壤表层团聚体遭到破坏，分散的

颗粒填充了土壤表面的孔隙，土壤表面被压实形成结皮，使土壤的入渗能力急剧衰减，承接的降雨主要以地表径流形式流出小区。造成其地表径流系数比百喜草覆盖处理小区、百喜草敷盖处理小区显著增大，壤中流系数却显著减小。同时，裸露对照处理还存在一定程度土壤水分无效蒸发损失，尽管其地下径流系数小，但地表径流系数大，导致其年均总径流系数介于前二者之间。

8.4.3 地表径流特征

8.4.3.1 地表径流月分布特征

为探索一年中地表径流的变化规律和特征，将观测期每月地表径流均值列成表8-2，由表8-2可知，各小区的地表径流变化趋势与降雨升降变化相符，随降雨量的大小增加或减少。各处理的地表径流系数也相应增加或减少。降雨较为集中的汛期（4~9月），地表径流系数也是全年最大的。裸露对照处理小区的地表径流系数对降雨变化尤其敏感，变化幅度非常大。然而相对裸露对照处理小区，百喜草覆盖小区和百喜草敷盖小区的地表径流系数对降雨变化要迟缓的多，变化幅度也小的多；充分体现了裸露地表的水土保育系统缓冲性能差，而采取水土保持措施（覆盖和敷盖）的地块水土保育系统缓冲性能强。

表8-2　各小区地表径流系数月变化
Table 8-2　Monthly variation of runoff coefficient in each treatment

月份	百喜草覆盖小区	百喜草敷盖小区	裸露对照小区
1	0.0055	0.0235	0.0985
2	0.0065	0.0110	0.0965
3	0.0055	0.0225	0.3880
4	0.0140	0.0275	0.4440
5	0.0180	0.0295	0.3550
6	0.0115	0.0160	0.3086
7	0.0120	0.0165	0.3250
8	0.0075	0.0105	0.1320
9	0.0145	0.0190	0.2930
10	0.0115	0.0170	0.2435
11	0.0110	0.0185	0.1145
12	0.0075	0.0140	0.2085

不同小区地表径流量差异非常明显，裸露对照小区地表径流系数远大于百喜草覆盖小区和百喜草敷盖小区，尤其是降雨较为集中的汛期，更为明显。但百喜草覆盖小区与百喜草敷盖小区之间的地表径流量差异不明显，在降雨量较大的情况下（4~6月份），百喜草覆盖处理小区的地表径流系数稍小于百喜草敷盖处理小区，其他月份也与此相似。

以上结果充分说明，采取水土保持措施（覆盖与敷盖）相对裸露地表具有明显减少地表径流的作用，同时活体百喜草种植效果更佳。这是因为百喜草地上部分的叶、匍匐茎具有减小雨滴的击溅、阻缓地表径流的产生和延长汇流时间等作用。同时，百喜草根系发达，新陈代谢快，腐烂的根系能增加土壤有机质含量和提高土壤的孔隙度，改善土壤的团聚体结构，从而提高土壤的下渗量和持水量，达到减少地表径流的目的。百喜草敷盖处理的敷盖材料能增加地表的粗糙度，减缓水流速度，使降水缓慢渗透到土壤中，提高土壤的下渗率，变地表径流为地下径流，从而减少地表径流量。裸露对照处理因地表裸露，雨滴的打击或挤压，使土壤表层团聚体遭到破坏，分散的颗粒填充了土壤表面的孔隙，经压实形成地表结皮，严重阻碍水分下渗，从而导致地表径流量远大于百喜草覆盖小区和百喜草敷盖处理小区。

8.4.3.2 单场降雨的地表径流特征

为了进一步研究不同试验小区地表径流产生机理，选取不同雨型单场降雨对比分析百喜草覆盖小区、百喜草敷盖小区和裸露对照小区的径流特征（表8-3）。3 个小区因在小雨时一般不发生产流，也就难以比较不同处理间产流效益，所以从多年降雨中，选取中雨及中雨以上雨型，分别选取 3 场典型降雨的产流情况，对其径流特征进行分析。

从表 8-3 可以看出，一般情况下地表径流随雨强与降雨量的增加而增加，3 个小区的地表径流系数总体上都呈增加的趋势，尤其在暴雨及暴雨以上雨型的降雨增加更为明显。如 2003 年 12 月 8 日的一场中雨（降雨量 16.1mm），百喜草覆盖、百喜草敷盖和裸露对照 3 个小区地表径流系数分别为 0.010、0.016、0.134。2001 年 7 月 14 日的一场暴雨（降雨量 40.9mm），3 个小区的地表径流系数分别为 0.016、0.048、0.461。但是表中也出现同一雨型的小降雨量地表径流系数比大降雨量大的情况，如 2001 年 7 月 14 日的一场暴雨（降雨量 40.9mm），3 个小区的地表径流系数分别为 0.016、0.049、0.461。2004 年 5 月 14 日的一场暴雨（降雨量 60.5mm），3 个小区的地表径流系数分别为 0.018、0.020、0.412。也出现小雨型地表径流系数比大雨型大，如 2003 年 5 月 13 日的一场大暴雨（降雨量 48.3mm），3 个小区的地表径流系数分别为 0.023、0.027、0.434。2003 年 9 月 3 日的一场暴雨（降雨量 18.7mm），3 个小区的地表径流系数分别为 0.022、0.022、0.380。其原因主要是各小区产流除与本场降雨因素（雨量、雨强、历时）有关外，还与降雨前期条件（如土壤初始含水量）密切相关。

表 8-3 单场降雨各小区地表径流特征

Table 8-3 Surface runoff character of single rainfall in each treatment

雨型	日期	降雨量（mm）	雨强（mm）	地表径流深（mm）			地表径流系数（%）		
				覆盖小区	敷盖小区	裸露小区	覆盖小区	敷盖小区	裸露小区
中雨	2003-12-10	7.8	0.8830	0.064	0.063	1.812	0.008	0.008	0.232
	2003-12-8	16.1	1.0277	0.161	0.260	2.164	0.010	0.016	0.134
	2003-1-14	24.0	0.6940	0.307	0.436	2.887	0.013	0.018	0.120

续表

雨型	日期	降雨量（mm）	雨强（mm）	地表径流深（mm）			地表径流系数（%）		
				覆盖小区	敷盖小区	裸露小区	覆盖小区	敷盖小区	裸露小区
大雨	2004-4-17	10.6	1.3826	0.111	0.172	0.520	0.010	0.016	0.049
	2004-4-7	24.1	2.0511	0.099	0.172	3.576	0.004	0.007	0.148
	2004-11-13	44.5	1.2333	0.604	0.780	10.814	0.014	0.018	0.243
暴雨	2004-2-21	20.9	2.5592	0.241	0.360	3.258	0.012	0.017	0.156
	2001-7-14	40.9	3.6627	0.664	1.993	18.845	0.016	0.049	0.461
	2004-5-14	60.5	2.3077	1.061	1.204	24.904	0.018	0.020	0.412
大暴雨	2002-7-17	28.3	5.1455	0.320	0.512	9.563	0.011	0.018	0.338
	2001-8-22	39.8	6.8229	0.713	1.636	17.299	0.018	0.041	0.435
	2003-5-13	48.3	4.2307	1.113	1.320	20.956	0.023	0.027	0.434
特大暴雨	2003-9-3	18.7	10.2000	0.404	0.416	7.108	0.022	0.022	0.380
	2001-7-30	28.8	34.5600	0.646	1.181	15.586	0.022	0.041	0.541
	2004-8-16	32.6	23.2857	2.013	1.411	13.116	0.062	0.043	0.402

由表8-3还可得知，百喜草覆盖小区或敷盖小区的地表径流系数始终较裸露对照小区小，且保持在较低水平，减水率在90%以上。百喜草敷盖小区地表径流系数较百喜草覆盖小区稍大，而裸露对照小区地表径流系数一直保持较高水平。

8.4.3.3　各试验小区间的地表径流方差分析

为了进一步确定不同试验小区地表径流是否存在差异性或差异性是否显著，比较不同试验小区的减水效益，为优选水土保持措施提供指导。研究中借助SPSS软件对观测期间3个小区的地表径流系数做单因素方差分析，结果见表8-4，不同小区地表径流总体均值有显著差异，因此需进一步做多重比较。先采用邓肯多重极差方法做第一次多重比较，然后采用费舍尔最小显著差方法对不同处理间地表径流进行多重比较，结果见表8-5。

表8-4　地表径流量方差分析

Table 8-4　Surface runoff variance analysis

变差来源	平方和	自由度	平均平方和	F	相伴概率值
小区间	108.690	2	54.345	58.621	0.000
小区内	61.186	66	0.927		
合计	169.877	68			

表 8-5　地表径流量多重比较

Table 8-5　Surface runoff multiple comparison

小区	对照小区	均差	标准差	相伴概率值	95% 置信区间	
					下限	上限
A	B	−0.558 3	0.287 14	0.056	−1.131 5	0.015 0
	C	−2.877 7*	0.284 20	0.000	−3.445 1	−2.310 3
B	A	0.558 3	0.287 14	0.056	−0.015 0	1.131 5
	C	−2.319 4*	0.280 95	0.000	−2.880 4	−1.758 5
C	A	2.877 7*	0.284 20	0.000	2.310 3	3.445 1
	B	2.319 4*	0.280 95	0.000	1.758 5	2.880 4

* 为显著性水平在 0.05

由表 8-5 可知，裸露对照处理与百喜草覆盖、百喜草敷盖处理差异显著，而百喜草覆盖与百喜草敷盖处理之间差异不显著，说明采用百喜草覆盖和敷盖水土保持措施具有明显的蓄水减流效益。同时，结合实际，百喜草覆盖处理的减水效益比百喜草敷盖处理的减水效益好，说明活体百喜草种植是防洪减灾的优选措施。

8.5　水量平衡结果分析

8.5.1　覆盖措施

根据 2002～2005 年实测降雨量、地表径流、壤中流、地下径流数据，采用水量平衡方程计算得到水量平衡各阶段水量，汇成表 8-6。

由表 8-6 可见，观测期内年均降雨量为 1523.70mm。采取水土保持覆盖措施的小区地表径流为 21.40mm，占全年平均降雨量的 1.40%。上层壤中流为 36.07mm，占全年平均降雨量的 2.37%。中层壤中流为 20.27mm，占全年平均降雨量的 1.33%。地下径流为 847.01mm，占全年平均降雨量的 55.59%。基流总量为 903.34mm，占全年平均降雨量的 59.29%。全年平均总径流量为 924.74mm，占全年平均总降雨量的 60.69%。蒸散量为 598.96mm，占全年平均降雨量的 39.31%。覆盖小区水量输出比例如图 8-3 所示。

表 8-6　覆盖措施小区坡地水量平衡表

Table 8-6　Water balance table in the plot covered with bihia grass（单位：mm）

月份	降雨量	地表径流	上层壤中流	中层壤中流	地下径流	基流小计	径流合计	蒸散量
1	59.53	0.53	0.82	0.62	19.57	21.02	21.55	37.98
2	101.05	1.2	2.1	1.47	73.49	77.05	78.25	22.8
3	100.63	0.65	1.97	1.61	80.37	83.95	84.6	16.02
4	235.2	3.09	5.52	3.8	154.59	163.9	166.99	68.21

续表

月份	降雨量	地表径流	上层壤中流	中层壤中流	地下径流	基流小计	径流合计	蒸散量
5	264.1	4.5	8.89	4.42	199.8	213.11	217.61	46.48
6	185.3	2.88	4.01	2.46	93.66	100.13	103.01	82.29
7	135.6	1.72	5.03	1.42	56.03	62.47	64.19	71.42
8	148.58	2.87	3.18	1.62	52.49	57.28	60.15	88.43
9	106.73	2.04	1.63	1.22	51.16	54.01	56.05	50.68
10	43.75	0.36	0.33	0.09	2.54	2.96	3.32	40.43
11	94.78	1.33	1.79	1.09	37.69	40.57	41.9	52.87
12	48.48	0.22	0.79	0.46	25.65	26.9	27.12	21.35
总计	1523.7	21.4	36.07	20.27	847.01	903.34	924.74	598.96

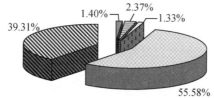

■地表径流　▤上层壤中流　▥中层壤中流　□地下径流　▨蒸散量

图 8-3　覆盖小区坡地水量输出比例图

Fig. 8-3　Water output proportion in the plot covered with bihia grass

多年月均径流量随着降雨量的增大，无论是地表径流还是地下径流，都随之增大。主汛期的 4~9 月总降雨量是 1075.51mm，占全年平均降雨量的 70.59%，而地表径流占全年地表径流的 79.91%，壤中流占全年壤中流的 76.68%，地下径流占全年地下径流的 71.75%，基流量占全年平均基流总量的 70.39%。

8.5.2　敷盖措施

根据 2002~2005 年的实测资料统计成表 8-7，观测期年平均降雨量为 1523.70mm，采取敷盖措施小区的地表径流为 31.64mm，占全年平均降雨量的 2.08%。上层壤中流为 47.09mm，占全年平均降雨量的 3.09%。中层壤中流为 20.67mm，占全年平均降雨量的 1.36%。地下径流为 1083.85mm，占全年平均降雨量的 71.13%。基流总量为 1151.60mm，占全年平均降雨量的 75.91%。全年平均总径流量为 1183.24mm，占全年平均总降雨量的 77.66%。蒸散发量为 340.47mm，占全年平均降雨量的 22.34%。敷盖小区水量输出比例如图 8-4 所示。

表 8-7　敷盖措施水量平衡表

Table 8-7　Water balance table in the plot mulched with bihia grass（单位：mm）

月份	降雨量	地表径流	上层壤中流	中层壤中流	地下径流	基流小计	径流合计	蒸散量
1	59.53	1.12	1.43	0.53	37	38.96	40.08	19.45
2	101.05	1.79	2.98	1.22	76.09	80.29	82.08	18.97
3	100.63	1.89	2.5	1.41	85.45	89.36	91.25	9.38
4	235.2	5.97	6.66	3.34	180.74	190.73	196.7	38.5
5	264.1	6.71	9.23	3.87	221.54	234.64	241.35	22.75
6	185.3	3.56	6.05	2.26	129.18	137.48	141.04	44.26
7	135.6	2.18	6.95	3.38	108.17	118.5	120.68	14.92
8	148.58	3.17	3.76	1.72	86	91.48	94.65	53.93
9	106.73	2.53	3.1	1.07	56.44	60.61	63.14	43.59
10	43.75	0.55	0.9	0.21	16.15	17.26	17.81	25.94
11	94.78	1.68	2.34	1.18	58.08	61.6	63.28	31.49
12	48.48	0.48	1.2	0.49	29.03	30.72	31.2	17.28
总计	1523.7	31.64	47.09	20.67	1083.85	1151.6	1183.24	340.47

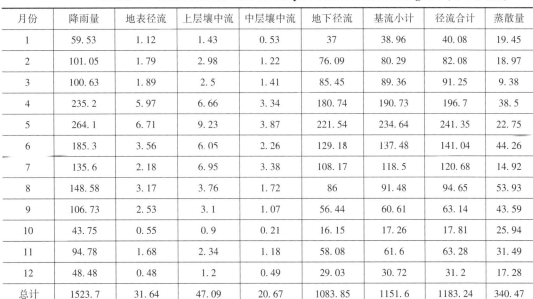

图 8-4　敷盖小区坡地水量输出比例图

Fig. 8-4　Water output proportion in the plot mulched with bihia grass

　　主汛期 4～9 月总降雨量是 1075.51mm，占全年平均降雨量的 70.59%，而敷盖小区地表径流占全年地表径流的 76.23%，壤中流占全年壤中流的 75.84%，地下径流占全年地下径流的 72.16%，基流量占全年基流总量的 72.37%。

8.5.3　裸露对照

　　根据 2002～2005 年的实测资料统计成表 8-8，观测期平均降雨量为 1523.70mm。不采取水土保持措施的裸露小区的地表径流为 436.45mm，占全年平均降雨量的 28.64%。上层壤中流为 2.24mm，占全年平均降雨量的 0.15%。中层壤中流为 4.82mm，占全年平均降雨量的 0.32%。地下径流为 574.45mm，占全年平均降雨量的 37.70%。基流总量为 581.49mm，占全年平均降雨量的 38.16%。全年总径流量为 1017.94mm，占全年平均总降雨量的 66.81%。蒸散量为 505.76mm，占全年平均降雨量的 33.19%。裸露对照小区水量输出比例如图 8-5 所示。

表 8-8 裸露对照小区坡地水量平衡表
Table 8-8 Water balance table in bare check plot （单位：mm）

月份	降雨输入	地表径流	上层壤中流	中层壤中流	地下径流	基流小计	径流合计	蒸散量
1	59.53	4.42	0.14	0.29	13.07	13.5	17.92	41.6
2	101.05	14.42	0.43	0.69	57.09	58.2	72.62	28.42
3	100.63	27.06	0.22	0.51	48.34	49.06	76.12	24.5
4	235.2	97.2	0.32	0.73	82.84	83.89	181.09	54.11
5	264.1	95.26	0.2	0.85	121.79	122.83	218.09	46.01
6	185.3	62.32	0.21	0.47	69.47	70.14	132.46	52.84
7	135.6	30.71	0.11	0.31	58.67	59.09	89.8	45.8
8	148.58	39.21	0.12	0.25	43.51	43.89	83.1	65.47
9	106.73	31.34	0.13	0.28	35.19	35.61	66.95	39.78
10	43.75	4.07	0.01	0	2.1	2.11	6.18	37.57
11	94.78	21.15	0.17	0.26	26.16	26.58	47.73	47.04
12	48.48	9.26	0.19	0.18	16.23	16.59	25.85	22.62
总计	1523.7	436.45	2.24	4.82	574.45	581.49	1017.94	505.76

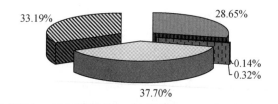

■地表径流　目上层壤中流　□中层壤中流　□地下径流　☒蒸散量

图 8-5 裸露对照小区坡地水量输出比例图
Fig. 8-5 Water output proportion in bare check plot

主汛期 4~9 月总降雨量是 1075.51mm，占全年平均降雨量的 70.59%，而同期的地表径流占全年地表径流的 81.58%，壤中流占全年壤中流的 56.37%，地下径流占全年地下径流的 71.63%，基流量占全年基流总量的 71.45%。

综合这三个小区的径流输出情况，得出它们的年均地表径流量为 163.16mm，4~9月份主汛期地表径流量占年地表径流量的 79.24%。基流总量为 878.81mm，4~9月份主汛期占年基流总量的 71.40%。

8.5.4 不同措施间的对比分析

本研究的 3 个处理小区的唯一输入水量均为天然降雨，即研究期内平均每年输入水量均为 1523.70mm。为便于分析研究，在设计试验时，尽量避免了各种影响因素，选择的坡度、坡向、面积和土壤等外部条件以及采用施工工艺和操作方式等均保持基本一致，仅采取了不同的水土保持处理措施。通过 4 年的观测，各试验小区输出水量的结果是不一样的。为了更好地探索水土保持效益不同的原因，故作以下两两间比较分析。

8.5.4.1 覆盖措施与敷盖措施的对比分析

通过表 8-6 和表 8-7 表明，覆盖小区的地表径流要比敷盖小区小，这是因为种植百喜草一方面有增加土壤孔隙度，增加雨水的入渗的作用；另一方面百喜草根系有较大的吸水能力，造成地表径流减少。在上层土壤中，两者相比，由于敷盖的百喜草经过腐烂、分解，使上层土的腐殖质增加，有利于土壤中的微生物和蚯蚓等土壤动物繁衍活动，增加了表层土的孔隙度，从而出现上层壤中流较覆盖小区的上层壤中流要大，而两者中层壤中流相差不大，地下径流覆盖小区要比敷盖小区平均每年要小 236.84mm。究其原因，主要是因百喜草活体每年要多消耗土壤中的水分用于本身的蒸腾作用所致。从百喜草生长旺季的 4~8 月土壤水分蒸散发情况就不难发现，这 5 个月中多消耗的水量占全年的 22.94%，而在百喜草进入休眠期当年 12 月至次年 1 月、2 月份消耗的水分较少。

8.5.4.2 覆盖措施与裸露对照的对比分析

将表 8-6 与表 8-8 进行比较可知，覆盖小区的地表径流要比裸露小区少得多，结果相差 20 倍以上。造成这种状况一方面是裸露小区直接遭受雨粒击溅挤压作用，土壤颗粒堵塞了土壤表面孔隙引起入渗减少；另一方面是天然雨水因地表无物阻滞，直接产生地表径流所致。

在壤中流中，无论是上层壤中流还是中层壤中流，覆盖小区要比裸露小区的流量大 4~16 倍，尤其是上层壤中流大 16 倍以上。裸露土壤几乎没有壤中流，可见裸露小区因水土流失而造成的土壤退化的现象是十分严重的。

覆盖小区地下径流要比裸露小区每年多 272.56mm。这主要是因为种植百喜草既改良了土壤，增加土壤入渗量，其本身又有阻滞地表径流的功能，增加土壤入渗时间。由此不难发现，覆盖小区可将降雨转化为地下径流，而裸露小区只能任降雨变成地表径流。

从蒸散发量来看，覆盖小区不仅有土壤蒸发，而且还有作物蒸腾散失水分，而裸露小区只有土壤蒸发，并且蒸发量随气温高低，辐射强弱的变化而变化。

8.5.4.3 敷盖措施与裸露对照的对比分析

从观测结果表 8-7 与表 8-8 中可以看出，在地表径流方面，敷盖小区要比裸露小区的少得多，相差 13 倍以上，与覆盖小区同在一个量级水平上，其原因是敷盖小区没有植物的蒸腾作用。二者壤中流、底层径流之比，相差更为悬殊，其上层壤中流相差 21 倍之多，中层壤中流也相当 4 倍以上，裸露小区底层的地下径流只有敷盖小区的 53.0%。

两者的平均年蒸发量，裸露小区大于敷盖小区的 165.29mm，敷盖小区的平均年蒸发量是裸露小区的 67.32%。

8.5.5 结果评价

8.5.5.1 蒸散发输出影响评价

从水量平衡结果（表 8-6 ～ 表 8-8）得出，观测期内，采取不同的水土保持措施，各小区以气态水形式返回大气的蒸散发量存在显著差异。3 个小区平均每年以气态水形式返回大气的水量分别是百喜草覆盖小区 598.96mm、敷盖小区 340.47mm、裸露小区 505.76mm，各占当年降雨量的 39.31%、22.34% 和 33.10%。

由于布设的 3 个小区基本条件一致，采取的水土保持措施只有种植与敷盖百喜草的区别，由此可以推断出百喜草一年或一个生长周期的蒸腾量。覆盖小区与裸露小区的蒸散发量之差值即是百喜草一年或一个生长周期最小蒸腾量，覆盖小区与敷盖小区的蒸散量之差值，便是百喜草一年或一个生长周期最大蒸腾量。即百喜草在观测期内平均每年至少有 93.20mm 水量通过蒸腾散发到大气中，最多有 258.49mm 的水量由蒸腾而散发。由此可以得出，在自然状态下，百喜草一年的蒸腾量阈值为 93.20 ～ 258.49mm。

这个结果也可以证明，采用水土保持植物措施，造林种草或种植农作物不是任何时候，任何地点都能增加土壤水分。就植物活体本身而言，它的某一时段不仅不能增加土壤含水量，相反还会增加土壤水分的蒸散发量，从而降低土壤含水量。尤其是在植物生长旺季或干旱季节，土壤含水量会因此而更低。如果说植物有增加土壤含水量功能的话，那也是因为植物有改良土壤作用，植物根系的新陈代谢有增加孔隙度的作用，植物通过改良的土壤，提高土壤的通透性能，增加土壤含水量。因此，在干旱少雨和水资源极度缺乏的地方应该慎用大面积造林种草措施，可以大力推广秸秆还田等水土保持敷盖措施。在降雨量丰沛和地下水位较高的地区，可以靠种植耗水量大的植物来降低土壤含水量，因为植物，尤其是阔叶植物，本身就是一个小型"抽水机"，需要吸取土壤水分用于蒸腾挥发来维持其生命特征，故造成土壤水分减少。

8.5.5.2 径流输出影响评价

按照水量平衡原理，根据表 8-1 径流系数的计算结果可知，种植作物或植物必然会在一定程度上减少径流量。在观测期内，种植百喜草与裸露地相比，平均每年能减少径流系数 0.061，折算成降雨量为 92.95mm，即 929.5t/hm²。这种减少径流量主要是减少了地表径流，也可以说是减少了洪峰径流。而地下径流不仅没有减少，而且还增加了，这恰恰是我们最需要的水土保持效果。如果完全采取敷盖措施，与裸露地相比，平均每年可增加径流系数 0.108，折算成降雨量为 164.56mm，即合成水量为 1645.6t/hm²。所以不能笼统地认为采用水土保持措施会减少河川径流。仅从水土保持措施对河川径流的影响而言，它具有双重作用，既可以增加河川径流，也能减少河川径流，关键是什么时候，在什么地方，采取什么措施，减少了什么样的河川径流。

通过上述研究结果，弄清了采取水土保持植物措施：种植作物和增加植被，在一定程度上会减少河川径流，但主要是减少了洪峰径流，增加地下径流量。采取敷盖措施一定会增加河川径流，主要是增加地下径流量，不会增加洪峰流量。所以说，采取水土保持措施，只要方法得当，有百利而无一害。当然，通过研究，掌握了水土保持措施涵养水源的机理，就应该运用于生产实践，在降雨丰沛的地区要大力推广植物措施以减少洪涝灾害，而在干旱缺水地区则应加大推广敷盖措施，以减少水分散发、增加土壤水分含量和补充地下水源。

按测定的土壤含水量（表 6-1）可知，覆盖小区比裸露小区的田间持水量增加 8.28%，若按农业耕作层 30cm 的土壤厚度计算，可增加土壤有效蓄水量，即土壤水库有效库容为 295.6m³/hm²，可增加防洪库容 366.6 m³/hm²。敷盖小区比裸露小区的田间持水量增加 5.51%，按上述方法计算，可增加土壤有效蓄水量，即土壤水库有效库容为 206.6m³/hm²，可增加防洪库容 239.6m³/hm²。

由上述研究得出，水土保持措施有减少地表径流，防洪减灾的作用。试验区平均每年减少地表径流为 409.88mm，占全年降雨量的 26.90%。其中，覆盖小区减少地表径流量为 414.45mm，占全年降雨量的 27.20%。敷盖小区减少地表径流量为 405.30mm，占全年降雨量的 26.60%。

水土保持措施有增加雨水入渗，增加土壤水分含量和基流的作用。由上述研究得出，试验期内试验区平均每年可增加地下基流 445.68mm，占全年降雨量的 29.25%。其中覆盖小区增加基流量为 321.50mm，占全年降雨量的 21.10%。敷盖小区增加基流量为 569.86mm，占全年降雨量的 37.48%。

无论是减少地表径流，还是增加地下基流，对于减轻洪涝灾害，提高土壤抗旱能力都具有积极意义。这部分水量或保持在土壤中，或变成了地下水贮存起来，抑或变成清澈的泉水汩汩流出，都有益于生态和生活。

8.6 小 结

本章利用水量平衡相关理论，探讨了 3 种处理小区的水量平衡状态以及土壤水分的运移特征，主要研究成果归纳如下。

1）论述了水量平衡的原理，简要介绍了水分循环形式和水量平衡方程，分析了土壤水量平衡的实质，研究了各处理小区水量平衡结果，分析研究了各处理小区间输出水量的差别及其原因和机理。

2）从气象、植物和土壤 3 个方面对土壤蒸散发的影响因素进行了分析，建立了 3 种水土保持小区的土壤蒸散发的计算模型，最后用实测资料对上述 3 个小区一年中各月土壤蒸散发量进行了计算。通过分析 3 种处理小区的蒸散发过程，认为百喜草覆盖小区和敷盖小区的蒸散发条件比较一致，据此计算出百喜草一年的植物蒸腾量为214.83mm。

3）利用水量平衡原理获得了红壤坡地土壤蒸散发量、百喜草蒸腾量的宝贵数据，为合理配置水资源提供了科学依据。百喜草全年平均蒸腾量至少93.2mm，最多258.49mm，即百喜草全年蒸腾量的阈值为93.2~258.49mm，与用蒸散发方法计算出百喜草一年的植物蒸腾量214.83mm的结果基本一致。敷盖处理比裸露处理平均每年减少蒸发165.29mm，这部分水量或保持在土壤中，或变成了地下水贮存起来，抑或以泉水形式出露地表。

4）采取不同措施的小区地表径流差异明显，地表径流系数大小依次为裸露对照处理小区（0.286）>百喜草敷盖处理小区（0.020）>百喜草覆盖处理小区（0.014）。裸露对照处理小区地表径流量各月份均远大于百喜草覆盖小区和百喜草敷盖处理小区，尤其是降雨较为集中的汛期，更为明显。百喜草覆盖小区与百喜草敷盖处理小区之间的地表径流量差异不明显。在降雨量较大的情况下（如4~6月份），百喜草覆盖处理小区地表径流量稍小于百喜草敷盖处理小区，其他月份相当，显示出活体百喜草种植措施减流效益更佳。水土保持措施（覆盖和敷盖）相对裸露对照处理减水率在95%以上。

5）根据水量平衡原理得知，采取水土保持措施在增减土壤含水量方面具有双重性，有些措施可以增加河川径流，有些措施可以在一定程度上减少河川径流。采取水土保持植物措施，种植作物或增加植被会减少河川径流，但主要是减少了洪峰径流，增加了地下径流量。采取敷盖措施一定会增加河川径流，主要是增加了地下径流量，但不会增加洪峰流量，恰恰是我们最需要的水土保持效果。种植百喜草平均每年减少径流系数6.12%。采取敷盖措施可以增加河川径流，平均每年增加河川径流系数16.97%，说明了在降雨稀少或干旱缺水的地方应大力推广水土保持敷盖措施。

6）综合评价了各种水土保持措施的优劣，强调采取水土保持措施的重要性，为今后该成果的推广应用打下了良好的基础。水土保持措施在增减土壤含水量方面有双重作用，既可以增加河川径流，也能减少河川径流，关键是在什么时间，什么地方，采取什么措施，减少了哪种河川径流。上述研究结果证明，采取水土保持措施，只要方法得当，百利而无一害。所以更不能笼统地认为水土保持是造成河川断流的原因。在掌握了水土保持措施涵养水源的机理后，就应该运用于生产实践。建议在降雨丰沛的地区大力推广植物措施以减少洪涝灾害，在干旱缺水地区则应加大推广敷盖措施，以减少水分蒸散发、增加土壤水分含量和补充地下水源。

参 考 文 献

安娟. 2012. 东北黑土区土壤侵蚀过程机理和土壤养分迁移研究. 北京：中国科学院博士学位论文.

柴雯. 2008. 高寒草甸覆盖变化下土壤水分动态变化研究. 兰州：兰州大学硕士学位论文.

陈长青，卞新民，何园球. 2006. 中国红壤坡地不同林地养分动态变化与模拟研究. 土壤学报，（2）：240~246.

陈家宙. 2001. 红壤农田水量平衡和水分转换及作物的生产力. 武汉：华中农业大学博士学位论文.

陈凯，胡国谦，饶辉茂，等. 1994. 红壤坡地柑桔园栽植香根草的生态效应. 生态学报，（3）：249~254.

陈颖. 2006. 塔里木河流域源流区径流量的变化特征及其与相关气象因子的关系. 南京：南京信息工程大学硕士学位论文.

陈志.2011.地被物对红壤坡地水肥流失的影响研究.南昌：江西农业大学硕士学位论文.

程立平.2013.黄土塬区深剖面土壤水分特征及其补给地下水过程研究.北京：中国科学院研究生院博士
学位论文.

程艳辉.2010.红壤区坡面径流调控关键技术与模式的适用性研究.武汉：华中农业大学硕士学位论文.

程艳辉,姚娜,蔡崇法.2012.红壤侵蚀特点及其坡地治理关键技术与模式探讨.亚热带水土保持,（3）：
32~35.

代俊峰.2004.SWAT模型在赣东北红壤丘岗区林草系统水量平衡研究中的应用.武汉：华中农业大学硕
士学位论文.

段华平.2002.红壤坡地干旱季节地表/大气界面水分传输.长沙：湖南农业大学硕士学位论文.

范淑英,吴才君,曲雪艳.2005.野葛及百喜草对红壤坡地水土保持及土壤改良的效应.中国生态农业学
报,（4）：191~193.

冯国章.1994.区域蒸散发量的气候学计算方法.水文,（3）：7~11,65.

付兴涛.2012.坡面径流侵蚀产沙及动力学过程的坡长效应研究.杭州：浙江大学博士学位论文.

高超,朱继业,朱建国,等.2005.不同土地利用方式下的地表径流磷输出及其季节性分布特征.环境科
学学报,（11）：115~121.

高人.2002.辽宁东部山区几种主要森林植被类型水量平衡研究.水土保持通报,（2）：5~8.

耿晓东,郑粉莉,张会茹.2009.红壤坡面降雨入渗及产流产沙特征试验研究.水土保持学报,（4）：
39~43.

郭庆荣,张秉刚,钟继洪,等.2001.丘陵赤红壤降雨入渗产流模型及其变化特征.水土保持学报,（1）：
62~65.

郭生练,程肇芳.1994.流域蒸散发的气候学计算.水文,（5）：16-22,64~65.

郭新波.2001.红壤小流域土壤侵蚀规律与模型研究.杭州：浙江大学博士学位论文.

胡实,谢小立,王凯荣.2007.红壤坡地不同土地利用类型地表产流特征.生态与农村环境学报,（4）：
24~28.

黄河仙,谢小立,王凯荣,等.2008.不同覆被下红壤坡地地表径流及其养分流失特征.生态环境,（4）：
1645~1649.

蒋俊.2008.南小河沟流域林地土壤水分动态特征及水量平衡研究.西安：西安理工大学硕士学位论文.

景亚平.2012.黄河中游区四条一级支流径流量时空变化规律及预测研究.西安：西北农林科技大学硕士
学位论文.

李海防,卫伟,陈利顶,等.2013.黄土高原林草地覆盖土壤水量平衡研究进展.水土保持研究,（1）：
287~293.

李仕华.2011.梯田水文生态及其效应研究.西安：长安大学博士学位论文.

李晓宇.2006.黄河下游蒸散发耗水量研究.南京：河海大学硕士学位论文.

李新虎,张展羽,杨洁,等.2009.红壤坡地不同生态措施地下径流养分流失研究.西安：全国水土保持
生态修复学术研讨会.

廖承彬.2008.红壤坡地水土流失过程分析与水土保持措施设计.杭州：浙江大学硕士学位论文.

刘昌明,张丹.2011.中国地表潜在蒸散发敏感性的时空变化特征分析.地理学报,（5）：579~588.

刘洋.2007.江西红壤坡地不同生态措施土壤侵蚀预报模型及养分流失特征研究.南京：河海大学硕士学
位论文.

刘钰,彭致功.2009.区域蒸散发监测与估算方法研究综述.中国水利水电科学研究院学报,（2）：
256~264.

吕文龙 . 2012. 宝象河小流域径流污染物沉降特性与颗粒粒径分布特征研究 . 昆明：云南大学硕士学位论文 .

吕增起，付学功 . 2006. 黑龙港地区土壤蒸散发计算模型的建立 . 南水北调与水利科技，(S1)：35，39~41.

裴步祥 . 1989. 蒸发和蒸散的测定和计算 . 北京：气象出版社 .

彭娜，王开峰，谢小立，等 . 2008. 不同利用方式红壤坡地土壤水分分配及水肥流失研究 . 水土保持研究，(1)：53~55，58.

彭娜，谢小立，王开峰，等 . 2006. 红壤坡地降雨入渗、产流及土壤水分分配规律研究 . 水土保持学报，(3)：17~20，69.

邵薇薇，徐翔宇，杨大文 . 2011. 基于土壤植被不同参数化方法的流域蒸散发模拟 . 水文，(5)：6~14.

施成熙，卡毓明，朱晓原 . 1984. 确定水面蒸发模型 . 地球科学，1：1~11.

水建国，柴锡周，张如良 . 2001. 红壤坡地不同生态模式水土流失规律的研究 . 水土保持学报，(2)：33~36.

水建国，叶元林，王建红，等 . 2003. 中国红壤丘陵区水土流失规律与土壤允许侵蚀量的研究 . 中国农业科学，(2)：179~183.

司东 . 2007. 陆面过程模式中径流计算方案的改进及其模拟试验研究 . 南京：南京信息工程大学硕士学位论文 .

宋颖帕，谢小立 . 2009. 土地利用方式对红壤坡地雨水利用和水量平衡的影响研究 . 水土保持通报，(3)：97~102.

苏明娟，王超 . 2013. 红壤坡地养分流失预报模型研究 . 广东水利水电，(5)：12~15.

田日昌，陈洪松，王克林，等 . 2009. 红壤坡地不同覆被类型地表径流对降水特征的响应 . 自然资源学报，(6)：1058~1068.

王飞，陈安磊，彭英湘，等 . 2013. 不同土地利用方式对红壤坡地水土流失的影响 . 水土保持学报，(1)：22~26.

王峰 . 2007. 红壤丘陵区坡地降雨产流规律试验研究 . 武汉：华中农业大学硕士学位论文 .

王改改，吕家恪，魏朝富 . 2009. 四川盆地丘陵区土壤水分的动态及其随机模拟 . 中国农村水利水电，(11)：22~26.

王晓燕，陈洪松，王克林，等 . 2006. 不同利用方式下红壤坡地土壤水分时空动态变化规律研究 . 水土保持学报，(2)：110~113，173.

王晓燕，陈洪松，王克林 . 2007. 红壤坡地不同土地利用方式土壤蒸发和植被蒸腾规律研究 . 农业工程学报，(12)：41~45.

王玉朝 . 2013. 红壤侵蚀特征与环境因子的关系 . 云南地理环境研究，(1)：30~35.

魏玲娜，陈喜，程勤波，等 . 2013. 红壤丘陵区土壤渗透性及其受植被影响分析 . 中国科技论文，(5)：377~380.

吴海涛 . 2007. 海河流域下垫面蒸散发研究 . 南京：河海大学硕士学位论文 .

武夏宁，胡铁松，王修贵，等 . 2006. 区域蒸散发分析及模型研究——以河套灌区义长灌域永联试验区为例 . 武汉大学学报（工学版），(4)：37~41.

武夏宁，王修贵，胡铁松，等 . 2006. 河套灌区蒸散发分析及耗水机制研究 . 灌溉排水学报，(3)：1~4.

奚同行，左长清，尹忠东，等 . 2012. 红壤坡地土壤水分亏缺特性分析 . 水土保持研究，(4)：30~33.

谢小立 . 2005. 基于水量平衡的红壤丘岗坡地利用结构拟合 . 水土保持学报，(4)：177~180.

谢小立，吕焕哲 . 2008. 不同土地利用模式下红壤坡地雨水产流与结构拟合 . 生态环境，(3)：1250~1256.

谢小立，王凯荣．2002．红壤坡地雨水产流及其土壤流失的垫面反应．水土保持学报，（4）：37～40.

谢小立，王凯荣．2003．湘北红壤坡地雨水过程的水土流失及其影响．山地学报，（4）：466～472.

谢小立，王凯荣．2004a．红壤坡地雨水地表径流及其侵蚀．农业环境科学学报，（5）：839～845.

谢小立，王凯荣．2004b．湘北红壤坡地土壤水分特征及其水分运移．水土保持学报，（5）：104～107，111.

谢小立，段华平，王凯荣．2003．红壤坡地农业景观（旱季）地表界面水分传输研究——I．土壤大气界面水分传输．中国生态农业学报，（4）：60～63.

杨海军，孙立达，余新晓．1993．晋西黄土区水土保持林水量平衡的研究．北京林业大学学报，（3）：42～50.

杨洁．2011．红壤坡地柑橘园水土保持水文效应研究．南昌：江西农业大学博士学位论文.

杨一松．2005．南方红壤丘陵区土地利用模式与水土流失规律研究．杭州：浙江大学博士学位论文.

叶兵．2007．北京延庆小叶杨与刺槐林的蒸腾耗水特性与水量平衡研究．北京：中国林业科学研究院博士学位论文.

余新晓，陈丽华．1996．黄土地区防护林生态系统水量平衡研究．生态学报，（3）：238～245.

喻荣岗．2011．水土保持措施土壤改良效益研究．南昌：江西农业大学硕士学位论文.

张靖宇．2011．红壤丘陵区不同类型梯田水土保持效益研究．南昌：江西农业大学硕士学位论文.

张展羽，张卫，杨洁，等．2012．不同尺度下梯田果园地表径流养分流失特征分析．农业工程学报，（11）：105～109.

张展羽，左长清，刘玉含，等．2008．水土保持综合措施对红壤坡地养分流失作用过程研究．农业工程学报，（11）：41～45.

赵龙山．2011．黄土坡耕地地表糙度的特征与建模研究．西安：西北农林科技大学硕士学位论文.

朱仲元．2005．干旱半干旱地区天然植被蒸散发模型与植被需水量研究．呼和浩特：内蒙古农业大学博士学位论文.

左长清，马良．2005．天然降雨对红壤坡地侵蚀的影响．水土保持学报，（2）：1～4，32.

Abbott M B, Bathurst J C, Cunge J A, et al. 1986. An introduction to the European hydrological system-system Hydrologique European "SHE" 1: History and Philosophy of a physically based distributed modeling system. Journal of Hydrology, 87: 45-59.

Cao Y, Tiyip T, He L J, et al. 2007. Analysis of soil and water balance on the land arrangement function. Chinese Journal of Population. Resources and Environment, （2）：88～92.

Xia J, Wang G S, Ye A, et al. 2005. A distributed monthly water balance model for analyzing impacts of land cover change on flow regimes. Pedosphere, （6）：761～767.

第9章 水土保持措施防洪减灾效应研究

9.1 概　述

洪涝灾害是我国最为常见的自然灾害。自古以来，防治洪涝灾害一直是当局者不敢懈怠的重要工作。随着近年气候变化，洪涝灾害不断增加，造成的生命财产损失越来越大，由此引起的关注越来越多，研究的力度也越来越大。纵观已有的研究成果，绝大部分是针对已形成的洪涝灾害采取什么样的措施来减轻危害程度，减少损失，很少研究如何防止这种灾害的发生，直至将洪涝灾害化解于无形。本研究通过采取水土保持措施，旨在减轻或化解洪涝灾害。

江西省是我国红壤区的中心区域，也是我国受洪水威胁最为严重、发生洪涝灾害最为频繁的地区之一。据调查，新中国成立50年来，江西几乎每年都发生局部洪涝灾害，较大洪涝灾害平均3~5年就发生一次（单九生等，2007）。进入20世纪90年代，除1991年大旱，其后连续大水，局部遭受严重洪涝灾害。尤其是1998年，全省五大江河和长江流域九江段、鄱阳湖均发生有记录以来最高洪水位，全省因洪灾造成直接经济损失384.6亿元。紧接着1999年长江九江段和鄱阳湖又发生了仅次于1998年的第二高洪水位。因此，要防治水土流失，改善生态环境，实现红壤区经济社会可持续发展，研究水土保持生态环境建设与江湖防洪减灾的关系问题，非常迫切。土地利用方式是影响坡面水文与水土流失最敏感的因素，洪涝、干旱和土壤侵蚀灾害的加剧是人类不合理开发利用坡地的结果，本研究以坡面小区为单元，从微观方面研究降雨产流过程，对山坡地的开发治理具有现实指导意义，而且也可以从另一个侧面揭示区域旱涝灾害及坡地水土流失成因和内在规律。

在洪涝灾害防治中，水土保持和生态环境建设的作用在于改变流域产流、汇流的下垫面条件，蓄水保土，减轻土壤侵蚀对生态环境的破坏，使水土资源得到充分、合理地开发和利用，从而影响，甚至根本性地改变流域的水文情势。特别对于洪水来量和洪水过程，各项水土保持措施能避免坡面径流直下江河而引起洪水暴涨。经过多年的观测及试验研究证明，水土保持植物百喜草是目前最具水土保持效果及土壤改良功能的地被草类，适用于平地、缓坡及陡坡地。百喜草种植后短时间内即能形成全面覆盖，其茎叶可避免雨滴直接打击地表，减少飞溅冲蚀及土粒的分散，保护地表，降低土壤侵蚀；匍匐走茎紧贴地面，能增加地表糙度，降低流速，增加渗透量，从而削洪减峰，有利于防洪；刈割百喜草就地敷盖，既可节省搬运费用，又具蓄水保土之功效（李国怀，1994；张贤明和廖绵浚，1998；季梦成和董闻达，1999；廖绵浚和张贤明，2003）。

因此，立足南方红壤丘陵区，以坡面小区为单元，对红壤坡地百喜草及其枯落物的防洪减灾效果进行系统性研究，探讨水土保持防洪减灾的机理及不同下垫面与洪水形成的内在关系，为红壤坡地防洪减灾提供科学依据和技术支持，促进区域经济发展和群众脱贫致富。

水土保持措施具有蓄水减流，保土减沙，增加地面粗糙度，促进土壤水分入渗，延缓水流的作用，从而能起到削峰减流，提高环境的抗灾能力，起到降低灾害频率、减轻灾情的作用，在一定条件下，甚至可能避免灾害的发生。本章主要从水土保持角度定量研究采用不同水土保持措施的防洪减灾效应。

9.2　滞洪减流效应分析

降雨开始后，除少数降落在与河网相通的不透水面及河槽水面上的雨量直接成为径流外，其余大部分的降雨并不立即产生径流，而是消耗于植被截留、下渗、填洼及蒸散等，经历蓄渗阶段后才能产生径流。同理从降雨峰值到出现洪峰也需要一定的时间，这段时间间隔的长短可在一定程度上反映生态系统本身对径流的调节作用。一般来说，产流和洪峰都会滞后于降雨和降雨峰值时间，滞后时间越长，表明系统对降雨冲击的缓冲能力越强，系统本身水土流失的威胁越小，防洪减灾效应越好。

9.2.1　地表滞洪减流效应分析

通过对采取不同水土保持措施的3个试验小区长期观测，知道各处理措施地表产流时间先后顺序为：裸露对照区最早出现产流，其次为百喜草覆盖措施小区，最后出现产流的为百喜草敷盖措施小区。为了定量的研究各小区间地表产流起始时间，本节选取了不同雨型的降雨共17场（表9-1），其中中雨4场、大雨4场、暴雨6场、特大暴雨3场，对产流滞后效应进行具体分析，力求探索出3种措施最大地表产流滞后效应。

表9-1　不同雨型地表产流滞后时间

Table 9-1　The lag time of surface runoff yield in different rainfall pattern

雨型	日期	历时（min）	降雨量（mm）	雨强（mm/h）	百喜草覆盖小区		百喜草敷盖小区		裸露对照小区	
					径流滞后时间（min）	产流深（mm）	径流滞后时间（min）	产流深（mm）	径流滞后时间（min）	产流深（mm）
中雨	2004-1-14	2075	24	0.7	475	0.31	485	0.45	425	2.84
	2003-10-13	365	5.3	0.9	115	0.06	145	0.06	90	1.11
	2004-4-11	500	7.6	0.9	20	0.06	20	0.10	10	0.59
	2003-12-10	530	7.8	0.9	50	0.06	70	0.06	10	1.78
大雨	2004-4-17	460	10.6	1.4	140	0.10	150	0.11	100	0.53
	2003-11-18	230	6.6	1.7	60	0.18	60	0.22	55	1.01
	2004-1-5	325	9.2	1.7	65	0.10	125	0.16	55	2.23
	2004-3-25	360	11.5	1.9	200	0.21	320	0.22	150	5.70

雨型	日期	历时（min）	降雨量（mm）	雨强（mm/h）	百喜草覆盖小区		百喜草敷盖小区		裸露对照小区	
					径流滞后时间（min）	产流深（mm）	径流滞后时间（min）	产流深（mm）	径流滞后时间（min）	产流深（mm）
暴雨	2004-5-14	1573	60.5	2.3	38	1.04	43	1.25	23	24.58
	2003-9-9	310	14.1	2.7	50	0.06	50	0.14	38	2.46
	2004-5-2	105	5.2	3.0	10	0.05	15	0.05	5	1.99
	2004-4-30	440	29.1	4.0	40	0.48	40	0.66	10	16.07
	2004-5-11	940	62.4	4.0	10	1.30	10	1.73	5	42.72
	2004-4-21	145	9.8	4.1	75	0.11	75	0.13	55	2.92
特大暴雨	2004-4-26	270	26.3	5.8	30	0.26	45	0.37	10	16.71
	2003-9-18	115	12.1	6.3	20	0.16	25	0.18	10	6.94
	2004-5-30	180	19.1	6.4	20	0.47	30	0.50	15	10.28

由表 9-1 可知，在上述 3 种处理情况下，地表径流相对降雨均有滞后现象，不同雨型下各小区平均产流滞后时间也不同，见图 9-1。由图 9-1 可知，各小区产流滞后时间从中雨型到特大暴雨型，首先经历一个相对稳定期，然后有一个显著下降期，最终又趋于稳定，总体趋势是随着雨型的增大，产流滞后时间变短。具体过程是：从中雨型到大雨型（雨强 0.85 ~ 1.68mm/h），产流滞后时间稳定在 159 ~ 123min。从大雨型到暴雨型（雨强 3.35 ~ 5.68mm/h），产流滞后时间有显著的下降趋势（雨强 33 ~ 123min）。从暴雨型到特大暴雨型（雨强 3.35 ~ 6.17mm/h），产流滞后时间稳定在 23 ~ 33min。

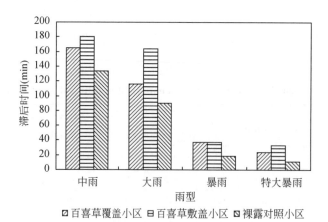

图 9-1　各措施地表径流平均滞后时间

Fig. 9-1　Surface runoff average lag time in each treatment

在这 3 个小区中，百喜草敷盖小区产流滞后时间最长，其次为百喜草覆盖小区，裸露对照小区产流滞后时间最短。百喜草覆盖小区产流滞后时间在中雨和大雨条件下较长，暴雨和特大暴雨条件下较短，中雨下的产流滞后时间要明显长于大雨，暴雨与特大暴雨条件下差异不明显。百喜草敷盖小区产流滞后时间仍以中雨和大雨条件下较长，暴雨和特大暴雨下较短，但中雨与大雨下、暴雨与特大暴雨下的产流滞后时间差异不明显。裸露对照小区在不同雨型下的产流滞后情况与百喜草覆盖措施基本一致。对于同一场降雨，采用百喜草敷盖措施的小区产流滞后时间最长，裸露对照小区滞后时间最短。百喜草覆盖小区介于百喜草敷盖小区与裸露对照小区之间，但滞后时间与百喜草敷盖处理相近。因为百喜草覆盖和百喜草敷盖措施的活体百喜草及其枯落物不仅能吸收超过自身体重 2 ~ 3 倍的水分（林俐玲和黄国锋，2002），同时能阻滞径流产生，促进土壤水分入渗，而裸露对照处理地表易出现超渗产流，所以其产流滞后时间要短得多。

在小雨情况下，各小区一般不发生产流，只有达到中雨或中雨以上降雨时，才发生产流，才能比较各措施产流滞后效应。在中雨或降雨量不是很大的情况下，采用水土保持措施的小区产流滞后效应十分明显，如 2004 年 1 月 14 日的一场中雨，由于降雨历时较长，降雨强度偏小，百喜草覆盖小区、百喜草敷盖小区和裸露对照小区的产流滞后时间分别达到 475min、485min 和 425min。百喜草覆盖小区和百喜草敷盖小区的产流滞后时间分别长于裸露对照小区 50min 和 60min，且产流量远小于裸露对照小区。随着降雨强度递增，特别是大暴雨和特大暴雨情况下，不仅各小区产流滞后时间总体上相应缩短，而且各小区产流滞后效应差异也逐渐变得不明显，其中百喜草覆盖小区缩短 11 ~ 31min，百喜草敷盖小区缩短 18 ~ 73min。如 2004 年 9 月 18 日的一场大暴雨，百喜草覆盖小区、百喜草敷盖小区和裸露对照小区的径流滞后时间分别是 20min、25min 和 10min，百喜草覆盖小区和百喜草敷盖小区产流滞后时间分别长于裸露对照处理 10min 和 15min。

如前所述，产流是降雨与下垫面综合作用的结果。降雨量和降雨强度是影响各小区产流滞后时间长短客观存在的重要因素。从图 9-1 和表 9-1 可知，随降雨强度增加，各小区产流滞后时间相应缩短。随降雨量增加，各小区产流量相应增大。降雨过程的动态变化也往往决定各小区的产流特征，表征为降雨开始瞬时雨强大，即使后期瞬时雨强小，各措施产流滞后时间也短。降雨开始瞬时雨强小，即使后期瞬时雨强大，各措施产流滞后时间也长。所以降雨强度是影响产流滞后时间的主要因素，而降雨量是影响产流量的主要因素，降雨历时可作为参考因素。

为能直观、定量的比较水土保持措施产流滞后效应，以裸露对照小区为参考，分别计算百喜草覆盖措施和百喜草敷盖措施产流滞后效应和减流效应，其中数值越接近 0，其效应差异越不明显，见表 9-2。

从表 9-2 可以看出，百喜草覆盖措施的产流滞后效应为 9% ~400% 不等，其均值为 93.46%，减流效应为 82% ~99%，均值为 94.21%。百喜草敷盖措施的产流滞后效应为 9% ~600%，均值为 136.78%，减流效应为 78% ~99%，均值为 92.38%。百喜草覆盖与百喜草敷盖措施相比，其产流滞后效应、减流效应相当，百喜草覆盖措施的产流滞后效应稍低于百喜草敷盖措施，但减流效应稍大于百喜草敷盖措施。所以，百喜草覆盖与敷盖措施具有明显的产流滞后效应。

表9-2　各小区产流滞后效应

Table 9-2　runoff yield lag effect

雨型	日期	(A-C)/C		(B-C)/C		(A-B)/B	
		产流滞后效应（%）	减流效应（%）	产流滞后效应（%）	减流效应（%）	产流滞后效应（%）	减流效应（%）
中雨	2004-1-14	11.76	-89.27	14.12	-84.21	-2.06	-32.00
	2003-10-13	27.78	-94.20	61.11	-94.59	-20.69	7.11
	2004-4-11	100.00	-89.19	100.00	-83.82	0.00	-33.19
	2003-12-10	400.00	-96.40	600.00	-96.40	-33.33	0.21
大雨	2004-4-17	40.00	-81.82	50.00	-78.83	-6.67	-14.11
	2003-11-18	9.09	-82.54	9.09	-77.82	0.00	-21.27
	2004-1-5	18.18	-95.68	127.27	-92.82	-48.00	-39.88
	2004-3-25	33.33	-96.34	113.33	-96.06	-37.50	-6.95
暴雨	2004-5-14	65.22	-95.77	86.96	-94.91	-11.63	-16.80
	2003-9-9	31.58	-97.39	31.58	-94.13	0.00	-55.46
	2004-5-2	100.00	-97.58	200.00	-97.59	-33.33	0.21
	2004-4-30	300.00	-97.00	300.00	-95.91	0.00	-26.68
	2004-5-11	100.00	-96.30	100.00	-95.95	0.00	-24.84
	2004-4-21	36.36	-96.15	36.36	-95.61	0.00	-12.32
特大暴雨	2004-4-26	200.00	-98.46	350.00	-97.79	-33.33	-30.29
	2003-9-18	100.00	-97.69	150.00	-97.46	-20.00	-8.90
	2004-5-30	33.33	-95.43	100.00	-95.14	-33.33	-6.00

注：A为百喜草覆盖处理小区；B为百喜草敷盖处理小区；C为裸露对照处理小区，下同

　　百喜草覆盖与敷盖小区的减流效应较稳定，而产流滞后效应不一致，甚至变化幅度很大。如2003年12月10日的一场中雨，百喜草覆盖和百喜草敷盖小区的产流滞后效应分别是400%和600%。而2003年11月18日的一场大雨，百喜草覆盖和百喜草敷盖措施的产流滞后效应均为9.09%。这是因为产流滞后效应的体现是多因素综合作用的结果，既与当场降雨（降雨量、雨强）有关，也与降雨前期条件（前期降雨、土壤初始含水量）、下垫面等因素相关。前期降雨充分，土壤初始含水量饱和度高，降雨前期雨量、雨强大等，则产流滞后效应不显著。反之，则产流滞后效应显著。

9.2.2　壤中流滞后效应分析

9.2.2.1　上层壤中流滞后效应

　　降雨到达地表后，经过一定时间入渗才会从不同土层深的出水口流出，即降雨到达地表和到达出水口流出的时间差为壤中流的滞后历时。由于同一场降雨并不一定会在所有小

区产生上层土壤壤中流，选取试验期在所有小区产生上层壤中流的降雨，分析单次降雨壤中流滞后历时列成表 9-3。从表 9-3 可见，敷盖小区土壤上层壤中流滞后历时最小，这可能是其土壤水分含量较高引起的。裸露小区壤中流滞后历时最长，这是其土壤结构紧密和土壤水分含量较低所致。各小区壤中流滞后历时随着雨型的变化而变化，从中雨到特大暴雨，滞后历时不断缩短。

表 9-3　上层壤中流滞后效应

Table 9-3　Surface interflow lag effect　（单位：min）

日期		2003-1-31	2004-3-20	2004-4-7	2004-6-23	2003-4-10	2003-4-18	2003-6-21
雨型		中雨	大雨	大雨	暴雨	暴雨	暴雨	特大暴雨
滞后历时	A	480	410	235	350	90	20	10
	B	390	210	85	165	120	15	8
	C	700	250	105	705	145	35	5

壤中流滞后历时问题比地表径流滞后历时复杂的多。由于壤中流流速慢，常常在一场降雨引起的壤中流还未结束，又有新的降雨，从而导致在一次壤中流过程中有多次地表径流产生。2002~2005 年各小区表层壤中流滞后历时特征见表 9-3。可见壤中流滞后总历时敷盖小区>覆盖小区>裸露小区，裸露小区上层土壤壤中流历时和次数均为三者之中最小。这是由于裸地地表径流流速快，大量雨水变为地表径流流走，入渗雨水较少，再加上土壤蓄水能力差，从而导致壤中流总历时和平均历时较短。覆盖小区历时 2d 以下的壤中流历时和次数大于敷盖小区，而 2d 以上则相反。这是由于覆盖小区由于地表植被的蒸腾作用和土壤的蒸发散失，雨后水分散失速度也较快，在后一场降雨产生之前已完成一次壤中流过程，从而出现次数多的现象。

9.2.2.2　中层壤中流滞后效应

通过对比各处理小区中层壤中流历时与滞后历时列成表 9-4，可见 3 种处理措施对上层和中层壤中流历时影响存在相似情况，即敷盖小区历时最长，覆盖小区其次，裸露小区最短。

表 9-4　中层壤中流滞后效应

Table 9-4　Middle interflow lag effect

小区	2002 年			2003 年			2004 年			2005 年		
	壤中流历时（min）	平均滞后历时（min）	次数	壤中流历时（min）	平均滞后历时（min）	次数	壤中流历时（min）	平均滞后历时（min）	次数	壤中流历时（min）	平均滞后历时（min）	次数
A	15 350	852.78	18	5 050	505.00	10	135 810	635.75	16	167 610	536.93	15
B	23 559	1 070.86	22	5 193	370.93	14	176 515	478.25	16	184 277	564	18
C	5 165	860.83	6	4 353	483.67	9	60 665	722.09	11	92 485	492.5	17

9.2.2.3 地下径流滞后效应

根据试验小区的特点，土壤水分在重力和入渗的共同作用下到达底层，因为底层为不透水的混凝土层，水分下渗至此汇流。与上、中层的下渗与汇流同时进行的情况不同，底层流量与上、中层壤中流差异很大，其流量以敷盖小区为最大，覆盖小区次之，裸露小区最小。径流历时以敷盖小区最长，其余两者差异不明显。滞后效应 3 者没有明显差异，但覆盖小区的地下径流产生略早。这是由于覆盖小区种植的百喜草的垂直根系可直扎至不透水层，这些根系老化死亡腐烂后，形成水分垂直下渗的通道，导致土壤水分下渗速度最快，产生地下径流最早。

由于地下径流运动机理的复杂性，本文通过对地下径流自计水位计曲线分析，筛选出 11 场典型降雨，其中大雨 3 场、暴雨 5 场、大暴雨 3 场，进行地下径流滞后效应分析如表 9-5 所示。尽管数据偏少，但还是能反映一些基本规律。

表 9-5　地下径流滞后效应
Table 9-5　Underground runoff lag effect

雨型	日期	历时 (min)	降雨量 (mm)	雨强 (mm/h)	百喜草覆盖小区 滞后时间（min）			百喜草敷盖小区 滞后时间（min）			裸露对照小区 滞后时间（min）		
					30cm	60cm	90cm	30cm	60cm	90cm	30cm	60cm	90cm
大雨	2003-2-13	1350	26.7	1.19	170	170	1370	110	350	1340	—	890	1130
	2002-11-13	3090	79.1	1.53	980	1350	1480	710	1190	1280	1040	1160	1220
	2002-3-13	780	24.6	1.89	420	540	800	420	480	540	720	900	1080
暴雨	2003-3-17	1240	59.5	2.88	60	90	145	50	100	100	—	150	140
	2003-4-10	1140	57.1	3.01	90	350	510	120	340	370	145	400	690
	2002-4-19	1041	55.3	3.19	85	185	345	95	195	225	—	—	565
	2002-4-5	680	47.6	3.24	20	80	140	40	100	170	—	—	230
	2003-6-24	2280	129.3	3.40	100	210	240	90	150	210	—	—	340
大暴雨	2003-8-16	346	37.6	6.52	166	306	506	44	196	278	—	—	556
	2003-5-6	322	37.4	6.97	22	32	47	2	22	62	—	272	102
	2002-8-26	240	43.4	10.85	30	130	200	5	65	100	—	—	330

注："—"表示无明显渗漏

从表 9-5 可知，相对地表径流而言，各小区地下径流滞后时间要长很多，且径流过程曲线更为平缓。

百喜草覆盖、百喜草敷盖和裸露对照 3 个小区 3 个土层深（30cm、60cm、90cm）的壤中流和地下径流滞后时间随着降雨量和降雨强度的增大而缩短。如 2002 年 11 月 13 日的一场大雨（降雨量 79.1mm），百喜草覆盖小区上层壤中流、中层壤中流和地下径流滞后时间分别为 980min、1350min、1480min，百喜草敷盖小区滞后时间分别为 710min、1190min、1280min，裸露对照小区滞后时间分别为 1040min、1160min、1220min；2002 年

4 月 5 日的一场暴雨（降雨量 47.6mm），百喜草覆盖小区三个土层壤中流和地下径流滞后时间分别为 20min、80min、140min，百喜草敷盖小区滞后时间分别为 40min、100min、170min，裸露对照处理 90cm 土层地下径流滞后时间为 230min；2002 年 8 月 26 日的一场大暴雨（降雨量 43.4mm），百喜草覆盖小区三个土层滞后时间分别为 30min、130min、200min，百喜草敷盖小区三个土层滞后时间分别为 5min、65min、100min，裸露对照小区 90cm 土层地下径流滞后时间为 330min。

三个小区地下径流滞后时间随土层深度增加而延长，其中包含了一个土壤水分入渗的传导过程。在这三个小区之间，裸露对照小区各土层滞后时间最长，而且时常在 30cm、60cm 土层无明显渗漏，这可能因为裸露对照处理因地表裸露，水土流失严重，土壤理化性质恶化，尤其是土壤孔隙堵塞，土壤水分运动不畅，垂直下渗困难，侧向水平运动更弱，从而导致各层渗漏滞后时间较其他小区长。但是出现裸露对照小区地下径流滞后时间小于百喜草覆盖小区和敷盖小区，如 2003 年 2 月 13 日和 2002 年 11 月 13 日的 2 场大雨，其原因可能是百喜草覆盖小区和敷盖小区前期土壤含水量较低，降雨开始后土壤的吸水和持水性导致土壤水的垂直下渗迟缓，延长了地下径流滞后时间。

在同一土层，百喜草覆盖小区地下径流滞后时间稍长于或相当于百喜草敷盖小区。百喜草敷盖小区，因各层土壤含水量高，降雨后，各层相继开始有地下渗漏流出。而百喜草覆盖小区，因有植物的蒸腾作用，降雨前土壤水分含量相对较低，降雨后，百喜草能大量吸收水分，待土壤水分基本饱和后各层才有渗漏流出，造成各层渗漏滞后于百喜草敷盖小区，如 2003 年 6 月 24 日的一场暴雨，百喜草覆盖小区 30cm、60cm 和 90cm 小区渗漏滞后时间分别为 100min、210min 和 240min，都长于百喜草敷盖小区的 90min、150min 和 210min。但是，如果前期土壤含水量较高，因百喜草部分根系以垂直方式扎入，最深的根系可直达底层，故土壤中垂直孔隙较为发达，水分能立即渗至底层，会出现降雨后地下各层较百喜草敷盖小区先有渗漏流出，如 2002 年 4 月 5 日的一场暴雨，百喜草覆盖小区 30cm、60cm 和 90cm 土层渗漏滞后时间分别为 20min、80min 和 140min，都短于百喜草敷盖小区的 40min、100min 和 170min。

降雨对地下径流滞后时间的影响要经过土壤水分入渗这一传导环节，相对地表径流而言，地下径流滞后影响因素要复杂的多，降雨对其影响多是间接的，只有当降雨渗入到土壤形成土壤水时，才影响地下径流的产生。一般情况下，随降雨量与降雨强度的增加，土壤水分达到饱和，地下径流滞后时间就短。地下径流滞后主要取决于土壤水分入渗速率和入渗量。

尽管地下径流是一个非常复杂的过程，但是可以肯定地下径流不仅具有显著的滞流效益，而且能削洪减峰。采用水土保持措施可以将地表径流更多的转化为地下径流，是防洪减灾的基本机理之一。

9.2.3 典型降雨滞洪减流过程分析

为了准确反映各小区的地表、地下产流对单次降雨的响应过程，在查阅了各小区

2001~2006 年的地表径流、地下径流观测资料的基础上，发现百喜草敷盖小区 90cm 土层几乎常年不断流，仅 2006 年 11 月 24~29 日的一次降雨前后各小区地下 3 个土层（地下 30cm、60cm 和 90cm）有断流发生。2006 年 11 月 24~29 日的降雨过程见图 9-2。此次降雨百喜草覆盖小区和裸露对照小区地下 30cm、60cm 和 90cm 处均不产流，而百喜草敷盖小区的这 3 个土层均产流，产流过程见图 9-3~图 9-5，各小区地表产流过程见图 9-6~图 9-8。

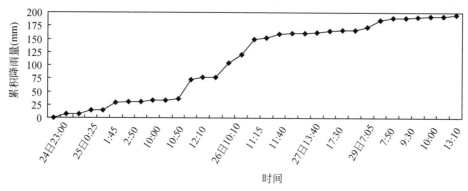

图 9-2　2006-11-24~2006-11-29 的降雨过程

Fig. 9-2　Rainfall process in 2006. 11. 24~2006. 11. 29

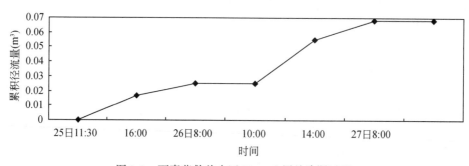

图 9-3　百喜草敷盖小区 30cm 土层处渗漏过程

Fig. 9-3　Leakage process in the depth of 30cm in the plot mulched with Bihia grass

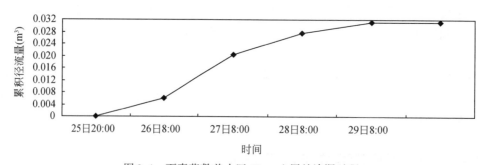

图 9-4　百喜草敷盖小区 60cm 土层处渗漏过程

Fig. 9-4　Leakage process in the depth of 60cm in the plot mulched with Bihia grass

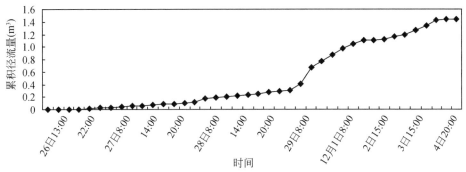

图 9-5 百喜草敷盖小区 90cm 土层处渗漏过程

Fig. 9-5 Leakage process in the depth of 90cm in the plot mulched with Bihia grass

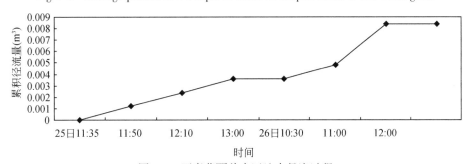

图 9-6 百喜草覆盖小区地表径流过程

Fig. 9-6 Surface runoff process in the plot covered with Bihia grass

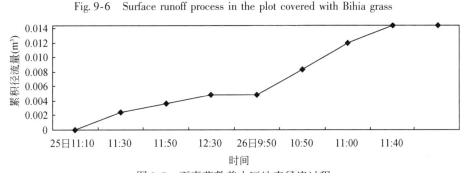

图 9-7 百喜草敷盖小区地表径流过程

Fig. 9-7 Surface runoff process in the plot mulched with Bihia grass

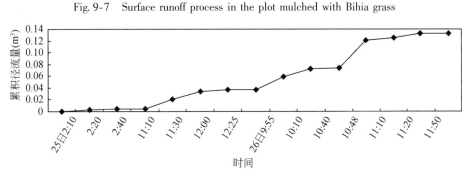

图 9-8 裸露对照小区地表径流过程

Fig. 9-8 Surface runoff process in the bare check plot

从图 9-2 可以看出，此次降雨过程从 2006 年 11 月 24 日 23：00 开始，到 11 月 29 日 13：10 结束，其中有 9 个时段没有降雨，见表 9-6。由表 9-6 和图 9-2 可知，无降雨时段总历时为 5510min，实际降雨时段总历时为 1200min，降雨总量为 195mm。从图 9-2 可以看出此次天然降雨过程很不均匀，降雨强度时大时小，降雨时降时停，但总体趋势是降雨开始阶段雨强较小，26 日 9：50~11：15 时段雨强较大，之后雨强逐渐变小。

表9-6　无降雨时段分布情况
Table 9-6　Rainless timeslice distribution

序号	时段	历时（min）	序号	时段	历时（min）
1	24 日 23：50~25 日 0：25	35	6	26 日 12：10~27 日 13：40	1530
2	25 日 1：30~1：45	15	7	27 日 18：40~29 日 7：05	2185
3	25 日 2：50~9：15	205	8	29 日 8：40~9：30	50
4	25 日 10：00~10：30	30	9	29 日 10：00~12：40	160
5	25 日 12：10~26 日 9：50	1300	合计	—	5510

从图 9-3~图 9-8 可以看出，百喜草敷盖小区在 30cm 土层处于 25 日 11：30 开始产流（最早开始产流），90cm 土层处于 26 日 13：00 才开始产流（最晚开始产流），60cm 土层处于 25 日 20：00 开始产流。30cm 土层处于 27 日 8：00 产流停止（最早结束产流），90cm 土层于 12 月 6 日 8：00 产流停止（最晚结束产流），60cm 土层处于 29 日 8：00 产流停止。百喜草敷盖小区地下 30cm 土层的产流过程与降雨过程相似：当降雨强度较大时，产流强度也较大。降雨从 25 日 12：10 至 26 日 9：50 时段间断，而产流在 26 日 8：00~10：00 时段内停止，之后随着降雨逐渐增强，产流强度也逐渐增加。降雨量于 29 日 7：50 开始逐渐减小，产流也于 29 日 8：00 结束。通过以上分析以及实地观测发现，降雨对百喜草敷盖措施下的小区上层壤中流影响较百喜草覆盖小区和裸露对照小区的表层壤中流影响大。

从图 9-3~图 9-8 还可以看出，降雨对百喜草敷盖小区地下 60cm 和 90cm 处的产流过程影响不大。虽然降雨有间断，但百喜草敷盖小区地下 60cm、90cm 土层的产流均无间断。60cm 处产流过程较平缓，而 90cm 处产流过程起初较为平缓，于 29 日 0：00 开始产流强度增大，持续至 12 月 2 日 15：00。29 日 0：00~12 月 2 日 15：00 时段的降雨量和降雨强度却很小或停止。降雨强度最大的时段为 26 日 9：50~10：10，而 30cm、60cm、90cm 土层处的产流强度出现最大的时段分别为 26 日 10：00~14：00、26 日 8：00~27 日 8：00、29 日 0：00~30 日 8：00，从中可以看出 90cm 土层处产流滞后效应最大，其次为 60cm 土层处的产流滞后效应，30cm 土层处的产流滞后效应最小。

将地表及地下 3 个土层处累积径流总量列成表 9-7，从中可以看出百喜草覆盖小区地表径流量最小，是径流量最大的裸露对照小区的 6.31%，百喜草敷盖小区介于两者之间。从地下径流量来看，百喜草覆盖小区与裸露对照小区地下各土层均不产流，百喜草敷盖小区地下各土层均产流，其中 90cm 土层产流量最大，是产流量最小的 60cm 土层的 46 倍。百喜草敷盖小区地下各土层累积径流总量之和为 1.5492m³，是地表累积径流总量的 107 倍。从地表及地下累积径流总量之和来看，百喜草敷盖小区的径流量最大，是径流量最小的百喜草覆盖小区的 184 倍，裸露对照小区介于两者之间。

表 9-7　地表及地下各土层累积径流总量

Table 9-7　Total runoff volume of surface and underground soil

小区	地表累积径流总量（m³）	地下累积径流总量（m³）		
		30cm 上层	60cm 中层	90cm 下层
百喜草覆盖小区	0.0084	—	—	—
百喜草敷盖小区	0.0144	0.0684	0.0312	1.4352
裸露对照小区	0.1332	—	—	—

注："—"表示不产流

从以上分析可知，虽然活体百喜草和百喜草枯落物均能汲持水分，但两者的机理完全不同，百喜草敷盖物或枯落物能吸收超过自身体重 2~3 倍的水分，但活体百喜草由于其复杂的根系作用，一方面，可以将部分水分用于蒸腾外；另一方面，可以通过其庞大的根毛汲持固定水分，主要是能将土壤水分转化为土壤有效水分，从而提高了土壤含水率。敷盖于地表的百喜草敷盖物更多的是将吸收的水分转化为地下径流，尤其是转化为深层地下径流居多。因此，这两者的防洪减灾机理是不同的。对于地下水位较高，防洪任务较重的地区（在我国一般为湿润地区），宜采取种植百喜草等造林种草的水土保持植物措施，既能将雨水更多的转化为土壤有效水分，又能起到防洪减灾的作用。而对于地下水位较低，防洪任务不重的地区（在我国一般为干旱地区），可积极推广利用百喜草等植物枯落物或作物秸秆敷盖于地面，将雨水更多的转化为地下水储存起来成为土壤水库，作为可供调配的水源之一。

11 月 24~29 日降雨条件下百喜草覆盖小区和裸露小区未出现地下径流，这与百喜草敷盖措施地表土壤初始含水量有关，从后面的分析可知，百喜草敷盖措施各层土壤含水量均大于其他两种处理，入渗到百喜草覆盖小区土壤内的降雨全部转化为土壤有效水分，而降落到裸露小区的降雨多因形成地表径流流走，因此不会出现地下径流。

9.3　削峰效应分析

洪峰是描述洪水特性的一个重要参数，研究洪峰特征及其影响因素对防洪减灾评价与预测至关重要，为此选取部分降雨资料分析各种水土保持措施的削峰效应。

首先确定峰值时段，在研究中，采用的时段间隔越小，越能体现径流过程的真实值。若人为取值所产生的计算误差越大，时段间隔越大，就会出现离真实值的偏差越大，所以本研究以虹吸式雨量计和自计水位计记录的动态曲线为依据，结合试验区多年降雨特征，选择中雨 2 场，大雨 4 场，暴雨 2 场，特大暴雨 4 场，尝试采用半小时和 1 小时两个时段所产生的峰值进行分析，如表 9-8 所示。

表 9-8 各试验小区半小时与 1 小时峰值

Table 9-8 Half-hour and one hour peak values in each treatment

雨型	日期	历时 (min)	降雨量 (mm)	雨强 (mm/h)	半小时峰值（mm）			1 小时峰值（mm）		
					百喜草覆盖	百喜草敷盖	裸露对照	百喜草覆盖	白喜草敷盖	裸露对照
中雨	2003-12-10	530	7.8	0.9	0.03	0.03	1.12	0.05	0.05	1.53
	2004-4-11	500	7.6	0.9	0.03	0.03	0.22	0.03	0.05	0.24
大雨	2004-4-17	460	10.6	1.4	0.03	0.03	0.31	0.03	0.06	0.42
	2003-11-18	230	6.6	1.7	0.03	0.06	0.67	0.05	0.10	0.69
	2004-1-5	325	9.2	1.7	0.03	0.06	0.80	0.05	0.08	1.74
	2004-3-25	360	11.5	1.9	0.05	0.06	1.77	0.08	0.10	3.37
暴雨	2003-9-9	310	14.1	2.7	0.03	0.04	1.09	0.05	0.08	1.67
	2004-4-21	145	9.8	4.1	0.05	0.06	1.83	0.05	0.06	1.83
特大暴雨	2004-4-26	270	26.3	5.8	0.10	0.13	4.02	0.16	0.18	8.11
	2003-9-18	115	12.1	6.3	0.03	0.10	6.83	0.06	0.18	6.91
	2004-5-30	180	19.1	6.4	0.43	0.35	10.12	0.47	0.48	10.20

注：此峰值指最大半小时或 1 小时产流量

为了更直观、定量地比较各措施产流峰值削峰效应，以裸露对照小区为参考，分别计算百喜草覆盖措施和百喜草敷盖措施的削峰效应列成表 9-9。

表 9-9 各措施半小时与 1 小时削峰效应

Table 9-9 Half-hour and one hour peak reduction effect

雨型	日期	历时 (min)	降雨量 (mm)	雨强 (mm/h)	半小时削峰效应（%）			1 小时削值（%）		
					(A−C) /C	(B−C) /C	(A−B) /B	(A−C) /C	(B−C) /C	(A−B) /B
中雨	2003-12-10	530	7.8	0.9	−97.14	−97.15	0.21	−96.84	−96.85	0.21
	2004-4-11	500	7.6	0.9	−85.71	−85.74	0.21	−86.67	−80.04	−33.19
大雨	2004-4-17	460	10.6	1.4	−89.47	−89.50	0.21	−92.31	−84.65	−49.90
	2003-11-18	230	6.6	1.7	−95.24	−90.50	−49.90	−93.02	−86.08	−49.90
	2004-1-5	325	9.2	1.7	−96.00	−93.01	−42.74	−97.22	−95.38	−39.88
	2004-3-25	360	11.5	1.9	−97.27	−96.37	−24.84	−97.62	−97.15	−16.49
暴雨	2003-9-9	310	14.1	2.7	−97.06	−96.33	−19.83	−97.12	−95.20	−39.88
	2004-4-21	145	9.8	4.1	−97.37	−96.50	−24.84	−97.37	−96.50	−24.84
特大暴雨	2004-4-26	270	26.3	5.8	−97.60	−96.81	−24.84	−98.02	−97.83	−8.90
	2003-9-18	115	12.1	6.3	−99.53	−98.59	−66.60	−99.07	−97.45	−63.56
	2004-5-30	180	19.1	6.4	−95.71	−96.52	22.98	−95.43	−95.29	−3.13

从表 9-9 可以看出，当降雨量和雨强较小时，它们的产流峰值小于较大降雨时的产流峰值。如 2003 年 12 月 10 日的一场中雨，覆盖小区、敷盖小区和裸露小区由降雨所产生的地表径流，半小时和 1 小时产流峰值分别为 0.03mm、0.03mm、1.12mm 和 0.05mm、0.05mm、1.53mm。而 2004 年 5 月 30 日的一场特大暴雨，半小时和 1 小时的产流峰值分别为 0.43mm、0.35mm、10.12mm 和 0.47mm、0.48mm、10.12mm。实际上各种措施下的产流峰值与降雨过程密切相关，有关这方面的缘由已在本研究第 5 章讨论过，不再赘述。

从表 9-9 还可以看出，百喜草覆盖措施与敷盖措施削峰效应相当，以百喜草覆盖措施削峰效应稍大，但其产流峰值远小于裸露措施，说明采取水土保持措施的削峰效应好。其中，百喜草覆盖措施的半小时削峰效应为 85%·99%，均值为 95.3%。百喜草敷盖处埋的半小时削峰效应为 85%～99%，均值为 94.39%。百喜草覆盖措施的 1 小时削峰效应为 86%～99%，均值为 95.62%。百喜草敷盖措施的 1 小时削峰效应为 80%～99%，均值为 93.27%。从中可以看出百喜草覆盖和敷盖措施具有明显的削峰效应。

9.4 调蓄功能分析

土壤是布满大大小小孔隙的疏松多孔体，土层深厚的土壤有较强的存蓄、调节水分的功能，土壤科技工作者曾提出了"土壤水库"的概念，"土壤水库"是指充分利用土壤能够容纳和转移水分的空间，形成土壤水分的存蓄与调节。"土壤水库"的最大有效库容量可以达到整个土壤的孔隙之和，不仅具有库容量巨大和就地存蓄的两大特征，而且还具有不占地、不跨坝、不耗能、不需要特殊地形等许多优点。

据研究，江西红壤 1m 厚的土层土壤水总库容可达 483mm，即 4830m³/hm²，其中可调蓄的有效库容约为 253mm，约占总库容的 1/2，即 25.3 万 m³/km²。即使在阴雨连绵的雨季，在 253mm 的库容中亦有 149mm 库容保持在调节状态，随时可以接纳新渗入土壤的雨水。长江上游面积约为 100 万 km²，土壤的平均厚度为 0.78m，土壤可调蓄水的有效库容达到 1973 亿 m³，接近三峡水库可调蓄库容的 9 倍（姚贤良等，1992；程冬兵，2005）。

然而，由于土地的不合理利用和水土流失的影响，使得"土壤水库"库容减少，雨水进入土壤的通道严重受阻，"土壤水库"强大的调蓄雨水功能未能得到充分发挥，是造成洪涝灾害的根本原因之一（史学正等，1998a，1999）。气候湿润、雨水充足是南方红壤地区重要的自然特征之一，不合理的土地利用，将加剧水土流失，"土壤水库"调蓄洪水的功能也将急剧下降，而由此带来的问题往往被忽视。土壤科技工作者们对该地区某些土地生态利用模式下的产流等规律进行了研究，但对"土壤水库"调蓄洪水的效率强度的研究还存在不足。在我国北方干旱、半干旱地区，对土壤水的研究颇多，也很深入，但主要集中在如何调节土壤水分以保证农作物的生长需要。国外的相关研究，也都尚未涉及或直接研究"土壤水库"下泄能力及其防洪功能。如美国土壤学家 Tanaka 等（1999）等，曾分别研究了不同的耕作制度对土壤存蓄雨水效率的影响，通过调整耕作制度，将土壤储蓄雨水效率提高到 59%。于东升和史学正（2003）选择我国南方红壤区具有代表性的多种红壤生态利用模式，如"顶林、腰果、谷塘、塘鱼"，"经果生态模式"，"林草生态模式"，

"农田生态模式"等，应用人工模拟降雨，通过测定降雨量、径流量、入渗量、土壤含水量和饱和含水量等水量平衡因子，研究不同红壤生态利用模式下"土壤水库"调蓄雨水的效率以及"土壤水库"最大调蓄雨水的强度，并对它们的防洪减灾效果进行评价。结果表明，人工草灌模式的防洪减灾效果最好；经果生态模式不但具有较好的防洪减灾效果，而且具有较高的经济效益，它是该地区首选应用和推广的模式；保护现有的草灌和林草生态利用模式，实现部分旱作农田的退耕还林、还草，增加稀疏林地近地表植被覆盖，都会对我国南方红壤区防洪减灾起到非常积极的作用。

研究还表明，应用"土壤水库"的基本理念评价区域防洪减灾的能力是可行的。在研究提高"土壤水库"调节雨水效率时，不仅要注意研究"土壤水库"的蓄水效率，也要注意研究"土壤水库"的泄水效率，而提高土壤的透水强度即渗透性能，则是提高"土壤水库"调节雨水效率的关键。所以，史学正等（1998b）提出充分调用"土壤水库"是实现防治洪涝灾害的重要途径之一。只要解决好雨水进入"土壤水库"的入口问题，土壤就能把雨水转成地下水，地下水流入河川要比雨水在地表直接产生径流进入河川慢得多，这样就可减少洪水的形成，从根本上解决洪涝灾害。

本章针对地表覆盖百喜草、敷盖百喜草和地表裸露这三种措施，在南方红壤地区开展"红壤水库"的调蓄功能研究，为该区域的防洪减灾和综合利用土壤水资源提供参考。根据刘益军和王昭艳（2003）对土壤水库的假设，此处对上述三种措施下的红壤水库作如下假定。

1）将百喜草根系活动层深度作为红壤水库调控深度，根系活动层深度随百喜草生长发育而变化，故调控深度随之变化，这里为便于比较分析，假定各措施下的红壤水库调控深度为90cm。

2）红壤水库的水源为大气降水。

3）把株间蒸发和植株蒸腾（两者之和称为土壤蒸散发）视为土壤水库的消耗，地表径流、壤中流等产流视为水库的弃水行为。

4）将根系活动层内土壤平均含水量视为植被红壤水库的蓄水量，不考虑土壤水分的再分布。

5）当降雨量大于控制深度内红壤水库最大蓄水量时，植被红壤水库开始弃水即产流。但对产流方式不再区分。

由于红壤区域气温高，降水量大，造成土壤冲蚀严重，黏粒含量高，土壤透水性差，表层易结皮，渗透率低，如果土地利用不合理，加上红壤区域淋溶作用强，导致土壤有机质减少和表层土壤进一步酸化，水土流失就会加剧，"土壤水库"调蓄雨水的功能急剧下降。同时，由于裸露地表形成结皮，雨水进入土壤的通道严重受阻，易发生超渗产流，"土壤水库"的有效库容大大缩减。

根据上述"土壤水库"的概念，结合本研究百喜草覆盖小区与百喜草敷盖小区按长年平均土壤含水量27.19%折算，1m深的土层（土壤容重1.3106g/cm³）土壤水库总库容为356.35kg/m³，即3563.5m³/hm²或356.35mm。由于地被物覆盖作用，土壤入水通道畅通，以蓄满产流为主，土壤水库可调蓄的有效库容较为理想。而裸露对照小区水土流失严重，年均土壤侵蚀总量 1388.85kg，折算成土壤侵蚀模数为 18 518t/（km²·a），属剧烈侵蚀类型，相当于每年剥蚀 1.41cm 的土层，损失约 50.35m³/hm² 的土壤水库容。

9.4.1 土壤蓄水特征分析

前面研究中讨论了土壤水存蓄原理，本节重点研究存蓄的水量。土壤水库库容可以用死库容、有效库容、滞洪库容和总库容来表示，可以分别通过式（9-1）~式（9-4）计算。

$$V_{死} = \theta_{凋萎} \times D \tag{9-1}$$

$$V_{有效} = (\theta_{田持} - \theta_{凋萎}) \times D \tag{9-2}$$

$$V_{滞} = (\theta_{饱和} - \theta_{田持}) \times D \tag{9-3}$$

$$V_{总} = \theta_{饱和} \times D \tag{9-4}$$

式中，$V_{死}$、$V_{有效}$、$V_{滞}$、$V_{总}$ 分别为死库容、有效库容、滞洪库容和总库容（mm）；$\theta_{凋萎}$、$\theta_{田持}$、$\theta_{饱和}$ 分别为凋萎含水量、田间持水量和饱和含水量（%）；D 为根系活动层深度，取值 90cm。

根据实测各处理小区的土壤水分常数，计算得到各处理小区土壤水库的死库容、有效库容、滞洪库容和总库容，见表 9-10。

表 9-10　各措施土壤水库容

Table 9-10　The soil water volumetric capacity of each treatment　（单位：mm）

小区	死库容	有效库容	滞洪库容	总库容
百喜草覆盖小区	24.67	317.95	217.39	560.00
百喜草敷盖小区	25.91	297.62	213.77	537.31
裸露对照小区	27.81	243.50	218.41	489.72

土壤水库的死库容是指土壤所蓄滞但不能被植物所利用的水分，随土壤深度增加而增大，随土壤中有机质和黏粒含量增加而增大。由表 9-10 可知，各处理小区间土壤水库的死库容相差不大，裸露地稍大一点。土壤有效库容也称为兴利库容，是指土壤较长时间所能贮蓄水分的能力，这部分库容大小对减轻洪峰流量具有积极意义，因此有效库容容纳的水量越大越好。地表采取百喜草覆盖与敷盖措施后可以增加土壤的有效库容。土壤水库滞洪库容表示土壤水库在短时间里，暂时所能储存水分能力的大小，也是土壤调节降雨的主要库容。滞洪库容有很大的脆弱性，特别是表土层土壤滞洪库容更易受到破坏，从而影响整个土壤水库功能的发挥。由表 9-10 可知，各处理小区土壤水库滞洪库容相差不大。但由于裸露的土壤直接受到降雨的击溅，细小的土壤颗粒极易堵塞通气孔隙，在地表形成一层致密的结皮，这样就使得水分进入土壤的通道堵塞，严重影响滞洪库容的充分发挥，因此做好裸露地的水土保持工作，保护土壤的表土层尤为重要。由表 9-10 可知，地表采取百喜草覆盖与敷盖措施后，土壤水库总库容比裸露地提高了 70.28mm 和 47.59mm，也就是说采取覆盖和敷盖措施分别可以提高土壤水分储存量 702.8t/hm² 和 475.9t/hm²。可见百喜草覆盖和敷盖处理措施对土壤水库的蓄水能力影响很大。如果全面采取百喜草覆盖措施，每平方公里可增加蓄水 58 935m³。那

么，长江上游面积按100万km²，土层按0.78m计算，可增加蓄水510.77亿m³，是三峡水库库容的两倍多。

9.4.2 土壤弃水特征分析

降雨抵达地面后，一部分通过入渗进入土壤，另一部分变成地表径流流走。本节只讨论进入土壤的入渗水量。这一部分水量一部分贮存于土壤中，另一部分通过蒸发蒸腾散发掉，还有一部分通过壤中流和地下径流损失。下面重点研究壤中流和地下径流两个部分。

9.4.2.1 壤中流流量

壤中流是水分在土壤中的运动，包括水分在土壤中的垂直下渗和水平侧流。当土壤中含水量达到饱和状态时，土壤中会产生沿着斜坡通过土壤颗粒孔隙，由高处向低处流动的水量，称为壤中流流量。壤中流是在土壤表层有较好透水性，下层有一个阻水层，两个土层的界面有临时饱和层以及足够的土层坡度时即有可能形成壤中流，各处理试验小区试验期月平均壤中流弃水流量见图9-9。

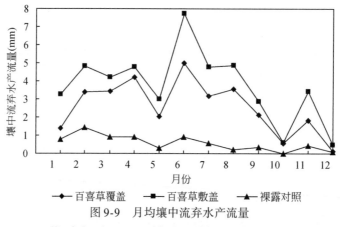

图9-9 月均壤中流弃水产流量

Fig. 9-9 Average yield of monthly interflow runoff

从图9-9中可以看出，各小区壤中流特征存在较大差异，尤其裸露对照小区的壤中流量，全年各月份都小于百喜草覆盖小区和百喜草敷盖小区，基本处于最小值，且变幅较为平缓，基本不随降雨大小的变化而变化，特别是降雨较为集中的6月份，差异更显著，因为裸露地处理承接的降雨很大一部分以地表径流形式损失，造成壤中流量大大削减。采取水土保持措施的小区壤中流一般随降雨量的增减而增减，说明其土壤性状得到改良。百喜草敷盖小区的壤中流流量始终保持最大，其最大值出现在6月，达7.72mm。6～8月，百喜草覆盖与敷盖的壤中流差异最大，这主要是由于旱季百喜草生长发育及蒸腾作用消耗大量水分所致。

9.4.2.2　地下径流流量

相比地表径流变化规律，地下径流变化更为复杂。地表径流对降雨反应迅速，具有突然性和不稳定性，而地下径流除与当次降雨特征有关外，还与前次降雨及土壤初始状况、温度、湿度等因素有关，而且变化有明显的滞后现象，升降显得相对平缓。研究中发现，当次降雨的地下径流包含前次降雨量的贡献，一次大的降雨可以把地下径流提高到相当水平，而相对较小的一次降雨，虽显示不出地下径流量的增幅，但可以保持这一地下径流量水平更长一段时间。

百喜草敷盖能增加地表层的粗糙度，从而减缓水流速度，使降水缓慢渗透到土壤中，提高土壤的下渗率，减少土壤表层的流失，变地表径流为地下径流，达到削减洪峰的目的。百喜草覆盖处理的活体百喜草不仅具有上述百喜草的敷盖材料的功效，变地表径流为地下径流，而且还具有改良土壤，促进土壤水分运动的作用，但因活体百喜草生长发育及蒸腾需要消耗一部分水量，从而导致地下径流量较百喜草敷盖处理偏小。各处理小区试验期月平均地下径流弃水流量见图 9-10。

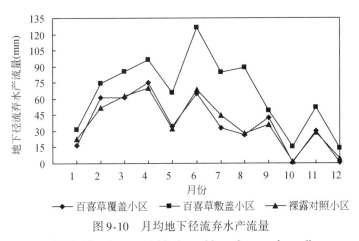

图 9-10　月均地下径流弃水产流量

Fig. 9-10　Arerage yield of menthly underground runoff

从图 9-10 中可以看出，裸露小区的地下径流量与百喜草覆盖和百喜草敷盖处理小区相比，基本处于最小值，百喜草覆盖处理小区的地下径流量基本介于百喜草敷盖小区与裸露对照小区之间，数值更与裸露小区接近，主要是由于百喜草生长发育及蒸腾作用消耗大量水分所造成。

9.5　滞洪削峰过程模拟

与河道水流相比，坡面径流一般有水层浅、坡度陡、糙率大等特点。在土壤侵蚀中，坡面径流起着重要作用，研究坡面径流水动力学特性是研究坡地侵蚀机理的基础。有关坡面径流的研究已有上百年的历史，但早期的研究基本上属于在相关经验的基础上，用水文模拟技术从宏观方面对坡面流进行描述，或是对其总体平均特征值的观测及现象的表达。从 20 世纪 30 年代开始，Horton 等（1934）、Horton（1945）从土壤入渗、地面滞留、片流和层流特征、坡面流水深和流速等方面开始了坡面流的定量研究。一般的认识是将坡面流视作一维的、恒定的、非均匀的沿程变流量流来处理，Yoon 和 Brater（1962）将坡面流看作流量沿程增加的空间变量流，建议采用空间变量流的基本微分方程及连续方程来描述和求解坡面流水力学问题。Yen 和 Wenzel（1970）进一步考虑到降雨对坡面流的影响，根据动量原理，推导出了有降雨情况下的一维坡面流运动方程。20 世纪 60 年代以前，坡面流数学模型中一般使用圣维南方程组，现在仍有许多学者（Nace，1974；程晓陶等，1998；Wang et al.，2002）在实际应用中使用完整的圣维南方程求解。实际的坡面水流运动因边界条件复杂，难以应用圣维南方程直接求解，因此，能够模拟一定条件下坡面流运动规律的简化模型得到了较快发展，取得了较好的实际应用效果。目前，坡面流模拟中最常用的简化模型是运动波模型和扩散波模型，是圣维南方程的一种近似。其中扩散波模型较运动波模型更接近圣维南方程解，适用范围更广泛，但其求解相对要困难，实际应用中仍以运动波模型为主。

本试验在前人研究成果的基础上，用一维运动波理论建立了自然降雨下红壤坡地产流模型，并应用实测资料对模型进行了验证。

9.5.1 模型构建

运动波近似理论在大多数情况下可以很好地描述坡面流运动过程，且计算简单。因此本研究仍采用一维运动波理论，假设降雨方向垂直向下，坡面流基本方程为

$$
\begin{cases}
\dfrac{\partial h}{\partial t} + u\dfrac{\partial h}{\partial x} + h\dfrac{\partial u}{\partial x} = p\cos\alpha - i \\
u = \dfrac{1}{n}h^{2/3}S_0^{1/2}
\end{cases}
\tag{9-5}
$$

式中，x 为沿坡面向下的坐标；t 为时间（s）；h 为水深（m）；u 为流速（m/s）；p 为降雨强度（m/s）；i 为入渗率（m/s）；S_0 为坡面坡度，$S_0 = \sin\alpha$，α 为坡面倾角；n 为曼宁糙率系数。

对于土壤水分入渗规律，很多学者做了大量工作，并且建立起了较为完善的土壤水分下渗理论体系。本研究采用形式简单、物理概念明晰的 G-A 入渗模型，其计算方程见第 7 章。

9.5.2 模型求解

对于式（9-5）的求解，目前主要有普里斯曼法、有限元法、华西里叶夫和阿博特隐式法等，其中普里斯曼的四点差分格式应用广泛。本研究将这一方法应用到求解式（9-5）中。

普里斯曼关于因变量和其导数的差分格式为

$$\begin{cases} f(x,t) \approx \bar{f} = \dfrac{\theta}{2}(f_{j+1}^{k+1} + f_j^{k+1}) + \dfrac{1-\theta}{2}(f_{j+1}^k + f_j^k) \\[2mm] \dfrac{\partial f}{\partial x} \approx f_x = \theta\dfrac{f_{j+1}^{k+1} - f_j^{k+1}}{\Delta x} + (1-\theta)\dfrac{f_{j+1}^k - f_j^k}{\Delta x} \\[2mm] \dfrac{\partial f}{\partial t} \approx f_t = \dfrac{f_{j+1}^{k+1} + f_j^{k+1} - f_{j+1}^k - f_j^k}{2\Delta t} \end{cases} \tag{9-6}$$

式中，f 可以是关于 y、Q、A、B 和 R_w 的函数；θ 是加权系数；k 为某一时刻；其他符号含义同前。

如果 $f^{k+1}=f^k+\Delta f$，式（9-6）可以写成

$$\begin{cases} f(x,\ t) = \dfrac{\theta}{2}(\Delta f_{j+1} + \Delta f_j) + \dfrac{1}{2}(f_{j+1}^k + f_j^k) \\[2mm] \dfrac{\partial f}{\partial x} = \theta\dfrac{\Delta f_{j+1} - \Delta f_j}{\Delta x} + \dfrac{f_{j+1}^k - f_j^k}{\Delta x} \\[2mm] \dfrac{\partial f}{\partial t} = \dfrac{\Delta f_{j+1} + \Delta f_j}{2\Delta t} \end{cases} \tag{9-7}$$

$$A_j\Delta u_j + B_j\Delta h_j + C_j\Delta u_{j+1} + D_j\Delta h_{j+1} = E_j \tag{9-8}$$

式中，$A_j = -\dfrac{\theta}{\Delta x}h_j^k$，$B_j = \dfrac{1}{2\Delta t} - \dfrac{\theta}{\Delta x}u_j^k$，$C_j = \dfrac{\theta}{\Delta x}h_{j+1}^n$，$D_j = \dfrac{1}{\Delta x} + \dfrac{\vartheta}{\Delta x}u_{j+1}^k$，$E_j = -\dfrac{1}{\Delta x}(u_{j+1}^k h_{j+1}^k - u_j^k h_j^k) + \dfrac{\theta}{2}(q_{j+1}^{k+1} + q_j^{k+1}) + \dfrac{1-\theta}{2}(q_{j+1}^k + q_j^k)$。

由于 $u = \dfrac{1}{n}h^{2/3}S_0^{1/2}$，所以实际式（9-8）构成一组有两个独立未知量 Δh_j 和 Δh_{j+1} 的非线性代数方程，这些未知量对于任何两个邻近断面是共有的。当坡面分为 N 个计算断面时，对每个断面 $j(1\leqslant j\leqslant N)$ 可以写出 1 个类似的方程，这样的方程共有 N 个，再加上坡面进、出口两个边界条件方程，可以解出 $N+1$ 个未知量的唯一解。

通过推导，式（9-5）的稳定条件和精度是：当 $0.5<\theta\leqslant 1$ 时，可得到式（9-5）的一个稳定解。假如 $\theta<0.5$，则解是不稳定的。当 $\theta=0.5$，数值计算具有二阶精度，但解的稳定性是不定的。当 $\theta=1$，稳定性最强，数值计算的精度是一阶。由于数值弥散，当 $\sqrt{gh}\dfrac{\Delta t}{\Delta x}\leqslant 1$ 或 $\sqrt{gh}\dfrac{\Delta t}{\Delta x}\gg 1$ 时，相位差较大。从实用的观点，θ 宜选大于 0.5 的值，在一般情况下，取 $\theta=0.6$。但在粗糙率较大或模拟充水过程时，取 $\theta=1$ 比较合适。

9.5.3 模型验证

受试验条件限制，将截留强度取为常量，忽略土壤特性空间变异和产流对土壤入渗的影响，率定方法采用水文地质计算中常用的"试错法"，率定结果见表 9-11。为了验证模型的有效性，仍然应用第 7 章选用的 8 组资料进行检验，这 8 组资料有中雨、大雨、暴雨和特大暴雨 4 种雨型，比较有代表性，结果见表 9-12。

表9-11　入渗模型参数率定结果

Table 9-11　The parameter of infiltration model

小区	k (10^{-7}m/s)	θ_s	S (m)
百喜草覆盖小区	7.16	0.448	0.13
百喜草敷盖小区	7.14	0.409	0.12
裸露对照小区	4.55	0.346	0.05

表9-12　径流深计算值与实测值的对比

Table 9-12　Comparison between the computational and observed values of slope runoff

雨型	日期	百喜草覆盖小区			百喜草敷盖小区			裸露对照小区		
		实测值 (mm)	计算值 (mm)	相对误差 (%)	实测值 (mm)	计算值 (mm)	相对误差 (%)	实测值 (mm)	计算值 (mm)	相对误差 (%)
中雨	2004-3-20	0.21	0.23	9.52	0.24	0.25	4.17	3.35	3.85	14.93
	2004-6-18	0.34	0.38	11.76	0.37	0.39	5.41	8.58	9.12	6.29
大雨	2004-2-28	0.38	0.43	13.16	0.49	0.55	12.24	3.19	2.89	-9.40
	2004-5-7	0.72	0.69	-4.17	0.76	0.79	3.95	10.03	9.89	-1.40
暴雨	2004-5-3	0.48	0.42	-12.50	0.65	0.72	10.77	32.17	33.54	4.26
	2004-6-23	0.94	0.88	-6.38	1.08	0.95	-12.04	15.16	14.36	-5.28
特大暴雨	2004-7-31	0.06	0.07	16.67	0.08	0.07	-12.50	5.70	6.1	7.02
	2004-8-1	0.29	0.26	-10.34	0.27	0.29	7.41	6.54	5.98	-8.56

从表9-12可以看出，计算值与实测值的相对误差最大不超过±17%，最小相对误差小于±2%，说明计算值与实测值十分接近，表明本文建立的模型是合理的。

9.5.4　结果分析

将试验实测的降雨过程输入到研究建立的模型中计算，得到不同雨型下的产流过程曲线（图9-11）。

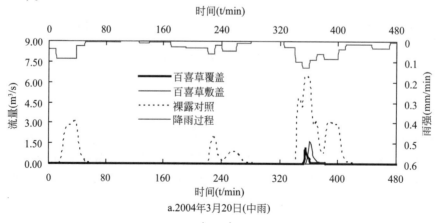

a.2004年3月20日(中雨)

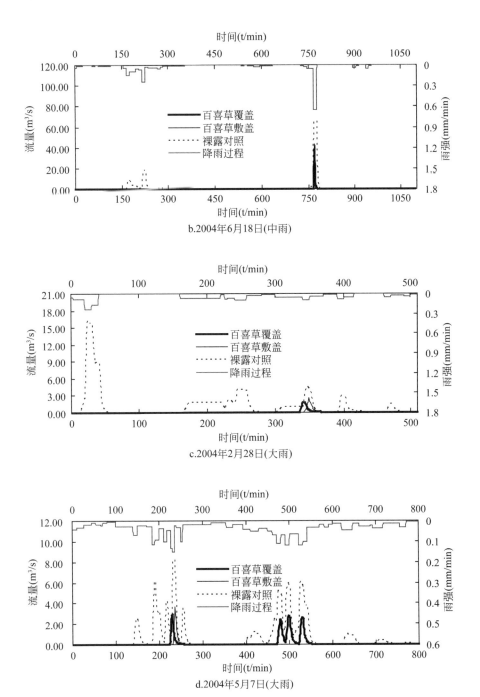

b.2004年6月18日(中雨)

c.2004年2月28日(大雨)

d.2004年5月7日(大雨)

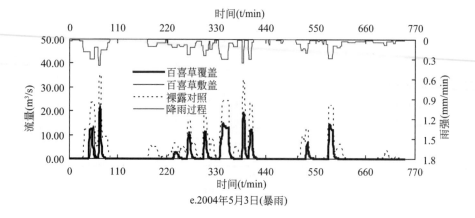

e.2004年5月3日(暴雨)

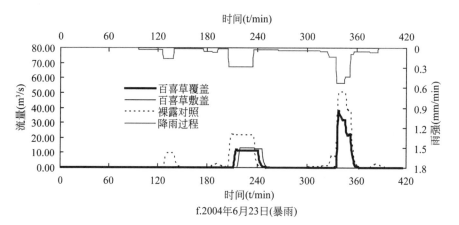

f.2004年6月23日(暴雨)

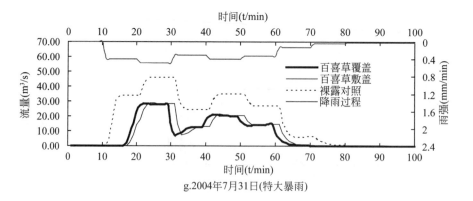

g.2004年7月31日(特大暴雨)

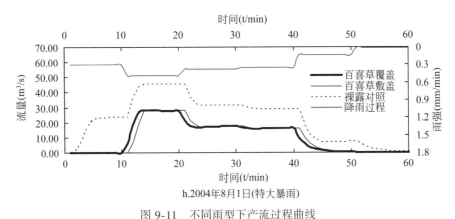

h.2004年8月1日(特大暴雨)

图 9-11　不同雨型下产流过程曲线

Fig. 9-11　The runoff yield process curve under the different rainfall pattern

　　试验区自然降雨过程复杂，雨强变化大，而且呈现明显的多峰性，因此产流也呈现出多峰的特性。裸地的地表洪峰流量比百喜草覆盖小区与敷盖小区洪峰流量要大，如 2004 年 3 月 20 日的降雨裸露对照区次洪峰流量为 $3.056\times10^{-5}\,\mathrm{m^3/s}$，而百喜草覆盖小区与敷盖小区洪峰流量为 $1.136\times10^{-5}\,\mathrm{m^3/s}$ 和 $1.653\times10^{-5}\,\mathrm{m^3/s}$。2004 年 2 月 28 日的降雨下裸露地洪峰流量为 $4.422\times10^{-5}\,\mathrm{m^3/s}$，而百喜草覆盖小区与敷盖小区洪峰流量为 $1.815\times10^{-5}\,\mathrm{m^3/s}$ 和 $2.523\times10^{-5}\,\mathrm{m^3/s}$。同一场降雨百喜草覆盖小区与敷盖小区产流过程总体相同，产流滞后时间、洪峰流量和峰值出现时间基本一致。百喜草覆盖小区与敷盖小区和裸露小区的产流过程差别较大，2004 年 3 月 20 日、6 月 18 日、2 月 28 日、5 月 7 日和 6 月 23 日的降雨前期，百喜草覆盖小区与敷盖小区均未产流，而裸露小区开始产流，这与不同措施的土壤入渗能力有关。

　　由图 9-11 可知，这一时段百喜草覆盖小区与敷盖小区的入渗曲线与降雨曲线相同，说明入渗速率等于降雨强度，降雨全部入渗土壤。而裸露小区的土壤入渗曲线包含于降雨曲线内，说明此时裸露小区的土壤入渗能力小于降雨强度，意味着地表产生积水并开始产流。在 2004 年 5 月 3 日降雨前期，各小区均有产流，但产流起始时间和洪峰流量不同。2004 年 5 月 3 日降雨百喜草覆盖小区与敷盖小区、裸露小区产流开始时间分别为降雨开始后 44min、48min 和 32min。而洪峰流量 2004 年 5 月 3 日降雨下 3 个小区分别为 $21.274\times10^{-5}\,\mathrm{m^3/s}$、$22.577\times10^{-5}\,\mathrm{m^3/s}$、$35.089\times10^{-5}\,\mathrm{m^3/s}$。该次降雨后期 3 个小区产流起始时间为 233min、233min、178min，洪峰流量为 $18.327\times10^{-5}\,\mathrm{m^3/s}$、$18.697\times10^{-5}\,\mathrm{m^3/s}$、$33.265\times10^{-5}\,\mathrm{m^3/s}$。由此可以看出，一方面，降雨初期百喜草敷盖小区起始产流时间略滞后于百喜草覆盖小区，洪峰流量百喜草敷盖小区稍大于百喜草覆盖小区。在后期，由于地表植被和土壤上层均接近饱和，使得两者起始产流时间基本相同，而洪峰流量百喜草敷盖小区也稍大于百喜草覆盖小区，但差异没有前期大。另一方面，无论是前期还是后期，百喜草覆盖小区与敷盖小区的起始产流时间明显滞后于裸露小区。而洪峰流量也明显小于裸露地，但后期的差异要大于前期。这说明长历时降雨下百喜草覆盖与敷盖措施的滞洪削峰作用更加突出，水土保持措施具有明显的防洪减灾作用。

总之，从上述研究中不难发现，采取水土保持措施既能增加土壤入渗，又能起到产流滞后和削峰效应。这些效应的大小，不仅与本次降雨强度和降雨量有关，也与土壤前期含水量有关。降雨强度越大，降雨量越多，土壤前期含水量越高，采取水土保持措施的作用就越小，效益也会越来越低。

9.6 小　结

本章通过分析百喜草覆盖、百喜草敷盖与裸露对照三个处理小区的地表径流、地下径流、壤中流和基流产流的滞后时间，首次系统研究了采取水土保持措施的滞洪削峰效应。结果表明，百喜草覆盖和敷盖措施具有明显的滞洪削峰效应。同时发现随着降雨强度和降雨量不断增大，土壤前期含水量不断提高，水土保持措施的防洪减灾的作用越来越小，效益也越来越低的规律。主要研究成果归纳如下。

1）同一场降雨，百喜敷盖处理的产流滞后时间最长，裸露处理的产流滞后时间最短，而百喜草覆盖处理介于百喜草敷盖与裸露处理之间，但滞后时间偏向于百喜草敷盖处理。从中雨到大雨，乃至到大暴雨、特大暴雨，随降雨强度的增大，各处理小区产流滞后时间总体趋势逐渐缩短。

2）相对地表径流而言，各小区的壤中流和地下径流滞后时间慢得多，且径流曲线过程更平缓。将各小区的观测值进行比较发现，同一土层，裸露对照小区地下径流滞后时间最长，而且时常在上层、中层土层无明显渗漏，百喜草覆盖小区地下径流滞后时间稍长于或相当于百喜草敷盖小区。同时各小区地下径流滞后时间随土层深增加而延长，其中包含了一个传导过程。

3）同一场降雨，百喜草敷盖处理的峰值滞后时间最长，裸露对照处理最短，而百喜草覆盖处理介于百喜草敷盖与裸露对照处理之间，但滞后时间值偏向于百喜草敷盖处理。半小时和1小时两类峰值基本都能反应各处理峰值滞后效益，而且半小时峰值往往会包含在1小时峰值中。从中雨到大雨，乃至到大暴雨、特大暴雨，随降雨强度的增大，各处理半小时和1小时峰值滞后时间总体趋势逐渐缩短。

4）根据"土壤水库"概念，结合本研究成果，百喜草覆盖小区与百喜草敷盖小区常年平均土壤含水量按27.19%折算，1m深的土壤水库库容为356.35kg/m³，即3563.5m³/hm²或356.35mm。由于地表植被作用，土壤入水通道畅通，百喜草覆盖小区和敷盖小区以蓄满产流为主，土壤水库可调蓄的有效库容较为理想，有149mm库容保持在调节状态。而裸露对照小区水土流失严重，年均土壤侵蚀总量1388.85kg，折算成土壤侵蚀模数为18 518t/(km²·a)，属剧烈侵蚀类型，相当于每年剥蚀1.41cm的土层，损失约50.35m³/hm²的土壤水库容。

5）分析了南方红壤坡地水分贮蓄特点，研究了不同处理措施的贮水量及其特征，得出了采取百喜草覆盖和敷盖措施的坡地，比裸露地分别提高贮水量70.28mm和47.59mm，相当于提高了红壤坡地储水量分别为702.8t/hm²和475.9t/hm²。如果全面采取百喜草覆盖措施，每平方公里可增加蓄水58 935 m³。长江上游面积按100万km²，土层按0.78m计算，可增加蓄水 510.77 亿 m³，是三峡水库库容的两倍多。对各处理措施的小区壤中流和地下径流的各月弃水产流量进行了分析，结果显示，各小区之间存在较大差异，其中百喜草覆盖和敷盖小区弃水量无论是壤中流，还是地下径流均大于裸露小区。

6）建立了自然降雨条件下的红壤坡地产流过程的数学模型，并应用普里斯曼隐式格式对其进行了求解；通过实测资料的验证，计算值与实测值的相对误差最大不超过±17%，最小相对误差小于±2%，表明由此建立的模型是合理的。应用本研究建立的模型，探讨了自然降雨下不同下垫面条件的产流过程，研究结果表明：百喜草覆盖小区与敷盖小区的起始产流时间明显滞后于裸露小区，而洪峰流量也明显小于裸露小区，说明百喜草覆盖与敷盖措施都有明显的削峰滞流作用。

7）百喜草覆盖处理小区百喜草地上部分的叶、匍匐茎具有减小雨滴的击溅、增加地表粗糙度的作用，从而减缓地表径流的产生及冲刷，延长汇流时间，促进水分入渗。同时，百喜草根系发达，新陈代谢快，腐烂的根系能增加土壤有机质含量、提高土壤的孔隙度，改善土壤的团聚体结构，从而提高土壤的下渗量和持水量，达到蓄水保土的目的，有效地削减了洪峰，降低了洪峰水位，推迟了洪峰的到达时间，可防止洪水灾害的发生。百喜草敷盖处理的敷盖材料能增加地表层的粗糙度和减少地表面的蒸发，从而减缓水流速度，使降水缓慢渗透到土壤中，提高土壤的下渗率，也能达到较好的蓄水保土功效，从而削减洪峰，延缓洪峰流速，防止洪水灾害或减少雨水损失。而裸露对照小区因地表裸露，降雨的击溅侵蚀和地表径流的冲刷作用导致严重的水土流失，土壤干燥后产生地表结皮，土壤理化性状不断恶化，形成恶性循环，致使水土流失不断加剧。由此得知水土保持是防洪减灾的根本，建议加强水土保持生态建设，保护现有植被，积极实施退耕还林还草，增加植被覆盖率，有条件的地方，要积极推进秸秆还田，增加地表敷盖，不断完善防洪减灾体系，促进经济社会的可持续发展。

参 考 文 献

才业锦.2010. 重庆市水土保持措施效应及小流域治理范式评价. 重庆：西南大学硕士学位论文.

陈文贵.2007. 水土保持在珠江防洪减灾中的作用与地位刍议. 人民珠江，(4)：32~34.

程冬兵.2005. 红壤坡地水土保持防洪减灾效益研究. 南昌：江西农业大学硕士学位论文.

程晓陶，薛云鹏，黄金池.1998. 黄河下游河道水沙运动仿真模型的开发研究. 水利学报，6：12~18.

豆林.2010. 黄土区流域径流对水土保持措施响应的时空变化特征. 北京：中国科学院博士学位论文.

方怒放.2012. 小流域降雨—径流—产沙关系及水土保持措施响应. 武汉：华中农业大学博士学位论文.

高学平，李静怡，韩延成.2007. 蓄滞洪区蓄水模拟研究. 中国农村水利水电，(6)：16~19，23.

郭风台.1996. 土壤水库及其调控. 华北水利水电学院学报，(2)：73~81.

和继军，蔡强国，方海燕，等.2009. 张家口地区水土保持措施空间配置效应评价. 农业工程学报，(10)：69~75.

黄荣珍.2002. 不同林地类型土壤水库特性的初步研究. 福州：福建农林大学硕士学位论文.

黄志霖，傅伯杰，陈利顶，等.2004. 黄土丘陵沟壑区不同退耕类型径流、侵蚀效应及其时间变化特征. 水土保持学报，(4)：37~41.

季梦成，董闻达.1999. 百喜草在水土保持坡地农业应用前景初探. 江西农业大学学报，21（2）：

226 ~ 228.

蒋定生，范兴科，黄国俊. 1990. 黄土高原坡耕地水土保持措施效益评价试验研究：（Ⅰ）坡耕地水土保持措施对降雨入渗的影响. 水土保持学报，(2)：1 ~ 10.

靳婷，赵文武，赵明月，等. 2012. 黄土丘陵区缓坡地不同土地利用方式的产流效应. 中国水土保持科学，(4)：30 ~ 36.

李国怀. 1994. 百喜草及其在台湾水土保持中的应用. 中国水土保持，5：19 ~ 21.

李仕华. 2011. 梯田水文生态及其效应研究. 西安：长安大学博士学位论文.

李旭春，张富. 2012. 黄土丘陵沟壑区不同植被减蚀、减流效应研究. 甘肃林业科技，(3)：29 ~ 31.

廖绵浚，张贤明. 2003. 水土保持作物百喜草研究. 中国水土保持科学，1 (2)：8 ~ 17.

林俐玲，黄国锋. 2002. 百喜草植生覆盖对坡地生态环境特性影响之探讨. 水土保持学报，34 (3)：189 ~ 202.

林毅. 2007. 河道、滞洪区洪水演进数值模拟与风险评估的研究. 天津：天津大学硕士学位论文.

刘金梅，李坤刚. 2003. 中国防洪减灾的经验、问题与对策//中国水利学会. 第三届世界水论坛中国代表团论文集. 北京：中国水利学会.

刘明义. 1999. 水土保持与防洪减灾. 吉林水利，(1)：13 ~ 16.

刘娜娜. 2006. 黄土高原水土保持措施的土壤环境效应研究. 西安：西北农林科技大学硕士学位论文.

刘益军，王昭艳. 2003. 水力侵蚀预测模型 WEPP 气象数据的输入方法. 水土保持科技情报，4：4 ~ 5.

孟秦倩，王健，吴发启. 2008. 黄土高原丘陵沟壑区土壤水库调蓄能力分析. 节水灌溉，(1)：18 ~ 20, 24.

单九生，尹洁，张延亭，等. 2007. 江西致洪暴雨天气特征分析与流域洪涝预报研究. 暴雨灾害，4：311 ~ 315.

史学正，梁音，于东升，等. 1998a. 从长江上游地区水土流失及"土壤水库容"分析 1998 洪水. 中国水土保持，11：32 ~ 34.

史学正，梁音，于东升，等. 1998b. 调用"土壤水库"是防洪减灾的治本之策. 中国科学报，10 (21)：4.

史学正，梁音，于东升，等. 1999. "土壤水库"的合理调用与防洪减灾. 土壤侵蚀与水土保持学报，5 (3)：6 ~ 10.

王健. 2008. 陕北黄土高原土壤水库动态特征的评价与模拟. 西安：西北农林科技大学博士学位论文.

王任超，凌璐璐. 2009. 浅议水土保持在防洪减灾中的作用. 黑龙江科技信息，(11)：196.

肖丹，刘新，郭书英. 1999. 兰沟洼行滞洪区洪水灾情的模拟分析. 海河水利，(2)：35 ~ 37.

谢颂华，曾建玲，杨洁，等. 2010a. 南方红壤坡地不同耕作措施的水土保持效应. 农业工程学报，(9)：81 ~ 86.

谢颂华，郑海金，杨洁，等. 2010b. 南方丘陵区水土保持植物措施减流效应研究. 水土保持学报，(3)：35 ~ 38.

徐海燕，赵文武，刘国彬，等. 2008. 黄土丘陵沟壑区坡面尺度土地利用格局变化对径流的影响. 水土保持通报，(6)：49 ~ 52, 72.

杨筱筱. 2012. 水土保持措施对秃尾河流域产汇流参数的影响研究. 西安：西北农林科技大学硕士学位论文.

姚文艺，茹玉英，康玲玲. 2004. 水土保持措施不同配置体系的滞洪减沙效应. 水土保持学报，(2)：28 ~ 31.

姚贤良，许绣云，于德芳. 1992. 红壤的水库容及其对抗旱性能的影响//中国科学院红壤生态实验站. 红壤生态系统研究（第一集）. 南昌：江西科学技术出版社.

于东升，史学正. 2003. 红壤区不同生态模式的"土壤水库"特征及其防洪减灾效能. 土壤学报，5：656 ~ 664.

喻荣岗. 2011. 水土保持措施土壤改良效益研究. 南昌：江西农业大学硕士学位论文.

张登祥，苏忖安. 2003. 浅论水土保持在长江流域防洪减灾中的重要作用. 湖南水利水电，(5)：48 ~ 50.

张贤明，廖绵浚. 1998. 细述百喜草. 福建水土保持，4：55 ~ 57.

张子成，王华. 2003. 水土保持在防洪减灾上的作用. 水利科技与经济，(2)：111.

章俊霞，左长清，李小军. 2008. 红壤降雨入渗动态研究. 安徽农业科学，(5)：1964 ~ 1965.

赵英杰，年吉刚，杨丹. 1996. 水土保持措施的抗洪减灾作用. 吉林水利，(6)：33 ~ 34.

郑海金. 2012. 赣北红壤坡面水土保持措施保水减沙作用研究. 北京：北京林业大学博士学位论文.

周嘉. 1999. 水土保持是防洪减灾的重要措施. 广西水利水电，(3)：60 ~ 62.

左长清，马良. 2004. 几个草种的水土保持效应研究. 江西农业大学学报，(4)：619 ~ 623.

Tanaka D L，Anderson R L，舒乔生，等. 1999. 保护耕作制中土壤蓄水量有降水贮存效离的研究. 水土保持科技情报，1.

Horton R E. 1945. Erosional development of streams and their drainage basins. hydrophysical approach to quantitative morphology. Bull Geol. Soc. Am. ，56：275 ~ 370.

Horton R E，Leach H P，Van Vliet R，et al. 1934. Laminar sheet flow. Trans. Am. Geo. Phys. Union，15（2）：393 ~ 404.

Nace R. 1974. General evolution of the concept of the hydrological cycle //UNESCO. Three Centuries of Scientific Hydrology. Paris：UNESCO.

Wang G T，Chen S L，Boll J，et al. 2002. Modelling overland flow based on Saint-Venant equations for a discretized hillslope system. Hydrological Processes，16：2409 ~ 2421.

Yen B C，Wenzel H U. 1970. Dynamic equations for steady spatially varied flow. Journal of the hydraulics Division，ASCE，96（HY3）：801 ~ 814.

Yoon Y V，Brater E F. 1962. Spatially varied flow from controlled rainfall. Journal of the Hydraulics Division，ASCE，97（HY9）：1367 ~ 1386.

第10章 | 红壤坡地土壤侵蚀特性研究

10.1 概　　述

土壤侵蚀作为全球环境的重大问题,长期备受世界各国自然科技工作者的关注,一直是世界资源与环境问题研究的热点和重点。国际上一系列重大研究计划和组织,如全球变化和陆地生态系统研究—土壤侵蚀网络 (global change and terrestrial ecosystems-soil erosion network, GCTE-SEN)、地中海荒漠化和土地利用研究 (Mediterranean desertification and land use, MEDLUS)、欧洲科技协调委员会 (European Cooperation in the Field of Scientific and Technical Research, COST)、国际土壤标本和土壤信息中心 (International Soil Reference and Information Centre, ISRIC) 等,长期将土壤侵蚀及其环境效应作为重要研究内容。我国对土壤侵蚀科学研究工作也十分重视,近年来,开展了建国以来水土保持领域影响最大的一次综合性科学考察——"中国水土流失与生态安全综合科学考察,国家973计划"中国主要水蚀区土壤侵蚀过程与调控研究"等项目,国家科技支撑计划"黄土高原水土流失综合治理关键技术"、"长江上游坡耕地整治与高效生态农业关键技术试验示范"、"红壤退化的阻控和定向修复与高效优质生态农业关键技术研究与试验示范"等一大批重大科研项目。这为我国土壤侵蚀的研究奠定了良好的基础。

10.1.1 土壤侵蚀过程及其防治

关于土壤侵蚀一词,虽然世界各国对其概念与内涵表述不尽相同,但都包括了地表组成物质和土壤移动这一共同特点。各国根据自然环境条件、社会经济水平和自身科技发展程度,给出具有明显区域特色的土壤侵蚀定义。从土壤侵蚀概念和内涵长期发展及演变过程可以看出,人们对土壤侵蚀的认识是不断深化和延伸的。土壤侵蚀从初始简单的因水力和风力作用引起的地表物质的移动,逐步发展为土壤在内营力和外营力的共同作用下,被破坏、剥蚀、搬运和沉积的整个过程。

早期对土壤侵蚀的定义并未包括侵蚀物质沉积这一过程,如美国农业部土壤保持局1971年解释土壤侵蚀为"土壤侵蚀是水、风、冰或重力等营力对陆地表面的剥蚀,或者造成土壤、岩屑的分散与移动"。哈德逊 (1971) 在其经典著作《土壤保持》一书中对侵蚀的定义是:就其本质而言,土壤侵蚀是一种夷平过程,是土壤和岩石颗粒在重力的作用下发生转运、滚动或流失,风和水是使颗粒变松和破碎的主要营力。《水土保持手册:政策、实践、条件和术语》(*Soil and Water Conservation Handbook: Policies, Practices,*

Conditions, and Terms）中对土壤侵蚀的解释为：侵蚀是地表受流水、风、冰、重力等地质营力产生的磨损，也包括土壤和岩屑的分离和移动（Unger，2006）。而后随土壤侵蚀概念的不断完善和深化，《中国大百科全书·水利卷》指出土壤侵蚀（soil erosion）是在水力、风力、冻融、重力等外营力的作用下，土壤、土壤母质被破坏、剥蚀、转运和沉积的全部过程。欧盟联合研究中心欧洲土壤局 2007 年对土壤侵蚀的定义为"土壤侵蚀是地表消磨的过程，是在降雨、流水、风、冰、温度变化、重力等自然或人为的物理作用下，地表土壤或其他地质材料经磨损、分离和运移，最终至沉积处的过程"。Morgan（2005）也在其教材《土壤侵蚀与保持》（*Soil Erosion and Conservation*）中将土壤侵蚀描述为：土壤侵蚀是一种两相的过程，即包括土壤颗粒在水、风等侵蚀性外营力下的分离和运移，也包括沉积过程。

最近，对土壤侵蚀的科学定义单独提到人为活动因素，即区分自然侵蚀和加速侵蚀的关键。自然侵蚀（natural erosion）也被称为正常侵蚀，指在没有人类活动干扰状态下，纯粹因自然因素引起的地表侵蚀过程。自然侵蚀在上万年或更长的时间内动态、永恒地发生着，其与土壤形成过程取得相对稳定的平衡，不仅不会破坏土壤及母质，甚至促进了五大成土因素中母质等关键要素，对土壤起到更新作用，使土壤中的肥力在侵蚀过程中得以增高，是地质大循环的重要环节。自人类进入农耕生产以来，其活动就打破了陆地的自然状态。特别是近代，随着人口的迅速膨胀，人类活动更为频繁，对自然的影响也越来越大，不合理经营如陡坡开垦、毁林种植等更为突出，加快和扩大了土壤破坏和移动过程，使土壤侵蚀速度急剧增加，其速率往往是自然侵蚀的数百倍、数千倍（唐克丽，1999），也远远超过自然土壤形成速度。由此导致土壤结构遭受破坏、肥力降低、理化性质变劣等，这种侵蚀过程称为加速侵蚀（accelerated erosion）。可见，由于人类活动造成的土壤侵蚀占据了土壤侵蚀的主导地位，并破坏了人类赖以生存的基础，丧失了可持续发展的环境条件，这才是水土保持工作者需要进行防治的对象。因此防治土壤侵蚀，也就是防治加速侵蚀，选用工程、植物及耕作措施防治人类由于进行经济活动造成的土壤侵蚀。

10.1.2 土壤侵蚀分类与分级

不同的侵蚀外营力作用于不同的地表物质所形成的侵蚀类别和形态是千差万别的。因此，通常按外营力性质将土壤侵蚀分为水力侵蚀、风力侵蚀、重力侵蚀、冻融侵蚀等。我国南方红壤丘陵区的土壤侵蚀以水力侵蚀为主，除此之外，其他的侵蚀形式只在特定条件下才可能发生，如崩岗、坍塌等。水力侵蚀是指在降水和径流的共同作用下，使土壤颗粒、土体或其他地面组成物质被破坏、搬运和沉积的过程。根据水作用于地表物质形成的不同侵蚀形态，可进一步分为溅蚀、面蚀、细沟侵蚀、浅沟侵蚀、切沟侵蚀和冲沟侵蚀等。

描述土壤侵蚀的发生程度普遍采用土壤侵蚀强度这一概念，它是指单位面积和单位时段内被剥蚀并发生位移的土壤侵蚀量，用土壤侵蚀模数来表示。土壤侵蚀模数单位为 $t/(km^2 \cdot a)$（重量表示法）或 $m^3/(km^2 \cdot a)$（体积表示法），也可用单位时间土壤侵蚀厚度表示，其单位为 mm/a。根据土壤侵蚀模数数值的大小，可划定为不同的侵蚀强度等级，如 Mchugh 等（2005）划分的单场降雨对田间尺度上产生侵蚀的强度等级如表 10-1 所示。我国南方红壤丘陵区对土壤侵蚀强度分级普遍采用的标准见表 10-2。

表 10-1　单场降雨事件对田间尺度土壤侵蚀分级表

Table 10-1　Classification of soil erosion to field scale for single rainfall events

侵蚀级别	土壤侵蚀模数（t/hm²）	指示性因子
自然	<1	地表无明显侵蚀现象；受植被很好保护，植被覆盖率 90%~100%；地表径流目视澄清，泥沙含量非常低
微度	1~2	地表无明显侵蚀现象；植被覆盖率 70%~90%；地表径流稍显浑浊，泥沙含量低
轻度	2~5	地表结皮现象；局部冲刷，每隔 50~100m 出现细沟；植被覆盖率 30%~70%；地表径流进入区域外水体造成轻微污染
中度	5~10	明显地表冲刷；细沟间距 20~50m；暴露树根标志出前土壤表面水平；轻度到中度结皮；30%~70% 植被覆盖率；地表径流进入区域外水体造成污染
高度	10~50	每隔 5~10m 出现连续浅沟或每 50~100m 出现切沟；地表大面积结皮；植被覆盖率<30%；进入下游水体的径流明显携带泥沙并造成污染
强度	50~100	出现每隔 2~5m 的浅沟或每隔 20m 的切沟；土壤裸露；水体泥沙淤积；道路遭受破坏；发生泥石流危险
极强度	100~500	每 5~10m 的切沟相联成网；重度结皮；土壤裸露；水体泥沙淤积严重，对下游水体造成污染、洪水和富营养化
剧烈	>500	切沟网络密布；每 20m 出现>100m² 的冲沟；原始表面土壤大部分迁移；侵蚀泥沙淤积对下游造成严重污染

表 10-2　南方红壤区土壤侵蚀强度分级标准表

Table 10-2　Classification of soil erosion to field scale in South China red soil regions

侵蚀级别	平均侵蚀模数 [t/(km²·a)]	平均流失厚度（mm/a）
微度	<500	<0.37
轻度	500~2 500	0.37~1.9
中度	2 500~5 000	1.9~3.7
强度	5 000~8 000	3.7~5.9
极强度	8 000~15 000	5.9~11.1
剧烈	>15 000	>11.1

另外，在对土壤侵蚀的表述中，还有土壤容许流失量的定义，即在长时期内能保持土壤的肥力和维持土地生产力基本稳定的最大土壤流失量。由于是经验上的数值，并涉及社会经济水平、防治能力等诸多复杂要素，因此根据相关标准，我国南方红壤丘陵区普遍采用土壤容许流失量 500 t/(km²·a) 的标准。

10.1.3 土壤侵蚀防治措施

针对土壤侵蚀所采取的水土保持措施，按照其特点和性状可分为植物措施、工程措施和耕作措施。

10.1.3.1 植物措施

植物措施也称为林草措施或生物措施，即利用植物来控制或减轻土壤侵蚀的措施。一般情况下，植物措施包含自然植被和人工植被，自然植被是覆盖在地球陆地表面的蕨类、草本、灌木及乔木等高等植物的总称，是构成陆地生态系统的主体。植被不仅庇护和养育着人类从远古走向当今的文明，而且维系着人类赖以生存的环境，是人类发展不可缺少的自然资源。人工植被作为防治土壤侵蚀的主力军，是人们有目的地种植植物品种，利用植物消减降雨侵蚀力、改良土壤、降低土壤可蚀性、提高地表渗透能力、稳定边坡、拦蓄径流和泥沙等多重功能为防治土壤侵蚀服务。采用植物措施是防治水土流失的首选。

早在春秋时期，人们就认识到植被对控制土壤侵蚀的作用，《国语》中就已涉及植被的水土保持功能，但较为系统的记载和论述始于南宋魏岘的《四明它山水利备览》和清代梅伯言所著的《书栅民事》，两书分别从不同角度论述阐明了植被的抑制流速，拦蓄水流等作用（宝敏等，2003）。

现代科学发展过程中，从德国土壤学家 Wollny 1877 年第一次作土壤侵蚀科学试验开始，人们认识到植被对于防治土壤侵蚀的重要作用。19 世纪后期到 20 世纪 60 年代，国内外学者先后对林地降雨下渗、林草地地表径流量、林冠对降雨的截留率等植被涵养水源的功能进行研究。之后研究的重点在于探索机理性问题，开辟了植物根系和枯枝落叶层提高土壤抗蚀性的新领域。概而言之，植被对土壤侵蚀的控制作用主要包括以下几方面。

（1）植被对降水的再分配

植被以其茂盛的枝叶、根系和与地被物的综合作用，可以从根本上拦截降雨、消减降雨侵蚀动能，达到防治土壤侵蚀的目的。无论是乔木、灌木和草本，还是其枯枝落叶层都有防治土壤侵蚀的功能，都能阻挡、拦截和滞留作高速下降运动的雨滴。这些经过削减动能的雨水或被植物自身吸收，或附着在叶片表层及枯枝落叶层，再以蒸发的方式重新返回大气，由于这些雨滴不与表层土壤接触，不会产生土壤侵蚀。张光辉和梁一民（1995）对黄土丘陵区人工沙打旺草地的截留降雨作用的研究表明，当草地为全覆盖时（覆盖率100%），沙打旺草地最大可截留降雨占总量的29.7%。草地截留率受草地盖度、降雨强度和降雨历时等多因素影响。

不仅如此，植被具有不同弹性和伸张角度的枝叶对雨滴下降产生的动能具有消解作用，大大减缓了雨滴对表层土壤的冲溅。植被冠层对降雨动能的影响可分为对雨滴径级的影响、对雨滴终点速度的影响等方面。首先是植被对雨滴径级的影响。由于林冠的阻拦和截留，雨滴大小会发生明显的变化。赵鸿雁等（1991；1993）在陕西宜川铁龙湾进行的农场林冠对雨滴径级的影响研究表明，自然降水经林冠截留分为两部分，一部分作为穿透雨直接落入林下，另一部分或经林冠积聚形成新的雨滴落下，或被撞击后落入林地。枝叶汇聚降雨雨滴形成大雨滴，而经撞击落下的大雨滴则形成新的小雨滴。总体而言，林冠下处降雨具有天然降雨雨滴径级外，更有分布比天然雨滴径级大或小的雨滴，使得林下雨粒极不均匀，径级变化幅度大且不连续。经加权平均确定油松林冠下雨滴直径中数为 1.15cm，略大于林外的 0.7cm，粗大雨滴的体积占雨滴总体积的 91.7% ~ 94.0%。其次是植被对雨滴终点速度的影响。上述研究也表明，由于降雨经林冠层后形成新的雨滴，质量和降落高度均发生变化，其终点速度随之变化。结果表明，当雨滴直径≤1.3mm 时，林内外雨滴终点速度基本一致，当雨滴直径≥1.3mm 时，林内雨滴终点速度与林外的差异增大。油松林最大雨滴直径为 3.5mm，与林外同一雨滴终点速度相差 5% 左右；而山杨林雨滴直径为5.2mm，与林外同一雨滴终点速度相差 13% 左右。由于降雨动能取决于雨滴质量和雨滴终点速度平方之积，因此，因雨滴质量增加远比雨滴终点速度降低比例大，林内降雨动能大于林外，油松林增大 3.8 倍，山杨林增大 3.7 倍的结论。以上研究注意了林冠层对降雨的重新分配，大雨滴的出现使降雨动能增加的现象。余新晓（1988）在江西修水县大坑流域对由杉木、马尾松组成的次生针叶林植被减弱降雨能量进行了研究，认为乔木林与灌木林对降雨能量的消减机理是不同的，乔木林减弱作用主要取决于林冠截留耗能作用的大小，而灌木林主要决定于冠层缓冲耗能作用的大小。因此发挥植被冠层有效分配降雨，对降雨动能进行消减的作用，降低冠层高度和提高植被郁闭度十分重要。通过降低冠层高度和提高郁闭度，可使植被减弱降雨侵蚀能量的作用大大提高。

（2）增加地表径流入渗，减缓径流冲刷

地表植被可以增加水分入渗主要基于以下原因：①土壤侵蚀过程中普遍存在的地表结皮将阻止水分的入渗，而植被的存在减少了该现象，增加了入渗；②植物蒸散发增加了土壤可持水能力；③由于植物根系生长有利于土壤掘穴动物活动，增加了土壤大孔隙结构，利于水分入渗。由于有植被覆盖的坡地保持高入渗率，当雨强超过土壤入渗率或土壤达到饱和时也会产生地表径流。但植被的存在保持着土壤表面的粗糙。枯落物的堆积，使得坡面水流在阻力下流动缓慢，小股径流亦可多次改变流向，从而降低了流速，延长了入渗时间，增加了入渗机会。刘向东等（1991）对黄土高原人工油松林枯落物阻延径流效应的研究表明，枯枝落叶层延长径流流出时间的效应随枯落物厚度的增加而呈直线递增。吴钦孝等（1998）采用流水槽法对山杨林进行试验观测，当径流深度为 1mm，坡度为 25°，枯落物厚度为 3cm 时，径流速度为 2.0cm/s，而在同样条件下，无枯落物覆盖时流速则达57.1cm/s，二者相差 27.5 倍。由此可见，植被不仅通过增加入渗有效降低径流流量，而且对径流流速也有明显的降低作用。只要能有效降低地表径流的流速和流量，就能降低地表径流的侵蚀力和对泥沙的搬运能力。因此植被可通过对径流的控制达到防治土壤侵蚀的目的。

（3）增强土壤抗蚀性

植被通过对土壤理化性质的影响，以及根系的固土机制而改变了土壤的抗蚀性。比如植被可促使大量土壤水稳性团聚体的形成，增强土壤的抗蚀能力。有研究认为，当土壤中直径大于 20mm 的团聚体相对百分比分别为 100%、340%、450%、580% 时，土壤流失量分别为 94.6t/hm²、45.4t/hm²、24.9 t/hm² 和 0.7 t/hm²（王礼先和朱金兆，2005）。植被根系增加水稳性团聚体的数量，实质是通过生长活跃的≤1mm 须根来发挥作用，使土壤中>7mm、5～7mm、3～5mm 三个大粒级的水稳性团聚体数量增加，改善土壤团粒结构，增强土壤抵抗径流和雨滴击溅对其分散、悬浮和运移的能力，从而起到遏制和防护土壤侵蚀的作用。

　　植被还可以通过根系的分布、盘绕及固结起到增强土壤抗冲性、抗蚀性的作用。刘国彬（1998）对黄土高原草地的土壤抗冲性能的研究表明，植物毛根具有强大的抗拉能力和弹性。随直径增加抗拉力递增率为禾本科最好，豆科稍次，菊科较差。由于根系强大的抗拉能力，坡面土壤冲蚀不是由于毛根断裂，而是由于根土分离形成。根系缠绕、固结土壤、强化土壤抗冲性作用有 3 种方式：网络串联作用、根土黏结作用及根系生物化学作用。代全厚和张力（1988）通过对嫩江大堤护坡枯落物草地根系及土壤抗冲、抗蚀、抗剪强度的测定分析，认为植物的腐烂根系不仅能提高土壤有机质含量，而且其生长根系根毛穿插在土体中可防止土体在水中分散和破碎，增强土壤抗蚀性。土壤的抗剪强度也与植物的根量呈线性相关。

10.1.3.2　工程措施

　　所谓工程措施即采用工程的方法防治土壤侵蚀。按照工程的布设位置，工程措施可分为坡面工程和沟谷工程。在坡面上布设的具有防治土壤侵蚀功能的工程叫坡面工程，如梯田、台地、水平沟和竹节沟等。在沟道里修筑具有防治水土流失功能的工程叫沟道工程，如谷坊、山塘和拦沙坝等。按工程的性质来分，又可分为拦挡工程、防护工程、排灌工程和截蓄工程等。梯田能够改变微地形，缩短坡长，改变地面坡度和径流系数，增大持水量，促进降雨的就地入渗，避免了径流的产生，减少径流量和泥沙量，提高控制区水肥含量（张永涛等，2001）。有研究认为，坡耕地修成水平梯田后，具有保土保水、减少水土流失、耕作方便、提高单产的特点（张金慧等，1999）。坡耕地改梯田后蓄水保土效益显著提高，蓄水效益高达 67.6%，保土效益达 85.0% 以上（胡建民等，2005）。魏玉杰和李华（1992）通过对花岗片麻岩山丘区进行水平阶的试验发现，相对于传统的梯田，该措施省工 25%，省料 30%，但是水保效益相对坡耕地提高 75%。罗学升（1995）通过分析福建河田地区五十多年水土保持实践和多点试验资料，比较水平沟、水平梯田、水平台地、水平阶、条沟、全垦、鱼鳞坑等坡面工程的水土保持效益得出，水平沟在拦截径流和蓄水保土等方面皆优于其他坡面工程，营造水土保持林以水平沟整地最好，因此该措施在一定条件下具有很明显的优势。

10.1.3.3　耕作措施

　　耕作措施是指以保土、保水、保肥为主要目的，可以提高耕地农作物产量的措施，有的称为农业措施或农艺措施。在进行农业生产过程中，采取简单易行，经济有效的耕作和种植方法，既要防治土壤侵蚀，又要促使土壤中有足够的水分和养分满足农作物生长发育的需要，这种措施就是水土保持耕作措施。水土保持耕作措施可分为两大类：一类是以改变地面微地形、增加地面粗糙度为主的耕作措施，如等高种植、水平沟种植、沟垄种植、横坡种植等；另一类是以增加地面覆盖和改良土壤为主的耕作措施，如秸秆还田、少耕免耕、间种套种和草田轮作等。

蔡强国和张光远（1994）在研究湖北通城县红壤坡耕地土壤侵蚀时认为，横厢耕作是一种在陡坡耕地上较好的水土保持措施，在横厢耕作农地上实施轮作种植能改良土壤理化性质，达到保肥增产的效果。王学强等（2007）也认为在南方红壤区水土保持耕作措施一般在 0°～5°坡地能够发挥较高水土保持效益，推荐采取的措施有：①等高耕作和等高沟垄耕作。可以改变地面微地形，增加地面粗糙度，能有效的拦蓄地表径流，增加土壤入渗率，减少水土流失和土壤养分流失，从而起到蓄水保土，促进作物生长，提高作物产量的作用；②轮作、间作，套种等。通过增加土壤表面植被覆盖度，使土壤不直接裸露，减少雨滴对土壤的溅蚀作用，既减少了水土流失，又提高了土壤的生产能力，防止病虫害传播。如玉米套种大豆、玉米套种洋芋等措施在红壤地区被广泛推广，并且产生了很好的水土保持效益和经济效益。杨勤等（2008）在四川采用控制性定位试验对坡耕地小麦、玉米、甘薯三熟耕作制分别采用垄作、免耕等措施的水土保持效应进行研究，认为垄作及秸秆覆盖措施均能有效减少土壤侵蚀，其中横坡垄作保土效益最好，比顺坡垄作减少地表径流量 9.75%，减少土壤侵蚀量 19.53%。主要是因为横坡垄作较之顺坡垄作有较为封闭的结构，能分散截留雨水和泥沙，促进雨水就地入渗所致（雷孝章等，2002）。

根据研究需要，试验中在条件基本一致的红壤坡面，共布设了 15 个单项水土保持措施，即 15 个小区（表10-3）。通过种植百喜草、狗牙根和宽叶雀稗等多个牧草品种和采用不同的种植方式形成牧草区组代表植物措施，以当地传统的梯田修筑类型形成梯田区组代表工程措施，以横坡耕作、顺坡耕作和清耕果园的不同耕作方式形成耕作区组代表耕作措施，并以裸露小区进行对照，比较其土壤侵蚀防治效果，期望通过这种长期的定位观测，找出适合当地推广的水土保持措施，探索红壤坡地土壤侵蚀规律。

表10-3 不同小区水土保持措施布设情况表

Table 10-3 The list of soil and water conservation measures setting situation in different plots

区组	小区编号	措施布设
牧草区组	1	百喜草全园覆盖，果树—草
	2	百喜草带状覆盖，果树—草
	3	百喜草带状覆盖，套种黄豆或萝卜，果树—草
	5	宽叶雀稗全园覆盖，果树—草
	6	狗牙根带状覆盖，果树—草
	7	狗牙根全园覆盖，果树—草
耕作区组	8	横坡套种，套种黄豆和萝卜，果树—作物
	9	顺坡套种，套种黄豆和萝卜，果树—作物
	10	清耕不套种，果树

区组	小区编号	措施布设
梯田区组	11	水平梯田，梯壁种植百喜草，梯面果树
	12	标准水平梯田，梯壁种植百喜草，梯面果树
	13	水平梯田，梯壁裸露，梯面果树
	14	内斜式梯田，梯壁种植百喜草，梯面果树
	15	外斜式梯田，梯壁种植百喜草，梯面果树
对照区组	4	裸露小区

10.2　土壤侵蚀特征分析

10.2.1　单项水土保持措施土壤侵蚀量分析

从 2001 年 1 月 1 日开始对其土壤侵蚀量进行定位观测，2006 年 12 月 31 日观测结束，将其结果整理成表 10-4。从表 10-4 可以看出，土壤侵蚀量最大的为裸露对照小区，6 年累

表 10-4　2001～2006 年不同水土保持措施土壤侵蚀量统计表

Table 10-4　The list of soil and water conservation measures setting situation in different plots（2001～2006）

区组	小区编号	各年土壤侵蚀量（kg）						侵蚀总量（kg）	年平均侵蚀量（kg/a）	小区面积（m²）	侵蚀模数 [t/（km²·a）]	侵蚀强度级别
		2001 年	2002 年	2003 年	2004 年	2005 年	2006 年					
牧草区组	1	1.152	3.262	0.561	0.373	0.525	0.950	6.824	1.137dC	100	11.37	微度
	2	0.976	1.082	0.466	0.446	0.515	0.420	3.906	0.651dC	100	6.51	微度
	3	1.423	1.100	0.606	0.451	0.694	0.650	4.924	0.821dC	100	8.21	微度
	5	5.441	5.247	2.360	1.194	0.718	0.474	15.435	2.573dC	100	25.72	微度
	6	2.369	2.358	0.555	0.480	0.703	0.494	6.958	1.160dC	100	11.6	微度
	7	3.708	2.161	1.058	3.408	0.739	0.712	11.786	1.964dC	100	19.64	微度
耕作区组	8	14.824	295.265	16.727	312.524	3.262	44.644	687.246	114.541cdC	100	1145.41	轻度
	9	15.595	719.041	20.692	362.248	34.382	57.097	1209.055	201.509bcBC	100	2015.09	轻度
	10	828.461	658.092	228.346	247.541	90.566	58.666	2111.671	351.945bB	100	3519.45	中度
梯田区组	11	2.458	1.137	0.718	0.496	0.960	0.656	6.424	1.071dC	100	10.71	微度
	12	1.868	2.266	2.258	3.597	2.231	1.10	13.32	2.221dC	100	22.21	微度
	13	55.118	104.313	75.024	106.565	49.661	29.472	420.154	70.026cdC	100	700.26	轻度
	14	2.566	2.241	2.456	2.340	2.313	0.820	12.735	2.123dC	100	21.22	微度
	15	1.719	2.587	7.199	18.629	3.901	0.758	34.793	5.799dC	100	57.99	微度
对照区组	4	858.521	898.002	392.968	572.372	593.576	213.126	3528.564	588.094aA	100	5880.94	强度

注：a，b，c，d 表示不同水土措施间年平均侵蚀量差异显著（$P<0.05$）；A，B，C，D 表示不同水土保持措施处理间年平均侵蚀量差异极显著（$P<0.01$）

计土壤侵蚀量 3825.564kg，年平均侵蚀模数为 5880.94t/（km²·a），属强度侵蚀。清耕果园小区 6 年累计土壤侵蚀量为 2111.671kg，年平均侵蚀模数达 3519.45 t/（km²·a），仅次于裸露小区，属中度侵蚀。横坡耕作、顺坡耕作和梯壁裸露小区年均侵蚀模数分别为 1145.41 t/（km²·a）、2015.09 t/（km²·a）、700.26 t/（km²·a），属轻度侵蚀。其余 10 个小区均属微度侵蚀，侵蚀模数均小于 500 t/km²·a，其中百喜草带状套种小区侵蚀量为 15 个小区中最小。在 3 个水土保持措施区组中，耕作区组侵蚀程度最强，年平均侵蚀模数为 2226.65 t/（km²·a）；梯田区组次之，年平均侵蚀模数为 162.156 t/（km²·a）；牧草区组侵蚀量最少，年平均侵蚀模数仅为 13.842 t/（km²·a）。通过显著性分析可知，采取不同水土保持措施的试验小区的土壤侵蚀量均显著低于裸露对照区组。牧草区组、梯田区组试验小区的土壤侵蚀量均显著低于耕作区组。牧草区组与梯田区组试验小区的土壤侵蚀量差异不显著。以上分析表明，红壤坡地应用牧草措施、耕作措施和梯田措施均可显著增强土壤的抗侵蚀能力，减少土壤侵蚀量。牧草措施和梯田措施的抗侵蚀能力明显优于耕作措施。各单项水土保持措施中，清耕措施保土效果最差，百喜草带状覆盖措施保土效果最优。

10.2.2　分级特征分析

根据 Mchugh 划分的单场降雨对田间尺度上产生侵蚀的强度等级（表 10-1），将各小区单场降雨土壤侵蚀强度划分为自然侵蚀、微度侵蚀、轻度侵蚀、中度侵蚀和强度侵蚀五个等级，结合本试验小区面积，得出各强度等级对应的小区单场降雨土壤侵蚀量为<10kg、10~20kg、20kg~50kg、50~100kg 和>100kg。

统计分析 2001~2006 年 238 场降雨产生的土壤侵蚀量，得到各小区单场土壤侵蚀量等级分配结果。根据主要级别侵蚀量的不同，研究中将 15 个小区划分为无明显水土流失和有水土流失两类（表 10-5）：第 1 类为单次最大侵蚀量<10kg 级别为主的小区，包括牧草区组的 7 个小区和梯田区组除了梯壁裸露小区外的 4 个小区，年土壤侵蚀强度为微度，属无明显水土流失区；第 2 类为单次最大侵蚀量>10kg 级别为主的 5 个小区，有裸露对照区、耕作区组的 3 个小区和梯田区组梯壁裸露小区，年土壤侵蚀强度为轻度侵蚀或以上强度，属水土流失区。在相同降雨条件下，发生在第 1 类小区土壤侵蚀事件概率小，侵蚀总量亦小，说明其保土减沙效益好。发生在第 2 类小区土壤侵蚀事件概率大，侵蚀总量也大，说明其保土减沙效益较差。从小区类别的组成分析，牧草区组的保土减沙效益最好，梯田区组次之，耕作区组最差。

综合 15 个小区单场降雨侵蚀量结果，得出 5 个侵蚀强度分级（图 10-1）。2001~2006 年，试验区发生自然侵蚀事件次数占发生侵蚀总次数的 96%，但产生的土壤侵蚀量仅占侵蚀总量的 9.62%；发生轻度以上侵蚀事件次数尽管仅占发生侵蚀总次数的 2.66%，但产生的土壤侵蚀量却占侵蚀总量的 82.69%。试验区内单场降雨侵蚀主要以自然侵蚀为主，而绝大多数的土壤侵蚀量来源于轻度等级以上侵蚀。

表 10-5 2001~2006 年各小区单次降雨侵蚀量分级表

Table 10-5 The erosion classification list of different single rainfall in different plots (2001~2006)

强度分级		牧草区组						耕作区组			梯田区组					裸露对照
		1	2	3	5	6	7	8	9	10	11	12	13	14	15	4
自然 (<10kg)	侵蚀量（kg）	6.82	3.91	4.92	15.43	6.96	11.79	56.29	87.35	183.29	6.42	13.32	138.51	12.73	34.79	194.29
	占总量百分比（%）	100	100	100	100	100	100	8.19	7.22	8.68	100	100	32.97	100	100	5.51
	发生次数（次）	224	227	226	227	229	228	215	214	196	227	238	215	227	226	166
	占总次数百分比（%）	100	100	100	100	100	100	93.89	93.45	85.22	100	100	95.13	100	100	72.49
微度 (10~20kg)	侵蚀量（kg）							85.96	51.21	124.64			90.19			292.69
	占总量百分比（%）							12.51	4.24	5.90			21.47			8.29
	发生次数（次）							6	4	9			6			21
	占总次数百分比（%）							2.62	1.75	3.91			2.65			9.17
轻度 (20~50kg)	侵蚀量（kg）							85.66	132.22	315.36			135.43			652.40
	占总量百分比（%）							12.46	10.94	14.93			32.23			18.49
	发生次数（次）							3	5	11			4			21
	占总次数百分比（%）							1.31	2.18	4.78			1.77			9.17
中度 (50~100kg)	侵蚀量（kg）							287.27	325.28	656.21			56.02			862.37
	占总量百分比（%）							41.80	26.90	31.08			13.33			24.44
	发生次数（次）							4	4	9			1			12
	占总次数百分比（%）							1.75	1.75	3.91			0.44			5.24

续表

强度分级		牧草区组						耕作区组			梯田区组					裸露对照
		1	2	3	5	6	7	8	9	10	11	12	13	14	15	4
强度(100~500kg)	侵蚀量(kg)							172.06	612.99	832.17						1526.82
	占总量百分比(%)							25.04	50.70	39.41						43.27
	发生次数(次)							1	2	5						9
	占总次数百分比(%)							0.44	0.87	2.17						3.93
土壤侵蚀量合计(kg)		6.82	3.91	4.92	15.43	6.96	11.79	687.25	1209.05	2111.67	6.42	13.32	420.15	12.73	34.79	3528.56
产生侵蚀次数合计(次)		224	227	226	227	229	228	229	229	230	227	238	226	227	226	229

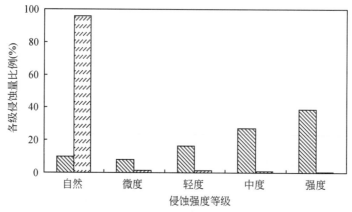

图 10-1　单次降雨侵蚀强度分级图

Fig. 10-1　The erosion classification map for different single rainfall

10.2.3　时间变化分析

10.2.3.1　年际变化分析

由图 10-2 可知，随着试验年的增加，各小区年土壤侵蚀总量呈现整体下降趋势，这种变化规律在牧草区组的 6 个小区中表现尤为突出，牧草区组各小区随着牧草生长年限的增加，小区植被盖度逐年增加，根系固土能力逐年增强，小区抗侵蚀能力逐年增强。各小区 2002 年和 2004 年的土壤侵蚀量要分别高于 2001 年和 2003 年，主要是这两年的年径流总量与降雨侵蚀力为 6 年最高的缘故（详见第 5 章）。观测期内，每年最大侵蚀量均出现在裸露小区，而最小侵蚀量基本出现在牧草区组的百喜草带状种植小区（2004 年除外）；年土壤侵蚀量最高峰值出现在 2002 年的裸露小区，全年共侵蚀泥沙 898.0kg，谷值出现在 2006 年的百喜草带状种植小区，土壤侵蚀量仅为 0.42kg，与降雨侵蚀力和径流量的极值年份一致。

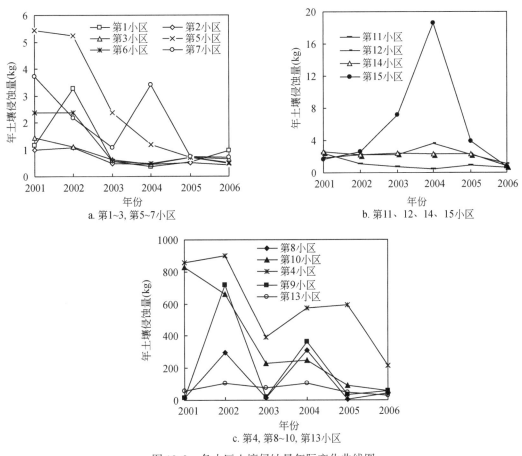

图 10-2　各小区土壤侵蚀量年际变化曲线图

Fig. 10-2　The interannual variability graph of soil erosion in different plots

为更好地分析各水土保持措施保土减沙效益的稳定性，计算得出各小区年土壤侵蚀量变差系数 C_v 和极比值 k（表 10-6）。可以看出，牧草区组、梯田区组的变差系数基本小于耕作区组，级比值也存在相同的规律，说明植物措施和工程措施的保土减沙效益年际较为平均，稳定性优于耕作措施。耕作区组通过对幼龄果园采取套种作物的方式来保护土壤，由于翻耕土壤、种植和季节性收获等人为因素的干扰，破坏了土壤结构的稳定性，故显示出耕作措施稳定性较差，水土流失量大等特征。裸露对照小区由于常年地表裸露，土壤侵蚀量年际较为稳定，其变差系数和极比值均较小。

表 10-6　各小区 2001～2006 年侵蚀量特征一览表

Table 10-6　The characteristics of erosion in different plots (2001～2006)

小区	牧草区组						对照区组	耕作区组			梯田区组				
	1	2	3	5	6	7	4	8	9	10	11	12	13	14	15
变差系数	1.56	0.43	0.42	0.86	0.79	0.69	0.45	1.3	1.42	0.91	0.65	0.43	0.44	0.31	1.15
极比值	20.79	2.57	2.71	11.48	4.79	5.21	4.19	95.89	46.11	19.28	4.14	4.74	3.64	3.13	24.71

对同一区组内各种措施保土效益进行稳定性分析可知，在牧草区组中，狗牙根全园覆盖措施减沙效益最为稳定，其次为宽叶雀稗草全园覆盖措施，第三为百喜草带状覆盖措施。这与各种牧草生长旺季不同有关。就不同的覆盖方式而言，百喜草与狗牙根呈现不同的规律，百喜草带状覆盖稳定性高于全园覆盖，而狗牙根全园覆盖稳定性高于带状覆盖，这与上述分析各小区保水减流效益呈现相同的规律。

在耕作区组内，由于清耕果园小区为地表覆盖物较少，植被覆盖率较低，因此与裸露对照区情况近似，年际土壤侵蚀量也较接近。而横坡耕作和顺坡耕作人为干扰较多，其保土减沙效益的稳定性最差。

在梯田区组内，除第 15 小区外斜式梯田外，其他小区保土减沙效益的稳定性无显著差别。细分可看出，内斜式梯田稳定性优于梯壁裸露水平梯田，也优于梯壁植草水平梯田，更优于前埂后沟水平梯田，外斜式梯田稳定性最差。外斜式梯田保土减沙效益年际存在较大差异，说明该项措施的稳定性较差。

当然，分析保土减沙效益的稳定性并不能全面反映各种措施的优劣，稳定性高的不一定保土减沙效益高，稳定性低的不一定保土减沙效益低。如耕作区组中，人为干扰少的清耕果园小区稳定性较高，而保土减沙效益却很差，裸露小区也是如此。人为干扰多的横坡耕作小区稳定性很低，其保土减沙效益比起清耕果园和裸露小区来说却要好得多。

10.2.3.2　年内变化分析

(1) 季土壤侵蚀量变化特征

2001～2006 年，15 个小区土壤侵蚀总量为 8077.71kg，春、夏、秋、冬四季度产生的侵蚀泥沙分别为 2996.34kg、4472.51kg、501.86kg 和 107.02kg。其中夏季产生的土壤侵蚀量最大，占土壤侵蚀总量的 55.37%，其次为春季占 37.09%，秋、冬两季土壤侵蚀量所占比例很少，如图 10-3 所示。春、夏两季的土壤侵蚀量之和占全年侵蚀总量的 90% 以上，这是由于春、夏两季降雨侵蚀力、径流量均大于秋冬季所致。各小区的土壤侵蚀量同样是春、夏两季远大于秋、冬两季（图 10-4），其中侵蚀量最高的占全年侵蚀总量的 94.76%，最低的也占 70.86%（图 10-5）。牧草区组的 6 个小区在春季土壤侵蚀量最高，其他小区一般在夏季侵蚀最严重，主要是因为春季牧草长势明显弱于夏季，抗侵蚀能力小，虽然春季降雨略小于夏季，但在降雨侵蚀力与抗侵蚀力的共同影响下，牧草区组仍表现为春季侵蚀量全年最大。其他小区在夏季的抗侵蚀能力虽然较大，但还不能改变侵蚀量夏季高于春季的趋势。控制春夏两季土壤侵蚀量是减少全年侵蚀总量的关键。

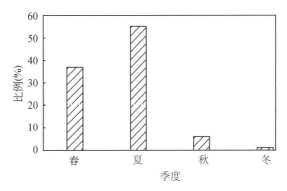

图 10-3　多年平均季土壤侵蚀量分配图

Fig. 10-3　The distribution chart of annual average quarterly
amount for soil erosion in different plots

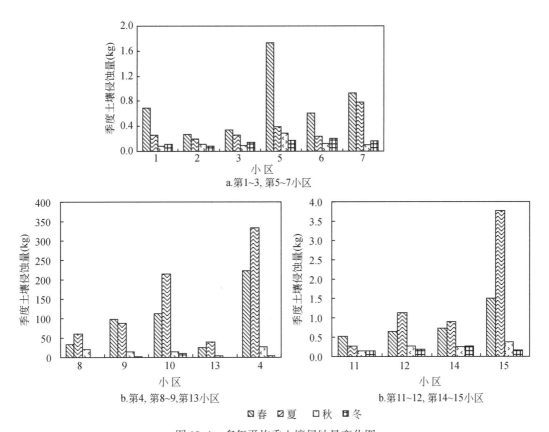

图 10-4　多年平均季土壤侵蚀量变化图

Fig. 10-4　The variation chart of annual average quarterly amount for soil erosion in different plots

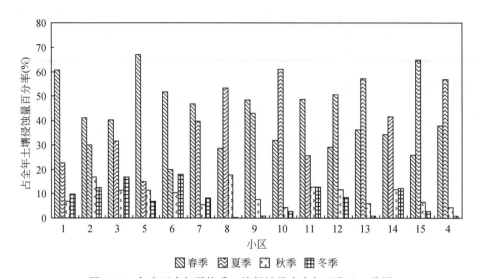

图 10-5　各小区多年平均季土壤侵蚀量占全年百分比一览图

Fig. 10-5　The chart of annual average quarterly amount for soil erosion
percentage of total annual in different plots

　　分析区组内不同小区土壤侵蚀量季度分配特点可以发现，相同区组内不同小区各季度土壤侵蚀量存在差异。在牧草区组中，在降雨侵蚀力最强的春、夏两季，无论是百喜草还是狗牙根，带状覆盖的 3 个小区的土壤侵蚀量比例低于全园覆盖的 3 个小区，说明等高带状覆盖在交接处能起到一个篱笆墙的作用，故而在春、夏两季的保土减沙效益更好。特别在地广人稀和劳动力缺乏的地区，应大力推广等高带状种植技术，可达到费省效宏的目的。从耕作区组来看，横坡耕作和顺坡耕作小区春、夏两季的土壤侵蚀比例低于清耕小区，因此坡地如必须种植农作物时，应大力推广横坡耕作。在梯田区组中，各小区按春、夏土壤侵蚀占全年比例从低至高的顺序为：前埂后沟加梯壁植草水平梯田、梯壁植草内斜式梯田、梯壁植草水平梯田、梯壁植草外斜式梯田、梯壁裸露水平梯田。尽管这些小区土壤侵蚀占全年比例不同，但除梯壁裸露小区有轻度流失外，其余均无明显水土流失。分析区组内不同措施春、夏两季侵蚀量占全年比例与其全年侵蚀量的关系发现，两者呈现正相关关系，春、夏两季侵蚀量所占比例越小，全年土壤侵蚀量越小，保土减沙效益越好。因此，研究汛期（本研究为春、夏两季）土壤侵蚀量占多年平均总量的比例，也可作为全面辨析不同区组、不同小区之间保土减沙效益的评价指标之一。

（2）月土壤侵蚀量变化特征

　　图 10-6 为各小区多年月平均土壤侵蚀量分配图。可出看出，在观测期内，8 月土壤侵蚀量最高，其次为 4 月份，再次为 5 月份，这 3 个月的单月土壤侵蚀量之和占多年平均年土壤侵蚀量的 55.86%。各小区的单月最大土壤侵蚀量出现在 4 月份或者 8 月份（图 10-7、图 10-8），其中，牧草区组的 6 个小区的最高侵蚀量出现在 4 月份，其他小区出现在 8 月份，这与降雨侵蚀力、径流量的极值月份基本一致。

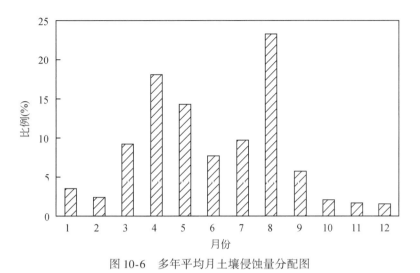

图 10-6　多年平均月土壤侵蚀量分配图

Fig. 10-6　The distribution chart of monthly amount for soil erosion average annual in different plots

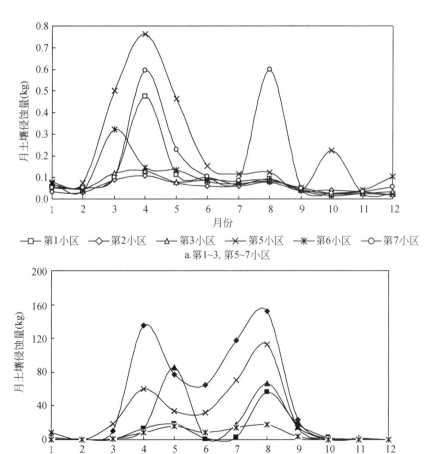

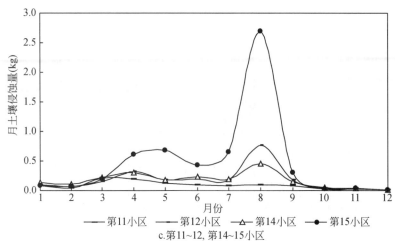

c.第11~12, 第14~15小区

图 10-7　各小区多年平均月土壤侵蚀量变化图

Fig. 10-7　The variation chart of monthly amount for soil erosion annual average in different plots

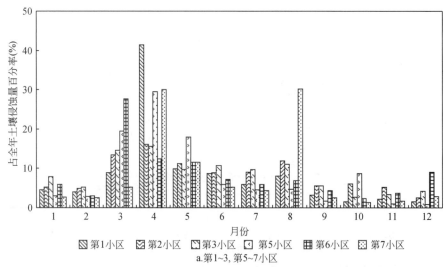

a.第1~3, 第5~7小区

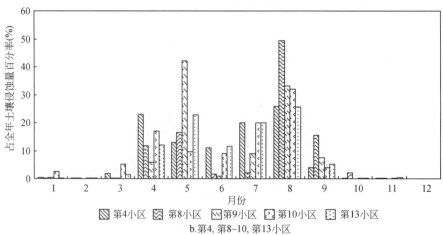

b.第4, 第8~10, 第13小区

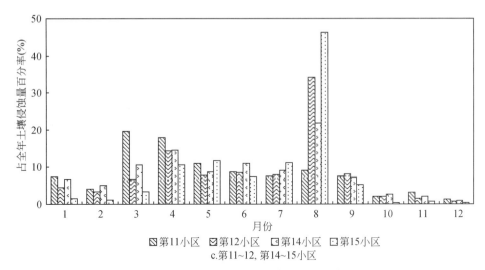

图 10-8　各小区多年平均月土壤侵蚀量占全年百分比

Fig. 10-8　The chart of monthly amount for soil erosionannual
average percentage of total annual in different plots

对各小区的月际土壤侵蚀量变异系数和极比值进行区组内分析比较（表 10-7）。在牧草区组中，带状覆盖的 3 个小区变异系数 C_v 和极比值 k 均显著低于全园覆盖的 3 个小区，表明带状覆盖措施的减沙效益稳定性更好。在相同覆盖方式下，百喜草小区的减沙效益稳定性更好，如在带状覆盖方式下，百喜草带状种植和带状套种小区的月土壤侵蚀量变差系数 C_v 和极比值 k 均明显小于狗牙根带状种植小区。

表 10-7　各小区月际土壤侵蚀量差异特征表

Table 10-7　The monthly different eigenvalues of soil erosion in different plots

小区	牧草区组						对照区组	耕作区组			梯田区组				
	1	2	3	5	6	7	4	8	9	10	11	12	13	14	15
变差系数	1.25	0.47	0.49	1.04	0.79	1.21	1.14	1.65	1.63	1.15	1.12	0.66	1.03	0.67	1.46
极比值	28.34	6.22	5.98	34.31	11.89	23.16	398.14	737.99	816.87	490.60	225.19	14.04	45.18	25.78	138.89

耕作区组三个小区的变异系数 C_v 和极比值 k 均高于其他区组各小区，说明其减沙效益的稳定性最差。由于清耕果园人为干扰少，月际土壤侵蚀与另外两个耕作小区相比，较为稳定。顺坡耕作和横坡耕作两个小区的月际减沙效益稳定性差异不大。

在梯田区组中，各小区的月减沙效益稳定性差异与年差异规律一致，内斜式梯田和植草水平梯田的变异系数 C_v 低于其他三个小区，月际减沙效益稳定性最好，外斜式梯田稳定性最差。

10.2.4　典型降雨土壤侵蚀特征分析

10.2.4.1　牧草区组

由分析表 10-8 和图 10-9 可知，牧草区组各小区单场降雨产生的侵蚀量随着单次降雨量的增加而增大。在降雨强度等级为小雨、中雨和大雨时，6 个牧草小区间产生的土壤侵蚀量无显著差异，但在 2003 年 5 月 6 日和 3 月 17 日两次暴雨和 2003 年 4 月 18 日大暴雨条件下，宽叶雀稗小区产生的侵蚀量极显著高于其他牧草小区。说明在暴雨及以上强度降雨条件下，宽叶雀稗全园覆盖措施与其他牧草措施相比，尚不能发挥稳定的保土减沙功能。

表 10-8　牧草区组典型单场降雨的土壤侵蚀特征

Table 10-8　The soil erosion feature of the typical single rainfall in forage groups

（单位：kg）

序号	降雨等级	降雨日期	历时 (h)	雨量 (mm)	小区					
					1	2	3	5	6	7
1	小雨	2001-3-6	28.92	10.7	0.0225	0.018	0.0485	0.02	0.0245	0.024
2	中雨	2006-11-21	14.89	13.1	0.0332	0.0225	0.007	0.0207	0.027	0.0384
3	中雨	2004-8-4	7.21	13.2	0.0208	0.0275	0.0373	0.023	0.035	0.0408
4	大雨	2005-5-3	24.91	27.4	0.052	0.061	0.0805	0.0538	0.0696	0.0843
5	大雨	2001-7-30	0.83	28.8	0.06	0.0905	0.1225	0.0946	0.0955	0.106
6	暴雨	2003-5-6	7.29	40.7	0.159	0.1447	0.1856	0.2948	0.1765	0.2093
7	暴雨	2006-8-23	6.24	52	0.1375	0.1468	0.1774	0.1286	0.1579	0.1748
8	暴雨	2003-7-6	2.67	55.9	0.2124	0.226	0.2614	0.3071	0.288	0.2629
9	暴雨	2003-3-17	20.66	59.5	0.2245	0.222	0.2794	0.4892	0.2436	0.3466
10	暴雨	2001-8-9	25.64	65.65	0.166	0.2335	0.2794	0.2422	0.27	0.2701
11	大暴雨	2003-4-18	11.91	129.5	0.5168	0.5108	0.6	2.0141	0.5582	0.7529

10.2.4.2　耕作区组

典型单场降雨下耕作区组不同小区土壤侵蚀特征如表 10-9 和图 10-10 所示。可以看出，在典型降雨条件下，横坡耕作与顺坡耕作的土壤侵蚀量之间的差异并不显著，但二者与清耕果园小区在大雨以上等级的降雨时存在较大差异，并且该差异随雨强的增加而增大。如比较第 1 场和第 11 场降雨，清耕果园与横坡耕作产流差异从 4.83 倍增大到 108.16 倍，清耕果园与顺坡耕作小区差异从 19.33 倍增大到 118.10 倍。清耕果园和裸露对照小区在 2001 年 7 月 30 日降雨产生的土壤侵蚀量要明显大于 2003 年 4 月 18 日降雨产生的侵蚀量，表明高强度短历时的降雨对清耕果园和裸露对照小区的坡面稳定性破坏极为严重，有时甚至超过历时长的特大暴雨。

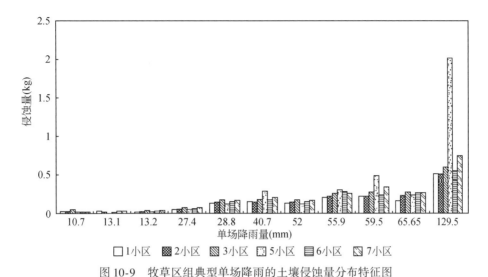

图 10-9　牧草区组典型单场降雨的土壤侵蚀量分布特征图

Fig. 10-9　The soil erosion feature of the typical single rainfall in forage groups

表 10-9　不同小区典型单场降雨的土壤侵蚀特征

Table 10-9　The soil erosion feature of the typical single rainfall in different plots

（单位：kg）

序号	降雨等级	降雨日期	历时（h）	雨量（mm）	小区			
					8	9	10	4（对照）
1	小雨	2001-3-6	28.92	10.7	0.0012	0.0003	0.0058	0.0206
2	中雨	2006-11-21	14.89	13.1	0.0061	0.0088	0.0073	0.0104
3	中雨	2004-8-4	7.21	13.2	0.0682	0.1354	0.1655	0.6055
4	大雨	2005-5-3	24.91	27.4	0.1605	0.7396	2.1274	24.9476
5	大雨	2001-7-30	0.83	28.8	0.204	0.7144	83.1023	79.2617
6	暴雨	2003-5-6	7.29	40.7	0.7049	0.815	19.0293	40.5471
7	暴雨	2006-8-23	6.24	52	20.9281	21.6811	25.6897	58.076
8	暴雨	2003-7-6	2.67	55.9	10.9146	11.8485	60.5632	95.9508
9	暴雨	2003-3-17	20.66	59.5	0.4965	0.5036	4.7524	10.1089
10	暴雨	2001-8-9	25.64	65.65	0.4345	0.8343	24.0392	118.9771
11	大暴雨	2003-4-18	11.91	129.5	0.4839	0.3534	52.3381	57.1332

10.2.4.3　梯田区组

在典型单场降雨条件下，梯田区组各小区土壤侵蚀特征如表 10-10 和图 10-11 所示。可以看出，在小雨和中雨等级降雨条件下，梯田各小区间无显著差异；在大雨及以上等级

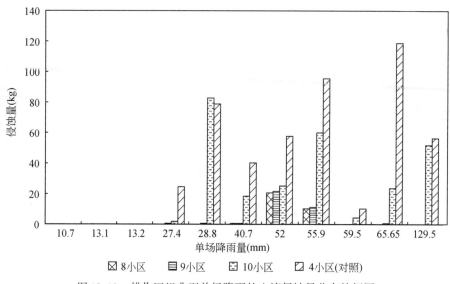

图 10-10　耕作区组典型单场降雨的土壤侵蚀量分布特征图

Fig. 10-10　The soil erosion feature of the typical single rainfall in farming groups

降雨条件下，梯壁裸露小区土壤侵蚀量显著高于区组内其他小区，且在 2001 年 7 月 30 日大雨强度下，差异最大。在相同降雨强度下，前埂后沟梯壁植草水平梯田的保土减沙效果最优，其余依次为梯壁植草水平梯田、内斜式梯田、外斜式梯田、梯壁裸露水平梯田，但均显著优于裸露对照区。

表 10-10　梯田区组典型降雨的土壤侵蚀量特征

Table 10-10　The soil erosion feature of the typical single rainfall in terrace groups

（单位：kg）

序号	降雨等级	降雨日期	历时（h）	雨量（mm）	小区					
					11	12	13	14	15	4（对照）
1	小雨	2001-3-6	28.92	10.7	0.0012	0.0012	0.0035	0.0046	0.0038	0.0206
2	中雨	2006-11-21	14.89	13.1	0.0189	0.0154	0.0551	0.0228	0.0257	0.0104
3	中雨	2004-8-4	7.21	13.2	0.0119	0.0139	0.109	0.0089	0.0164	0.6055
4	大雨	2005-5-3	24.91	27.4	0.0176	0.0153	0.6563	0.0177	0.0375	24.9476
5	大雨	2001-7-30	0.83	28.8	0.0589	0.052	26.321	0.1582	0.0516	79.2617
6	暴雨	2003-5-6	7.29	40.7	0.0251	0.1538	6.3277	0.1057	1.0205	40.5471
7	暴雨	2006-8-23	6.24	52	0.0471	0.0379	6.7096	0.0395	0.0439	58.076
8	暴雨	2003-7-6	2.67	55.9	0.0336	0.28	25.167	0.3561	1.4756	95.9508
9	暴雨	2003-3-17	20.66	59.5	0.0478	0.1127	2.1489	0.1302	0.2666	10.1089
10	暴雨	2001-8-9	25.64	65.65	0.0393	0.0378	2.7664	0.0525	0.0441	118.9771
11	大暴雨	2003-4-18	11.91	129.5	0.08	0.9106	16.973	0.5255	2.0678	57.1332

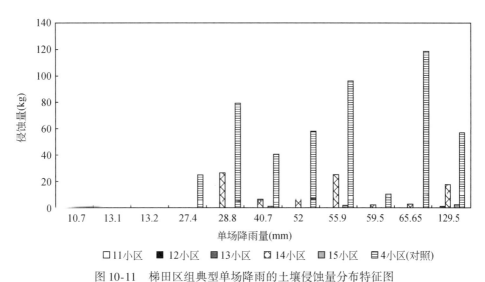

图 10-11　梯田区组典型单场降雨的土壤侵蚀量分布特征图

Fig. 10-11　The soil erosion distribution of the typical single rainfall in terrace groups

10.2.5　极值特征分析

分析各小区最大单场降雨土壤侵蚀量（表 10-11）结果可知，牧草区组的单场降雨最大土壤侵蚀量为各区组中最低，其次为梯田区组，耕作区组最大。单场降雨最大土壤侵蚀量出现在耕作区组的顺坡套种小区，2002 年 5 月 6 日降雨土壤侵蚀量为 388.81kg，占当年该小区年侵蚀总量的 54.07%。形成这种状况的主要原因有两个方面，一是该小区春季作物已经收获，此时又逢土壤刚翻耕，土质疏松，夏季种植的黄豆刚长出幼苗，不能保护土壤；二是柑橘树枝叶有集流作用，造成径流集中冲刷，故而出现土壤侵蚀量最大的状况。在裸露对照、横坡耕作、清耕果园和梯壁裸露四个小区中，最大单场降雨侵蚀产沙量均超过 50kg。

表 10-11　各小区最大单场降雨土壤侵蚀量一览表

Table 10-11　The maximum soil erosion feature in different plots

区组	小区	降雨日期	单场雨量（mm）	土壤侵蚀量（kg）
牧草区组	1	2002-7-26	127.9	3.527
	2	2001-10-26 至 10-27	31.5	0.1516
	3	2001-3-15 至 3-17	20.15	0.3038
	5	2001-3-19 至 3-25	60.55	1.8511
	6	2002-3-24	26.4	0.9422
	7	2004-8-13 至 8-15	204	3.0131
耕作区组	8	2004-8-13 至 8-15	204	172.0642
	9	2002-5-6	82.2	388.8133
	10	2001-7-14	40.9	229.8369

区组	小区	降雨日期	单场雨量（mm）	土壤侵蚀量（kg）
梯田区组	11	2001-3-15 至 3-17	20.15	0.646
	12	2004-8-16	32.6	1.4473
	13	2002-5-6	82.2	56.0237
	14	2004-8-13 至 8-15	204	1.0061
	15	2004-8-13 至 8-15	204	9.503
裸露对照	4	2002-4-5	47.6	243.2667

比较同一区组内各小区单场降雨最大侵蚀产沙量可知，牧草区组中，百喜草带状种植小区单场降雨最大侵蚀产沙量最小，百喜草全园覆盖小区最大。耕作区组中，顺坡耕作小区单场降雨最大侵蚀产沙量最大，横坡耕作小区最小。梯田区组中，梯壁裸露小区单场降雨最大侵蚀产沙量最大，前埂后沟小区最小。各小区单场降雨最大侵蚀产沙量排序与年平均侵蚀量排序基本相同，表明单场降雨最大侵蚀产沙量大小也能较好的反映各小区水土保持措施的保土减沙效益优劣。

10.3　土壤侵蚀量与降雨、地表径流的关系

单次降雨土壤侵蚀量与降雨要素，特别是降雨雨量的回归关系，国内已有一些研究成果。如吴发启和范文波（2001）对黄土高原南部缓坡耕地降雨量与土壤侵蚀量的回归分析结果表明，单次降雨量与土壤侵蚀量呈 $y=ax^b$ 函数关系，其中 a、b 为常数，且 $b>1$。当分不同侵蚀强度等级进行分析时，降雨量与土壤侵蚀量的关系是 $y=ax^b$，且 $0<b<1$。万廷朝（1996）对黄丘五副区的研究结果表明，降雨量与土壤侵蚀量的关系遵守 $y=a+bx$，且 $b>0$ 的线性变化规律。姚治君等（1991）在云南玉龙山东南坡的研究结果也表明了同样的规律。林昌虎和朱安国（2002）在贵州砂页岩山地上研究降雨量与土壤侵蚀量的关系时发现，在地面覆盖度较低的情况下，降雨量与土壤侵蚀量也呈线性关系；同时也指出，在植被覆盖度较高的情况下，降雨量与土壤侵蚀无显著关系。黄炎和和卢程隆（2002）在闽南的研究认为，坡度为 14°~22°，不同工程及植物措施的各小区产生的土壤侵蚀量随降雨量的变化遵守 $y=ax^b$，且 $a>0$、$b>1$，或 $y=ae^{bx}$，且 $a>0$、$b>0$ 的函数规律；当坡度达到 26° 时，土壤侵蚀量随降雨量的变化遵守 $y=ax^b$，且 $a>0$、$0<b<1$ 的函数规律。从以上研究可见，单次土壤侵蚀量与降雨量之间关系较复杂，与研究边界条件密切相关。我国南方红壤地区地处亚热带季风气候区，降雨有其自身特点，因此单次降雨土壤侵蚀量与降雨量之间关系必有其自身特征。

以本试验区为对象，自 2001 年以来开展单次降雨土壤侵蚀与降雨要素之间的关系研究，得到的初步结果证明，单次降雨侵蚀量（E）与单次降雨要素中的雨量（P）之间相关性最高，两者之间为幂函数关系（左长清和马良，2004；马良，2004）。为提高两者关系方程的精度，引入模型的检验和验证步骤，对方程进行筛选。选取 2001~2006 年 6 年间 220 余场单

场降雨侵蚀的观测数据，首先利用2001～2003年数据进行方程的拟合，后根据方程及2004～2006年降雨量计算模拟出后三年单场土壤侵蚀量，引入决定系数（R^2），Nash-Stucliffe 效率系数（E_{ns}）（两系数的计算详见第4章）对模拟值与实测值进行验证，要求选取方程的精度使模拟值与实测值之间的决定系数 $R^2>0.6$ 且 $E_{ns}>0.5$（Santhi et al.，2001）。

10.3.1　土壤侵蚀量与降雨量的关系

各小区土壤侵蚀量（E）与降雨量（P）的关系方程见表10-12，可以看出，两者关系方程均为 $y=ax^b$ 且 $a>0$、$b>0$ 的幂函数形式，各小区土壤侵蚀量与降雨量、径流的关系方程均满足 $R^2>0.6$ 且 $E_{ns}>0.5$ 的要求，可以采信。说明各小区土壤侵蚀量与降雨量均呈显著的正相关关系，降雨量越大，土壤侵蚀量越大。式中，参数 b 反映降雨量变化时，土壤侵蚀量变化的快慢程度，代表土壤抗侵蚀能力的衰减速度，b 值越大，土壤侵蚀量受降雨量（P）的影响越大。b 的取值与下垫面相关，即与试验中选取的不同水土保持工程、植物和耕作措施相关。

表 10-12　各小区土壤侵蚀量与降雨量的关系方程
Table 10-12　The relational equation between soil erosion and rainoff in different plots

区组	小区	最优方程	相关系数	E_{ns}
牧草区组	1	$E=0.0003P^{1.088}$	0.859	0.685
	2	$E=0.001P^{0.821}$	0.823	0.639
	3	$E=0.0049P^{1.007}$	0.789	0.508
	5	$E=0.001P^{1.103}$	0.681	0.579
	6	$E=0.001P^{0.826}$	0.774	0.597
	7	$E=0.001P^{0.876}$	0.611	0.564
耕作区组	8	$E=0.0003P^{1.659}$	0.642	0.618
	9	$E=0.001P^{1.719}$	0.634	0.563
	10	$E=0.0001P^{2.406}$	0.753	0.623
梯田区组	11	$E=0.001P^{0.862}$	0.747	0.689
	12	$E=0.001P^{1.057}$	0.797	0.693
	13	$E=0.001P^{1.822}$	0.686	0.541
	14	$E=0.001P^{1.124}$	0.740	0.697
	15	$E=0.0004P^{1.307}$	0.669	0.571
对照区组	4	$E=0.0003P^{2.422}$	0.616	0.519

注：E 为侵蚀量，P 为降雨量

牧草区组各小区土壤侵蚀量（E）与降雨量（P）的关系方程 b 值为 0.821～1.103，百喜草带状种植小区 b 值最小，宽叶雀稗全园覆盖小区 b 值最大。耕作区组关系方程 b 值为 0.821～1.103，横坡耕作小区 b 值最小，顺坡耕作小区最大。梯田区组关系方程 b 值为

0.862~1.822，前埂后沟小区 b 值最小，梯壁裸露小区最大。裸露对照区组 b 值为 2.422，在试验区组中最大。各区组平均 b 值的大小顺序为裸露对照区>耕作区组>梯田区组>牧草区组。以上结果表明，采用水土保持措施后，显著提高了土壤抵抗降雨侵蚀的能力。不同水土保持措施区组相比，耕作区组受降雨的影响最大，土壤抵抗降雨侵蚀的能力最差，牧草区组受降雨的影响最小，土壤抵抗降雨侵蚀的能力最强。在三个水土保持措施区组中，受降雨影响最小、抗侵蚀能力最强的措施分别为百喜草带状种植、横坡耕作和梯壁植草水平梯田措施。

10.3.2 土壤侵蚀量与地表径流的关系

研究中采用同样的方法，拟合建立了单次降雨土壤侵蚀量（E）与地表径流量（R_s）之间的关系方程，结果如表 10-13 和图 10-12、图 10-13、图 10-14 所示。两者关系同样表现为 $y=ax^b$ 且 $a>0$、$b>0$ 的幂函数形式。和土壤侵蚀量与降雨量的关系方程相比，土壤侵蚀量与地表径流量关系方程的相关系数和 E_{ns} 均较高，说明后者之间的关系要比前者之间的关系更为密切。从侵蚀的发生过程来看，这种现象不难解释：土壤侵蚀与雨滴溅蚀相关，但更与径流的冲刷和下切相关，因而土壤侵蚀量与地表径流量呈现较高的相关性。通过比较关系方程 b 值得出，各小区抗径流冲刷能力强弱特征与抗降雨侵蚀力强弱特征基本一致，抗降雨侵蚀能力强的小区，抗径流冲刷能力也强。

表 10-13 各小区土壤侵蚀量（E）与地表径流量（R_s）的关系方程

Table 10-13 The relational equation between soil erosion（E）and surface runoff（R_s）in different plots

区组	小区	最优方程	相关系数	E_{ns}
牧草区组	1	$E=0.133R_s^{0.870}$	0.922	0.848
	2	$E=0.084R_s^{0.753}$	0.869	0.739
	3	$E=0.085R_s^{0.752}$	0.799	0.631
	5	$E=0.275R_s^{0.975}$	0.658	0.520
	6	$E=0.093R_s^{0.738}$	0.826	0.688
	7	$E=0.116R_s^{0.802}$	0.820	0.677
耕作区组	8	$E=2.836R_s^{1.463}$	0.885	0.738
	9	$E=2.291R_s^{1.607}$	0.925	0.793
	10	$E=2.725R_s^{1.575}$	0.829	0.692
梯田区组	11	$E=0.101R_s^{0.764}$	0.705	0.589
	12	$E=0.183R_s^{1.028}$	0.895	0.722
	13	$E=3.135R_s^{1.408}$	0.818	0.631
	14	$E=0.216R_s^{0.943}$	0.880	0.731
	15	$E=0.332R_s^{1.142}$	0.924	0.704
对照区组	4	$E=4.323R_s^{1.640}$	0.686	0.519

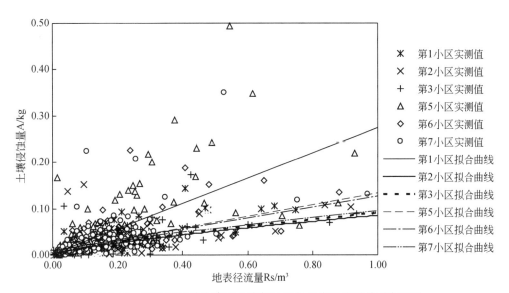

图 10-12　牧草区组单次降雨土壤侵蚀量与地表径流量关系方程图

Fig. 10-12　The relational equation between soil erosion and surface runoff in forage groups

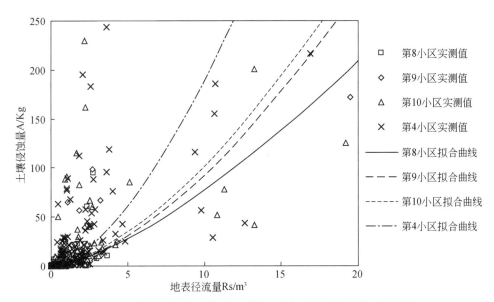

图 10-13　耕作区组单次降雨土壤侵蚀量与地表径流量关系方程图

Fig. 10-13　The relational equation between soil erosion and surface runoff in farming groups

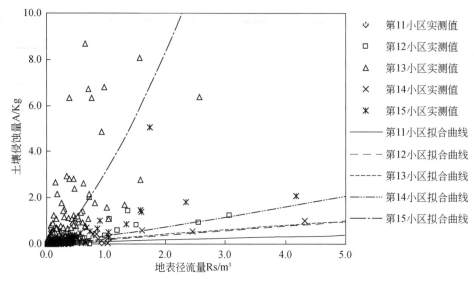

图 10-14　梯田区组单次降雨土壤侵蚀量与地表径流量关系方程图

Fig. 10-14　The relational equation between soil erosion and surface runoff in terrace groups

10.4　不同措施土壤侵蚀对比分析

对各区组及小区的土壤侵蚀量特征分析发现，从单场降雨产生土壤侵蚀量的等级分配到年际、年内分配，各区组之间、各小区之间的土壤侵蚀量存在显著性差异，并得出一致结论：牧草区组减少土壤侵蚀效益优于梯田区组，更显著优于耕作区组。为进一步查明各区组内部不同水土保持措施的保土减沙效益，有必要进行区组内部的筛选和分析。

10.4.1　牧草区组土壤侵蚀对比分析

牧草区组共设置 6 个小区，目的是研究和评价红壤坡地上种植不同类型、不同种类植物的防治土壤侵蚀效应，筛选有效削减土壤侵蚀量的种类。其中共设置 3 个全园覆盖小区，分别为百喜草、宽叶雀稗草和狗牙根。2 个带状种植小区分别为百喜草和狗牙根。一个百喜草带状套种小区，套种黄豆或萝卜。除带状种植的植被覆盖度为 80% 左右，其余小区的植被覆盖度均在 90% 以上。

与裸露对照区发生强度侵蚀相比，牧草措施区组取得显著的水土保持效益，6 个小区全部为微度侵蚀，均远低于南方红壤容许侵蚀值标准。通过对牧草区组与裸露对照区组单场降雨侵蚀量进行独立样本 t 检验（表 10-14），结果得出：F 相伴概率及方差相等假设时 t 统计量相伴概率均为 0.00，小于显著性水平 0.05，说明各小区单场降雨产生土壤侵蚀量平均值存在显著性差异。

表 10-14 牧草区组小区与对照小区独立样本检验结果一览表

Table 10-14 The results of independent samples test between forage group and control group

土壤侵蚀量	Levene 方差齐性检验		方差相等 t 检验						
	相伴概率 F	相伴概率值	t 检验	自由度	相伴概率值 (2-tailed)	均差	标准差	95% 置信区间	
								下限	上限
方差相等假设	639.332	0.00	−15.322	1588	0.000	−15.37853	1.003696	−17.347244	−13.40982
方差不等假设	—	—	−6.276	228.002	0.000	−15.37853	2.450537	−20.207131	−10.54993

不同等级的单场降雨土壤侵蚀量分配结果如图 10-15 所示,可以看出,该区组除全园覆盖狗牙根小区在中雨等级的侵蚀量所占比例最大外,其他小区皆为暴雨及以上等级降雨土壤侵蚀量最大,但在所占比例上与裸露对照区相比存在较大差异。如牧草区组最大土壤侵蚀量占总侵蚀量的比例均未超过 80%,而裸露对照区暴雨及以上等级降雨的土壤侵蚀量占总量的 89.69%,反映了产生土壤侵蚀量的内在差异。宽叶雀稗小区小雨级降雨产生土壤侵蚀量占总量比例均高于其他组内小区,初步说明该小区抗侵蚀能力略低于同组其他小区。

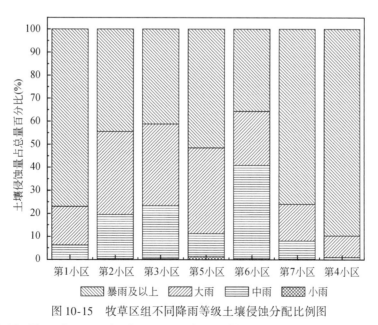

图 10-15 牧草区组不同降雨等级土壤侵蚀分配比例图

Fig. 10-15 The soil erosion distribution ratio chart of different rainfall levels in forage groups

通过 t 检验和方差分析对组内各小区土壤侵蚀量的差异性进行分析得表 10-15,从表

10-15 可见牧草区组内各小区间单场降雨的土壤侵蚀量存在显著性差异。在检验过程中选用 Tamhane's T2、Dunnett's T3、Games-Howell、Dunnett's C 等适用于非齐性方差数据的多重比较，结果如表 10-16 所示。在显著性水平 0.05 下，宽叶雀稗小区与百喜草带状种植小区、百喜草带状套种小区的土壤侵蚀量均存在显著性差异，但与其他小区差异性相比并不显著。由此认为：在统计学意义上，宽叶雀稗全园覆盖小区与百喜草带状种植小区、百喜草带状套种作物小区的单场降雨土壤侵蚀量存在显著差异性。宽叶雀稗全园覆盖与百喜草全园覆盖及狗牙根全园覆盖措施之间，百喜草全园覆盖与百喜草带状种植及百喜草带状套种作物之间，百喜草带状覆盖与狗牙根带状种植之间，狗牙根全园覆盖与带状种植之间，百喜草带状套种作物与狗牙根全园覆盖之间，减少土壤侵蚀量效果同样存在差异，均在 0.01 显著性水平以下。

表 10-15 牧草区组方差分析（ANOVA）结果一览表

Table 10-15 The ANOVA results in forage group

变差来源	平方和	自由度	方差	方差比	相伴概率值
区组间	0.425	5	0.085	2.667	0.021
区组内	43.174	1355	0.032	—	—
合计	43.599	1360	—	—	—

表 10-16 牧草区组多重比较结果一览表

Table 10-16 The multiple comparisons results in forage group

检验	(i) 组	(j) 组	均差 (i−j)	标准差	均方根误差	95% 置信区间 下限	95% 置信区间 上限
Tamhane 检验 (Tamhane)	1	2	0.026 139	0.018 290 6	0.919	−0.027 986	0.080 264
		3	0.021 532 3	0.018 336 6	0.984	−0.032 723	0.075 788
		5	−0.024 728 9	0.022 524 7	0.992	−0.091 066	0.041 608
		6	0.012 895 4	0.019 072 8	1.000	−0.043 456	0.069 247
		7	−0.008 494 3	0.025 220 9	1.000	−0.082 732	0.065 743
	2	1	−0.026 139	0.018 290 6	0.919	−0.080 264	0.027 986
		3	−0.004 606 7	0.002 309 4	0.512	−0.011 408	0.002 194
		5	−0.050 867 8	0.013 284	0.002	−0.090 168	−0.011 568
		6	−0.013 243 6	0.005 733 8	0.280	−0.030 19	0.003 703
		7	−0.034 633 3	0.017 469 9	0.527	−0.086 32	0.017 053
	3	1	−0.021 532 3	0.018 336 6	0.984	−0.075 788	0.032 723
		2	0.004 606 7	0.002 309 4	0.512	−0.002 194	0.011 408
		5	−0.046 261 2	0.013 347 3	0.009	−0.085 741	−0.006 781
		6	−0.008 639 6	0.005 878 9	0.901	−0.025 998	0.008 724
		7	−0.030 026 6	0.017 518	0.748	−0.081 849	0.021 796

续表

检验	(i) 组	(j) 组	均差 ($i-j$)	标准差	均方根误差	95% 置信区间 下限	95% 置信区间 上限
Tamhane 检验 （Tamhane）	5	1	0.024 728 9	0.022 524 7	0.992	−0.041 608	0.091 066
		2	0.050 867 8	0.013 284	0.002	0.011 568	0.090 168
		3	0.046 261 2	0.013 347 3	0.009	0.006 781	0.085 741
		6	0.037 624 3	0.014 342	0.129	−0.004 699	0.079 948
		7	0.016 234 6	0.021 863 5	1.000	−0.048 142	0.080 611
	6	1	−0.012 895 4	0.019 072 8	1.000	−0.069 247	0.043 456
		2	0.013 243 6	0.005 733 8	0.28	−0.003 703	0.030 19
		3	0.008 639 6	0.005 878 9	0.901	−0.008 724	0.025 998
		5	−0.037 624 3	0.014 342	0.129	−0.079 948	0.004 699
		7	−0.021 389 7	0.018 287 3	0.985	−0.075 404	0.032 625
	7	1	0.008 494 3	0.025 220 9	1.000	−0.065 743	0.082 732
		2	0.034 633 3	0.017 469 9	0.527	−0.017 053	0.086 32
		3	0.030 026 6	0.017 518	0.748	−0.021 796	0.081 849
		5	−0.016 234 6	0.021 863 5	1.000	−0.080 611	0.048 142
		6	0.021 389 7	0.018 287 3	0.985	−0.032 625	0.075 404
邓尼特 T3 检验 （Dunnett T3）	1	2	0.026 139	0.018 290 6	0.915	−0.027 957	0.080 235
		3	0.021 532 3	0.018 336 6	0.983	−0.032 694	0.075 759
		5	−0.024 728 9	0.022 524 7	0.991	−0.091 047	0.041 589
		6	0.012 895 4	0.019 072 8	1.000	−0.043 43	0.069 221
		7	−0.008 494 3	0.025 220 9	1.000	−0.082 712	0.065 724
	2	1	−0.026 139	0.018 290 6	0.915	−0.080 235	0.027 957
		3	−0.004 606 7	0.002 309 4	0.509	−0.011 406	0.002 192
		5	−0.050 867 8	0.013 284	0.002	−0.090 147	−0.011 588
		6	−0.013 243 6	0.005 733 8	0.278	−0.030 182	0.003 695
		7	−0.034 633 3	0.017 469 9	0.521	−0.086 292	0.017 025
	3	1	−0.021 532 3	0.018 336 6	0.983	−0.075 759	0.032 694
		2	0.004 606 7	0.002 309 4	0.509	−0.002 192	0.011 406
		5	−0.046 261 2	0.013 347 3	0.009	−0.085 72	−0.006 802
		6	−0.008 639 6	0.005 878 9	0.897	−0.025 991	0.008 717
		7	−0.030 026 6	0.017 518	0.741	−0.081 822	0.021 769
	5	1	0.024 728 9	0.022 524 7	0.991	−0.041 589	0.091 047
		2	0.050 867 8	0.013 284	0.002	0.011 588	0.090 147
		3	0.046 261 2	0.013 347 3	0.009	0.006 802	0.085 72
		6	0.037 624 3	0.014 342	0.128	−0.004 683	0.079 931
		7	0.016 234 6	0.021 863 5	1.000	−0.048 124	0.080 593

检验	(i) 组	(j) 组	均差 (i–j)	标准差	均方根误差	95% 置信区间	
						下限	上限
邓尼特 T3 检验 (Dunnett T3)	6	1	−0.012 895 4	0.019 072 8	1.000	−0.069 221	0.043 43
		2	0.013 243 6	0.005 733 8	0.278	−0.003 695	0.030 182
		3	0.008 639 6	0.005 878 9	0.897	−0.008 717	0.025 991
		5	−0.037 624 3	0.014 342	0.128	−0.079 931	0.004 683
		7	−0.021 389 7	0.018 287 3	0.985	−0.075 381	0.032 601
	7	1	0.008 494 3	0.025 220 9	1.000	−0.065 724	0.082 712
		2	0.034 633 3	0.017 469 9	0.521	−0.017 025	0.086 292
		3	0.030 026 6	0.017 518	0.741	−0.021 769	0.081 822
		5	−0.016 234 6	0.021 863 5	1.000	−0.080 593	0.048 124
		6	0.021 389 7	0.018 287 3	0.985	−0.032 601	0.075 381

注：因变量为土壤侵蚀量

通过以上分析可知，不同草种之间相比较，种植百喜草、狗牙根产生的减沙效果最优，种植宽叶雀稗草效果稍差。综合之前章节对措施稳定性的考虑，可认为百喜草发挥保土减沙效果最为稳定，从保持水土角度来说，栽植百喜草要略优于狗牙根，更优于宽叶雀稗。比较不同覆盖方式减沙效果可知，带状种植方式优于全园覆盖，无论是狗牙根，还是百喜草，都是带状种植减沙效果优于全园覆盖。原因可能是由于草带边沿的牧草可以得到更多的阳光和养分，促使其快速生长和分蘖，迅速形成微型植物篱笆，更易形成对侵蚀泥沙进行层层拦截作用的结果，比全园覆盖种植效果更好。

10.4.2 耕作区组土壤侵蚀对比分析

将耕作区组与裸露对照区组的土壤侵蚀情况进行比较（表10-4），裸露小区平均每年产生的土壤侵蚀量是588.094kg，属强度侵蚀，耕作区组的横坡耕作小区和顺坡耕作小区每年产生的土壤侵蚀量分别是114.54kg和201.509kg，属轻度侵蚀，而清耕果园小区每年产生的的土壤侵蚀量是351.945kg，属中度侵蚀。以上结果表明，无论采取什么样的耕作措施，其土壤侵蚀量均有一定程度下降，可将强度侵蚀变为中度侵蚀，乃至轻度侵蚀，耕作措施也有一定的水土保持功能。

耕作区组与裸露区组独立样本检验结果如表10-17所示。由表10-17可知，相伴概率及方差相等假设时 t 统计量相伴概率均为0.00，小于显著性水平0.05，说明各小区之间单场降雨产生土壤侵蚀量平均值存在显著性差异。同时，耕作区组各小区产生土壤侵蚀量与裸露对照区组差异显著。

表 10-17 耕作区组小区与对照小区独立样本检验结果一览表

Table 10-17 The results of independent samples test between farming group and control group

土壤侵蚀量	Levene 方差齐性检验		方差相等 t 检验						
	相伴概率 F	相伴概率值	t 检验	自由度	相伴概率值（2-tailed）	均差	标准差	95% 置信区间	
								下限	上限
方差相等假设	32.165	0.000	4.294	915	0.000	9.617 998 7	2.239 621	5.222 607 8	14.013 389
方差不等假设	—	—	3.633	307.837	0.000	9.617 998 7	2.647 654	4.408 207 8	14.8277 89

耕作区组不同等级的单场降雨土壤侵蚀量分配结果如图 10-16 所示，该区组在暴雨及以上强度降雨条件下，产生的土壤侵蚀量占侵蚀总量的比例最大，其中，顺坡耕作小区所占比例最大，为 96.90%。同时也可以看出，清耕果园小区在中到大雨条件下，产生的土壤侵蚀量占侵蚀总量的比例明显高于其他小区，说明清耕果园此时的土壤抗侵蚀能力低于比其他小区。

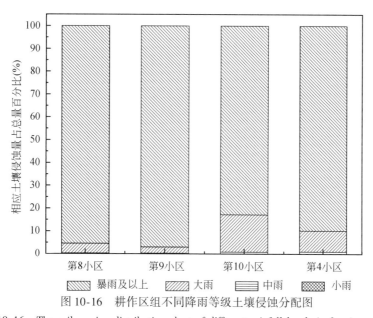

图 10-16 耕作区组不同降雨等级土壤侵蚀分配图

Fig. 10-16 The soil erosion distribution chart of different rainfall levels in farming groups

通过对各小区土壤侵蚀量进行方差分析和 t 检验得表 10-18，Tamhane's T2、Dunnett's T3、Games-Howell、Dunnett's C 等非齐性方差数据多重比较结果如表 10-19 所示。两种统计结果显示：横坡耕作小区和顺坡耕作小区差异显著性水平 P 值分别为 0.688 或 0.582，均大于 0.05，说明横坡耕作小区与顺坡耕作小区的土壤侵蚀量无显著差异；横坡耕作小区和清耕果园小区差异显著性水平 P 值分别为 0.014 或 0.013，均小于 0.05 且大于 0.01，说明横坡耕作小区与清耕果园小区的土壤侵蚀量存在差异性，但未达到显著性水平；顺坡耕作小区和清耕果园小区的差异显著性水平 P 值分别为 0.439 或 0.364，均大于 0.05，说明顺坡耕作与清耕的土壤侵蚀量无显著差异。

表 10-18 耕作区组方差分析（ANOVA）结果一览表

Table 10-18 The ANOVA results in farming group

变差来源	平方和	自由度	方差	方差比	相伴概率值
区组间	4 403.186	2	2 201.593	3.205	0.041
区组内	470 599.925	685	687.007		
合计	475 003.112	687			

表 10-19 耕作区组多重比较结果一览表

Table 10-19 The multiple comparisons results in forage group

检验	(i) 组	(j) 组	均差 ($i-j$)	标准差	均方根误差	95% 置信区间 下限	95% 置信区间 上限
Tamhane 检验 (Tamhane)	8	9	−2.297 642 4	2.316 395 1	0.688	−7.856 853	3.261 569
	8	10	−6.129 818 9	2.153 027 0	0.014	−11.295 508	−0.964 130
	9	8	2.297 642 4	2.316 395 1	0.688	−3.261 569	7.856 853
	9	10	−3.832 176 6	2.821 676 3	0.439	−10.594 605	2.930 251
	10	8	6.129 818 9	2.153 027 0	0.014	0.964 130	11.295 508
	10	9	3.832 176 6	2.821 676 3	0.439	−2.930 251	10.594 605
邓尼特 T3 检验 (Dunnett T3)	8	9	−2.297 642 4	2.316 395 1	0.688	−7.855 884	3.260 599
	8	10	−6.129 818 9	2.153 027 0	0.014	−11.294 657	−0.964 980
	9	8	2.297 642 4	2.316 395 1	0.688	−3.260 599	7.855 884
	9	10	−3.832 176 6	2.821 676 3	0.438	−10.593 763	2.929 400
	10	8	6.129 818 9	2.153 027 0	0.014	0.964 980	11.294 657
	10	9	3.832 176 6	2.821 676 3	0.438	−2.929 400	10.593 753
豪威尔检验 (Games-Howell)	8	9	−2.297 642 4	2.316 395 1	0.582	−7.751 264	3.155 979
	8	10	−6.129 818 9	2.153 027 0	0.013	−11.197 550	−1.062 088
	9	8	2.297 642 4	2.316 395 1	0.582	−3.155 979	7.751 264
	9	10	−3.832 176 6	2.821 676 3	0.364	−10.467 183	2.802 830
	10	8	6.129 818 9	2.153 027 0	0.013	1.062 088	11.197 550
	10	9	3.832 176 6	2.821 676 3	0.364	−2.802 830	10.467 183
邓尼特 C 检验 (Dunnett C)	8	9	−2.297 642 4	2.316 395 1		−7.762 303	3.167 018
	8	10	−6.129 818 9	2.153 027 0		−11.208 960	−1.050 678
	9	8	2.297 642 4	2.316 395 1		−3.167 018	7.762 303
	9	10	−3.832 176 6	2.821 676 3		−10.488 771	2.824 418
	10	8	6.129 818 9	2.153 027 0		1.050 678	11.208 960
	10	9	3.832 176 6	2.821 676 3		−2.824 418	10.488 771

注：因变量为土壤侵蚀量

结合此前特征分析结果可知，横坡耕作措施保土减沙效果最优，顺坡耕作次之，清耕措施最差，但均优于裸露对照小区。因此，在红壤坡地开发时，一定要注意增加地表植被覆盖，尤其是在幼龄果园要在株行间种植牧草或套种农作物，以增加地表植被覆盖。在坡地耕作时，优先选用等高横坡耕作方式，避免顺坡耕作方式，杜绝采用坡面裸露的清耕方式。

10.4.3 梯田区组土壤侵蚀对比分析

梯田区组包括 5 种不同类型的梯田小区，涵盖了目前我国水土保持工作中主要的土坎梯田修建类型。开展这方面研究旨在评价红壤坡地上工程措施与植物措施相结合防治水土流失的效果，探讨省工经营的水土流失复合防治体系的减沙保土效果及梯田修筑的经济快速途径。

由表 10-20 可以看出，梯田区组与裸露对照小区产生的土壤侵蚀量相比，梯田区组各小区的土壤侵蚀量显著降低，除梯壁裸露小区存在轻度土壤侵蚀之外，其他小区均为微度侵蚀，且在南方红壤容许侵蚀值以下，取得了较好的水土保持效果。通过对各小区与对照小区的土壤侵蚀量独立样本进行方差分析和 t 检验得表 10-20，可以看出，F 相伴概率及方差相等假设时 t 统计量相伴概率均为 0.00，小于显著性水平 0.05，说明梯田区组与裸露对照小区之间单场降雨产生的土壤侵蚀量平均值存在显著性差异，梯田区组各小区均能显著降低土壤侵蚀量。

表 10-20 梯田区组小区与对照小区独立样本检验结果一览表

Table 10-20 The results of independent samples test between terrace group and control group

土壤侵蚀量	Levene 方差齐性检验		方差相等 t 检验					95% 置信区间	
	相伴概率 F	相伴概率值	T 检验	自由度	相伴概率值 (2-tailed)	均差	标准差	下限	上限
方差相等假设	481.207	0.000	−13.443	1361	0.000	−14.987 10	1.115	−17.174	−12.800
方差不等假设	—	—	−6.112	228.518	0.000	−14.987 10	2.452	−19.818	−10.155

梯田区组不同等级的单场降雨土壤侵蚀量分配结果如图 10-17 所示，可以看出，各小区在暴雨及以上降雨等级条件下，所产生的土壤侵蚀量在总土壤侵蚀量中所占的比例最大，最高的梯壁裸露小区可达 92.33%，说明梯壁裸露小区在暴雨及以上降雨时的土壤抗侵蚀能力显著低于其他小区。

通过对各小区土壤侵蚀量进行方差分析和 t 检验得表 10-21，Tamhane's T2、Dunnett's T3、Games-Howell、Dunnett's C 等非齐性方差数据多重比较结果如表 10-22 所示。两种统计结果显示：梯壁裸露水平梯田与其他梯田之间，单场降雨的土壤侵蚀量存在显著差异，而其他两两间不存在显著差异。可以看出，梯壁裸露水平梯田虽然也能与梯壁植草梯田一

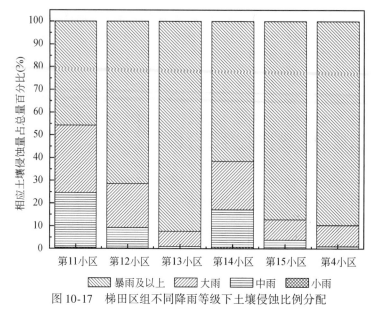

图 10-17 梯田区组不同降雨等级下土壤侵蚀比例分配

Fig. 10-17   The soil erosion distribution ratio chart of different rainfall levels in terrace groups

样，降低土壤侵蚀量，但保土效果不如其他形式的梯田，达不到控制水土流失的目的，因此，我国南方红壤坡地修筑的土坎梯田，可采用梯壁植草措施防治水土流失。

表 10-21   梯田区组方差分析（ANOVA）结果一览表

Table 10-21   The ANOVA results in terrace group

变差来源	平方和	自由度	方差	方差比	相伴概率值
区组间	580.651	4	145.163	20.031	0.000
区组内	8181.686	1129	7.247	—	—
合计	8762.337	1133	—	—	—

表 10-22   梯田区组多重比较结果一览表

Table 10-22   The multiple comparisons results in terrace group

检验	(i) 组	(j) 组	均差 (i-j)	标准差	均方根误差	95% 置信区间 下限	95% 置信区间 上限
Tamhane 检验（Tamhane）	11	12	−0.028 663 5	0.011 911 7	0.155	−0.062 276	0.004 949
		13	−1.833 565 1	0.397 769 8	0.000	−2.958 205	−0.708 925
		14	−0.018 475 0	0.006 997 5	0.083	−0.038 178	0.001 227
		15	−0.125 686 8	0.050 077 0	0.121	−0.267 256	0.015 882
	12	11	0.028 663 5	0.011 911 7	0.155	−0.004 949	0.062 276
		13	−1.804 901 6	0.397 909 5	0.000	−2.929 921	−0.679 882
		14	0.010 188 5	0.012 655 2	0.996	−0.025 474	0.045 851
		15	−0.097 023 2	0.051 175 1	0.456	−0.241 583	0.047 536

续表

检验	(i)组	(j)组	均差 ($i-j$)	标准差	均方根误差	95% 置信区间	
						下限	上限
Tamhane 检验 (Tamhane)	13	11	1.833 565 1	0.397 769 8	0.000	0.708 925	2.958 205
		12	1.804 901 6	0.397 909 5	0.000	0.679 882	2.929 921
		14	1.815 0901	0.397 792 7	0.000	0.690 388	2.939 792
		15	1.707 878 3	0.400 871 3	0.000	0.574 810	2.840 947
	14	11	0.018 475 0	0.006 997 5	0.083	−0.001 227	0.038 178
		12	−0.010 188 5	0.012 655 2	0.996	−0.045 851	0.025 474
		13	−1.815 090 1	0.397 792 7	0.000	−2.939 792	−0.690 388
		15	−0.107 211 8	0.050 259 0	0.292	−0.249 276	0.034 852
	15	11	0.125 686 8	0.050 077 0	0.121	−0.015 882	0.267 256
		12	0.097 023 2	0.051 175 1	0.456	−0.047 536	0.241 583
		13	−1.707 878 3	0.400 871 3	0.000	−2.840 947	−0.574 810
		14	0.107 211 8	0.050 259 0	0.292	−0.034 852	0.249 276
邓尼特 T3 检验 (Dunnett T3)	11	12	−0.028 663 5	0.011 911 7	0.155	−0.062 263	0.004 936
		13	−1.833 565 1	0.397 769 8	0.000	−2.957 669	−0.709 461
		14	−0.018 475 0	0.006 997 5	0.083	−0.038 172	0.001 222
		15	−0.125 686 8	0.050 077 0	0.120	−0.267 189	0.015 816
	12	11	0.028 663 5	0.011 911 7	0.155	−0.004 936	0.062 263
		13	−1.804 901 6	0.397 909 5	0.000	−2.929 386	−0.680 417
		14	0.010 188 5	0.012 655 2	0.996	−0.025 463	0.045 840
		15	−0.097 023 2	0.051 175 1	0.453	−0.241 520	0.047 474
	13	11	1.833 565 1	0.397 769 8	0.000	0.709 461	2.957 669
		12	1.804 901 6	0.397 909 5	0.000	0.680 417	2.929 386
		14	1.815 090 1	0.397 792 7	0.000	0.690 924	2.939 257
		15	1.707 878 3	0.400 871 3	0.000	0.575 332	2.840 424
	14	11	0.018 475 0	0.006 997 5	0.083	−0.001 222	0.038 172
		12	−0.010 188 5	0.012 655 2	0.996	−0.045 840	0.025 463
		13	−1.815 090 1	0.397 792 7	0.000	−2.939 257	−0.690 924
		15	−0.107 211 8	0.050 259 0	0.292	−0.249 210	0.034 786
	15	11	0.125 686 8	0.050 077 0	0.120	−0.015 816	0.267 189
		12	0.097 023 2	0.051 175 1	0.453	−0.047 474	0.241 520
		13	−1.707 878 3	0.400 871 3	0.000	−2.840 424	−0.575 332
		14	0.107 211 8	0.050 259 0	0.292	−0.034 786	0.249 210

续表

检验	（i）组	（j）组	均差 （i-j）	标准差	均方根误差	95% 置信区间	
						下限	上限
豪威尔检验 （Games- Howell）	11	12	-0.028 663 5	0.011 911 7	0.117	-0.061 368	0.004 041
		13	-1.833 565 1	0.397 769 8	0.000	-2.927 441	-0.739 689
		14	-0.018 475 0	0.006 997 5	0.065	-0.037 653	0.000 703
		15	-0.125 686 8	0.050 077 0	0.092	-0.263 386	0.012 013
	12	11	0.028 663 5	0.011 911 7	0.117	-0.004 041	0.061 368
		13	-1.804 901 6	0.397 909 5	0.000	-2.899 149	-0.710 654
		14	0.010 188 5	0.012 655 2	0.929	-0.024 519	0.044 896
		15	-0.097 023 2	0.051 175 1	0.322	-0.237 651	0.043 604
	13	11	1.833 565 1	0.397 769 8	0.000	0.739 689	2.927 441
		12	1.804 901 6	0.397 909 5	0.000	0.710 654	2.899 149
		14	1.815 090 1	0.397 792 7	0.000	0.721 153	2.909 027
		15	1.707 878 3	0.400 871 3	0.000	0.605 745	2.810 011
	14	11	0.018 475 0	0.006 997 5	0.065	-0.000 703	0.037 653
		12	-0.010 188 5	0.012 655 2	0.929	-0.044 896	0.024 519
		13	-1.815 090 1	0.397 792 7	0.000	-290 902 7	-0.721 153
		15	-0.107 211 8	0.050 259 0	0.210	-0.245 396	0.030 972
	15	11	0.125 686 8	0.050 077 0	0.092	-0.012 013	0.263 386
		12	0.097 023 2	0.051 175 1	0.322	-0.043 604	0.237 651
		13	-1.707 878 3	0.400 871 3	0.000	-2.810 011	-0.605 745
		14	0.107 211 8	0.050 259 0	0.210	-0.030 972	0.245 396
邓尼特 C 检验 （Dunnett C）	11	12	-0.028 663 5	0.011 911 7		-0.061 419	0.004 092
		13	-1.833 565 1	0.397 769 8		-2.927 443	-0.739 688
		14	-0.018 475 0	0.006 997 5		-0.037 721	0.000 771
		15	-0.125 686 8	0.050 077 0		-0.263 400	0.012 026
	12	11	0.028 663 5	0.011 911 7		-0.004 092	0.061 419
		13	-1.804 901 6	0.397 909 5		-2.899 163	-0.710 640
		14	0.010 188 5	0.012 655 2		-0.024 613	0.044 990
		15	-0.097 023 2	0.051 175 1		-0.237 756	0.043 709
	13	11	1.833 565 1	0.397 769 8		0.739 688	2.927 443
		12	1.804 901 6	0.397 909 5		0.710 640	2.899 163
		14	1.815 090 1	0.397 792 7		0.721 149	2.909 031
		15	1.707 878 3	0.400 871 3		0.605 472	2.810 285

续表

检验	(i) 组	(j) 组	均差 (i–j)	标准差	均方根误差	95% 置信区间	
						下限	上限
邓尼特 C 检验 （Dunnett C）	14	11	0.018 475 0	0.006 997 5		−0.000 771	0.037 721
		12	−0.010 188 5	0.012 655 2		−0.044 990	0.024 613
		13	−1.815 090 1	0.397 792 7		−2 909 031	−0.721 149
		15	−0.107 211 8	0.050 259 0		−0.245 426	0.031 002
	15	11	0.125 686 8	0.050 077 0		−0.012 026	0.263 400
		12	0.097 023 2	0.051 175 1		−0.043 709	0.237 756
		13	−1.707 878 3	0.400 871 3		−2.810 285	−0.605 472
		14	0.107 211 8	0.050 259 0		−0.031 002	0.245 426

注：因变量为土壤侵蚀量

10.5　小结与评价

根据对土壤侵蚀量分析发现，试验区 4 个区组之间和各小区之间的土壤侵蚀量与径流量关系呈相似规律，无论侵蚀发生年际分布还是年内分布均存在相似不均规律。年际侵蚀量的峰值发生在降雨侵蚀力及地表径流量的峰值年份，具有一致性。而年内分布中，夏季是全年产生侵蚀最高季节，其次为春季。春夏两季，特别是 4 月、5 月、8 月这 3 个月产生土壤侵蚀量总体上占全年总量的 55.86%，由此决定了土壤侵蚀发生的年内分布格局。通过对全部小区单次降雨土壤侵蚀量等级分析，划分为无明显水土流失和有水土流失两类，其中第 1 类小区，无明显水土流失类包括牧草区组的 6 个小区和梯田区组除梯壁裸露小区外的其他 4 个小区，它们的高等级侵蚀量比例小，保土效果最好，达到了水土保持的目的。第 2 类小区仍然存在水土流失类，包括耕作区组的 3 个小区和梯田区组的梯壁裸露水平梯田小区，与裸露对照区组相比，无论采取哪种水土保持措施，都能在一定程度减少土壤侵蚀量，减轻水土流失强度。使是清耕果园都有一定的水土保持功能，至少可将强度侵蚀变为中度侵蚀，采取横坡耕作、顺坡耕作和梯壁裸露水平梯田都能将土壤侵蚀由强度侵蚀降为轻度侵蚀。

通过各区组间的比较得出，采取水土保持措施的区组均与裸露对照区组单场降雨土壤侵蚀量存在显著性差异，并取得不同程度的保土减沙效果。其中以牧草区组保土减沙效果最优，全部小区为微度侵蚀；梯田区组次之，为微度—轻度侵蚀；耕作区组较差，为轻度—中度侵蚀。

从各区组内不同小区土壤侵蚀量分析得出：在牧草区组，栽种不同草种都具有良好的保土减沙效益，但由于牧草品种生物学特性不同，保土减沙效果也存在差异，其中以百喜草最优，狗牙根次之，宽叶雀稗草最差。同一草种采用不同的覆盖方式，也显示出不同的效果，总体而言，带状种植方式优于全园覆盖方式，这主要是草带边沿的牧草得到较多的养分而迅速形成植物篱笆墙的原因，比全园覆盖更易形成对侵蚀泥沙进行层层拦截作用的结果。虽然牧草区组内各小区保土减沙效果存在不同程度的差异，但与耕作区组、梯田区组相比，效果更为明显。因此在防治我国南方红壤坡地土壤侵蚀措施选择中，首推牧草措施，并且以采取带状种植或套种方式，选择抗逆性强、匍匐茎节短，且着气生根的百喜草和狗牙根效果更佳。

在耕作区组中，以清耕果园小区的土壤侵蚀量在供试的 14 种措施里最高，是唯一一个达中度侵蚀的小区，这与地表裸露及地表径流量大密切相关。在坡面套种农作物的措施中，保土减沙效果以百喜草带状套种最好，横坡耕作稍逊，顺坡耕作较差。耕作措施虽然因人工翻土等生产活动和增加植被覆盖等方式降低地表径流的产生，但减轻土壤侵蚀量的效果并不理想，若与牧草区组和梯田措施相比，其差距更为明显。因此，在红壤坡地开垦种植作物，要尽量增加地表植被覆盖或采取相应水土保持措施，如要种植农作物最好选用横坡耕作方式，避免顺坡耕作方式，应杜绝坡面裸露的清耕方式。

在梯田区组中，尽管不同类型的土坎梯田保土减沙效果的稳定性有所差异，但都有明显的水土保持效果。其保土减沙总体效果以梯壁植草的前埂后沟水平梯田最优，其余依次为梯壁植草水平梯田、梯壁植草的内斜式梯田、梯壁植草的外斜式梯田，梯壁裸露的水平梯田保土减沙效果较差，达轻度侵蚀等级。在红壤坡地修建梯田工程可以减短坡长、截断侵蚀泥沙输移途径、从而降低土壤侵蚀。在土坎梯田进行梯壁植草，能有效发挥梯田保土减沙效果的作用。梯壁裸露的土坎梯田保土减沙效果十分有限，生产实践中应避免采用。

参 考 文 献

宝敏，李智勇，李忠魁 . 2003 . 中国古代利用林草保持水土的思想与实践 . 中国水土保持科学，1（2）：91 ~ 95 .

蔡强国，张光远 . 1994 . 横厢耕作措施对红壤坡耕地水土流失影响的试验研究 . 水土保持通报，14（1）：49 ~ 56 .

代全厚，张力 . 1998 . 嫩江大堤植物根系固土护堤功能研究 . 水土保持通报，18（6）：8 ~ 11 .

哈德逊 N W . 1971 . 土壤保持 . 窦葆璋译 . 北京：科学出版社 .

胡建民，胡欣，左长清 . 2005 . 红壤坡地坡改梯水土保持效应分析 . 水土保持研究，12（4）：271 ~ 273 .

黄炎和，卢程隆 . 2002 . 闽南次降雨量与土壤侵蚀量的关系研究 . 水土保持学报，16（3）：76 ~ 78 .

雷孝章，彭清娥，曹叔尤，等 . 2002 . 顺坡垄作改横坡垄作的水土保持神经网络模型 . 水土保持学报，16（5）：50 ~ 53 .

林昌虎，朱安国 . 2002 . 贵州喀斯特山区土壤侵蚀与环境变异的研究 . 水土保持学报，16（1）：9 ~ 12 .

刘国彬 . 1998 . 黄土高原草地土壤抗冲性及其机理研究 . 土壤侵蚀及水土保持学报，4（1）：93 ~ 96 .

刘向东，吴钦孝，赵鸿雁 . 1991 . 黄土高原油松人工林枯枝落叶层水文生态功能研究 . 水土保持学报，5（4）：87 ~ 92 .

罗学升 . 1995 . 河田水土保持坡面工程的评价 . 福建水土保持，7（1）：53 ~ 55 .

马良 . 2004 . 红壤坡地不同水土保持措施效应的研究 . 南昌：江西农业大学硕士学位论文 .

唐克丽 . 1999 . 土壤侵蚀环境演变与全球变化及防灾减灾的机制 . 土壤与环境，8（2）：81 ~ 86 .

万延朝 . 1996 . 黄丘五副区降雨和地形因素与坡面水土流失关系研究 . 中国水土保持，（12）：26 ~ 29 .

王礼先，朱金兆 . 2005 . 水土保持学 . 北京：中国林业出版社 .

王学强，蔡强国，和继军 . 2007. 红壤丘陵区水保措施在不同坡度坡耕地上优化配置的探讨 . 资源科学，29（6）：68~74.

魏玉杰，李华 . 1992. 花岗片麻岩地区坡耕地改造途径及其效益分析 . 水土保持通报，12（6）：26~32.

吴发启，范文波 . 2001. 土壤结皮与降雨溅蚀的关系研究 . 水土保持学报，15（3）：1~3.

吴钦孝，赵鸿雁，刘向东，等 . 1998. 森林枯枝落叶层涵养水源保持水土的作用评价 . 土壤侵蚀与水土保持学报，4（2）：23~28.

杨勤，刘永红，柯国华，等 . 2008. 坡耕地麦玉薯三熟保护性耕作水土保持效应的研究 . 西南农业学报，21（2）：305~308.

姚治君 . 1991. 云南玉龙山东南坡降雨因子与土壤流失关系的研究 . 自然资源学报，6（1）：45~53.

余新晓 . 1988. 森林植被减弱降雨侵蚀能量的数理分析 . 水土保持学报，2（2）：27~30.

张光辉，梁一民 . 1995. 黄土丘陵区沙打旺草地截留试验研究 . 水土保持通报，15（3）28~32.

张金慧，高登宽，马宁 . 1999. 水平梯田是山坡地保持水土的重要措施 . 陕西农业科学，（3）：38~40.

张永涛，王洪刚，李增印，等 . 2001. 坡改梯的水土保持效益研究 . 水土保持研究，8（3）：9~11.

赵鸿雁，刘向东，吴钦孝，等 . 1991. 油松人工林和天然山杨林内降雨动能的初步研究 . 中国科学院水利部西北水土保持研究所集刊，（14）：44~50.

赵鸿雁，刘向东，吴钦孝，等 . 1993. 油松人工林林冠层的水文作用 . 中国水土保持，（2）：40~44.

左长清，马良 . 2004. 几个草种的水土保持效应研究 . 江西农业大学学报，26（4）：619~623.

Mchugh M，Clarke M，Duzant J，et al. 2005. Soil Erosion and Control Practices //Lehr J，Keeley J. Water Encyclopedia：Surface and agricultural water. Hoboken，New Jersey：John Wiley & Sons.

Morgan R P C. 2005. Soil Erosion and Conservation. 3rd edition. Oxford：Blackwell Publishing.

Santhi C，Arnold J G，Williams J R，et al. 2001. Application of a watershed model to evaluate management effects on point and nonpoint source pollution. Transactions of the American Society of Agricultural Engineers，44（6）：1559~1570.

Unger P W. 2006. Soil and water conservation handbook：policies，practices，conditions，and terms. NewYork：Haworth Food & Agricultural Products Press.

第11章 红壤坡地水土流失预报模型研究

11.1 概　　述

土壤侵蚀预报是对土壤剥离、搬运和沉积过程的定量描述，是土壤侵蚀学科的前沿。从模型构建的原理来看，现有侵蚀模型主要分为经验统计模型和物理过程模型；从模型运行的结构来看，又可分为集总式模型和分布式模型；从模型评价的对象来看，则可分为综合类模型和单项类模型。

自1940年，美国学者Zingg（1940）首次提出针对坡面土壤侵蚀预报的经验关系至今，土壤侵蚀预报模型研究已有70余年的历史，形成了一系列颇有影响的模型成果。主要包括USLE（Wischmeier and Smith，1960）、RUSLE（Renard et al.，1991）等经验统计模型；WEPP（Laflen et al.，1991）、LISEM（De Roo，1996）、EPIC（Williams et al.，1983a，1983b）、EROSEM（Morgan et al.，1998）和GUEST（Misra and Rose，1996）等物理过程模型。除此以外，一些针对特定侵蚀类型的预报模型也得到了较为广泛的应用。如针对细沟侵蚀过程的RillGrow模型（Favis-Mortlock，1998），针对浅沟侵蚀过程的EGEM模型（Woodward，1999），以及针对切沟侵蚀过程的GULTEM模型（Sidorchuk，1998）等。

国内的土壤侵蚀模型研究起步晚于国外，最早可追溯至1953年。利用甘肃天水水土保持试验观测站的野外径流小区资料，刘善建（1953）建立了用于估算坡面农用地年土壤侵蚀量的经验统计方程。此后，针对坡面和流域两个尺度的侵蚀产沙，分别在不同区域建立了一系列统计关系模型。具有代表性的研究包括：江忠善和宋文经（1980）根据黄土高原集水面积为0.18~187 km²的10个小流域水文资料，建立了单次暴雨流域产沙与流域洪水径流总量、流域平均坡度、土壤可蚀性因子、黄土中沙粒粉粒含量和植被作用系数等参数的非线性统计关系，但未考虑流域内泥沙的输移过程。范瑞瑜（1985）根据黄河中游地区面积0.18~187 km²的16个小流域水文资料，建立了流域年侵蚀产沙与降雨因子、土壤可蚀性、平均坡度、植被覆盖因子、工程措施因子等指标的统计关系。该关系中的降雨因子、植被覆盖因子和工程措施因子为表征降雨、植被和工程措施对侵蚀产沙影响的无量纲参数，与通用土壤流失方程的降雨侵蚀力因子、土壤可蚀性因子和水土保持措施因子有一定的相似性，因此该模型在结构上也与通用土壤流失方程比较接近。金争平等（1991）根据黄土高原皇甫川区小流域的水文资料，对流域侵蚀产沙的17个影响因子进行统计分析，选择出11个主要影响因子，并分别拟合了针对不同条件的流域产沙统计关系。李钜章等（1999）以黄河中游155个"闷葫芦"淤地坝的淤积量作为坝体上游集水区的侵蚀产沙量，并对植被盖度、降雨量、沟谷密度、切割深度、地表组成物质、大于 15°坡耕地面积比等指标进行分析，采用变权形式建立了预报流域多年平均侵蚀强度的统计关系模型。牟金泽和熊贵枢（1980）根据黄土丘陵沟壑区陕北子洲岔巴沟流域的水文资料，分别建立了流域单次暴雨和年际产沙与洪量模数、洪峰模数、径流模数、主沟道平均比降、流域长度的关系模型。尹国康和陈钦峦（1989）据黄河中游地区面积 0.19~329 km² 的 58 个小流域水文资料，通过对 21 个变量进行筛选，基于径流模数、流域长度、流域沟壑密度、流域高差比、地面沟壑切割深度、流域植被覆盖度与治理度、地面岩土抗蚀性因素等作为影响流域产沙的主要指标，建立了小流域年产沙预报关系模型。孙立达等（1988）根据宁夏西吉县 165 座水库、塘坝小流域的淤积量资料，通过多元逐步回归，建立了适用于不同尺度小流域的年侵蚀产沙量与年降雨侵蚀力、年降雨复合参数、流域平均坡度、流域平均坡长、流域面积、流域长度、流域形状参数、林带面积与流域面积比值、梯田和平地面积与流域面积比值、坡耕地与流域面积比值等指标的统计关系模型。

在统计关系模型研究的基础上，众多学者开始围绕美国通用土壤流失方程在我国不同区域的应用开展了大量研究，相继在江西（左长清，1987；秦伟等，2013）、宁夏（孙立达等，1988）、甘肃（李建牢和刘世德，1989）、广东（陈法扬和王志明，1992）、黑龙江（张宪奎等，1992）、福建（周伏建等，1995）、辽宁（林素兰等，1997）、云南（杨子生，1999）等不同地区建立了符合区域气候和下垫面特点的模型因子算法和取值。其中，Liu 等（2002）建立的中国土壤流失方程应用最广，已被作为全国第四次水利普查水土流失专项普查的方法。然而，由于中国地域辽阔，不同区域的自然条件相差较大，一些地区的模型因子取值和算法研究仍相对薄弱，甚至空白，还需要继续深入研究，以丰富通用土壤流失方程的全国参数库，提升模型的适用范围和应用精度。

除了经验统计模型外，近年来，国内在物理过程模型方面也取得了许多很有价值的研究成果。如蔡强国等（1996）针对黄土丘陵沟壑区小流域地形地貌和侵蚀产沙垂向分异规律，根据晋西离石羊道沟小流域的实测资料，建立了一个由坡面子模型、沟坡子模型和沟道子模型组成的小流域侵蚀产沙过程模型，该模型分别考虑了不同地貌单元的侵蚀产沙特点，形成了具有一定物理意义的分布式模型体系。郑粉莉等（2008）针对坡面产流、汇流和侵蚀产沙的输移过程，通过对林冠截流、降水入渗、地表填洼、径流汇集、土壤剥离、泥沙搬运等水文和侵蚀过程进行数学解析，集总形成了较为完整物理过程的小流域分布式水蚀预报模型。汤立群等（1990）将黄土高原小流域划分为梁峁坡侵蚀产沙区、沟谷坡侵蚀产沙区和沟槽侵蚀产沙区，并根据水文学和泥沙动力学的基本理论，分别建立了适用于三个分区的侵蚀产沙动力学公式，集总形成了具有泥沙动力学意义的分布式物理过程模型。陈国祥等（1996）基于泥沙动力学基本理论，综合水文学、气象学、土壤学和地貌学等相关原理，建立了针对大、中、小三种尺度的流域半经验−半物理暴雨产沙模型。雷廷武等（2004）针对集中水流作用下均质土壤坡面的细沟侵蚀过程，通过建立变沟宽水流连续性方程、泥沙运移方程、水流动力学方程和土壤剥离方程，并采用沉积−阶方程解析泥沙过程，最终建立了细沟侵蚀动态模拟数学模型。

纵观国内外已有报道，预报模型研究是土壤侵蚀学科的前沿，整体经历了从经验模型向机理模型发展、集总模型向分布式模型发展、坡面模型向流域或区域模型发展的方向。然而，由于土壤侵蚀产生的下垫面因素十分复杂，水蚀主要动力源的薄层流动力机制尚不明晰，由侵蚀形态、侵蚀阶段而造成的土壤侵蚀类型多样等原因，对其进行预报、模拟还需要开展更广泛、深入的研究，尤其需要进行学科交叉性的研究。同时，限于研究历史较短，且地域广阔所带来的研究对象复杂性，国内关于土壤侵蚀预报模型的研究水平还相对滞后，尤其缺乏在国内公认，在国际上具有影响力的模型。

11.1.1 研究目的及内容

土壤侵蚀是多因素耦合影响的地表过程，主要影响因素与土壤侵蚀的关系，不仅本身就是预报模拟的途径之一，也是建立更复杂的统计模型或者物理模型的基础。鉴于土壤侵蚀与其影响因素关系的时空异质性，不同地区间的关系尚存在一定差异，不能简单的将某一地区的关系在自然条件差异较大的其他地区直接应用。目前，有关南方红壤区土壤侵蚀与主要影响因素的关系研究还不完善，较黄土高原等地区的研究深度还有较大差距，也成为开展模型研究的重要限制因素。

在诸多模型中，通用土壤流失方程及其修正方程（universal soil loss equation，USLE；revised universal soil loss equation，RUSLE）与美国水蚀预报模型（water erosion prediction project，WEPP）分别是目前世界上应用最广、且最为完善的经验统计模型和物理过程模型。自20世纪70年代和90年代两个模型正式发布以来，各国纷纷开展大量有关模型引进、改良与应用等方面的研究。我国分别建立了针对东北黑土区（林素兰等，1997；张宪奎等，1992）、华北土石山区（毕小刚等，2006）、西南紫色土区（杨子生，1999）等不同水土流失类型区的区域化模型体系，还有学者提出了中国土壤流失方程（Liu et al.，2002），丰富了模型在国内应用的理论和实践依据。然而，我国对于通用土壤流失方程的现有研究，多集中于黄土区和黑土区，针对南方红壤区水土流失背景特征的系统研究较少，在很大程度上限制了该区水土流失监测和防治。作为全国五大水蚀类型区之一，南方红壤区降雨量全国最大、水土流失强度仅次于黄土高原，开展土壤侵蚀预报是有效防治该区水土流失的重要基础。另外，与其他模型相比，WEPP模型在国内的引进研究，以及不同地区的参数率定，适用性研究起步较晚，21世纪初才相继出现一些文献报道，且多属于单参数的区域适用性分析。如王建勋等（2007，2008）在黄土高原对模型中坡长和坡度等参数的有效性进行了验证；刘远利等（2010）在东北黑土区对模型中坡度和水保措施等参数的适用性进行了检验；陈晓燕等（2003）、代华龙等（2008）在西南紫色土区对模型在坡面水蚀预报中的适用性进行了分析；Shen等（2009）在三峡库区就模型流域版对小流域的水沙模拟进行了尝试；郑粉莉等（2010）则对模型坡面版在黄土高原的参数有效性和应用效果进行系统评价。然而在我国南方红壤区，有关WEPP模型的适用性研究仍然较少。

鉴于此，本研究基于长时序野外标准小区气象、水文观测资料，针对南方红壤坡地的气候和下垫面特征，分析土壤侵蚀与主要影响因素间的响应关系；修订通用土壤流失方程及其因子取值和算法，构建南方红壤坡地土壤流失方程体系；应用 WEPP 模型进行坡面水蚀预报，对其适用性进行评价分析，以期为最终建立针对南方红壤坡地土壤侵蚀的预报模型，以及区域水土流失监测、预报，水土保持措施优化配置等提供有益的技术支撑。

11.1.2 研究方法

(1) 土壤侵蚀统计关系模型研究方法

以典型裸露红壤坡地为对象，根据江西德安水土保持科技园区内裸露对照小区的次降雨野外实测水沙资料，首先对降雨类型进行划分，再逐类分析单次降雨侵蚀与降雨特征指标的相关关系，最后拟合、比选侵蚀量与不同降雨指标最优关系模型，并进行检验。

(2) 土壤流失方程构建研究方法

选择江西德安水土保持科技园区内的裸露对照小区，以及柑橘林清耕小区、柑橘林和百喜草全园覆盖小区、柑橘林和阔叶雀稗全园覆盖小区、柑橘林和狗牙根全园覆盖小区、柑橘林和带状百喜草覆盖小区、柑橘林和带状狗牙根覆盖小区等 6 种植被覆盖类型的试验小区；普通水平梯田小区、梯壁植草型水平梯田小区、梯壁植草型前埂后沟式水平梯田小区、梯壁植草型内斜式梯田小区、梯壁植草型外斜式梯田小区等 5 种典型水土保持措施的试验小区，共计 12 个试验小区为研究对象，各小区长 20 m、宽 5 m、水平投影面积 100 m^2，坡度 12°。以各小区 2001~2006 年的历次降雨气象、水文观测资料为基础，以中国土壤流失方程 (Liu et al.，2002) 为模型结构，对其所包含的降雨侵蚀力因子（R）、土壤可蚀性因子（K）、生物措施因子（B）以及工程措施因子（E）的算法和取值进行修订，并选定合适的地形因子（LS）算法，构建南方红壤坡地土壤流失方程体系。最后根据实测资料对模型在多年平均和年际两个尺度的模拟效果进行检验。

(3) WEPP 模型应用评价研究方法

以典型裸露红壤坡地为对象，选择江西德安水土保持科技园区内的裸露对照小区野外实测资料进行模型率定与检验。裸露对照小区长 20 m、宽 5 m、水平投影面积 100m^2，坡度 12°，地表裸露。降雨、气温、蒸发等气象资料均为日次水平，由小区周边所设置的标准气象观测站观测获得。降雨产流、产沙数据等水文资料由降雨过程中小区径流池搜集后取样测定。

11.2 红壤坡地土壤侵蚀统计关系模型

统计关系模型实质是土壤侵蚀与其影响因素响应关系的定量刻画。建立统计关系模型不仅能直接用于土壤侵蚀预报，也能为构建更为复杂的统计模型或物理模型提供必要基础。在各类影响因素中，降雨是导致水力侵蚀的直接动因，也是与土壤侵蚀关系最敏感的影响因子之一。已有研究分别建立了坡面尺度土壤侵蚀与不同时段最大雨强、降雨量、降雨历时、降雨侵蚀力的定量关系，建立了流域尺度侵蚀产沙与年际、月际降雨量，降雨强度和历时的定量关系。这些统计关系模型不仅能用于不同时空尺度的侵蚀产沙预报，而且成为各类主要土壤侵蚀预报模型的理论基础。如 USLE 和 RUSLE 采用降雨动能和最大 30min 降雨强度的乘积作为降雨侵蚀力,以此作为反映降雨对土壤侵蚀影响的模型因子;WEPP 则直接采用雨强作为反映降雨对土壤侵蚀影响的模型因子。而在流域尺度,降雨量和时段最大雨强则常常被作为流域暴雨产沙统计模型重要参数。然而,由于气候、下垫面的空间异质性,不同地区土壤侵蚀与降雨的关系有所不同。目前,有关天然次降雨条件下裸露坡地土壤侵蚀过程的研究多集中于黄土区和黑土区,针对红壤坡地的报道比较少见。为此,本研究以红壤裸露坡地为研究对象,基于野外实测气象水文资料,尝试建立单次降雨土壤侵蚀统计关系模型,以期为该区域水土流失监测和土壤侵蚀预报模型研究提供有益参考。

11.2.1 单次降雨类型划分

降雨过程对土壤侵蚀有重要影响。在黄土区,根据成因和特点,暴雨被划分为 3 种类型,即由局地强对流条件引起的小范围、短历时、高强度暴雨,由锋面型降雨夹有局地雷暴性质的较大范围、中历时、中强度暴雨以及由锋面型降雨引起的大面积、长历时、低强度暴雨 (焦菊英等,1999)。这种划分被广泛应用于坡面和流域尺度侵蚀产沙与降雨统计关系的研究 (张建军等,2008)。西北黄土区处于东南湿润季风气候区向西北内陆干旱气候区的过渡带,属大陆性季风气候。南方红壤区主要处于亚热带季风气候区,受台风影响显著。不同的气候背景势必形成不同的降雨特征。因此,两个地区应具有各自针对坡地单次降雨侵蚀的雨型划分标准。然而,目前有关南方红壤区坡面侵蚀的单次降雨划分未见报道。为此,本研究基于野外裸露小区的实测降雨、侵蚀资料,采用统计学聚类方法确定雨型划分标准。

以之前由频率分析确定的侵蚀性雨量、雨强 (9.96 mm 和 1.32 mm/h) 标准,筛选 2001~2009 年试验区侵蚀性降雨 134 场。将侵蚀性单次降雨作为统计样本,以各次降雨的降雨量、历时、平均雨强为分类特征变量。基于各特征变量,在 SPSS 中采用快速样本聚类法,获得初步分类结果,再利用判别聚类进行检验调整,最终完成单次降雨类型划分。

聚类结果显示 (图 11-1),134 场单次降雨可划分 3 类,判别聚类函数的显著性 Sig 值为 0~0.072,聚类效果理想。

总体上,3 类降雨中,A 型雨主要呈短历时、大雨强、小雨量的特点;B 型雨呈中历时、中雨强、中雨量的特点;C 型雨呈长历时、小雨强、大雨量的特点。为确定各类降雨特征,以降雨量、历时、平均雨强和最大时段雨强等降雨特征指标为统计对象分类汇总,获得各指标平均值,并选取分位数 20% 和 80% 对应取值为不同特征指标的主要变化范围。其中,时段最大雨强考虑到不同雨型资料的可获取性,选取最大 10min 雨强、最大 20min 雨强和最大 30min 雨强。

统计结果表明 (表 11-1),在 134 场侵蚀性降雨中,A 型雨共 81 次,B 型雨共 37 次,C 型雨共 16 次,分别占总样本数的 60%、28% 和 12%,对应的侵蚀量分别占总侵蚀量的 84%、13% 和 3%。从单次降雨特征及其侵蚀量来看,A 型雨的单次平均降雨量为 19.5 mm,平均雨强为 8.7 mm/h,历时为 272.9 min,侵蚀强度为 265.2 t/km²;B 型雨的单次平均降雨量

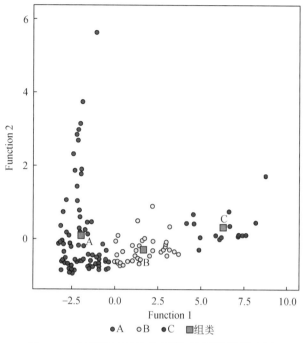

图 11-1 红壤坡地侵蚀性次降雨判别分类散点图

Fig. 11-1 The scatter diagram of erosive individual rainfalls in red soil slope after discriminated classification

为 26.8 mm，平均雨强为 1.7 mm/h，历时为 983.5 min，侵蚀强度为 91.4 t/km²；C 型雨的单次平均降雨量为 45.2 mm，平均雨强为 1.5 mm/h，历时为 1825.2 min，侵蚀强度为 53.6 t/km²。3 种雨型中，A 型雨单次降雨量最少，历时最短，但雨强最大，最终造成的侵蚀量也最多；C 型雨单次降雨量最多，历时最长，但雨强最小，最终造成的侵蚀最少；B 型雨的降雨特征和侵蚀强度居中。不同雨型的数量和侵蚀量特征在一定程度上反映出雨强较雨量与土壤侵蚀的关系更为密切，因此短历时、高雨强的 A 型雨是造成研究区土壤侵蚀的主要降雨类型。

表 11-1 不同降雨类型特征指标统计

Table 11-1 The characteristic indexs of different rainfall type

降雨类型	特征指标	样本数	总和	平均值	20% 分位数取值	80% 分位数取值
A 型雨	降雨量（mm）	81	1 581.1	19.5	8.7	29.4
	历时（min）		22 102	272.9	98.0	484.0
	平均雨强（mm/h）		701.6	8.7	1.7	13.1
	最大 10min 雨强（mm/h）		2 992.2	36.9	10.2	60
	最大 20min 雨强（mm/h）		2 256.6	27.9	8.4	49.8
	最大 30min 雨强（mm/h）		1 759.1	21.7	7.4	39
	土壤侵蚀模数（t/km²）		21 482.1	265.2	0.7	444.6

降雨类型	特征指标	样本数	总和	平均值	20%分位数取值	80%分位数取值
B 型雨	降雨量	37	993.1	26.8	13.0	39.4
	历时		36 388.0	983.5	759.4	1 223.2
	平均雨强		63.1	1.7	0.8	2.5
	最大 10min 雨强		591.6	16.0	4.2	24.6
	最大 20min 雨强		487.5	13.2	3.6	20.4
	最大 30min 雨强		401.2	10.8	3.4	16.6
	土壤侵蚀模数（t/km²）		3 382.7	91.4	0.3	49.9
C 型雨	降雨量	16	722.8	45.2	24.3	68.9
	历时		29 203.0	1 825.2	1 536.6	2 061.8
	平均雨强		24.1	1.5	0.7	2.5
	最大 10min 雨强		273.6	16.8	6.0	27.0
	最大 20min 雨强		205.8	12.9	4.8	21.9
	最大 30min 雨强		166.6	10.4	4.2	17
	土壤侵蚀模数（t/km²）		858.2	53.6	0.7	92.6

为进一步分析不同雨强指标与土壤侵蚀的关系，比较不同雨型的时段最大雨强，结果显示，3 种时段最大雨强几乎均呈 A 型雨>B 型雨>C 型雨，仅 C 型雨的最大 10min 雨强略大于 B 型雨。排除统计样本的影响，在一定程度上也反映出侵蚀量对雨强的良好响应，同时，也表明平均雨强更大的降雨通常也具有更大的时段雨强。

根据不同降雨特征指标以及由分位数 20% 和 80% 对应取值，经适当取整调整，作为其变化范围，最终将不同雨型的特点归纳为：A 型雨短历时、大雨强、小雨量，降水历时多为 95~485 min，雨量多为 8~30 mm，雨强多为 1.5~13.5 mm/h，单次降雨侵蚀强度 0.7~445 t/km²，是造成土壤侵蚀的主要降雨类型；B 型雨中历时、中雨强、小雨量，降水历时多为 750~1230 min，雨量多为 13~40 mm，雨强多为 0.8~2.5 mm/h，单次降雨侵蚀强度 0.3~50 t/km²，是造成土壤侵蚀的次要降雨类型；C 型雨长历时、小雨强、大雨量，降水历时多为 1530~2065 min，雨量多为 24~70 mm，雨强多为 0.7~2.5 mm/h，单次降雨侵蚀强度 0.7~90 t/km²，对土壤侵蚀的贡献较小。因此，红壤坡地应重点防范短历时、大雨强的 A 型雨和中历时、中雨强的 B 型雨所造成的土壤侵蚀。

11.2.2 单次降雨土壤侵蚀影响因素分析

前期土壤含水量是土壤侵蚀的重要影响因素，为排除前期降雨的干扰，从侵蚀性降雨中选取之前一段时期未发生降雨的场次用于分析单次降雨土壤侵蚀与降雨特征的关系。研究表明，天然降雨对南方红壤坡地土壤水分的影响强度由表层到深层不断减弱，30cm 以上的表层土壤含水量受降雨影响的有效时间最长不超过 7d，具体与雨量和雨强有关（王晓燕等，2007）。结合观测资料的情况，以尽量排除前期降雨影响，同时又保证一定研究样本数量为原则，最终以前 5 日没有降雨为标准，对观测资料进行筛选，最终获得满足要求的降雨–侵蚀数据 54 场次，并分别确定各场次的侵蚀量、降雨量、历时、平均雨强和不同时段最大降雨强度。其中，A 型雨 20 场次，B 型雨 15 场次，C 型雨 15 场次。

单次降雨过程中，不同特征的降雨对土壤侵蚀的贡献不同，为明确影响土壤侵蚀的主要降雨特征指标，按不同雨型，对单次降雨侵蚀量和对应的不同降雨特征指标进行相关分析。

结果表明（表 11-2），3 种雨型下，雨量和雨强均是土壤侵蚀的显著影响因素，而历时对土壤侵蚀的影响均不显著。对于雨强而言，3 种雨型单次降雨侵蚀量均与 30min 雨强关系最显著，与最大 20min 雨强、最大 10min 雨强和平均雨强的关系依次减弱。这可能是由于 A、B 两种雨型的雨强较大，最大 30min 雨强最能反映降雨过程的雨强特征，而平均雨强以 60 min 为计算时段，对于历时不足 60 min 的降雨，其值与实际雨强特征将存在较大差异。

表 11-2　不同雨型单次降雨侵蚀量与降雨特征指标的 Pearson 相关分析

Table 11-2　Pearson correlation analysis between erosion amount and rainfall indexs

降雨类型	样本数	降雨量（mm）	历时（min）	平均雨强（mm/h）	最大 10min 雨强（mm/h）	最大 20min 雨强（mm/h）	最大 30min 雨强（mm/h）
A 型雨	20	0.759**	−0.422*	0.601**	0.823**	0.844**	0.920**
B 型雨	15	0.932**	0.074	0.929**	0.907**	0.934**	0.944**
C 型雨	15	0.955**	−0.022	0.941**	0.974**	0.979**	0.983**

* 表示在 0.05 水平上相关性显著；** 表示在 0.01 水平上相关性显著

11.2.3　单次降雨侵蚀关系模型

为建立单次降雨侵蚀关系模型，从所筛选的 54 场无前期降雨影响的单场侵蚀性降雨中，按不同雨型各随机抽取 5 场降雨进行交叉检验，其余场次用于关系拟合，以此进行交叉检验。最终，用于关系拟合的 A 型雨、B 型雨和 C 型雨样本分别为 15 场次、10 场次和 10 场次。

根据相关性分析，最终选择降雨量和最大 30min 雨强两个相关性最高的指标作为降雨–侵蚀关系模型的参数。

选用线性函数、幂函数、对数函数、指数函数和二次多项式函数对不同雨型的单次降雨侵蚀量与对应的单次降雨量、最大 30min 雨强及其组合分别进行逐步拟合，根据拟合结果的决定系数和标准误差确定最佳拟合函数。当多变量拟合函数的结果均不如单因素拟合结果良好时则采用决定系数最高、标准误差最小的单因素拟合函数作为对应雨型的单次降雨侵蚀关系模型。按照上述步骤与原则最终确定出 3 种雨型的单次降雨-侵蚀关系模型。

$$A 型雨：A = 0.0005 \cdot I_{30}^{3.11} \cdot P^{0.53} \quad (n = 15，R^2 = 0.94) \quad (11-1)$$

$$B 型雨：A = 0.0026 \cdot I_{30}^{2.23} \cdot P^{0.77} \quad (n = 10，R^2 = 0.99) \quad (11-2)$$

$$C 型雨：A = 0.0013 \cdot I_{30}^{2.58} \cdot P^{0.73} \quad (n = 10，R^2 = 0.90) \quad (11-3)$$

式中，A 为单次降雨土壤侵蚀量（t/km²）；I_{30} 为次降雨最大 30min 雨强（mm/h）；P 为次降雨降雨量（mm）。

由不同模型的单次降雨-侵蚀关系模型可以看出，不同降雨过程下，雨量与雨强对土壤侵蚀的影响不同，A 型雨时，土壤侵蚀主要受最大 30min 雨强控制，呈幂函数变化；B 型雨和 C 型雨时，雨量与最大 30min 雨强对土壤侵蚀均存在影响，土壤侵蚀与二者间呈显著幂函数关系。不同雨型间，A 型雨的最大 30min 雨强幂指数最大，C 型雨的最大 30min 雨强幂指数最小，B 型雨居中，表明最大 30min 雨强对 A 型雨的影响最为突出。

根据不同雨型的关系式结构，红壤裸露坡地平均含水状态下的单次降雨-侵蚀关系模型可归纳为

$$A = a \cdot I_{30}^{b} \cdot P^{c} \quad (11-4)$$

式中，a、b、c 为系数，按不同雨型取值；其他字母含义同前。

11.2.4 模型运行效果评价

采用拟合确定的单次降雨-侵蚀关系模型，分别计算 3 种雨型 5 场典型单次降雨的土壤侵蚀量，并与实测值对比确定模型可靠性（表 11-3）。

表 11-3 红壤裸露坡地次降雨土壤侵蚀统计关系应用检验

Table 11-3 Test accuracy of event-based erosion statistical relation for bare hillslope of red soil

雨型	降雨场次	实测土壤侵蚀模数 （t·km⁻²）	计算土壤侵蚀模数 （t·km⁻²）	相对误差 （%）	平均相对误差（%）	决定系数 （R^2）	Nash-Suttclife 效率系数
A	2004-07-31	37.58	45.87	22.1	11.7	0.99	0.99
	2006-06-22	123.60	132.62	7.3			
	2002-04-16	1.50	1.44	-4.0			
	2006-08-23	564.12	519.82	-7.9			
	2005-06-07	5.45	4.50	-17.4			
B	2006-05-05	11.81	13.58	15.0	15.4	0.99	0.99
	2008-10-21	649.28	667.51	2.8			
	2004-04-07	0.85	1.00	17.6			
	2002-10-16	5.14	3.97	-22.8			
	2006-05-25	1.76	2.09	18.8			

雨型	降雨场次	实测土壤侵蚀模数 (t·km^{-2})	计算土壤侵蚀模数 (t·km^{-2})	相对误差 (%)	平均相对误差（%）	决定系数 (R^2)	Nash-Suttclife 效率系数
C	2004-06-14	1.02	0.95	-6.9	24.2	0.99	0.94
	2004-01-14	1.04	1.23	18.3			
	2004-01-03	0.70	0.90	28.6			
	2002-05-13	441.06	559.57	26.9			
	2004-11-13	8.97	5.35	-40.4			

结果表明（表 11-3），A 雨型、B 雨型和 C 雨型的统计关系计算相对误差分别为-17% ~ 22%、-23% ~ 19% 和-40% ~ 29%，平均相对误差分别为 12%、15% 和 24%，除 C 雨型的 Nash-Suttclife 效率系数为 0.94 外，其他两类雨型的复相关系数和 Nash-Suttclife 效率系数均达 0.99，表明该统计关系总体具有较好的模拟应用精度，且更适于短历时暴雨。

11.3 红壤坡地土壤流失方程构建

土壤侵蚀预报是对土壤剥离、搬运和沉积过程的定量描述，是土壤侵蚀学科的前沿。目前，预报模型主要分为经验统计模型和物理过程模型两类。通用土壤流失方程 USLE 及修正版 RUSLE 以通用普适、高效实用的特点成为世界上应用最广的水蚀预报经验统计模型，自 20 世纪 70 年代正式发布以来，各国开展了大量有关模型引进、改良与应用等方面的研究。

我国对于通用土壤流失方程的研究应用始于 20 世纪 80 年代初期，并相继在江西、宁夏、甘肃、广东、黑龙江、福建、辽宁、云南等不同地区对模型的应用及其因子的算法进行了大量研究，建立了针对东北黑土区（张宪奎等，1992；林素兰等，1997）、华北土石山区（毕小刚等，2006）、西南紫色土区（杨子生，1999）等不同水土流失类型区的区域化模型体系，还有学者在 USLE 的基础上，根据中国水土流失情况和防治措施建立了中国土壤流失方程（Chinese soil loss equation，CSLE）（Liu et al.，2002），丰富了 USLE 在国内应用的理论和实践依据。同时，在 2010 ~ 2012 年开展的全国水利普查水土保持情况普查中，水力侵蚀的计算便采用的 CSLE 的模型结构，并对有关因子的算法和取值进行了进一步细化（李智广等，2012），也有学者对 CSLE 模型与抽样调查相结合普查黄土高原小流域土壤侵蚀强度与分布的适用性进行了评价（张岩等，2012），认为相对于传统的遥感分类分级方法，基于 CSLE 模型与抽样调查的土壤侵蚀普查具有明显优越性。然而，由于水土流失及其影响因素存在空间异质性，不同地区的模型因子及其算法存在较大差异。目前有关通用土壤流失方程的应用研究，多集中于黄土区和黑土区，针对南方红壤区水土流失背景特征的系统研究尚少有报道，很大程度上限制了该区水土流失监测和防治。作为全国五大水蚀类型区之一，南方红壤区降雨量最大，水土流失强度仅次于黄土高原，开展土壤侵蚀预报是有效防治该区水土流失的重要基础。鉴于此，本研究以南方红壤区中心地带江西北部为试验区，基于长时序野外标准小区气象、水文观测资料，针对南方红壤坡地的气候和下垫面特征，以 CSLE 模型结构为基础，尝试检验、修订土壤流失方程中的降雨侵蚀力、土壤可蚀性、生物措施和工程措施等关键因子算法与取值，旨在建立针对南方红壤区的土壤侵蚀预报模型体系。

11.3.1 模型因子确定

红壤坡地土壤流失方程构建以中国土壤流失方程（Liu et al., 2002）为模型结构：

$$M = R \cdot K \cdot L \cdot S \cdot B \cdot E \cdot T \tag{11-5}$$

式中，M 为年均侵蚀量 $[t/(hm^2 \cdot a)]$；R 为降雨侵蚀力因子 $[MJ \cdot mm/(hm^2 \cdot h \cdot a)]$；$K$ 为土壤可蚀性因子 $[t \cdot hm^2 \cdot h/(hm^2 \cdot MJ \cdot mm)]$；$L$ 为坡长因子（无量纲）；S 为坡度因子（无量纲）；B 为生物措施因子（无量纲）；E 为工程措施因子（无量纲）；T 为耕作措施因子（无量纲）。

限于野外基地标准试验小区的坡长与坡度均保持一致，因此重点研究除地形以外的其他因子算法或取值。

11.3.1.1 降雨侵蚀力因子

选择野外基地撂荒裸露小区 2001～2006 年降雨—产流—产沙观测资料，以之前频率分析确定的侵蚀性雨量、雨强和最大 30min 雨强（9.96 mm、1.32 mm/h 和 5.04 mm/h）为依据，筛选出侵蚀性单次降雨（表 11-4），并进行年际分布特征的统计（表 11-5）。

表 11-4 2001～2006 年侵蚀性降雨逐月分布
Table 11-4 The monthly distribution characteristics of erosive rainfall form 2001 to 2006

月份	2001 年	2002 年	2003 年	2004 年	2005 年	2006 年	合计	平均
1	105.6	39	33.4	44.8	58.5	50.7	332	55.33
2	35.7	0	139.9	42.4	103.4	41.7	363.1	60.52
3	66.2	106.5	108.5	26.4	40.6	31.8	380	63.33
4	160.4	368.6	312.7	107.5	108.8	174.2	1232.2	205.37
5	67.2	371	202.2	277.1	141.3	90.7	1149.5	191.58
6	109.9	83.1	271.6	151.7	204.9	109.1	930.3	155.05
7	87.4	182.5	55.9	130.4	151.9	68	676.1	112.68
8	203.7	156.2	25.1	287.8	88.6	153.4	914.8	152.47
9	0	74.8	55.9	7.4	253.4	19.6	411.1	68.52
10	66.5	68.6	35.1	0	43.8	10.6	224.6	37.43
11	49.9	91	31.7	59	150.7	47.2	429.5	71.58
12	33.9	89.3	16.1	0	0	0.6	139.9	23.32
合计	986.4	1630.6	1288.1	1134.5	1345.9	797.6	7183.1	1197.2

表 11-5 2001~2006 年侵蚀性降雨年际分布特征

Table 11-5 The inter-annual distribution characteristics of erosive rainfall form 2001 to 2006

年份	侵蚀性降雨场次（次）	占总降雨场次（%）	侵蚀性降雨量（mm）	占总降雨量（%）	侵蚀性降雨历时（h）	占总降雨历时（%）	侵蚀性降雨平均雨强（mm/h）
2001	51	43.59	986.4	84.80	597.5	58.42	1.7
2002	75	48.70	1630.6	90.16	773.6	65.12	2.1
2003	62	41.33	1288.1	89.89	543.2	65.57	2.4
2004	55	37.67	1134.5	87.11	468.6	55.51	2.4
2005	58	34.52	1345.9	86.78	588.1	58.59	2.3
2006	55	34.81	797.6	79.80	394.3	53.77	2.0
总计	356	—	7183.1	—	3365.3	—	2.1
年均	65	39.87	1197.2	86.99	560.9	59.88	2.1

为研究降雨侵蚀力因子算式，需首先计算侵蚀性降雨的侵蚀动能。为此选取有代表性的 USLE 算式（Wischmeier and Smith，1978）、RUSLE 算式（Renard et al.，1997）、Marshall 算式（Marshall and Palmer，1948）、Van Dijk 算式（Van Dijk et al.，2002）和余新晓算式（余新晓，1989）对研究区侵蚀性降雨动能计算进行适用性检验，后将各算式结果与小区侵蚀量观测值进行相关性分析，结果发现，余新晓算式最适合本区，可选作本研究的动能计算公式。

$$e = 24.151 + 8.64 \lg I \tag{11-6}$$

$$E = \sum eP \tag{11-7}$$

式中，e 为场降雨中某一时段的降雨动能 $[J/(m^2 \cdot mm)]$；I 为对应该时段的雨强（mm/min）；E 为次侵蚀性降雨的总动能（J/m^2）；P 为对应某一时段的降雨量（mm）。

计算降雨动能后，选择 "$R = \sum E \cdot I_n$" 或 "$R = E_n \cdot I_n$" 组合作为降雨侵蚀力因子算式基本形式。通过比较各种降雨因子或组合与土壤侵蚀量观测值之间的相关性大小，比选最优组合作为南方红壤丘陵区降雨侵蚀力因子简易算法。

由 $\sum E \cdot I_n$ 组合及 $E_n \cdot I_n$ 组合与产沙量之间相关性结果（表 11-6）可知，各相关系数均达显著水平且比较接近。因此，再考虑最大时段雨强 I_n 与土壤流失量之间的相关关系（表 11-7），选择相关系数最大的组合作为最优算式。

表 11-6 土壤流失量与 $\sum E \cdot I_n$、$E_n \cdot I_n$ 组合的相关系数

Table 11-6 The correlation coefficients between soil loss amount and different combinations of I_n and E_n

相关系数	I_{10}	I_{20}	I_{30}	I_{45}	I_{60}	I_{90}
$\sum E$	0.855	0.855	0.845	0.834	0.832	0.834
E_{10}	0.795	0.759	0.752	0.751	0.748	0.778
E_{20}	0.786	0.781	0.764	0.764	0.758	0.708
E_{30}	0.692	0.705	0.679	0.693	0.697	0.700
E_{45}	0.801	0.817	0.785	0.731	0.759	0.757
E_{60}	0.749	0.752	0.748	0.733	0.719	0.704
E_{90}	0.718	0.735	0.734	0.719	0.716	0.712

注：均在 0.01 水平下显著相关

表 11-7 土壤流失量与时段最大雨强 I_n 相关系数表

Table 11-7 The correlation coefficients between soil loss amount and different break point intensity

相关系数	I_{10}	I_{20}	I_{30}	I_{45}	I_{60}	I_{90}
土壤流失量	0.794	0.792	0.806	0.748	0.736	0.684

注：均在 0.01 水平下显著相关

根据相关性比选，选择基于单场降雨动能及对应最大 30min 降雨强度，计算降雨侵蚀力。

$$R = \sum E \cdot I_{30} \tag{11-8}$$

式中，R 为单次降雨侵蚀力 $[J \cdot mm/(h \cdot m^2)]$；$\sum E$ 为场侵蚀性降雨总动能（J/m^2）；I_{30} 为该场降雨最大 30min 雨强（mm/h）。

根据基于单场降雨动能及对应最大 30min 降雨强度的降雨侵蚀力算式获得试验区 2001 ~ 2006 年逐月降雨侵蚀力（表 11-8）。

表 11-8 2001 ~ 2006 年降雨侵蚀力（R）逐月分布特征

Table 11-8 The monthly distribution characteristics of annual rainfall erosivity from 2001 to 2006

[单位：$J \cdot mm/(h \cdot m^2)$]

月份	2001 年	2002 年	2003 年	2004 年	2005 年	2006 年	合 计	平 均
1	337.27	228.09	27.73	61.35	105.96	60.61	821.01	136.84
2	46.05	9.66	532	92	168.82	65.59	914.12	152.35
3	137.55	244.19	734.6	44.42	86.71	56.93	1 304.4	217.4
4	1 272.82	2 101.04	2 265	322.36	659.43	1 101.9	7 722.55	1 287.09
5	82.7	5 031.7	462.9	1 716.41	865.39	359.27	8 518.37	1 419.73
6	281.96	597.08	1 490	866.03	1 746.4	889.15	5 870.62	978.44
7	1 734.95	3 836.5	1 954	1 471.15	747.63	234.05	9 978.28	1 663.05
8	1 909.87	1 680.43	140.6	4 872.48	601.96	2 633.55	11 838.89	1 973.15
9	0.89	961.21	505.8	15.74	2 007.85	64.32	3 555.81	592.64
10	193.06	116.05	117.5	0.03	100.67	61.03	588.34	98.06
11	70.16	140.24	35.71	119.82	334.52	69.66	770.11	128.35
12	57.31	194.46	19.7	9.97	4.03	5.04	290.51	48.42
合计	6 124.59	15 140.65	8 285.54	9 591.76	7 429.37	5 601.1	52 173.01	8 695.5

由于单次降雨的时段雨强在实际应用并不易获取，许多地方没有这种观测数据，只有年降雨量和月降雨量数据，考虑到模型的实用性，因此本研究试图简化降雨侵蚀力算法。分别针对通常易于获取的年降雨量和月降雨量，以其为自变量，以根据单场降雨动能和最大 30min 雨强计算的对应时段降雨侵蚀力为因变量，拟合得到年、月降雨侵蚀力因子简易算法。

$$R_y = 0.265 P_y^{1.435} \qquad R^2 = 0.84 \tag{11-9}$$

$$R_m = 0.0681 P_m^{1.825} \qquad R^2 = 0.75 \tag{11-10}$$

式中，R_y 为年降雨侵蚀力 $[MJ \cdot mm/(hm^2 \cdot h \cdot a)]$；$R_m$ 为月降雨侵蚀力 $[MJ \cdot mm/(hm^2 \cdot h)]$；$P_a$ 为年降雨量（mm）；P_m 为月降雨量（mm）。

　　将根据简易算式获得的逐年降雨侵蚀力和逐月降雨侵蚀力，与对应时段内由单次降雨时段雨强与动能计算的降雨侵蚀力对比（图 11-2，图 11-3）。结果显示，年降雨侵蚀力简

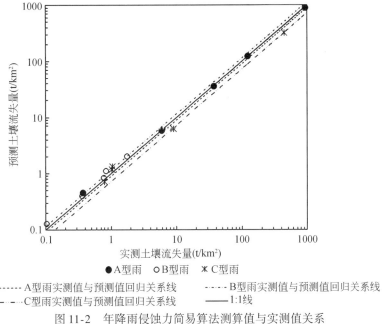

● A型雨　○ B型雨　✳ C型雨

----- A型雨实测值与预测值回归关系线　　····· B型雨实测值与预测值回归关系线
—·—· C型雨实测值与预测值回归关系线　　—— 1:1线

图 11-2　年降雨侵蚀力简易算法测算值与实测值关系

Fig. 11-2　Comparison between the computational and
experimental values of annual rainfall erosivity

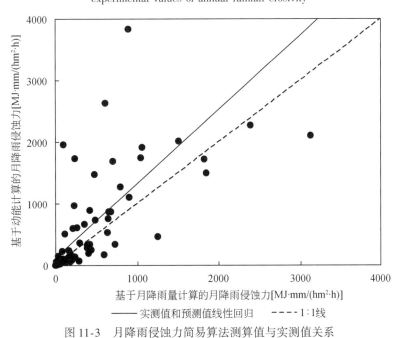

—— 实测值和预测值线性回归　　---- 1:1线

图 11-3　月降雨侵蚀力简易算法测算值与实测值关系

Fig. 11-3　Comparison between the computational and experimental values of monthly rainfall erosivity

易算式的精度良好，两种方法的计算结果十分靠近 1:1 线。总体上，年均降雨侵蚀力在 8000 MJ·mm/(hm²·h·a) 以下时，简易算式的计算结果略小于单次降雨时段雨强与动能计算结果，年均降雨侵蚀力在 8000 MJ·mm/(hm²·h·a) 以上时，则结果略大。月降雨侵蚀力简易算法的精度低于年降雨侵蚀力简易算法，多数月份的计算结果大于单场降雨时段雨强与动能计算结果，但当月降雨侵蚀力在 1500 MJ·mm/(hm²·h) 以上时，简易算法计算结果均小于单场降雨时段雨强与动能计算结果。而当月降雨侵蚀力在 1500 MJ·mm/(hm²·h) 以下时，则未表现出明显规律。

11.3.1.2 地形因子

试验区坡度为 5°~25°，为此地形因子选用 Liu 等（1994）建立的针对中国陡坡的地形因子算法：

$$LS = \left(\frac{\lambda}{22.13}\right)^m \cdot (21.91\sin\theta - 0.96) \tag{11-11}$$

式中，L 为坡长因子；S 为坡度因子；λ 为小区实测水平投影坡长（m）；θ 为小区实测坡度；m 为坡长指数。当 $\theta \leqslant 0.5°$，$m = 0.2$；当 $0.5° < \theta \leqslant 1.5°$，$m = 0.3$；当 $1.5° < \theta \leqslant 3°$，$m = 0.4$；当 $\theta > 3°$，$m = 0.5$。

由于本研究选择的红壤坡地为 12°，即 $\theta > 3°$，故 $m = 0.5$。

11.3.1.3 土壤可蚀性因子

土壤可蚀性因子（K）是衡量土壤抗蚀性能，表征土壤对外部侵蚀营力（降雨-径流侵蚀力等）敏感程度的重要指标，是土壤侵蚀定量化的基础。K 主要取决于土壤理化性状，如土壤颗粒组成、团粒稳定性、母岩成分、黏土含量和类型、有机质含量、易溶性盐类含量、水体中离子性质、酸碱度等。通常认为土壤可蚀性是指单位降雨侵蚀力在标准小区内所造成的土壤侵蚀量。该定义下的土壤可蚀性因子在土壤侵蚀预报模型中得到广泛应用。

目前，土壤可蚀性因子的定量方法主要包括小区观测法、诺谟图法（Wischmeier and Smith，1978）、修正诺谟图法（Renard et al.，1997）、EPIC 模型法（Williams et al.，1983a，1983b）、几何平均粒径模型法（Renard et al.，1997）和 Torri 模型法（Torri et al.，1997）。我国从 20 世纪 50 年代开始研究土壤可蚀性，但多采用抗蚀性、抗冲性等指标评价土壤可蚀性。从 20 世纪 80 年代后开始采用国外比较成熟的经验公式计算和分析土壤可蚀性 K 值，为构建土壤侵蚀模型提供了基础。然而，一方面，因国内外自然条件的差异，国外原创公式直接应用的误差较大；另一方面，国内各地土壤特性差异明显，不同地区的研究成果也不易普遍推广。南方红壤丘陵区是我国水土流失严重地区，但有关土壤可蚀性因子算法的研究还不成熟。为此，本研究以长时序野外观测资料为依据，选择小区观测法确定土壤可蚀性因子取值。

土壤可蚀性因子国际制单位是 t·hm²·h/(hm²·MJ·mm)。标准小区定义为坡长 22.1 m，均一坡度 9%，顺坡犁耕的连续休闲地。小区宽度一般不小于 1.8 m。当这些条件都满足时，坡度因子、坡长因子、生物措施因子、工程措施因子取值均为 1，则 $K = \dfrac{M}{R}$。对于非标准小区，则必须对地形因子（LS）等进行修正：

$$K = M/(R \cdot LS) \tag{11-12}$$

式中，K 为土壤可蚀性 $[t \cdot hm^2 \cdot h/(hm^2 \cdot MJ \cdot mm)]$；$M$ 为小区土壤侵蚀量 $[t/(hm^2 \cdot a)]$；R 为降雨侵蚀力 $[MJ \cdot mm/(hm^2 \cdot h)]$；LS 为小区的坡度坡长因子（无量纲）。

考虑到小区修建初期表土受扰动较大，与原状土存在差异，因此采取 2002～2006 年裸露小区的降雨、侵蚀实测资料进行 K 值测算。

首先，根据裸露小区 2002～2006 年降雨、水文观测资料计算降雨侵蚀力（R），并确定侵蚀量。其中，降雨侵蚀力采用 $\sum EI_{30}$（$\sum E$ 为单次降雨总动能，I_{30} 为单次降雨中最大 30min 降雨强度）求算。

地形因子 LS 值采用 Liu 等（1994）建立的针对中国陡坡的地形因子算法。裸露小区坡长 20 m，坡度 12°，则获得 LS 因子为 3.42。

由于裸露小区未采取任何水土保持措施，故生物措施因子、工程措施因子值取 1。

根据各年降雨侵蚀力、侵蚀量和因子取值，获得多年平均土壤可蚀性因子为 0.0017 t · hm^2 · h/（hm^2 · MJ · mm）（详见表 11-9）。该值与张科利等（2007）在福建安溪利用径流小区 1984～1991 年观测资料计算的砖红壤 K 值 0.0018 接近，表明结果可靠，符合试验区土壤特征。

表 11-9　南方红壤区江西省德安试验区红壤可蚀性实测值

Table 11-9　The measured values of K in dean experimental area

年份	年侵蚀量 $[t/(hm^2 \cdot a)]$	年降雨侵蚀力 $[MJ \cdot mm/(hm^2 \cdot h)]$	K 值 $[t \cdot hm^2 \cdot h/(hm^2 \cdot MJ \cdot mm)]$
2002	89.8	15140.6	0.0017
2003	39.3	8285.14	0.0014
2004	57.33	9591.75	0.0017
2005	59.36	7429.36	0.0023
2006	21.31	5601.1	0.0011
均值	53.42	9209.59	0.0017

11.3.1.4　生物措施因子和工程措施因子

选取具有南方红壤坡地常见地表覆盖类型和典型水土保持措施的试验小区，具体包括：柑橘林清耕小区、柑橘林和百喜草全园覆盖小区、柑橘林和宽叶雀稗全园覆盖小区、柑橘林和狗牙根全园覆盖小区、柑橘林和百喜草带状覆盖小区、柑橘林和狗牙根带状覆盖小区等 6 个以植物措施为主的试验小区；普通水平梯田小区、梯壁植草型水平梯田小区、梯壁植草型前埂后沟式水平梯田小区、梯壁植草型内斜式梯田小区和梯壁植草型外斜式梯田小区等 5 个以工程措施为主的试验小区。再以裸露小区为对照确定不同治理模式的生物措施因子（B）和工程措施因子（E）取值。

基于试验小区野外长时序观测资料，按下式逐一确定其对应 B、E 因子。

$$B \cdot E = \sum_{i=1}^{n} M_i / M_{0i} \tag{11-13}$$

式中，B 为某种治理模式小区的生物措施因子（无量纲）；E 为某种治理模式小区的工程措施因子（无量纲）；M_i 为某种治理模式小区第 i 年的侵蚀量（t/hm^2）；M_{0i} 为裸露对照小区第 i 年的侵蚀量（单位 t/hm^2）。

先根据各小区逐年土壤侵蚀量获得对应治理模式的 B、E 因子乘积取值，再通过各小区间的治理模式 B、E 因子值互相比算得到单项措施的 B、E 因子取值。为与 K 因子的计算保持一致性，故选择 2002~2006 年的观测资料计算。

各小区平均 K 值和 LS 值分别为 0.0017 $t \cdot hm^2 \cdot h/(hm^2 \cdot MJ \cdot mm)$ 和 3.42。根据 11 种典型水土流失治理模式小区与裸露对照小区的逐年侵蚀量，获得不同治理模式的 B、E 因子乘积值，再按各小区间的 B、E 因子值互相比算得到单项措施的 B 和 E 因子取值（表 11-10、表 11-11）。

表 11-10 南方红壤区典型生物措施因子（B）值

Table 11-10 Biological measures factor B in the red soil area of South China

小区编号	治理措施类型	水土流失治理模式	治理模式 B 因子	生物措施	治理措施 B 因子
1	林草复合	柑橘林、全园百喜草	0.0023	百喜草全园覆盖	0.0053
				果林清耕	0.4349
5		柑橘林、全园宽叶雀稗	0.0035	宽叶雀稗全园覆盖	0.008
				果林清耕	0.4349
7		柑橘林、全园狗牙根	0.0032	狗牙根全园覆盖	0.0074
				果林清耕	0.4349
2		柑橘林、带状百喜草	0.0012	百喜草带状覆盖	0.0028
				果林清耕	0.4349
6		柑橘林、带状狗牙根	0.0018	狗牙根带状覆盖	0.0041
				果林清耕	0.4349
10	果林清耕	柑橘林（林下裸露）	0.4349	果林清耕	0.4349

11.3.2 模型应用精度检验

通过建立降雨侵蚀力因子简易算式、确定土壤可蚀性因子算式、选定地形因子算式、测算生物措施和工程措施因子取值，构建了南方红壤坡地通用土壤流失方程。为检验模型适用性，对所选取的 6 种典型植被措施小区、5 种典型工程措施小区，以及裸露小区，共 12 个小区的多年平均侵蚀强度进行预报，其中降雨侵蚀力因子采用基于年降雨量的简易算式，即

表 11-11　南方红壤区典型工程措施因子（E）值

Table 11-11　Engineering measures factor E in the red soil area of South China

小区编号	治理措施类型	水土流失治理模式	$B*E$ 因子	工程措施	治理措施 E 因子
11	梯田林果	柑橘林、梯壁植草前埂后沟水平梯田	0.0018	梯壁植草百喜草型前埂后沟水平梯田	0.0041
12		柑橘林、梯壁植草水平梯田	0.0047	梯壁植草型水平梯田	0.0108
13		柑橘林、水平梯田	0.1433	水平梯田	0.3295
14		柑橘林、梯壁植草内斜式梯田	0.0042	梯壁植草型内斜式梯田	0.0097
15		柑橘林、梯壁植草外斜式梯田	0.0128	梯壁植草型外斜式梯田	0.0294

$$M = R \cdot K \cdot L \cdot S \cdot B \cdot E \cdot T \tag{11-14}$$

$$R = 0.265 P^{1.435} \tag{11-15}$$

$$LS = \left(\frac{\lambda}{22.13}\right)^m \cdot (21.91\sin\theta - 0.96) \tag{11-16}$$

式中，M 为年均侵蚀量 $[t/(hm^2 \cdot a)]$；R 为降雨侵蚀力因子 $[MJ \cdot mm/(hm^2 \cdot h \cdot a)]$；$L$ 为坡长因子；S 为坡度因子；B 为生物措施因子；E 为工程措施因子；K 为土壤可蚀性因子 $[t \cdot hm^2 \cdot h/(hm^2 \cdot MJ \cdot mm)]$；$P$ 为年降雨量（mm）；λ 为小区实测水平投影坡长（m）；θ 为小区实测坡度；m 为坡长指数。当 $\theta \leqslant 0.5°$，$m = 0.2$；当 $0.5° < \theta \leqslant 1.5°$，$m = 0.3$；当 $1.5° < \theta \leqslant 3°$，$m = 0.4$；当 $\theta > 3°$，$m = 0.5$。

各小区坡长 20 m，坡度 12°，K 值为 0.0017 $t \cdot hm^2 \cdot h/(hm^2 \cdot MJ \cdot mm)$，LS 值为 3.42，$B$、$E$ 因子依据治理模式确定（表 11-10、表 11-11）。根据各年降雨量和有关因子取值，获得各小区 2002~2006 年逐年与多年平均土壤侵蚀强度（表 11-12），并与实测值进行对比检验（图 11-4、图 11-5）。

表 11-12　南方红壤坡地通用土壤流失方程应用精度

Table 11-12　Application accuracy of general soil loss equation in red soil area of South China

区组	措施（小区编号）	实测多年平均侵蚀强度 $[t/(hm^2 \cdot a)]$	预报多年平均侵蚀强度 $[t/(hm^2 \cdot a)]$	RE	R^2	E_{ns}
裸露对照	裸露（4）	53.42	51.95	2.75	—	—
林草复合	全园百喜草（1）	0.12	0.12	6.38	0.99	0.98
	带状百喜草（2）	0.06	0.06			
	全园宽叶雀稗（5）	0.20	0.18			
	带状狗牙根（6）	0.10	0.09			
	全园狗牙根（7）	0.16	0.17			
	果林清耕（10）	25.68	22.59			

区组	措施 （小区编号）	实测多年平均侵蚀 强度 [t/(hm²·a)]	预报多年平均侵蚀 强度 [t/(hm²·a)]	RE	R^2	E_{ns}
林果梯田	内沟外埂（11）	0.08	0.09	4.95	0.99	0.99
	水平植草（12）	0.23	0.24			
	水平裸露（13）	7.32	7.44			
	内斜式（14）	0.21	0.22			
	外斜式（15）	0.66	0.67			
总计		—	—	5.48	0.99	0.99

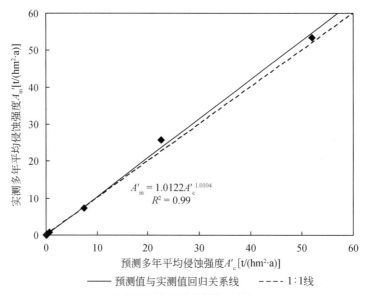

图 11-4　多年平均侵蚀强度预测值与实测值回归关系与检验

Fig. 11-4　Comparison between calculated and measured values of multi-year mean erosion intensity

结果表明，在多年平均尺度上，所有小区的平均误差为 0.40 t/(hm²·a)，最大误差为 3.09 t/(hm²·a)，最小误差为 0，决定系数为 0.99，Nash-Suttclife 效率系数为 0.99，平均相对误差为 5.48%，完全能够满足预报要求。对不同治理模式的小区而言，裸露对照小区的绝对误差为 1.47 t/(hm²·a)，相对误差为 2.75%，预报值略低于实测值。林草复合区组平均误差 0.86 t/(hm²·a)，最大误差 3.09 t/(hm²·a)，最小误差为 0，决定系数为 0.99，Nash-Suttclife 效率系数为 0.98，平均相对误差为 6.38%。其中，柑橘林林下裸露小区的多年平均侵蚀预报误差最大，为 3.09 t/(hm²·a)，相对误差 12.03%。这可能由于该小区林下裸露，降雨初期林冠截留减缓降雨侵蚀，截留量达到最大值后，林下雨强可能大于林外雨强，且雨强和雨量超过一定等级时将形成树干流，对树干周围的地表造成冲蚀，从而使小区土壤侵蚀强度高于同等降雨条件下的坡地面蚀。即当雨强较大或降雨历时较长时，林木阻缓坡面水蚀的能力可能降低，甚至导致浅沟侵蚀而加剧坡面总侵蚀强度，

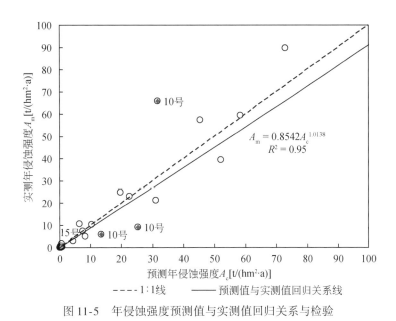

图 11-5　年侵蚀强度预测值与实测值回归关系与检验

Fig. 11-5　Comparison between calculated and measured values of annual erosion intensity

这一点已在同一试验基地的相关研究中得到证实（杨洁等，2012）。因此对于主要适用于面蚀预报的土壤流失方程而言，该小区预报精度较其他小区低。林草复合区组中，林下草本全园覆盖和带状覆盖的小区，多年平均侵蚀预报效果均十分理想。林果梯田区组平均误差为 0.03 t/（hm²·a），最大误差为 0.12 t/（hm²·a），最小误差为 0.01，决定系数为 0.99，Nash-Suttclife 效率系数为 0.99，平均相对误差为 4.95%。总体上，林果梯田区组的多年平均侵蚀预报效果均十分理想。同时，与柑橘林林下裸露小区相比，由于增加了梯田整治措施，坡面侵蚀显著下降，由此表明简单的林果种植，并不能很好地防治红壤坡地水土流失，必须配合工程治理，并在林下合理配置草本植物和灌木，形成林草复合的植被覆盖。

在年际尺度上（图 11-5），预测值与实测值相比，平均误差为 3.35 t/hm²，最大误差为 34.16 t/hm²，最小误差为 0，决定系数为 0.95，Nash-Suttclife 效率系数为 0.85，受少数年份偏差较大的影响，总体相对误差较大。进一步分析发现，大偏差数据均出现在柑橘林（林下裸露）小区、柑橘林和梯壁植草型外斜式梯田小区，且多集中于 2002 年和 2006 年。究其原因，一方面，在暴雨或长历时降雨时，柑橘林（林下裸露）小区林下雨强增大，且出现树干流对地表的冲蚀；柑橘林和梯壁植草型外斜式梯田小区则易发生梯壁沟蚀。两种治理模式在高强度或长历时降雨条件下均易出现沟蚀，从而造成主要适用于面蚀预报的土壤流失方程预报精度明显降低。另一方面，由逐年降雨侵蚀力（表 11-7）可知，2002 年和 2006 年分别为观测期降雨侵蚀力最大和最小的年份。这两年天然降雨偏差程度大，2006 年的强降雨侵蚀力意味着柑橘林（林下裸露）小区、柑橘林和梯壁植草型外斜式梯田小区发生沟蚀的频率较高，故造成较大偏差；土壤流失方程主要因子取值均基于多年平均侵蚀状态，2002 年的降雨侵蚀力远大于多年平均水平，因此精度降低。总体上，土壤流失方程对年际土壤侵蚀的预报精度整体良好，但降雨量较多年平均降雨量浮动幅度过大时，限于模型自身参数结构，预报精度降低。

11.4　红壤坡地 WEPP 模型应用评价

WEPP 模型是基于降雨—产流—产沙过程的物理模型，能完整描述侵蚀中的入渗、蒸散发、泥沙搬运与沉积等连续过程，并能预测侵蚀发生部位及泥沙沉积部位。模型将地表径流分为细沟流和沟间径流，侵蚀类型相应划分为细沟侵蚀和沟间侵蚀。其中，细沟侵蚀指在细沟内土壤所发生剥蚀、搬运和沉积的过程；沟间侵蚀指雨滴击溅和坡面水流对土壤剥蚀和搬运的过程。对于泥沙侵蚀运动过程，WEPP 模型采用稳态泥沙连续方程进行描述（Flanagan and Nearing，1995）。虽然 WEPP 模型在坡面侵蚀定量描述中，仅有细沟间侵蚀和细沟侵蚀两种形态，缺少浅沟侵蚀和切沟侵蚀等类型，但在侵蚀模拟中仍显示出精度高、简洁直观、尺度扩展性好等特点，在坡面侵蚀预报（Laflen et al.，1997）、土壤结构对侵蚀影响（Shi et al.，2010）、小流域管理（Pandey et al.，2009）等方面得到广泛应用，成为土壤流失预报模型的重要发展趋势。

然而，WEPP 模型在国内的应用研究尚不完善，尤其在南方红壤区的应用评价尚未见报道。为此，本研究以典型红壤坡面为对象，针对其农林生产特点及水土流失现状，选用 WEPP 模型对其进行侵蚀模拟预报，确定精度，并通过模型敏感性检验和弹性系数分析，对该区坡面水土流失的主要因素进行评价，以期探讨 WEPP 模型在我国南方红壤坡地的适用性，为建立符合南方红壤坡地侵蚀特点的 WEPP 模型打下基础，并为该区水土流失监测、预报和水土保持措施优化配置提供有益支撑。

11.4.1　WEPP 模型原理与结构

11.4.1.1　WEPP 模型预报原理

WEPP 模型对于坡面侵蚀过程主要考虑侵蚀、搬运和沉积等过程，侵蚀类型主要包含细沟侵蚀（rill erosion）和细沟间侵蚀（interrill erosion）。细沟是由于坡面汇流及其冲刷所形成的小沟槽地形。细沟间侵蚀和细沟侵蚀受坡面径流水力学特性和下垫面条件等因素共同影响，分别以降雨侵蚀和径流侵蚀为主。坡面侵蚀量由泥沙搬运和输移量共同决定，即输移量小于搬运量时，表现为侵蚀—搬运过程，反之则表现为侵蚀—沉积过程。

WEPP 模型分为坡面版（hillslope version）、流域版（watershed version）和网格版（grid version）三种版式模型。坡面版是 WEPP 模型的基础，针对坡面侵蚀过程；流域版将流域划分为多个坡面径流单元，并通过增加侵蚀泥沙在沟道的运移过程，实现对流域出口产沙的模拟；网格版针对一定面积与流域边界不吻合的区域，通过将区域划分为若干坡面流单元，最终实现区域侵蚀产沙模拟，原理基本与流域版一致。

WEPP 模型认为沟间侵蚀主要由降雨击溅造成，土壤剥离后被浅层径流输移、搬运至细沟内。细沟间侵蚀主要由细沟间剥蚀率表征，与坡面距离无关，受雨强、土壤可蚀性和坡面糙度影响，在 WEPP 模型中采用如下公式。

$$D_i = k_i I^b S_f \qquad (11\text{-}17)$$

式中，D_i 为细沟间泥沙输移到细沟的速率 [$kg/(s \cdot m^2)$]；k_i 为沟间剥蚀力系数；I 为雨强（mm/h）；b 为降雨均匀性系数；S_f 为坡度因子。

细沟侵蚀以坡面股流的切应力 τ_f 大于土壤临界切应力 τ_c 为前提条件。同时，侵蚀发生后，若坡面股流实际含沙量 G 小于其输沙能力，则以侵蚀—搬运过程为主，用下式描述。

$$D_f = D_c (1 - G/T_c) \qquad (11\text{-}18)$$

$$D_c = K_\tau (\tau_f - \tau_c) \qquad (11\text{-}19)$$

式中，D_f 为细沟径流侵蚀率 [$kg/(s \cdot m^2)$]；D_c 为径流分散能力 [$kg/(s \cdot m^2)$]；G 为细沟径流实际含沙量 [kg/m^3]；T_c 为径流输沙能力 [$kg/(s \cdot m)$]；K_τ 为细沟土壤可蚀性；τ_f 为水流切应力（Pa）；τ_c 为土壤临界切应力（Pa）。

若坡面股流实际含沙量 G 大于其输沙能力，则以侵蚀—沉积过程为主，用下式描述。

$$D_f = \frac{\beta V_f}{q} (T_c - G) \qquad (11\text{-}20)$$

式中，β 为雨滴击溅紊动系数；V_f 为所携泥沙沉降速度（m/s）；q 为单位细沟径流量 [$m^3/(s \cdot m)$]。

以上过程在坡面末端统一为径流排出量和剪切力，并计算沿坡面分布各点的泥沙剥离、运移和沉积量，泥沙运动过程采用泥沙连续方程描述。

$$\frac{dG}{dx} = D_f + D_i \qquad (11\text{-}21)$$

式中，x 为沿下坡方向的距离（m）。

11.4.1.2　WEPP 模型基本结构

WEPP 模型由天气随机生成模块、冬季过程模块、灌溉模块、水文过程模块、土壤模块、植物生长模块、残留物分解模块、地表径流模块和侵蚀模块共 9 个功能模块组成。

（1）天气随机生成模块

WEPP 模型有 breakpoint climate data generator（BPCDG）和 climate generator（CLIGEN）两个气候生成器，所需输入资料和文件格式相同。BPCDG 是独立程序，可通过输入气象站观测到的降雨量及其他气象数据直接生成 WEPP 所需气候数据。CLIGEN 则是在多年气象资料统计参数的基础上生成 WEPP 模型气候数据。两种气候生成器的输入信息有别，但最终均生成包含日降雨、日最高和最低气温、日太阳辐射量、日露点温度、风向和风速等气象信息的 WEPP 模型气象数据。

（2）冬季过程模块

冬季过程考虑土壤冻融、降水和融雪，主要受气温、太阳辐射、残留物覆盖、植被及风、雪等影响。

（3）灌溉模块

灌溉模块可针对喷灌和明渠灌溉两种灌溉方式，用于模拟灌溉类型、灌溉量、径流和侵蚀量等。其中，喷灌模拟可作为一场标准雨强的降雨，而明渠灌溉则可模拟壤中流、明渠流和异重流等过程。

（4）水文过程模块

水文过程模块模拟的水文过程包括入渗、产流、地表蒸发、植物蒸腾、土壤水饱和渗透、植被和残茬截流、持水量和地下排水等。入渗和产流过程分别采用修正 Green-Ampt 方程和运动波理论公式，遵循修正 simulator for water resources in rural basins（SWRRB）水量平衡方程。

（5）土壤模块

土壤模块用于分析耕作对土壤特性以及其他模块中相关土壤模型参数的影响，如为水文模块提供用以估算地表径流、流速和渗透量的输入参数等。主要涉及地表自然糙度、人为糙度（耕作田垄高度）、土壤容重、饱和导水率、土壤可蚀性和临界水流剪切力等参数，并考虑了耕作、风化、团聚体和降雨等对地表及土壤特征的影响。

（6）植物生长和残留物模块

植物生长和残留物模块可模拟农田及分布区内植被生长变化和残留物分解过程，以及影响径流和侵蚀过程的植被动态变化。采用 ekalak rangeland hydrology and yield model（ERHYM-Ⅱ）和 simulation of production and utilization of range iands（SPUR）模型进行植被生长模拟，可估算植被、地表残留物、覆盖残留物、残茬与叶面积指数、活根与死根、活生物量和作物产量等参数。

（7）地表径流模块

地表径流模块用于确定地表径流过程的水力学参数，以及土壤糙率、残茬覆盖和活地被物对流速、水流切应力和径流挟沙力的影响。以降雨量和入渗量的差异计算地表径流，针对不稳定降雨的单层 Green-Ampt 方程（Chu，1978）计算入渗。

（8）侵蚀模块

侵蚀模块主要用于模拟坡面和流域的侵蚀过程，包含剥离、输移、沉积 3 个阶段，分细沟间侵蚀和细沟侵蚀两种形式。整个侵蚀过程被认为由雨强和流速共同作用决定，按处于稳定状态下的泥沙连续方程计算流域及坡面沿程泥沙冲刷及沉积的净值，以 Yalin（1977）提出的泥沙输移方程来估算沟道中的泥沙输移量，并根据径流中泥沙含量、径流输沙能力和泥沙的沉积速度来推算径流中泥沙的沉积量。

模型运行时，按流程分为输入和输出两部分。输入文件包括坡面地形（坡度、坡长）、气象、土壤、作物及管理等数据文件，每类文件都有相应格式和数据库。各数据文件中，气象文件分为两种格式，分别对应 BPCDG 和 CLIGEN 两种气候生成器。其中，BPCDG 气象数据文件需要输入的参数包括：单次降雨的断点（降雨量累积曲线上出现凸凹变化的临界点）数量、各断点的时间及累计降雨量、最高气温、最低气温、太阳辐射量、风速、风向和露点温度。CLIGEN 气象数据文件需要输入的参数包括：降雨量、降雨历时、达到最大降雨强度的时间与总降雨历时的比值、最大降雨强度和平均降雨强度的比值、最高气温、最低气温、太阳辐射量、风速、风向和露点温度。土壤文件需要输入的参数包括：土壤反照率、初始饱和导水率、土壤临界剪切力、细沟土壤可蚀性、细沟间土壤可蚀性和有效水力传导系数。地形文件需要输入的参数包括：坡度、坡长和坡宽。作物管理文件则由初始条件子数据库、耕作措施子数据库和作物种植子数据库等组成，主要针对作物、草地、林地 3 种植被类型，包括作物轮作方式、种植的作物、耕作措施、灌溉条件、残留物管理、作物生长等多个参数信息，较难全面获取，通常按照模型自带的数据库信息结合相关实测数据修正获得。

模型输出可根据用户要求生成不同种类、不同时间、不同精度的信息。最基本的输出结果包括不同时间尺度的降雨、径流和侵蚀数据。除此以外，针对坡面，可输出坡面沿程的侵蚀分布；针对流域，可输出流域泥沙输移比、泥沙沉积量、不同地表状况指标和泥沙颗粒粒径分布等。除此以外，输入信息形式除一般数据外，还可输出与降雨过程相关的图表、曲线，以及土壤、植被、水分平衡、作物、冬季过程等相关信息。

11.4.2 WEPP 模型参数率定与模拟检验

11.4.2.1 WEPP 模型参数率定

本研究选取试验区 2001～2003 年裸露坡面小区的单次降雨产流、产沙观测资料，包括共 116 次降雨，以及实测气象和土壤资料对 WEPP 模型（坡面版）的有关参数进行率定。率定参数主要包括气象、管理措施、坡面地形及土壤性状四类。

（1）气象文件

以 3 年观测期的实测逐日降雨、气温数据为输入数据，借助 CLIGEN4.3 提供的气候特征生成功能建立试验区气候特征文件。该文件中除包括试验区站名、经纬度、高程、起始年、观测年数等基本信息外，也包括生成的月气象特征（表 11-13）和雨量、雨强、持续时间、气温极值、太阳辐射、长短波辐射、露点温度等日天气特征。在 WEPP 模型中用"add climate location"命令选择该特征文件及包含观测数据的文件，建立驱动模型的气象数据文件。

（2）管理文件

模型模拟的小区为裸露坡面小区，管理参数按休耕状态选择"持续休耕（continous fallow）"所对应的管理文件。

表 11-13 试验区月气象特征观测值（2001～2003 年）

Table 11-13 The monthly observed values of meteorology characteristic in the study area from 2001 to 2003

观测指标	1 月	2 月	3 月	4 月	5 月	6 月	7 月	8 月	9 月	10 月	11 月	12 月
月均最高气温（℃）	9.6	11.8	16.2	23.3	26.5	30.2	34.3	32.7	29.8	24.8	18.7	11.2
月均最低气温（℃）	3.7	5.7	9.1	15.4	19.8	23.4	26.7	25.7	22.4	17.2	11.7	4.9
月均太阳辐射（Ly/d）	241.0	291.0	368.0	435.0	515.0	524.0	524.0	492.0	417.0	370.0	275.0	217.0
月均雨量（℃）	73.2	93.5	89.5	221.6	203.5	158.5	125.7	157.9	76.7	46.5	81.5	45.8

（3）坡面文件

试验小区于 2000 年建成，自然沉降 1 年后正式开始观测，由于建设时地表扰动面不大，可认为坡面介质均一。按坡长 20 m、坡度 12°，建立坡面文件。

（4）土壤文件

根据试验小区土壤理化性状实测资料，确定所需输入的土壤砂粒含量、粘粒含量、有机质含量、岩屑含量和阳离子交换量，基于 WEPP 模型自带公式，确定土壤反照率、初始饱和导水率、土壤临界剪切力、细沟土壤可蚀性、细沟间土壤可蚀性和有效水力传导系数。在此基础上，以所选用的降雨产流、产沙数据为依据，根据模拟结果的累计误差，对土壤文件所需的参数进行率定，选择累计误差最小时的对应参数取值，最终建立土壤文件。

11.4.2.2 WEPP 模型模拟检验

建立所有需要输入的文件后，选用野外试验区 2004~2006 年，裸露坡面小区的单次降雨产流、产沙观测资料，共 113 场次，以单次降雨和年降雨的侵蚀产沙量为依据，对模型的模拟精度进行检验。精度评价指标选用决定系数（R^2）和 Nash-Suttclife 效率系数（E_{ns}）。

结果表明，多年平均侵蚀量模拟值略高于观测值，模拟的逐年侵蚀量与实测的逐年侵蚀量间相关系数为 0.92，E_{ns} 为 0.89，年际和多年平均尺度上模型模拟效果良好（图 11-6）；单次降雨侵蚀量的模拟值与观测值间相关系数为 0.84，E_{ns} 为 0.67，单次降雨尺度的模拟精度也满足要求（图 11-7）。总体上，经参数率定，WEPP 模型（坡面版）能较好地模拟南方红壤坡地的坡面侵蚀，具有良好的适用性。

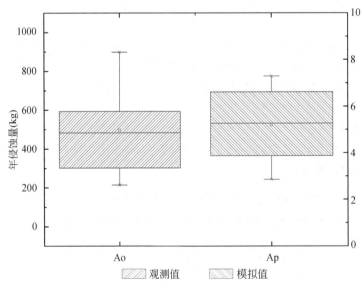

图 11-6　WEPP 模型年侵蚀量模拟检验结果

Fig. 11-6　Calidation of WEPP model on annual erosion intensity

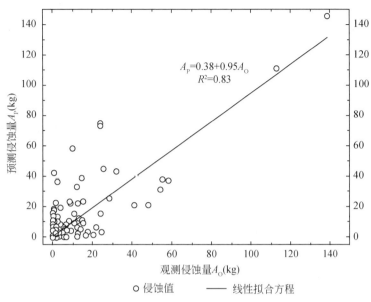

○ 侵蚀值　　—— 线性拟合方程

图 11-7　WEPP 模型单次侵蚀量模拟检验结果

Fig. 11-7　Calidation of WEPP model on individual erosion intensity

11.4.3　水土流失影响因素敏感性分析

WEPP 模型的参数敏感性分析是反映模型运行状态、揭示模拟规律的有效方法。同时，模型参数均是土壤侵蚀的影响因素，进行参数敏感性分析，尤其是对降雨、土壤、地形等参数的敏感性分析，可以定量评价水土流失主要影响因素对侵蚀产流、产沙的贡献。

模型参数敏感性分析一般采用单参数分析法。本研究任意选择单场降雨，如 2002 年 9 月 8 日单次降雨（雨量 41.4 mm，历时 15.92 h，平均雨强 2.60 mm/h，且前后 24 h 内无降雨事件），以率定后模型模拟结果为基准，保持其他参数不变，调节待分析参数后运行模型，获得对应条件下的径流和侵蚀数据。如此反复，逐一与基准值对比，得到径流量、侵蚀量对于待分析参数的响应变化率曲线。

采用弹性系数（elastic coefficient，EC）描述相互联系的两个参数增长或减少速度的比率，定量刻画和筛选敏感参数。在本研究中具体指径流量（R_s）和侵蚀量（E）对于待分析参数变化的响应幅度：

$$EC_e = \frac{\Delta E/E}{\Delta A/A} \times 100\% \qquad (11\text{-}22)$$

$$EC_r = \frac{\Delta R_s/R_s}{\Delta A/A} \times 100\% \qquad (11\text{-}23)$$

式中，A 表示待分析参数。

弹性系数为 1 时，表示径流量或侵蚀量与参数变化同步；大于 1 时，表明径流量或侵蚀量变化幅度高于参数变化，即参数微小变化将导致径流和侵蚀的显著变化，这种情况下，则认为该参数具有强敏感性；弹性系数的绝对值为 0~1 时，表明径流量和侵蚀量变化幅度低于参数变化，则该参数为弱敏感性；弹性系数为 0 时，该参数无敏感性。

11.4.3.1 降雨参数敏感性分析

通常情况下，对于南方红壤裸露坡面，降雨以外的其他气象参数，如日最高温、日最低温、太阳辐射等对坡面的降雨产流、产沙影响微小，因此气候参数中仅对降雨进行敏感性检验。具体分析的参数包括雨量、降雨历时、雨强。

分析结果显示（图 11-8），3 个降雨参数中，径流量和侵蚀量对于雨量变化倍数的散点分布斜率最大，且大于 1:1 参考线，同时雨量增加对侵蚀量和径流量的影响程度略高于其减少时的影响。由此表明，雨量对径流量、侵蚀量的影响最大，贡献度最大，而降雨历时对径流量、侵蚀量的影响最小，雨强的影响居中。

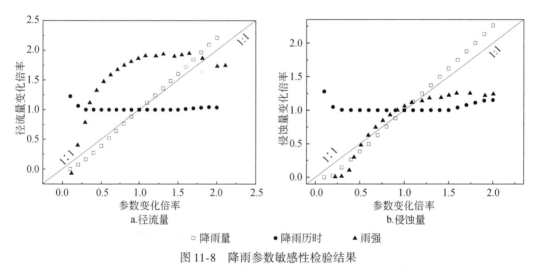

图 11-8　降雨参数敏感性检验结果

Fig. 11-8　Multiple change-point estimation for sensitivity test of rainfall parameters

通过计算弹性系数可知（表 11-14），雨量减少时，侵蚀量对其弹性系数为 1.23，即雨量减少 10%，侵蚀量减少 12.3%；雨量增加时，侵蚀量对其弹性系数为 1.25，即雨量增加 10%，侵蚀量增加 12.5%。径流量对雨量的弹性系数分别为降低时 1.19、增加时 1.20。侵蚀量或径流量对于降雨历时变化倍数的散点大致呈水平直线分布，各弹性系数均接近 0，说明降雨历时的增加或降低对径流量和侵蚀量的影响较小。径流量和侵蚀量对于雨强变化倍数的散点呈幂函数分布，增至一定倍数时基本保持稳定。从弹性系数来看，雨强增加 10% 时，侵蚀量增加 3.5%，径流量增加微小；雨强减少 10% 时，侵蚀量减少 10.3%，径流量减少 4.3%。因此，与径流量相比，侵蚀量受雨强的影响程度更高。

表 11-14　侵蚀量和径流量对降雨参数的弹性系数

表 11-14　侵蚀量和径流量对降雨参数的弹性系数

Table 11-14　Elastic coefficients of soil erosion and runoff to rainfall parameters

弹性系数		侵蚀量 EC_e	径流量 EC_r
雨量	增加	1.25	1.20
	减少	1.23	1.19
降雨历时	增加	0.06	0.02
	减少	−0.04	−0.03
雨强	增加	0.35	0.07
	减少	1.03	0.43

11.4.3.2　土壤参数敏感性分析

　　WEPP 模型中的土壤参数主要包括土壤反照率、初始饱和导水率、沟间土壤可蚀性、沟土壤可蚀性、土壤临界剪切力和有效水力传导系数。经检验计算，得到土壤参数敏感性检验倍数变化图（图 11-9）。对侵蚀量而言，细沟可蚀性和临界剪切力对其的敏感性超过其他参数，其中细沟可蚀性与侵蚀量呈现正相关（弹性系数为正值），而临界剪切力与侵蚀量呈负相关（弹性系数为负值）。

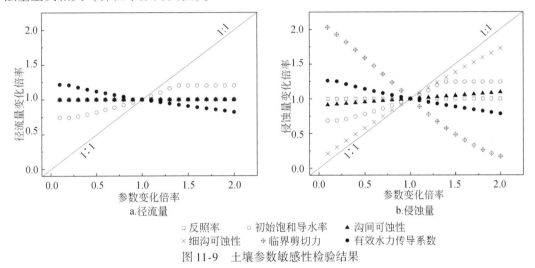

□ 反照率	○ 初始饱和导水率	▲ 沟间可蚀性
× 细沟可蚀性	⊕ 临界剪切力	● 有效水力传导系数

图 11-9　土壤参数敏感性检验结果

Fig. 11-9　Multiple change-point estimation for sensitivity test of soil parameters

　　分析结果显示（图 11-9，表 11-15），侵蚀量对于细沟可蚀性变化倍数的散点分布斜率小于 1∶1 参考线，弹性系数也反映出细沟可蚀性降低对侵蚀量的影响程度较增加时略高。初始饱和导水率与侵蚀量呈现正相关，减少和增加时的弹性系数分别为 0.44 和 0.45。但当初始饱和导水率增加至 100% 时（极端值）侵蚀量稳定不变。细沟间可蚀性也侵蚀量呈微弱正相关，弹性系数仅 0.09。对比细沟可蚀性与细沟间可蚀性对土壤侵蚀的影响可知，南方红壤坡地侵蚀可能以细沟侵蚀为主，其侵蚀量在坡面总侵蚀量中占较大比重。临界土壤剪切力是细沟侵蚀发生的临界指标，水流剪切力小于该值则不发生或不再继续发展坡面细沟侵蚀。因此,土壤临界剪切力越大,细沟侵蚀越不易发生,该参数与侵蚀量呈负相关,增加和减少时的弹性系数分别为-1.00和-1.17。有效水力传导率越高,降雨入渗率也越高,地表产流越少,则径流剥蚀能力越低;有效水力传导越低则径流量和侵蚀量越大。因此,有效水力传导率与径流量、侵蚀量均呈负相关。除此以外,侵蚀量对反照率不敏感,而径流量对反照率、细沟间可蚀性、细沟可蚀性和临界剪切力均不敏感,弹性系数为0。

表 11-15　侵蚀量和径流量对土壤参数的弹性系数

Table 11-15　Elastic coefficients of soil erosion and runoff to soil parameters

弹性系数		侵蚀量 EC_e	径流量 EC_r
反照率	增加	0	0
	减少	0	0
初始饱和导水率	增加	0.45	0.37
	减少	0.44	0.36
沟间可蚀性	增加	0.09	0
	减少	0.09	0
细沟可蚀性	增加	0.76	0
	减少	0.84	0
临界剪切力	增加	-1.00	0
	减少	-1.17	0
有效水力传导系数	增加	-0.23	-0.19
	减少	-0.28	-0.23

11.4.3.3　地形参数敏感性分析

WEPP 模型中的地形参数主要包括坡度、坡长,分析结果显示(图11-10,表11-16),

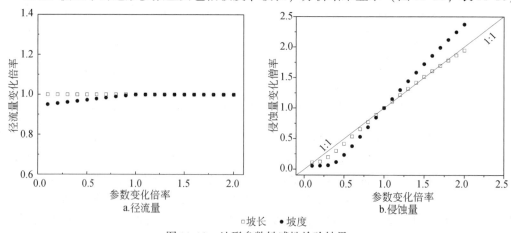

□坡长　●坡度

图 11-10　地形参数敏感性检验结果

Fig. 11-10　The sensitivity test results of slope parameters

侵蚀量与坡长、坡度因子均呈敏感正相关。坡度增加时，侵蚀量对应的弹性系数为 1.44，高于坡长增加时对应的弹性系数 1.02；坡度小时，侵蚀量对应的弹性系数为 1.43，同样高于坡长减少时对应的弹性系数 1.13。总体上，侵蚀量对坡度、坡长均强敏感，对坡度变化的响应幅度更高。径流量对坡长变化无敏感性，对坡度仅在减少时存在较弱的正相关，增加时无敏感性。

表 11-16　侵蚀量与径流量对坡面参数的弹性系数表

Table 11-16　Elastic coefficients of soil erosion and runoff to terrain parameters

弹性系数		侵蚀量 FC_e	径流量 EC_r
坡长	增加	1.02	0
	减少	1.13	0
坡度	增加	1.44	0
	减少	1.43	0.05

11.5　结论与建议

1）南方红壤坡地侵蚀性降雨可按照雨量、雨强和历时等特征，划分为 3 种类型。其中，A 型雨呈短历时、大雨强、小雨量的特点，单场降雨通常持续 95~485 min，雨量多为 8~30 mm，雨强多为 1.5~13.5 mm/h；B 型雨呈中历时、中雨强、小雨量特点，单场降雨通常持续 750~1230 min，雨量多为 13~40 mm，雨强多为 0.8~2.5 mm/h；C 型雨呈长历时、小雨强、大雨量，单场降雨通常持续 1530~2065 min，雨量多为 24~69 mm，雨强多为 0.7~2.5 mm/h。3 种雨型中，A 型雨单场降雨侵蚀强度通常为 0.7~445 t/km²，是造成土壤侵蚀的主要降雨类型；B 型雨单场降雨侵蚀强度通常为 0.3~50 t/km²，也是造成该区土壤侵蚀的重要降雨类型；C 型雨单场降雨侵蚀强度通常为 0.7~93 t/km²，对该区土壤侵蚀贡献较小。因此，红壤坡地水土保持应重点防范短历时、大雨强的 A 型雨和中历时、中雨强的 B 型雨所造成的土壤侵蚀。

2）3 种雨型中，雨量和雨强均是土壤侵蚀的显著影响因素，而历时对土壤侵蚀的影响均不显著。不同雨强指标中，最大 30 min 雨强、最大 20 min 雨强、最大 10 min 雨强和平均雨强与土壤侵蚀的关系依次减弱。针对平均含水状态下的红壤裸露坡地，建立了单次降雨-侵蚀幂函数关系模型，并确定了不同雨型下的关系模型参数取值。经模拟检验，A 型雨模型的平均相对误差为 12%，决定系数为 0.99，Nash-Suttclife 效率系数为 0.99；B 型雨模型的平均相对误差为 15%，决定系数为 0.99，Nash-Suttclife 效率系数为 0.99；C 型雨模型平均相对误差为 24%，决定系数为 0.99，Nash-Suttclife 效率系数为 0.94。总体上，3 种雨型的单次降雨-侵蚀关系模型均具有良好的应用效果，平均预报误差均在 24% 以内。

3）基于野外试验小区观测资料，建立了基于年降雨量的逐年降雨侵蚀力简易算式，测算了红壤坡地可蚀性因子，以及6种生物措施因子取值和5种工程措施因子取值，并选定了适宜的地形因子算式，从而构建了红壤坡地土壤流失方程，可为同类地区水土流失监测预报和水土保持规划与评价提供技术支撑。经模拟检验，红壤坡地土壤流失方程多年平均尺度应用的决定系数为0.99，Nash-Suttclife效率系数为0.99，平均相对误差为5.48%，具有十分良好的预报效果；在年际尺度应用的决定系数为0.95，Nash-Suttclife效率系数为0.85，整体精度可靠。然而红壤坡地土壤流失方程主要适用坡地面状侵蚀类型，模型参数设计与取值通常针对多年平均侵蚀状态，因此对于降雨较多年平均降雨水平浮动较大，或地表出现沟蚀等其他侵蚀类型时，其预报精度将明显降低。

4）基于野外试验小区实测单次降雨、侵蚀观测资料，率定并验证了WEPP模型对裸露红壤坡地的水蚀预报效果，结果表明，年际侵蚀量的模拟值与实测值相关系数为0.92，有效系数为0.89，单次降雨侵蚀量的模拟值与实测值相关系数为0.84，Nash-Suttclife效率系数为0.67。总体上，WEPP模型能较好模拟南方红壤坡地年际和单次降雨尺度的侵蚀产沙，具有良好的适用性。

5）利用WEPP模型，对降雨、土壤、地形等产流、产沙因素进行敏感性分析，结果表明，红壤坡地土壤侵蚀对降雨量、雨强、细沟可蚀性、临界剪切力、坡长、坡度等6个影响参数的变化具有强敏感性；地表径流对降雨量具有强敏感性，对雨强、初始饱和导水率、有效水力传导系数等参数存在弱敏感性。这些参数是影响红壤坡面水土流失的主要因素。

参 考 文 献

毕小刚，段淑怀，李永贵，等.2006.北京山区土壤流失方程探讨.中国水土保持科学，4（4）：6~13.

蔡强国，陆兆熊，王贵平.1996.黄土丘陵沟壑区典型小流域侵蚀产沙过程模型.地理学报，51（2）：108~117.

陈法扬，王志明.1992.通用土壤流失方程在小良水土保持试验站的应用.水土保持通报，12（1）：23~41.

陈国祥，谢树楠，汤立群.1996.黄土高原地区流域侵蚀产沙模型研究.郑州：黄河水利出版社.

陈晓燕，何丙辉，缪驰远，等.2003.WEPP模型在紫色土坡面侵蚀预测中的应用研究.水土保持学报，17（3）：42~44.

代华龙，曹叔尤，刘兴年，等.2008.基于WEPP模型的紫色土坡面水蚀预报.中国水土保持科学，6（2）：60~65.

范瑞瑜.1985.黄河中游地区小流域土壤流失量计算方程的研究.中国水土保持，（2）：12~18.

江忠善，宋文经.1980.黄河中游黄土丘陵沟壑区小流域产沙量计算.第一次河流泥沙国际学术讨论会文集.北京：光华出版社.

焦菊英，王万中，郝小品.1999.黄土高原不同类型暴雨的降水侵蚀特征.干旱区资源与环境，13（1）：34~40.

金争平，赵焕勋，和泰，等.1991.皇甫川区小流域土壤侵蚀量预报方程研究.水土保持学报，5（1）：8~18.

雷廷武，姚春梅，张晴雯，等.2004.细沟侵蚀动态过程模拟数学模型和有限元计算方法.农业工程学报，20（4）：7～12.

李建牢，刘世德 .1989. 罗玉沟流域坡面土壤侵蚀量的计算 . 中国水土保持，(3)：28～31.

李钜章，景可，李风新 .1999. 黄土高原多沙粗沙区侵蚀模型探讨 . 地理科学进展，18（1）：46～53.

李智广，符素华，刘宝元 .2012. 我国水力侵蚀抽样调查方法 . 中国水土保持科学，10（1）：77～81.

林素兰，黄毅，聂振刚，等 .1997. 辽北低山丘陵区坡耕地土壤流失方程的建立 . 土壤通报，28（6）：251～253.

刘善建 .1953. 天水水土保持测验的初步分析 . 科学通报，(12)：59～65.

刘远利，郑粉莉，王彬，等 .2010. WEPP 模型在东北黑土区的适用性评价：以坡度和水保措施为例 . 水土保持通报，30（1）：139～145.

牟金泽，熊贵枢 .1980. 陕北小流域产沙量预报及水土保持措施拦沙计算 . 第一次河流泥沙国际学术讨论会文集 . 北京：光华出版社 .

秦伟，左长清，郑海金，等 .2013. 赣北红壤坡地土壤流失方程关键因子的确定 . 农业工程学报，29（21）：115～125.

孙立达，孙保平，陈禹，等 .1988. 西吉县黄土丘陵沟壑区小流域土壤流失量预报方程 . 自然资源学报，3（2）：141～153.

汤立群，陈国祥，蔡名扬 .1990. 黄土丘陵区小流域产沙数学模型 . 河海大学学报，18（6）：10～16.

王建勋，郑粉莉，江忠善，等 .2007. WEPP 模型坡面版在黄土丘陵沟壑区的适用性评价：以坡长因子为例 . 水土保持通报，27（2）：50～55.

王万忠，焦菊英 .1996. 黄土高原坡面降雨产流产沙过程变化的统计分析 . 水土保持通报，16（5）：21～28.

王晓燕，陈洪松，王克林，等 .2007. 红壤坡地土壤水分时间序列分析 . 应用生态学报，18（2）：297～302.

杨洁，郭晓敏，宋月君，等 .2012. 江西红壤坡地柑橘园生态水文特征及水土保持效益 . 应用生态学报，23（2）：468～474.

杨子生 .1999. 滇东北山区坡耕地土壤流失方程研究 . 水土保持通报，19（1）：1～9.

尹国康，陈钦峦 .1989. 黄土高原小流域特性指标与产沙统计模式 . 地理学报，44（1）：32～46.

余新晓 .1989. 赣西北降雨侵蚀力和森林植被减弱降雨侵蚀能量的初步研究 . 北京：北京林业大学硕士学位论文 .

张建军，纳磊，董煌标，等 .2008. 黄土高原不同植被覆盖对流域水文的影响 . 生态学报，28（8）：3597～3605.

张科利，彭文英，杨红丽 .2007. 中国土壤可蚀性值及其估算 . 土壤学报，44（1）：7～13.

张宪奎，许靖华，卢秀琴，等 .1992. 黑龙江省土壤流失方程的研究 . 水土保持通报，12（4）：1～9，18.

张岩，刘宪春，李智广，等 .2012. 利用侵蚀模型普查黄土高原土壤侵蚀状况 . 农业工程学报，28（10）：165～171.

郑粉莉，江忠善，高学田，等 .2008. 水蚀过程与预报模型 . 北京：科学出版社 .

郑粉莉，张勋昌，王建勋，等 .2010. WEPP 模型及其在黄土高原的应用评价 . 北京：科学出版社 .

周伏建，陈明华，林福兴，等 .1995. 福建省土壤流失预报研究 . 水土保持学报，9（1）：25～30，36.

左长清 .1987. 风化花岗岩土壤侵蚀规律和预测方程的探讨 . 水土保持通报，7（3）：53～58.

王建勋，郑粉莉，江忠善，等 .2008. WEPP 模型坡面版在黄土丘陵沟壑区的适用性评价——以坡度因子为例 . 泥沙研究，(6)：52-60.

Chu S T. 1978. Infiltration during unsteady rain. Water Resources Research，17（3）：461～466.

De Roo A P J. 1996. The LISEM project: an introduction. Hydrological Processes, 10: 1021 ~ 1025.

Favis-Mortlock D T. 1998. A self-organizing dynamic systems approach to the simulation of rill initiation and development on hillslopes. Computers and Geosciences, 24 (4): 353 ~ 372.

Flanagan D C, Nearing M A. 1995. USDA-WEPP: Hillslope profile and watershed model documentation. Washington D C: National Soil Erosion Research Laboratory.

Laflen J M, Elliot W J, Flanagan D C, et al. 1997. WEPP—predicting water erosion using a process: Based model. Journal of Soil and Water Conservation, 52 (2): 96 ~ 102.

Laflen J M, Elliot W J, Simanton J R, et al. 1991. WEPP soil erodibility experiments for rangeland and cropland soils. Journal of Soil and Water Conservation. 46 (1): 39 ~ 44.

Liu B Y, Nearing M A, Risse L M. 1994. Slope gradient effects on soil loss for steep slopes. Transactions of the American Society of Agriculture Engineers, 37: 1835 ~ 1840.

Liu B Y, Zhang K L, Xie Y. 2002. An empirical soil loss equation //Proceedings of 12th International Soil Conservation Organization Conference. Beijing: Tsinghua University Press.

Marshall J S, Palmer W M. 1948. Relation of rain drop size to intensity. Journal of Meteorology, 5: 165 ~ 166.

Misra R K, Rose C W. 1996. Application and sensitivity analysis of proeess-based-erosion-model-CUEST. European Journal Soil Science, 10: 593 ~ 604.

Morgan R P C, Quinton J N, Smith R E, et al. 1998. The European soil erosion model (EUROSEM): A dynamic approach for predicting sediment transport from fields and small catchments. Earth Surface Processes and Landforms, 23: 527 ~ 544.

Pandey A, Chowdary V M, Mal B C, et al. 2009. Application of the WEPP model for prioritization and evaluation of best management practices in an Indian watershed. Hydrological Processes, 23 (21): 2997 ~ 3005.

Renard G R, Foster G R, Weesies G A, et al. 1991. RUSLE revised universal soil loss equation. Journal of Soil and Water Conservation, 46 (1): 30 ~ 33.

Renard K G, Foster G R, Weesies G A, et al. 1997. RUSLE-a guide to conservation planning with the revised universal soil loss equation. Washington D C: USDA Agricultural Handbook.

Shen Z Y, Gong Y W, Li Y H, et al. 2009. A comparison of WEPP and SWAT for modeling soil erosion of the Zhangjiachong Watershed in the Three Gorges Reservoir area. Agricultural Water Management, 96 (10): 1435 ~ 1442.

Shi Z H, Yan F L, Li L, et al. 2010. Interrill erosion from disturbed and undisturbed samples in relation to topsoil aggregate stability in red soils from subtropical China. Catena, 81 (3): 240 ~ 248.

Sidorchuk A. 1998. Model for estimating gully morphology //Modelling Soil Erosion, Sediment Transport and Closely Related Hydrological Processes. Wallingford, IAHS Publication.

Torri D, Poesen J, Borselli L. 1997. Predictability and uncertainty of the soil erodibility factor using a global dataset. Catena, 31 (1): 1 ~ 22.

Van Dijk A I J M, Bruijnzeel L A, Rosewell C J. 2002. Rainfall intensity-kinetic energy relationships: a critical literature review. Journal of Hydrology, 261 (1 ~ 4): 1 ~ 23.

Williams J R, Jones C A, Dyke P T. 1983a. The EPIC model and its application //ICRISAT, IBSNAT, SYSS Symp. Minimum Data Sets for Agro-technology Transfer.

Williams J R, Renard K G, Dyke P T. 1983b. EPIC a new method for assessing erosion's effects on soil productivity. Journal of Soil and Water Conservation, 38 (5): 381 ~ 383.

Wischmeier W H, Smith D D. 1960. A universal soil loss equation to guide conservation farm planning.

Transactions of 7th International Conference in Soil Science.

Wischmeier W H, Smith D D. 1978. Predicting rainfall erosion losses: A guide to conservation planning. Washington D C: USDA Agricultural Handbook.

Woodward D E. 1999. Method to predict cropland ephemeral gully erosion. Catena, 37 (3): 393~399.

Yalin M S. 1977. Mechanics of Sediment Transport. 2nd edition. Toronto: Pergamon Press.

Zingg A W. 1940. Degree and length of land slope as it affects soil loss in runoff. Agricultural Engineering, 21 (2): 59~64.

第12章 水土保持措施对土壤改良效益的影响

12.1 概　述

　　土壤是指地球表面具有肥力的疏松土层。它既是植物生长发育所需的水、肥、气、热的主要供给基地，又是植物所需物质和能量转换的场所，还是人类和动植物乃至微生物赖以生存的基础。"万物土中生，有土斯有粮"也从某一角度说明了土壤的基本属性。人类要从土壤中获得更多的作物产量，维系良好的生态环境，就必须要有肥沃的土壤。保护、改良和合理利用土壤是水土保持科学工作者义不容辞的职责。

　　然而，由于人类长期不合理经营，滥用土壤资源，甚至毁林开荒、陡坡耕种、过度放牧，尤其是近代随着人口的急剧膨胀，人类向大自然的索取越来越多，使得土壤资源遭受严重破坏，造成土壤退化、土地瘠薄、生产能力下降，致使江河湖泊、水库池塘淤积日甚，水体污染严重，洪涝干旱频发，沙尘暴肆虐，滑坡和泥石流等灾害频繁出现。水土流失越演越烈，土壤退化越来越严重，使许多地方肥沃的表土不断流失，甚至成为光山秃岭的不毛之地。生态环境恶化，严重制约了经济社会的可持续发展。水土流失已成为当今重要的环境问题，也成为当前国际社会普遍关注的焦点。

12.1.1　土壤改良方法概述

　　保护、改良和合理利用土壤资源，维系和提高土地生产力是水土保持工作的主要目标。保护土壤就是不让现有的土壤资源遭受破坏，让土壤有一个休养生息的过程。改良土壤就是让土壤肥力得到有效恢复或提升，一般来说，土壤改良有自然恢复和人工改良两种方法。自然恢复即让土壤的营养物质慢慢累积，自然肥力得以恢复。人工改良土壤的方法很多，在这方面，我国劳动人民在长期生产实践中积累了丰富的经验，常使用施肥、灌溉及其他农业技术措施来减轻或消除土壤中存在的不利因素，提高作物产量。早在明代就有"地力常新壮"的歌谣传诵，民间有"冬至前犁金，冬至后犁银"的农谚。传统的土壤改良方法大体可分为四类：一是兴修水利改良土壤，即利用水利设施，采取合理的灌溉技术，调节土壤水分含量进行改良。二是采取农业措施改良土壤，指采用耕作方法、施用农家肥和平整土地等措施改良土壤。三是利用生物措施改良土壤，主要采用种草植树等技术措施改良土壤结构，提高土壤肥力，如种植豆科作物提高土壤含氮水平等。四是使用化学试剂改良土壤，主要使用化学药剂或化肥改变土壤酸碱度，达到改良土壤的目的。在我国南方，农民常常使用石灰来提高酸性土壤的 pH，而在北方常使用石膏等改良碱性土壤。

这些土壤改良的技术措施都是行之有效的，在实践中具有很强的生命力。在本研究中，主要是采取水土保持工程措施、植物措施和耕作措施来改良土壤，力求深入研究采取水土保持措施改良受侵蚀劣地的效益。

12.1.2 土壤改良的研究进展

在水土流失地区运用水土保持工程措施、植物措施和耕作措施改良土壤是被广泛应用的技术措施，国内外学者已做过多方面的研究，特别是在改良土壤理化性状、土壤养分、土壤质地和土壤成分等方面做过深入细致的研究。但对红壤坡地的土壤改良及其效益，尤其对土壤抗蚀性特征等方面研究较少。本研究针对第四纪红土水土流失坡地，采用了多种水土保持措施进行了长时效观测研究，通过分析研究这种侵蚀劣地，得出各种措施的优劣并进行效益评价。下面仅对与此相关紧密的研究进展作出综述分析。

12.1.2.1 水土保持措施对土壤物理性状的影响研究进展

曾河水（2002）研究长汀河田花岗岩山地严重水土流失区采取水土保持综合治理后，取得了对土壤物理性状的改善的效果。试验研究表明，在"小老头"马尾松林侵蚀劣地上采用生物与工程相结合的措施，搭配套种灌草和封山育林后，林地土壤物理性状得到不同程度改良。土壤砂粒和石砾相对减少、分散率降低、团聚度提高，土壤有机质含量提高，水稳性团聚体数量增加，结构体破坏率降低，土壤孔隙度增大，持水量增加，渗透性增强。各项措施中以林下灌草套种的措施对土壤物理性状的改良最优。吴蔚东和黄春昌（1997）试验研究表明，常绿阔叶林下土壤由于枯枝落叶层保存完整，在地表形成了一层独特的根盘层，保持了土壤发生学层次的完整和良好的物理性状。与之相比较，杉阔混交林和杉木纯林下的土壤由于地表枯枝落叶层和根盘层易受破坏而产生侵蚀，使土壤发生层逆向发育，各种物理性状明显恶化，尤以杉木纯林为甚。土壤物理性状退化的主要表现为：土壤质地突变或粗骨化，土壤结构性变差，土壤孔隙状况恶化，土壤持水能力下降，土壤渗透性下降。要防止山地森林土壤，特别是人工林土壤物理性状的退化，应重视改变林木更新和营林技术，以及改变林分组成单一的现状。王明玖等（1996）在荒漠草原地区的退化人工草地上，在春、夏、秋三个季节采取休闲、重耙、深松、浅翻四种土壤处理措施，并测定土壤含水量、土壤容重和土壤坚实度。试验结果表明；休闲措施不能在短期内改善土壤的物理性状，重耙措施对土壤的影响也是有限的，深松处理能部分改善土壤的物理性状，浅翻则可大大改善土壤的物理性状，并促进草类的生长。

12.1.2.2 水土保持措施对土壤化学性状的影响研究进展

康玲玲等（2003）通过对黄土高原水土保持世界银行贷款项目实施后土壤养分的分析，包括对土壤中的全氮、全磷、全钾、有机质、pH 和阳离子代换量变化的分析，研究了坝地、梯田、乔木林、灌木林和人工种草等水土保持措施对土壤化学特性的影响。结果表明，不采取水土保持措施的坡耕地和荒坡地的土壤养分含量基本不随时间变化，而有水土保持措施地块的土壤养分含量随时间推移而递增，采取措施比不采取措施的地块中土壤养分含量增加，pH 向中性变化，阳离子代换量增加。蔡志发等（2000）研究了闽南侵蚀地区不同侵蚀程度的土壤化学性状的变化。陈由强等（2000）对福建省长乐市大鹤林场滨海风沙地果园套种前后土壤生物化学特性变化进行研究，结果表明，滨海风沙地种植果园后土壤养分，诸如有机质、全氮、水解氮、速效钾、速效磷等含量得到提高，土壤微生物数量增加并出现了新的种类，土壤酶活性增强。

12.1.2.3　水土保持措施对土壤理化性状的影响综合研究进展

邰通桥等（1999）为了改良土壤，提高土壤肥力，开辟山区果园有机肥源，于 1989~1993 年连续 5 年对果园进行了套种绿肥、一年二季深翻压绿的改土试验。结果表明：果园套种绿肥较对照和套种前的土壤相比，能显著提高土壤有机质及有效养分含量，改善土壤理化性状，增加团粒结构，提高土壤肥力，改良土壤的效果十分显著。范淑英等（2005）研究红壤坡地栽植野葛的水土保持和土壤改良效应结果表明，横峰野葛和百喜草能有效增大土壤持水量、土壤孔隙度，降低土壤容重，提高土壤 pH、有机质和氮、磷、钾含量，减少土壤侵蚀量和径流量，水土保持和改良土壤效果明显。沈慧等（2000）认为水土保持林作为保持水土、防治土壤侵蚀的特有林种，对提高土壤肥力具有重要作用。评价土壤肥力的常见指标有土壤酶活性、土壤有机质含量、土壤有机–无机复合体和微团聚体、土壤颗粒组成、土壤微生物数以及土壤的其他理化性状等。通过分析不同水土保持林的土壤酶活性和土壤有机质含量，表明有林地土壤肥力高于无林地，油松–阔叶树混交林土壤肥力比油松纯林更高。同一林分随着林龄的增长，土壤肥力也在增加。各地类土壤的肥力水平均表现为表层最高，中层次之，下层最低。王震洪等（2001）通过对人工云南松群落、桉树—黑荆混交林群落、直干桉群落与无林地的土壤侵蚀、地表径流的观测及林地土壤主要理化指标的对比分析表明，地带性物种云南松形成的人工林群落及桉树–黑荆混交林群落具有良好的控制径流和土壤侵蚀的能力，对土壤理化性质的改善也有较明显的作用，值得在生产中推广。陈丽华（1996）为确定适宜湖北宜昌风化花岗岩地区的林草植被类型，利用主成分分析方法对该地区林草植被的土壤改良作用进行了数量化分析和评价。结果表明：松栎混交林对土壤的改良效果最好，草地次之，马尾松纯林则较差。刘畅等（2005）对辽宁东部山区柞树林、杂木林、落叶松林、红松林、油松林等 5 种主要森林类型的林下枯落物积累、土壤理化性质等进行比较分析，结果表明：阔叶林在改良土壤、涵养水源方面较针叶林好。因此，在辽东山区营林时应多营建阔叶林或针阔混交林。

谢锦升等（2002）采取人工施肥、补植与封山育林相结合的措施对福建长汀河田严重侵蚀红壤进行封禁治理，对治理后的林地及对照区的土壤持水性能、抗蚀性能、土壤化学性质、土壤酶活性、土壤微生物、土壤呼吸作用进行了对比研究。结果表明，与对照区相比，治理后土壤的持水性能和抗蚀性能有明显的改善，土壤养分含量和速效性养分供应强度亦得到明显改善，土壤微生物总数明显增加。土壤水解性酶、氧化还原酶活性和土壤呼吸作用强度等得到显著加强，但它们的绝对数值与正常的土壤相比较小。因此采用封禁治理是改良严重侵蚀红壤的有效途径之一，同时也说明严重侵蚀退化生态系统的恢复与重建是一个漫长的过程。沈林洪等（2002）对闽南不同土壤侵蚀强度的土壤性状进行研究。结果表明，随着土壤侵蚀强度的加大，土壤有机质降低，氮、磷、钾的供应容量和供应强度降低，供肥能力下降，同时土壤沙化，物理结构性变差，抗蚀性和抗冲性减弱。

12.1.2.4 水土保持措施对土壤可蚀性的影响研究进展

张保华等（2005）为分析川中丘陵区人工林下土壤侵蚀严重的原因，在中国科学院盐亭农业生态试验站采集土样对土壤结构进行分析，研究其与表层土壤侵蚀率的关系。结果表明，人工林土壤团聚体稳定性较差，非毛管孔隙数量少，表层土壤侵蚀率较大并与 > 0.25mm 水稳性团聚体含量、结构体破坏率、团聚体平均重量、直径差值、非毛管孔隙度具有明显的相关关系。查小春和唐克丽（2003）以黄土丘陵子午岭土壤侵蚀和生态环境观测站 1989～1998 年的观测资料为基础，研究分析了林地开垦 10 年内土壤侵蚀与生态环境变化的相互效应关系。分析指出：林地开垦引起的人为加速侵蚀率为自然侵蚀率的 1000 倍以上。以降雨侵蚀力引起的侵蚀量作为衡量指标，林地开垦地土壤侵蚀强度随侵蚀年限增长呈递增加剧趋势，说明退化的生态环境加剧了土壤侵蚀的发生和发展。蔡丽平等（2001）对福建南靖南亚热带受侵蚀的赤红壤采取不同治理措施后对土壤抗蚀性进行研究，结果表明：采取不同治理措施后，土壤抗蚀性均得到一定程度提高，不同治理模式的抗蚀性由大至小顺序为南岭黄檀林、蜜柚、柑橘。在进行开发性治理中，应辅以工程措施，并改善土壤水肥状况，注意保留林下植被，增加地表覆盖或敷盖，以增加土壤抗蚀性。

从以上研究结果可以看出，采用水土保持措施改良土壤的研究虽有较多报道，但不够系统，需要进一步深入研究。特别是在第四纪红壤坡地，采用标准径流小区，长时效地开展植物、工程、耕作等措施的研究，并对其改良土壤效益进行系统性分析研究尚未见报道。因此本研究以第四纪红壤坡地的水土流失区为研究对象，在气候、土壤、地形地貌、坡度坡向和水土流失程度相同的情况下，布设了植物、耕作、工程三类措施，共 15 个小区进行研究。借助统计分析方法对各小区土壤理化性状、土壤质地、抗蚀性能等多项指标进行综合分析评价，比较这三类措施改良土壤效益的差异，着重探讨与侵蚀相关的土壤有机质、土壤团聚体、土壤微团聚体等土壤理化性质与不同水土保持措施之间的关系，为防治红壤坡地的水土流失，选择高效的水土保持措施，评价其土壤改良效益提供理论依据和技术支撑。

12.1.3 研究方法

水土保持措施的土壤改良效益主要表现在土壤物理性状、化学性状、抗蚀性等指标的变化。因此，本研究选取土壤物理性状、化学性状以及抗蚀性等指示性因子进行分析。为便于比较，研究中将 15 个标准试验小区按措施类型和试验目的，分为牧草区组、耕作区组和梯田区组，分别代表植物、耕作和工程 3 大措施类型，并与不采取水土保持措施的裸露对照区组进行比较。探讨其土壤改良效益，为红壤坡地生态农业提供可持续利用模式和经验借鉴。

布设 15 个小区的山坡地面经过严格的选择，其土质条件基本一致，坡面保持原有地貌，未有大的修整。在 2001 年试验小区建设之前，即对坡面土壤进行多点取样，进行全面分析化验，其结果作为该坡面土壤的平均基准值，此后，在每一个小区采取相同的土壤取样方法，采用同样的分析指标进行分析研究。

12.1.3.1 土壤样品的采集与处理

采样时先清除地被物，取 0~20cm 的耕作土壤，按多点采样的原则取同一地块不同点的土样后把土样混合，用四分法将土样分取到 1kg 左右，放入聚乙烯袋中密封，带回实验室将土样风干，按不同的分析要求磨细过筛备用。

对土壤团聚体的测定需要单独采样，采样时要注意土壤湿度，不宜过干或过湿，最好土不沾锹、经接触不易变形时采取；采样时尽量保持原来的结构状态，最好采取一整块的土壤，剔除土块表面直接与土锹接触而变形的部分，置于封闭的木盒或白铁盒内带回实验室。在实验室处理时，将土块削成 10~12mm 直径的小样块，弃除粗根和石头等杂质，削样时应沿土壤的自然结构轻轻剥开，避免土样受机械压力而变形，然后将样品放置 2~3 天，至样品变干为止。

12.1.3.2 土壤物理性状的测定

土壤比重（土粒密度）采用比重瓶法测定。土壤容重（土壤密度）、总孔隙度、毛管孔隙度、土壤毛管持水量、土壤饱和持水量、非毛管孔隙度采用环刀法测定。土壤吸湿水采用烘干法测定。土壤机械组成、土壤微团聚体采用吸管法测定。土壤团聚体组成采用干湿筛法测定。

12.1.3.3 土壤化学性状的测定

土壤有机质采用重铬酸钾法测定；全氮采用半微量开氏法测定；全磷采用高氯酸消化、钼锑抗比色法测定；全钾采用氢氧化钠熔融、火焰光度计法测定；速效氮采用碱解蒸馏法测定；速效磷采用 Na_2CO_3 碱熔钼锑抗比色法测定；速效钾采用火焰分光光度计法测定；pH 采用酸度计法进行测定。

12.1.3.4 土壤抗蚀性指标的测算

$$团聚状况 = （>0.05mm\ 微团聚体 - 机械组成） \tag{12-1}$$

$$团聚度 = 团聚状况 \times 100\% / （>0.05mm\ 微团聚体） \tag{12-2}$$

$$分散率 = （<0.05mm\ 微团聚体） \times 100\% / （<0.05mm\ 机械组成） \tag{12-3}$$

$$EVA（受蚀性指数） = 分散率 / [持水当量 \times （>0.5）WSA] \tag{12-4}$$

式中，（>0.5）WSA 为 >0.5mm 水稳性团粒重量百分数。

$$结构体破坏率 = （>0.25mm\ 团粒） \times 100 / （>0.25mm\ 团粒） \tag{12-5}$$

$$E_{MWD} = \sum_{i=1}^{N} X_i \frac{W_i}{W_T} \tag{12-6}$$

式中，E_{MWD} 为平均水稳性团粒重量直径（mm）；X_i 为筛分出来的任一粒径范围团聚体的平均直径（mm）；W_i 为任一粒径范围团聚体的重量（mg）；W_T 为供试土壤的总重量（mg）。

12.1.3.5 数据处理

利用 Paired-Samples T Test 完成配对资料的显著性检验，即配对 t 检验。对同一研究对象不同措施分别进行效果比较，推断它们之间的差别。

相关性分析即两个变量之间的简单相关分析（correlations analysis）以皮尔逊相关系数表达（Pearson's correlations）。主要在土壤改良效益指标的单独分析中，如土壤化学性状、物理性状、土壤抗冲性与可蚀性等。利用简单相关分析可以了解变量之间的联系程度。对所有相关系数 r 都进行统计意义检验，若无特别注明，显著差异指 $p<0.05$，极显著差异指 $p<0.01$。

主成分分析（principal component analysis，PCA）是将多个实测变量转换为几个不相关的综合指标（即公因子）的多元统计方法。由于土壤性质（质量）测定指标比较多，并且指标间存在复杂的交互作用，用主成分分析来达到简化数据结构的目的。每个公因子（component，简称因子）是原始变量的线性组合，每个变量都可以被因子加上独立于其他变量的参量（residue term）表示。利用相关矩阵（correlation matrix）对数据标准化，以消除变量之间不同单位对因子负载的影响，因子负载（loading）是变量与因子的简单相关。特征值（eigenvalues）表达的是每个因子解释变量的大小，一般只保留特征值大于 1 的因子，因为当特征值小于 1 时，其解释能力将小于单个变量。使用最大方差旋转法（varimax）是变量之间的相互关系最大化，经过 3 次迭代收敛。公因子方差（cornmunalities）代表了每个变量被某一因子的解释程度，变量的公因子方差低，则表示变量的大部分信息没有被因子解释。因此，在解释因子时，对公因子方差较高的变量特别重视。主成分分析的同时也计算出每个变量的因子得分值（factorscores），因子得分值（简称因子值）能够代表每个案例（本研究指不同治理措施）在因子的权重。因此，主成分分析的最终结果生成的两个图，即因子负载图和因子值散点图，前者可以对变量结构进行进一步的分析，后者表达了不同治理措施之间的关系，便于阐明研究中样地之间的差异（排序）状况。

土壤改良效益分析采用土壤相对质量评价法。通过引入相对土壤改良效益指数来评价土壤改良效益的变化，这种方法首先是假设研究区有一种理想土壤，其各项评价指标均能完全满足植物生长需要，以这种土壤的土壤改良效益指数为标准，将其他土壤的改良效益指数与之相比，得出土壤的相对改良效益指数，从而定量地表示所评价土壤的改良效益指数与理想土壤改良效益指数之间的差距。这样，从土壤改良效益值就可以明显而直观地看出这种土壤的质量状况，改良效益值的变化量可以表示土壤质量的升降程度，从而可以定量地评价土壤质量的变化。

12.2 水土保持措施对土壤物理性状的影响

本研究选择土壤容重、土壤孔隙度、土壤持水量等与土壤侵蚀密切相关的土壤物理性状指标进行分析。

12.2.1 水土保持措施对土壤结构的影响

水土保持措施对土壤的改良效益，首先体现在改良土壤结构上。与土壤结构密切相关的指标有土壤容重、土壤孔隙度等。土壤容重综合反映了土壤颗粒和土壤孔隙的状况，一般来讲，土壤容重小，表明土壤比较疏松，孔隙多；土壤容重大表明土壤比较紧实，孔隙少。许多研究表明，作物生长发育最适宜的土壤容重为 1.20g/cm^3。红壤区由于土壤颗粒粘重、细小，毛管孔隙多，非毛管孔隙少，当毛管孔隙度与非毛管孔隙度之比为 2：1 时最适宜作物生长（侯光炯，1992），而第四纪红壤很难达到这种比例水平。在红壤坡面应用水土保持措施，可改良土壤结构，促进作物生长发育，提高土壤抗侵蚀能力。

12.2.1.1 裸露对照小区对土壤结构的影响

裸露对照小区通过人工拔除自然生长的杂草灌木，保持坡面地表完全裸露。经采用同样取土和测试方法，对试验前的 2001 年和试验后期 2006 年的两个样本测试结果列成表 12-1。可以看出，5 年间，该小区平均土壤容重由 1.31 g/cm^3 增加到 1.36 g/cm^3，增加了3%。不论上坡、中坡还是下坡，土壤容重均有所增加，并表现出上坡最大，中坡次之，下坡最小的变化规律。受降雨侵蚀的影响，上坡表土流失后得不到补充，而下坡有上坡冲蚀沉积的表土作为补充，因而出现了上坡土壤容重大于下坡土壤容重的现象。5 年期间土壤总孔隙度下降了 1.09%，这是由于降雨溅蚀造成土壤团粒结构破坏，形成细小微粒填充了土壤孔隙的的结果。其中最易被填充的是非毛管孔隙，其产生的下降比例达11%，而毛管孔隙度下降并不明显。以上结果表明，经过 5 年后，该小区土壤结构呈现明显的退化趋势。

表 12-1 裸露对照小区土壤结构状况变化表

Table 12-1　The change table of soil structural condition in exposed control plots

年份	土壤容重（g/cm³）				总孔隙度（%）	毛管孔隙度（%）	非毛管孔隙度（%）
	上坡	中坡	下坡	平均值			
2001	1.36	1.30	1.26	1.31	49.02	41.05	7.97
2006	1.41	1.34	1.33	1.36	47.91	40.79	7.13

12.2.1.2 牧草区组对土壤结构的影响

牧草区组共有 6 个小区，分别种植百喜草、宽叶雀稗草和狗牙根三种牧草，采用了全园覆盖和带状覆盖两种措施。对照区组选用裸露小区和同样经营种植柑橘的清耕果园。经过 5 年后，牧草各小区土壤结构状况对比表如表 12-2 所示。

表 12-2　牧草区组与对照区组土壤结构状况对比表

Table 12-2　The comparison table of soil structural condition between the pasture group and control group

小区名称		植被情况	土壤容重（g/cm³）	总孔隙度（%）	毛管孔隙度（%）	非毛管孔隙度（%）
对照区组	裸露对照	地面裸露	1.36	47.91	40.79	7.13
	清耕果园	柑橘清耕，果树	1.34	48.46	41.07	7.39
牧草区组	百喜草全园覆盖	百喜草全园覆盖，果树、牧草套种	1.23	51.73	40.45	11.28
	百喜草带状种植	百喜草带状覆盖，果树、牧草套种	1.27	50.98	40.30	10.68
	百喜草带状套种	百喜草带状覆盖，套种黄豆或萝卜，果树、牧草套种	1.24	52.10	40.39	11.71
	宽叶雀稗全园覆盖	宽叶雀稗全园覆盖，果树、牧草套种	1.26	50.51	40.46	10.05
	狗牙根带状种植	狗牙根带状覆盖，果树、牧草套种	1.24	52.53	41.55	10.99
	狗牙根全园覆盖	狗牙根全园覆盖，果树、牧草套种	1.20	53.12	42.70	10.42

由表 12-2 得出，牧草区组各小区均能显著降低土壤容重、提高土壤总孔隙度和非毛管孔隙度，特别是能迅速提高土壤非毛管孔隙度，以增加土壤水分和空气的贮存与交换空间，而对土壤毛管孔隙度影响不大。与裸露对照小区相比，牧草区组土壤容重平均降低 9%，降幅为 7%～12%；土壤总孔隙度平均提高 8%，增幅为 5%～11%；土壤非毛管孔隙度平均提高 52%，增幅为 41%～58%。与采用同样果树经营方式的清耕果园相比，牧草区组土壤容重平均降低 7%，降幅为 5%～10%；土壤总孔隙度平均提高 7%，增幅为 4%～10%；土壤非毛管孔隙度平均提高 47%，增幅为 36%～53%。可见，种植牧草既能增加果园的植被盖度，又能快速有效地改良土壤结构。

将牧草区组内各措施进行比较，就改良土壤结构效益而言，种植同一草种全园覆盖所产生的效果优于带状覆盖，无论百喜草还是狗牙根都是如此。在试种的三个草种之间，以狗牙根改良土壤结构的效果最好，百喜草次之，宽叶雀稗草稍逊。因此在果园大力推广种植牧草是改良土壤结构的有效途径，尤以狗牙根全园覆盖的改良效果最好，该小区土壤容重在短短 5 年已经达到适宜作物生长的土壤容重水平。

为了解各小区土壤结构是否存在显著差异，将表 12-2 的测定结果分别与裸露对照区组和清耕果园区组相应指标进行 t 检验，其结果见表 12-3。可以看出，经过 5 年后，牧草区组各小区土壤结构均得到不同程度的改善。除毛管孔隙度外，土壤容重、土壤总孔隙度和非毛管孔隙度指标的差异均达到极显著水平，说明不同小区与对照小区存在极显著差异。

表 12-3　牧草区组各项指标的 t 值表

Table 12-3　The t-value of indexes in pasture group

指标名称	与裸露对照小区比较 t 值	与清耕果园小区比较 t 值
土壤容重	−22.127	−18.439
土壤总孔隙度	18.250	15.688
毛管孔隙度	0.867	0.445
非毛管孔隙度	28.057	26.100

注：$t_{0.05}=2.110$；$t_{0.01}=2.898$

12.2.1.3　耕作区组对土壤结构的影响

耕作措施区组共有 3 个小区，分别为横坡耕作小区、顺坡耕作小区和清耕果园小区。这 3 种耕作措施都是当地群众通常使用的传统耕作方式。2006 年耕作区组土壤结构状况对比如表 12-4 所示。

表 12-4　耕作区组改善土壤结构状况比较表

Table 12-4　The comparison table of improve soil structure in farming group

小区名称		植被情况	土壤容重（g/cm³）	总孔隙度（%）	毛管孔隙度（%）	非毛管孔隙度（%）
对照区组	裸露对照	地面裸露	1.36	47.91	40.79	7.13
耕作区组	横坡耕作	横坡耕作，套种黄豆和萝卜、果树、作物套种	1.25	50.71	42.18	8.54
	顺坡耕作	顺坡耕作，套种黄豆和萝卜、果树、作物套种	1.27	50.30	42.34	7.96
	清耕果园	果树清耕不套种	1.34	48.46	41.07	7.39

由表 12-4 可知，耕作措施有利于改善土壤容重和土壤孔隙度，其中横坡耕作最好，顺坡耕作次之，不套种的清耕果园最差。与裸露对照区相比，耕作区组土壤容重平均下降 5%，土壤总孔隙度、毛管孔隙度、非毛管孔隙度分别提高 4%、3%、12%。经过 5 年后，横坡耕作土壤容重降低 8%，土壤总孔隙度提高 6%，毛管孔隙度提高 3%，土壤非毛管孔隙度提高 20%。顺坡耕作的土壤容重降低 7%，土壤总孔隙度、毛管孔隙度和非毛管孔隙度分别提高 5%、4%、12%。清耕果园小区土壤容重有所下降，土壤总孔隙度、毛管孔隙度和非毛管孔隙度略有上升，说明清耕果园对改良土壤结构也具有一定的作用。但清耕果园与套种果园相比，由于后者进行了人工套种，地表常有作物覆盖，其改良土壤结构的效果要明显优于清耕果园。

将测定结果的各项指标与裸露对照小区进行 t 检验，其结果说明耕作措施有利于改良土壤结构，增加土壤孔隙度，降低土壤容重，且达到极显著水平（表 12-5）。

表 12-5　耕作区组各项指标的 *t* 值表

Table 12-5　The *t*-value of indexes in farming group

指标名称	与裸露对照小区比较 t 值
土壤容重	−5.375
土壤总孔隙度	5.531
毛管孔隙度	5.375
非毛管孔隙度	5.020

注：$t_{0.05}=2.306$；$t_{0.01}=3.355$

12.2.1.4　梯田区组对土壤结构的影响

梯田区组共有 5 个小区，内沟外埂水平梯田、梯壁植草的标准水平梯田、梯壁裸露的标准水平梯田、内斜式梯田和外斜式梯田。内斜和外斜程度均为 3%，各梯田小区的梯壁均为土坎。除梯壁裸露的标准水平梯田外，其他小区梯壁均种植百喜草保护。经 5 年后，梯田区组各小区取样测试得出结果列为表 12-6。

表 12-6　梯田区组改良土壤结构状况比较表

Table 12-6　The comparison table of improve soil structure in terraces group

小区名称		植被情况	土壤容重 （g/cm³）	总孔隙度 （%）	毛管孔隙度 （%）	非毛管孔隙度 （%）
对照 区组	裸露对照	地面裸露	1.36	47.91	40.79	7.13
	清耕果园	柑橘清耕，果树	1.34	48.46	41.07	7.39
	梯壁裸露水平	水平梯田，梯壁裸露，梯面果树	1.33	49.29	42.47	6.82
梯田 区组	前埂后沟	水平梯田，梯壁百喜草，梯面果树	1.28	50.96	44.05	6.91
	梯壁植草水平	水平梯田，梯壁百喜草，梯面果树	1.29	50.55	44.87	5.68
	内斜式	内斜式梯田，梯壁百喜草，梯面果树	1.29	49.56	43.60	5.96
	外斜式	外斜式梯田，梯壁百喜草，梯面果树	1.29	48.88	41.73	7.15

由表 12-6 可知，梯田措施有利于改善土壤容重、总孔隙度和毛管孔隙度，其中前埂后沟梯田最好，水平梯田较好，内斜式梯田次之，外斜式梯田最差，但其改良效果不及其他区组。改良非毛管孔隙度指标的效果不明显，个别小区甚至出现负效应现象。由于本研究采用传统的梯田修筑方式，采取内挖外填，直接将表土填埋下方，未进行表土回填，导致梯田底层土出露。因此，在今后修筑梯田时，需特别注意表土的剥离和回填，以及对梯壁采用植被保护，否则会影响梯田对土壤结构的改良效果。

将梯田区组与裸露对照区组、清耕果园小区和梯壁裸露小区水平梯田的土壤结构各指标进行 *t* 检验。除非毛管孔隙度外，其余指标均呈现显著差异性，结果见表 12-7，说明采用工程措施的梯田有利于改良土壤结构，增加土壤孔隙度，降低土壤容重。

表 12-7　梯田区组各项指标的 t 值

Table 12-7　The t-value of indexes in terraces group

指标名称	与裸露对照小区比较 t 值	与清耕果园小区比较 t 值	与梯壁裸露小区比较 t 值
土壤容重	−13.734	−9.442	−32.333
土壤总孔隙度	9.268	6.638	2.831
毛管孔隙度	8.539	7.603	3.146
非毛管孔隙度	−4.069	−5.759	−2.117
t 值	$t_{0.05}=2.145$、$t_{0.01}=2.977$	$t_{0.05}=2.145$、$t_{0.01}=2.977$	$t_{0.05}=2.201$、$t_{0.01}=3.106$

12.2.2　水土保持措施对土壤持水能力的影响

土壤水分是土壤–植物–大气连续体（SPAC）的关键因子，是土壤系统中养分循环和流动的载体。土壤耕作层是土壤水分最活跃的区域，该层土壤水不但影响大气降水下渗、调蓄地表径流，而且与作物生长密切相关。本试验选择土壤最大持水量（饱和持水量）、毛管持水量和田间持水量来研究不同治理措施对耕作层土壤水分的影响。一般情况下，土壤孔隙状况较好的土壤，具有较好的持水及透水的能力，水文功能较强。土壤总孔隙度决定着最大持水量，也直接决定着土壤在完全浸泡条件下所能够吸持的水量。毛管持水量决定土壤吸收和滞留水分的能力，这部分水决定着土壤储存水分能力大小。土壤毛管孔隙度大的土壤，毛管持水量也大，意味着土壤持水和供水能力也越强。在降雨期间，土壤可以吸收和滞留更多的降水，从而减少地表径流量和土壤侵蚀量。在土壤总孔隙度一定的情况下，非毛管孔隙度越大，土壤透水能力越强。在降雨条件下，非毛管孔隙度越大的土壤的水分入渗能力和入渗量也越大，削峰延时和减轻洪涝灾害能力也越强。田间持水量属于毛管持水量的范畴，与作物生长的土壤有效水密切相关，决定着土壤抵抗干旱灾害的能力。田间持水量越大，植物生长所获得可利用土壤有效水越多，抵御干旱灾害的能力就越强。

12.2.2.1　裸露区组对土壤持水能力的影响

表 12-8 为裸露对照区组土壤水分状况变化表，可以看出，2006 年测定的土壤最大持水量、毛管持水量和田间持水量分别比 2001 年降低 5%、4%、20%，其中田间持水量下降幅度最大，平均每年下降 4%。由于植物可利用土壤有效水决定于田间持水量与植物萎蔫系数的差值，二者之间的差值越大，影响越大。田间持水量越大，提供植物可利用的水分就越多，抗御干旱的能力越强，反之则越弱。根据有关文献数据可查，黏土的植物萎蔫系数高达 14%。这种土壤持水能力下降，可直接导致植物生长困难甚至造成植物因失水而死亡，进一步造成土壤退化，形成恶性循环，从而加剧土壤干旱的影响。经过 5 年的水土流失后，裸露对照小区的土壤持水能力显著降低，植物可利用的有效水分减少，土壤抗旱能力变差。

表 12-8　裸露区组土壤水分状况变化表

Table 12-8　The comparison table of soil moisture in exposed group

年份	最大持水量（%）	毛管持水量（%）	田间持水量（%）
2001	37.13	31.41	22.30
2006	35.23	29.99	17.92

12.2.2.2　牧草区组对土壤持水能力的影响

经取样分析，将 2006 年牧草区组土壤持水量测试结果列成表 12-9。可以看出，牧草区组各小区均能显著改善土壤水分情况，增加最大持水量、毛管持水量和田间持水量。与裸露区组相比，牧草区组最大持水量平均增加 19%，其中种植狗牙根全园覆盖小区增加 26%，最差的宽叶雀稗全园覆盖小区增加 14%。毛管持水量平均提高 10%，其中狗牙根全园覆盖小区提高 18%，最差的百喜草带状种植小区也高出 6%。田间持水量平均提高 44%，其中百喜草全园覆盖小区提高 55%，最差的百喜草带状种植小区高出 30%。与清耕果园小区相比，也有类似的趋势。可见，种植牧草可以有效地改善土壤水分含量，促进作物生长，提高土壤的抗旱能力。

表 12-9　牧草区组土壤水分状况比较表

Table 12-9　The comparison table of soil moisture in pasture group

	小区名称	植被情况	最大持水量（%）	毛管持水量（%）	田间持水量（%）
对照区组	裸露对照	地面裸露	35.23	29.99	17.92
	清耕果园	柑橘清耕，果树	36.17	29.75	20.59
牧草区组	百喜草全园覆盖	百喜草全园覆盖，果树、牧草套种	42.06	32.89	27.82
	百喜草带状种植	百喜草带状覆盖，果树、牧草套种	40.14	31.73	23.24
	百喜草带状套种	百喜草带状覆盖，套种黄豆或萝卜，果树、牧草套种	42.02	32.57	24.73
	宽叶雀稗全园覆盖	宽叶雀稗全园覆盖，果树、牧草套种	40.09	32.11	24.80
	狗牙根带状种植	狗牙根带状覆盖，果树、牧草套种	42.41	33.54	26.22
	狗牙根全园覆盖	狗牙根全园覆盖，果树、牧草套种	44.30	35.61	27.59

将表 12-9 的测试结果与裸露对照小区和清耕果园小区作对照的各项指标 t 检验，其结果表明牧草区组有关土壤持水量指标均有很大程度增加，且达到极显著水平，详见表 12-10。

表 12-10　牧草区组各项指标的 t 值表

Table 12-10　The t-value of indexes in pasture group

指标名称	与裸露对照小区比较 t 值	与清耕果园小区比较 t 值
最大持水量	16.318	13.990
毛管持水量	10.018	10.798
田间持水量	19.646	12.933

注：$t_{0.05}=2.110$；$t_{0.01}=2.898$

12.2.2.3 耕作区组对土壤持水能力的影响

将耕作区组 2006 年土壤持水量测试结果列成表 12-11。可以看出，耕作区组与裸露对照区相比，改善土壤水分状况显著。最大持水量、毛管持水量和非毛管持水量 3 项指标均是等高横坡耕作最好，顺坡耕作次之，清耕果园最差。其中，耕作区组最大持水量平均增加比例达 10%，毛管持水量平均提升比例达 8%，田间持水量平均提升比例达 25%。而横坡耕作方式，最大持水量增加比例达 15%，毛管持水量平均提升比例达 13%，田间持水量平均提升比例达 31%。

表 12-11 耕作区组土壤水分状况比较表

Table 12-11　The comparison table of soil moisture in farming group

小区名称		植被情况	最大持水量（%）	毛管持水量（%）	田间持水量（%）
对照区组	裸露对照	裸露小区	35.23	29.99	17.92
耕作区组	横坡耕作	横坡间种，套种黄豆和萝卜，果树、作物套种	40.57	33.74	23.46
	顺坡耕作	纵坡间种，套种黄豆和萝卜，果树、作物套种	39.61	33.34	23.22
	清耕果园	柑橘清耕，果树	36.17	29.75	20.59

将耕作区组土壤持水量结果与裸露对照小区的各项指标进行 t 检验，结果见表 12-12。其结果说明耕作措施区组土壤持水量有关指标均增大，且达到极显著水平。

表 12-12 耕作区组各项指标的 t 值表

Table 12-12　The t-value of indexes in farming group

指标名称	与裸露对照小区比较 t 值
最大持水量	4.724
毛管持水量	3.447
田间持水量	8.313

注：$t_{0.05} = 2.201$；$t_{0.01} = 3.106$

12.2.2.4 梯田区组对土壤持水能力的影响

经 5 年后，将梯田区组 2006 年土壤持水量测试结果列成表 12-13。可以看出，梯田区组与裸露对照区组、清耕果园区组相比，均能显著改善土壤水分状况，其最大持水量平均增加比例分别为 9%、6%，毛管持水量平均提高比例分别为 11%、12%，田间持水量提高比例分别为 25%、10%。

表 12-13　梯田区组土壤水分状况比较表

Table 12-13　The comparison table of soil moisture in terraces group

小区名称		植被情况	最大持水量（%）	毛管持水量（%）	田间持水量（%）
对照区组	裸露对照	裸露小区	35.23	29.99	17.92
	清耕果园	柑橘清耕，果树	36.17	29.75	20.59
	梯壁裸露水平	水平梯田，清耕梯面果树	37.06	31.93	21.40
梯田区组	前埂后沟水平梯田	水平梯田，梯壁百喜草，梯面果树	39.82	34.42	23.13
	梯壁植草水平梯田	标准水平梯田，梯壁白喜草，梯面果树	39.19	34.79	22.41
	内斜式梯田	内斜式梯田，梯壁百喜草，梯面果树	38.42	33.80	23.06
	外斜式梯田	外斜式梯田，梯壁百喜草，梯面果树	37.89	32.35	23.44

　　将梯田区组与裸露对照小区、清耕果园小区和梯壁裸露水平梯田小区的各项指标进行 t 检验，详见表 12-14。其结果说明梯田区组的土壤持水量相关指标均增大，且达到极显著水平。

表 12-14　梯田区组各项指标的 t 值表

Table 12-14　The t-value of indexes in terraces group

指标名称	与裸露对照小区比较 t 值	与清耕果园小区比较 t 值	与梯壁裸露小区比较 t 值
最大持水量	12.570	8.930	7.986
毛管持水量	11.488	12.283	6.811
田间持水量	24.573	10.812	14.248
t 值	$t_{0.05}=2.145$、$t_{0.01}=2.977$	$t_{0.05}=2.145$、$t_{0.01}=2.977$	$t_{0.05}=2.201$、$t_{0.01}=3.106$

12.3　水土保持措施对土壤化学性状的影响

　　土壤化学性状的变化是评价土壤肥力的重要指标，也是反映水土流失严重程度和检验水土保持成效的重要依据。本研究选取的土壤化学性状指标有土壤养分指标（有机质、氮、磷、钾等）和土壤酸度指标（pH），了解其变化情况，检验其效果，期望在所采取的水土保持措施中筛选出最佳的治理措施。

12.3.1　水土保持措施对土壤养分影响

　　本研究选取的土壤养分指标主要包括土壤有机质、氮、磷、钾等。土壤有机质是土壤肥力的重要组成部分。它与土壤矿物质共同组成植物营养的来源，对促进土壤微生物活动，改善土壤的物理性状，提高土壤的保肥力和缓冲性具有重要作用。植物的凋落物、根系、植物残体及其代谢物质，以及土壤中的小动物、微生物的排泄物和残体都是土壤有机物质的重要来源。氮是植物生长必不可少的重要营养元素，位于三大主要营养元素之首。土壤含氮量反映了土壤供氮能力的大小，在一定程度上反映了土壤结构和土壤肥力状况的好坏。土壤氮素是土地生产力的主要限制性因子之一，含氮量主要取决于成土母质、生物量积累、土壤有机质分解强度、土壤侵蚀强度和水热状况等因素。碱解氮亦称速效氮，是植物可以直接吸收的速效养分，它直接溶解于土壤溶液或吸附在土壤小颗粒上，对植物生长发育有着重要的意义。磷是最早发现的植物生长发育需要的主要营养元素之一。影响土壤中磷元素含量的因素有三：一是由于生物富集作用，速效磷逐渐向表层土壤迁移，从而容易直接被径流带走；二是随着作物的收获而被带走；三是表层土壤中的速效磷易与铁离子、铝离子和钙离子等金属离子结合，形成难溶的无机磷酸盐而被土壤固定，不易被植物吸收。土壤表层的全磷和速效磷，被径流携带、迁移，进入河流、湖泊，会造成水体富营养化。采取水土保持措施拦蓄和调控径流泥沙，可控制土壤磷素的流失，一方面，保护和提高土壤肥力，促进作物的生长；另一方面，控制由磷素引起的面源污染，保护生态环境免受破坏。钾是植物生长发育需要的第三大营养元素，它能活化60多种已知酶，对植物叶面的气孔开闭、木质部和韧皮部的运输，以及作物产量均能起到极其重要的作用。土壤对钾的固定能力主要受土壤矿物学性质的影响，南方红壤成土母质发育的黏土矿物主要以高岭土为主，而水云母和蛭石含量较低，因此这些土壤没有显著的固钾能力（朱永官和罗家贤，1993）。红壤坡地采用水土保持措施后，可改善土壤肥力，促进作物生长。

12.3.1.1 裸露小区对土壤养分的影响

裸露小区是研究的基础，它的养分变化是土壤侵蚀的必然结果，将2001年和2006年裸露小区土壤化学性状变化结果列成表12-15。从该表可发现，裸露对照小区由于没有地表植物的保护，土壤侵蚀严重，导致土壤肥力水平持续下降，土壤养分发生较为明显的变化。在5年时间内，裸露小区土壤的酸度增加，其他养分指标水平呈下降趋势。2006年测定的有机质、全氮、碱解氮、全磷、速效磷、全钾、速效钾含量比2001年均有所降低，降低比例分别为24%、26%、44%、13%、23%、7%、2%。其中与面源污染密切相关的速效氮、全氮、有机质、速效磷下降幅度最大，平均每年下降比例都在4%以上。土壤侵蚀不仅会造成土壤肥力降低，土地退化，而且还会造成严重的面源污染。

表12-15 裸露区组土壤化学性状变化表

Table 12-15 The changes of soil chemical properties in exposd group

年份	pH	有机质 (g/kg)	全氮 (g/kg)	全磷 (g/kg)	全钾 (g/kg)	碱解氮 (mg/kg)	速效磷 (mg/kg)	速效钾 (mg/kg)
2001	4.64	13.52	0.95	0.24	14.73	112.00	0.90	102.23
2006	4.47	10.31	0.70	0.21	13.69	63.00	0.69	99.77
含量变化（%）	+4	-24	-26	-13	-7	-44	-23	-2

12.3.1.2 牧草区组对土壤养分的影响

将2006年牧草区组各小区土壤养分状况列成表12-16所示。可以看出，牧草区组不同措施均显著提高了土壤养分水平。

表 12-16 牧草区组对土壤养分的影响

Table 12-16 The influence of soil nutrient in passture group

区组名称		有机质 (g/km)	全氮 (g/km)	碱解氮 (mg/km)	全磷 (g/km)	速效磷 (mg/km)	全钾 (g/km)	速效钾 (mg/km)
对照 区组	裸露对照	10.31	0.7	63	0.21	0.69	13.69	99.77
	清耕果园	14.15	0.7	69.83	0.25	4.29	13.19	72.5
牧草 区组	百喜草全园覆盖	14.41	1.07	91	0.32	6.5	15.65	112.09
	百喜草带状种植	15.53	0.84	62.48	0.26	3.66	15.87	87.5
	百喜草带状套种	14.93	0.87	66.15	0.37	10.45	15.12	145
	宽叶雀稗全园覆盖	17.77	0.91	90.04	0.28	3.92	13.94	90
	狗牙根带状种植	13.88	0.74	69.83	0.3	4.9	14.47	95
	狗牙根全园覆盖	17.92	1.04	95.55	0.31	3.66	13.72	75

牧草区组的土壤有机质含量在 13.88 ~ 17.92g/kg，平均值为 15.74g/kg，在两组对照比较中均显著高于对照小区，尤其显著高于裸露对照小区，平均每年提高土壤有机质含量达 11%。以上结果表明，在果园内种植牧草，可以增加有机质含量，为土壤动物和微生物营造良好生境，土壤动物和微生物反过来又促进地表枯落物和有机质的分解。在牧草区组各个小区间，以全园种植牧草的小区提高有机质含量最高；在全园种植的百喜草、狗牙根和宽叶雀稗 3 种牧草中，又以种植狗牙根为最优，其余依次是宽叶雀稗和百喜草。

牧草区组的土壤全氮含量为 0.74 ~ 1.07g/kg，平均值为 0.91g/kg；土壤碱解氮含量为 62.48 ~ 95.55mg/kg，平均值为 79.18mg/kg。与裸露对照小区相比，牧草区组能够非常显著地提高土壤全氮和速效氮水平，平均每年土壤全氮含量递增 6%，土壤碱解氮含量递增 5%。与清耕果园相比，牧草区组也能够非常显著地提高土壤全氮水平，平均每年土壤全氮含量递增 6%。在牧草区组中，百喜草的固氮能力较强，狗牙根固氮能力次之，宽叶雀稗草固氮能力最差。

牧草区组的土壤全磷含量为 0.26 ~ 0.37g/kg，平均值为 0.31g/kg；土壤速效磷含量为 3.66 ~ 10.45mg/kg，平均值为 5.52mg/kg。与裸露对照小区相比，牧草区组能够非常显著地提高土壤全磷和速效磷含量，平均每年土壤全磷含量递增 10%，速效磷含量递增 140%。与清耕小区相比，牧草区组平均每年土壤全磷含量递增 5%，土壤速效磷含量递增 6%。其中以带状植草并套种了黄豆和萝卜的第 3 小区土壤中磷含量增加最多，其余的植草措施也都有增加土壤中磷含量的作用。

牧草区组的土壤全钾含量为 13.72 ~ 15.87g/kg，平均值为 14.80g/kg。土壤速效钾含量为 75 ~ 145mg/kg，平均值为 100.77mg/kg。与裸露对照小区相比，种植牧草能够提高土壤全钾水平，平均每年土壤全钾含量递增 2%，但增速不显著。与清耕果园相比，种植牧草能够提高土壤全钾和速效钾水平，平均每年土壤全钾含量递增 2%，平均每年土壤速效钾含量递增 8%。

将表 12-16 的测定结果分别与裸露对照小区和清耕果园小区相应指标进行 t 检验，其结果见表 12-17。可以看出，经过 5 年后，牧草区组各小区土壤养分条件得到不同程度的改善，各项指标的差异均达到极显著水平，说明种植牧草小区与对照小区存在极显著差异。

表 12-17　牧草区组各项指标的 t 值

Table 12-17　The t-value of indexes in pasture group

措施类型		有机质	全氮	全磷	全钾	碱解氮	速效磷	速效钾
牧草措施	与裸露对照小区比较 t 值	14.254	7.660	11.559	5.591	5.013	8.222	0.181
	与清耕果园小区比较 t 值	4.174	7.660	6.776	8.121	1.897	1.087	5.149

注：$t_{0.05}=2.110$；$t_{0.01}=2.898$

12.3.1.3　耕作区组对土壤养分的影响

耕作措施区组共有 3 个小区，分别为横坡耕作小区、顺坡耕作小区和不套种的清耕果园小区。经过 5 年后，2006 年耕作区组各小区土壤养分状况如表 12-18 所示。表中显示，耕作措施显著提高了红壤坡地土壤养分水平。

表 12-18　耕作区组对土壤养分的影响

Table 12-18　The influence of soil nutrient in farming group

小区名称		有机质 (g/kg)	全氮 (g/kg)	碱解氮 (mg/kg)	全磷 (g/kg)	速效磷 (mg/kg)	全钾 (g/kg)	速效钾 (mg/kg)
对照区组	裸露对照	10.31	0.7	63	0.21	0.69	13.69	99.77
耕作区组	横坡耕作	16.28	1.01	110.25	0.41	8.84	14.5	107.5
	顺坡耕作	17.15	1	95.55	0.36	8.53	13.6	65
	清耕果园	14.15	0.7	69.83	0.25	4.29	13.19	72.5

耕作区组的土壤有机质含量在 14.15~17.15g/kg，平均值为 15.86g/kg，与裸露对照小区相比，耕作措施同样能够非常显著地提高土壤有机质含量，平均每年提高土壤有机质含量 11%。对比耕作区组各小区提高土壤有机质含量效果可知，顺坡耕作小区效果最优，横坡耕作小区次之，而清耕果园小区最差。红壤坡地采用耕作措施，由于人工翻压填埋，促进了有机物残体的腐烂，也增加了土壤中好氧微生物的数量，加快腐殖质的分解和转化，因此提高了土壤有机质含量。

各耕作小区的土壤全氮含量在 0.70~1.01g/kg，平均值为 0.90g/kg；土壤碱解氮含量为 69.83~110.25mg/kg，平均值为 91.88mg/kg。与裸露对照小区相比，横坡耕作和顺坡耕作均能非常显著地提高土壤全氮和碱解氮水平，平均每年土壤全氮含量递增 9%，土壤碱解氮含量递增 13%。耕作区组比牧草区组的含氮量更高，主要原因一是在果园中，夏季套种黄豆，冬季套种萝卜等绿肥，尤其是套种黄豆能伴生固氮根瘤菌，增加土壤中氮的含量；二是人工的翻土埋压，促进了土壤腐殖质分解而增加土壤含氮量。

各耕作小区的土壤全磷含量在 0.25 ~ 0.41g/kg，平均值为 0.34g/kg。土壤速效磷含量为 4.29 ~ 8.84mg/kg，平均值为 7.22mg/kg。与裸露对照小区相比，耕作区组的横坡耕作和顺坡耕作均能非常显著地提高土壤全磷和速效磷水平，平均每年土壤全磷含量递增17%，土壤速效磷含量年递增232%。这一区组土壤含磷量是因为果树间采取肥田萝卜和黄豆等绿肥套作方式，绿肥培肥了地力，增加了土壤磷元素含量。

各耕作小区的土壤全钾含量在 13.19 ~ 14.50g/kg，平均值为 13.76g/kg。土壤速效钾含量为 65.00 ~ 107.50mg/kg，平均值为 81.67mg/kg。与裸露小区相比，采用横坡耕作第 8小区土壤全钾和速效钾水平显著提高，而顺坡耕作第 9 小区和果树清耕第 10 小区土壤全钾和速效钾的改善效果不明显。

根据表 12-18 的测定结果，将耕作区组仅以裸露的第 4 小区作对照对各项指标进行 t检验，其结果见表 12-19。可以看出，至 2006 年，耕作区组各小区土壤养分条件均得到不同程度的改善，各项指标的差异均达到显著水平。

表 12-19 耕作区组各项指标的 t 值

Table 12-19　The t-value of indexes in farming group

措施类型		有机质	全氮	全磷	全钾	碱解氮	速效磷	速效钾
耕作措施	与裸露对照小区比较 t 值	12.456	3.998	5.502	0.379	4.889	8.898	2.765

注：$t_{0.05} = 2.306$；$t_{0.01} = 3.355$

12.3.1.4 梯田区组对土壤养分的影响

梯田区组共有 5 个小区，各小区的梯壁均为土坎。除梯壁裸露小区外，其他小区梯壁均种植百喜草保护。至 2006 年梯田区组各小区土壤养分状况如表 12-20 所示。

表 12-20 梯田区组对土壤养分的影响

Table 12-20　The t-value of indexes in trace group

小区名称		有机质（g/kg）	全氮（g/kg）	碱解氮（mg/kg）	全磷（g/kg）	速效磷（mg/kg）	全钾（g/kg）	速效钾（mg/kg）
对照区组	裸露对照	10.31	0.7	63	0.21	0.69	13.69	99.77
	清耕果园	14.15	0.7	69.83	0.25	4.29	13.19	72.5
	梯壁裸露水平梯田	10.31	0.64	55.13	0.29	2.95	15.35	75
梯田区组	前埂后沟水平梯田	12.26	0.71	62.48	0.3	5.42	13.67	80
	梯壁植草水平梯田	11.9	0.65	66.15	0.28	2.49	14.46	77.5
	内斜式梯田	12.67	0.66	69.83	0.26	2.27	13.72	95
	外斜式梯田	14.63	0.75	77.18	0.27	2.95	12.25	70

梯田区组的土壤有机质在 10.31 ~ 14.63g/kg，平均值为 12.35g/kg。与裸露对照小区相比，梯田措施能够非常显著地提高土壤有机质含量，平均每年提高土壤有机质含量5%。梯田区组有机质含量提高比例排次分别为：外斜式梯田、内斜式梯田、内沟外埂水平梯

田、水平梯田和梯壁裸露梯田。将梯壁裸露梯田小区与清耕果园小区相比，虽同为清耕方式，地表枯落物量差异不大，但有机质含量比后者降低了13个百分点。其主要原因是在梯田修筑时大量表土被填埋到下层，造成梯面大量心土层出露，土壤有机质和微生物减少，土壤肥力恢复较慢。而清耕果园小区中的杂草虽进行了清除，但因上层土没有受到破坏而使土壤原有的有机质得到保护，故而土壤有机质含量高。

梯田区组的土壤全氮含量在 0.64~0.75g/kg，平均值为 0.68g/kg。土壤碱解氮含量在 55.13~77.18mg/kg，平均值为 66.15mg/kg。与梯壁裸露水平梯田小区相比，采用百喜草护坎的梯田措施能够非常显著地提高土壤全氮和碱解氮水平，平均每年土壤全氮含量递增 2%，平均每年土壤碱解氮含量递增 4%。但由于梯田区组未采取表土回填，底层土瘠薄，加之梯面缺少植被覆盖，枯落物少，也未进行人工翻耕，造成土壤氮肥增加含量没有牧草区组和耕作区组高。

梯田区组的土壤全磷含量为 0.26~0.30g/kg，平均值为 0.28g/kg。土壤速效磷含量为 2.27~5.42mg/kg，平均值为 3.22mg/kg。与裸露对照相比，修筑梯田可以非常显著地改善土壤全磷和土壤速效磷水平，平均每年土壤全磷含量递增 7%，土壤速效磷含量年递增 73%。但与清耕果园相比，平均每年土壤全磷含量仅递增 2%，这也是修筑梯田造成底土层出露，递增变缓的缘故。

梯田区组的土壤全钾含量为 12.25~15.35g/kg，平均值为 13.89g/kg。土壤速效钾含量为 70.00~95.00mg/kg，平均值为 79.50mg/kg。与梯壁裸露水平梯田相比，采用梯壁植草的梯田不能显著提高土壤全钾和土壤速效钾水平。与裸露对照小区相比，梯田区组同样不能明显提高土壤全钾和土壤速效钾水平。与清耕果园相比，梯田区组虽然可以显著提高土壤全钾和土壤速效钾水平，但增加幅度不大。本研究试验区是由第四纪红色黏土发育而成的红壤，可以基本排除土壤矿物质对钾的固定，即对土壤速效钾产生影响的差异。根据表 12-20 的试验数据分析，土壤全钾和速效钾之间有一定的相关性，但与土壤侵蚀强度相关关系不够密切。总体而言，与牧草区组和耕作区组相比，梯田区组由于覆土施工工艺不同，表土埋入底层，表层多为心土出露，致使土壤全钾及速效钾含量比较低。

根据表 12-20 的测定结果，将梯田区组分别以裸露对照小区、清耕果园小区和梯壁裸露水平梯田作对照对各项指标进行 t 检验，结果见表 12-21，显著性水平分别达到显著和极显著水平。

表 12-21 不同措施小区各项指标的 t 值
Table 12-21　The t-value of indexes in plots of different measures

措施类型		pH	有机质	全氮	全磷	全钾	碱解氮	速效磷	速效钾
梯田措施	与裸露对照小区比较 t 值	3.926	5.499	-1.616	18.520	0.732	1.606	8.340	-9.001
	与清耕果园小区比较 t 值	-3.181	-4.381	-1.616	7.937	2.563	-1.871	-3.546	3.108
	与梯壁裸露小区比较 t 值	5.142	8.034	4.328	1.803	-7.568	8.407	0.876	2.055

注：$t_{0.05}=2.145$，$t_{0.01}=2.977$（与裸露和清耕小区比较）；$t_{0.05}=2.201$，$t_{0.01}=3.106$（与梯壁裸露比较）

12. 3. 2　水土保持措施对土壤酸碱度的影响

pH 是反映土壤酸碱度的指标，pH 与土壤微生物活动、有机质分解、营养元素释放及转化等过程密切相关，对土壤的硝化作用和有机物矿化均有很大影响。一般情况下，中性土壤有利于作物生长和土壤微生物活动，太酸、太碱都对作物生长和微生物活动不利。我国北方多为偏碱性土壤，而南方土壤一般酸性较强。有对花岗岩、页岩、砂岩、第四纪红土和泥岩等不同成土母质发育的红壤的研究表明，无论成土母质如何，红壤大多表现为较强的酸性（全国土壤普查办公室，1998；曾希柏，2000）。即使是由石灰岩母质发育的红壤亦同样，因其中 Ca^{2+}、Mg^{2+} 等盐基离子淋溶后具有较强的酸度（曾希柏等，2006）。在所处地区气候等关键成土条件下，土壤酸性已成为我国南方红壤最基本的特性，较低的 pH 是红壤地区作物生长的主要限制因素之一。因此，如何通过水土保持措施来提高土壤 pH，减缓或改良红壤的酸化程度，对提高土壤肥力和生产力具有十分重要的意义，也可达到促使侵蚀劣地上植被定植的目的。

本研究采用的各类水土保持措施对土壤 pH 的影响不同，影响比较如图 12-1。

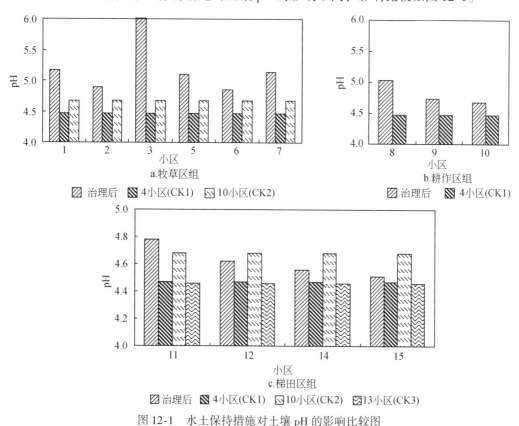

图 12-1　水土保持措施对土壤 pH 的影响比较图

Fig. 12-1　The impact comparison of soil pH value to different conservation measures

由图 12-1 可以看出，牧草区组的土壤 pH 在 4.86~6.01。与裸露对照小区相比，土壤 pH 均有一定程度的提升，小区土壤朝着适合植物生长方向发展。与清耕果园小区相比，牧草区组对土壤 pH 也有非常显著的影响。牧草区组中，以百喜草带状套种小区 pH 提高最快，其次是百喜草、狗牙根和宽叶雀稗草全园覆盖的 3 个小区，而百喜草和狗牙根带状种植措施提高土壤 pH 能力稍差。由此可见，种植作物或牧草能有效提高土壤 pH。

耕作区组土壤 pH 在 4.68~5.03。与裸露小区相比，土壤 pH 均有一定程度的提升，其中横坡耕作明显好于顺坡耕作和清耕果园两种耕作方式，但改善的程度不如种植牧草区组。

梯田区组的土壤 pH 在 4.46~4.78。与裸露对照小区相比，除梯壁裸露水平梯田外，其他梯田措施均能提高土壤 pH。与清耕果园相比，梯田措施提高土壤 pH 的效果不明显。这是由于这些梯田小区虽然种植了柑橘和并梯壁植草措施，但梯面上仍为清耕措施，没有采取其他人工措施所致。其中梯壁裸露水平梯田与裸露对照小区相比，对土壤 pH 的影响几乎没有差异。

12.4　水土保持措施对土壤抗蚀性的影响

土壤抗蚀性是指土壤抵抗降雨、径流对其分散和悬浮的能力。在土壤侵蚀外营力一定的情况下，土壤抗蚀性可反映土壤潜在的水土流失特征，与土壤理化性状关系十分密切。本研究从土壤分散特性和土壤团聚体两个方面，选择团聚状况、团聚度、水稳性团聚体重量百分数（WSA）、水稳性团聚体平均直径（E_{MWD}）、分散率、侵蚀率、结构破坏率、受蚀性指数（EVA）等指标对不同水土保持措施下的土壤抗蚀性能进行综合分析与评价。

为便于分析，首先将裸露对照小区土壤抗蚀性测试结果列成表 12-22。从表中可以看出，由于裸露对照小区地表植物缺失，水土流失严重，出现了土壤退化的现象。经过 5 年后，至 2006 年，裸露小区土壤水稳性团聚体和微团聚体均遭到严重破坏，分散成小颗粒，直径大于 0.25mm 的水稳性团聚体含量下降了 29.53%，直径大于 0.05mm 微团聚体下降幅度达 22.56%，使得土壤抗蚀性能水平持续下降。2006 年测定的团聚状况、团聚度、WSA、

表 12-22　裸露对照小区土壤抗蚀性变化表

Table 12-22　The change table of soil anti-erodibility in exposd group

裸露对照小区	直径大于 0.25mm 水稳性团聚体 %	直径大于 0.05mm 微团聚体（%）	团聚状况（%）	团聚度（%）	分散率（%）	侵蚀率（%）	结构破坏率（%）	WSA（%）	E_{MWD}（mm）	E_{VA}（%）
2001 年	61.05	12.01	8.22	68.44	91.45	12.63	50.74	35.65	0.76	13.90
2006 年	43.02	9.30	3.50	37.63	96.26	17.86	54.50	32.22	0.62	16.68
含量变化（%）	-29.53	-22.56	-57.42	-45.02	+5.25	+29.28	+7.41	-9.62	-18.42	+2.78

E_{MWD} 等土壤抗蚀性指标分别比 2001 年降低了 57.42%、45.02%、9.62%、18.42%；分散率、侵蚀率、结构破坏率、E_{VA} 等土壤可蚀性指标分别提高幅度达 5.25%、29.28%、7.41%、2.78%。

12.4.1　水土保持措施对土壤分散性的影响

2006 年，对 15 个小区的土壤取样进行化验分析，将各区组土壤颗粒测试结果列成表 12-23。

表 12-23　各区组土壤颗粒组成情况对比表

Table 12-23　The comparison of soil particle composition in different groups

区组名称	编号	土壤微团聚体（%）				土壤颗粒组成（%）				团聚状况（%）	团聚度（%）	分散率（%）	侵蚀率（%）
		>0.01	>0.05	<0.05	<0.001	>0.01	>0.05	<0.05	<0.001				
对照区组	4	95.45	9.3	90.7	0.77	36.92	5.80	94.22	30.07	3.50	37.63	96.26	17.86
	10	94.68	11.61	88.39	0.18	41.52	5.97	94.04	26.50	5.64	48.58	93.99	17.23
	13	97.90	11.06	88.94	0.08	37.85	6.23	93.77	33.16	4.83	43.67	94.85	13.37
牧草区组	1	56.39	15.21	84.79	9.37	37.59	5.26	94.73	30.55	9.95	65.42	89.51	10.53
	2	55.54	12.65	87.37	8.70	34.9	5.59	94.4	34.69	7.06	55.81	92.55	11.48
	3	54.75	13.54	86.46	10.74	38.78	5.88	94.12	28.37	7.66	56.57	91.86	13.09
	5	57.11	13.11	86.89	8.62	38.17	4.17	95.82	29.97	8.94	68.19	90.68	12.20
	6	62.79	14.03	85.98	5.17	37.69	6.85	93.15	29.66	7.18	51.18	92.30	11.87
	7	60.57	14.61	85.4	3.65	37.04	5.22	94.78	29.92	9.39	64.27	90.10	10.91
耕作区组	8	57.98	12.03	87.97	6.76	38.56	5.11	94.89	28.27	6.92	57.52	92.72	13.98
	9	59.80	11.02	88.98	4.04	40.18	4.42	95.57	27.43	6.60	59.89	93.10	14.62
	10	94.68	11.61	88.39	0.18	41.52	5.97	94.04	26.5	5.64	48.58	93.99	17.23
梯田区组	11	96.64	15.46	84.55	0.53	38.48	6.89	93.11	32.48	8.57	55.43	90.81	12.09
	12	96.6	13.44	86.56	0.04	37.04	5.36	94.64	33.44	8.08	60.12	91.46	12.20
	13	97.9	11.06	88.94	0.08	37.85	6.23	93.77	33.16	4.83	43.67	94.85	13.37
	14	98.45	13.91	86.08	0.04	37.89	6.08	93.92	34.81	7.83	56.29	91.65	11.42
	15	97.09	15.36	84.65	0.28	41.61	7.84	92.16	31.10	7.52	48.96	91.85	12.60

注：土壤微团聚体、土壤颗粒的直径单位均为 mm

将牧草区组与裸露对照小区和清耕果园小区相比，牧草区组土壤颗粒组成中直径大于 0.05mm 土壤颗粒含量虽无明显变化规律，但土壤微团聚体含量明显提高，平均水平提高 13.86%。从测定土壤分散特性各项指标来看，牧草区组能够非常显著改善土壤团聚状况、提高团聚度、降低土壤分散率和土壤侵蚀率。在改善土壤团粒结构，提高防蚀能力方面，就种植牧草的方式而言，采取全园覆盖种植牧草的小区优于带状种植。就种植牧草的品种而言，种植百喜草优于狗牙根，更优于宽叶雀稗草。

再将耕作区组与裸露对照小区相比，耕作区组中，土壤颗粒组成直径大于 0.05mm 土壤颗粒含量,除清耕果园小区无显著变化外,其余的横坡耕作和顺坡耕作小区内均有所变化。直径大于0.05mm微团聚体含量明显提高,平均提高11.55%。从测定土壤分散特性各项指标来看,与裸露小区相比,耕作措施能够非常显著的改善土壤团聚状况,提高团聚度、降低土壤分散率和土壤侵蚀率。在改善土壤团粒、降低土壤侵蚀率方面,横坡耕作优于顺坡耕作,更优于清耕果园。

最后将梯田区组与裸露小区相比,梯田区组对土壤颗粒组成中直径大于0.05mm的土壤颗粒含量并无明显作用。但直径大于0.05mm土壤微团聚体含量明显提高,平均提高水平为13.85%。从测定土壤分散特性各项指标来看,与裸露小区相比,梯田区组能够非常显著的改善土壤团聚状况,提高团聚度、降低土壤分散率和土壤侵蚀率。与梯壁裸露小区相比,梯壁植草的梯田能非常显著改善土壤团聚状况,提高团聚度、降低土壤分散率和侵蚀率。由此可以认为,采用梯壁植草能改善土壤团粒结构、降低土壤侵蚀率,其中以内沟外埂水平梯田最好,其次是梯壁植草的水平梯田,然后是内斜式和外斜式梯田,效果最差是梯壁裸露的水平梯田。

从各区组的土壤团聚状况、土壤团聚度、土壤分散率、土壤侵蚀率等抗蚀性指标分析,牧草区组的土壤团聚状况平均为8.36%、土壤团聚度为60.24%、土壤分散率为91.17%、土壤侵蚀率为11.68%。耕作区组的土壤团聚状况为6.39%、土壤团聚度为55.33%、土壤分散率为93.27%、土壤侵蚀率为15.27%。梯田区组的土壤团聚状况为7.37%、土壤团聚度为52.89%、土壤分散率为92.12%、土壤侵蚀率为12.33%。因此从土壤分散特性分析,试验所采用的水土保持措施都能提高土壤分散性,增强土壤抗蚀性能,其中效果最好的是牧草措施,其次是梯田措施,再次是耕作措施。

12.4.2　水土保持措施对土壤团聚状况的影响

确定土壤团聚体分配比例、土壤团粒结构破坏率、水稳性团聚体重量百分数(WSA)、水稳性团聚体直径(E_{MWD})以及受侵蚀指数(E_{VA})是分析土壤团聚体状况、评价抗蚀性效果的重要途径。经过5年后,2006年,对各区组进行取样分析,并将土壤团聚体测试结果列成表12-24。

表12-24　各区组土壤团聚体状况比较表

Table 12-24　The comparison of soil aggregates in different groups

区组名称	小区编号	团聚体分配(%)				结构破坏率(%)	WSA(%)	E_{VA}(%)	E_{MWD}(mm)
		>5mm	2~5mm	0.25~2mm	>0.25mm				
对照区组	4	70.47/3.26	13.05/3.84	11.03/35.92	94.55/43.02	54.50	32.22	16.68	0.62
	10	74.06/7.18	10.07/5.74	9.65/34.04	93.78/46.96	49.93	38.26	11.22	0.88
	13	65.98/6.87	11.40/5.92	13.65/36.37	91.03/49.16	46.00	39.34	12.58	0.88
牧草区组	1	90.85/33.54	3.91/6.76	3.96/30.88	98.72/71.18	27.90	63.42	5.07	2.18
	2	86.88/27.72	5.00/7.81	5.57/33.72	97.45/69.25	28.94	61.59	6.46	1.96

续表

区组名称	小区编号	团聚体分配（%）				结构破坏率（%）	WSA（%）	E_{VA}（%）	E_{MWD}（mm）
		>5mm	2～5mm	0.25～2mm	>0.25mm				
牧草区组	3	74.57/12.40	10.74/10.88	10.20/37.86	95.51/61.14	35.99	52.50	7.37	1.36
	5	79.5/17.92	8.18/12.14	7.52/34.52	95.2/64.58	32.16	57.72	6.33	1.64
	6	80.74/6.28	8.36/8.16	7.27/44.06	96.37/58.50	39.30	47.58	7.40	0.99
	7	74.22/13.72	9.09/11.30	10.18/38.94	93.49/63.96	31.59	55.42	5.89	1.41
耕作区组	8	76.84/17.98	9.60/6.54	9.05/27.90	95.49/52.42	45.10	43.95	8.92	1.39
	9	72.17/14.70	9.22/5.34	11.90/32.46	93.29/52.50	43.72	43.59	9.20	1.22
	10	74.06/7.18	10.07/5.74	9.65/34.04	93.78/46.96	49.93	38.26	11.22	0.88
梯田区组	11	82.71/12.16	6.98/11.14	5.99/38.90	95.68/62.20	34.99	55.14	7.12	1.35
	12	73.27/9.54	11.03/11.98	9.69/39.28	93.99/60.80	35.31	53.52	7.63	1.25
	13	65.98/6.87	11.40/5.92	13.65/36.37	91.03/49.16	46.00	39.34	12.58	0.88
	14	73.16/7.14	10.84/16.32	10.30/39.57	94.30/63.03	33.16	54.74	7.26	1.25
	15	85.75/8.76	6.45/13.92	4.59/40.58	96.79/63.26	34.64	56.14	6.98	1.30

注：表中数字代表干筛/湿筛

将牧草区组与裸露对照小区和清耕果园小区进行比较，牧草区组内直径大于0.25mm的土壤团聚体（干筛）含量并无明显变化，但大于0.25mm的土壤团聚体（湿筛）含量明显提高，平均水平达到64.77%。从土壤团聚体各项指标的测定分析，与裸露对照小区和清耕果园小区相比，牧草区组能够显著提高WSA，增加E_{MWD}、降低土壤结构破坏率和E_{VA}。

将耕作区组与裸露对照小区相比可知，耕作区组直径大于0.25mm的土壤团聚体（干筛）含量也无明显变化，但大于0.25mm的土壤团聚体（湿筛）含量同样得到明显提高，平均水平达到50.63%。从土壤团聚体各项指标的测定分析，与裸露小区相比，耕作措施能够显著提高WSA，增加E_{MWD}、降低土壤结构破坏率和E_{VA}。

将梯田区组与裸露对照小区、清耕果园小区和梯壁裸露梯田小区进行比较，梯田措施小区内直径大于0.25mm的土壤团聚体（干筛）含量同样没有明显变化，但大于0.25mm的土壤团聚体（湿筛）含量明显提高，平均水平达到59.69%。从土壤团聚体各项指标的测定分析，梯田措施也能够显著提高WSA，增加E_{MWD}、降低土壤结构破坏率和E_{VA}。

从各区组的土壤结构破坏率、WSA、E_{VA}和E_{MWD}等土壤抗蚀性能指标测试结果得出：牧草组的土壤结构破坏率为32.65%、WSA为56.37%、E_{VA}为6.42%、E_{MWD}为1.59mm；耕作区组的土壤结构破坏率为46.25%、WSA为41.93%、E_{VA}为9.78%、E_{MWD}为1.16mm；梯田区组的土壤结构破坏率为36.82%、WSA为51.78%、E_{VA}为8.31%、E_{MWD}为1.21mm。以上结果表明，试验中采取的各项水土保持措施均能提高土壤团聚体，改良土壤结构，其中，效果最好的是牧草措施，其次是梯田措施，再次是耕作措施。

12.5 水土保持措施对土壤改良效益综合分析与评价

12.5.1 土壤改良效益评价指标筛选

从上述土壤结构研究中可以发现,采用水土保持植物、工程和耕作措施,虽然都有改良土壤的效益,但各区组的改良程度不同。为了能分清各措施的优劣,本研究从土壤物理性状、土壤化学性状和土壤抗蚀性三个类别中,筛选出相应指标,进行土壤改良效益综合评价。土壤改良效益综合评价涉及多类别多指标,属高维数据处理问题。根据试验实测数据,进行归一化处理,采用主成分分析法,分别对土壤物理性状指标、土壤化学性状指标和土壤抗蚀性指标进行降维处理,完成高维数据向低维的转换,即将每个样本用较少新指标代替原有指标,并尽可能多的保存原有指标信息,力求准确、全面评价各类措施的土壤改良效益。

12.5.1.1 土壤物理性状指标筛选

根据土壤物理性状和本研究特点,选择红壤坡地土壤最大持水量(X1)、毛管持水量(X2)、田间持水量(X3)、土壤容重(X4)、土壤总孔隙度(X5)、毛管孔隙度(X6)和非毛管孔隙度(X7)等7个指标来衡量试验区各项措施土壤改良效益。从土壤物理性状指标的相关矩阵(表12-25)中可以看出,大部分土壤物理性状指标之间具有密切的相关性。其中土壤容重、土壤总孔隙度、非毛管孔隙度、最大持水量、田间持水量之间具有非常显著的相关性。另外,毛管持水量与土壤容重、土壤总孔隙度、田间持水量之间具有非常显著的相关性。但毛管孔隙度与其他指标相关性不明显。

表 12-25 土壤物理性状指标相关性分析

Table 12-25 The correlation analysis of soil physical properties

物理性状指标	X1	X2	X3	X4	X5	X6	X7
X1	1.0000	0.82**	0.96**	-0.99**	0.99**	-0.0900	0.88**
X2		1.0000	0.78**	-0.81**	0.81**	0.47*	0.45
X3			1.0000	-0.98**	0.94**	-0.1300	0.85**
X4				1.0000	-0.96**	0.1200	-0.86**
X5					1.0000	-0.0600	0.87**
X6						1.0000	-0.55
X7							1.0000

* 表示 $p<0.05$,** 表示 $p<0.01$

在土壤物理性状主成分分析中,引入描述土壤物理性状的两个因子,将最大持水量命名为因子1,将毛管孔隙度命名为因子2,经分析发现,它们的特征值都大于1,可分别解释总方差76.553%和21.756%的变异,累计贡献率为98.309%,详见表12-26。公因子方差也表明，除非毛管孔隙度、毛管持水量外，各变量的解释方差均超过了 90%。在因子 1 上，最大持水量、田间持水量、土壤容重、土壤总孔隙度等都有较高的正负载，由于其所包括的变量都与最大持水量有很高的相关性，所以将其命名为 "最大持水量" 因子；而因子 2 上，毛管孔隙度有较高的正负载，故将其命名为 "毛管孔隙度" 因子。负载图可以更清楚地体现指标之间的关系及两个因子的含义，详见图 12-2。

表 12-26　各区组土壤物理性状指标主成分分析的特征值与负荷量
Table 12-26　The principal component analysis' eigenvalues and load quantity of soil physical index in different groups

主成分	特征值	负荷量（%）	累计贡献率（%）
因子 1	5.359	76.553	76.553
因子 2	1.523	21.756	98.309

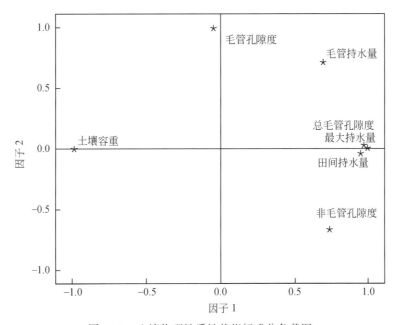

图 12-2　土壤物理性质性状指标成分负载图
Fig. 12-2　The load component of soil physical index

因此，通过主成分分析（表 12-27），将土壤物理性状指标归结为以上两个因子，各区组物理性状指标的差异可以通过两个因子的综合值体现。最大持水量因子值越大，土壤容重、田间持水量、土壤总孔隙度、非毛管孔隙度越高，土壤物理性状越好；毛管孔隙度因子值越大，则毛管持水量越大。通过对各区组因子值的比较可将治理措施归为三组（图 12-3）：第一组是负相关的土壤容重比较低，正相关的最大持水量、田间持水量、土壤总孔隙度、非毛管孔隙度等都比较高，但正相关的毛管孔隙度不高，即牧草区组；第二组为正相关的毛管孔隙度比较高，其他指标稍差，即横坡耕作、顺坡耕作和不含梯壁裸露的梯田区组；第三组为各项指标均比较差，即裸露对照和清耕果园。

表 12-27　各区组土壤物理性状指标主成分分析
Table 12-27　The principal component analysis of soil physical index in different groups

主成分	因子 1	因子 2	公因子方差
最大持水量	0.997	4.512E−03	0.994
毛管持水量	0.693	0.713	0.988
田间持水量	0.948	−4.027E−02	0.901
土壤容重	−0.986	−1.328E−03	0.972
土壤总孔隙度	0.971	2.838E−02	0.944
毛管孔隙度	−0.047	0.994	0.990
非毛管孔隙度	0.736	−0.667	0.986

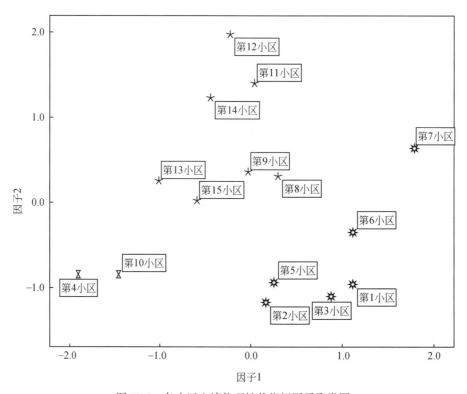

图 12-3　各小区土壤物理性状指标因子聚类图
Fig. 12-3　The factor dendrogram of soil physical index in different plots

12.5.1.2　土壤化学性状指标筛选

根据土壤化学性状和本研究特点，选择红壤坡地土壤 pH（X1）、土壤有机质（X2）、全氮（X3）、全磷（X4）、全钾（X5）、碱解氮（X6）、速效磷（X7）、速效钾（X8）等 8 个指标来衡量试验区土壤化学性状改良水平。从土壤化学性状指标的相关矩阵（表 12-28）得到，大部分土壤化学性状指标之间具有一定的相关性，其中土壤有机质、全氮、全磷、碱解氮、速效磷之间具有显著的相关性。另外，pH 与有机质、全氮、速效磷之间具有显著相关性。速效钾与全钾之间有一定相关性，但两指标与其他化学性状指标相关性不明显。

表 12-28 土壤化学性状指标相关性分析
Table 12-28　The correlation analysis of soil chemical index

化学性状指标	X1	X2	X3	X4	X5	X6	X7	X8
X1	1.0000	0.714[**]	0.724[**]	0.544	0.418	0.449	0.720[**]	0.548
X2		1.0000	0.918[**]	0.687[**]	0.044	0.850[**]	0.637[*]	0.161
X3			1.0000	0.731[**]	0.210	0.843[**]	0.665[**]	0.243
X4				1.0000	0.296	0.724[**]	0.807[**]	0.257
X5					1.0000	−0.144	0.239	0.696[*]
X6						1.0000	0.513	0.023
X7							1.0000	0.460
X8								1.0000

* 表示 $p<0.05$，** 表示 $p<0.01$

在土壤化学性状主成分分析中，因子 1 为土壤有机质、因子 2 为速效钾的特征值，二者都大于 1，分别解释了总方差 59.25% 和 21.25% 的变异，累计贡献率为 80.50%，详见表 12-29。公因子方差也表明，除全钾外，各变量的解释方差都超过了 80%。在因子 1 上，土壤有机质、全氮、全磷、碱解氮、速效磷等都有较高的正负载，由于因子 1 所包括的变量与有机质均具有显著相关性，所以将其命名为"土壤有机质"因子；在因子 2 上，速效钾有较高的正负载，虽全钾也有较高的正负载，但两者公因子方差小（表 12-30），所以可将因子 2 命名为"速效钾"因子。图 12-4 为指标负载图，可清楚地体现各指标之间的关系及两个因子的含义。

表 12-29 各区组土壤化学性状指标主成分分析的特征值与负荷量
Table 12-29　The principal component analysis' eigenvalues and load of soil chemical index in different groups

主成分	特征值	负荷量（%）	累计贡献率（%）
因子 1	4.740	59.250	59.250
因子 2	1.700	21.249	80.500

表 12-30　各区组土壤化学性状指标主成分分析

Table 12-30　The principal component analysis of soil chemical index in different groups

主成分	因子 1	因子 2	公因子方差
pH	0.646	0.638	0.825
有机质	0.946	0.056	0.898
全氮	0.929	0.180	0.896
全磷	0.820	0.264	0.843
全钾	-0.016	0.824	0.680
碱解氮	0.934	-0.186	0.907
速效磷	0.730	0.448	0.734
速效钾	0.126	0.861	0.857

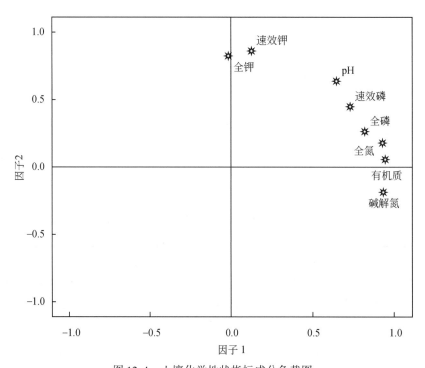

图 12-4　土壤化学性状指标成分负载图

Fig. 12-4　The load component of soil chemical index

　　通过主成分分析，将化学性状指标归结为两个因子，可综合描述不同治理措施内土壤化学性状的差异。"土壤有机质"因子值越大，土壤有机质、全氮、全磷、碱解氮、速效磷越高，土壤肥力水平越高；"速效钾"因子值越大，则土壤速效钾、全钾含量越高。通过对不同治理措施因子值的比较可将治理措施归为三组（图 12-5）：第一组是土壤有机质、全氮、全磷、碱解氮、速效磷等都比较高，但速效钾、全钾稍差，如第 8、1、9、7、5 小区，即采取全园种植牧草和进行套种耕作的小区；第二组为速效钾、全钾比较高，其他指标稍差，如第 3 小区，即部分进行套种耕作的小区；第三组为各项指标都比较差的，如第 6、2、11、15、10、14、12、13、4 小区。由此结果同样反映出采取水土保持措施的小区各项指标都好于不采取措施的裸露小区。

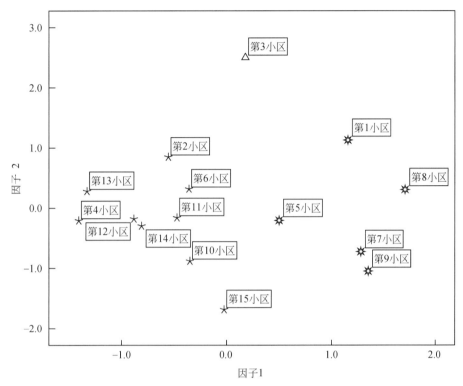

图 12-5　各小区土壤化学性状指标因子聚类图

Fig. 12-5　The factor dendrogram of soil chemical index in different plots

12.5.1.3　土壤抗蚀性状指标筛选

根据土壤抗蚀性状和本研究特点，选择与土壤抗蚀性密切相关的土壤有机质（X1）、直径为 0.05mm 土壤颗粒（X2）、大于 0.05mm 微团聚体（X3）、大于 0.25mm 干筛团聚体（X4）、大于 0.25mm 湿筛团聚体（X5）、团聚状况（X6）、团聚度（X7）、分散率（X8）、侵蚀率（X9）、结构破坏率（X10）、WSA（X11）、E_{VA}（X12）、E_{MWD}（X13）等 13 个指标进行相关性分析。

从土壤抗蚀性状指标的相关矩阵（表 12-31）表明，大部分土壤抗蚀性指标之间具有较高的相关性，直径大于 0.25mm 湿筛团聚体（X5）、团聚状况（X6）、团聚度（X7）、分散率（X8）、侵蚀率（X9）、结构破坏率（X10）、WSA（X11）、E_{VA}（X12）、E_{MWD}（X13）之间具有非常显著的相关性。此外，土壤有机质（X1）与团聚状况（X6）、团聚度（X7）、分散率（X8）、E_{VA}（X12）、E_{MWD}（X13）之间有显著的相关性。大于 0.05mm 微团聚体（X3）与大于 0.25mm 湿筛团聚体（X5）、团聚状况（X6）、分散率（X8）、侵蚀率（X9）、结构破坏率（X10）、WSA（X11）、E_{VA}（X12）之间有非常显著的相关性。大于 0.25mm 干筛团聚体（X4）与大于 0.25mm 湿筛团聚体（X5）、WSA（X11）、E_{MWD}（X13）之间有显著的相关性。大于 0.05mm 土壤颗粒（X2）与其他抗蚀性指标相关性不明显。

表 12-31　土壤抗蚀性指标相关性分析
Table 12-31　The correlation analysis of soil anti-erodibility

抗蚀性状指标	X1	X2	X3	X4	X5	X6	X7	X8	X9	X10	X11	X12	X13
X1	1.000	-0.424	0.368	0.420	0.451	0.626*	0.722**	-0.610*	-0.355	-0.431	0.450	-0.626*	0.635*
X2		1.000	0.366	0.169	-0.013	-0.169	-0.590	0.124	-0.033	0.040	-0.027	0.061	-0.315
X3			1.000	0.545	0.815**	0.855**	0.522	-0.878**	-0.799**	-0.811**	0.817**	-0.852**	0.556
X4				1.000	0.648**	0.483	0.294	-0.493	-0.399	-0.550	0.632*	-0.541	0.676**
X5					1.000	0.871**	0.706**	-0.875**	-0.900**	-0.992**	0.994**	-0.916**	0.866**
X6						1.000	0.882**	-0.999**	-0.828**	-0.882**	0.880**	-0.936**	0.764**
X7							1.000	-0.860**	-0.657**	-0.730**	0.725**	-0.820**	0.758**
X8								1.000	0.833**	0.884**	-0.883**	0.939**	-0.753**
X9									1.000	0.923**	-0.878**	0.870**	-0.707**
X10										1.000	-0.989**	0.920**	-0.836**
X11											1.000	-0.918**	0.874**
X12												1.000	-0.792**
X13													1.000

＊表示 $p<0.05$，＊＊表示 $p<0.01$

根据相关分析的结果，主成分分析中选用了土壤有机质、大于 0.05mm 微团聚体、大于 0.25mm 干筛团聚体、大于 0.25mm 湿筛团聚体、团聚状况、团聚度、分散率、侵蚀率、结构破坏率、WSA、E_{VA}、E_{MWD} 等 12 个指标。

对不同治理措施的主成分分析结果提取中，因子 1 为直径大于 0.25mm 湿筛团聚体、因子 2 为土壤有机质，二者特征值都大于 1，分别解释了总方差的 76.873% 和 9.397% 的变异，累计贡献率为 86.270%，详见表 12-32。公因子方差也表明，除了大于 0.25mm 干筛团聚体，各变量的解释方差都超过了 80%。在因子 1 上，大于 0.25mm 湿筛团聚体、结构破坏率、WSA、大于 0.05mm 微团聚体、侵蚀率等都有较高的正负载，由于因子 1 所包括的变量都与大于 0.25mm 湿筛团聚体有很高的相关性，所以将其命名为"大于 0.25mm 湿筛团聚体"因子；在因子 2 上，土壤有机质有较高的正负载，因此可将因子 2 命名为"土壤有机质"因子。抗蚀性指标成分负载图（图 12-6）可清楚地体现变量之间的关系及两个因子的含义。

表 12-32　各区组土壤抗蚀性指标主成分分析的特征值与负荷量

Table 12-32　The principal component analysis' eigenvalues and load
of soil anti-erodibility index in different groups

主成分	特征值	负荷量（%）	累计贡献率（%）
因子 1	9.125	76.873	76.873
因子 2	1.128	9.397	86.270

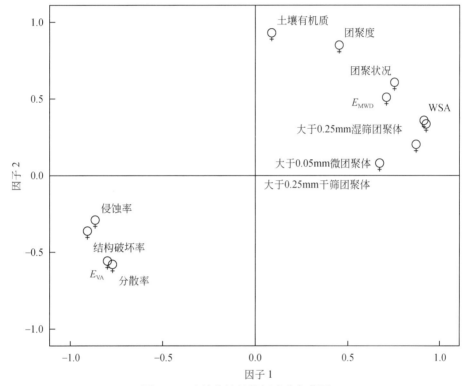

图 12-6　土壤抗蚀性指标成分负载图

Fig. 12-6　The load component of soil anti-erodibility index

　　通过主成分分析（表 12-33），将指标归结为两个因子，不同治理措施下抗蚀性指标的差异可以通过两个因子的综合值体现出来。"大于 0.25mm 湿筛团聚体"因子（因子 1）值越大，正相关的大于 0.25mm 湿筛团聚体、WSA、大于 0.05mm 微团聚体越大，负相关的结构破坏率、侵蚀率越小，但有机质含量稍低。"土壤有机质"因子（因子 2）值越大，则有机质含量越大。通过对不同治理措施因子值的比较可将治理措施归为四组（图 12-7）：第一组为大于 0.25mm 湿筛团聚体、WSA、大于 0.05mm 微团聚体、结构破坏率、侵蚀率和土壤有机质水平都较高的小区，如第 1、5、7 小区，即全园种植牧草的小区；第二组为大于 0.25mm 湿筛团聚体、WSA、大于 0.05mm 微团聚体、结构破坏率、侵蚀率和土壤有机质水平都中等的小区，如第 2、3、6、11、12、14、15 小区，即部分种植牧草和梯壁植草的梯田小区；第三组为有机质水平较高，但大于 0.25mm 湿筛团聚体、WSA、大于

0.05mm 微团聚体、结构破坏率、侵蚀率水平较低的小区，如第 8、9、10 耕作小区；第四组为大于 0.25mm 湿筛团聚体、WSA、大于 0.05mm 微团聚体、结构破坏率、侵蚀率和土壤有机质水平都较低的小区，如第 4、13 小区，即裸露对照小区和梯壁裸露小区。

表 12-33 土壤物理性状指标主成分分析

Table 12-33 The principal component analysis of soil physical index in different groups

主成分	因子 1	因子 2	公因子方差
土壤有机质	0.088	0.931	0.8753
大于 0.05mm 微团聚体	0.872	0.203	0.8007
大于 0.25mm 干筛团聚体	0.671	0.08	0.4573
大于 0.25mm 湿筛团聚体	0.926	0.337	0.9708
团聚状况	0.753	0.607	0.9353
团聚度	0.451	0.851	0.9276
分散率	−0.771	−0.579	0.9288
侵蚀率	−0.864	−0.29	0.8311
结构破坏率	−0.906	−0.362	0.9521
WSA	0.914	0.36	0.9646
E_{VA}	−0.798	−0.557	0.9470
E_{MWD}	0.708	0.51	0.7617

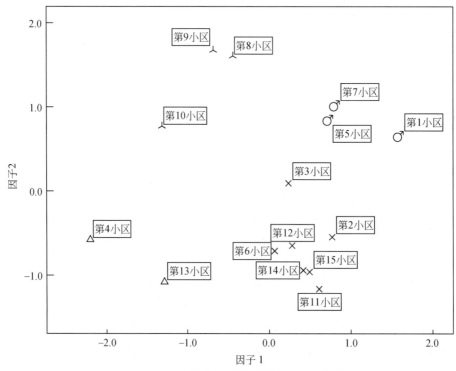

图 12-7 各小区土壤抗蚀性指标因子聚类图

Fig. 12-7 The factor dendrogram of soil anti-erodibility index in different plots

12.5.2 土壤改良效益综合评价

通过以上主成分分析，分别在土壤物理性状、土壤化学性状和土壤抗蚀性三类别各筛选出两个主成分因子，即描述土壤物理性状的"最大持水量因子"、"毛管孔隙度因子"，描述土壤化学性状的"土壤有机质因子"、"速效钾因子"，描述土壤抗蚀性状的"大于 0.25mm 湿筛团聚体因子"、"土壤有机质因子"。由于各因子所体现出的土壤改良效益和重要性各不相同，故需采用权重系数来确定各因子的重要性程度。权重系数的确定有诸多方法，如经验法、专家打分法、数学统计或模型等。本研究采用主成分分析中各个因子的贡献率直接作为权重系数。

根据土壤改良的物理性状、化学性状和抗蚀性等三方面体现出来的综合效益，建立不同水土保持措施下土壤改良效益评价框图，如图 12-8 所示。根据模糊数学中加乘法的原则，将土壤改良效益评价体系中的两项土壤物理性状指标（最大持水量因子、毛管孔隙度因子）、两项土壤化学性状指标（土壤有机质因子、速效钾因子）和两项土壤抗蚀性状指标（大于 0.25mm 湿筛团聚体因子、土壤有机质因子），按照上述因子的贡献率大小（权重系数），分别建立主成分线性函数，加法合成求得土壤物理性状改良效益值（$Y_{物理}$）、土壤化学性状改良效益值（$Y_{化学}$）和土壤抗蚀性改良效益值（$Y_{抗蚀}$），然后在第二层相互独立的土壤物理性状改良效益值、土壤化学性状改良效益值和土壤抗蚀性改良效益值之间采用乘法合成，最终求得不同水土保持措施下土壤改良效益综合值（W），计算方法如下。

$$W = Y_{物理} \cdot Y_{化学} \cdot Y_{抗蚀} \tag{12-7}$$

$$Y_{物理} = A_1 \cdot y_1 + B_1 \cdot y_2 \tag{12-8}$$

$$Y_{化学} = A_2 \cdot y_3 + B_2 \cdot y_4 \tag{12-9}$$

$$Y_{抗蚀} = A_3 \cdot y_5 + B_3 \cdot y_6 \tag{12-10}$$

图 12-8 不同水土保持措施土壤改良效益评价框图

Fig. 12-8 The evaluation framework map of soil-building in different conservation measures

12.5.2.1 土壤改良单项效益评价

(1) 土壤物理性状改良效益评价

根据土壤物理性状测试结果和主成分因子贡献率，计算出各种水土保持措施对土壤物理性状改良效益并排序，如表 12-34 所示。

表 12-34 不同治理措施对土壤物理性状改良效益评价表

Table 12-34 The evaluation of soil physical traits in different control measures

小区名称		最大持水量因子	毛管孔隙度因子	$Y_{物理}$	排序
对照区组	裸露对照	−1.904 45	−0.843 23	−2.853 4	15
	清耕果园	−1.456 85	−0.844 24	−2.406 1	14
	梯壁裸露梯田	−1.010 09	0.256 66	−1.719 8	13
牧草区组	百喜草全园覆盖	1.114 15	−0.957 3	0.140 4	3
	百喜草带状种植	0.165 42	−1.169 66	−0.854 6	10
	百喜草带状套种	0.878 66	−1.099 72	−0.126 1	4
	宽叶雀稗全园覆盖	0.253 42	−0.937 13	−0.716 0	9
	狗牙根带状种植	1.115 35	−0.348 17	0.274 1	2
	狗牙根全园覆盖	1.788 98	0.638 73	1.162 4	1
耕作区组	横坡耕作	0.298 14	0.310 76	−0.399 8	5
	顺坡耕作	−0.028 45	0.362 42	−0.715 1	8
	清耕果园	−1.456 85	−0.844 24	−2.406 1	14
梯田区组	前埂后沟水平	0.040 18	1.400 71	−0.420 6	6
	梯壁植草水平	−0.227 65	1.975 79	−0.563 3	7
	梯壁裸露水平	−1.010 09	0.256 66	−1.719 8	13
	内斜式	−0.440 43	1.230 78	−0.938 2	11
	外斜式	−0.586 38	0.023 6	−1.346 8	12

注：$Y_{物理} = 0.765\,53y_1 + 0.217\,56y_2$，其中 y_1 表示最大持水量因子，y_2 表示毛管孔隙变因子，系数 0.765 53 和 0.217 56 分别为 y_1 和 y_2 的贡献率

由表 12-34 可知，牧草区组中对土壤物理性状综合改良效应最优为狗牙根全园覆盖小区，其次分别为：狗牙根带状种植小区、百喜草全园覆盖小区、百喜草带状套种小区、宽叶雀稗全园覆盖小区、百喜草带状种植小区。在牧草区组中，种植不同牧草品种对土壤物理性状的改良效益，狗牙根优于百喜草、更优于宽叶雀稗。种植同一牧草品种，全园覆盖优于带状覆盖。

耕作区组对土壤物理性状综合改良效应为横坡耕作小区优于顺坡耕作小区，更优于清耕果园小区。

梯田区组对土壤物理性状综合改良效应依次：前埂后沟水平梯田小区、梯壁植草水平梯田小区、内斜式梯田小区、外斜式梯田小区，最后是梯壁裸露水平梯田小区。

研究区不同措施对土壤物理性状的改良效应而言，最好的是牧草区组，其次是耕作区组，再次的是梯田区组。

（2）土壤化学性状改良效益评价

根据土壤化学性状测试结果和主成分因子贡献率，计算出各种水土保持措施对土壤化学性状改良效益并排序，如表 12-35 所示。

表 12-35 不同治理措施下土壤化学性状改良效益
Table 12-35 The evaluation of soil chemical traits in different control measures

小区名称		Y_3	Y_4	$Y_{化学}$	排序
对照区组	裸露对照	−1.407 54	−0.208 83	−0.878 3	15
	清耕果园	−0.348 91	−0.880 65	−0.393 9	11
	梯壁裸露水平	−1.329 93	0.279 67	−0.728 6	14
牧草区组	百喜草全园覆盖	1.159 26	1.129 28	0.926 8	2
	百喜草带状种植	−0.555 01	0.848 61	−0.148 5	8
	百喜草带状套种	0.179 54	2.502 38	0.638 1	4
	宽叶雀稗全园覆盖	0.499 77	−0.204 95	0.252 6	6
	狗牙根带状种植	−0.357 76	0.318 21	−0.144 4	7
	狗牙根全园覆盖	1.282 01	−0.722 06	0.606 2	3
耕作区组	横坡耕作	1.713 38	0.308 52	1.080 7	1
	顺坡耕作	1.352 64	−1.047 42	0.578 9	5
	清耕果园	−0.348 91	−0.880 65	−0.393 9	11
梯田区组	前埂后沟水平	−0.472 34	−0.160 9	−0.314 1	9
	梯壁植草水平	−0.882 05	−0.179 55	−0.560 8	13
	梯壁裸露水平	−1.329 93	0.279 67	−0.728 6	14
	内斜式	−0.809 9	−0.296 37	−0.542 8	12
	外斜式	−0.023 16	−1.685 95	−0.372	10

注：$Y_{化学}=0.592\ 50y_3+0.212\ 49y_4$，其中 y_3 表示土壤有机质因子，y_4 表示速效钾因子，系数 0.592 50 和 0.212 49 分别为 y_3 和 y_4 的贡献率

由表 12-35 可知，牧草区组内土壤化学性状改良效应依次为：百喜草全园覆盖小区、百喜草带状套种小区、狗牙根全园覆盖小区、宽叶雀稗全园覆盖小区、狗牙根带状种植小区、百喜草带状种植小区。在牧草区组中，种植不同牧草品种对土壤化学性状的改良效益，百喜草优于狗牙根、更优于宽叶雀稗。种植同一牧草品种，全园覆盖优于带状种植。

耕作区组对土壤化学性状综合改良效应最好的是横坡耕作小区，其次是顺坡耕作小区，最差的是清耕果园小区。

梯田区组对土壤化学性状综合改良效应从优到劣的排序为：前埂后沟水平梯田小区、外斜式梯田小区、内斜式梯田小区、梯壁植草水平梯田小区，最差的是梯壁裸露水平梯田小区。

研究区不同措施类别对土壤化学性状的改良效应从优至劣的次序为耕作区组优于牧草区组，更优于梯田区组。这是因为人为耕作种植的黄豆和萝卜增加了土壤养分并熟化了土壤，而梯田区组在修筑时造成心土层出露的缘故。

（3）土壤抗蚀性状改良效益评价

根据土壤抗蚀性状测试结果和主成分因子贡献率，计算出各种水土保持措施对土壤抗蚀性状改良效益并排序，如表 12-36 所示。

表 12-36 不同治理措施下土壤抗蚀性状改良效益

Table 12-36 The evaluation of soil anti-erodibility in different control measures

小区名称		y_5	y_6	$Y_{抗蚀}$	排序
对照区组	裸露对照	−1.578 84	−1.742 73	−1.377 5	15
	清耕果园	−1.449 55	−0.000 42	−1.114 3	14
	梯壁裸露水平	−0.832 79	−1.295 08	−0.761 9	12
牧草区组	百喜草全园覆盖	1.534 63	0.512 74	1.227 9	1
	百喜草带状种植	1.043 68	−0.334 05	0.770 9	2
	百喜草带状套种	0.177 48	0.173 21	0.152 7	9
	宽叶雀稗全园覆盖	−0.015 74	1.640 11	0.142	10
	狗牙根带状种植	0.358 68	−0.597 06	0.219 6	8
	狗牙根全园覆盖	0.131 7	1.475 61	0.239 9	7
耕作区组	横坡耕作	−0.982 11	1.048 32	−0.656 5	11
	顺坡耕作	−1.328 95	1.174 94	−0.911 2	13
	清耕果园	−1.449 55	−0.000 42	−1.114 3	14
梯田区组	前埂后沟水平	0.991 42	−0.667 53	0.699 4	3
	梯壁植草水平	0.413 35	−0.256 27	0.293 7	6
	梯壁裸露水平	−0.832 79	−1.295 08	−0.761 9	12
	内斜式	0.657 18	−0.451 64	0.462 8	5
	外斜式	0.879 85	−0.680 15	0.612 5	4

注：$Y_{抗蚀}=0.768\,73y_5+0.093\,97y_6$，其中 y_5 表示大于 0.25mm 湿筛团聚因子，y_6 表示土壤有机质因子，系数 0.768 73 和 0.093 97 分别为 y_5 和 y_6 的贡献率

由表 12-35 可知，牧草区组对土壤抗蚀性综合改良效应从优至劣排序依次为：百喜草全园覆盖小区、百喜草带状种植小区、狗牙根全园覆盖小区、狗牙根带状种植小区、百喜草带状种植并套种小区、宽叶雀稗全园覆盖小区。在牧草区组中，种植不同牧草品种对土壤抗蚀性状的改良效益，百喜草优于狗牙根、更优于宽叶雀稗。种植同一牧草品种，全园覆盖优于带状种植。

耕作区组对土壤抗蚀性状综合改良效应最好的是横坡耕作小区，其次是顺坡耕作小区，最差的是清耕果园小区。

梯田区组对土壤抗蚀性状综合改良效应排序依次为：前埂后沟水平梯田小区、外斜式

梯田小区、内斜式梯田小区、梯壁植草水平梯田小区、梯壁裸露水平梯田小区。

研究区不同措施类别对土壤抗蚀性状的改良效应为牧草区组优于梯田区组，更优于耕作区组。

12.5.2.2 土壤改良综合效益评价

研究中，以土壤改良效益的计算公式 $W = Y_{物理} \cdot Y_{化学} \cdot Y_{抗蚀}$ 为依据，对土壤物理性状改良效益值 $Y_{物理}$、土壤化学性状改良效益值 $Y_{化学}$ 和土壤抗蚀性改良效益值 $Y_{抗蚀}$ 进行耦合计算，但考虑到 $Y_{物理}$、$Y_{化学}$ 和 $Y_{抗蚀}$ 的计算值中有正负值差别，不便于直接相乘，因此需将 $Y_{物理}$、$Y_{化学}$、$Y_{抗蚀}$ 转换成 0~1 的正数，即转换为 $Y'_{物理}$、$Y'_{化学}$ 和 $Y'_{抗蚀}$，后进行相乘并将乘积值放大 100 倍以便比较，结果见表 12-37 和图 12-9。

表 12-37 不同治理措施下土壤改良效益综合分值

Table 12-37 The composite scores of soil modified benefit in different control measures

	小区名称	$Y'_{物理}$	$Y'_{化学}$	$Y'_{抗蚀}$	W	排序
对照区组	裸露对照	0.000 0	0.000 0	0.000 0	0.000 0	15
	清耕果园	0.111 4	0.247 3	0.101 0	0.278 2	14
	梯壁裸露水平	0.282 3	0.076 4	0.236 3	0.509 7	13
牧草区组	百喜草全园覆盖	0.745 5	0.921 4	1.000 0	68.693 8	1
	百喜草带状种植	0.497 7	0.372 5	0.824 6	15.290 0	7
	百喜草带状套种	0.679 1	0.774 1	0.587 3	30.875 5	3
	宽叶雀稗全园覆盖	0.532 2	0.577 3	0.583 2	17.919 7	4
	狗牙根带状种植	0.778 8	0.374 6	0.613 0	17.884 9	5
	狗牙根全园覆盖	1.000 0	0.757 8	0.620 8	47.042 3	2
耕作区组	横坡耕作	0.611 0	1.000 0	0.276 7	16.908 0	6
	顺坡耕作	0.532 5	0.743 8	0.179 0	7.088 8	10
	清耕果园	0.111 4	0.247 3	0.101 0	0.278 2	14
梯田区组	前埂后沟水平	0.605 8	0.288 0	0.797 2	13.908 3	8
	梯壁植草水平	0.570 3	0.162 1	0.641 4	5.928 5	11
	梯壁裸露水平	0.282 3	0.076 4	0.236 3	0.509 7	13
	内斜式	0.476 9	0.171 3	0.706 3	5.769 2	12
	外斜式	0.375 2	0.258 4	0.763 8	7.405 9	9

根据表 12-34 结果，对不同水土保持措施的土壤综合改良效益进行排序。牧草区组土壤改良效益从优至劣依次为：百喜草全园覆盖小区、狗牙根全园覆盖小区、百喜草带状套种小区、宽叶雀稗全园覆盖小区、狗牙根带状种植小区、百喜草带状种植小区。牧草区组中，种植不同牧草品种对土壤综合改良效益，百喜草优于狗牙根，更优于宽叶雀稗。种植同一牧草品种，全园覆盖优于带状种植。

耕作区组对土壤综合改良效益最好的是横坡耕作小区，其次是顺坡耕作小区，最差为

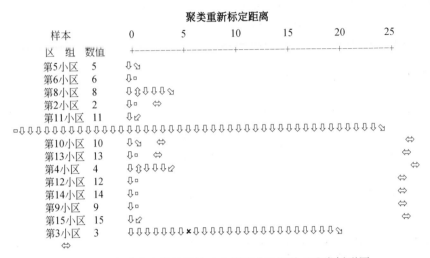

图 12-9　各种水土保持措施对土壤综合改良效益聚类树形图

Fig. 12-9　The evaluation clustering tree map of soil modified benefit in different conservation measures

清耕果园小区。

梯田区组对土壤综合改良效益从优到劣的排序依次为：前埂后沟水平梯田小区、外斜式梯田小区、梯壁植草水平梯田小区、内斜式梯田小区、梯壁裸露水平梯田小区。

将各种水土保持措施对土壤综合改良效益绘制成树形聚类图 12-9，并将其分为优、中、差三类。

第一类土壤综合改良效益得分在 30 分以上的，如百喜草全园覆盖小区、狗牙根全园覆盖小区、百喜草带状套种小区。这类水土保持措施对土壤综合改良效益最好，是本研究所推崇的，是值得在红壤坡地大力推广的优良水土保持措施。

第二类为土壤综合改良效益得分在 10~30 分，如宽叶雀稗全园覆盖小区、狗牙根带状种植小区、横坡耕作小区、百喜草带状种植小区和前埂后沟水平梯田小区。这类水土保持措施对土壤综合改良效益良好，值得在红壤坡地推广应用，但土壤仍有改良空间。在有条件的地方，缓坡地果园应该全园种植牧草，选择的牧草品种最好具有优良的保持水土、改良土壤的功能，套种的农作物必须采用横坡耕作。

第三类为土壤综合改良效益得分在 10 分以下，如外斜式梯田小区、顺坡套种小区、梯壁植草水平梯田小区、内斜式梯田小区、梯壁裸露水平梯田小区、清耕果园小区。这类水土保持措施对土壤综合改良效益不太理想，在红壤坡地需慎用或免用。慎用指的是在红壤坡地修筑梯田一定要进行表土回填，否则，大量的底土层出露很难达到改良土壤的效果。免用指的是在南方红壤侵蚀劣地应该杜绝出现土壤大面积裸露，如修筑梯壁裸露的梯田和清耕果园等措施都应避免。

从各种水土保持措施的土壤综合改良效益得分分析，牧草区组最终得分为 32.95 分，其土壤综合改良效益最好，值得大力推广。耕作区组得分为 11.99 分，其土壤综合改良效益次之，主要是由于人工翻耕，促进了土壤动物和微生物活动，使得土壤结构和土壤水分维持在中等水平。梯田区组得分为 8.25 分，其土壤综合改良效益得分最低是表土没有回填的缘故。

12.6　小　结

本章主要从土壤物理性状、土壤化学性状和土壤抗蚀性状等三方面研究各种水土保持措施的土壤改良效益，结果表明：无论采用的是植物（牧草）措施，还是耕作措施或工程（梯田）措施都有改良土壤结构、提高土壤肥力和增强土壤抗蚀性的作用，但改良程度有所差异，具体表现在以下方面。

1）从改良土壤物理性状效果分析，牧草区组优于耕作区组，更优于梯田区组。牧草区组提高了非毛管孔隙度，梯田区组提高了毛管孔隙度，经统计检验达极显著水平。牧草区组对土壤物理性状改良效应从优至劣排序依次为：狗牙根全园覆盖、狗牙根带状种植、百喜草全园覆盖、百喜草带状套种、宽叶雀稗全园覆盖、百喜草带状种植。就种植牧草的方式而言，采取全园覆盖种植优于带状种植。就种植牧草品种而言，种植狗牙根优于百喜草，更优于宽叶雀稗。

耕作区组改良土壤效益最好的是横坡耕作，其次是顺坡耕作，最差是清耕果园。

梯田区组对土壤物理性状改良效益从优到劣的排序为：前埂后沟水平梯田、外斜式梯田、内斜式梯田、梯壁植草水平梯田、梯壁裸露水平梯田。

2）从改善土壤化学性状和提高土壤养分状况分析，耕作区组优于牧草区组，更优于梯田区组。与裸露对照小区相比，耕作区组能够降低土壤酸度和调节土壤 pH，提高土壤有机质、全氮、全磷、碱解氮、速效磷和速效钾等养分含量，提高速度除速效钾水平达到显著外，其他养分水平均达到极显著。其中，横坡耕作最好、顺坡耕作次之、清耕果园最差。

与裸露对照小区相比，牧草区组能够显著降低土壤酸度和调节土壤 pH，提高土壤有机质、全氮、全磷、全钾、碱解氮、速效磷等养分含量。牧草区组对土壤化学性状综合改良效应从优至劣排序依次为：百喜草全园覆盖、百喜草带状套种、狗牙根全园覆盖、宽叶雀稗全园覆盖、狗牙根带状种植、百喜草带状种植。就其种植牧草的方式而言，采取全园覆盖种植牧草优于带状种植。就其种植牧草品种而言，种植百喜草优于狗牙根，更优于宽叶雀稗。

将梯田区组与裸露对照小区相比，它能够降低土壤酸度和调节土壤 pH，提高土壤有机质、全磷和速效磷等养分含量，并且达到极显著水平。与清耕果园相比，梯田区组能够提高全磷、全钾和速效钾等养分含量，且除全钾达到显著水平外，全磷和速效钾达到极显著水平。梯田区组对土壤化学性状综合改良效应从优至劣排序依次为：前埂后沟水平梯田、外斜式梯田、内斜式梯田、梯壁植草水平梯田、梯壁裸露水平梯田。梯壁植草的小区土壤改良效益优于梯壁裸露小区。

3）从改善土壤抗蚀性状，提高土壤抗侵蚀能力和改良土壤结构来看，这 3 类措施中，改良效果最好的是牧草区组，其次是梯田区组，再次是耕作区组。

在牧草区组中，改善土壤抗蚀性状效果从优到劣排序依次为百喜草全园覆盖、百喜草带状种植、狗牙根全园覆盖、狗牙根带状种植、百喜草带状套种、宽叶雀稗全园覆盖。其中不同牧草品种相比，百喜草优于狗牙根，更优于宽叶雀稗。同一牧草品种中，全园覆盖优于带状种植。

在耕作区组中，对土壤抗蚀性状改良效应最好的是横坡耕作，其次是顺坡耕作，再次是清耕果园。

在梯田区组中，对土壤抗蚀性状改良效应以前埂后沟水平梯田最好，其次是梯壁植草水平梯田，然后是内斜式和外斜式梯田，效果最差是梯壁裸露的水平梯田。采用梯壁植草能改善土壤团粒结构，提高土壤抗蚀性能。

4）从土壤改良综合效益角度分析，总体效果从优至劣排序依次为：牧草区组最优、耕作区组次之、梯田区组最差。牧草区组土壤改良效益排序为：百喜草全园覆盖、狗牙根全园覆盖、百喜草带状套种、宽叶雀稗全园覆盖、狗牙根带状种植、百喜草带状种植。其中不同牧草品种相比，百喜草优于狗牙根，更优于宽叶雀稗。同一牧草品种中，全园覆盖优于带状种植。耕作区组土壤综合改良效益最好的是横坡耕作，其次是顺坡耕作，最差的是清耕果园。梯田区组土壤综合改良效益排序为：前埂后沟水平梯田、外斜式梯田、梯壁植草水平梯田、内斜式梯田、梯壁裸露水平梯田。

5）根据土壤改良效益树形聚类图，将本研究试验区的水土保持措施分为三类。第一类水土保持措施对土壤综合改良效益最好，是本研究所推崇的，值得在红壤坡地大力推广的优良水土保持措施，如百喜草全园覆盖、狗牙根全园覆盖、百喜草带状套种3种措施。第二类土保持措施对土壤综合改良效益良好，值得在红壤坡地推广应用，但仍有改良空间。在有条件的地方，缓坡地果园应该全园种植牧草，选择的牧草品种最好具有优的保持水土，改良土壤的功能，套种的农作物必须采用横坡耕作，如宽叶雀稗全园覆盖、狗牙根带状覆盖、横坡耕作套种、百喜草带状覆盖和前埂后沟水平梯田等5种措施。第三类水土保持措施对土壤综合改良效益不太理想，在红壤坡地需慎用或免用。慎用指的是在红壤坡地修筑梯田一定要进行表土回填，否则大量的底土层出露很难达到改良土壤的效果。免用指的是在南方红壤侵蚀劣地应该杜绝出现土壤大面积裸露，如修筑梯壁裸露的梯田和清耕果园等都应避免。

参 考 文 献

蔡丽平，陈光水，谢锦升，等．2001．南亚热带侵蚀赤红壤治理前后土壤抗蚀性的变化．水土保持学报，15（6）：129～131，139.

蔡志发，黄炎和，李发林，等．2000．侵蚀坡地果园土壤—植被组分中N、P、K质量分数及其分布．福建农业大学学报，29（4）：494～497.

陈丽华．1996．湖北宜昌风化花岗岩区林草植被改良土壤作用的定量化分析．中国水土保持，（2）：35～37，41.

陈由强，叶冰莹，朱锦懋，等．2000．滨海风砂地种植后土壤生物化学特性的分析．土壤与环境，9（1）：31～33.

范淑英，吴才君，曲雪艳．2005．野葛及百喜草对红壤坡地水土保持及土壤改良的效应．中国生态农业学报, 13 (4): 191~193.

侯光炯 . 1992. 土壤学 . 北京: 中国农业出版社 .

康玲玲, 王云璋, 刘雪, 等 . 2003. 水土保持措施对土壤化学特性的影响 . 水土保持通报, 23 (1):
    46~48.

刘畅, 云丽丽, 葛成明 . 2005. 辽东山区不同森林类型土壤改良效益分析 . 防护林科技, (1): 21~22, 58.

全国土壤普查办公室 . 1998. 中国土壤 . 北京: 中国农业出版社 .

沈慧, 姜凤岐, 杜晓军, 等 . 2000. 水土保持林土壤肥力及其评价指标 . 水土保持学报, 14 (2):
    60~65.

沈林洪, 黄炎和, 谢晋生, 等 . 2002. 闽南不同土壤侵蚀强度的土壤性状特征 . 福建农业学报, 17 (2):
    95~97.

邰通桥, 杭朝平, 杨胜俊 . 1999. 果园套种绿肥对果园土壤改良的效果 . 贵州农业科学, 27 (1):
    35~37.

王明玖, 卫智军, 许志信 . 1996. 不同处理措施对退化人工羊草草地土壤物理性状的影响 . 内蒙古草业,
    (1): 45~48.

王震洪, 段昌群, 文传浩, 等 . 2001. 滇中三种人工林群落控制土壤侵蚀和改良土壤效应 . 水土保持通
    报, 21 (2): 23~29.

吴蔚东, 黄春昌 . 1997. 江西省山地几种森林类型下土壤物理性状的研究 . 土壤侵蚀与水土保持学报,
    3 (1): 50~55.

谢锦升, 杨玉盛, 陈光水, 等 . 2002. 严重侵蚀红壤封禁管理后土壤性质的变化 . 福建林学院学报,
    22 (3): 236~239.

曾河水 . 2002. 不同治理措施侵蚀地土壤物理性状变化的研究 . 福建水土保持, 14 (1): 50~54.

曾希柏 . 2000. 红壤酸化及其防治 . 土壤通报, 31 (3): 111~113.

曾希柏, 李菊梅, 徐明岗, 等 . 2006. 红壤旱地的肥力现状及施肥和利用方式的影响 . 土壤通报,
    37 (3): 434~437.

查小春, 唐克丽 . 2003. 黄土丘陵林地土壤侵蚀与土壤性质变化 . 地理学报, 59 (3): 464~469.

张保华, 徐佩, 廖朝林, 等 . 2005. 川中丘陵区人工林土壤结构性及对土壤侵蚀的影响 . 水土保持通报,
    25 (2): 25~28

朱永官, 罗家贤 . 1993. 我国南方某些土壤对钾素的固定及其影响因素 . 土壤, 25 (2): 64~67.

第 13 章 红壤坡地梯田工程技术研究

13.1 概　　述

13.1.1　研究的目的和意义

中国是世界上最早修筑梯田的国家之一。据考证，3000 多年前中国南方就有了水稻梯田，随之在中国北方有了旱作梯田。由于梯田具有良好的水土保持功能，长期以来，深受山丘区农民群众喜爱，修筑梯田的方法一直代代相传，沿用至今。据统计，中国目前共有各种类型的梯田 1086 万 hm^2，占中国现有耕地面积 11.04%。其中湖南紫鹊界梯田、云南红河哈尼梯田、广西龙胜龙脊梯田三大古梯田至今维系完好，规模宏大，风景优美，仍然发挥着重要作用，并且成为了著名旅游景点和文化遗产。

梯田是在丘陵山区坡地上，沿等高线修筑的带状台阶式田块。它是古代劳动人民在长期的农业生产实践中，创造出的一种行之有效的水土保持措施，也是古代农业发展史上一大技术进步。为了保障我国人民群众的生态安全和粮食安全，维护社会稳定，促进民生水利与生态工程建设，让梯田这一传统技术措施发挥新的活力，深入开展梯田工程技术的研究十分必要。

首先，从发展趋势上看，早期山丘区劳动人民开荒拓地，修筑梯田，仅仅是为了满足粮食需要。到后来，为了获得更多的利益，有了朴素的养地需求。时至当今，随着人口的不断增加，城市化进程不断加快，土地资源日趋紧张，向山丘区要粮食、向山丘区要效益已成为一种必然的趋势。因此，人们对修筑梯田赋了更多的内涵，需要全方位开展对梯田的研究。

其次，从现实情况而言，中国现有坡耕地 2393 万 km^2，广泛分布于 30 个省（自治区、直辖市）的 2187 个县市。坡耕地已成为中国水土流失的主要策源地，尽管其土壤侵蚀面积仅占全国土壤侵蚀总面积的 6.7%，但年均水土流失量多达 14.15 亿 t，占全国水土流失总量的 31%。中华人民共和国水利部已将坡耕地改造梯田列为水土保持的重点工程，这对于中国生态安全与粮食安全极其重要，有利于推动小康社会建设与可持续发展，符合构建资源节约型、环境友好型社会和生态文明建设的发展目标。由此可见，进一步研究不同类型梯田的适用性，对于指导坡改梯工程建设，防治水土流失十分必要。

再次，从地理位置上讲，红壤地区是水热条件十分优越的地方，其投入产出比远高于其他地区。在这一地区，丘陵山区坡地多，人口密度大，是推行坡改梯工程的重点地区。红壤坡地是一种重要的土地资源，是今后中国农业生产发展和生态环境建设的潜力所在，希望所在。

虽然，我国修筑梯田有着悠久的历史，但是，对梯田的研究还远不能满足当前发展的需要。主要表现在以下几个方面：一是研究成果单一零散、系统集成不足，尤其缺乏将侵蚀防治与地力提升有机结合、径流调蓄与高效利用有机结合的综合防治技术体系；二是面向不同区域的技术标准缺失，工程整治的技术指标定量化、规范化不足，造成整治工程随意性大，不易推广，可靠性低，效果不佳；三是缺乏高效省工、价低环保的整治新材料、新工艺和新器具，制约着工程治理规模和进程；四是缺少测评整治效应的有效方法和技术，缺少综合考虑区域社会经济发展与生态环境改善耦合需求的合理规划和策略，影响整治工程的验收和管理。因此，开展红壤坡地梯田工程技术研究具有现实意义。

本研究立足于红壤丘陵区，重点研究不同类型梯田的水土流失防治效果、土壤保育效果及持续利用关键技术，径流调蓄及高效利用关键技术，梯壁植草护坡生态材料配置技术和梯田整治效应评估技术，目标是形成一整套适应红壤地区推广的梯田工程技术体系，为红壤坡地的农业生产和生态环境建设提供科学依据和技术支持，促进区域经济发展。

13.1.2 梯田的发展历程

梯田修筑在我国具有悠久的历史，且以类型多、分布广而闻名于世，它集中在山地丘陵农业生产区域，尤其集中在地少人多的山丘地区。

大约公元前 2 世纪至公元 10 世纪前后，我国山丘区的劳动人民在长期的生产实践中，已经开始修筑梯田，并根据地形修筑山塘，用以收集径流进行灌溉，发展农业生产。

早在西周时期，《诗经·小雅·正月》中就有"瞻彼阪田，有菀其特"的诗句，其中"阪田"一词是指在山坡地上修筑的田，即为梯田。这说明我国的梯田修筑早于该期，距今约有 3000 多年。西汉末期，《氾胜之书》曾有"昔汤有旱灾，伊尹为区田，教民粪种，负水浇稼，收玉亩百石，胜之试为之，收亩四十石"，"区田以粪气为美，非必须良田也，诸山、陵、近邑高危倾阪及丘城上，皆可为区田"等记载，说明在这一时期已经把区田农业耕作方法应用于梯田之上。在四川彭水县和陕西汉中市的东汉古墓中，出土过类似水稻梯田的陶器模型。

"梯田"一词最早出现在南宋范大成所作的《骖鸾录》中，书中写道："出庙三十里，至仰山，缘山腹乔松之磴甚危，岭阪上皆禾田，层层而上至顶，名曰梯田"。这段文字不仅明确提出了"梯田"一词，而且阐明了梯田修筑的地点在仰山（今江西省宜春县），地形部位在山坡，修筑形式为阶梯状，同时反映出是由山脚到山顶，大面积相连的成片梯田。

元代对梯田有了较为系统的定义分类、布设和修筑方法，《王祯农书》曾有这样的描述："梯田，谓梯山为田也。夫山多地少之处，除磊石及峭壁例同不毛，其余所在土山，下自横麓，上至危巅，一体之间，裁作重磴，即可种艺。如土石相伴，则必叠石相次，包土成田。又有山势峻极，不可展足，播殖之际，人则伛偻蚁沿而上，耧土而种，蹑坎而耘。此山田不等，自下登陟，俱若梯磴，故总曰'梯田'，上有水源，则可种杭秫；如此陆种，亦宜粟麦，盖田尽而地，山乡细民，必求垦佃，犹胜不稼。其人力所致，雨露所养，无不少获。然力田至此，未免艰食，又复租税随之，良可悯也。"由此可见，当时的梯田建设已体现了现代的山坡地综合开发利用思想。

明清时期，对梯田的作用描绘的更加完善。如徐光启所著的《农政全书》中写道："均水田间，水土相得，……，若遍地耕垦，沟洫纵横，必减大川之水"。蒲松龄在《农桑经》书中写道："一则不致冲决，二则雨水落淤，名为天下粪"。阐明了修筑梯田不仅仅是为了获得粮食，而且是把生产粮食与防洪减灾和治理水土流失结合起来。

新中国成立后，我国的梯田建设取得了长足的发展。国家把山丘区梯田建设作为水土保持重点工程的一项主要内容，把坡改梯作为防治水土流失和提高农作物产量一种重要措施，新修梯田近 1000 万 hm²。特别是进入 21 世纪以来，梯田建设得到了蓬勃发展，并在《中华人民共和国水土保持法》对其地位加以固定："国家加强水土流失重点预防区和重点治理区的坡耕地改梯田、淤地坝等水土保持重点工程建设，加大生态修复力度"。21 世纪梯田建设发生了根本性的转变：从传统的整治方法到依靠科技手段的转变；从零星分散整治到全面综合整治转变；从以单一生产粮食为目的到注重综合效益方向转变。形成了以小流域为单元，以水土资源保育和高效利用为目的，以改善农民生产生活条件，促进人与自然和谐，推进新农村建设，全面实现小康社会为目标的重大战略任务。

13.1.3　梯田的主要类型

梯田是沿等高线修筑，用于种植作物的田块，也是一种古老的水土保持工程措施。它不仅历史悠久，而且广泛分布于世界各地。由于各地的耕作习惯和利用方式不同，它的分类方法有很多，主要有以下几种。

1）按利用方式来分，可简单分为水稻梯田和旱作梯田。水稻梯田主要用于栽培水稻，现在泛指栽培水生作物的梯田。水稻梯田广泛分布大江南北的山地丘陵区，支持着我国闻名于世的稻米文化。旱作梯田主要用于栽植旱生作物，如小麦、大豆、玉米、高粱等粮食作物，同时也种植棉、茶、桑、油料和药材等经济作物。旱作梯田主要分布在集蓄雨水困难的山地丘陵区和降雨量较少的黄土高原等地。

2）按断面形态来分，可分为水平梯田、内斜式梯田、外斜式梯田、坡式梯田和隔坡梯田，如图 13-1 所示。水平梯田有两大要素，即一为水平，二为田面平整。水平梯田又可分为蓄水式水平梯田和排水式水平梯田，它们的区别主要在于有沟埂和无沟埂。水平梯田是中国最传统、最常见的梯田。内斜式梯田亦称反坡梯田，即梯田田面向内侧倾斜约 3°~5°，构成浅三角形，以利保持水土。内斜式梯田发源于美国，适用于降雨量小的地区。外斜式梯田田面向外侧倾斜约 3°~5°，便于排水，盛行于日本，适合降雨量大的地区。坡式梯田在我国北方称之为埝，指在相邻两软埝之间仍保留原来坡面，软埝的边坡缓和，形似波浪，便于机耕，适于在缓坡地上修筑。隔坡梯田即在相邻的两阶梯田之间仍保留一段原有坡地，适合在地广人稀的缓坡地上修筑。

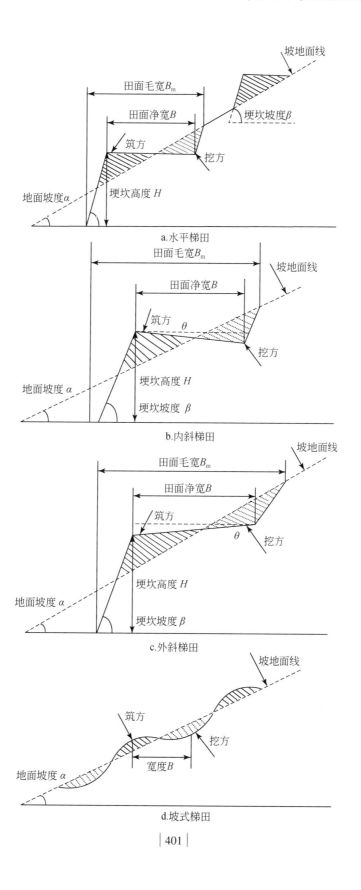

a.水平梯田

b.内斜梯田

c.外斜梯田

d.坡式梯田

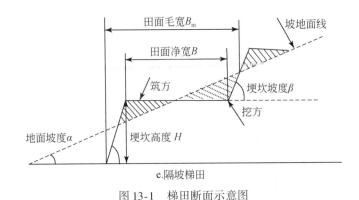

图 13-1　梯田断面示意图

Fig. 13-1　The terrace section schematic diagram

　　3）按构筑材料来分，可分为土坎梯田、石坎梯田、预制件坎梯田、混合坎梯田和植物护坎梯田，如图 13-2 所示。土坎梯田适宜在土层较深厚的缓坡地面修筑，尤其适合第四纪红土区和黄土高原。石坎梯田适宜在土层较薄，坡度较大，取材较方便的坡地修筑。预制件坎梯田是用混凝土预制件固定梯坎，适宜在土质较松散，取用石材困难的坡地修筑。混合坎梯田是采用就地取材的原则，利用当地的材料资源，可以是土石混合，亦可是编织袋装土参拌植物种子堆砌而成，还可用多种材料混合而成。植物护坎梯田即是在土坎、预制件坎和混合坎加种植物，用于加固和保护梯坎，提高梯田使用寿命并减少维护成本。

　　除此之外，梯田还可按用途和修筑器具来分类，按用途可分为粮食作物梯田、经济作物梯田等，按修筑器具可分为机修梯田和人工修筑梯田等。因这些分类未突出其水土保持特点，也不具典型代表性，故不详述。

a.石坎梯田　　　　　　　　　　　　　　　　　　b.土坎梯田

c.植物护坎梯田   d.混合梯田

e.预制件梯田

图 13-2　梯田类型图

Fig. 13-2　The terrace type map

本章重点研究对象是我国南方山地丘陵地区使用最为频繁的土坎旱作梯田，分别是蓄水型的前埂后沟水平梯田和内斜式梯田，排水型的梯壁植草水平梯田和梯壁裸露水平梯田以及外斜式梯田 5 种梯田。梯田设计参照国家标准，断面参数见表 13-1。

表 13-1　红壤区水平梯田断面尺寸参考数值表

Table 13-1　The section size reference value of level terrace in red soil region

地面坡度	田面净宽（m）	田坎高度（m）	田坎坡度	土方量（m³/hm²）
1°~5°	10~15	0.5~1.2	90°~85°	625~1500
5°~10°	8~10	0.7~1.8	90°~80°	875~2250
10°~15°	7~8	1.2~2.2	85°~75°	1500~2750
15°~20°	6~7	1.6~2.6	75°~70°	2000~3250
20°~25°	5~6	1.8~2.8	70°~65°	2250~3500

13.1.4 梯田的研究进展

修筑梯田是改造坡耕地的一项重要举措，是坡地防治水土流失的基本工程措施。在水土流失坡地，因降雨而产生的地表径流随着坡度的增大和坡长的增加而增强。坡耕地修成梯田之后，由于改变了原来的微地形，降低坡度使田面变得平整，缩短坡长而截断了原来的径流线路，从而避免或减缓了地表径流的冲刷，起到了减轻水土流失的作用。修筑梯田还能发挥其蓄水保土的作用，一是使降落的雨水不易形成径流，增加土壤入渗成为壤中流；二是梯田上种植的作物及其凋落物形成新的下垫面，改良了土壤结构，增加了土壤的抗蚀性能，使原来跑水、跑土、跑肥的"三跑地"变为保水、保土、保肥的"三保田"。

黄土高原是我国旱作梯田建设规模比较集中的地区。该区域开展梯田的研究相对较早。揭曾佑等（1986）、姚云峰和王礼先（1992）阐述了梯田的减蚀作用，并从坡面的径流冲刷力入手，得出了坡面径流冲刷力和径流系数、降雨强度、坡长、坡度等因素之间的关系式如下。

$$F_{\max} = \frac{r \cdot a \cdot I \cdot L^2 \cdot \cos\theta \cdot \sin\theta}{g} \tag{13-1}$$

式中，$F_{\max}$ 为坡面径流冲刷力；r 为水的密度；a 为径流系数；I 为降雨强度；L 为坡长；θ 为坡度；g 为重力加速度。

式（13-1）反映了坡面径流的冲刷力与径流系数、降雨强度、坡长的平方、坡度的正弦和余弦的乘积成正比，说明在相同的降雨条件下，改变坡度、降低径流系数、缩短坡长，都是防止坡面土壤侵蚀的关键所在，这也是梯田减蚀作用的机理所在。焦菊英等（1999）的观测研究，认为降雨量及降雨强度是水平梯田发挥其水土保持效益的前提条件。以 PI_{30}（单次降雨强度的降雨量与最大 30 min 雨强的乘积，P 为降雨量，I_{30} 为最大 30min 雨强）为指标，当 $PI_{30} < 50\text{mm}^2/\text{min}$ 时，有埂水平梯田的蓄水保土效益为 100%；当 $PI_{30} > 50\text{mm}^2/\text{min}$ 时，水平梯田的平均减水、减沙效益分别为 82.6% 和 90.9%，并随 PI_{30} 增大而减小。

吴发启等（2004）研究认为，在黄土高原地区，水平梯田具有明显的蓄水保土作用。单次降雨条件下水平梯田蓄水效益的最大值为 97.5%，最小值为 70.5%，平均值为 86.7%；其保土效益最大值为 98.4%，最小值为 71.3%，平均值为 87.7%。暴雨和大暴雨是降低梯田蓄水保土效益的主要因素之一，当单次降雨 PI、汛期雨量、年产流降雨量分别小于 20.0mm/min、350mm 和 125mm 时，蓄水保土效益均为 100%。当其中一项大于这些数值时，蓄水和保土效益的平均值分别为 83.52% 和 86.65%、84.85% 和 78.14%、83.14% 和 79.27%，且有随着降雨增大而效益降低的趋势。另有研究表明，黄土高原半干旱丘陵区的梯田平均可使 92.4% 的降雨有效入渗，相应的泥沙流失量也大大减少。正常年份，2m 厚的土层土壤贮水量比坡耕地多 110.18mm，可以有效缓解 5 月份、6 月份的"卡脖旱"。建成 3 年的梯田比坡度在 10° 以上的坡耕地作物水分利用效率提高了 1.01 ～ 3.38kg/（mm·hm²）（杨封科，2006）。虽然梯田具有蓄水保土、提高作物产量等显著特征，但因设计标准、修建的地形、修建方法和耕作维护等因素的影响，我国梯田质量差异非常大，从而影响了减水减沙效益的发挥（傅涛，2002）。徐乃民和张金慧（1993）根据黄丘一副区绥德、米脂、清涧等地水平梯田的调查资料，发现该地区在设计暴雨情况下不发生水土流失的一类水平梯田只占 25%。焦菊英等（1999）分析了黄土丘陵区不同降雨条件下水平梯田的减水减沙效益后得出，在一些降雨条件下水平梯田发挥不出其水土保持作用。梯田建造模式多样，质量参差不等，对于各种类型梯田的水土保持作用和效益，鲜有系统总结。

对我国南方梯田，张信宝和付什祥（1999）对长江上游重点水土流失区坡改梯工程研究后认为，原陡坡耕地土薄缺水，干旱严重，一年仅种植一季玉米、红苕、花生等作物，每公顷产量约 1500kg。修建梯田后，可增加种植一季小麦等作物。两季作物每公顷产量可达 9000kg 以上。夏岑岭等（2000）也认为安徽坡耕地梯田的水土保持效益高于其他水土保持措施，例如横坡种植及合理密植等。与传统种植方式相比，坡改梯减轻水土流失 45%~75%，效果最为显著。王学强等（2007）认为，红壤丘陵区梯田措施能够在 0°~15° 的坡地上发挥较高的水土保持效益，如在福建红壤丘陵区菠萝坡地实施梯田措施后的保土效益与保水效益分别达到 99.0%，86.2%。本研究初步结果表明前埂后沟式梯田的蓄水保土效益明显高于水平梯田，其拦蓄径流和保持土壤泥沙的能力很强。与标准水平梯田相比，2001~2004 年前埂后沟式梯田减少径流和侵蚀的效益分别达 77.25% 和 82.78%（胡建民等，2005；张国华等，2007）。虽然坡改梯初期的新梯田性能不够稳定，但经过几年的耕种，其性能就会趋于稳定，水、土、养分流失大为减少，因而比坡地产量更高（张国华等，2007）。

我国南方红壤丘陵区修建梯田历史悠久，发挥了较好的社会经济效益。20 世纪 50 年代以来，红壤丘陵开发治理在农业利用方面普遍推广了一次全垦等高作梯等田间工程技术措施，收到了一定的保土保肥和增产效果。然而在推广过程中，个别地方出现了不顾当地条件，在开梯建园时，片面强调"梯连梯、路连路、一次成型、集中连片"，把坡度超过 25° 的陡坡、没有表土的劣地、远离水源的高山也全部修筑梯田，形成高耸的陡壁梯坎。这样的梯田致使雨季田块坍塌，道路沟渠冲刷，造成了严重的水土流失，且旱季又无水源灌溉，致使作物减产甚至绝收。因此在南方红壤丘陵区加强梯田工程水土保持效益的系统研究，选择符合当地生产实际的梯田形式和断面尺寸，对避免梯田工程的局限性，实现旱能蓄、涝能排、安全稳定、管理方便、费省效宏的科学建设目标具有重要的意义。

本研究在母质相同、地形相近、条件一致的水土流失坡地上，修筑了 5 种类型的梯田试验小区，进行了为期 9 年的观测试验，分析不同类型梯田的蓄水保土、土壤改良和增产节支等效益，并分析蓄水和排水、梯壁植草和梯壁裸露等附加措施对减流减蚀效益的影响，以期筛选出适合南方红壤坡地大规模推广的梯田类型和结构。

13.2 梯田的水土保持效益评价

通过前述章节分析得知，与裸露对照小区相比，梯田工程措施的减流减蚀和土壤改良效益明显。为了进一步从宏观上认识梯田措施的水土保持效益，将本研究中的梯田措施组与牧草措施组、耕作措施组的多年平均减流减蚀状况和土壤抗蚀性状进行分析评价，为红壤坡地水土保持措施的优化配置提供技术参考。

13.2.1 减流减蚀效益评价

梯田改变了坡面微小地形，能就地拦蓄雨水，减少坡面径流，降低径流流速，增加土壤入渗，减少土壤侵蚀。为对比分析梯田措施、植物措施和耕作措施的减流减蚀功效大小，本研究以多年平均产流产沙观测数据研究上述三种类型水土保持措施的蓄水保土效益，为红壤坡地径流调蓄和泥沙调控及高效利用提供技术支撑。

13.2.1.1 减流效益评价

将 2001~2009 年试验观测到的地表径流，按植物区组的 6 个小区，耕作区组的 3 个小区、梯田区组的 5 个小区和裸露对照区组分别进行统计，并将各区组的年均地表径流量和年均径流系数绘制成图 13-3。由图 13-3 可知，试验区各区组的地表径流差异较大。裸露对照区组的年均径流量和年均径流系数最大，分别为 401.8mm 和 0.315；耕作措施区组的年均径流量和年均径流系数次之，分别为 162.47mm 和 0.127；牧草措施区组的年均径流量和年均径流系数最小，分别为 17.05mm 和 0.013；梯田措施区组的年均径流量和年均径流系数分别为 52.58mm 和 0.041，与牧草措施区组的观测结果十分相近。梯田措施的产流量不仅远低于裸露对照，还远低于耕作措施。说明采用梯田措施后，能大幅削减地表径流，降低径流系数，起到良好的蓄水减流效果，几乎与牧草措施效益相当。

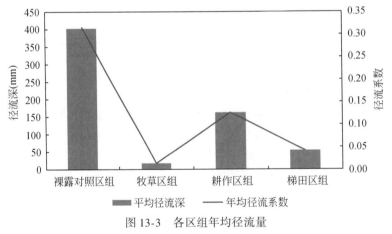

图 13-3 各区组年均径流量

Fig. 13-3 The annual runoff in different groups

为确定试验区不同区组的地表径流差异性是否显著，比较不同区组的减流效益，为优选水土保持措施提供指导，借助 SPSS 软件对观测期间的地表径流量进行多重比较。先采用邓肯多重极差方法做第一次多重比较，然后采用费舍尔最小显著差方法对不同区组间地表径流进行多重比较，结果见表 13-2。从表中可以看出，以 P 值等于 0.05 为显著性检验标准，梯田区组的地表径流量与裸露对照小区和耕作区组均差异显著，说明梯田措施具有较好的调控地表径流的能力。这是因为修筑梯田改变了坡面的微小地形，能就地拦蓄雨水，减少坡面径流，降低径流速率，增加土壤入渗。梯田区组的地表径流量虽然较植物区组大，但二者之间差异并不显著，即梯田区组与植物区组处于同一水平，都能够取得较好的蓄水减流效益。但牧草区组前期往往因覆盖度低而效果逊于梯田区组，梯田措施则能起到立竿见影的效果。

表 13-2 各区组间地表径流量方差显著性分析的概率 P 值

Table 13-2 The probability （P） of surface runoff analysis of variance （LSD） among different groups

试验区组	裸露对照区组	牧草区组	耕作区组	梯田区组
裸露对照区组	—	0.00	0.00	0.00
牧草区组	0.00	—	0.19	0.551
耕作区组	0.00	0.19	—	0.072
梯田区组	0.00	0.551	0.072	—

为进一步分析各区组间的径流调控效益，以裸露小区为对照，统计 2001～2009 年各区组的减流效益情况，见表 13-3。可以看出，梯田区组的年均减流效益为 86.92%，略低于牧草区组的 95.73%，但远高于耕作区组的 59.57%。这主要是因为梯田区组中梯壁裸露小区和排水外斜式梯田的减流效益不够理想而降低了年平均均值。而植物措施一方面截留了部分雨水，另一方面增加了地面粗糙度，增加了降雨的入渗时间。在耕作措施区组中，由于人为扰动较频繁，春夏之间作物的收获与耕种减少了植被覆盖，此时又逢雨季，所以其减流效益低于牧草措施和梯田措施。

根据上述研究结果，换算成减流量进行分析。以裸露小区为对照，在南方红壤区，一年中每实施 $1km^2$ 的植物覆盖措施，可以减少地表径流 385 000m^3；每实施 $1km^2$ 的梯田措施，可以减少地表径流 349 000m^3。采用这两种措施减少的地表径流量相当于中等小（二）型水库的库容。而每实施 $1km^2$ 耕作措施，可以减少地表径流 239 000m^3，其减少地表径流量也能达到一个小（二）型水库的库容。由此可见，实施了水土保持措施后，减少的地表径流一方面通过蒸散发返回大气中，另一方面通过增加入渗进入土壤或形成地下径流。这样就避免了雨季形成的地表径流快速流入沟道、河道而出现小降雨大洪涝的状况。

表 13-3 2001～2009 年各区组年平均减流效益

Table 13-3 The average annual reduced flow benefits in different groups （2001～2009）

处理区组	减流量（mm）	减流效益（%）	极值比	变差系数
裸露对照区组	0.00	0.00	0.00	0.00
牧草区组	384.75	95.73	1.07	0.023
耕作区组	239.33	59.57	4.72	0.344
梯田区组	349.22	86.92	1.44	0.085

此外，从减流率及其变异系数来看，相对耕作措施而言，植物措施和梯田措施的减流效益年际极值比和变差系数都较小，分别接近 1 和大于 0，表明牧草措施和梯田措施发挥效益早，年际波动小，减流效果明显。

13.2.1.2 减蚀效益评价

采用减流效益的同样研究方法可得，2001~2009 年，试验区各区组的土壤侵蚀量差异较大。各区组中土壤侵蚀量以裸露对照小区为最大，年均侵蚀模数为 5832 t/(km² · a)，达到强烈侵蚀水平；耕作区组的土壤侵蚀量次之，年均侵蚀模数为 1538 t/(km² · a)，为轻度侵蚀水平；牧草区组的土壤侵蚀量最小，年均侵蚀模数仅为 14 t/(km² · a)，无明显侵蚀；梯田区组的年均土壤侵蚀模数为 140 t/(km² · a)，虽比植物区组略高，但仍属于无明显侵蚀水平。同样可见，采用梯田措施和植物措施，都能把土壤侵蚀量控制在红壤坡地容许土壤侵蚀量 [500 t/(km² · a)] 之下，侵蚀强度控制在无明显侵蚀范围之内。

为确定试验区各区组间土壤侵蚀量是否存在差异性或差异性是否显著，比较不同区组间的减蚀效益，为优选水土保持措施提供技术支持，研究中借助 SPSS 软件对观测期间的土壤侵蚀量进行多重比较，结果见表 13-4。从表中可以看出，以 P 值 0.05 为显著性检验标准，梯田区组的土壤侵蚀量小于裸露对照小区，且差异十分显著。说明采用梯田措施能够显著减少土壤侵蚀量，尽管其土壤侵蚀量大于植物措施，但二者之间的差异并不显著，同属无明显侵蚀级别。可见，在地少人多的地区，若需要进行坡地开发利用，种植粮食作物和经济作物，坡改梯是一项较好的水土保持措施。

表 13-4　各区组间土壤侵蚀量方差显著性分析的概率 P 值

Table 13-4　The probability（P）of soil erosion analysis of variance（LSD）among different groups

试验区组	裸露对照区组	牧草区组	耕作区组	梯田区组
裸露对照区组	—	0.000	0.000	0.000
牧草区组	0.000	—	0.100	0.890
耕作区组	0.000	0.100	—	0.130
梯田区组	0.000	0.890	0.130	—

为进一步分析不同区组的减蚀效益，以裸露区组为对照，统计 2001~2009 年各区组的减蚀效益情况，见表 13-5。从表中可以看出，梯田区组的年均减蚀效益为 97.60%，低于牧草区组的 99.73%，但高于耕作区组的 73.63%。不同区组的减蚀效益排序为：植物区组>梯田区组>耕作区组。从减少土壤侵蚀量上分析，以裸露小区为对照，在南方红壤区，每实施 1km² 的植物措施，可以减少土壤侵蚀量 5818.2 t，相当于减少 4.16 mm 的表土流失；每实施 1km² 的梯田措施，可以减少土壤侵蚀量 5692.9 t，相当于减少 4.07 mm 的表土流失；每实施 1km² 耕作措施，可以减少土壤侵蚀量 4294.4 t，相当于减少 3.07 mm 的表土流失。从这些结果可以看出，实施以上 3 种水土保持措施，都能有效地减少土壤流失。一方面，可以保护土壤的可持续性，保持土地生产力，达到增产增收的目的；另一方

面，避免了泥沙淤塞河道沟渠、山塘湖库，从而减轻了洪涝灾害。

此外，从减蚀效益的稳定性来看（表 13-5），梯田区组和植物区组的减蚀效益年际极值比和变差系数都较小，分别接近 1 和 0，说明这两种措施能够较好地发挥减蚀效益，且效益明显、稳定。而耕作区组的减蚀效益年际极值比和变差系数都较大，分别大于 1 和大于 0，这与耕作过程中受到人为干扰有关，尤其是春夏之交的雨季，春收夏种，翻动土壤，加之植被覆盖度低，极易产生水土流失。

表 13-5　2001～2009 年各区组平均减蚀效益

Table 13-5　The annual-average reduced erosion benefits in different groups（2001～2009）

试验区组	减蚀量（mm）	减蚀效益（%）	极值比	变差系数
裸露对照小区	0.00	0.00	0.00	0.00
牧草区组	581.82	99.73	1.01	0.002
耕作区组	429.44	73.63	11.80	0.377
梯田区组	569.29	97.60	1.09	0.023

从以上观测结果得出，各区组减流减蚀效益及稳定性以植物区组为最好，梯田区组次之，但两者结果十分相近，耕作区组最差，因此在雨季应避免翻耕，并增加地表覆盖。

从上述研究结果可知，每实施 1km² 水土保持措施，每年减少的地表径流量可达到一个小（二）型水库的库容量，每年减少的土壤侵蚀量折算成土壤厚度达到 3～5 mm。梯田措施的减流减蚀效益虽然小于植物措施，但二者之间的结果很相近，差异不明显。如能把工程措施和植物措施有机结合起来，其减流减蚀效果更佳。因此，在山丘区推行坡改梯并进行植物护埂护坎是一项有效的水土保持措施，值得大面积推广。

13.2.2　土壤抗蚀性分析

土壤抗蚀性是影响土壤侵蚀的重要因子，是指土壤抵抗降雨、径流对其分散和悬浮的能力。国内学者对土壤抗蚀性已做了大量的研究（蔡丽平等，2001；查小春和唐克丽，2003；方少文等，2011），认为采取水土保持治理措施后，土壤抗蚀性各项指标均能得到一定程度的提高，但不同治理措施对土壤抗蚀性产生的影响不同。本研究于 2010 年 7 月对各区组的土壤取样进行化验分析，研究不同类型水土保持措施对红壤坡地土壤抗蚀性的影响，以期选择适宜的治理措施，为红壤侵蚀区的土壤保育及可持续利用提供指导。

13.2.2.1　土壤水稳性团粒结构及稳定性

土壤水稳性团聚体的大小、数量和稳定性决定着土壤孔隙的大小和土壤结构的稳定性，从而影响土壤的通透性和抗蚀性，是表现土壤抗蚀性特征的重要指标。采用不同的水土保持措施，土壤水稳性团粒组成将发生变化，从而影响土壤抗蚀性变化。根据取样分析，计算各区组表层土壤的水稳性团聚体稳定特性指标，详见表 13-6。

表 13-6　各区组表层土壤稳定性特征指标

Table 13-6　The stability characteristics index of topsoil in different groups

试验区组	处理方法	土壤团聚体含量（%）			SPBR（%）	WSA（%）	E_{MWD}（mm）	MWDC（mm）	有机质含量（g/kg）
		>5mm	0.25~5mm	<0.25mm					
裸露对照区组	干筛	78.22	19.39	2.39	58.77	28.46	0.52	7.41	11.41
	湿筛	0.65	39.60	59.75					
牧草区组	干筛	80.4	16.02	3.58	37.35	51.35	1.42	6.64	18.47
	湿筛	18.47	45.36	36.17					
耕作区组	干筛	77.68	18.66	3.66	47.87	40.88	1.07	6.78	14.28
	湿筛	9.72	40.50	49.79					
梯田区组	干筛	74.34	18.81	6.85	51.96	34.91	0.93	6.59	12.84
	湿筛	8.21	36.54	55.25					

从表 13-6 可知，裸露对照小区在干筛时，直径>5mm、5~0.25mm、<0.25 mm 的团聚体含量平均分别为 78.22%、19.39% 和 2.39%，表明较大粒径团聚体含量多，较小粒径团聚体数量少；湿筛时，直径>5mm、5~0.25mm、<0.25 mm 团聚体含量依次为 0.65%、39.60% 和 59.75%，说明较大粒径团聚体数量明显减少，而较小团聚体数量增加。从中可以看出，裸露对照小区湿筛时，在土壤团聚体结构中小团聚体数量多，而干筛时大团聚体数量多的特点，即表明第四纪红壤具有遇水分散，遇干结块的特征。

E_{MWD} 为湿筛平均水稳性团粒重量直径，是常用的土壤结构性评定指标之一，其值越大表示土壤结构性愈好。MWDC 指干湿筛团聚体平均重量直径的差值，差值小的土壤结构稳定性较好。裸露对照表层土壤 E_{MWD} 为 0.52 mm，MWDC 为 7.41 mm，反映出裸露对照表层土壤团聚体的稳定性较差。

WSA 为湿筛分析中直径≥0.5 mm 团粒结构所占的百分比，一定程度上反映了土壤结构的好坏，其值愈大表示土壤结构性愈好。SPBR 为结构体破坏率，即>0.25 mm 的湿筛团粒含量差值与>0.25 mm 的干筛团粒含量之比，表征土壤团聚体稳定性，其值越大表示土壤抗蚀性越差。裸露对照表层土壤的 WSA 仅为 28.46%，SPBR 值却高达 58.77%，表明裸露对照土壤水稳性团粒含量少，粒径小，结构性差，稳定性弱。

土壤的抗蚀性与土壤结构胶结物质的数量和质量有着密切联系。土壤有机质是水稳性团聚体的主要胶结物，一般有机质含量越高，土壤抗蚀性越强。从表 13-6 还可以看出，裸露对照小区土壤的有机质含量较低，为 11.41 g/kg，这种缺乏腐殖质和粘粒胶结的红壤，团粒极易被雨滴击碎或被径流分散，SPBR 值很高，加之 WSA 值很低，遇到降雨，土壤孔隙极易被分散的土壤颗粒堵塞，降低土壤渗透性能，增加地表径流量，从而引起严重的水土流失。

采取不同水土保持措施后，经过 9 年的时间，各区组表层土壤水稳性团粒结构及稳定性发生了一定的变化。与裸露对照小区相比，各区组的 WSA、E_{MWD} 和有机质含量明显增加，增幅以牧草区组最大，耕作区组次之，梯田区组最小。而 SPBR、MWDC 明显降低，降幅总体以牧草区组最大，耕作区组次之，梯田区组最小。出现这种状态的原因在于：在牧草区组中，由于牧草生长较好，椪柑树下植被覆盖度达到 70%～100%，且人为扰动较少，每年还有大量有机物进入土壤，对土壤的改良作用明显，因而使土壤团聚体各种稳定性指标较好。耕作区组椪柑树下夏天种黄豆，冬天种萝卜，植被覆盖度每年平均只有20%～60%，回归的凋落物相对较少，且土壤经常受到收获和种植等人为扰动因素影响，使土壤团聚体遭受一定程度的干扰，表层土壤表现为相对板结，但因有一定的凋落物进入土壤，故土壤有机质含量等指标仍要高于梯田区组。梯田区组的改良效果不够理想，其原因有二，一是与施工工艺有关，在修筑梯田时，将表土填埋到下层，造成土壤肥力较低的心土层出露；二是梯田田面除了种植椪柑外，没有种植其他植物，只有零星自然生长的小草，覆盖度很低，土壤有机物归还量小，故而造成其土壤改良效果不够理想，但与裸露对照小区相比还是有较明显的改良效果。

13.2.2.2　土壤颗粒分散特性

土壤颗粒分散特性是土壤对水的分散与悬浮程度，一般采用分散率和侵蚀率表示。土壤颗粒是构成土壤结构的基本成分，其中，土壤微团聚体主要抵抗水的分散作用，是反映土壤抗蚀性能力大小的指标之一。土壤机械组成在土壤形成及其农业利用中具有重要作用，是评价土地退化的重要标志之一，土壤质地砂质化程度，土壤改良和培肥效果是评价土壤机械组成的主要指标。杨玉盛等（1998）认为土壤分散率的大小与粉粒含量有关，粉粒含量的减小导致表层土壤颗粒团聚体性能的降低和分散性能的增加。以土壤分散性和土壤水的输送特性作为受蚀性指数（E_{va}）也常用来表征土壤抗蚀性（杨玉盛等，1999）。

根据土壤颗粒侵蚀性指标，按土壤取样要求，将各区组的测试结果列成表 13-7。由此表可见，裸露对照小区的土壤微团聚体含量集中在直径 >0.01mm 范围内，其值占84.06%，而直径 <0.001mm 却相对较少，仅占 9.67%。但土壤机械组成集中在 >0.01mm范围内，其值占 51.87%，而 <0.001mm 机械组成却相对较少，占 20.19%。这都表明裸露对照小区土壤粘重，极易产生水土流失。再对裸露对照小区的其他指标进行分析，土壤团聚状况和团聚度分别是 6.18% 和 30.90%，而分散率、分散系数和受蚀性指数分别高达91.41%、46.37% 和 9.41%，表明裸露对照坡地土壤团聚状况差，易分散侵蚀。从表 13-7还可以看出，裸露对照小区的表层土壤侵蚀率较大，为 12.84%。根据 Middleton 提出的土壤侵蚀率的分级标准，土壤侵蚀率 >10% 者为易侵蚀，<10% 者为不易侵蚀（中国农业百科全书编辑委员会，1986），试验区裸露坡地土壤属于易侵蚀状况。

表 13-7　各区组表层土壤颗粒分散特性

Table 13-7　The dispersion characteristics of surface soil particles in different groups

试验区组	土壤颗粒组成（%）*				团聚状况（%）	团聚度（%）	分散率（%）	E_{va}（%）	分散系数（%）	侵蚀率（%）
	>0.01 mm	>0.05 mm	<0.05 mm	<0.001 mm						
裸露对照区组	51.87	13.82	86.18	20.19	6.18	30.9	91.41	9.41	46.37	12.84
	84.06	20	80	9.67						
牧草区组	46.48	11.76	88.25	24.36	9.55	42.56	88.92	6.00	34.09	12.36
	65.24	21.87	78.13	8.23						
耕作区组	46.88	10.82	89.18	23.48	9.12	40.21	89.87	7.30	20.16	10.87
	68.28	19.94	80.06	4.49						
梯田区组	51.51	14.2	85.8	24.99	13.45	54.00	84.80	8.57	17.87	9.74
	80.2	22.66	77.34	8.73						

*同一小区上行表示机械组成，下行表示微团聚体组成

　　采取不同水土保持措施后，经过 9 年的时间，表层土壤颗粒组成和分散特性均发生了一定的变化。与裸露区组相比，3 个水土保持措施区组的土壤>0.01mm 的物理性砂粒含量、分散率、侵蚀率、受蚀指数均明显降低，其中>0.01mm 的物理性砂粒含量和受蚀指数的降幅以牧草区组最大，耕作区组次之，梯田区组最小，即梯田区组的治理效果最差；而分散率、分散系数、侵蚀率的降幅以梯田区组最大，耕作区组次之，牧草区组最小。与裸露区组相比，采用水土保持措施的区组土壤团聚状况和团聚度明显增加，增幅以耕作区组最小，梯田区组次之，牧草区组最大。值得注意的是，从>0.01mm 的物理性砂粒含量和受蚀指数的降幅来看，梯田措施区组的治理效果表现最差，其原因仍然是在梯田修筑时表土被填埋下层、心土层出露的施工工艺。

　　从上述研究结果可知，第四纪红壤抗蚀性差，实施水土保持措施后，表层土壤物理性砂粒含量有一定程度的降低，物理性粘粒含量有所增加，SPBR、MWDC、分散率、分散系数、E_{va} 和侵蚀率显著降低，而 SWA、EMWD、团聚状况、团聚度和有机质总体在增加，即土壤颗粒分散性能降低而颗粒间团聚性能明显增加，这对提高红壤的抗蚀性十分有利。

　　各区组的土壤水稳性团粒含量及稳定性顺序为牧草区组>耕作区组>梯田区组>裸露对照区组，但土壤分散率、分散系数、侵蚀率降幅以及受蚀性指数顺序恰好与之相反。可见，在南方红壤坡地，采用植物措施能够迅速增加植被覆盖，恢复土壤肥力，改善土壤结构，显著提高土壤团聚体稳定性。由于修筑梯田时，未采用表土回填，造成心土层出露，田面植被稀疏，养分归还少，导致梯田区组土壤团聚体稳定性不及植物区组。但采用梯田措施，也能很好地减少土壤侵蚀，改善土壤团聚状况，提高土壤团聚度，显著降低土壤分散率和侵蚀率，使其成为不易侵蚀土地。如能在修筑梯田时采取表土回填，加上植物措施，其土壤改良效果会更理想。另外，耕作区组虽然因人为松土翻耕，利于土壤动物和微生物活动，促进了土壤腐殖质形成，提高了土壤肥力水平，但土壤抗蚀性能较差，因收获

季节缺乏植被保护，耕种时期土质松散，容易造成土壤侵蚀而成为易侵蚀土地。

13.3 不同梯田类型的水土保持效益比较分析

上面将梯田区组、牧草区组、耕作区组和裸露对照小区进行了分析比较，找到了各项水土保持措施之间的差距和优劣，但并没弄清梯田区组内不同梯田类型水土保持效益的差距和优劣。因此，本节重点研究不同梯田形态的水土保持效益，进一步分析梯壁植草与梯壁裸露水平梯田之间的区别，进一步分析蓄水式与排水式梯田之间的区别，由此筛选出适合在南方红壤坡地大规模推广的梯田形态。

13.3.1 梯面形态对水土保持效益的影响

本试验中共布设了五种不同类型的梯田，为便于比较分析，选取水平梯田、内斜式梯田和外斜式梯田进行分析研究。三种梯田的梯壁都在同一时候种植百喜草，其他条件也基本一致，不同点是内斜式梯田田面向内倾斜 3°，外斜式梯田田面向外倾斜 3°，水平梯田田面平整。将三种梯田小区 2001～2009 年的观测结果与采取同样种植方式的清耕果园小区相比，并计算各小区每年的减流减蚀效益制成表 13-8，将它们的地表径流量和土壤侵蚀量分别绘制成图 13-4 和图 13-5。

表 13-8 三种梯田形态减流减蚀效益

Table 13-8 The benefits of reduced flow and erosion in three kinds of terraced form

年份	水平梯田		内斜式梯田		外斜式梯田	
	减流效益（%）	减蚀效益（%）	减流效益（%）	减蚀效益（%）	减流效益（%）	减蚀效益（%）
2001	84.03	99.77	86.57	99.69	88.38	99.79
2002	91.44	99.66	91.26	99.66	91.79	99.61
2003	83.38	99.01	83.15	98.92	70.29	96.85
2004	82.03	98.53	83.11	99.01	51.35	92.45
2005	84.38	97.67	87.38	98.27	81.92	95.69
2006	82.03	98.13	85.63	98.60	83.72	98.79
2007	74.90	96.03	79.56	97.42	79.42	97.78
2008	70.92	95.19	79.65	97.73	80.79	97.46
2009	62.15	88.80	51.66	88.52	85.68	85.43
平均	79.47	96.98	80.89	97.54	79.26	95.98

从表 13-8 可以得知，在减流效益方面，水平梯田的平均相对减流效益为 79.47%，内斜式梯田的平均相对减流效益为 80.89%，外斜式梯田的平均相对减流效益为 79.26%。也可从图 13-4 看出，内斜式梯田的相对减流效益要略高于水平梯田，而水平梯田的相对减流效益要略好于外斜式梯田。这三种形态以内斜式梯田减流效果最好，水平梯田次之，

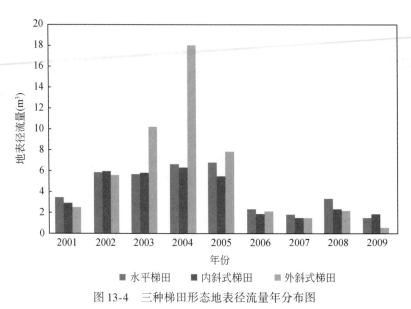

图 13-4　三种梯田形态地表径流量年分布图

Fig. 13-4　The annual distribution of surface runoff in three kinds of terraced form

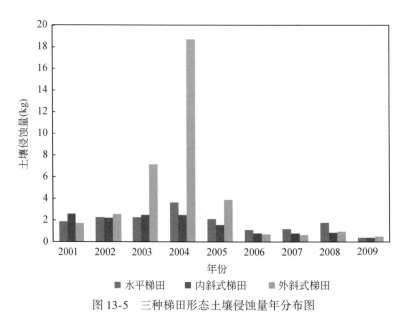

图 13-5　三种梯田形态土壤侵蚀量年分布图

Fig. 13-5　The annual distribution of soil erosion in three kinds of terraced form

外斜式梯田最差。这是由于外斜式梯田的梯面向外倾斜，降雨后会较快地在倾斜面上形成径流；而内斜式梯田梯面向内倾斜，降雨后开始形成的地表径流向梯内方向流动而蓄积起来，直至从梯面前部漫溢出去；而水平梯田因梯面平整，增加了雨水的入渗，故形成地表径流较慢，其减流效益介于另外两种梯田之间。与采取同样种植方式的清耕果园小区相比，不管是什么形态的梯田，由于采用了梯壁种植百喜草和梯田相结合的水土保持措施，都能较好地拦蓄地表径流，平均相对减流效益都超过 75%（表 13-8）。

在减蚀效益方面，水平梯田的平均减蚀效益为 96.98%，内斜式梯田的平均减蚀效益为 97.54%，外斜式梯田的平均减蚀效益为 95.98%。同样从表 13-8 可以看出，内斜式梯田的减蚀效益最大，水平梯田次之，而外斜式梯田的减蚀效益最差。这是由于土壤侵蚀是因地表径流而起，所以，梯田的减蚀效益与减流效益是一致的，其原因与减流效益相同，只不过是减蚀效益更为突出，故此不再赘述。

从采取水土保持梯田措施而言，与没有采取水土保持措施的清耕果园相比，无论是减少地表径流，还是减轻土壤侵蚀，都能收到良好的水土保持效果，其中以内斜式梯田的减流减蚀效益最好，水平梯田次之，外斜式梯田的减流减蚀效益最差。尽管 3 种梯田形态中外斜式梯田的减流减蚀效益最差，但其减流减蚀效益仍然分别达到了 75% 和 95% 以上。故在红壤坡地上修筑梯田，结合梯壁植草，都能达到水土保持的理想效果，是值得大力推广的水土保持措施。

13.3.2　梯壁植草对水土保持效益的影响

对于土坎梯田，梯壁植草护埂与梯壁裸露的水土流失情况比较至今未见有人做过专门研究。为了弄清梯壁裸露的危害和梯壁植草护埂的水土保持效果，试验中分别布设了梯壁植草和梯壁裸露两种水平梯田，而其他条件完全一致。对它们的地表径流和土壤侵蚀量进行长时间的观测，计算其效益，且进行比较，将 2001～2009 年各小区的减流减蚀计算结果列成表 13-9。

表 **13-9**　梯壁植草减流减蚀效益

Table 13-9　**The benefits of reduced flow and erosion by plant grass in ladder wall**

年份	径流量（m³）		土壤侵蚀量（kg）		相对减流效益（%）	相对减蚀效益（%）
	梯壁裸露	梯壁植草	梯壁裸露	梯壁植草		
2001	7.82	3.45	55.12	1.87	55.88	96.61
2002	16.71	5.84	104.31	2.27	65.05	97.82
2003	11.03	5.71	75.02	2.26	48.23	96.99
2004	11.95	6.66	107.29	3.64	44.27	96.61
2005	22.59	6.78	51.06	2.11	69.99	95.87
2006	4.95	2.35	29.47	1.10	52.53	96.27
2007	3.78	1.83	39.36	1.20	51.59	96.95
2008	9.3	3.33	82.42	1.78	64.19	97.84
2009	6.4	1.48	8.31	0.40	76.88	95.19
平均	10.50	4.16	61.37	1.85	58.73	96.68

由表 13-9 可知，在观测期内，梯壁植草梯田与梯壁裸露梯田相比，梯壁裸露梯田减流效益在 44.27% ~ 76.88%，平均减流效益为 58.73%；梯壁植草梯田的减蚀效益在 95.19% ~ 97.84%，平均相对减蚀效益高达 96.68%。由此可见，梯壁植草是一种非常有效的水土保持措施，不但能减少梯田的地表径流，起到蓄水保墒的作用，更能有效地减少土壤侵蚀量，起到保土保肥和保护埂坎的作用。经过测算，梯田中 85% 的土壤侵蚀量是因梯壁裸露，受到雨水和径流冲刷而产生的。在降雨过程中，雨滴直接击打在裸露的梯壁上，促使梯壁的土壤快速分散。当土壤分散的状态达到一定程度后，由于梯壁坡度很大，土块失去支撑而极易造成梯壁坍塌，直接跌落在梯坎下。当降雨量较大时，逐渐形成了地表径流，进一步冲刷裸露的梯壁而造成水土流失。当梯壁植草后，一方面，降落的雨水只能直接击打在草叶草茎上而被消耗能量，不能分散土体，另一方面，梯壁种植的百喜草因其根系发达，固结土壤，使梯壁梯坎形成一个整体，即便产生地表径流，也不会产生大的土壤侵蚀。因此，梯壁植草可作为红壤丘陵区坡改梯工程中一个成功的典范，把植物措施和工程措施有机地结合起来的方法值得在红壤丘陵区大力推广和使用。

13.3.3 前埂后沟对水土保持效益的影响

红壤地区修筑的旱作梯田通常有蓄水型和排水型两种。前者是为解决南方降雨时空分布不均，增加土壤水分入渗，满足作物对水分的必要需求而修筑的。后者是为解决南方降雨量大，及时排除多余的水分而修筑的。为了弄清这两类梯田的水土保持效果，试验中分别布设了前埂后沟梯田和标准水平梯田两个小区。这两个小区梯壁都种植百喜草，布设的背景条件和采取的种植方式也完全一致，不同点即前者为蓄水型，后者为排水型。将 2001~2009 年两个小区的减流减蚀计算结果列成表 13-10。

表 13-10 前埂后沟梯田减流减蚀效益

Table 13-10 The benefits of reduced flow and erosion by bunds before ditch after

年份	地表径流量（m³）		土壤侵蚀量（kg）		相对减流效益（%）	相对减蚀效益（%）
	前埂后沟水平梯田	标准水平梯田	前埂后沟水平梯田	标准水平梯田		
2001	2.52	3.45	2.46	1.87	26.96	−31.55
2002	4.47	5.84	1.16	2.27	23.46	48.90
2003	2.54	5.71	0.72	2.26	55.52	68.14
2004	2.09	6.66	0.59	3.64	68.62	83.79
2005	2.12	6.78	0.96	2.11	68.73	54.50
2006	1.70	2.35	0.66	1.10	27.66	40.00
2007	1.43	1.83	0.69	1.20	21.86	42.50
2008	2.08	3.33	0.74	1.78	37.54	58.43
2009	1.08	1.48	0.39	0.40	27.03	2.50
平均	2.23	4.16	0.93	1.85	39.71	40.80

由表 13-10 可知，在观测期内，将蓄水型的前埂后沟梯田与排水型的标准水平梯田相比，前埂后沟梯田的减流效益在 21.86% ~ 68.73%，平均减流效益为 39.71%；减蚀效益在 −31.55% ~ 83.79%，平均减蚀效益高达 40.80%。可以看出，蓄水型梯田不但能减少地表径流量，而且更能有效的减轻土壤侵蚀量，可进一步提高梯田的蓄水保墒，保土保肥能力。值得注意的是，在梯田修筑的第一年，前埂后沟梯田的土壤侵蚀量反而高出标准水平梯田的 1.35 倍。这是由于梯田运行的第一年，梯壁的土体还没有完全稳定，且修筑梯田田埂高出田面 30cm，增加了梯壁侵蚀的面积，还有该小区修筑了梯埂和蓄水沟，扰动土地面积增大，从而导致其土壤侵蚀量较大。随着时间的推移，沟埂和梯壁逐渐沉降稳定，梯埂也被百喜草完全覆盖，前埂后沟梯田的水土保持功效充分发挥出来，以后再没有出现这种现象。可见，前埂后沟水平梯田可以进一步提高梯田的减流减蚀效益。

13.3.4　梯田工程对水土保持效益的影响

为了探明修建梯田与不修建梯田的水土保持差异，弄清单一梯田工程措施的水土保持效益，试验中选择了未修筑梯田的清耕果园和梯壁裸露水平梯田两个小区进行减流减蚀效益比较。这两小区的坡度、土壤、作物植被等条件基本一致，唯一不同是前一小区坡面为清耕果园，后一小区为采取了工程措施的水平梯田，且无梯壁植草护埂等附加措施。将 2001~2009 年两个小区的减流减蚀计算结果列成表 13-11。

表 13-11　水平梯田减流减蚀效益
Table 13-11　The benefits of reduced flow and erosion in level terrace

年份	径流量（m³）		土壤侵蚀量（kg）		相对减流效益（%）	相对减蚀效益（%）
	清耕果园	普通水平梯田	清耕果园	普通水平梯田		
2001	21.60	7.82	828.46	55.12	63.8	93.35
2002	68.20	16.71	658.09	104.31	75.5	84.15
2003	34.36	11.03	228.35	75.02	67.9	67.15
2004	37.06	11.95	248.12	107.29	67.75	56.76
2005	43.41	22.59	90.57	51.06	47.96	43.62
2006	13.08	4.95	58.67	29.47	62.16	49.77
2007	7.29	3.78	30.20	39.36	48.15	−30.33
2008	11.45	9.30	37.01	82.42	18.78	−122.7
2009	3.91	6.40	3.57	8.31	−63.68	−132.77
平均	26.71	10.50	242.56	61.37	43.15	12.11

由表 13-11 可知，相对于坡面清耕果园，梯田工程有一定的蓄水保土效果，且具有立竿见影的作用，在 9 年的观测期内，其平均减流效益为 43.15%，平均减蚀效益为 12.11%。减流减蚀效益最大的是修筑后的 2001 年，分别为 63.80% 和 93.35%；随着时间的推移，梯

田工程的蓄水保土效益逐年下降，减流效益在 2009 年出现负值，减蚀效益在 2007 年后出现负值，即其减流减蚀效益不如清耕果园。分析其原因，2001 年为试验小区投入使用的第一年，两个小区的土壤均受到了扰动，容易引发水土流失，但在坡面上修筑水平梯田能有效地防止水土流失。随着时间延伸，梯田工程因既缺少梯壁植草防护，也缺少人工对梯田的维护故在降雨和地表径流的作用下，土坎产生侵蚀，进而侵蚀逐步增大，甚至产生坍塌，造成其减流减蚀效益逐渐降低，故而出现不如坡面清耕果园的现象。这说明单纯采取梯田工程如不能进行有效的维护就不能取得持久稳定的水土保持效益。也有研究证实，虽然梯田具有蓄水保土的显著特征，但因设计标准、修前的地形、修建方法和后期维护等因素的影响，梯田质量差异非常大，从而影响其减水减沙效益的发挥（傅涛，2002；徐乃民和张金慧，1993；焦菊英等，1999）。因此，在南方红壤丘陵区修建土坎梯田时，必须配套梯壁植草保护等辅助设施，或及时进行人工维护，才能巩固工程措施的减流减蚀效益。

13.4　梯田水土保持效益的时间响应分析

为探索各种梯田水土保持效益的长效性，本节从年际尺度，将试验布设的五种类型梯田的径流调蓄和泥沙调控效益进行分析。旨在研究其随时间变化的响应，为土坎梯田的保养与维护提供技术支持。

13.4.1　减流效益随时间的响应

为分析不同梯田措施调控径流的效益，以地表裸露小区为对照，统计 2001～2006 年各梯田小区的减流效益情况，见图 13-6。从图中可以看出，2001～2006 年各梯田小区减流效益总体呈现波动上升趋势，其中以前埂后沟梯壁植草水平梯田最为明显。这表明随着时间的推移，各类梯田截流保水效益有所增大。梯壁植草外斜式梯田减流效益年际变化较

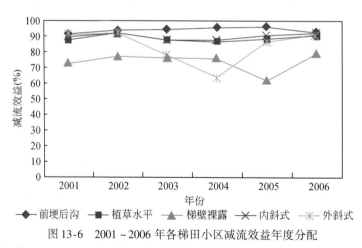

图 13-6　2001～2006 年各梯田小区减流效益年度分配

Fig. 13-6　The average annual reduced flow benefits in different terrace groups (2001～2006)

大，其极值比和变异系数分别为 1.44 和 0.132，均大于其他梯田，说明该类梯田的效益发挥不如其他梯田稳定。

为进一步分析年际尺度下不同梯田措施的地表径流差异，利用 Spearman 方法对 2001 ~ 2006 年各试验小区的地表径流量进行趋势分析，结果见表 13-12。由表可见，各类梯田的地表径流量与年份具有负相关性，呈现逐年减小的趋势。通过降水特征分析，试验区的降水虽然与年份呈现负相关关系，但没有达到显著水平，而前埂后沟梯壁植草水平梯田的地表径流与年份的负相关关系达到了显著水平，结合多年地表径流极值比和变差系数的分析，说明前埂后沟梯壁植草梯田措施随着年份增加其调控径流的功效增大。

表 13-12 各梯田地表径流量年际变化趋势检验

Table 13-12 The trend test for interannual variability of surface runoff in terrace groups

梯田类型	统计年数	秩检验系数	显著性水平	极值比	C_v
裸露对照	6	−0.200	0.352	3.07	0.394
前埂后沟	6	−0.771 *	0.036	2.89	0.354
梯壁植草水平	6	−0.086	0.436	4.56	0.507
梯壁裸露水平	6	−0.029	0.479	3.33	0.391
内斜式	6	−0.257	0.311	8.46	0.767
外斜式	6	−0.029	0.479	3.07	0.394

13.4.2 减蚀效益随时间的响应

为分析不同梯田措施调控泥沙的效益，以地表裸露小区为对照，统计 2001 ~ 2006 年各梯田小区的减蚀效益情况，见图 13-7。从图中可以看出，从 2001 年至 2006 年，除梯壁裸露水平梯田的减蚀效益呈现波动降低外，其余梯田的减蚀效益呈现平稳变化趋势。这表

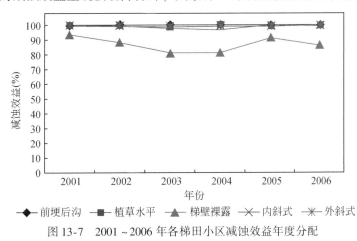

图 13-7 2001 ~ 2006 年各梯田小区减蚀效益年度分配

Fig. 13-7 The average annual reduced erosion benefits in different terrace groups (2001 ~ 2006)

明采取梯壁植草的梯田，其水土保持效益发挥早、年际波动小、减蚀效果明显；而未采取梯壁植草的梯田，随着时间的推移，其保土减蚀效益有所降低。

为进一步分析不同梯田措施土壤侵蚀量年际变化的差异，利用 Spearman 方法对 2001～2006 年各试验小区的泥沙侵蚀量进行趋势分析，结果见表 13-13。由表可知，各类梯田的土壤侵蚀量与年份具有负相关性，呈现逐年减少的趋势。试验期内，各年降水量虽然呈现下降趋势，但没有达到显著水平，而梯壁植草内斜式梯田小区的土壤侵蚀量与年份的负相关性达到了显著水平，这说明这种梯田随着时间的推移其保土减蚀功效显著增强。由前述可知，前埂后沟梯壁植草水平梯田的地表径流量与年份的负相关性达到了显著水平，但其侵蚀泥沙量与年份的负相关性却没有达到显著水平。结合多年侵蚀泥沙量极值比和变差系数的分析，这是因为前埂后沟梯壁植草水平梯田的拦沙固土效果最好，该措施一旦实施，效益发挥快且比较稳定。梯壁裸露水平梯田在这 5 类梯田中土壤侵蚀量最多，由于梯壁裸露，降低了水平梯田的水土保持功能，所以该类梯田的土壤侵蚀量与年份没有呈现出显著的负相关性，这也间接说明了在梯田措施中，梯壁植草能够较快较好的起到拦沙固土作用。

表 13-13　各类梯田土壤侵蚀量年际变化趋势检验

Table 13-13　The trend test for interannual variability of soil erosion in terrace groups

梯田类型	统计年数	秩检验系数	显著性水平	极值比	C_v
裸露对照	6	−0.714	0.055	4.21	0.449
前埂后沟	6	−0.714	0.055	4.17	0.644
梯壁植草水平	6	−0.257	0.311	3.31	0.374
梯壁裸露水平	6	−0.486	0.164	3.64	0.441
内斜式	6	−0.829[*]	0.021	3.13	0.341
外斜式	6	−0.029	0.479	26.39	1.157

从以上观测结果得出，在年际尺度上，前埂后沟梯壁植草水平梯田的减蚀效益发挥早，一旦实施就能很好的保土减沙，不仅效益高而且发挥稳定，该类梯田随着年份增加其调控径流的效益增大。梯壁裸露水平梯田随着年份增加其调控径流的效益没有增大，在年际尺度上的减蚀效益呈降低趋势。梯壁植草外斜式梯田减流效益年际变化较大，但减蚀功能比较稳定。同时，梯壁植草水平梯田和梯壁植草内斜式梯田随着年份的增加，其调控径流的效益有所增大，而调控泥沙的效益发挥稳定。不同类型梯田措施调控径流、泥沙的效益对时间的响应不同，在梯田措施的应用和维护中需要加以借鉴。

13.5　各类梯田对经济因素的影响

受传统观念的影响，农民大多担心果园植草会导致草类与果树争水、争肥、争空间，进而影响果树生长和产量，甚至认为草类为林木病虫害越冬提供庇护而诱发病虫害。因而每年多采取田面、田坎和田埂除草、果园清耕的方法清除杂草，引起严重的水土流失。为消除农民对果园植草的担心，本节重点研究梯壁植草与梯壁裸露梯田对椪柑生物量和产量的影响，并比较不同类型梯田的建设成本，为红壤坡地控制水土流失，提高土地生产力，降低生产成本，提高经济效益，优选梯田措施提供科学参考。

13.5.1　对作物产出的影响

13.5.1.1　对生物量的影响

2001～2006 年，对各处理小区椪柑的基本生长情况进行了 6 年定期观测，结果如表 13-14 所示。

表 13-14　各处理小区椪柑基本生长情况
Table 13-14　The basic conditions of citrus in different groups （$n=6$）

小区名称	树高（cm）	地径（cm）	冠幅（cm）
清耕果园	1.73±0.43	4.11±1.34	108.67±48.24
前埂后沟梯田	1.43±0.33	3.53±1.56	86.83±33.93
梯壁植草水平梯田	1.38±0.24	3.54±1.56	80.53±32.04
梯壁裸露水平梯田	1.41±0.23	3.54±1.55	86.58±40.97
内斜式梯田	1.44±0.38	3.56±1.53	82.12±37.91
外斜式梯田	1.58±0.42	3.63±1.52	95.32±46.11

对观测期内各小区椪柑基本生长数据进行方差分析，结果显示，在相伴概率 0.05 下，各试验处理小区的树高、地径和冠幅均不存在显著性差异，说明是否修筑梯田以及修筑梯田是否植草对椪柑生长的影响不大，都在同一量级水平。出现清耕果园和外斜式梯田椪柑生物量较大的原因，主要是其他小区在建设过程中，表土扰动较多，造成心土层出露有关。另外，这两个小区处于试验区边缘，生物量较大还可能与椪柑的林缘效应有关。从梯壁裸露梯田小区观测结果与其他梯壁植草类型梯田相比可知，椪柑生物量与椪柑树下植草与否关系不大。因此，可以认为清耕果园和梯田除草对椪柑生物量不存在显著性差异，即不影响椪柑生物量。而梯壁植草能很好地控制水土流失，值得推广。

13.5.1.2　对产量的影响

各试验小区种植的椪柑于 2003 年开始挂果，因受 2008 年初发生严重冰冻灾害的影响，部分椪柑树枝干冻死，故选择 2003～2007 年各小区椪柑产量进行分析，结果如表 13-15 所示。

表 13-15 各处理小区椪柑产量及土壤侵蚀情况

Table 13-15 The yield and soil erosion of citrus in different groups （*n*=5）

小区名称	椪柑产量（kg）	径流量（m³）	产沙量（kg）
清耕果园	68.3±47.43a	27.04±15.87a	131.18±100.28a
前埂后沟梯田	62.4±35.87a	1.98±0.43b	0.72±0.14c
梯壁植草水平梯田	51.5±29.74a	4.67±2.39b	2.06±1.02c
梯壁裸露水平梯田	55.9±36.16a	10.86±7.48b	60.44±31.22b
内斜式梯田	53.9±37.07a	4.18±2.30b	1.62±0.83c
外斜式梯田	64.7±48.16a	7.94±6.75b	6.24±7.49bc

注：同列字母相同表示差异不显著，$P<0.05$

对观测期内各小区椪柑产量数据进行方差分析，结果显示（表 13-15），在相伴概率 0.05 下，各试验处理小区的椪柑产量与椪柑生物量一样，同样不存在显著性差异。由于植物生物量与产量的影响因素十分复杂，而修筑梯田以及梯田形态和梯壁植草等对椪柑产量的影响与上述对椪柑生物量的影响程度基本一致，故此不再赘述。值得一提的是，清耕果园和梯壁裸露水平梯田的水土流失量是采取梯壁植草梯田的数倍或十多倍。由此进一步证明，梯壁植草是一项值得在坡改梯工程中推广的优良水土保持技术。若在修建梯田的过程中，注意保留表土、及时回填，则修筑梯田增产的效果更佳。

13.5.2 对梯田建设成本的分析

通过对建设不同类型梯田的生态效益和作物产出进行了分析，得出了各类型梯田之间的区别。但采用水土保持措施，修建不同类型的梯田需要成本投入。如何以较小的投入获得较大的效益是每项工作必须面对的问题，现将试验中 5 种梯田类型，按单位面积（1hm²），以 2012 年价格为基准，计算它们的修筑与投入成本，结果见表 13-16。

表 13-16 各类梯田 1hm² 的修建费用

Table 13-16 The construction costs of all kinds of terraces to 1 hm²（单位：元）

项目类型	前埂后沟梯壁植草水平梯田	梯壁植草水平梯田	梯壁裸露水平梯田	梯壁植草内斜式梯田	梯壁植草外斜式梯田
推土机推土	2610	2378	2378	3335	1378
人工整修边坡	7235	5252	5252	7352	3034
人工挖排水沟	505	0	0	0	0
梯壁植草	464	324	0	453	188
合计	10814	7954	7630	11140	4599

从上表可以得到，修建 1hm² 的各种类型的梯田的成本依次是前埂后沟梯壁植草水平梯田 10 814 元、梯壁植草水平梯田 7954 元、梯壁裸露水平梯田 7630 元、梯壁植草内斜式

梯田 11 140 元和梯壁植草外斜式梯田 4599 元。可见，在其他条件相同的情况下，建设的工艺越复杂，需要的材料越多，投入的成本越大。其中修筑梯壁植草外斜式梯田的工艺最简单，价格最低，修筑梯壁植草内斜式梯田工艺最复杂，费用最高。另外，由于修筑这些梯田产生了埂坎面积和扰动土方量的变化，出现了投入人工和需要百喜草苗用量的变化，进而影响到梯田的修筑成本。

有了对修筑不同类型梯田的生态效益、产出效益和价格成本的研究成果，对目前我国开展的大面积坡耕地改造可以提供有效的技术支持。当然，该成果是在南方红壤坡地完成的，更适合在这类地方大规模推广。当条件发生变化时，需灵活运用，如因地制宜地采取不同的梯田结构与形态、梯壁植草防护，但要特别注意表土回填，加强对田坎和出埂的维护，防止水土流失，维护土地生产力，降低建设成本。

13.6　现代梯田建设方略

梯田是我国劳动人民在长期农业生产实践中创造出来的一种行之有效的治山治水方法，也被千百年实践检验证明是一种优良的水土保持工程措施。在当今人口迅速膨胀，城镇化不断加快的前提下，充分合理利用山丘坡地资源，满足山丘区人民群众对生产、生活和发展的需要，已成为水土保持领域必须积极应对的重要任务。梯田作为整治坡耕地，控制水土流失，改善生态环境的主要手段，是获取更大的生态效益、经济效益和社会效益的有效途径。树立先进理念，创新科技成果，建立长效机制，是维系梯田建设与发展的重大方略。

13.6.1　树立梯田建设的先进理念

13.6.1.1　人与自然和谐相处

（1）解决矛盾，满足发展需求

社会要发展，人类要进步，这是历史发展的必然趋势。随着人口的不断增加，经济社会的不断发展，当今的生态环境问题和矛盾日益凸显，因方法不当而产生的灾害越来越多。正确处理山丘区经济发展与生态保护的关系，必须树立人与自然和谐相处的理念，做到既不能以满足人的需求而肆意破坏生态环境，也不能因保护生态环境而阻碍生产发展。同时，也必须树立尊重、顺应和保护自然的生态文明理念，决不以牺牲环境为代价换取一时的经济增长，最大限度地实现人与自然的和谐发展。在山丘区兴修现代梯田，推行坡改梯可以协调解决人口增长、粮食需求增大与耕地减少、粮食供应不足之间的矛盾；可以满足山丘区粮食安全与环境保护的需求，满足资源可持续利用、生态可持续维护、经济社会可持续发展的需求。

（2）多措并举，优化资源配置

多措并举关系到修筑梯田的成败得失。在修筑梯田时，要注重表土回填，维系土壤原有肥力。在培肥土壤方面，要注意耕作方式，改良土壤结构，提高土壤肥力。在种植植物方面，要选择优良品种，满足种植需要。在水资源缺乏地区，可推行内沟外埂梯田和内斜式梯田等蓄水式梯田，以利蓄水保墒。在降雨量大的地区，可推行水平梯田和外斜式梯田等排水式梯田，以便排水护苗。在大面积的坡度平缓丘陵区，可推行机械化施工以提高功效。在小面积偏远坡陡山区，宜推行人工修筑以确保质量。在梯田建设过程中充分利用和优化配置当地的光、热、水、土、气候、生物等自然资源，是实现梯田生态效益、经济效益和社会效益的有力保障。

（3）依靠科技，改善生态环境

科学技术是梯田建设不竭的动力源泉，我国有着3000多年梯田建设历程，积累了丰富的经验，创造了湖南紫鹊界、云南红河哈尼和广西龙胜龙脊梯田等不朽的技术杰作，至今仍值得传承和发扬。当然，在科学技术发展迅猛的今天，梯田建设被赋予了更加丰富的内涵。在现代梯田建设中要在继承和发扬传统技术成果的基础上，采用先进的科技成果和保护生态环境等先进理念，充分发挥科技的示范和引领作用，注重先进适用技术成果的组装、集成和应用。如在梯田内采用先进的耕作技术，维护土地资源的可持续利用；在梯田田埂上种植经济作物，提高单位面积的经济收入；在梯壁植草，保护梯壁免受雨水和径流冲刷，减轻水土流失，使梯田建设真正满足山丘区人民群众需求，成为改善生态环境，改变山丘区面貌的一种有效途径。

13.6.1.2　遵循客观规律，实现统筹兼顾

（1）尊重自然条件，采用相应水土保持措施

进行现代梯田建设，要根据当地的地质地貌、气候、水源、土壤等自然条件统筹规划，合理安排。在布局上，根据区域的自然状况布设坡面径流调控系统，采用合理的拦、蓄、灌、排、引等小型水利水保工程措施，充分利用雨水资源，做到小雨能蓄，大雨能排，确保梯田安全和旱涝保收。根据植物特性安排种植的作物品种和采用的植物措施，确保梯田的稳产、高产。根据土壤条件采用相应的耕作措施，培肥地力，改变劣质土壤，防止土地退化。

（2）按照传统习惯，确定梯坎建材和田面宽度

梯田作为山丘区主要的水土保持措施已形成了独特的区域特色，在确定梯坎建材方面，要根据当地的客观条件，实行就地取材原则，在保障梯田安全的基础上降低建设和维护成本，如在土石山区多为石坎梯田，在土层深厚的黏土区多为土坎梯田，在土质松散的沙土区多修筑预制件等混合型埂坎梯田等。在确定梯田田面宽度方面，要根据当地坡度大小，经营的作物品种和田间的作业方式来确定。如原坡面坡度越大，梯田田面就越小，坡度越小，梯田田面就可越大，提高土地利用率。确定梯田田面与经营的作物品种有关，可根据作物的株行距确定，无论是种一行，还是种植多行，都以提高土地生产力为原则确定。确定梯田田面还应考虑田间作业方式，如果机械化程度要求高，田面要求就宽，机械化程度要求低，梯田田面就可窄些。

（3）依据种植模式，确定下垫面覆盖

构建现代梯田，并非一劳永逸。要使梯田获得理想的效果，还应根据不同的种植模

式，采取相应的辅助措施控制水土流失。梯田的一般种植模式，可分为三种：一是农作物种植模式，多种植如粮食等草本作物，控制这类梯田水土流失的方法，主要是增加种植与收获季节的下垫面植被覆盖，这个问题既可用套种或间种的耕作方法解决，也可用地膜或秸秆敷盖的措施予以解决；二是经济作物种植模式，多指种植茶桑等灌木作物，控制这类梯田水土流失的方法，是增加裸露下垫面的覆盖；三是农林复合种植模式，多指种植果树等乔木植物和草本植物结合，即在形成果园之初，套种农作物解决水土流失问题。因此，只有增加梯田下垫面的覆盖，各种种植模式方能获得控制水土流失的理想效果。

13.6.1.3 遵循自然规律，实现综合整治

（1）控制水土流失，维护生态安全

控制水土流失，维护生态安全是梯田建设的一项主要任务。在建设初期，由于动土量和地表扰动面较大，虽有梯田工程的保护，仍然会产生水土流失。在梯田运行过程中，如果梯田建设存在质量不达标，或耕作方法不当等问题，都可能产生水土流失。因此，在梯田建设和运行管理过程中，要尽量减少对地表的扰动，提高建设质量，并采取相应的水土保持措施，把水土流失控制在允许程度以下。另外，对大面积梯田建设，还必须搞好配套设施建设，有效阻控坡面径流，减轻土壤侵蚀，提高降雨拦蓄能力，涵养水源，变害为利，维护生态安全。

（2）建设基本农田，保障粮食安全

梯田建设是维系山丘区基本农田面积的一项保障措施。由于山丘区地处边远，交通多有不便，加之这些地方可作为农业生产的土地资源有限。要满足山丘区人民群众对粮食的需求，实现粮食自给，就必须建设高标准梯田，以提高土地利用率，增加人口环境容量，巩固和提高区域粮食保证供应能力，为保证国家18亿亩耕地安全红线和保障粮食安全做出贡献。

（3）树立精品意识，促进经济发展

山丘区建设梯田的地方一般都是较好的地块，也是人力、物力投入较为集中的地方。因此，在这些梯田上要实行集约经营，树立精品意识，种植名优品种，突出当地特色，提高土地使用附加值。利用山丘区远离城镇工厂，环境污染少的特点，树立生态环保理念，生产绿色有机产品，提高产品的经济价值。利用这些地方独特的区位优势，发展特色产业，形成特色产品，创办生态休闲、赏花、采摘等特色项目，形成规模效应，发展梯田观光旅游业，促进当地经济发展。

13.6.2 运用先进的科技成果

13.6.2.1 实用技术推广

梯田建设有着悠久的历史，随着科学技术的不断进步，形成了许多先进实用的技术成果，值得大力推广。在现代梯田建设过程中，要积极推广表土回填、地力培肥、梯壁防护、地埂利用等技术措施，组成坡耕地综合整治技术体系；推广坡地雨水高效集蓄、径流

调控利用、路渠沟池优化配置等技术措施，组成坡面水系配套工程技术体系；推广经济植物篱、地埂植物带、植物过滤带、梯壁植草、草路草沟等技术措施，形成植生工程防护技术体系；推广少耕免耕、等高种植、套种轮作、秸秆还田敷盖等技术措施，形成水土保持耕作技术体系。加大梯田建设与经营的科技含量，不断提高梯田建设的质量和效益。

13.6.2.2 新技术应用

借鉴吸收相关学科发展的技术成果，结合现代梯田建设发展方向，加快新材料、新工艺和新技术的推广应用。如应用编织袋填土并播撒种子，空心砖填土预制件并栽种植物，经济植物篱拦泥减沙以及采用土壤黏合剂等新材料，提高梯田埂坎的生态功能和防护效益。采用表土剥离、机械修筑、砾石压盖等新工艺，提高梯田建造效率，降低劳动强度。应用高产高效作物品种驯化与栽培、高抗逆性植物选育、节水灌溉、蓄水保熵和土壤改良剂使用等新技术，提高梯田建设的科技含量，增加梯田产量和生态经济效益。

13.6.2.3 先进技术集成

单项技术措施对梯田效应发挥有一定的局限性，如能根据区域特点，结合不同的技术体系，进行组装研发，集成使用，往往可以起到事半功倍的效果。如对土壤瘠薄的山地集成利用耕作改善土壤结构、植物改变土壤肥力和使用土壤改良剂提升土壤地力等技术措施，就能大幅度增加植物生物量和作物产量。对土质山丘区采用就地取用石材，对平缓坡地采用机械化施工，就能节约成本提高功效。在降雨量大的地方采用坡面径流调控技术，结合土壤改良技术，就能防止更大的水土流失。在降雨量较少的地方采用节水灌溉、蓄水保熵和土壤保水剂，结合抗旱作物品种的选育和经济高效的作物品种栽培，就能提高单位面积的经济收入。总之，在现代梯田建设中，要根据不同的区域特点、自然条件和传统经验进行总体布局，集成先进的技术成果，构建不同的生产经营模式，在控制水土流失、保障粮食安全、促进经济发展等各方面发挥积极的作用。

13.6.3 建立长效的运行管理机制

13.6.3.1 管理机制

梯田作为山丘区水土保持生态建设重要组成部分，具有一定的社会公益性，需要多方配合，密切协作，建立起良好的运行管理机制。从管理层面来说，首先在行政管理上，要充分发挥政府的主导作用，结合实际，制定优惠政策，建立激励机制，鼓励单位、集体、个人积极参与，充分调动社会力量投身梯田建设。其次在资金筹措上，要建立多元投入机制，政府采取财政扶持、税收和利率减免等措施；受益方采取劳力投入、股份合作等措施，形成多渠道、多层次、多元化的投入融资机制，加快梯田建设步伐。第三在运行管理上，要按照谁建设、谁经营、谁受益、谁管理的原则，落实目标管护责任，有效解决梯田维护管理问题，保障梯田持续、高效地发挥工程效益。

13.6.3.2 技术标准体系

建立梯田建设的长效运行机制，从技术层面来说，需要制订一套完整的技术标准体系，以促进梯田标准化建设和规范化管理。尽管我国的梯田建设历史悠久，近年也颁布出台了一些梯田建设的国家标准和行业标准，但这些标准还比较零散，许多环节缺失或重复，甚至标准之间互相矛盾，不能有效指导梯田建设。因此，需要对现有技术标准进行补充完善，在修订国家标准和行业标准的基础上，从规划、设计、施工、管理、维护等方面，结合不同的梯田类型，不同的经营方向，不同的区域特点制定一套完整的梯田建设技术标准和规范，为推进梯田建设，建立长效运行管理机制提供技术保障。

参 考 文 献

蔡丽平，陈光水，谢锦升，等.2001.南亚热带侵蚀赤红壤治理前后土壤抗蚀性的变化.水土保持学报，15（6）：129~131，139.

方少文，郑海金，杨洁，等.2011.梯田对赣北第四纪红壤坡地土壤抗蚀性的影响.中国水土保持，（12）：13~15.

傅涛.2002.三峡库区坡面水土流失机理与预测评价建模.重庆：西南农业大学博士学位论文.

胡建民，胡欣，左长清.2005.红壤坡地坡改梯水土保持效应分析.水土保持研究，12（4）：271~273.

焦菊英，王万忠.1999.黄土高原水平梯田质量对其减水减沙效益的影响.国土开发与整治，9（4）：52~56.

焦菊英，王万忠，李靖.1999.黄土源区不同降雨条件下水平梯田的减水减沙效益分析.土壤侵蚀与水土保持学报，5（3）：59~63.

揭曾佑，李艳，王规凯，等.1986.水平梯田防止土壤侵蚀作用的理论分析.中国水土保持，（1）：29~30.

王学强，蔡强国，和继军.2007.红壤丘陵区水保措施在不同坡度坡耕地上优化配置的探讨.资源科学，29（6）：68~74.

吴发启，张玉斌，王健.2004.黄土高原水平梯田的蓄水保土效益分析.中国水土保持科学，2（1）：34~37.

夏岑岭，史志刚，欧岩锋.2000.坡耕地水土保持主要耕作措施研究.合肥工业大学学报，23：769~772.

徐乃民，张金慧.1993.水平梯田蓄水减沙效益计算探讨.中国水土保持，（3）：32~34.

杨封科.2006.半干旱黄土丘陵区梯田集水增产效益研究.水土保持学报，20（5）：130~133.

杨玉盛，何宗明，林光耀，等.1998.不同治理措施对闽东南侵蚀性赤红壤肥力的研究.植物生态学报，22（3）：281~288.

杨玉盛，何宗明，林光耀，等.1999.不同生物治理措施对赤红壤抗蚀性影响的研究.土壤学报，36（4）：528~535.

姚云峰，王礼先.1992.水平梯田减蚀作用分析.中国水土保持，（12）：40~41.

查小春，唐克丽.2003.黄土丘陵林地土壤侵蚀与土壤性质变化.地理学报，58（3）：464~469.

张国华，张展羽，左长清，等.2007.红壤坡地不同类型梯田的水土保持效应.水利水电科技进展，27（2）：77~80.

张信宝，付仕祥.1999.长江上游重点水土流失区陡坡耕地的出路.中国水土保持，（9）：38~40.

中国农业百科全书编辑委员会.1986.中国农业百科全书：土壤卷.北京：农业出版社.

|第 14 章| 红壤坡地植生工程技术研究

14.1 概　述

14.1.1 植生工程的内涵及其分类

植生工程是指利用植物维系生态功能，维护生态景观效应，促进生态平衡的作用，起到工程的防护效果，延长工程的使用寿命，降低工程的维护成本，发挥植物和工程双重功能和作用的一种水土保持措施。简而言之，就是被人为着生植物的防护性工程。

植生工程曾有不同的含义。台湾省水土保持局等编印的《水土保持手册》的对植生工程的定义是：植生又称植被，系指生长于某一地区之所有植物的总和，特别是指地表所生长之草类、灌木及乔木等植物而言。黄琼彪（2003）认为植生工程是以植生被覆为主要目的，辅以工程方法，用以防止地表冲蚀、浅层崩塌、涵养水源、减少灾害、美化景观。林信辉（1990）指出植生工程是研究植生施工的对象，选取适宜生长的植生材料，配合基础保护工程的构置以及植生方法，从而达到植生设计目的的科学与相关技术，包括植生前期作业、植生工法及植生维护与管理项目等。廖绵浚和张贤明（2004）认为植生工程是指以植生被覆为主要目的，辅以工程方法，使用适应当地土壤特性的固土护坡植物，在人为开发、植物破坏地区或自然灾害造成的岩石裸露地区，采取的一种快速植生覆盖技术，用以防止地表侵蚀、浅层崩塌、涵养水源、减少灾害、美化景观等。

本研究所指的植生工程有别于其他学者称谓的植生工程，他们所指的"植生"即为植被，尤其是指生长于某一地区的所有植物的总和，包括生长于地表的草类、灌木和乔木等植物。本研究的"植生"系指种植生物或植物之意，并具有工程措施所具备的功能。植生工程通过应用植物学、景观生态学和植被水文学等学科理论，充分遵循生态经济和自然资源永续利用原则，从生态系统的整体性、群落结构的稳定性、资源利用的有效性与可持续性出发，利用植物覆盖地表、固定土壤的能力，部分或全部替代工程措施所具备的防护功能，达到既能防治水土流失，又能美化生态环境以及节约和保护自然资源的目的。

植生工程是适用于人工开挖边坡、填筑边坡，小型侵蚀沟、无常年径流的灌溉沟道、路边排水沟道、园区排水沟道、山边沟，车流量较少的农路、机耕道、步行道等地的防护性工程。如在梯田边坡植草替代石坎梯田，在公路边坡植树种草部分替代框格网等，保护边坡免受冲刷而起到稳定边坡的作用。在无常年径流的灌溉与排水沟道种植耐浸泡、抗冲刷的草本植物代替浆砌块石或混凝土砌筑的沟道，同样起到安全灌排的作用。在车流量较少的园区农路和管理步道上植草，利用路面种植耐碾压的草种替代沙石或沥青减轻水土流失，保护路面，使其交通功能同样得到发挥。在缓坡地上按一定距离种植萌发分蘖力强、有一定经济效益的矮生灌木或草本植物篱，起到拦截泥沙、分散地表径流的作用。

植生工程按设计类型可概括为四种：①植被恢复型，即恢复原来地面的植被，适用于人类活动较少的区域；②林业经营型，主要为林业经营，在短期内恢复与自然状态相似的植物群落；③绿地造园型，主要是为了配合人工构造物，营造良好的生活环境和景观效果；④水土保持型，为了保持水土资源、减低冲蚀和防止灾害等目的。在人为开发建设地区、植物破坏地区或因自然灾害而造成的裸露地区采用水土流失防治工程，并结合使用适应当地的植物品种，使其具备植物与工程双重功能，达到更佳的防治效果。

植生工程采用的材料，一般分为蕨类植物、草本植物、木本植物和藤本植物，而木本植物又可分为灌木植物和乔木植物。植物工程一般多使用草本植物和木本植物。由于草本植物生长迅速，成本低廉，也不会改变工程本身的功能与作用，常作为植生工程的主要材料。最常用的品种有分蘖能力强，匍匐茎着生节根的百喜草、狗牙根、假俭草等。而木本植物初期生长缓慢，覆盖面积小，常需数年才能发挥水土保持功能，采用率相对较低。由于藤本植物的攀援和藤蔓性状，常用于陡峭的石质边坡的绿化，蕨类植物多用于开挖边坡和填筑边坡，如南方利用铁芒箕护坡等。

14.1.2 植生工程的作用与功能

植生工程的主要作用与功能有以下几个方面。

1）保护原有资源的基本功能，维系原有土地和土壤的基本属性。一方面，植生工程没有改变土地的使用性质，维系了原有土地的基本属性；另一方面，植生工程保护了原有土壤性质，土壤中的有机质和养分、土壤的理化性状、土壤的团聚体结构以及土壤的孔隙度和通透性能没有发生根本性改变。

2）提高工程措施品质，改善生态环境。采用植生工程不但可以避免因采用其他建筑材料而有碍观瞻，提高水土保持工程措施品质，而且还可以增加绿地面积。种植的植物既能通过光合作用释放氧气，又能吸附和吸收空气中的尘埃和污染物，还能美化了人类休养生息的环境。

3）维护工程的正常运行，延长工程的使用寿命。由于植生工程的植被可有效地减轻雨滴的打击力，保护了工程不受破坏。植生工程形成的植物根系网络，还能固结土壤，增加土壤抗蚀性和抗剪能力，减缓地表径流的冲刷力和破坏力，从而保护工程的正常运行，延长工程的使用寿命。

4）调控水量分配，减轻自然灾害。采用植生工程既可以拦截雨水，增加土壤的水分入渗，增加地下水，涵养水源，也可以有目的地将可能产生破坏性的地表径流排引到安全地带蓄积起来或排出，以备不时之需；还可以通过减少地表径流，减缓流量和流速，减轻河川洪峰流量，延后洪峰时间，起到防洪减灾的作用，达到减轻自然灾害的目的。

5）促进可持续发展，维系生物多样性。由于植生工程没有采用诸如钢筋、水泥、石头、砖块等建筑材料，保持了土壤的原有属性，促进了土地利用的可持续发展，同时还提供了动植物生长繁衍的场所，为维系生物多样性奠定了良好的基础。

14.1.3 植生工程研究进展

根据有关学者的研究，植生也可称作植被。植被指某一地区生长的所有植物的总合，特别是指地表面所生长的草类、蕨类、灌木及乔木等高等植物。植被是人类的朋友，它不仅庇护和养育着人类从远古走向当今文明，而且保护着人类赖以生存的生态环境。植被是陆地生态系统和生态环境建设的主体，是可更新的，也是人类发展不可缺少的自然资源。众所周知，植被是防止水土流失的积极因素（查轩等，1992），破坏地表植被，将导致水土流失进一步加剧。植被在水土保持上的功能主要体现在调节小气候、改良土壤、促进土壤入渗、保护下垫面、减少地表径流和泥沙、稳定边坡等（Carroll et al.，1977；张一辉和梁一民，1996；Gilly and Risse，2000）。

采用植生方法控制水土流失，早在我国明朝时就被人们所认识，《国语》中既已涉及了水土保持的理论，但较为系统的记载和论述见于南宋魏岘的《四明它山水利备览》和清代梅柏言的《书栅民事》，二者分别从不同角度论述和阐明了森林具有抑制流速、拦蓄水流等作用（宝敏等，2003）。但一直到18世纪末期，人类并未对植生工程防治水土流失进行系统研究。

随着德国土壤学家Wollny 1877年第一次水土流失科学试验开始，人们逐渐认识到植被对于防止土壤侵蚀的重要作用。19世纪后期到20世纪60年代，国内外学者先后对林地降雨入渗、林草地地表径流量、林冠对降雨的截留率等植被涵养水源功能进行研究。20世纪60年代后，研究重点转向探索机理性问题，开辟了植物根系和枯枝落叶层提高土壤抗冲性的新领域。

目前国内外对植生工程的研究重点概括起来主要有两个方面：一是单项研究植被对土壤抗蚀抗冲的强化作用、冠层截留、根系的固结以及改善土壤水力学性质等。在方法上大都采用实验模拟，将自然影响因素控制在同等水平来研究，数据可比性强，但研究只局限于个别树种或个别典型的林分类型。二是通过流域试验开展研究。在国外流域试验开始较早，通过皆伐、疏伐对比试验，肯定了植被在控制土壤侵蚀中的积极作用，而我国在这方面的研究并不多见。

植被主要是利用叶冠对降水再分配、根系固土改良土壤、枯枝落叶保护地表等植物特性增强土壤的入渗，调节地表径流的组成、水质和水量，并通过这些功能的综合作用控制水土流失（王礼先，1994；关君蔚，1996；王治国，2000）。

在人们对生态环境日益重视的今天，利用植物措施治理水土流失越来越得到人们的肯定，已成为我国乃至全球水土流失治理工程中的重要方法之一（刘震，2009）。目前植生工程活跃于水土保持各个领域，广泛应用在防护林、果园、沟渠、草坪、公路、特殊地质等的植被覆盖、重建和治理，并提出了相应的种子播种法和树木、草类栽植法，以及相应的植生维护和管理。

在当前大力开发红壤坡地情况下，更是需要注意坡地农业基础设施的建设，如梯田是红壤坡地和黄土高原等地的主要农业坡面工程,与其配合的坡地农路和坡地排水系统大都没有综合布设,而合理的优化设计的坡地梯田工程,配置坡地农路和排灌水系统既有利于生产,又可达到减少水土流失的效果(夏卫兵,2002)。

从上述的研究成果可以看出,当前有关学者对植生工程的研究仅仅只停留在植被或植物这一概念上,并没有涉及本研究所说的植生工程,或者说对植生工程研究甚少,未进行相应的定量分析与研究(王礼先,1999)。

在红壤地区,目前梯田梯壁、农路和排水系统构造面,一般以自然形成的红色黏土、沙土和卵石修筑,或采用砖块、石头和水泥等材料修筑。使用这样的建筑材料来修筑工程,前者容易产生水土流失,后者破坏了土壤结构,改变了土壤性状。为了解决二者的不足,本研究采用植生工程,把水土保持工程措施和生物措施有机地结合起来,集中发挥这两种措施的优势,重点对农路植草、沟道植草和边坡植草进行研究,以期对农业机耕道、灌排沟渠和梯田坎壁在阻控水土流失,保护生态环境,降低工程造价和延长工程使用寿命等方面产生积极作用,为当地的农业生产和生态环境建设提供技术支撑。

14.2 农路植草

14.2.1 技术特点

农路植草是指为了保护农业生产区的道路生态环境,保护土壤原有的基本性能,防止水土流失,便于生产管理,在农路的路边边坡、路边排水沟和路面采用植草技术。

农路是指农村中主要用于农业生产管理、农业机械化耕作和农副产品运输的道路。这种道路一般车流量不大,但必不可少,是一项重要的农业基础设施,也是水土流失防治的重点。农路一般可分为三级,分别为联络道、机耕道和步行道。联络道指为使公路与农业生产区域相连接的而修建的道路,车流和人流量相对较多,路面相对较宽,一般大于4m。机耕道指农业生产区内为农业机械作业和农副产品运输而修建的道路,是生产区的主要道路,路面宽一般2~4m。步行道指为人工采收、施肥、撒药和巡视管理等而修建的道路,即园区末端道路,一般宽度在2m以下。

由于农路在修建时破坏了原来地表的植被保护层,形成了裸露地表,一方面,极易产生水土流失,如遇大雨、暴雨极易被冲毁,甚至还有一部分用于排水的坡地土路,可能会造成生命财产的损失;另一方面,土路雨天泥泞不堪,无法行走。于是人们开始硬化农路,尽管这种硬化农路无土壤侵蚀发生,但同时也宣告土壤的死亡,严重破坏了生物多样性,而且硬化农路投入成本大,甚至得不偿失。所以,采用农路植草既能保护道路畅通,又不产生新的水土流失。

要达到既保护农路的车辆通行,又不产生新的水土流失,而且无须投入太多的经费,选用一种良好的植物材料至关重要。因此人们把目光投向草类植物,选择在农路路面种植匍匐性、耐碾压的草种,既可以保护路面,防止水土流失,又节约成本,经济实惠,还能提高生产区机械化使用水平。在道路边坡植草,不仅可使道路边坡稳定,而且控制冲蚀、崩坏等发生，因而得以减少维护费用、增加绿地面积，起到绿化和美化道路景观的作用。有研究证明，进行农路植草，水土流失状况比未植草时有很大缓解，农用车通行也不受影响（程连瑞和陈广雄，1976；1978）。因此，开展农路植草的技术研究，对于解决上述诸多问题，防止土壤侵蚀，保障道路的正常通行，节约资金十分必要。

14.2.2　试验与研究

根据红壤坡地的特点，为满足解决上述问题的试验研究需要，证实农路植草的可行性，本研究于 2003～2004 年在江西省德安县境内的江西水土保持科技园区实地选择了一段农路作为试验路段，分别设计为土路、百喜草路、砾石路和百喜草加 60% 卵石路 4 种道路类型，路面长度均为 21m，宽度为 2.8m，坡度为 4.5°。为了防止外界地表径流的侵入和试验区地表径流流失，采取封闭形式，周边设置围埂。在每个处理路面的下端布设塑料管，收集承接每次试验过程中所产生的径流和泥沙。并在每个处理小区布设观测表土流失桩钉 10 根，桩钉的末端涂上红漆作为标记，再打入土中与地面齐平。每月月末观测一次，测量桩钉露出地面的高度，取其平均值，计算土壤流失量，并与路面下方观测到的土壤流失量互为印证。同时选取典型降雨，记录各试验小区产流起始时间。以此研究土路、砾石路、百喜草路、百喜草加 60% 卵石路土壤保持效益、滞流效益等。

14.2.3　结果分析

14.2.3.1　土壤保持效益

根据观测期各试验小区布设的桩钉和实地观测，得出结果如表 14-1 所示。在观测期 10 个月内，土路的表土流失现象较为严重；百喜草路和百喜草加 60% 卵石路基本一样，在开始的 1 月、2 月和降雨较大的 7 月、8 月出现极微量的表土流失现象；砾石路面基本不产生土壤流失。在出现表土流失月份中，土路、百喜草路、百喜草加 60% 卵石路月平均表土流失厚度分别是 0.025cm、0.000 012cm、0.000 01cm，可见经过百喜草、砾石等材料处理过的农路，表土流失减少比例高达 99.9%。同时，在 1 月、2 月时百喜草路虽然处于休眠时期，但其匍匐茎和根部同样保护着表土，减轻了表土流失，而百喜草路在 7 月、8 月出现表土流失现象，可能与该月份的强降雨有关，但其表土流失量比土路要小得多，可见，百喜草可以很好的防护农路，保持土壤。砾石路无表土出露，故无表土流失现象。

对表 14-1 的观测数值进行单因素方差分析和多重比较分析，结果详见表 14-2 和表 14-3。

由表 14-2 可知，各试验小区表土流失量至少有一条农路与其他三条农路有明显的区别。经最小显著差法多重比较得知（表 14-3），土路与其他三条农路都存在显著性差异，而砾石路、百喜草路和百喜草加卵石路三者之间差异不显著。因此，砾石路、百喜草路和百喜草+60% 卵石路均可明显的防治表土流失，具有良好的土壤保持效益。

表 14-1 表土流失量观测结果

Table 14-1 The observations of the topsoil loss amount

月份	降雨场次	降雨量（mm）	平均雨强（mm/h）	表土流失量（kg）			
				土路	砾石路	百喜草路	百喜草和60%卵石
1	10	64.4	0.86	8	0	极微量	极微量
2	9	60.3	0.76	0	0	极微量	极微量
3	14	51.8	0.95	0	0	0	0
4	16	120.9	1.82	24	0	0	0
5	12	281.1	2.40	40	0	0	0
6	15	146	1.22	微量	0	0	0
7	18	135.4	5.72	微量	0	极微量	0
8	22	198	4.52	40	0	极微量	0
9	9	21.4	0.81	0	0	0	0
10	2	0.9	0.12	0	0	0	0

表 14-2 表土流失平均厚度方差分析表

Table 14-2 The analysis of variance for the average thickness of the topsoil loss amount

变异来源	平方和	自由度	均方差	F 值	相伴概率值
小区间	0.002	3	0.001	5.327	0.004
重复间	0.004	36	0.000		
总数	0.005	39			

表 14-3 表土流失平均厚度多重分析表

Table 14-3 The multiplex analysis for the thickness average of the topsoil loss amount

处理		均差	标准差	相伴概率值	95% 置信区间	
					下限	上限
土路	砾石路	0.015 000 0*	0.004 594 68	0.002	0.005 681 6	0.024 318 4
	百喜草路	0.014 995 0*	0.004 594 68	0.002	0.005 676 6	0.024 313 4
	百喜草、卵石	0.014 998 0*	0.004 594 68	0.002	0.005 679 6	0.024 316 4
砾石路	土路	-0.015 000 0*	0.004 594 68	0.002	-0.024 318 4	-0.005 681 6
	百喜草路	-0.000 005 0	0.004 594 68	0.999	-0.009 323 4	0.009 313 4
	百喜草、卵石	-0.000 002 0	0.004 594 68	1.000	-0.009 320 4	0.009 316 4
百喜草路	土路	-0.014 995 0*	0.004 594 68	0.002	-0.024 313 4	-0.005 676 6
	砾石路	0.000 005 0	0.004 594 68	0.999	-0.009 313 4	0.009 323 4
	百喜草、卵石	0.000 003 0	0.004 594 68	0.999	-0.009 315 4	0.009 321 4
百喜草、卵石	土路	-0.014 998 0*	0.004 594 68	0.002	-0.024 316 4	-0.005 679 6
	砾石路	0.000 002 0	0.004 594 68	1.000	-0.009 316 4	0.009 320 4
	百喜草路	-0.000 003 0	0.004 594 68	0.999	-0.009 321 4	0.009 315 4

*表示差异达显著水平

14.2.3.2 滞流效益

选取当地降雨强度较大的 8 月份，作为典型单场降雨进行产流起始时间观测，结果见表 14-4，滞后时间见表 14-5。在观测期间，百喜草路未出现产流现象。

表 14-4 各小区产流起始时间表
Table 14-4 The start timetable for runoff yield in every treatments

日期 （月-日）	降雨量 （mm）	平均雨强 （mm/h）	降雨起始时间 （h：m）	产流起始时间（h：min）			
				土路	砾石路	百喜草路	百喜草加 60%卵石路
8-10	6.0	13.33	13：27	13：36	13：32	—	13：58
8-15	7.3	18.25	13：43	13：55	13：46	—	14：05
8-16	32.6	23.28	14：33	14：59	15：01	—	15：04
8-30	3.1	0.68	10：15	—	13：55	—	—
8-31	0.5	0.43	7：20	—	—	—	—
9-3	5.1	1.66	15：15	—	15：23	—	—

注：—表示未出现产流

表 14-5 各小区产流滞后时间表
Table 14-5 The runoff lag schedule in every treatments

日期 （月-日）	产流滞后时间（min）			
	土路	砾石路	百喜草路	百喜草+60%卵石路
8-10	9	5	—	31
8-15	12	3	—	22
8-16	26	28	—	31
8-30	—	220	—	—
8-31	—	—	—	—
9-3	—	180	—	—

由表 14-5 可知，百喜草加 60%卵石路的降雨与产流起始时间间隔最长，砾石路的降雨与产流起始时间间隔最短，土路的降雨与产流时间间隔居中，这是因为径流在坚硬光滑路面上入渗量几乎为零，即使在降雨量很小的情况下，只要降雨历时较长就会产生地表径流，如 8 月 30 日，降雨量仅为 3.1 mm，砾石路在降雨开始后长达 3 h 40 min 时产生了径流。对于土路、百喜草路和百喜草+60%卵石路而言，降雨在到达路面时都存在一个明显地入渗再分配现象。而且在这几场雨中，百喜草路始终没有出现产流现象，说明以百喜草作为路面覆盖物，可有效促进降雨入渗。

14.2.4 投入成本分析

为了计算修筑农路的成本，研究中分别对土路、砾石路、百喜草路、百喜草+60%卵石路 4 种处理的投入情况，按当年修筑的价格标准进行分析，结果见表 14-6。

表 14-6 各小区修筑成本情况表

Table 14-6 The cost of construction in every treatments

项目	人工单价（元）	材料单价（元）	农路费用单价（元）	农路总费用（元/m²）
土路	0.90	0	0.90	52.92
砾石路	1.80	2.38	4.18	245.78
百喜草路	0.10	0.45	1.44	84.67
百喜草+60%卵石路	1.78	1.87	3.65	214.62

本研究中修建了面积共 58.8m² 的 4 种类型农路费用依次是砾石路 245.78 元、百喜草+60% 卵石 214.62 元、百喜草路 84.67 元和土路 52.92 元。修筑土路除了人工投入外，没有其他投入，因此造价最低。其余 3 种处理，除了修筑土路的人工投入外，还增加了材料和人工费用，其中百喜草路增加费用最少，砾石路增加费用最多。

从上述结果可以看出，尽管修筑土路造价最为低廉，但其水土流失严重，以后的维修费用高，且有碍生态景观。砾石路虽然控制了土壤侵蚀，但产流最快，易增加洪涝灾害，且造价昂贵。百喜草+60%卵石路面也因造价较高，工艺复杂而不便推广。而百喜草路虽然费用稍高，但其水土保持效果好，对路面保护好，生态景观好，是值得大力推广的一种植生工程。

14.3 沟道植草

14.3.1 技术特点

沟道植草是指在无常年地表径流的沟道和排引水渠种植或铺植草类用以防止水土流失的一种技术，由此而形成的沟道简称草沟。

根据沟道的构筑方式，可分为简单草沟和复式草沟。简单草沟是指整个沟道采用种植或铺植草类方法，此类草沟适用土层较为深厚，坡度较为平缓，集雨面积较小的沟道上游地区。复式草沟是指在修筑沟道时，部分采用种植或铺植草类，而另一部分采用其他材料在沟底或边坡等地方修筑的方法。此类草沟适用土层较为浅薄，坡度较陡，集雨面积较大或常有地表径流的沟道下游地区。

修筑草沟的目的主要是拦截和排引地表径流，防止土壤冲蚀，维护生态景观。在修筑草沟时，应选择百喜草、假俭草、类地毯草和狗牙根等具有匍匐茎，抗冲刷和耐浸泡的草类。一般采用倒抛物线型断面修筑，种植或铺植的草沟宜先将地表径流分散，以利草类生长，待其稳定后再行排水。

草沟是美国所推行的最主要排水方法之一，同时美国也最早在此方面进行研究并专设有机构，如斯巴坦堡（Spartanbug）户外水工实验所。Fredenhagen 和 Doll（1954）年发现一般梯形、矩形或 V 形断面的排水沟均无法供机械越过，有碍机械的运作。Bennett（1939）、Stallings（1957）、Ree and Crow（1965）、United States Department of Agriculture（1966）等先后证明了草沟可以排水，草沟的断面设计为宽而浅抛物线型，宽度在 5 m 以上，主要在美国的缓坡地农场里应用，但研究的最大坡度仅为 10°，一般在 6°以下。日本也有少量实施草沟工程。

中国台湾地区对草沟的应用与研究较多，廖绵浚 1966 年通过试验，最早得出草沟可以应用于坡地的排水，之后，张添钵、林菁进行推广但成效不大。廖绵浚等（1979）之后进行深入的研究，先后在 10°、12°、21.8°和 25°的坡地上做试验，但排水时间最长为 1h。所用的草种以百喜草、台湾雀稗和蜈蚣草为主，再次验证得出草沟在一定的坡度范围可以实现安全排水。

14.3.2 试验与研究

为满足研究草沟的抗冲刷试验需要，本研究在江西省德安县境内的江西水土保持科技园区内，同一坡面上修筑了三条坡度为 12°、沟长 20m 和沟宽 2m 的抛物线断面草沟，沟面分别采用百喜草单株栽植、假俭草单株栽植和百喜草草皮铺植，单株栽植密度株行距均为 15cm，品字形状排列。种植一年待草被生长稳定并全面覆盖后，再进行草沟试验。试验供水由场地南侧的灌溉池塘提供，利用 2 台抽水机，抽至坡地顶部贮水池，再由贮水池注入供水沟内，供水沟连接每一条试验沟入口，按试验的需要以闸板控制注水并调节流量，沟的出口设三角堰量测流量。通过放水试验，对不同沟面处理的草沟内的水流状况和草沟冲刷动态情况进行试验研究，定量分析其抗冲刷能力与防洪减灾效果，以期找出一种适合当地推广的草沟排水系统，为红壤坡地农业基础设施建设提供技术支撑。

试验前后对草沟的草类长度、自然高度、覆盖度和土壤含水量进行测定。每条草沟用两种流量连续冲刷 48h，每 2h 分别测定水位深、流速和含沙量等三个指标，共获得 24 组数据。在距沟头 2m、7m、12m 和 17m 处用标杆设置垂直沟道测定断面，在每个断面上，每间隔 10cm 设定一个测点，每个断面观测 20 个点。采用流速仪和秒表组合测定水流速度以及断面变化。通过采样量杯取样测定草沟出水口含沙量和入水口含沙量。

14.3.3 结果分析

14.3.3.1 固持土壤能力

早在 1939 年，有学者指出在低流速情况下，草具有"摆动"现象，发生摆动是柔性植被经过水流冲压的一个特征。Nmer 进一步研究指出，植被被水流冲压时，植被看上去像用梳子梳理过一样整齐，因此水流流经柔性植被的渠道实质上就是一个动态边界问题，植被弯曲时，边界的糙率降低（王忖和赵振兴，2003）。

在对百喜草栽植和百喜草草皮铺植的两条草沟的观测中发现，由于百喜草是中高草类，试验后草被的自然高度比其试验前草被的自然高度降低很多，由试验前的40cm多降至不足10cm。经过水流冲压后，两者的自然平均高度分别降为8cm和7cm，如表14-7所示。这是因为水流穿过草被的过程，也是植物阻力引起水流能量损失的过程，并且水流流经柔性植被，植被的弯曲流线化和波动是非常明显的。在假俭草栽植的沟道里，出现了四处试验后草被高度高于试验前的现象，占调查总数的30%，这是因为假俭草是一种匍匐性草类，逆水流生长的草茎被水流冲立起来，增加了其自然高度。

表 14-7　草被自然高度调查结果

Table 14-7　The findings for grass's natural high

时间	距沟头距离（m）	百喜草栽植（cm）			假俭草栽植（cm）			百喜草铺植（cm）		
试验前	2	47	45	43	3	6	9	40	35	38
	7	39	43	54	5	6	6	56	45	58
	12	37	26	32	8	10	18	30	30	30
	17	42	32	42	21	15	14	23	25	25
试验后	2	8.5	8.5	8.5	5.5	7.5	7	7	6.8	6.8
	7	8	7.5	7.5	5	7.5	8.5	8	7.5	7.8
	12	8	8	8	5.2	2	5.7	6	6	6
	17	8	8	8	5.2	2	5.7	6	6	6

百喜草栽植、假俭草栽植和百喜草铺植的三条沟道的覆盖度，经过48h相同流量的冲刷，都有明显的下降，如表14-8所示。这是因为草沟被水流冲压后，草的地上部分聚集在一起降低了覆盖度，当没有水流后，经过几天的自然恢复，草被会自然伸展而提高其覆盖度。假俭草栽植的草沟覆盖度下降幅度最大，除了上述原因，还与其本身的生物学特性有关。

表 14-8　覆盖度调查结果

Table 14-8　The findings for coverage

时间	距沟头距离（m）	百喜草栽植（%）	假俭草栽植（%）	百喜草铺植（%）
试验前	2	100	100	100
	7	100	100	100
	12	100	100	100
	17	100	100	100
试验后	2	85	75	85
	7	90	70	90
	12	89	75	90
	17	85	60	90

14.3.3.2 减缓流速效应

三种处理的草沟流量为 0.0258m³/s 的小流量情况下，连续冲刷 8 h 安然无恙。当流量增大到 0.0682 m³/s 的情况下，并连续冲刷 40h，情况发生了变化。两种流量所产生的水流速度详见表 14-9。

表 14-9　各处理水流速度结果表
Table 14-9　The findings for flow velocity in every treatments

流量 (m²/s)	时间 (h)	百喜草栽植（m/s）					假俭草栽植（m/s）					百喜草铺植（m/s）				
		V_{2m}	V_{7m}	V_{12m}	V_{17m}	均值	V_{2m}	V_{7m}	V_{12m}	V_{17m}	均值	V_{2m}	V_{7m}	V_{12m}	V_{17m}	均值
0.0258	2	0.15	0.14	0.15	0.16	0.15	2.05	0.16	0.17	0.15	0.63	0.12	0.13	0.12	0.15	0.13
	4	0.15	0.13	0.15	0.17	0.15	2.08	0.17	0.17	0.16	0.65	0.12	0.13	0.12	0.14	0.13
	6	0.15	0.13	0.14	0.16	0.15	2.15	0.17	0.17	0.15	0.66	0.13	0.16	0.13	0.14	0.14
	8	0.15	0.13	0.15	0.16	0.15	2.02	0.16	0.18	0.16	0.63	0.13	0.15	0.14	0.16	0.15
0.0682	10	0.15	0.15	0.15	0.17	0.15	2.25	0.16	0.17	0.16	0.68	0.14	0.17	0.15	0.17	0.16
	12	0.15	0.14	0.15	0.17	0.15	2.08	0.16	0.17	0.15	0.64	0.14	0.17	0.15	0.17	0.16
	14	0.15	0.13	0.15	0.17	0.15	2.22	0.16	0.17	0.15	0.67	0.14	0.17	0.15	0.16	0.16
	16	0.15	0.13	0.15	0.17	0.15	2.15	0.16	0.17	0.16	0.66	0.14	0.17	0.15	0.18	0.16
	18	0.15	0.13	0.15	0.16	0.15	2.22	0.17	0.17	0.15	0.68	0.14	0.17	0.15	0.17	0.16
	20	0.15	0.14	0.15	0.15	0.15	2.22	0.17	0.17	0.15	0.68	0.13	0.17	0.15	0.17	0.16
	22	0.15	0.13	0.16	0.16	0.15	2.08	0.16	0.17	0.15	0.64	0.14	0.17	0.15	0.17	0.16
	24	0.15	0.12	0.14	0.16	0.14	2.22	0.17	0.17	0.15	0.68	0.14	0.18	0.16	0.16	0.16
	26	0.14	0.12	0.15	0.16	0.14	2.72	0.17	0.19	0.17	0.81	0.14	0.16	0.16	0.16	0.16
	28	0.15	0.14	0.16	0.19	0.16	2.59	0.17	0.20	0.17	0.78	0.13	0.17	0.16	0.17	0.16
	30	0.15	0.14	0.17	0.19	0.16	2.69	0.18	0.20	0.18	0.81	0.14	0.16	0.16	0.18	0.16
	32	0.16	0.16	0.17	0.19	0.17	2.69	0.18	0.20	0.17	0.81	0.14	0.18	0.16	0.17	0.16
	34	0.16	0.16	0.18	0.18	0.17	2.62	0.18	0.20	0.18	0.80	0.14	0.16	0.16	0.16	0.16
	36	0.16	0.16	0.17	0.19	0.17	2.59	0.17	0.19	0.18	0.78	0.14	0.16	0.15	0.17	0.16
	38	0.15	0.16	0.17	0.18	0.17	2.55	0.17	0.19	0.17	0.77	0.13	0.17	0.16	0.17	0.16
	40	0.15	0.16	0.17	0.19	0.17	2.65	0.18	0.19	0.17	0.80	0.14	0.16	0.16	0.18	0.17
	42	0.16	0.16	0.17	0.17	0.17	2.55	0.17	0.19	0.17	0.77	0.14	0.16	0.16	0.17	0.16
	44	0.15	0.16	0.17	0.18	0.17	2.35	0.18	0.20	0.17	0.72	0.14	0.15	0.18	0.17	0.16
	46	0.15	0.16	0.17	0.19	0.17	2.59	0.18	0.20	0.18	0.79	0.14	0.16	0.16	0.16	0.16
	48	0.16	0.17	0.18	0.19	0.17	2.58	0.18	0.20	0.17	0.78	0.14	0.17	0.16	0.16	0.16

为了进一步分析不同断面、不同流量和不同处理的减缓流速的差异，以及它们之间的交互作用和影响，下面对百喜草栽植、假俭草栽植和百喜草铺植的三条沟道的水流速度分

别作了多因素方差分析和多重比较分析。

（1）百喜草栽植沟道水流速度分析

在百喜草栽植沟道的水流速度分析中，主要研究了不同断面、不同流量以及他们之间的交互作用是否对水流速度产生了显著影响，结果见表 14-10 ~ 表 14-13。

表 14-10　百喜草栽植沟道水流速度方差分析表

Table 14-10　The analysis of variance for flow velocity of the channel that planting Bahia grass

变异因素	离差平方和	自由度	均值	相伴概率 F	标准差
修正模型	0.0155	7	0.0022	16.471	0.000
截距	1.260	1	1.260	9398.543	0.000
断面	0.0066	3	0.0022	16.519	0.000
流量	0.0017	1	0.0017	12.312	0.001
草沟×流量	0.0004	3	0.0001	0.955	0.418
误差	0.0118	88	0.0001		
总数	2.405	96			
观测变量的总变差	0.0273	95			

表 14-11　百喜草栽植沟道各流量水流速度均值分析表

Table 14-11　The analysis of mean value for flow velocity of each flow of the channel that planting Bahia grass

流量		因变量：水流速度
	估计值	−0.011
	假设值	0
	差值（估计值−假设值）	−0.011
Q_1 与 Q_2	均方根误差	0.003
	标准差	0.001
	95% 置信区间　下限	−0.017
	95% 置信区间　上限	−0.005

表 14-12　百喜草栽植沟道各断面处水流速度均值分析表

Table 14-12　The analysis of mean value for flow velocity of each section of the channel that planting Bahia grass

断面		水流速度
	估计值	−0.019
	假设值	0
	差值（估计值−假设值）	−0.019
2m 与 17m	均方根误差	0.004
	标准差	0.000
	95% 置信区间　下限	−0.028
	95% 置信区间　上限	−0.010

续表

断面		水流速度
7m 与 17m	估计值	−0.031
	假设值	0
	差值（估计值−假设值）	−0.031
	均方根误差	0.004
	标准差	0.000
	95% 置信区间　下限	−0.040
	95% 置信区间　上限	−0.022
12m 与 17m	估计值	−0.015
	假设值	0
	差值（估计值−假设值）	−0.015
	均方根误差	0.004
	标准差	0.001
	95% 置信区间　下限	−0.024
	95% 置信区间　上限	−0.006

表 14-13　百喜草栽植沟道水流速度多重分析表

Table 14-13　The multiple comparison for flow velocity of the channel that planting Bahia grass

断面		均值	标准差	相伴概率值	95% 置信区间 下限	上限
2m	7m	0.0087 *	0.00334	0.010	0.0021	0.0154
	12m	−0.0083 *	0.00334	0.015	−0.0150	−0.0017
	17m	−0.0233 *	0.00334	0.000	−0.0300	−0.0167
7m	2m	−0.0087 *	0.00334	0.010	−0.0154	−0.0021
	12m	−0.0171 *	0.00334	0.000	−0.0237	−0.0104
	17m	−0.0321 *	0.00334	0.000	−0.0387	−0.0254
12m	2m	0.0083 *	0.00334	0.015	0.0017	0.0150
	7m	0.0171 *	0.00334	0.000	0.0104	0.0237
	17m	−0.0150 *	0.00334	0.000	−0.0216	−0.0084
17m	2m	0.0233 *	0.00334	0.000	0.0167	0.0300
	7m	0.0321 *	0.00334	0.000	0.0254	0.0387
	12m	0.0150 *	0.00334	0.000	0.0084	0.0216

* 表示达显著水平

　　从表 14-10 可知，不同断面处对水流速度的影响要比流量的影响大。其中不同断面处的离差平方和为 0.0066，均方为 0.0022，不同流量的离差平方和为 0.0017，均方为 0.0017。不同断面和流量对水流速度都造成了显著的影响，而断面和流量的交互作用对水流速度没有显著的影响。

在不同断面处的均值比较中，可以看出 2m 断面、7m 断面、12m 断面都与 17m 断面对水流速度的影响存在显著性差异。

流量对水流速度有显著影响，大流量与小流量相比，大流量条件下水流速度显著升高。

通过 LSD 法多重比较的结果可以看出，不同断面对水流速度影响不同。其中，7m 断面对降低水流速度效应最佳，2m 断面对降低水流速度效应次之，12m 断面对降低水流速度效应排名第三，而离水源最远的 17m 断面对降低水流速度效应最差，其水流速度显著高于其他三个断面。总体趋势是流速越来越快，这是由于在坡度不变的情况下，水流加速度越来越大之故。

（2）假俭草栽植沟道水流速度分析

在假俭草栽植沟道的水流速度分析中，同样研究了不同断面、不同流量以及它们之间的交互作用是否对水流速度产生了显著影响，结果见表 14-14 ~ 表 14-16。

表 14-14　假俭草栽植沟道水流速度方差分析表

Table 14-14　The analysis of variance for flow velocity of the channel that planting centipedegrass

变异因素	离差平方和	自由度	均值	相伴概率 F	标准差
修正模式	87.471	7	12.496	1113.761	0.000
截距	25.387	1	25.387	2262.795	0.000
流量	0.123	1	0.123	10.981	0.001
断面	43.423	3	14.474	1290.097	0.000
流量×断面	0.299	3	0.099	8.888	0.000
误差	0.987	88	0.011		
总数	138.498	96			
观测变量的总变差	88.458	95			

表 14-15　假俭草栽植沟道各断面处水流速度均值分析表

Table 14-15　The analysis of mean value for flow velocity of each section of the channel that planting centipedegrass

断面		水流速度
	估计值	2.092
	假设值	0
	差值（估计值–假设值）	2.092
2m 与 17m	均方根误差	0.041
	标准差	0.000
95% 置信区间	下限	2.011
	上限	2.174

断面		水流速度
7m 与 17m	估计值	0.007
	假设值	0
	差值（估计值–假设值）	0.007
	均方根误差	0.041
	标准差	0.865
	95%置信区间 下限	−0.075
	上限	−0.089
12m 与 17m	估计值	0.019
	假设值	0
	差值（估计值–假设值）	0.019
	均方根误差	0.041
	标准差	0.640
	95%置信区间 下限	−0.062
	上限	0.101

表 14-16　假俭草栽植沟道水流速度多重比较分析表

Table 14-16　The multiple comparison for flow velocity of the channel that planting centipedegrass

断面	对比断面	均值	标准差	相伴概率值	95%置信区间	
					下限	上限
2m	7m	2.2025*	0.03058*	0.000	2.1417	2.2633
	12m	2.1871*	0.030588	0.000	2.1263	2.2478
	17m	2.2075*	0.030588	0.000	2.1467	2.2683
7m	2m	−2.2025*	0.03058*	0.000	−2.2633	−2.1417
	12m	−0.0154	0.03058	0.615	−0.0762	0.0453
	17m	0.0050	0.03058	0.870	−0.0558	0.0658
12m	2m	−2.1871*	0.03058*	0.000	−2.2478	−2.1263
	7m	0.0154	0.03058	0.615	−0.0453	0.0762
	17m	0.0204	0.03058	0.506	−0.0403	0.0812
17m	2m	−2.2075*	0.03058*	0.000	−2.2683	−2.1467
	7m	−0.0050	0.03058	0.870	−0.0658	0.0558
	12m	−0.0204	0.03058	0.506	−0.0812	0.0403

＊表示达显著水平

从表 14-14 可知，不同断面对水流速度的影响要比流量的影响大。其中不同断面处的离差平方和为 43.423，均方为 14.474，不同流量的离差平方和为 0.123，均方为 0.123。

不同断面、流量和断面、流量相互作用对水流速度都造成了显著的影响。

在不同断面处的均值比较中，可以看出 2m 断面与 17m 断面对水流速度的影响存在显著性差异。而 7m 断面、12m 断面和 17m 断面对水流速度的影响差异不显著。

流量对水流速度有显著影响，大流量条件下与小流量条件下相比其水流速度显著升高。

从 LSD 法多重比较的结果可以看出，不同断面对水流速度影响不同。其中，12m 断面对降低水流速度效应最佳，7m 断面对降低水流速度效应次之，17m 断面距对降低水流速度效应第三，而且三者相比其对水流速度的影响在同一显著水平，离水源最近的 2m 断面对降低水流速度效应最差，其水流速度显著高于其他三个断面。

（3）百喜草铺植沟道水流速度分析

在百喜草铺植沟道的水流速度分析中，同样研究了不同断面、不同流量各自作用及它们的交互作用是否对水流速度产生显著影响，对百喜草铺植沟道的水流速度做多因素方差分析和多重分析结果见表 14-17~表 14-20。

表 14-17　百喜草铺植沟道水流速度方差分析表

Table 14-17　The analysis of variance for flow velocity of the channel that laying Bahia grass

变异因素	离差平方和	自由度	均值	相伴概率 F	标准差
修正模式	0.021 4	7	0.003 1	70.876	0.000
截距	1.157	1	1.157	26 837.918	0.000
流量	0.006 5	1	0.006 5	151.348	0.00
断面	0.006 7	3	0.002 2	52.037	0.000
流量×断面	0.000 4	3	0.000 1	3.019	0.034
误差	0.003 8	88	0.000 04		
总数	2.322	96			
观测变量的总变差	0.025 2	95			

表 14-18　百喜草铺植沟道各断面水流速度均值表

Table 14-18　The analysis of mean value for flow velocity of each section of the channel that laying Bahia grass

断面		水流速度
	估计值	−0.027
	假设值	0
	差值（估计值−假设值）	−0.027
2m 与 17m	均方根误差	0.003
	标准差	0.000
	95% 置信区间　下限	−0.032
	95% 置信区间　上限	−0.022

续表

断面		水流速度
7m 与 17m	估计值	−0.001
	假设值	0
	差值（估计值−假设值）	−0.001
	均方根误差	0.003
	标准差	0.695
	95% 置信区间 下限	−0.006
	95% 置信区间 上限	0.004
12m 与 17m	估计值	−0.017
	假设值	0
	差值（估计值−假设值）	−0.017
	均方根误差	0.003
	标准差	0.000
	95% 置信区间 下限	−0.022
	95% 置信区间 上限	−0.012

表 14-19 百喜草铺植沟道各流量水流速度均值表

Table 14-19 The analysis of mean value for flow velocity of each flow of the channel that laying Bahia grass

流量		水流速度
Q_1 与 Q_2	估计值	−0.022
	假设值	0
	差值（估计值−假设值）	−0.022
	均方根误差	0.002
	标准差	0.000
	95% 置信区间 下限	−0.026
	95% 置信区间 上限	−0.019

表 14-20 百喜草铺植沟道水流速度多重比较分析表

Table 14-20 The multiple comparison for flow velocity of the channel that laying Bahia grass

断面	对比断面	均值	标准差	相伴概率值	95% 置信区间 下限	95% 置信区间 上限
2m	7m	−0.029 6 *	0.001 90	0.000	−0.033 4	−0.025 8
	12m	−0.014 6 *	0.001 90	0.000	−0.018 4	−0.010 8
	17m	−0.029 6 *	0.001 90	0.000	−0.033 4	−0.025 8
7m	2m	0.029 6 *	0.001 90	0.000	0.025 8	0.033 4
	12m	0.015 0 *	0.001 90	0.000	0.011 2	0.018 8
	17m	0.000 0	0.001 90	1.000	−0.003 8	0.003 8

断面	对比断面	均值	标准差	相伴概率值	95%置信区间	
					下限	上限
12m	2m	0.014 6*	0.001 90	0.000	0.010 8	0.018 4
	7m	−0.015 0*	0.001 90	0.000	−0.018 8	−0.011 2
	17m	−0.015 0*	0.001 90	0.000	−0.018 8	−0.011 2
17m	2m	−0.029 6*	0.001 90	0.000	−0.033 4	−0.025 8
	/m	−0.014 6*	0.001 90	0.000	−0.018 4	−0.010 8
	12m	−0.029 6*	0.001 90	0.000	−0.033 4	−0.025 8

*表示达显著水平

从表 14-17 可知，不同断面的影响要比流量的影响大。其中不同流量的离差平方和为 0.0065，均方为 0.0065，不同断面处的离差平方和为 0.0067，均方为 0.0022。同样不同断面、流量及断面和流量相互作用对水流速度都造成了显著的影响。

在不同断面处的均值比较中，可以看出 2m 断面、12m 断面都与 17m 断面对水流速度的影响存在显著性差异。而 7m 断面和 17m 断面对水流速度的影响差异不显著。

流量对水流速度有显著影响，大流量条件下与小流量条件下相比其水流速度显著升高。

从多重分析比较的结果可以看出，不同断面对水流速度影响不同。其中，距水源较远的 7m 断面和最远的 17m 断面对降低水流速度效应最佳，而且两者相比其对水流速度的影响在同一显著水平，12m 断面次之，离水源最近的 2m 断面对降低水流速度效应最差，其水流速度显著高于其他三个断面。

（4）草沟水流速度的比较分析

为了分析百喜草栽植、假俭草栽植和百喜草铺植的三条沟道在不同流量情况下的交互作用以及其他随机变量是否对水流速度产生显著影响，研究中对表 14-8、表 14-9 的均值作多因素方差分析和多重比较分析，结果见表 14-21 ~ 表 14-24。

表 14-21 草沟水流速度方差分析表

Table 14-21 The analysis of variance for flow velocity of grass waterway

变异因素	离差平方和	自由度	均值	相伴概率 F	标准差
修正模式	5.132	5	1.026	842.599	0.000
截距	4.387	1	4.387	3601.149	0.000
流量	0.0179	1	0.0179	14.711	0.000
断面	2.575	2	1.288	1057.079	0.000
流量×断面	0.0142	2	0.0071	5.827	0.005
误差	0.0804	66	0.0012		
总数	13.796	72			
观测变量的总变差	5.213	71			

表 14-22　各处理草沟水流速度均值分析表

Table 14-22　The analysis of mean value for flow velocity of each plot of grass waterway

草沟	水流速度		
百喜草种植与 百喜草草皮铺植	估计值		0.006
	假设值		0
	差值（估计值–假设值）		0.006
	均方根误差		0.014
	标准差		0.685
	95%置信区间	下限	−0.021
		上限	0.032
假俭草行栽与 百喜草草皮铺植	估计值		0.541
	假设值		0
	差值（估计值–假设值）		0.541
	均方根误差		0.014
	标准差		0.000
	95%置信区间	下限	0.514
		上限	0.568

表 14-23　各流量草沟水流速度均值分析表

Table 14-23　The analysis of mean value for flow velocity of each flow of grass waterway

流量	因变量	
	水流速度	
Q_1 与 Q_2	估计值	−0.042
	假设值	0
	差值（估计值–假设值）	−0.042
	均方根误差	0.011
	标准差	0.000
	95%置信区间 下限	−0.064
	上限	−0.020

表 14-24　草沟水流速度多重比较分析表

Table 14-24　The multiple comparison for flow velocity of grass waterway

草沟	（J）草沟	均值	标准差	相伴概率值	95%置信区间	
					下限	上限
百喜草种植	假俭草行栽	−0.5642*	0.010 08	0.000	−0.584 3	−0.544 1
	百喜草草皮铺植	0.0008	0.010 08	0.934	−0.019 3	0.020 9
假俭草行栽	百喜草种植	0.564 2*	0.010 08	0.000	0.544 1	0.584 3
	百喜草草皮铺植	0.565 0*	0.010 08	0.000	0.544 9	0.585 1
百喜草草皮铺植	百喜草种植	−0.000 8	0.010 08	0.934	−0.020 9	0.019 3
	假俭草行栽	−0.565 0*	0.010 08	0.000	−0.585 1	−0.544 9

*表示达显著水平

从表 14-13 可知，不同草沟对水流速度的影响比流量的影响大。其中不同草沟的离差平方和为 2.575，均方为 1.288，不同流量的离差平方和为 0.0179，均方为 0.0179。而且不同草沟处理、不同流量及处理和流量相互作用对水流速度都造成了显著的影响。

从不同草沟处理的均值比较中可见，采用百喜草栽植的草沟与百喜草铺植的草沟对水流速度的影响差异不显著。而百喜草栽植的草沟与假俭草栽植的草沟对水流速度的影响存在显著性差异。

流量对水流速度有显著影响，大流量条件下与小流量条件下相比其水流速度显著升高。

由多重比较可知，采用不同植草方式的沟道对水流速度影响不同。其中，白喜草铺植对降低水流速度效应最佳，百喜草种植次之，两者相比对水流速度的影响在同一显著水平，而假俭草栽植对降低水流速度效应最差，其水流速度显著高于其他两种处理草沟。

14.3.3.3 阻蚀减沙效应

水流中的泥沙含量在一定情况下，可以作为土壤侵蚀量来衡量各类水土保持措施的效益，因此试验中每隔两小时取 100ml 水样，采用三个重复测定其含沙量，来检验不同草沟阻蚀减沙效应。

表 14-25 显示，三条草沟平均含沙量在前 8 个小时小流量冲刷过程中，其含沙量随着时间推移而有降低的趋势。加大流量经 40h 冲刷，这种含沙量随时间的变化趋势不明显。测定的含沙量最大值均出现在第 12 小时，这是由于在开展冲刷试验时，径流将土壤表面未经植物根系固定的土壤带走，所以，前 8 个小时水样含沙量有降低的趋势。当沟道流量加大后，水流对土壤的冲刷力度也加大，当大于植物根系固土能力时，水样含沙量逐渐增加，在径流冲刷 12h 后水样含沙量达到最大值。之后，植物根系固土能力与径流的冲刷力又达到了一种新的平衡而趋于稳定，故径流含沙量不再增加。

为了比较三条草沟的阻蚀减沙效应，对表 14-25 进行方差分析和多重比较分析，结果详见表 14-26。

方差检验的 F 值为 0.225，相伴概率 0.950，大于 0.05，说明这三条草沟之间，在连续冲刷 48h 情况下，水样中的含沙量没有显著差异。这也说明了在红壤坡地修筑草沟用于防止地表径流冲刷，保护生态环境具有良好的作用。

表 14-25 三条草沟平均含沙量
Table 14-25 The average sediment concentration of three grass waterway

流量（m³/s）	时间（h）	百喜草种植沟道（g/100ml）	假俭草（行栽）沟道（g/100ml）	百喜草皮铺植沟道（g/100ml）
0.0258	2	0.0799	0.0543	0.0891
	4	0.0150	0.0115	0.0061
	6	0.0103	0.0101	0.0061
	8	0.0142	0.0095	0.0059

流量（m³/s）	时间（h）	百喜草种植沟道（g/100ml）	假俭草（行栽）沟道（g/100ml）	百喜草皮铺植沟道（g/100ml）
0.0682	10	0.0073	0.0080	0.0061
	12	0.1613	0.1549	0.1657
	14	0.0041	0.0079	0.0071
	16	0.0070	0.0104	0.0087
	18	0.0124	0.0078	0.0084
	20	0.0069	0.0094	0.0065
	22	0.0077	0.0078	0.0084
	24	0.0128	0.0105	0.0049
	26	0.0078	0.0000	0.0099
	28	0.0054	0.0090	0.0076
	30	0.0057	0.0089	0.0058
	32	0.0102	0.0150	0.0095
	34	0.0096	0.0092	0.0072
	36	0.0126	0.0088	0.0052
	38	0.0093	0.0064	0.0071
	40	0.0028	0.0028	0.0034
	42	0.0052	0.0096	0.0081
	44	0.0095	0.0052	0.0057
	46	0.0082	0.0087	0.0042
	48	0.0065	0.0079	0.0045

表 14-26 含沙量多因素方差分析

Table 14-26　The multiple factor analysis of variance for sediment concentration

变异来源	离差平方和	自由度	均方	F 值	相伴概率值
修正模式	0.001 3	5	0.000 3	0.225	0.950
截距	0.017 0	1	0.017 0	14.546	0.000
流量	0.001 2	1	0.001 2	0.990	0.323
断面	0.000 1	2	0.000 06	0.054	0.947
流量×断面	0.000 1	2	0.000 06	0.053	0.949
误差	0.077 2	66	0.001 2	—	—
总数	0.099 4	72	—	—	—
观测变量的总变差	0.078 5	71	—	—	—

14.3.4　投入成本分析

沟道植草的方法一般有草籽播种、草苗移栽和草皮铺植三种，其中草籽播种方法最为简单，但前期土壤裸露时间较长，容易产生水土流失，沟道植生工程一般不采用此法。草苗移栽能较快地覆盖地表，防治水土流失，但要注意选择具有匍匐茎、耐水浸泡和生长迅速的草种。草皮铺植能迅速覆盖地表，防治水土流失效果最好，在草皮来源方便的地方使用更为理想。

根据草沟试验要求，采用就地取材的方法，选择已在当地试种多年，符合试验条件的百喜草和假俭草作为供试材料，并修筑沟道基础。由于前期的基础投入成本没有区别，在进行成本分析时不作考虑，只对后期不同的投入成本进行分析。首先对草苗移栽和草皮铺植两种方法的搬运、栽植和拍打压实等种植工时价格进行计算，当时 1 m² 植草投工价格平均约 0.34 元；草皮铺植的搬运、栽植和拍打压实这 3 项人工费用不及草苗栽植单价的一半，这是由于草苗移栽需多费工时，整块铺植草皮比较省工。当然，采用不同的草种，不管是草苗移栽还是草皮铺植的用工量都会有差别。然后，为了进一步比较草沟与采用其他建筑材料的沟道造价的差别，试验中还对当地修筑的土沟、块石衬砌沟和草沟等多种类型进行了调查，其构筑和养护的材料与人工费用详见表 14-27。表中的构筑费用包括单位面积的建筑材料和建筑用工，养护费用包括前期培育草苗或草皮浇水、施肥和管理等用工。

由表 14-27 可知，修筑各类沟道首先要按要求修建成土沟，其他的防护措施是在土沟的基础上进行。修成的土沟因不产生防护成本而造价最低，每 100m² 的造价为 90 元。块石衬砌沟因要购买石材，加上人工衬砌和修筑基础土沟，每 100m² 的造价达 508 元，为最高。而采用植生工程的草沟，无论是各种草类栽植，还是百喜草铺植，它们的单位面积造价介于以上两类沟道之间。其中百喜草栽植为 165 元，假俭草栽植为 186 元，百喜草铺植为 173 元。虽然其单位面积造价略高于就地修筑的土沟，却远低于块石衬砌沟。

就水土保持角度而言，尽管修筑土沟造价低廉，但土沟不耐冲刷，极易产生水土流失，不宜提倡。采用块石衬砌沟因其造价昂贵，可在坡度较大的地方或跌水处修筑。采用植生工程的草沟不仅造价便宜，而且保护效果和生态景观良好，值得大力推广。

表 14-27　每 100m² 不同结构排水沟修建养护费用调查表

Table 14-27　The cost survey for different structure drain's building and maintenance every 100m²

（单位：元）

名称	构筑		养护	备注
	材料费	人工费	人工费	
土沟	0	90	0	挖沟人工费 0.90 元/m²
砌石沟	238	180+90	0	石头 2.38 元/m²；砌石人工费 1.80 元/m²
百喜草栽植沟	45	10+90	20	草种 0.45 元/m²；育苗 0.10 元/m²；养护费 0.20 元/m²
假俭草栽植沟	40	36+90	20	草种 0.40 元/m²；育苗 0.36 元/m²；养护费 0.20 元/m²
百喜草铺植沟	45	18+90	20	草种 0.45 元/m²；育苗+铺草 0.18 元/m²；养护费 0.20 元/m²

在后续管理养护方面，块石衬砌沟一般较为安全稳定，长时间不用养护，后续管理费用也少，但改变了土壤性质，且有碍观瞻。修筑土沟由于表层土没有保护层，直接受到降雨和径流冲刷而遭到破坏，需要经常维护，所以后续养护费用较高。草沟在养护方面主要是在种植初期和前期进行，一旦后期沟道地表被覆盖后，植物根系就能全面固持土壤，防止径流冲刷，无需太多的管护，借助草类的自身繁殖能力，一般性的破坏都可自行恢复，后续管理费用较省。因此，草沟的修筑养护费用相对较为经济。

14.4 边坡植草

14.4.1 技术特点

边坡植草是指在已建工程的边坡上种植草类，防止水土流失，绿化美化环境，保护工程功能的一种植生工程技术措施。通过在边坡上撒播或喷播草籽、栽植草苗和铺植草皮的方法，达到固持土壤、稳定边坡、绿化环境、改善景观、净化空气和维护工程功能等目的。

边坡植草的兴起是近期不久的事情，随着人类生产建设项目的不断拓展，由此而产生的灾害不断增多，人们意识到工程建设必须维系生态平衡，于是在工程建设中便有了利用植被护坡，利用植被稳坡的生态理念。国外一般把植被护坡定义为"单独用植物或者植物与非生命的土木工程材料相结合，以减轻坡面的不稳定性和侵蚀"（周德培和张俊云，2003）。

在我国，最早有记载的植被护坡应用出现在1591年，在河道整治过程中将柳树等应用于河岸边坡的加固与保护（方华和林建平，2004）。1633年，日本人用铺草皮、栽树苗的方法治理荒坡，成为日本植被护坡的起源。20世纪30年代，植物护坡措施首次引入中欧，得到迅速发展并在欧洲盛行，主导着世界植物护坡的研究与应用。20世纪60年代以后，植物护坡技术已推广到世界许多国家。在北美，运用植物护坡的历史可以追朔到1926年，而且承袭了中欧的经验，主要致力于与农林业和道路建设有关的侵蚀控制。在英国，植物护坡始于20世纪40年代末，用于陆地景观的稳定、堤岸和交通线路边坡的稳定等（周跃和Watts，1999）。欧美国家主要是围绕着防止坡面遭受雨水侵蚀的目的而进行，主要应用于公路边坡防护及河堤防护。

在日本，用于植物护坡的液压喷播技术自20世纪50年代发明后，至今已获广泛应用，植被护坡与道路建设同时发展，至今已有半个多世纪，并开发出了许多适应当地气候、土壤等特性的植被护坡技术，远远领先于欧美国家（张涟云等，2000）。

现代植物护坡技术在中国应用始于20世纪50年代，一般采用撒播、穴播或沟播草籽、移栽草苗和铺植草皮等护坡方法。从20世纪70年代开始，我国开始借鉴和引进国外先进的技术和成功的经验，逐步从传统的边坡工程防护方式向边坡绿色防护方向转变，从传统的撒草籽、铺草皮绿化方式向现代的液压喷播、土工网垫植草、草皮卷铺植等新型绿色防护技术方向转变（冯俊德，2001）。近年来，植物护坡技术在中国得到了进一步的发展和完善，目前已形成类型多样的植物护坡技术。

梯壁植草是边坡植草的一种特例，是指在土坎梯田外壁种植适宜的草类，保护梯壁免受侵蚀和崩塌，保护梯田安全的一种技术措施。梯壁植草主要有以下好处，一是维护梯壁稳定，保护边坡免受冲蚀崩塌；二是增加农民的经济收入，有目的性地种植黄花菜、百喜草等经济作物，增加肥料或饲料来源；三是梯壁植草可以抑制杂草生长，改善小气候，促进农作物的产量和品质。

14.4.2　试验与研究

本研究选取梯壁植草和梯壁裸露两个水平梯田试验小区作为研究对象，通过观测水土流失量、土壤持水量、植物生长状况等，研究梯壁植草的边坡稳定性、蓄水保墒功能及经济效益等。

梯田修筑在成土母质为第四纪红色黏土的红壤地区，由于土壤黏性较大，梯壁经拍打压实，形成约 80° 的边坡，梯壁植草小区在梯壁栽植百喜草草苗，株行距约为 15cm，上下行品字型排列。梯壁裸露小区保持梯壁裸露。两个小区水平投影面积均为 100m²，坡度均为 12°，梯田内栽植作物品种为柑橘。

14.4.3　效益分析

14.4.3.1　稳定边坡

梯壁植草能迅速的覆盖梯壁表面，达到稳定边坡的作用。一是草本植物生长快，分蘖多，茎叶茂盛，根系发达，能迅速有效地覆盖梯壁和固持土壤，并且在生长过程中，能有效地削弱雨滴的击溅作用和地表径流的冲刷作用，减少土壤侵蚀，保护梯壁不被破坏。二是在梯壁上植草，草类庞大而复杂的根系互相缠绕，形成具有一定抗张强度的根网，草类的垂直根系将浅层土锚固到深处较稳定的土层，使之成为一个整体，增加了土体的稳定性，更增添了边坡抗崩塌的能力。

为了研究梯壁植草、梯壁裸露两个小区水土流失的差异性和规律性，分别将 2003 年观测到的降雨量、平均雨强、地表径流和土壤侵蚀量按月份统计出来，形成表 14-28。

表 14-28　2003 年各小区水土流失量观测结果

Table 14-28　The observations of soil erosion in different groups（2003）

月份	1	2	3	4	5	6	7	8	9	10	11	12
雨量（mm）	43.9	158.8	137.1	326.1	228.8	283.4	55.9	31.3	61.9	38.4	43.3	24.1
平均雨强（mm/h）	0.7	1.2	1.2	2.7	2.1	2.3	21.0	1.1	1.9	1.7	0.8	1.0
梯壁植草小区径流量（mm）	0.852	2.769	3.398	24.383	8.472	5.386	3.881	0.350	1.972	0.702	0.597	0.760

续表

月份	1	2	3	4	5	6	7	8	9	10	11	12
梯壁裸露小区 径流量（mm）	0.675	3.024	6.765	50.148	16.426	12.822	12.828	0.260	2.012	0.727	0.408	0.627
梯壁植草小区 土壤侵蚀量（kg）	0.019	0.237	0.151	1.055	0.258	0.162	0.280	0.011	0.028	0.020	0.016	0.022
梯壁裸露小区 土壤侵蚀量（kg）	0.200	0.455	2.303	19.371	8.055	18.067	25.167	0.252	0.898	0.178	0.015	0.065

由表 14-28 可知，2003 年梯壁植草小区、梯壁裸露小区的年土壤侵蚀量分别是 2.26 kg 和 75.02 kg，平均径流系数分别是 3.08%、5.03%。梯壁裸露小区的土壤侵蚀量是梯壁植草小区的 37 倍，地表径流是梯壁植草小区的 1.5 倍以上。结果表明植草梯壁相对于裸露梯壁具有很好的蓄水保土效益。

在一年的周期中，各月的地表径流量和土壤侵蚀量均随降雨量和降雨强度的变化而变化，且呈正相关趋势。各月梯壁裸露小区的径流量、土壤侵蚀量均高于梯壁植草小区，其中，4 月份的降雨量为全年最高值，达到 326.1mm，梯壁裸露小区的月径流量、月土壤侵蚀量也最大（图 14-1），但梯壁植草小区的土壤侵蚀量最大值出现在 7 月，这说明对于梯壁植草小区，降雨强度对土壤侵蚀的影响更大。

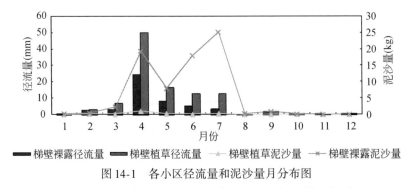

图 14-1　各小区径流量和泥沙量月分布图

Fig. 14-1　The monthly distribution of the amount of runoff and sediment

为了进一步研究降雨量和降雨强度对径流量和土壤侵蚀量的影响，选取具有代表性的单场降雨进行分析。在单场大雨情况下，降雨开始时，各小区径流量相近，但随着降雨强度的增加，梯壁植草小区的蓄水保水效应越来越明显。在雨强为 20.96 mm/h 的暴雨条件下，两个小区的径流量和土壤侵蚀量的差值约为 0.86 m^3 和 24.87kg，梯壁植草小区的保土效益尤为突出，如表 14-29 所示。这充分表明在梯壁上种植百喜草，一方面，能够迅速覆盖梯壁，形成高覆盖植物草带，有效拦蓄地表径流，增加土壤入渗，减缓流速，从而降低地表径流量；另一方面，草类通过植物根系，固持土壤，稳定坡面，提高土壤抗蚀性和抗冲性，保持土体稳定，保证梯田安全运行。

表 14-29　各小区单场降雨产沙产流比较表

Table 14-29　The comparison between single rainfall's flow and sediment yields in the groups

日期	雨型	降雨量 （mm）	降雨强度 （mm/h）	径流量（m³）		泥沙量（kg）	
				梯壁植草	梯壁裸露	梯壁植草	梯壁裸露
7-6	暴雨	55.90	20.963	0.388	1.283	0.280	25.167
4-18 ~ 4-20	大雨	129.50	10.867	2.930	3.910	0.911	16.973
9-3		18.70	10.200	0.048	0.056	0.012	0.527
9-18		12.10	6.313	0.053	0.075	0.007	0.271
5-6 ~ 5-7	中雨	40.70	5.575	0.337	0.653	0.154	6.328
5-13 ~ 5-14		48.30	4.231	0.274	0.500	0.042	0.765
4-28 ~ 4-29		17.90	3.113	0.047	0.061	0.005	0.109
5-11 ~ 5-13		55.00	3.952	0.145	0.291	0.038	0.807

14.4.3.2　蓄水保墒

土壤含水量是土壤立地条件的重要指标，也是衡量水土保持效益的重要因素。为了深入研究两个小区土壤含水量的变化情况，本研究选择百喜草的生长旺季，从 4 月 8 日起，到 5 月 18 日止，连续观测了两个小区 0 ~ 20cm 和 20 ~ 40cm 两个土层的土壤含水量的变化情况，如图 14-2 和图 14-3 所示。在降雨期内，梯壁植草小区土壤含水量高于梯壁裸露小区，这说明梯壁植草能涵养更多的水源。在连续无降雨的情况下，从 5 月 29 日开始，土壤含水率有明显的下降，而且梯壁植草小区 0 ~ 20cm，20 ~ 40cm 土层内的水分含量下降幅度大于裸露小区，20 ~ 40cm 土层内含水量表现的更为明显。这说明百喜草生长需要消耗土壤中的水分，百喜草在 20 ~ 40cm 土层中根系最为集中，耗水能力更强。在高温干旱的 7 ~ 9 月，这种表现尤为突出。

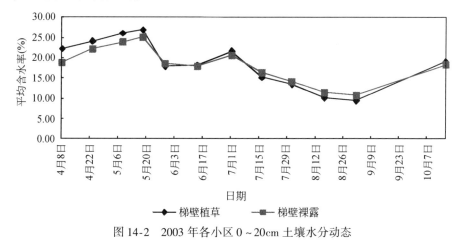

图 14-2　2003 年各小区 0 ~ 20cm 土壤水分动态

Fig. 14-2　The soil moisture dynamic to 0 ~ 20cm in the groups in 2003

由此可见，在梯壁植草可以增加土壤入渗，汲取储存更多的水分，提高土壤含水量。在干旱时期，梯壁植草由于草的蒸腾作用所消耗水量往往大于地面单一蒸发，百喜草与作物存在一定程度上的水分竞争的现象，使得土壤含水量变低。

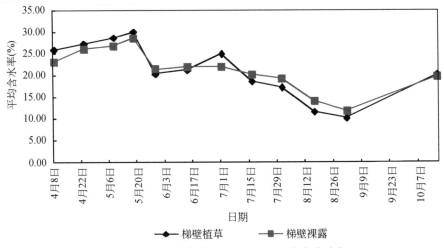

图 14-3　2003 年各小区 20～40cm 土壤水分动态

Fig. 14-3　The soil moisture dynamic to 20～40cm in the groups in 2003

同时为了研究植草对区域小气候的影响，在试验区对应梯壁植草小区的桃园进行了实地观测。观测结果表明，梯壁植草可有效地影响地表小气候。在夏季干旱期，采用梯壁植草的桃园地表温度日均下降 6.74℃，空气温度日均下降 0.5℃，空气中的相对湿度日均提高 4.2%。这是由于梯壁植草能吸收太阳辐射，降低地表温度，减轻作物因受太阳暴晒而引起的灼伤。采用梯壁植草可以增加空气湿度，稳定气温，改善园区小气候。

14.4.3.3　促进植物生长

在试验中，为了解梯壁植草与梯壁裸露对柑橘生长的影响，在每个小区中设定 5 棵样株，从定植当年开始，每年在柑橘停止生长季的 11 月份，对每棵样株的树高、地径、枝下高和冠幅及挂果数量等生长量指标进行观测。从定植 4 年后的观测结果来看，梯壁植草小区各项生长量指标均高于梯壁裸露小区。

同时，通过植草不仅改变梯壁裸露地貌，而且过滤了径流中的泥沙以及农田流失的农药、化肥等化学物质，净化了水质，改善了农业生态环境。

14.5　植生工程评价

植生工程是一种先进的水土保持技术措施，农路植草、沟道植草和梯壁植草 3 种植生工程的共同特点是水土保持效果好，生态景观融合好，造价维护成本低，综合产出效益高，值得在今后的水土流失防治工作中大力推广。

农路植草在农路的边坡、排水沟和路面采用植草技术，通过改变下垫面，将草被作为农路路面覆盖物，不仅能有效防治水土流失，且与绿色农业融为一体，为农业生产创造了舒适环境，可作为红壤丘陵区推广农路之一。

沟道植草通过在无常年地表径流的沟道和排引水渠种植或铺植草类，减轻了水流对沟道的冲刷，实现沟道安全排水，防治水土流失，且经济实惠，生态景观效益好，可以作为生态经济型的农业基础设施在红壤坡地农业中大力推广。

梯壁植草在土坎梯田外壁种植适宜的草类，可以迅速地覆盖梯壁表面，达到蓄水保土的作用。通过草的根系固持土壤，实现稳定边坡的目的，保护梯田安全。另外通过植草过滤了径流中的农药、化肥等化学物质，净化了水质，改善了农业生态环境。

综上所述，植生工程具备诸多优点，弥补了许多工程措施的不足，符合生态文明和可持续发展理念，值得深入研究和大力推广。

参 考 文 献

宝敏，李智勇，李忠魁．2003．中国古代利用林草保持水土的思想与实践．中国水土保持科学，1（2）：91～95．

程连瑞，陈广雄．1976．农道路面植草维护之研究．中华水土保持学报，7（1）：1～8．

程连瑞，陈广雄．1978．不同土壤农路面植草维护之研究．中华水土保持学报，9（1）：75～90．

方华，林建平．2004．植被护坡现状与展望．水土保持研究，11（3）：283～286．

冯俊德．2001．路基边坡植被护坡技术综述．路基工程，9（5）：20～23．

关君蔚．1996．水土保持原理．北京：中国林业出版社．

黄琼彪．2003．符合生态工法之林道植生工程技术．水土保持研究，10（4）：225～230．

廖绵浚，张贤明．2004．现代陡坡地水土保持．北京：九州出版社．

廖绵俊，刘金龙，黄俊德，等．1979．草沟水理特性之观测．中华水土保持学报，1（1）：1～10．

林信辉．1990．水土保持植生工程．台北：高立图书有限公司．

刘震．2009．新时期我国水土保持工作的主要特征．中国水土保持，（1）：1～4．

王忖，赵振兴．2003．河岸植被对水流影响的研究现状．水资源保护，（6）：50～53．

王礼先．1994．水土保持学．北京：中国林业出版社．

王礼先．1999．流域管理学．北京：中国林业出版社．

王治国．2000．林业生态工程学．北京：中国林业出版社．

夏卫兵．2002．陈湾水小流域果树梯田的设计与施工．江西水利科技，28（3）：146～148．

张涟云，李绍才，周德培．2000．岩石边坡植被护坡技术：（1）植被护坡简介．路基工程，92（5）：1～4．

张一辉，梁一民．1996．植被盖度对水土保持功效影响的研究综述．水土保持研究，3（2）：104～110．

查轩，唐克利，张科利，等．1992．植被对土壤特性及土壤侵蚀的影响研究．水土保持学报，6（2）：52～59．

周德培，张俊云．2003．植被护坡工程技术．北京：人民交通出版社．

周跃，Watts D．1999．欧美坡面生态工程原理及应用的发展现状．土壤侵蚀与水土保持学报，5（1）：79～85．

Bennett H G．1939．Soil conservation．New York and London：McGraw-Hill Book Company Inc．

Carroll C，Halpin M，Burger P，et al．1977．The effect of crop type，crop cotation，and tillage pratice on runoff and soil loss on a Vetisol in central Qweenland. Aust. J. Soil Res, 35: 925 ~939.

Fredenhagen V B, Doll E H. 1954. Grassed waterways. Agr. Engin. 35: 417-419, illus. June 1954. 58. 8 Ag83.

Ree W O, Crow F R. 1965. Friction Factors for Vegetated Waterways of small slope. Dept. of Agriculture, Agricultural Research Service, Southern Region.

Gilly J E, Risse L M. 2000. Runoff and soil loss as affected by the application of manure. Transaction of the ASAE, 43 (6): 1583 ~1588.

Stallings J H. 1957. Soil conservation. Prentice Hall Inc. , Englewood Cliffs, N. J.

United States Department of Agriculture. 1966. USDA agriculture handbooks.

附 图

一、参观指导

1. 水利部陈雷部长（前排右一）视察

2. 水利部水土保持司刘震司长（前排右二）

3. 世界水土保持协会前主席 Samran 先生（左三）

4. 世界水伙伴会议代表

5. 海峡两岸会议代表

6. 关君蔚院士（右二）

7.山仑院士（右二）

8.美国农业部林务局主任 Steven 先生（左二）和孙阁教授（左一）

二、核心试验区变化

1.水土流失原貌

2.建园初貌

3.建成之后

4.观测初期 5.观测中期

6.观测后期

1. 果园（桃花）

2 园林（紫玉兰）

3. 套种（西瓜+桂花）

4. 苗圃（樟树）

5. 牧草（百喜草）

6. 乔灌混交

7.小流域综合治理

8.人居景观绿化

四、植生工程

1.草沟

2.草路

3.梯壁植草

4.山边沟

五、试验设施与观测

1.气象观测站　　　　　　　　2.人工模拟降雨

3.渗漏小区观测室

4.壤中流观测样池

5.植物区组观测小区

6.工程区组观测小区

7.耕作区组观测小区

8.草沟流速观测

9. 草沟流量观测

10. 草沟冲刷试验

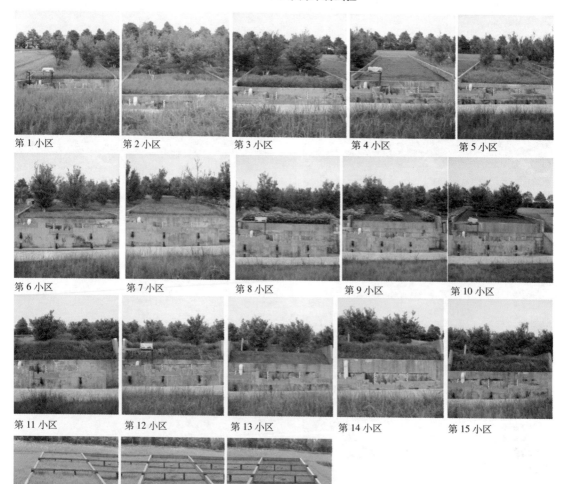

第 1 小区　　第 2 小区　　第 3 小区　　第 4 小区　　第 5 小区

第 6 小区　　第 7 小区　　第 8 小区　　第 9 小区　　第 10 小区

第 11 小区　　第 12 小区　　第 13 小区　　第 14 小区　　第 15 小区

第 16 小区　　第 17 小区　　第 18 小区

11. 观测小区